2021 年全国水电工程

深厚覆盖层上建坝技术与工程实践学术研讨会论文集

中国水力发电工程学会水工及水电站建筑物专业委员会
中国水力发电工程学会混凝土面板堆石坝专业委员会
中国电建集团成都勘测设计研究院有限公司
四川省水力发电工程学会
华能雅鲁藏布江水电开发有限公司
华电金沙江上游水电开发有限公司
中国水电基础局有限公司

———— 组　编 ————

中国电力出版社
CHINA ELECTRIC POWER PRESS

图书在版编目（CIP）数据

2021 年全国水电工程深厚覆盖层上建坝技术与工程实践学术研讨会论文集／中国水力发电工程学会水工及水电站建筑物专业委员会等组编．—北京：中国电力出版社，2021.12

ISBN 978-7-5198-6193-3

Ⅰ．①2… Ⅱ．①中… Ⅲ．①水利水电工程–土层–筑坝–文集 Ⅳ．①TV541-53

中国版本图书馆 CIP 数据核字（2021）第 237335 号

出版发行：中国电力出版社

地　　址：北京市东城区北京站西街 19 号（邮政编码 100005）

网　　址：http://www.cepp.sgcc.com.cn

责任编辑：安小丹（010-63412367）

责任校对：黄　蓓　李　楠　郝军燕

装帧设计：赵丽媛

责任印制：吴　迪

印　　刷：三河市万龙印装有限公司

版　　次：2021 年 12 月第一版

印　　次：2021 年 12 月北京第一次印刷

开　　本：880 毫米×1230 毫米　16 开本

印　　张：26

字　　数：810 千字

定　　价：180.00 元

前　言

我国水力资源十分丰富，自 20 世纪末以来，水电工程建设得到迅速发展，一批世界级的高坝大库在中国建成投产。在水电工程建设过程中，建设者们遇到了大量具有挑战性的复杂工程问题，深厚覆盖层上建坝即是其中之一。

我国各河流流域普遍分布河床覆盖层，尤其是在西南地区，河谷深切和深厚覆盖层现象更为显著，具有成因类型多样、分布范围广泛、产出厚度多变、组成结构复杂和工程特性差异大等特征，存在地基渗漏和渗透稳定、地基沉降与不均匀沉降、抗滑稳定、地基砂层地震液化及抗冲刷等问题，给水电工程建坝带来重大技术经济问题，大坝安全问题也较突出。国内深厚覆盖层上已建和在建的冶勒、瀑布沟、长河坝、大石峡、阿尔塔什、大河沿、硬梁包等水电站大坝的建设，克服了许多前所未有的深厚覆盖层建坝技术难题，在科研、设计、施工、建设管理等方面逐步积累了丰富经验。我国深厚覆盖层建坝技术经过不断地经验积累与创新发展，总体上已经处于世界领先地位。

为总结国内深厚覆盖层上建坝的新理论、新方法、新技术及实践经验，也为今后建设更为复杂的大型工程提供技术支撑，受中国水力发电工程学会水工及水电站建筑物专业委员会、混凝土面板堆石坝专业委员会的委托，由中国电建集团成都勘测设计研究院有限公司、四川省水力发电工程学会主办，华能雅鲁藏布江水电开发有限公司、华电金沙江上游水电开发有限公司和中国水电基础局有限公司等单位协办，在成都召开"2021 年全国水电工程深厚覆盖层上建坝技术与工程实践学术研讨会"。会议得到了水电机构和专家、学者的高度重视，论文投稿踊跃，内容丰富，经有关专家评审，最终甄选了 60 篇论文正式出版成集，以供大家交流、参考和借鉴。

随着"实施雅鲁藏布江下游水电开发""2030 年前碳达峰、2060 年前碳中和"等国家重大战略的提出，水电工程建设将持续深入推进，对深厚覆盖层上建坝提出了新的课题与挑战。未来一段时间，在深厚覆盖层勘察与试验、工程地质评价、建坝理论与方法、大坝设计、数值分析手段、地基处理以及建设施工管理等方面进一步开展技术创新和科研工作，推动水电工程及相关产业可持续发展，仍然是水电工程建设者的重点任务。相信通过本次学术会议的研讨与交流，将为进一步提高我国深厚覆盖层上建坝技术水平发挥积极的推动作用。

本论文集在编撰过程中，得到了全国各水电、水利工程设计、施工、科研、建设管理等单位及技术人员的大力支持，在此对他们表示衷心的感谢！

本论文集涉及的技术领域较多、专业性强较强、编审及出版时间较紧，加之认识水平的局限性，虽经努力但仍可能存在不足之处，欢迎各方面专家、学者不吝赐教。

中国电建集团成都勘测设计研究院有限公司副总经理兼总工程师

余挺

2021 年 11 月于成都

目 录

四、基础处理

五、试验研究

六、工程检测

七、工程监测

一、理论方法

深厚覆盖层上高心墙堆石坝防渗关键技术研究与应用

何顺宾，张丹

（中国电建集团成都勘测设计研究院有限公司，四川省成都市　610072）

【摘　要】伴随国家西部大开发战略，我国在西南地区深厚覆盖层河流上已成功建设了一批深厚覆盖层上高心墙堆石坝工程，坝高从100m级到200m级，最大坝高已达250m级，并将我国深厚覆盖层上心墙堆石坝技术提升至世界领先水平。深厚覆盖层上建高心墙堆石坝，坝体、坝基联合防渗问题是建坝关键技术难题之一。本文对近年来多座深厚覆盖层上高心墙堆石坝防渗关键技术的研究成果及其应用进行了总结和梳理，以供读者参考。

【关键词】深厚覆盖层；高心墙堆石坝；防渗关键技术

0　引言

我国在覆盖层上建高心墙堆石坝，早期代表为碧口心墙坝（1969—1976 年），坝基覆盖层最深34m，坝高101.8m，覆盖层基础采用两道防渗墙封闭，墙体均直接插入心墙，通过垂直防渗体系解决深覆盖层上心墙坝的基础防渗问题。20 世纪末的代表性工程为小浪底斜心墙堆石坝，2001 年完建，坝高160m，覆盖层最深 80m，基础采用一道防渗墙封闭且插入心墙，并在上游设置水平铺盖防渗。

进入 21 世纪，伴随国家西部大开发战略，我国在西南地区深厚覆盖层河流上陆续开工建设了一批水电高坝大库，包括硗碛、水牛家、狮子坪、毛尔盖、瀑布沟、长河坝等，坝高从 100m 级发展至 250m 级。随着坝高跨越式增长，水压力、土压力急剧增加，大坝防渗系统设计难度不断加大。此时，再组合坝基覆盖层深度的增加，如在 420m 超深厚覆盖层上建设 124.5m 高冶勒沥青混凝土心墙堆石坝，坝体—坝基防渗系统面临前所未有的挑战。河床深厚覆盖层固结历史、物质组成复杂，勘探难度大、精度有限，需针对不同深厚覆盖层上的建坝条件，系统梳理和研究深厚覆盖层上高心墙堆石坝防渗系统关键技术，不断拓宽深厚覆盖层上高心墙堆石坝的应用范围。

1　防渗关键技术问题

深厚覆盖层上建高心墙堆石坝，由于深厚覆盖层的复杂沉积环境和物质组成，其渗透性和渗透稳定性差异大，如何选取适应工程和覆盖层情况的防渗体系是个较复杂的问题；另外，覆盖层的变形和变形差异也会引起高心墙堆石坝的变形和不均匀变形问题。因为覆盖层的存在，整个大坝防渗系统通常包括坝体心墙、心墙与坝基防渗墙的连接结构、防渗墙、墙下帷幕等，比基岩上的高心墙堆石坝多出了防渗墙及防渗墙与心墙的连接结构；该连接结构多采用混凝土结构，由于混凝土与土石之间存在较大的不均匀变形，连接结构设计复杂。综上，深厚覆盖层上高心墙堆石坝防渗关键技术问题主要如下。

1.1　防渗布置问题

深厚覆盖层情况复杂，这给深厚覆盖层上高心墙堆石坝的防渗布置带来了很大的难题。深厚覆盖层深度可从几十米到数百米，覆盖层透水性可能为强透水、中等透水或弱透水，不同地层的渗透性和渗透稳定性差异大，且可能为强透水地层夹弱透水或中等透水地层。高心墙堆石坝的水头差可能从几十米到数百米，不同坝高对防渗的要求不一样。因此，深厚覆盖层上高心墙堆石坝防渗布置应适应工程特点进行具体研究。

高心墙堆石坝的坝基覆盖层防渗常采用混凝土防渗墙。近年来，随着坝高增加、大坝挡水水头不断加大，一道混凝土防渗墙已不能满足防渗需求，需要两道防渗墙防渗，两道防渗墙如何布置才能既安全又经济也值得研究。

1.2 防渗结构问题

深厚覆盖层情况复杂且差异很大,如何根据深厚覆盖层和工程特点,通过渗流和应力变形计算确定防渗墙的深度、厚度、材料强度要求值得研究。防渗墙为包裹在深厚覆盖层土体中的混凝土结构,混凝土和土体的应力变形不协调,有限元计算分析存在难度很大的接触非线性精确模拟问题。

近年来,深厚覆盖层上高心墙堆石坝坝基深厚覆盖层越来越深,坝高越来越高。为了给坝基隐蔽工程提供后期补强通道,提出了防渗墙顶廊道的新结构。该结构与防渗墙采用刚性连接,承受较大的土压力和水压力作用,且为超静定结构,应力变形性态复杂,如何细化连接部位的结构设计、控制应力变形、保证连接部位防渗安全值得深入研究。

1.3 防渗材料问题

相对于基岩上的高心墙堆石坝,深厚覆盖层的变形和不均匀变形问题,对深厚覆盖层上心墙坝的心墙材料提出了更高的防渗及力学性能要求,且对协调不均匀变形的高塑性黏土的要求也更高。如何统筹不均匀变形和大变形情况下的防渗要求,需对心墙碎砾石土和高塑性黏土进行更深入的研究,也需对沥青心墙材料及连接接头材料适应变形能力进行深入研究。

由于防渗墙混凝土和深厚覆盖层的不协调变形,覆盖层土体下沉对防渗墙产生较大拖曳力,往往对防渗墙混凝土的强度要求高,且宜高强低弹。而为了满足防渗墙槽孔浇筑及槽段连接的施工需求,又要求防渗墙混凝土有良好的流动性及早期强度不宜太高。合适的既满足强度、变形需求,又满足槽孔施工需求的防渗墙混凝土材料值得研究。

2 防渗关键技术研究

为解决上述深厚覆盖层上高心墙堆石坝坝体坝基防渗关键技术问题,从防渗系统布置、防渗结构设计、防渗结构材料几个方面开展了研究。

2.1 防渗系统布置

覆盖层防渗处理措施有水平防渗与垂直防渗两种型式。水平防渗措施中水平铺盖最为常见,垂直防渗措施主要有截水槽、帷幕灌浆、混凝土防渗墙等。截水槽深度一般不超过20m,再深施工较困难,可能不经济,对深厚覆盖层高坝坝基防渗不适用。因此,深厚覆盖层上高心墙堆石坝坝基通常采用混凝土防渗墙和帷幕灌浆防渗,适当配以水平铺盖辅助防渗。

国外深厚覆盖层上的高心墙堆石坝工程主要建设于20世纪六七十年代,受限于当时的防渗墙施工技术水平,坝基多采用帷幕灌浆防渗。高心墙坝的水头差较大,坝基覆盖层采用帷幕灌浆防渗,要满足帷幕水力坡降的要求,需要的帷幕厚度厚,国外这些已建工程需要10~19排帷幕才能满足要求,从而导致帷幕灌浆工程量大、工期长。另对于一些强透水的覆盖层坝基,渗透系数甚至大于1×10^{-2}cm/s,覆盖层灌浆吃浆量很大,耗费的投资很高。随着近年来防渗墙施工技术发展,防渗墙单墙最大厚度已达1.4m,最大深度已达201m(西藏旁多电站),且可适应多种覆盖层地层施工,相对于覆盖层帷幕灌浆,混凝土防渗墙越来越成为高心墙堆石坝覆盖层坝基更可靠、防渗效果更好的防渗措施。国内深厚覆盖层上的高心墙堆石坝均采用了防渗墙防渗。为适应不同的坝高、坝型及坝基地质条件,深厚覆盖层上高心墙堆石坝的防渗系统布置呈现出多种多样的型式。

2.1.1 单防渗墙全封闭布置体系

单防渗墙防渗的高心墙堆石坝常采用一道防渗墙封闭强透水覆盖层,防渗墙底嵌入基岩,基岩内按大坝防渗标准设置一定深度和范围的基岩灌浆帷幕。防渗墙与高土心墙早期常采用插入式连接,后期研究后常使用廊道连接,防渗墙插入段或廊道外包裹高塑性黏土与土心墙连接,土心墙在两岸设置放大角,并设置高塑性黏土及混凝土盖板与两岸基岩连接。深厚覆盖层上的单防渗墙防渗高土心墙堆石坝防渗体系通常由土心墙、心墙与防渗墙接头、防渗墙、心墙与两岸接头及防渗帷幕构成。

在深厚覆盖层上的高心墙堆石坝建设过程中发现,按我国现行规程规范,高心墙坝坝基覆盖层采用防渗墙防渗后,覆盖层下基岩仍需进行相当深度的帷幕灌浆。当采用防渗墙与土心墙插入式连接(如图1所示)时,需顺序完成防渗墙施工、墙下帷幕灌浆后,方可填筑大坝。墙下帷幕灌浆通常需要几个月工期,当大坝位于工程直线工期时,往往会导致工程推后半年甚至一年下闸蓄水发电。由此考虑在防渗墙顶部设置灌浆廊道与防渗墙连接(如图2所示),在顺序完成防渗墙施工、墙顶廊道浇筑后,就开始坝体填筑,墙下帷幕灌浆在廊道内进行。廊道式连接结构较插入式连接复杂,但对深厚覆盖层地基上的高土心墙堆石坝,廊道可节约工期，作为运行期观测、补强的通道，且方便交通和排水。

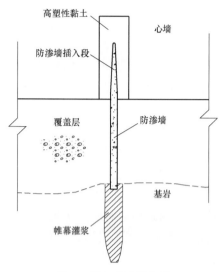

图 1　插入式连接布置

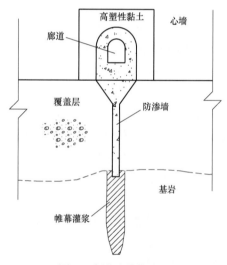

图 2　廊道式连接布置

当受施工制约，防渗墙无法封闭全部强透水覆盖层时，高心墙堆石坝也采用防渗墙加墙底覆盖层帷幕的全封闭布置体系。此时悬挂式防渗墙的深度综合考虑施工技术水平、地基相对不透水层深度、渗流计算等确定。当坝基有相对不透水层时，悬挂式防渗墙应尽量深入相对不透水层。墙底通常将覆盖层灌浆帷幕包裹一段防渗墙，包裹段长度一般根据渗流分析确定。当高土石坝采用悬挂式防渗墙，而墙底覆盖层或覆盖层帷幕内的渗透坡降较大或渗漏量较大时，可考虑增加坝前铺盖辅助防渗，铺盖一般采用黏土，其前缘的最小厚度可取 0.5～1.0m，末端与坝身防渗体连接处厚度由渗流计算确定，且应满足构造和施工要求，铺盖长度宜根据工

程建设条件通过渗流计算确定。

2.1.2　垂直分段联合防渗布置体系

当覆盖层深度很深时，为满足高心墙堆石坝基础防渗墙的防渗深度需要，防渗墙施工受地层状况和施工工艺、方法等限制，不能一次成墙达到。由此研究了墙墙竖向连接布置体系，即防渗墙竖直分段，上下两层防渗墙采用廊道式连接，墙下再接覆盖层帷幕灌浆的防渗型式。

冶勒大坝右岸坝基覆盖层最大深度为 420m，根据大坝的防渗要求，坝基以下防渗深度为 200余米。最初推荐采用 100m 深的防渗墙下接 100m深的防渗帷幕方案，经现场防渗墙和帷幕施工试验认为，在当时的工艺条件下，防渗墙施工质量和进度都难以控制，而帷幕灌浆施工难度大、投资高、工期长。通过大量结构研究、计算分析，确定将右岸坝基防渗方案优化为 150 余米深防渗墙（上、下两段墙及廊道）接墙下 0～60m 深灌浆帷幕。实际施工时，通过开挖将上层防渗墙施工平台高程由 2654.5m 降至 2639.5m，高程 2639.5～2654.5m 防渗采用现浇的钢筋混凝土心墙坝，在高程 2639.5m以下建造台地（上层，深 70～78.5m）防渗墙，在高程 2560m 廊道内建造下层（深 60～84m）防渗墙和墙下帷幕施工，上、下两层防渗墙之间设有连接廊道，如图 3 所示。自 2006 年建成至今，监测资料反映该防渗体系运行状况良好。

2.1.3　双防渗墙布置体系

混凝土通常不会发生渗透破坏，但考虑防渗墙为地下槽孔浇筑混凝土，已建工程一般控制墙体混凝土抗渗比降不超过 100。受地下防渗墙施工工艺限制，目前单墙最大厚度为 1.4m。因此，当高土心墙堆石坝覆盖层基础防渗墙上下游水头差超过 140m 时，宜选择双防渗墙。双防渗墙防渗布置体系仅用于高土心墙堆石坝，防渗系统由土心墙、覆盖层内主副两道防渗墙、基岩帷幕、土心墙与防渗墙连接结构及土心墙与两岸的连接结构构成。两道防渗墙均需对强透水覆盖层进行全封闭，主防渗墙下设置满足大坝防渗标准的帷幕灌浆，副防渗墙平面帷幕灌浆范围按其所需分担水头设置，副防渗墙与主防渗墙之间设置连接帷幕。主防渗墙位于大坝防渗轴线上，副防渗墙置于主防渗墙上游并保持两道墙可同时施工的最小距离。副防渗墙与土心墙采用插入式连接，主防渗墙与土心墙采用廊道式连接。

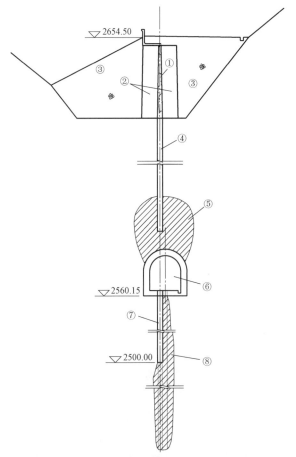

①—右岸钢筋混凝土心墙；②—过渡层；③—堆石；④—右岸台地防渗墙；
⑤—帷幕灌浆接头；⑥—右岸防渗墙施工廊道；
⑦—廊道防渗墙；⑧—帷幕灌浆

图3 垂直分段联合防渗布置型式

通过对两道防渗墙的集中布置、分开对称布置及一主一副布置（如图4所示）的对比研究认为：一主一副布置相对于集中布置，两道墙可同时施工，且廊道和防渗墙结构应力更小；相对于分开对称布置，防渗结构的连接相对更可靠。因此推荐采

用一主一副布置，形成上游副防渗墙、坝轴线位置主防渗墙、一主一副的布置格局。

为达到一主一副布置的两道防渗墙的联合防渗目标，两道防渗墙间距不宜太远，并兼顾两道墙同时施工机具摆放的最小距离。分开布置的两道防渗墙一般不要求均衡承担水头（即每道墙承担50%水头），通常主墙承担比例高、上游副墙承担较少。两道墙各自承担的水头比例与防渗墙厚度、质量，防渗墙周围岩体透水性及帷幕灌浆情况等均有关系，应结合工程渗流场分析、防渗工程量和工期等合理拟定。

2.2 防渗系统结构

深厚覆盖层上高心墙堆石坝防渗系统由坝体心墙、坝基防渗墙、墙顶廊道、墙下帷幕灌浆及其连接结构组成，心墙、帷幕灌浆与基岩上建坝类似，本文主要探讨防渗墙及其与心墙连接结构。

2.2.1 防渗墙结构

混凝土防渗墙结构设计主要确定防渗墙厚度、深度、混凝土材料性能指标。根据防渗墙承担水头，坝基覆盖层的分层物质组成、渗透性，结合防渗墙施工技术水平及工期安排等，初拟防渗墙的厚度和深度。已建工程大多数防渗墙的设计渗透坡降为80~100，根据承担水头可初拟防渗墙厚度。覆盖层地基一般具有强透水性，高坝防渗墙深度宜优先考虑全封闭覆盖层，当施工技术水平或工期无法满足时，需进行悬挂式防渗墙布置研究。防渗墙的厚度和深度初拟后，需进行渗流和应力变形分析，研究确定满足工程要求的墙体厚度和深度。对于高坝工程，一般防渗墙应力较大，当超出混凝土强度要求时，可考虑适当加厚防渗墙以减小

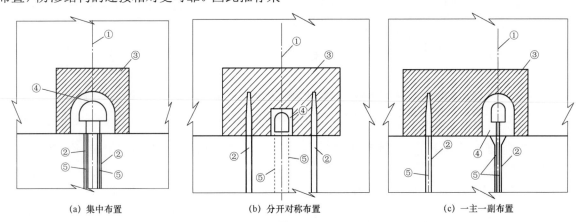

(a) 集中布置   (b) 分开对称布置   (c) 一主一副布置

①—防渗轴线；②—防渗墙；③—高塑性黏土区；④—灌浆廊道；⑤—帷幕灌浆孔

图4 两道防渗墙的布置型式

其应力，从而降低防渗墙混凝土配合比设计难度。结合坝体坝基应力变形计算成果，并参考类似工程经验，进一步拟定防渗墙混凝土各项性能指标要求。

防渗墙槽孔混凝土与上部廊道之间通常采用刚性连接，其应力变形条件较为复杂。通常需要在防渗墙顶部一定范围内配置钢筋，钢筋竖向上需留出足够搭接长度，水平方向按防渗墙施工槽段分槽段布置，以满足整体防渗需要。

2.2.2 防渗墙与土心墙的连接结构

防渗墙与土心墙的连接型式主要有两种，一种是插入式连接，另一种是廊道式连接。

采用插入式连接时，混凝土防渗墙顶部宜做成光滑的楔形，插入土质防渗体高度宜为 1/10 坝高，高坝可适当降低，或根据渗流计算确定，低坝不应低于 2m。在墙顶宜设填筑含水率略大于最优含水率的高塑性土区。

采用廊道式连接时，廊道宜设置于心墙建基面，净空尺寸在满足灌浆、交通、监测等功能要求的前提下宜尽量小，常设置为 3m×4m。为改善结构的受力，廊道常设置为城门洞形。廊道边墙、顶拱及底板混凝土厚度与廊道受力条件相关，坝高越高，廊道各部位受的土压力及水压力越大，相应廊道边墙、顶拱及底板混凝土厚度应增加。大量工程研究表明，廊道边墙、顶拱及底板混凝土厚度越厚，廊道的整体刚度越大，作为超静定结构的廊道内力越大。因此在受力及约束边界条件一定的情况下，

廊道边墙、顶拱及底板混凝土厚度并非越厚越好，而是有一个合适的值。廊道的边墙、底板厚度通常先参照类似工程拟定，再根据应力变形及结构计算最终选定。廊道结构缝相对变形较复杂，有张开、错动及扭转，如果在基覆分界线处分缝时变形较大，易出现结构缝止水破坏，因此应足够重视结构缝位置选择与止水设计。结构缝止水设计应根据应力变形计算成果，选择能适应结构缝空间变形的止水材料和结构尺寸，已建工程多选用铜片止水及柔性止水。廊道与防渗墙常采用刚性连接，并设置倒梯形段以改善廊道底板应力状态。为协调刚性混凝土廊道与土心墙连接位置的变形，通常在连接部位设置一定大小的高塑性黏土区。高塑性土区增大，有利于改善廊道和防渗墙应力，但心墙的变形将增加，高塑性黏土区顶部一定范围内心墙的拱效应明显增大，需根据工程断面设计及材料情况经应力变形分析确定合适的高塑性黏土区大小。

2.2.3 防渗墙与沥青混凝土心墙的连接结构

防渗墙与沥青混凝土心墙的连接一般有两种型式：混凝土基座与混凝土廊道。

采用基座连接时，通过对沥青混凝土心墙与基座的三种连接型式（如图5所示）的研究发现，软接头结构复杂、施工难度大，止水要求较高，防渗可靠性差；软沥青接头防渗墙顶部的沉降较大，对防渗墙轴向应力和变形均不利，接合部位在软沥青内出现局部剪切破坏屈服；硬接头结构简单，施工方便，便于防渗处理；因此推荐采用硬接头。

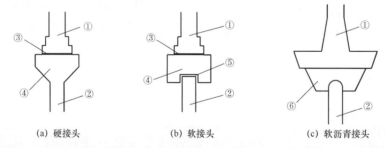

(a) 硬接头　　　　　(b) 软接头　　　　　(c) 软沥青接头

①—沥青混凝土心墙；②—混凝土防渗墙；③—沥青玛琋脂；④—混凝土基座；⑤—空隙；⑥—浇筑式沥青混凝土

图5　防渗墙与沥青混凝土心墙接头型式示意图

采用廊道连接时，不同于土心墙廊道连接，沥青心墙坝基廊道周边没有高塑性黏土的保护，直接与渗透性较强的过渡料相接，其防渗可靠性的要求相对更高、结构更为复杂。因此在采取措施（如采用低热水泥、提高混凝土标号、混凝土掺入纤维素或聚丙烯纤维、加强钢筋等）提高廊道混凝土抗裂

性能、加强廊道与心墙和防渗墙结构部位防渗结构的同时，多在其外表面增设一层额外的保护层（如聚脲、沥青布等），以确保其防渗可靠性。

混凝土廊道作为沥青心墙与防渗墙的连接结构，其结构、尺寸对心墙和防渗墙的应力变形均有较大影响，尤其是下部的防渗墙。廊道外轮廓形状

不仅影响与廊道接触处心墙的应力应变，同时也影响廊道传给下部防渗墙荷载的大小。研究分析表明，廊道采用顶部抛物线形或城门洞形、底部倒梯形的外轮廓，不仅可减小传给下部混凝土防渗墙的荷载，还可改善廊道顶部心墙的应力状况；廊道内空间越大，廊道及防渗墙结构受力条件越差，在满足廊道功用要求下，廊道的内净空宜尽量小，多数工程设置为宽度 3～3.5m、高度 3.5～4m；廊道边墙、顶拱及底板混凝土厚度越厚，廊道的整体刚度越大、内力越大，多数工程廊道边顶拱厚度为 1.5～2.5m、底板厚度为 2.5～3.5m。

2.3 防渗系统材料

2.3.1 土心墙材料

深厚覆盖层上高土心墙堆石坝，土心墙料不但要有较好的防渗性能，还要求具有较高的模量和强度，因此更多地采用碎砾石土。能同时满足防渗和力学要求的天然碎砾石土，可直接开采上坝使用。当碎砾石土中粗粒含量过多时，可在筛分剔除粗粒满足防渗要求后使用。天然土为细粒土，可掺入碎砾石满足强度后使用。天然碎砾石土分布不均，有的偏粗、有的偏细时，可偏粗料与偏细料掺配后使用。针对不同的料源采用不同的使用方法，目标只为使心墙土料同时具备良好的防渗和力学性能，不能顾此失彼。大量工程应用表明，加大碾压、击实功，可使碎砾石土更密实，以提高其防渗和力学性能。对高心墙碎砾石土的压实采用全料和细料压实双控，可以为防渗和力学性能控制提供更好的保证。碎砾石土的反滤保护设计可以大大提高防渗安全性，但根据谢拉德准则设计的反滤料不一定能反滤保护碎砾石心墙土料，对碎砾石心墙料（特别是冰碛土）需要加强心墙反滤试验研究，验证反滤设计。

高塑性黏土料是深厚覆盖层上的高土心墙堆石坝的重要心墙材料，用以解决心墙与刚性结构或两岸的变形协调问题。两岸高塑性黏土料宜进行大剪切应变下的渗透特性研究，研究其在工程条件下的允许渗透坡降，并通过应力变形和渗流分析合理确定两岸高塑性黏土的厚度。防渗墙插入段或廊道与高塑性黏土之间的接触渗透控制，也可通过三轴应力条件下的接触渗透试验进行充分研究。

2.3.2 沥青心墙材料

深厚覆盖层上高沥青心墙堆石坝，只要合理选择沥青、骨料及配合比，心墙沥青混凝土防渗性

勿用担心，需重点关注心墙适应变形的能力，特别是河床中央段、两岸基覆过渡带、两岸坝肩等较大变形或位错区。因此，心墙沥青混凝土在满足一定强度的同时，应有较好适应变形的能力，以保证变形后的防渗性能。受复杂覆盖层地基影响，高沥青心墙堆石坝出现变形较大或不均匀变形较大时，可结合坝体应力变形分析成果，对沥青心墙进行分区配合比设计。对变形大的区域，沥青心墙料可采取高标号沥青、适当增大油石比等改进措施，提高沥青混凝土适应变形的能力。对较大位错变形区，可采取扩大结合面、界面设置止水或敷设沥青玛琋脂等加强措施，必要时辅以接头错动变形渗流试验进行防渗安全性验证。

2.3.3 防渗墙材料

覆盖层模量远低于防渗墙混凝土模量，沉降远大于防渗墙沉降，沉降差产生的摩擦拖曳力导致防渗墙高压应力，因此，防渗墙混凝土应尽量采用低弹高强混凝土。考虑到施工需要，要求墙体混凝土具有早期强度低、后期强度高的特点，同时要求防渗墙混凝土在浇筑时能够达到自流平、自密实。防渗墙施工完成后，需经历较长时间土压力和水压力才会施加至墙上。在开展防渗墙混凝土配合比研究中，为了降低防渗墙混凝土的配合比设计难度，充分利用混凝土的后期强度，防渗墙混凝土一般用至180 天强度，个别工程也利用了 360 天强度。长河坝工程通过配合比研究提出了可满足抗压强度50MPa，抗渗等级 W12 的防渗墙混凝土配合比。90 天龄期、180 天龄期墙体混凝土强度与机口样标准养护条件下抗压强度之比分别为 0.78 和 0.81。混凝土强度与声波之间具有较好的相关关系，说明通过声波检测来检查墙体质量可行。

3 典型工程应用

3.1 长河坝工程

长河坝砾石土心墙堆石坝是已建的深厚覆盖层上最高坝，坝高 240m，坝基覆盖层最大厚度79.3m。坝体采用砾石土直心墙防渗。心墙上、下游侧均设反滤层，上游为反滤层 3，厚度为 8.0m，下游设两层反滤，分别为反滤层 1 和反滤层 2，厚度均为 6.0m。坝基覆盖层防渗采用二道全封闭混凝土防渗墙，形成一主一副布置格局，墙厚分别为1.4m 和 1.2m，两墙之间净距 14m，最大墙深约50m。主防渗墙布置于坝轴线平面内，通过顶部设

置的灌浆廊道与防渗心墙连接，防渗墙与廊道之间采用刚性连接；副防渗墙布置于坝轴线上游，与心墙间采用插入式连接，插入心墙内高度为 9m。为了防止坝体开裂，在心墙与两岸基岩接触面上铺设高塑性黏土，左岸 1597m、右岸 1610m 高程以上水平厚度为 3m，以下水平厚度为 4m；在防渗墙和廊道周围铺设厚度不少于 3m 的高塑性黏土。为延长渗径，在副防渗墙上游侧心墙底面 30m 范围内铺设聚乙烯（PE）复合土工膜，副防渗墙与混凝土廊道上游侧心墙底部铺设一层聚乙烯（PE）复合土工膜。

长河坝大坝 2016 年填筑到顶，2017 年蓄水至正常蓄水位，至今已经历多次极限水位升降循环。坝体坝基渗漏量小于 25L/s，远小于设计状态计算值 104.8L/s。监测成果显示，经过坝体坝基防渗系统后，水头折减率高、渗漏量小，坝体坝基防渗系统防渗效果良好。

3.2 冶勒工程

冶勒沥青混凝土心墙堆石坝是已建的深厚覆盖层上最高沥青混凝土心墙堆石坝，坝高 124.5m，坝基覆盖层最大厚度超过 420m。坝体采用沥青混凝土直心墙防渗，心墙顶宽 0.6m，底宽 1.2m。坝基覆盖层采用防渗墙防渗，防渗墙厚度为 1～1.2m。沥青混凝土心墙与防渗墙之间采用混凝土基座刚性连接。对右岸坝基相对隔水抗水层下伏深度约 200m 的覆盖层防渗，采用了"140m 深防渗墙＋70m 深帷幕灌浆"方案，其中 140m 的防渗墙分上、下两段施工，中间通过防渗墙施工廊道连接。

冶勒大坝 2005 年填筑到顶并下闸蓄水，至今已安全运行超过 15 年，期间经历了多次极限水位升降循环和地震检验，各项监测资料表明大坝运行性态正常。

4 结语

随着国家西部大开发战略，西南地区深厚覆盖层河流上已成功兴建了一批深厚覆盖层上的高心墙堆石坝工程。高土心墙堆石坝有硗碛、水牛家、泸定、狮子坪、毛尔盖、瀑布沟、长河坝等，长河坝为深厚覆盖层上世界已建最高的土心墙堆石坝；高沥青心墙堆石坝有龙头石、黄金坪、金平、冶勒等，冶勒为深厚覆盖层上世界已建最高的沥青心墙堆石坝。深厚覆盖层上建高心墙堆石坝，防渗问题是建坝关键技术问题之一。

参考文献：

[1] 何顺宾，胡永胜，刘吉祥. 冶勒水电站沥青混凝土心墙堆石坝 [J]. 水电站设计. 2006，22（2）：46－53.

[2] 张丹. 长河坝水电站坝基防渗墙与土心墙连接研究 [J]. 四川水力发电. 2016，35（1）：15－18.

[3] 张丹. 高土心墙堆石坝防渗墙与心墙连接部位高塑性黏土区设置研究 [J]. 水电站设计. 2014，30（3）：68－72.

[4] 肖白云. 混凝土防渗墙墙体材料及接头型式的研究 [J]. 水力发电，1998，（3）：29－31.

[5] 张丹，何顺宾，伍小玉. 长河坝水电站砾石土心墙堆石坝设计 [J]. 四川水力发电. 2016，35（1）：11－14.

作者简介：

何顺宾（1968—），男，正高级工程师，主要从事水电水利工程设计与管理。

深厚覆盖层上高土石坝地震反应分析研究展望

姚虞，王富强

（水电水利规划设计总院，北京市 100120）

【摘　要】我国正在开展强震区超深厚覆盖层上建坝工作，深厚覆盖层上高土石坝地震反应分析方面仍存在问题亟待解决。本文从初始物理力学状态的描述、地震动输入机制、本构模型、边值问题求解四个方面对已有研究基础进行了总结评述，在此基础上对深厚覆盖层上高土石坝地震反应分析研究进行展望。

【关键词】深厚覆盖层；高土石坝；地震反应分析；研究展望

0　引言

我国西部地区多高山峡谷，居民稀少，水库移民和淹没损失较小，适于修建高坝大库。但是，西部地区地震频发，且由于深槽冲刷、冰川、构造运动等作用，河床中易形成深厚覆盖层，在深厚覆盖层上筑坝往往难以避免。国内外已在深厚覆盖层上建设了一大批高坝工程，国内如黄河小浪底（坝高160m，坝基覆盖层厚80m）、瀑布沟（坝高188m，坝基覆盖层厚75m）、长河坝（坝高240m，坝基覆盖层厚79m）等土心墙堆石坝，阿尔塔什（坝高164.8m，坝基覆盖层厚94m）、那兰（坝高109m，坝基覆盖层厚24.3m）、察汗乌苏（坝高110m，坝基覆盖层厚46.7m）和九甸峡（坝高133m，坝基覆盖层厚56m）等面板堆石坝；国外如巴基斯坦的塔贝拉水电站（坝高143m，坝基覆盖层厚230m）等。

对于高坝地震反应分析，我国《水工建筑物抗震设计规范》中规定，对抗震设防类别为甲类的大坝必须进行动力法分析，对于高度超过250m的大坝或抗震设计烈度超过9度的大坝，应进行专门的研究论证，而深厚覆盖层上的高土石坝，其覆盖层深度与坝高之和往往超过300m。对于我国西部地区计划建设的高土石坝，因其坝基规模大导致地震动输入非一致特性显著，同时坝址存在的深厚覆盖层对大坝地震响应的影响等问题，都是以往土石坝建设中没有解决好的重大挑战性难题。例如ML电

站，其坝基覆盖层深度超过500m，相关计算表明其地震反应加速度分布规律相比常规土石坝有明显不同，不再是沿高程放大，而是先缩小后放大，即在很大范围内加速度放大系数小于1。针对这个问题，笔者作了简单的定性分析：

定性简化在线弹性范围内，地震引起覆盖层的振动空间分布可以看作组成地震波的不同频率单频入射波与相应反射波相干形成的振动场的叠加。由于基岩模量远大于覆盖层，定性分析可进一步简化考虑为基岩面以代表性频率水平震动，在覆盖层中形成驻波，如图1所示，覆盖层表面为驻波波腹，不同深度点的加速度大小对应于驻波在该深度的幅值大小。当覆盖层厚度小于四分之一驻波波长时，覆盖层的加速度随高程增加而增大，如图1（a）所示；覆盖层厚度大于四分之一驻波波长小于半波长时，就会出现随高程先减小后放大的情况，如图1（b）所示。按照一般经验，基岩面振动代表性周期取0.3s，覆盖层剪切波速取400m/s，则四分之一驻波波长为300m，以往覆盖层厚度没有超过300m，因而加速度都是沿高程增大，ML覆盖层厚度超过500m，则出现了先缩小后放大的情况。

由此可见，超深厚覆盖层上高土石坝地震反应规律会超出以往工程经验的认识范围，开展深入研究十分必要。本文总结了已有的研究进展，在此基础上对深厚覆盖层上高土石坝地震反应分析研究进行展望。

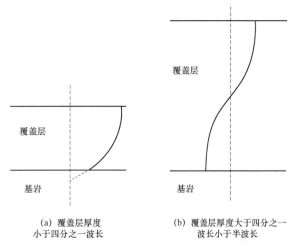

(a) 覆盖层厚度
小于四分之一
波长

(b) 覆盖层厚度大于四分之一
波长小于半波长

图 1　覆盖层中振动分布规律随覆盖层厚度变化的改变

1　国内外相关研究基础

地震反应分析，是揭示强震环境下高土石坝力学行为和破损规律的有效途径，亦可为高土石坝的抗震设计提供不可或缺的科学依据。地震反应分析结果的合理性和可靠性，依赖于对下述的四个主要问题的认知水平和定量评价能力，包括：① 高土石坝及周围地层的初始物理力学状态；② 高土石坝地震动非一致输入研究；③ 筑坝材料、覆盖层材料和各种接触面本构模型研究；④ 高土石坝的三维精细化高性能解法及技术研究。

本节就国内外针对上述四个问题开展的研究及主要进展做简要的述评。

1.1　高土石坝及周围地层的初始物理力学状态

高土石坝及周围地层以及库水系统的地震反应分析，需要首先进行静力分析，计算出地震以前坝体与地层系统的静应力场；然后再进行动力分析，计算出由于地震动引起的动应力场及其时空变化。这样，地震过程中任一时刻总的应力场，是由地震以前的静力场和地震中的动应力场叠加而成的；同时，地震过程中坝体及周围底层内的孔压分布，也是由震前渗流场中的孔压分布与地震作用共同决定的。对于坝体的应力变形，尤其对于具有深厚覆盖层且可能出现地震液化的情形，合理地评价地震前的孔压分布十分重要。

我国西部地区常面临深厚覆盖层上建坝问题。天然形成的深厚覆盖层中的土介质本身的物理力学性质复杂，多具有碎散性、多相性、成层性的特点，特别是其天然性以及由此引起的结构性、非均匀性、各向异性以及时空分布变异性不容忽视。合理评价覆盖层的工程地质条件，合理确定其物理力学状态及相关计算模型参数，对高土石坝的静动力分析至关重要。

对高土石坝及周围地层初始物理力学状态的描述，主要通过静力分析来实现。目前高土石坝的静力分析中已发展出比较多的模型，如工程上常用的邓肯-张模型、沈珠江双屈服面模型等。对覆盖层中的砂土、粉土、黏土等也发展了相应的静力本构模型。

1.2　高土石坝地震动非一致输入研究

高土石坝的抗震设计常需要进行动力有限元计算，在地震动输入方面会面临两个问题：一个是如何反映地震波的行波效应，另一个是如何避免人工边界对外行波的反射。目前常用的土石坝动力分析程序中这两个问题往往被忽略，代之以均匀输入和固定边界。事实上由于行波效应和场地效应，地震动的非一致现象十分明显。发生于 2011 年 3 月 11 日的日本 9 级大地震中地表 TATSUMI 测站和 HACHIEDA 测站（数据来源：National Research Institute for Earth Science and Disaster Prevention website）测得的东西向、南北向和竖向的地震加速度时程，差异很大，而两测站水平距离约 800m，说明地震动在空间上百米量级的距离上就会有明显的非一致性。高土石坝一般坝体尺寸较大，如水布垭面板坝最大坝高 233m，坝轴线长 670m，最大坝底宽 660m，采用均匀输入会引起较大误差。汶川地震中紫坪铺高面板堆石坝（坝高 156m）的震害调查表明，非一致输入会引起坝体非一致的变形以及周边缝的不连续变位，对大坝的防渗系统有很大威胁。

对于高土石坝地震动非一致输入的研究，主要是要考虑河谷地形对地震动的空间分布的影响，需要研究基于波动理论的地震动非一致输入方法。用波动理论解决近场地形变化引起的地震动非一致性，要点在于求解近场结构和无限地基所构成的开放系统的波动问题。解决该问题的方法可分为有限元结合局部人工边界的方法和求解全局波动场方程的方法。

有限元结合局部人工边界的方法是通过基于单向波的概念导出的局部人工边界吸收外行波，实现以局部人工边界等效模拟无限介质的方法。比较常用的局部人工边界有黏性人工边界、黏弹性人工边界和透射边界等。

黏性人工边界和黏弹性人工边界，在物理上可理解为在人工边界上设置阻尼器或弹簧加阻尼器的方式，如图2所示。

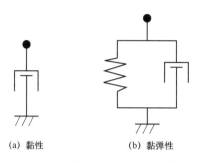

(a) 黏性   (b) 黏弹性

图2 黏性、黏弹性动力人工边界元件示意图

黏性边界和二维及三维黏弹性边界分别由一维平面波理论、柱面波理论和球面波理论发展而来。其基本思想是计算出边界应力与边界点的位移和速度的关系，物理上可理解为设置等效的弹簧和阻尼器，达到吸收外行波的目的。

在外行波被吸收的情况下，只需要计算出内行波在边界上产生的位移与应力，然后让施加的节点荷载产生的位移和应力与之相同即可。而内行波在边界上产生的位移和应力根据入射地震波和人工边界的位置容易得到，这样就实现了用人工边界和等效节点荷载来代替计算域外的介质对计算域的作用，即对计算域的非一致输入。

可以看出，这种非一致输入方式的精度主要取决于人工边界对外行波吸收的程度。黏性边界或黏弹性边界的推导都是基于均匀无限弹性空间中外行体波垂直于边界入射的情况，而实际的外行波与边界可以成任意角度，且对于半空间还有面波的情况，因而人工边界并不能完全吸收掉外行波，特别是黏性边界还存在低频失稳问题。在实际应用中，可以通过修改弹簧元件的刚度系数和阻尼器的阻尼系数来提高人工边界对特定问题中外行波的吸收率，如有学者基于静力特性提出的黏弹性静—动力统一人工边界等，而这种处理需要使用者有相当的计算经验。

透射边界则是基于外行波的一般表达式，利用人工视波速代替真实的视波速并引入误差波，导出多次透射公式。在物理上可理解为节点间的时空外推。多次透射公式给出了外行波作用下人工边界上节点位移随时空变化的表达式

$$f(\bar{u}_s, \partial_{\bar{x}}, \partial_t) = \bar{0} \qquad (1)$$

如果已知内行波场，结合式（1）即可得到边界节点的实际位移表达式。因此可根据入射波方向和人工边界的几何形状取一个已知的参考波场，视为入射波场。

透射边界要求散射体与人工边界有一定的距离以进行时空外推，这一点对于高土石坝计算来说，就要求有限元模型中额外包含相当一部分基岩的网格，这对于现有的以最大断面映射方式生成三维网格的情形来说比较烦琐。此外，其精度随外行波传播方向与边界法向夹角的增大而降低，且在时步积分时可能出现对高频波的振荡失稳问题。

求解全局波动场方程的方法是先将有限的计算域（近场）和无限域（远场）均视作线性的，求解两者构成的开放线性系统，得到近场边界的位移过程之后，再将其作为近场计算域的给定位移过程边界条件进行非线性计算。由于系统是线性的，可以在频域内进行求解再变换到时域，得到满足无限域内所有场方程和物理边界条件的全局人工边界条件。这类方法主要包括边界元法、比例边界有限元法、波函数展开法、格林函数法、波函数组合法等。求解全局波动场方程的方法理论上精度更高，但计算量较大，且需要先在频域计算后再变换到时域，不能直接和动力时程分析相结合。

需要强调的是，尚没有一种非一致输入方法被公认完全成熟。目前国内外在高土石坝的抗震计算中，仍然经常采用极其简化的地震动一致输入方法。高土石坝的地震动非一致输入机制及模拟，已成为制约地震反应分析成果合理性的难题。

1.3 筑坝材料、覆盖层材料和各种接触面本构模型研究

筑坝材料的动力特性研究进展，很大程度上取决于测试技术的提高。目前粗粒筑坝材料的动力变形特性研究，主要采用以波动理论为基础的土中波的传播速度及衰减特性的测量技术、以振动理论为基础的土刚度和阻尼特性的测量技术，以及直接测定土的动应力应变关系的单元循环加载试验技术。其中单元循环加载试验具有易于控制初始应力条件、动应力条件、排水条件等优点，得到了广泛的应用和发展。针对粗粒土已经进行了大量的常规循环动力三轴试验，对简单循环动力加载条件下粗粒土的力学特性及其影响因素有了较为深入系统的认识。目前在高土石坝地震反应分析中最常用的本构模型是非线性弹性模型，此类模型过于简化处理

土体在实际复杂地震荷载作用下的动力响应，而且不能直接计算动力作用引起的残余变形，尚需建立残余应变的经验公式用于震后永久变形计算，但由于经验公式的不确定性，强震环境下高土石坝的震动变形分析往往会显著偏离实际。弹塑性动力本构模型是当前研究重点，譬如，在边界面本构理论基础上发展的考虑可逆性与不可逆性循环剪切体变的弹塑性本构模型等，但很少有本构模型是针对高土石坝筑坝材料的实际工作状态而建立的。而且，由于对三维复杂动力加载条件下筑坝材料动力特性规律缺乏认识，现有的动本构模型尚不能合理地反映复杂动力加载条件下筑坝材料的变形规律，尚不能合理地统一考虑从微小应变幅值到大应变幅值的循环剪切作用条件下筑坝材料的物态演化、剪胀体应变累积等本构规律，所以难以合理地描述高堆石坝在地震时的实际动力反应。

我国西部地区的坝址区多存在深厚覆盖层等复杂地形条件，如何定量描述地震荷载作用下覆盖层土体的力学行为，对于该地区高土石坝的抗震设计与安全评价至关重要，特别是对于高坝覆盖层中存在有可液化土层的情形，需要深入研究。针对液化问题，目前已经发展了砂土液化相关理论和液化大变形本构模型，能够基于物理机制描述砂土在循环荷载作用下的剪胀特性和液化大变形特性。但是这些模型主要是针对砂土所建立，缺乏对于覆盖层原状土体材料土力学特性的试验成果，适用性需要进一步验证，且实际应用时的模型参数确定也是难点。需要进一步研究和发展物理模型正确、数学表述简便、模型参数易于测定、适用性和实用性都很强的弹塑性动力本构模型。

高土石坝中存在着多种土体与结构接触面，如面板与垫层接触面、基岩与堆石体接触面等。在静动荷载作用下，可能在这些接触面处出现局部脱开、滑动、错位、张闭等非连续性变形现象。因此，研究并合理描述各类接触面力学响应，对于正确地评价土石坝的震动变形，特别是防渗结构（如面板、防渗墙、土心墙等）的应力变形和安全性具有重要意义。近年来，土体与结构接触面的动力特性研究在试验测试技术、力学特性、本构模型、数值模拟和实际应用等方面均取得了明显进展。总体而言，现有分析理论及方法在用于分析高土石坝接触问题时尚存在以下局限性：① 较少考虑高土石坝的施工过程和结构特点对土与结构接触面动力特性

的影响，如防渗墙施工形成的泥皮、面板堆石坝中的垫层防护型式等；② 尚无真实反映三维复杂循环动力加载条件下粗粒土与结构接触面变形特性的本构模型；③ 在处理接触面法向的张开及其与切向剪切引起的变形的耦合等方面仍待完善。因此，强震条件下高土石坝中的各类接触问题有待进一步深入研究。

可见，目前已有的动力本构模型难以合理地描述三维复杂循环动力加载作用条件下高土石坝筑坝材料、覆盖层材料和各种接触面的本构响应，究其原因有二：其一是缺乏能够再现三维复杂循环动力加载作用的实验设备及测试技术；其二是缺乏对三维复杂循环动力加载条件下筑坝材料、覆盖层材料和各种接触面本构规律的认识。

1.4 高土石坝的三维精细化高性能解法及技术研究

近几十年来，关于高土石坝动力问题求解的数值方法及技术研究已取得明显进展。其中，采用等效线性本构模型的有限元法（通常称为等效线性分析方法）是当前动力分析的主流。等效线性分析方法无法计算土体的塑性变形，需要引入另外的永久变形模式来计算坝体的永久变形。这种将静力计算、动力计算和残余变形计算人为割裂开来的计算方法不能真实地反映高土石坝的地震响应，已不能满足强震环境下高土石坝震动变形规律分析的需要。因此，近年来同时考虑静动耦合的动力数值计算方法受到高度重视，并已进行了一系列的探索。

早期采用的土石坝发生地震反应分析方法，主要有剪切梁法等。剪切梁法将土石坝近似为一维剪切振动体系，计算最为简单，但难以考虑大坝复杂的结构型式，属于粗略的近似计算。以有限单元法为主的数值分析方法，是目前土石坝地震灾变行为研究的一种有效手段。自 1966 年 Clough 将有限单元法引入土石坝应力与变形分析后，Seed 于 1969 年采用有限元动力分析方法对 Sheffield 坝进行了抗震稳定计算，此后有限元法在土石坝地震反应分析中的应用得到了不断地发展和完善。但是，由于高土石坝规模庞大，而多尺度多体耦合又进一步增加了问题的复杂度，高土石坝的静动耦合分析计算工作量巨大，还涉及三维强地震波动输入、材料非线性、弹塑性、接触面、渐进破坏等多个关键科学技术问题，其求解技术已成为相关理论发展的一个重要障碍，需要进一步深入研究。

近二十多年来，有关高土石坝的三维动力计算理论研究方面取得了明显进展，同时对复杂动力边值问题的数值求解方法和求解能力也有了长足进步，譬如非线性迭代数值算法及其稳定性分析、基于并行算法的大规模高性能计算技术等。随着计算机科学的发展，并行计算能够利用相互通信的多处理器实现多指令的同时处理，从而大幅提高了运算速度。这些研究进展，为将高土石坝视为"真三维、非线性、多尺度、大系统"的精细化建模和求解奠定了强有力的技术支撑。

2 研究展望

针对强震环境复杂地质条件下高土石坝的"真三维、非线性、大系统"的基本特征，研究可以"地震动输入及响应机制"为核心，发展高土石坝的真三维多尺度非线性精细化动力分析理论及方法，尽可能真实再现地震动非一致输入条件下高土石坝的动力学行为、变形规律和破坏模式，提出高土石坝抗震性能的综合调控原理、措施及仿真论证技术。沿着建立"理论方法"到实现"仿真分析"、再到揭示"响应机理"的研究思路，力争在理论方法、技术手段和规律机理三个层面具体实现以下目标。

（1）在理论方法层面：通过发展强震环境深厚覆盖层上高土石坝三维非一致输入方法，发展符合筑坝材料、覆盖层饱和土体和各类接触力学特性的动本构模型体系，提高与深厚覆盖层上高土石坝抗震设计相关的理论水平。

（2）在技术手段层面：开发基于并行计算和高性能超算的非线性精细化求解方法，达到建立系统的强震环境复杂地质条件下高土石坝动力响应分析理论及方法，提高深厚覆盖层上高土石坝动力反应分析的计算能力。

（3）在规律机理层面：利用所建立的动力响应分析方法，分析深厚覆盖层上高土石坝地震动输入的影响规律，揭示不同地震动作用深厚覆盖层上高土石坝的三维非一致输入机制，揭示高土石坝震动变形的时空分布规律，提高对复杂地震作用下深厚覆盖层上高土石坝动力学行为、变形与破损规律以及抗震措施有效性的认知。

3 结语

深厚覆盖层上高土石坝地震反应是一项亟待深入研究的重要课题，目前的研究基础较好，在初始条件、地震动输入、本构模型、边值问题求解等方面均有大量研究成果，但地震动非一致输入和动力本构模型尚待进一步研究，并需与超算技术结合。随着国家对强震区深厚覆盖层上建坝的需求越发迫切，需要进一步加强相关理论及方法的研究。

参考文献：

[1] ZHANG J M. Geotechnical aspects of large embankment dams in China.Keynote Lecture，Proceedings，12th Asian Reginal Conference on Soil Mechanics and Geo-technical Engineering，Singapore，2003（2）：1197-1215.

[2] ZHANG J M，YANG Z Y，GAO X Z，TONG Z X. Lessons from damages to high embankment dams in the May 12，2008 Wenchuan earthquake.ASCE Geotechnical Special Publication，No.201：1-31.

[3] ZHANG J M. Geotechnical aspects and seismic damage of the 156-m-high Zipingpu concrete-faced rockfill dam following the Ms 8.0Wenchuan earthquake［J］. Soil Dynamics and Earthquake Engineering，2015（76）：145-156.

[4] Lysmer J，Kulemeyer R L. Finite dynamic model for infinite media［J］. Journal of Engineering Mechanics，ASCE，1969（95）：759-877.

[5] Deeks A J，Randolph M F. Axisymmetric time-domain transmitting boundaries［J］. Journal of Engineering Mechanics，ASCE，1994，120（1）：25-42.

[6] 廖振鹏. 工程波动理论导论. 2版［M］. 北京：科学出版社，2002.

[7] 李彬. 地铁地下结构抗震理论分析与应用研究［D］. 北京：清华大学，2005.

[8] 王立涛，陈厚群，马怀发. 人工黏弹性边界的接触非线性问题在FEPG中的实现［J］. 水力发电学报，2009，28（5）：179-181.

[9] 赵成刚，张其浩. 边界元法在地震波动问题中的应用简介［J］. 世界地震工程，1991（4）：31-38.

[10] SONG C，Wolf J P. The scaled boundary finite-element method—alias consistent infinitesimal finite-element cell method—for elastodynamics［J］. Computer Methods in applied mechanics and engineering，1997，147（3）：329-355.

［11］ Trifunac M D. Surface motion of a semi-cylindrical alluvial valley for incident plane SH wave ［J］. Bulletin of Seismological and Society of America，1971，61（6）：1755－1770.

［12］ Sanchez-Sesma F J. Ground motion amplification due to canyons of arbitrary shape ［C］//Proceedings of the International Conference on Microzonation，2nd San Francisco，1978：729－738.

［13］ YAO Y，LIU T Y，ZHANG J M. A new series solution method for two-dimensional elastic scattering by a canyon in half-space ［J］. Soil Dynamics and Earthquake Engineering，2016（89）：128－135.

［14］ 张建民. 砂土动力学若干基本理论探究 ［J］. 岩土工程学报. 2012，34（1）：1－50.

［15］ Desai C S，Drumm E C，Zaman M M. Cyclic testing and modeling of interfaces ［J］. J Geotech Engng，1985，111（6）：793－815.

［16］ 张嘎，张建民. 大型土与结构接触面循环加载剪切仪的研制及应用 ［J］. 岩土工程学报，2003，25（2）：149－153.

［17］ 张建民，侯文峻，张嘎，等. 大型三维土与结构接触面试验机的研制与应用 ［J］. 岩土工程学报，2008，30（6）：889－894.

［18］ 冯大阔，张嘎，张建民，等. 常刚度条件下粗粒土与结构接触面三维力学特性试验研究 ［J］. 岩土工程学报，2009，31（10）：1571－1577.

［19］ ZHANG G，ZHANG J M. Unified modeling of monotonic and cyclic behavior of interface between structure and gravelly soil ［J］. Soils and Foundations，2008，48（2）：231－245.

［20］ 张建民，张嘎，刘芳. 面板堆石坝挤压式边墙的概化数值模型及应用 ［J］. 岩土工程学报，2005，27（3）：249－253.

［21］ Seed H B，et al. Seismic design of concrete faced rockfill dams ［C］//Looke J B，Sherard J L，ed.Concrete Faced Rockfill Dams-Design，Construction，and Performance.New York：ASCE Convention，1985：459－478.

［22］ 陈映坚，顾淦臣. 钢筋混凝土面板堆石坝动力反应计算 ［J］. 岩土工程学报，1987，9（1）：12－22.

［23］ 迟世春. 高面板堆石坝动力反应分析和抗震稳定分析 ［D］. 南京：河海大学，1995.

［24］ 孔宪京，韩国城. 关门山面板堆石坝二维地震反应分析 ［J］. 大连理工大学学报，1992，32（4）：434－440.

［25］ Newmark N M. Effects of earthquakes on dams and embankments ［J］. Rankin Lecture，Geotechnique，1965，15（2）：139－160.

［26］ Serff N，Seed H B，Makdisi F I，Chang C K. Earthquake-induced deformations of earth dams［J］. University of California，Berkeley，EERC Report No.EERC/76－4，1976.

［27］ 中国水利水电科学院，大连理工大学. 高面板堆石坝的地震永久变形分析 ［R］. "八五" 国家科技攻关研究报告，1995.

［28］ Sengupta A，Martin P. Earthquake-induced permanent deformations in earth dams：from a challenge to practice.Proc.19th International Congress on Large Dams，1997，Italy：745－768.

［29］ 丰土根，刘汉龙，高玉峰，等. 水平地层地震动力反应分析 ［J］. 解放军理工大学学报（自然科学版），2009，10（增）：74－79.

［30］ Pacheco P S. An introduction to parallel programming ［M］. Singapore：Elsevier，Morgan Kaufmann，2011.

深厚覆盖层上高面板堆石坝筑坝关键技术研究

雷艳，张云，郭立红，蔡智云

（中国电建集团西北勘测设计研究院有限公司，陕西省西安市 710065）

【摘　要】苗家坝水电站最大坝高 111m，坝址河床覆盖层最大厚度为 48m，坝体及基础变形问题突出。本文总结了苗家坝水电站深覆盖层上混凝土面板堆石坝枢纽布置特点，通过室内外试验确定坝基覆盖层采用高能级强夯处理措施；根据坝料特性和试验参数，通过坝体三维有限元静、动变形与应力计算分析、渗流计算、坝坡稳定计算等方面计算，研究坝体及坝基的变形特性，确定合理的坝体结构布置及止水型式。施工监测表明大坝填筑等各项指标达到设计要求，处理措施得当，效果显著。成果能对在深厚覆盖层软基上修建 100m 以上高面板堆石坝提供一定的借鉴意义。

【关键词】混凝土面板堆石坝；深厚覆盖层；基础处理；筑坝设计

0　引言

现代混凝土面板堆石坝因其工期短、造价低、适应性广、可充分利用当地材料建坝，近年来在我国受到广泛的应用。以往对于趾板基础的要求是坚硬、不冲蚀和可灌浆的岩石。随着面板坝筑坝技术的不断发展，我国已建和即将兴建的覆盖层上混凝土面板坝工程有 20 多座[2]。根据多年来的研究成果和工程实践，覆盖层上修建混凝土面板堆石坝具有简化施工导流、缩短工期和节省投资等优点[1]，对降低工程成本和缩短工期是有益的，且运行安全可靠。在深厚覆盖层地基上建坝，对于坝体和地基渗透稳定及渗流量的控制格外关键。本文结合苗家坝工程，对建在深厚覆盖层上的混凝土面板堆石坝的坝基处理及筑坝关键技术进行探讨。

1　工程概况

苗家坝水电站位于白龙江中、下游，甘肃省文县境内，距下游已建成的碧口水电站 31.5km。电站尾水与碧口水库回水衔接。该工程的主要任务是发电。枢纽建筑物由混凝土面板堆石坝、溢洪洞（利用导流洞改建而成）、泄洪排沙洞、引水发电洞及岸边厂房等组成。河床趾板建基于深覆盖层上，最大坝高 111m，坝基以下覆盖层最大厚度约为 48m。水库正常设计水位 800m，相应库容为 2.68 亿 m³，

设计校核洪水位 803.5m，总库容为 2.99 亿 m³。厂房布置有 3 台单机容量为 80MW 的混流式机组，总装机容量为 240MW。工程规模属二等大（2）型，主坝按 1 级建筑物设计。

2　工程枢纽布置特点

2.1　坝址区工程地质、地形条件

坝址区河段呈 S 形弯转，中段为流向 SE130°、长 720m 的平直河道。河谷呈 V 形，两岸坡高 600 余米，平均坡度为 42°～45°。坝址区近 4.0km 河段范围内两岸岸坡虽绝大多数为基岩岸坡，整体稳定性好，但存在 7 处倾倒变形体和滑坡体，影响到坝址和坝线选择，甚至对工程枢纽布置格局构成制约。坝址选择存在的主要问题包括：上、中坝址坝前距何家滑坡（总方量约 2300 万 m³，一旦失稳塌滑将形成堵江滑坡）较近，且上、中坝址岸坡均存在深蠕滑、卸荷变形体及河床深厚覆盖层等问题。中坝址中坝线相对较优，但中坝址坝前右岸上游约 100m 处仍分布有 F3、F9 深部蠕滑变形体（516 万 m³），以及左坝肩存在 F12 上盘的蠕滑变形体，何家滑坡距中坝址约 3km，蓄水后下滑，对大坝安全仍构成加大威胁。综合考虑，中坝址左岸地形条件有利于导流和泄洪布置，右岸地形有利于泄洪排沙及引水建筑物布置。最终选定中坝址为推荐坝址。

推荐坝址右岸坝前发育有苗家沟,沟底切割深度约 60m,沟底坡度为 15°～20°。坝址区出露基岩为长城系碧口群(Mtu)厚层状变质凝灰岩,间夹砂质板岩和泥质板岩,发育有顺层裂隙面和层间挤压带,对岸坡稳定不利。河谷左岸为顺层坡,右岸为逆向坡,尤其是左岸趾板边坡开挖施工期存在突出的稳定问题,甚至对趾板基础的稳定构成影响。坝址区近坝范围内,右岸坝肩上游库区发育有 F3、F9 上盘变形体,距坝轴线约 1.5km;左岸坝肩坝轴线以下至消能区约 500m 范围内发育有 F12 上盘变形体,以及位于左坝肩坝体下游坝坡范围的苗家坝小滑坡。河床覆盖层厚度为 10～48m,主要以砂卵砾石层为主,存在透水性强、压缩变形大等问题。这些都是在工程枢纽布置、坝线坝型的选择方面需要考虑的主要因素。

2.2 坝线及坝型选择

受地形地质条件所限,推荐中坝址可选坝轴线的仅限于 100 余米狭窄的范围内,无较大调整余地。坝轴线选择,设计主要考虑将左右岸趾板布置于较完整的厚层变质凝灰岩岩基上,有利于趾板基础和开挖边坡的稳定。其次考虑泄水建筑物的布置形式,右岸排沙洞、左岸溢洪洞布置及消能型式,坝型选择主要考虑对地基覆盖层变形的适应能力和抗震问题,并且尽量减小工程量,节约投资,缩短建设工期。

2.3 工程枢纽布置

受地形地质条件所限,推荐中坝址可选坝轴线的仅限于 100 余米狭窄的范围内,无较大调整余地。经深入研究将混凝土面板堆石坝轴线布置于河段中部平直段,坝轴线方位角为 NE29°31′17.46″,与河道程大角度斜交,使得混凝土面板左岸趾板线置于左坝肩 F12 变形体上游侧出露的下盘完整基岩之上,右岸趾板线置于苗家沟下游侧弱风化岩石上,这样趾板线就避开了 F12 上盘变形体的影响,同时避开了苗家沟洪水冲刷带来的问题,趾板基础及开挖边坡的稳定也有了保证。

根据河床深厚砂卵石层工程地质及变形特性指标,通过计算分析研究将面板坝建造在深厚覆盖层之上,有利于降低工程造价和节省工期,为适应地基变形问题在河床趾板与混凝土防渗墙之间设置短板连接;利用左右岸有利地形布置有左岸表孔泄洪洞兼导流洞、右岸泄洪排沙洞和发电引水洞及坝后岸边式厂房,坝线选择及枢纽建筑物布置合

理、紧凑,并紧密与地形和工程地质条件相结合,最大限度地规避了不利地质条件对工程安全运行带来的风险,有效地降低了工程造价。

3 基础处理措施研究

3.1 覆盖层工程地质条件

苗家坝工程河床覆盖层以砂卵砾石和块碎石为主,厚度为 10～48m,按其颗粒组成与结构特征可自上而下分为以下四层:

(1)表部为碧口水库淤积的砂质粉土(Q_4^{al-4}),厚 2～4m,向下游渐厚,灰黑色,砂质占 30%～40%,余为粉土。

(2)上部为含块碎石砂卵砾石层(Q_4^{al-3}),厚 8～12m,分布高程 685～700m,河床两侧厚,向中间变薄,以卵石砾石间夹碎石为主,占 60%～80%,砂质占 20%～35%。

(3)中部为砂卵砾石层(Q_4^{al-2}),厚 15～25m,分布高程 660～700m,是河床覆盖层的主体层,卵砾石占 75%左右,砂质占 25%左右,其中砂层在不同地段和高程呈透镜状不连续分布。

(4)底部为含碎块石的砂卵砾石层(Q_4^{al-1}),厚 5～10m,分布不连续,分布高程 662～683m,卵砾及块石约占 80%,砂质占 15%左右。

根据现场试验,河床覆盖层的天然密度为 2.26～2.31g/cm³,干密度为 2.16～2.23g/cm³;河床上部含块碎石砂卵砾石层,变形模量为 89～95.3MPa,极限承载力为 0.815～0.840MPa。根据压缩试验结果,压缩系数为 5.74×10^{-6} ～5.79×10^{-6}kPa^{-1},压缩模量为 236.37～305.7MPa,表明坝基砂砾石具有明显的低压缩性。

3.2 强夯试验研究

河床覆盖层中若存在软弱夹层、连续的砂层透镜体或覆盖层本身较松散、天然密度较低等问题,在坝体填筑过程中和运行期覆盖层将会产生较大的变形,从而影响坝体的安全。是否挖除河床覆盖层,要视工程地质特性而定。

由以上河床覆盖层地质资料可知,苗家坝水电站坝基河床覆盖层除去表层的淤积砂质粉土层,上、中、下部的砂卵砾石层中大于 5mm 的颗粒含量占 60%～80%,由于粗颗粒为主而构成骨架,覆盖层的承载力较高。砂层透镜体分布不连续、面积小,未贯穿坝基,对沉降变形不起制约作用。

坝基覆盖层在强夯施工开始前,为论证强夯处

理的效果、影响深度、影响范围和确定合理的强夯施工参数,在河床设计强夯处理区范围内进行了生产性试验。

强夯试验进行了两个方案的比较:方案一(单击最大夯击能为 8000kN·m,夯点间距为 5m),方案二(单击最大夯击能为 6000kN·m,夯点间距为 4m)。

强夯前后分别对覆盖层的干密度、颗粒级配、渗透特性、地基承载力(动力触探)进行对比试验,并测量了强夯处理后场地的沉降量。

(1)干密度试验。强夯前后,分别对表层 2m 范围的覆盖层进行了干密度测试。试验表明,强夯后覆盖层表层干密度有显著的提高。

(2)级配试验。试验表明,强夯后覆盖层上部颗粒有明显破碎,最大粒径减小,但 5mm 以下颗粒含量变化不大。

(3)渗透试验。试验表明,强夯后较强夯前覆盖层渗透系数有所减小,但减小的幅度不大,仍在一个数量级上,说明强夯对于覆盖层的透水性影响不大。

(4)动力触探。强夯前后地基承载力成果见表 1。

表 1　　　　　　　　　　　　　　　　　　地基承载力试验成果表

触探深度(m)	方案一(8000kN·m)			方案二(6000kN·m)		
	夯前地基承载力(kPa)	夯后地基承载力(kPa)	提高幅度(%)	夯前地基承载力(kPa)	夯后地基承载力(kPa)	提高幅度(%)
2.0	1307	1678	28.42	935	1247	33.37
4.2	731	1594	118.06	851	1391	63.45
6.2	623	983	57.78	719	941	30.88
8.2	707	755	6.79	827	743	−10.16
10.2	707	803	13.58	707	725	2.55

由表 1 可知,方案一、二强夯后地基承载力较夯前均有提高(方案二 8.2m 处夯前承载力较高是因为触探点遇到了大的漂石),由地基承载力指标可见强夯的影响范围可达覆盖层以下 10m。其中方案一效果较好,6.2m 处地基承载力提高值在 50%以上,10.2m 处提高值也在 10%以上,效果明显。

(5)强夯沉降量。强夯前后场地平均高程变化及沉降量成果见表 2。

表 2　　　　　　　　　　　　　　　　　　强 夯 沉 降 量 成 果 表

遍　数	方案一(8000kN·m)			方案二(6000kN·m)		
	夯前高程(m)	夯后高程(m)	沉降量(cm)	夯前高程(m)	夯后高程(m)	沉降量(cm)
第一遍	698.000	697.951	4.9	698.000	697.849	15.1
第二遍	697.951	697.892	5.9	697.849	697.815	3.4
第三遍	697.892	697.845	4.7	697.815	697.739	7.6
第四遍	697.845	697.791	5.4	697.739	697.682	5.7
总沉降量			20.9			31.8

由表 2 可知,方案一、二强夯后试验区场地的平均高程均有所下降,由于试验区场地位置的不同,沉降量略有差别,两块试验场地的平均沉降量为 26.35cm。

3.3　坝基覆盖层处理及渗控措施

根据苗家坝水电站工程地质特性,结合强夯试验研究,对于本工程无软弱夹层和连续砂层透镜体、压缩量小的覆盖层,考虑对工期和工程量的影响可不予挖除。具体地基覆盖层处理措施如下:

(1)河床坝基、趾板基础开挖及处理。坝基河床覆盖层厚度为 30~48.3m,共分四层。除去表层的淤积层,上、中、下部的砂卵砾石层中大于 5mm 的颗粒含量占 65%~80%,由于粗颗粒为主而构成骨架,覆盖层的承载力较高。

河床部位趾板和坝体基础挖除覆盖层表层的淤积砂质粉土层后,坐落在砂卵砾石层之上,趾板基础开挖至 694m 高程;同时,为提高坝基覆盖层的密实度、减小坝体变形,坝体填筑和趾板浇筑前,对河床坝基进行处理。

坝轴线以上至趾板承载力较大区域的坝基，采用高能级强夯处理，坝轴线以下范围坝基采用碾压处理。

根据苗家坝水电站混凝土面板堆石坝三维非线性有限元静力计算结果，运行期坝体和覆盖层的最大沉降量为 88cm，其中覆盖层最大沉降量约 35～50cm。由以上试验成果可知经过高能级强夯处理，覆盖层的预沉降量可达到 26.35cm 左右，约占坝体总沉降量的 29.94%，占覆盖层沉降量的 50%～70%，效果明显。

（2）断层处理。出露于左岸趾板基础的 F3 断层，其宽度为 0.5～1.0m，夹泥厚 10～20cm。对于该断层采用开挖混凝土断层塞置换处理，并将此部位帷幕孔间距由 2m 加密到 1m，以防止产生集中渗漏问题。

（3）坝基防渗设计。河床深厚覆盖层防渗采用混凝土防渗墙与帷幕灌浆相结合的方式，墙厚 1.2m，最大墙深 41.5m，墙底嵌入基岩 1.0m。防渗墙上设置单排帷幕灌浆孔，孔距 1.5m，深入防渗墙以下基岩内 20～30m。

河床两岸趾板在 770m 高程以下设置主、副两排帷幕灌浆孔，770m 高程以上和坝顶 805m 灌浆洞内设置一排帷幕灌浆孔，帷幕灌浆孔排距 1.5m。帷幕灌浆设计深度深入相对不透水层 3.0Lu 线以下 5.0m，局部为 2.0Lu，帷幕防渗控制标准透水率小于 3.0Lu。

4 混凝土面板堆石坝设计

4.1 坝体布置

混凝土面板堆石坝两岸坝肩（趾板）基础坐落于较完整变质凝灰岩基上，卸荷裂隙不甚发育；河床坝基（趾板）建基于冲积砂卵砾、碎石覆盖层上部。坝顶高程 805m，河床趾板基础高程 694m，最大坝高 111m，坝顶长 348.2m，坝顶宽 10m，坝顶上游侧设置高 5.2m 的 L 形钢筋混凝土防浪墙，墙底高程 801m，墙顶高程 806.2m。混凝土面板堆石坝上游坝坡比为 1:1.4；下游坝坡为浆砌石网格梁（间隔内砌筑干砌块石）护坡，为满足坝体填筑要求坝后设置宽 9m 的"之"字形马道和一条宽 2m 的水平马道，各层马道间坡比为 1:1.4 和 1:1.35，下游坝面综合比为 1:1.55。为防止地震引起的局部破坏，在坝体 3/4 高度以上至坝顶埋设锚筋，外侧

与钢筋网连接，表面浆砌石网格梁护坡保护，以增加下游坝坡的抗震能力。

面板厚度为 30～61.4cm。为适应地基变形，在河床趾板与上游混凝土防渗墙之间设置 3m 宽的钢筋混凝土连接板。

4.2 筑坝材料工程特性及坝体分区设计

4.2.1 筑坝材料特性

可利用的筑坝材料主要来自斜坡里—圈湾堆石料场和枢纽建筑物开挖料。斜坡里—圈湾堆石料场的石料主要为厚层块状变质凝灰岩，为坚硬岩，除压碎指标偏低外，总体为良好的石料料源。坝址开挖料主要为厚层块状变质凝灰岩，夹杂少量砂质泥质板岩，以坚硬岩为主，将其作为堆石料满足要求。

4.2.2 坝体分区设计

坝址区上、下游 30km 范围内天然砂砾石料不能满足坝体填筑要求，因此选择坝址下游 0.8～2km 处的圈湾块石料场作为坝体填筑料源。料场岩性与坝址区岩性相同，为厚层块状变质凝灰岩。

根据料场岩性及坝址区开挖料特性，坝体分区用的主要原则：① 满足坝体的变形协调，尽量减少变形，减小面板和止水系统遭到破坏的可能性。② 各分区材料间、坝料与河床覆盖层间满足水力过渡要求。③ 合理利用建筑开挖。④ 各分区尺寸满足机械化施工要求。大坝从上游至下游依次分为 1B 上游盖重、1A 上游铺盖（粉煤灰＋粉质黏土）、2B 特殊垫层区、2A 垫层区、3A 过渡区、3B 主堆石区、3C 下游堆石区、3E 河床垫层反滤料、P 下游护坡，如图 1 所示。

5 坝体与坝基应力变形分析

苗家坝混凝土面板堆石坝静、动力三维有限元分析中，针对面板与垫层料接触面、趾板与覆盖层接触面、连接板与覆盖层接触面、防渗墙与地基（覆盖层）接触面采用清华弹塑性损伤接触面模型模拟。计算所采用的模型参数通过相应的接触面试验确定，在清华大学 2000kN 大型静/动三轴试验机上进行了堆石坝筑坝材料的大型三轴动力特性试验，包括动剪切模量与阻尼比试验、动残余变形特性试验、动强度试验等。基于试验结果分析了坝料的动力变形规律，为该工程的应力变形计算和设计施工提供了试验依据，客观地反映了坝料特性和坝体变形规律，简化了抗震安全措施，经济效益显著。

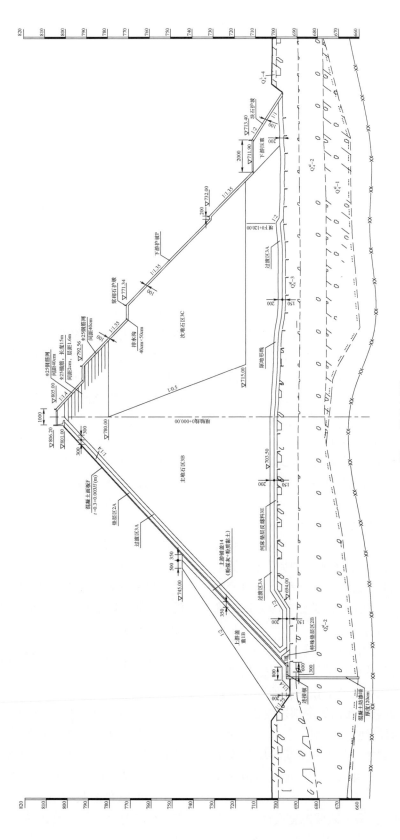

图 1　坝体剖面

5.1 三维有限元静力计算

采用沈珠江双屈服面模型和邓肯－张 $E-B$ 模型对大坝进行三维有限元静力计算，计算结果表明：

（1）采用 E-B 模型和沈珠江双屈服面模型算得到的坝体应力差别不大，变形的差别较大，但规律相似；两个模型算得的防渗墙应力变形也有一定差别，但总体趋势较为一致。

（2）坝体坝基最大沉降发生在河谷中央附近，蓄水后总沉降 67.5cm，沉降率（含覆盖层厚度）为 0.42%；竣工期坝体最大沉降 63.5cm，占总沉降的 94%。

（3）竣工期坝体顺河向位移最大值为 17.2cm（向上游），轴向位移最大值为 7.3cm（向右岸）；蓄水后顺河向位移最大值为 19.2cm（向下游），轴向位移最大值为 7.4cm（向右岸），蓄水后水平向下游的位移增加，向上游的位移减小。

（4）面板最大挠度为 19cm，发生在面板中部；面板的顺坡向应力以压应力为主，其峰值为 4.7MPa，发生于面板的中部偏下位置，在面板周边的较小区域内出现部分拉应力，但数值较小；面板的水平向应力分布为：中部坝段的面板受压，压应力峰值为 2.9MPa，出现在面板下部。

（5）混凝土防渗墙竣工期表现出向上游的位移，最大值为 2.9cm，出现在防渗墙上部，蓄水完成后防渗墙表现出较明显的向下游顺河向位移，最大值为 5.5cm，仍出现在防渗墙顶部附近上部。防渗墙的竖向应力以压应力为主，其峰值为 2.3MPa，蓄水完成后防渗墙的竖向应力明显增大，其峰值为 5.9MPa，也由竣工期的底部附近上移至防渗墙的中部位置；防渗墙自上游至下游其竖向应力逐渐增大，表明出现了一定的弯矩。

（6）面板周边缝的错位变形较小，表现出一定量的沉陷变形，河谷处的面板周边缝沉陷量相对较大；面板周边缝的张开量较大，在河谷处以及转折处的变位较大；面板竖缝在面板中部以受压为主，靠近坝肩坝段的竖缝出现张开，最大竖缝张开量不大；面板与防浪墙、趾板与连接板、防渗墙与连接板的接缝均以受压为主，并表现出一定量的错动和抬升变位。

5.2 三维有限元动力计算及大坝抗震设计

本工程大坝设计地震加速度代表值按 50 年超越概率 10%时的基岩水平峰值加速度 0.21g 考虑，校核地震加速度代表值按 50 年超越概率 5%时的基岩水平峰值加速度 0.29g 考虑。

进行坝体三维有限元动力计算分析结果表明：大坝的顶部放大效应较为明显，坝顶及坝顶附近坝坡区域的加速度反应比较大，震后大坝的残余变形最大沉降出现在坝顶下游区域，坝体最大动剪应变出现在坝顶部附近。另外，地震作用下，面板水平向拉应力有所增加，拉应力主要出现在面板的两侧，但数值较小。在设计地震作用下最大残余变形竖向为 14.5cm、顺河向为 11.1cm，周边缝最大张开度为 2.77cm，面板挠度为 31.8cm。在校核地震作用下最大残余变形竖向为 19.4cm、顺河向为 15.4cm，周边缝最大张开度为 3.06cm，面板挠度为 35.7cm。

根据以上分析，大坝抗震主要采取如下措施：

（1）下游坝坡采用上缓下陡的形式提高抗震安全性，坝高 3/4 以上至坝顶（即 780～805m 高程）坡比为 1:1.4，下部为 1:1.35。

（2）在 780～805m 高程之间下游坝体内埋设 ϕ25、长 15m、水平间距 2m、垂直间距 1.6m 的锚筋，外侧与钢筋网连接，以增加坝体上部下游坝坡的抗震能力。

（3）下游坝坡采用浆砌石网格梁、网格内砌筑干砌块石保护，以加强坝坡整体稳定性。

（4）本工程设防烈度为Ⅷ度，在确定坝顶高程时，分别计入了地震涌浪高度和地震附加沉降量。

（5）为保证坝料填筑密实，首先在堆石料与两岸岸坡岩石接触部位先填筑一层厚度 1.6m 的过渡料；其次在填筑时要求对坝料散水。

（6）在面板压性垂直缝内填充厚度为 12mm 的橡胶板，以减少面板之间的压应力，防止面板混凝土被压碎。

6 三维有限元渗流计算分析

三维有限元渗流计算结果表明：

（1）灌浆帷幕的深度对计算域内的渗透流量影响不是很大。防渗帷幕深度减小 10m、减小 20m 的情况下，渗透量由 105L/s 增大到 109L/s 和 111L/s，仅分别增大 4L/s 和 2L/s。

（2）帷幕灌浆效果（防渗帷幕渗透系数增大 5 倍）对渗透流量的影响比较大，相应总渗透流量约增大 3.10 倍。

（3）设置灌浆帷幕与不设置防渗帷幕相比，设置灌浆帷幕对坝体内浸润面的高程、坝体各分区的最大渗透坡降、防渗体系的最大渗透坡降和覆盖层的最大渗透坡降影响较大。当岩体渗透性一定时，设置帷幕及防渗墙后，坝体浸润面的高程降低约11.32m，坝体内面板的渗透坡降增大约9.1，面板后的垫层、过渡层、主砂砾石、排水体和下游堆石的最大渗透坡降都有所降低，趾板、防渗墙的最大渗透坡降分别增大 1.19、11.23，覆盖层最大渗透坡降减小约0.0116。

可见，当岩体的渗透性一定时，设置灌浆帷幕后坝体内浸润面的高程明显降低，防渗体系（面板、趾板、防渗墙、灌浆帷幕）内最大渗透坡降明显增大，覆盖层内最大渗透坡降减小。设置防渗帷幕是必要的。

（4）面板、坝体各料区和坝基覆盖层、混凝土防渗墙、灌浆帷幕各工况的最大渗透坡降满足规范及试验允许值，不会发生渗透破坏。

7 施工期主要监测成果

2009 年 9 月 18 日开始坝体填筑，至 2011 年 1 月 20 日坝体到防浪墙地面高程为 801.0m，2011 年 4 月 25 日开始进行坝体混凝土面板施工试验，至 7 月 15 日面板浇筑全部完成，9 月底面板接缝止水安装完成，2012 年 4 月初坝体填筑至 805.0m 高程。

混凝土面板施工前，于 2011 年 4 月 19 日监测坝体最大沉降量（沉降管资料）为 52.1cm，约为大坝竣工期计算沉降量的 50%，沉降速率为 0～6mm/月。但在坝顶 801.0m 高程施工面均匀布置的 10 个变形监测点表明，沉降速率为 2～5mm/月，满足设计要求。

电站经过近 8 年安全运行和在 2017 年九寨沟"8·8"7.0 级强地震检验，地震前后监测到周边缝开度增加量在 1～2mm 范围内；坝后渗流监测孔，同位素示踪法测试，最大流速 $v \approx 1 \times 10^{-5}$ cm/s，满足不冲蚀要求。大坝累计沉陷变形为 60～80cm，占坝高的 0.6% 左右。

8 结语

苗家坝混凝土面板堆石坝最大坝高为 111m，河床覆盖层最大厚度为 48.3m，考虑坝体及基础的沉陷影响，坝体总变形量级相当于高度为 150m 级高坝的量级。工程布置结合坝址区地质、地形特点，采用的枢纽布置方案，避免了滑坡、变形体带来不利影响。选定的混凝土面板堆石坝，较好地适应河床深厚覆盖层变形，结构设计安全合理。施工监测表明各项指标达到设计要求，处理措施得当。根据国内已有工程经验，将河床趾板和坝体基础置于河床覆盖层上，减少了开挖和填筑工程量，取得了明显的经济效益。

参考文献：

[1] 李国英，苗喆，米占宽. 深厚覆盖层上高面板坝建基条件及防渗设计综述 [J]. 水利水运工程学报，2014（4）：1-5.

[2] 段斌，吴晓铭，陈刚，等. 建在深厚覆盖层和强卸荷岩体上的混凝土面板堆石坝筑坝关键技术研究 [C] //中国大坝协会 2013 年学术年会暨第三届堆石坝国际研讨会，2013.

[3] 白勇，柴军瑞，曹境英，等. 深厚覆盖层地基渗流场数值分析 [J]. 岩土力学，2008（29）：90-94.

[4] 张云，郭立红，雷艳. 苗家坝水电站混凝土面板堆石坝设计与施工效果评价 [J]. 堆石坝建设和水电开发的技术进展，2013：587-594.

[5] 张云，蔡智云. 混凝土面板堆石坝坝基深厚覆盖层处理设计与试验研究分析 [J]. 西北水电，2010（6）：59-62.

[6] 中国水电顾问集团西北勘测设计研究院. 白龙江苗家坝水电站工程蓄水安全鉴定设计自检报告 [R]. 西安：中国水电顾问集团西北勘测设计研究院，2011.

[7] 白龙江. 苗家坝水电站工程混凝土面板堆石坝坝体三维非线性有限元静力、动力分析研究报告 [R]. 北京：清华大学，2009.

作者简介：

雷 艳（1982—），女，高级工程师，主要从事水工结构设计工作。

特高土石坝防渗土料改性研究与实践

李永红，余挺，王观琪，张凤财

（中国电建集团成都勘测设计研究院有限公司，四川省成都市　610072）

【摘　要】高度超过200m的特高土石坝对防渗土料要求很高。具有良好物理力学特性的宽级配砾质土的应用推动了特高土石坝的发展，然而，工程区料源往往存在空间分布不均、粗粒或细粒含量不足、含水率偏高或偏低等问题，需采取措施改性处理。本文重点结合工程实例介绍土料中掺入粗粒、筛分剔除某粒径以上的粗粒、不同料区砾质土混掺三类土料改性处理措施的研究与应用情况。

【关键词】土石坝；心墙；堆石坝；防渗土料；宽级配；砾质土；级配；掺合；筛分；剔除

0　引言

在世界坝工建设中，土石坝是最常用的坝型。目前，世界上土石坝建设已经达到了很高的水平，塔吉克斯坦已建的努列克心墙堆石坝，最大坝高达到了300m。

自20世纪80年代以来，中国的高土石坝发展迅速，于2010年在厚达78m的覆盖层上建成了高186m的瀑布沟心墙堆石坝，于2012年建成了高261.50m的糯扎渡心墙堆石坝，正在建设的长河坝、两河口、双江口3座心墙堆石坝最大坝高分别达到了240、295、315m。

在土石坝工程设计中，防渗土料的选择与设计至关重要。20世纪60年代以前，土石坝防渗体材料多采用黏土，但实践表明纯黏土作为高坝防渗土料存在变形量大、裂缝后抗渗透变形能力差、土料含水率往往较高、土料难找和施工难度大等问题。之后，随着工程机械和施工技术的发展，特别是土料反滤料保护材料及理论的发展，冰碛土、风化石料、砾石土等为代表的宽级配砾质土作为高土石坝防渗料得以广泛应用，拓宽了防渗土料的选择范围，克服了纯黏土料作为高坝防渗料的前述局限，使土石坝可以更好地发挥"就地取材"的优势，进一步促进了高土石坝的发展。

即使如此，对于高土石坝来讲，由于土料用量大、要求高，当地天然土料往往难以全面达到使用要求，工程实践中往往需要采取措施进行改性处理后才予使用。

1　超高土石坝防渗土料特性及改性要求

高土石坝，尤其是坝高超过200m的特高坝，对防渗土料的要求高，需要具有良好的压实特性、强度特性、变形特性、防渗和抗渗特性。实践中多采用宽级配砾质土作为高土石坝防渗料，这种土料除了满足防渗要求外，还有以下主要特点：压实土体强度高、压缩性低，可以缩小心墙与堆石体的变形差，降低心墙裂缝和水力劈裂等风险；在防渗心墙出现开裂时，土中粗粒可以减弱渗透冲蚀破坏，且有在反滤保护下实现裂缝自愈的较强能力；含水率调整相对容易，且填筑要求不那么敏感；有较高的承载能力，便于重型施工机具的运输和碾压。

然而，工程区料源往往会存在储量不足或空间分布不均、粗粒量或细粒量含量不足、含水率偏高或偏低等问题，需采取措施进行改性处理后才能满足要求。土料含水率的调整多采用翻晒、喷水等方式，补水后的土料进行一定时间闷料、均化水分后使用。改善土料的防渗与抗渗特性、力学和压缩特性则需要改变土料级配，遇到的情况比较复杂，技术要求及质量控制难度相对较高。

工程实践表明，适于高坝的宽级配砾质土中粒径大于5mm颗粒含量（P_5）的不超过50%、小于0.1mm颗粒含量的在20%左右较为合适。但有的天然土料存在细粒含量偏多、强度不能满足高坝要求的问题；而有的天然土料又存在细粒含量偏少、粗粒含量较多或过粗，防渗与抗渗性能不能完全满足要求的缺点；还有的天然土料的粗细颗粒在料场空间上分布不均匀，需要进行混掺，以改进质量，提高利用率。

世界上已建与在建的坝高超过230m的心墙堆石坝防渗土料特性统计见表1。这些大坝的防渗土料多采用一定措施进行过改性处理。归结起来，改

性处理的方式主要有三类：一是偏细土料中掺入粗粒料，如努列克、特里、糯扎渡、两河口、双江口等；二是通过筛分剔除一定粒径以上的粗粒料，如瀑布沟、长河坝等；三是不同料区砾质土料混掺，如长河坝等。

以下重点以中国双江口、瀑布沟、长河坝三座砾石土心墙堆石坝为代表介绍心墙防渗土料特性改进及其应用情况。

表 1 　　　　　　　　　国内外几座坝高超过 230m 的心墙堆石坝防渗土料特性统计表

坝名	国家	坝型	坝高（m）	心墙土料特性	建成年代
努列克（Nurek）	塔吉克斯坦	直心墙堆石坝	300	壤土、砂壤土和小于 200mm 碎石的混合料，小于 5mm 颗粒含量为 60%～80%	1980
奇可森（Ckicoasen）	墨西哥	直心墙堆石坝	261	砾石含量高的黏土质砂，粗粒料为级配良好的含微风化泥质岩和冲积层，5mm 以上颗粒含量为 18%～45%	1980
特里（Tehri）	印度	斜心墙堆石坝	260.5	黏土、砂砾石混合料，最大粒径 200mm，小于 5mm 颗粒含量为 60%～80%	2005
瓜维奥（Guavia）	哥伦比亚	斜心墙堆石坝	247	砾质土，表层黏土和下部粗粒料混合	1989
买加（Mica）	加拿大	斜心墙堆石坝	242	冰碛土，最大粒径 200mm，5mm 以上颗粒含量为 25%～47%	1973
契伏（Chivor）	哥伦比亚	斜心墙堆石坝	237	砾质土，最大粒径 150mm，5mm 以上颗粒平均含量为 30%	1975
奥罗维尔（Droville）	美国	斜心墙堆石坝	230	黏土、粉土、砂砾石和卵石混合料，最大粒径 75mm，小于 5mm 颗粒平均含量为 55%	1968
糯扎渡	中国	直心墙堆石坝	261.5	掺砾土料（掺砾石量 35%）。小于 5mm 含量为 60%～70%	2012
双江口	中国	直心墙堆石坝	315	掺砾土料（掺砂砾石量约 45%），小于 5mm 含量为 50%～60%	在建
两河口	中国	直心墙堆石坝	295	掺砾土料（掺砂砾石量约 30%～45%），小于 5mm 含量为 55%～65%	在建
长河坝	中国	直心墙堆石坝	240	一部分筛分剔除超径石块后直接上坝；一部分由料场中偏粗料（剔除超径石块后）和偏细料混掺后上坝	已建

2 土料中掺入粗粒料（双江口工程）

2.1 土料掺合方法简述

据查，已有的土石坝防渗土料的掺合方法主要有四种：① 料场或掺合场平铺立采法；② 填筑面堆放掺合法；③ 带式输送机掺合法；④ 搅拌机掺合法。"平铺立采"掺合工艺简单易行、使用较多、经验丰富，中国糯扎渡工程采用了该方法，双江口、两河口工程均开展了该方法的试验研究。双江口工程还针对其工程区场地狭窄的特点，研究提出了自动化掺合施工工艺。

2.2 双江口坝及土料料源

双江口砾石土心墙堆石坝，位于大渡河上游，

最大坝高 315m，坝顶高程 2510.00m，坝顶宽度 16m，上游坡 1:2.0，下游坡 1:1.9。砾质土心墙顶高程 2508.00m，顶宽 4m，上、下游坡比均为 1:0.2；心墙上、下游分别设置两层反滤，上游两层各厚 4m，下游两层各厚 6m；坝壳和反滤层间设过渡层。坝基河床覆盖层一般厚 48～57m，最大厚度达 67.8m。砾石土心墙及反滤层建于基岩上；堆石坝壳及过渡层建于覆盖层上，其中的规模较大的砂层透镜体予以清除。大坝设计地震动加速度为 205gal。

当卡料场是防渗土料主要料场，位于坝址下游约 9km，分布高程 2420～3040m，地形坡度约 30°。该料场具二元结构，有用层为料场上部的非分散性

黄色粉质黏土层，层厚 1.0～16.52m，含少量角砾。其平均天然密度为 1.74g/cm³，干密度为 1.52g/cm³，天然含水率为 15.1%，属低液限黏土；颗粒组成中，粒径大于 60mm 含量为 2.1%，小于 5mm 颗粒含量 94.0%，小于 0.075mm 细粒含量 82.6%，小于 0.005mm 黏粒含量 21.0%。对于 300m 级高坝，其防渗性能满足要求，但颗粒偏细、强度偏低、压缩性偏高，需要掺入粗粒料改性。

2.3 掺合方案及土料特性研究

（1）掺入料选择。基于近坝区天然建筑材料料源情况，土料掺合共研究了 3 种掺入料方案：当卡料场下部的冰碛块碎石土料、天然砂卵石料、花岗岩人工破碎料。研究表明，心墙掺合料选用土料与花岗岩破碎料按一定比例掺合，质量保证性、掺合强度保证率较高，便于大规模施工的质量、进度以及成本控制，因此选择了该方案。

（2）花岗岩破碎料级配研究。土料与花岗岩破碎料掺合研究先后拟定了 3 种方案及相应的多种级配进行改性后的物理力学性试验。针对这 3 种方案，开展了大量的试验研究。依据试验成果，并考虑便于在大规模施工中形成经济、合理的生产流程和便于施工质量控制等因素，确定了花岗岩破碎料级配为：控制最大粒径为 100mm，上包线小于 5mm 颗粒含量为 15%，平均线小于 5mm 颗粒含量为 5%，下包线最小粒径大于 5mm。

（3）掺合比例研究。采用土料与花岗岩破碎料按掺合比例 70%:30%（质量比，下同）、65%:35%、60%:40%、55%:45%、50%:50%五种比例进行了室内掺合试验研究。不同掺合比例室内物理力学性能试验研究表明，粉质黏土料与花岗岩破碎料以 55%:45%、50%:50%两种比例掺合的砾石土料的综合物理力学性指标较优。

（4）掺合料特性。以土料与拟定级配的花岗岩平均线破碎料按 55%:45%（质量比）掺合，掺合后平均线小于 5mm 颗粒含量为 54.3%，小于 0.075mm 含量为 46.0%，黏粒含量 11.7%，不均系数为 2138.6，曲率系数分别为 0.05。在 2685kJ/m³ 击实功能下，掺合料最大干密度为 2.13g/cm³，最优含水率为 8.3%；室内力学试验在 0.1～0.2MPa 条件下压缩系数为 0.025MPa⁻¹，压缩模量为 51.1MPa；破坏坡降不小于 10.1，渗透系数为 2.75×10^{-7} cm/s；直剪试验摩擦角为 30.4°，凝聚力为 60kPa；大三轴试验固结排水剪摩擦角为 27.9°，

凝聚力为 42kPa。

2.4 掺合施工工艺研究

（1）花岗岩破碎料制备工艺研究。根据工程的原料特性和规模化生产要求，开展了花岗岩破碎料制备试验研究，该试验利用双江口工程导流洞施工的砂石加工系统开展。提出的总体工艺方案是采用三级破碎、细碎整形制砂、两级筛分、干法生产、粗细砂混掺工艺。

试验料源为粒径大于 200mm 以上的洞渣料，由电动给料机控制给料量，系统出料为 150mm 以下混合料。试验表明，制备的花岗岩破碎料能够满足级配要求，在给料量基本恒定、料源一致、给料速度相同的情况下，只要机械的开口参数预先设定好，生产出混合料的品质随机波动范围很小，适应连续、大规模生产。

（2）"平铺立采"掺合工艺研究。"平铺立采"工艺在高土石坝土料掺合施工中采用较多。其主要工艺流程为：砂砾石料、土料互层摊铺，然后立面开采，再重复挖、卸进行掺合，之后装运上坝。该法将掺合材料质量比例换算成体积比例，采用铺设厚度来计量掺合比例。长河坝、两河口等工程采用了这类掺合工艺，双江口也做了相应试验研究。

（3）自动化掺合工艺研究。"平铺立采"掺合工艺简单、工程应用经验丰富，各工序均采用传统的自卸汽车、推土机、装载机等机械作业。正因如此，该法也存在质量控制手段粗放、作业效率低、掺合场用地规模大等问题。对于双江口等位于深山峡谷区的工程，其场平、公路建设工程量大、投资高，因此，双江口工程基于带式连续给料与计量技术、搅拌机技术，研究提出了自动化运输、掺合施工工艺。

系统主要工艺流程：土料开采/砂砾石料制备→皮带机运输（或自调节料堆取料）→配料仓及计量系统→搅拌机掺合→掺合料皮带机运输→堆料机铺料、补水→堆存（闷料）→装运上坝。土料、石料供料系统供应能力分别为 770、550t/h，掺合、运输、堆存系统生产能力 1400t/h，堆料系统堆存量及补水闷料时间由系统备料需求和含水量均化需要共同决定。研究表明，该方法相比公路运输及"平铺立采"掺合工艺，对于双江口工程预计可以节省约 20%的工程费用，而且质量控制可以更加精细、有效。

3 剔除天然土料中的部分粗粒（瀑布沟工程）

3.1 瀑布沟坝及土料料源

瀑布沟砾质土心墙堆石坝位于大渡河中游，最大坝高186m，坝顶高程856.00m；大坝上游坡1:2及1:2.5，下游坡1:1.8；心墙顶高程为854.00m，顶宽4m，心墙上、下游坡度均为1:0.25。坝基覆盖层最大厚度78m，采用两道混凝土防渗墙处理，各厚1.2m，两墙中心间距14m。大坝设计烈度为8度。

黑马Ⅰ区料场，是大坝防渗土料的主要料场，位于大坝上游，距坝址约16km，土料分布高程为1345～1510m。土料颗粒组成中，小于5mm的粒径含量约46%，小于0.1mm和小于0.005mm粒径含量分别为20%和4.6%。天然土料偏粗，不能直接作为心墙防渗土料。

3.2 防渗土料级配调整研究

通过大量的室内外试验和现场碾压试验，确定了对于黑马Ⅰ区洪积亚区土料的质量改进措施，即采用格栅筛除法剔除土料中大于80mm的粗料。剔除大于80mm的粗粒后，土料小于5mm颗粒含量约为51.06%，小于0.075mm和小于0.005mm粒径含量分别为21.89%和5.46%，渗透系数达到10^{-5}～10^{-6}cm/s量级。实践表明，土料剔除粗粒效果好，级配得以改善，土料分类由剔除前的不良级配砾（GP）变为含黏土质砾（GC），物理力学指标能满足高坝防渗土料的要求。

3.3 剔除粗粒施工工艺

采用筛分的方法，提出土料中的粗粒料。施工前期开展了筛分试验，内容包括筛分方式、筛网结构、筛网角度等。经反复研究，最终采取了二级筛分的方式，即砾石土料首先经条筛筛除大于120mm的砾石，然后经皮带机输送到振动筛进行二次筛分，筛除80mm以上的砾石。上述筛分方式的优点是先用条筛筛除大颗粒的砾石，可减少对振动筛网的磨损，而采用第二级振动筛可缩短筛网上砾石的滞留时间，降低卡筛概率，提高筛分强度并减少砾石土料的损失。

为满足施工供料要求，考虑料仓出口尺寸及倒料作业时间及其他因素，筛分系统中共安装了4个条筛，其中1个为备用筛，单个条筛尺寸为4.5m×6m，由轻型钢轨制作。条筛的倾斜角度是保证筛分质量与效率的重要设计参数，通过实验确

定30°～35°为黑马料场砾石土料最佳过筛角度。

振动筛网同样安装了4套，单套生产效率为350t/h。振动筛的工作原理是靠激振器使筛面产生高频率低振幅的振动来进行物料筛选，以避免颗粒卡住筛孔，提高过筛率和生产效率。

4 不同料区砾石土料混掺（长河坝工程）

4.1 长河坝大坝及土料料源

长河坝砾石土心墙堆石坝位于大渡河上游，坝顶高程为1697.00m，最大坝高240m，上、下游坝坡均为1:2，坝顶宽度16m。心墙顶宽6m，心墙上、下游坡度均为1:0.25。心墙上、下游侧均设反滤层，上游反滤层厚度8.0m，下游设2层反滤，厚度均为6.0m。上、下游反滤层与坝壳堆石间均设置过渡层，水平厚度为20m。坝基覆盖层防渗采用二道全封闭混凝土防渗墙，墙厚分别为1.4m和1.2m，两墙之间净距14m，最大墙深约50m。大坝设计地震加速度为359g。

汤坝料场土料天然密度为2.06g/cm³，干密度为1.86g/cm³，天然含水率平均为10.7%。颗粒级配组成中，粒径>200mm块石含量为0～10.0%，平均为1.05%；<5mm颗粒含量为35.0%～91.0%，平均为53.17%；<0.005mm黏粒含量为4.0%～30.0%，平均为9.86%。属黏土质砾（GC）。

汤坝料场土料砾石含量在料场分布不均匀。汤坝料场仅部分区域土料（约290万m³）通过筛分剔除部分粗粒后可直接上坝；剩余偏粗料（P_5含量大于50%）约176万m³、偏细料（P_5含量小于30%）约87万m³，需筛除粗粒再混掺后才能使用。

4.2 心墙料级配调整研究

为了研究合适的混掺比例，前后进行了多次试验。其中根据设计要求，为提高汤坝料场土料利用率，以掺合料P_5=43%为主要目标进行试验。其具体要求为：偏粗料（50%<P_5≤65%）与偏细料（P_5<35%）进行掺，达到成品掺合料P_5=43%，P_5的波动幅度小于±7%，并满足设计标准30%≤P_5≤50%。对试验成品料的击实和碾压试验成果表明，混掺料已经能够满足心墙坝料填筑要求。

4.3 混掺施工工艺

混掺施工采用"平铺立采"方式进行。采用自卸汽车运输掺配料，推土机平铺，平铺后的掺配料由挖掘机自下而上进行立采，挖掘机斗举空中将料自然抛落，重复3～6次。由于掺配后，土料含水

率将降低，因此将掺配后的土料喷水后，在备料场进行堆存，待含水率满足设计要求后使用。

根据试验拟订的两土料掺配比例，经现场试验确定细料和粗料的摊铺厚度。拟订粗料摊铺厚度为0.5m，再以掺配比例经试验确定细料摊铺厚度。铺料顺序：先铺粗料，然后细料、粗料相间铺料，使铺料高度达到满足掺配机械工作条件。

5 结语

（1）土石坝已逐步成为世界上高坝建设的主流坝型之一，宽级配砾质土料的应用推动了高土石坝，特别是高度超过200m的特高土石坝的发展。然而，天然土料往往会存在一些不足，因地制宜地采取合适措施改性处理是必要的，工程实践中已经有丰富经验。

（2）双江口、两河口、糯扎渡等工程研究与实践表明，当天然土料细粒含量偏多、强度不能满足高坝要求时，采用掺入砂砾石的方式可以成功改性。"平铺立采"掺合工艺采用传统设备施工，流程简单、经验丰富；双江口工程针对其狭窄场地和道路条件，研究提出的自动化运输、掺合施工工艺不仅可以节省工程费用，而且可以提高质量控制水平。

（3）瀑布沟、长河坝等工程的研究与实践表明，当天然级配砾质土细粒含量偏少、防渗与抗渗性能不能满足要求时，采用剔除一定粒径以上粗颗粒调整土料级配、改善性能是行之有效的措施。

（4）长河坝等工程的研究与实践表明，对于料源粗细颗粒空间分布不均匀的情况，采用偏细土料与偏粗土料的混掺，可以改进土料质量，大大提高天然土料利用率。

参考文献：

[1] 余挺. 砾质土防渗料在高土石坝上的应用 [J]. 水电站设计，2003，19（9）：15 – 17.

[2] 李永红，李善平，田景元，等. 双江口水电站心墙堆石坝抗震设计与研究 [C] //现代堆石坝技术进展：2009 第一届堆石坝国际研讨会论文集，2009.

[3] 王观琪，余挺，李永红，等. 300m 级高土石心墙坝流变特性研究 [J]. 岩土工程学报，2014，36（1）：140–145.

[4] 袁光国，陈定贤，李小泉. 瀑布沟水电站黑马宽级配砾石土防渗料的压实特性研究 [C] //现代堆石坝技术进展：2009 第一届堆石坝国际研讨会论文集，2009.

[5] 冯业林，孙君实，刘强. 糯扎渡心墙堆石坝防渗土料研究 [J]. 水力发电，2005，31（5）：43 – 45.

[6] 余雄. 瀑布沟水电站施工砾石土筛分输送系统设计 [J]. 湖北水力发电，2009（6）：51 – 55，73.

[7] 杨永林，杨玉银. 长河坝水电站坝体砾石土心墙料掺拌试验探讨 [J]. 湖北水力发电，2013，32（1）：57 – 59，63.

[8] 顾淦臣，束一鸣，沈长松. 土石坝工程经验与创新 [M]. 北京：中国电力出版社，2004.

作者简介：

李永红（1970—），男，正高级工程师，中国电力建设集团成都勘测设计研究院有限公司副总工程师，双江口水电站设计总工程师。

人工胶结模拟坝基覆盖层土的动力性质与二元介质动本构模型

喻豪俊，刘恩龙，许然

（四川大学水利水电学院岩土与地下工程系，四川省成都市　610065）

【摘　要】坝基深厚覆盖层的土体，粗—细颗粒级配分布不均匀，粒间存在胶结，两种结构特性的叠加使得其力学特性及变形机理有别于其他岩土材料。本文通过人工制备胶结性土体的方法，开展了单调加载和循环加载条件下的三轴试验，对胶结砾石—粉质黏土的力学性质进行了较深入的研究。基于岩土破损力学理论和非均匀材料的均匀化理论建立了单调和循环加载下的胶结粗—细粒混合土的二元介质模型，并与试验结果做了对比。

【关键词】人工胶结；砾石–粉质黏土；循环加载；二元介质模型

0 引言

截至目前，全国水电站共 46 758 座，其中，四川境内水电站 8148 座，在建 27 座，很多都面临着在深厚覆盖层上筑坝的问题[1-3]。其中，最为典型的、坝址区河床覆盖层最深的为四川省南桠河上游的冶勒水电站，其覆盖层厚度超过了 420m，属于超深厚覆盖层[4]。典型覆盖层土体具有如下特点：颗粒粒径不均（粗粒以砾石或碎、块石为主，细粒以黏土为主）；密实度高、压缩性低、强度高；颗粒之间存在钙质胶结。位于高烈度地震区的大坝，在一定时间内会经历不同等级的循环加载作用。作为坝基深厚覆盖层土体，胶结粗细粒混合土经循环荷载作用后，物理力学性质发生较大变化，有可能造成坝基稳定性的降低。

关于胶结土和粗—细粒混合土，前人已进行了大量实验对其进行研究。对于胶结性土的研究[5-6]，主要针对砂土、粉土、结构性土等加入不同的胶凝材料，采用三轴试验，考虑较多的是胶凝材料掺入比、养护时间、围压的人工胶结土的应力应变、体变等规律。对于粗—细粒混合土的研究[7-8]，主要针对粗粒料和细粒料的混合土样，采用静力、动力、冻融试验，从细（粗）颗粒对土样抗剪强度、屈服应变、抗液化能力的影响等角度出发进行研究。

在理论分析方面，很多学者通过离散元法进行数值模拟[9]，以及通过二元介质本构模型进行特性分析。离散单元法模拟可以用来模拟胶结性土或者粗细粒混合土的细观力学行为，观察胶结作用的破坏、大颗粒的旋转、局部孔隙率增大的现象。二元介质模型可应用于对黄土、超固结黏土、结构性土以及大坝堆石料的变形和破坏过程进行特性分析。

目前考虑循环加载条件下的二元介质本构较少，针对坝基覆盖层这种密实的胶结性土体的力学特性和计算模型研究也还较少。因此，本文基于已有二元介质模型，建立考虑覆盖层原位结构及其演化规律的混合土材料二元介质本构模型，对深化河床深厚覆盖层下伏土层性质的认识，丰富考虑深厚覆盖层土体相关结构特点的二元介质模型有着重要意义。

1 静力三轴试验研究

本次试验选用砾石和粉质黏土进行粗细粒混合土试样的制备，级配曲线如图 1 所示，这是根据冶勒地质勘察报告中给出的实际颗粒级配按照等量替代法计算得到的。根据确定的颗粒级配，按照水电水利工程粗粒土试验规程测定土样的干密度，其中，采用倾注松填法测得最小干密度为 1.82g/cm³，采用振动台法测定最大干密度为 2.02g/cm³，可以看出，试验土料基本符合现场实际土体的物性指标。为了满足胶结性的需求，试样在掺入特定掺入比的 CaO 后与干冰一起置于密封的塑料袋中养护 7 天。根据 TCK-1 型三轴试验测量控制仪进行的无侧限抗压强度试验的结果（如图 2 所示），CaO 掺入比为 5% 的人工制备胶结混合土与冶勒深厚覆盖土层的抗压强度和弹性模量较为符合。

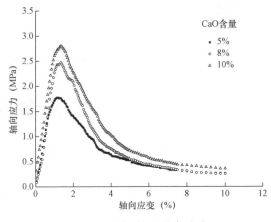

图 2　无侧限抗压强度试验

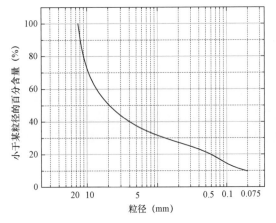

图 1　颗粒级配曲线

三轴剪切试验采用美国 GCTS 三轴测试系统进行。对于混合土中的细粒含量，在已有勘察资料给定的细粒含量（13.34%）基础上，另外选取 30% 的细粒含量比例制备试验[12]，以探究细粒含量的影响。试验类型为固结排水，试样类型分为胶结样（C）和重塑样（R）两种。围压选取 50、100、200、400kPa 下的 4 组。试验结果如图 3 所示。

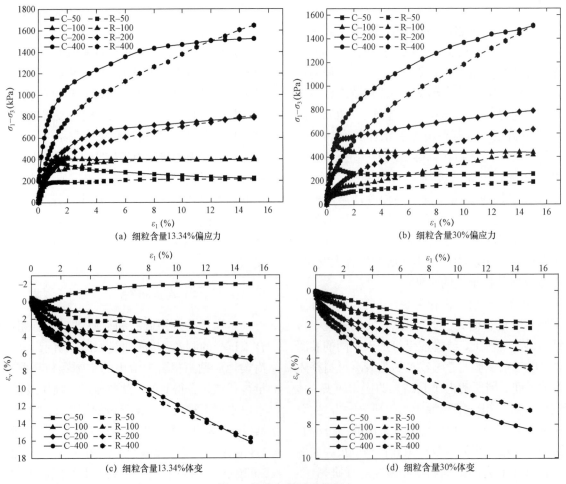

(a) 细粒含量13.34%偏应力　　　(b) 细粒含量30%偏应力

(c) 细粒含量13.34%体变　　　(d) 细粒含量30%体变

图 3　静力三轴试验结果

结果表明，CaO 和干冰的加入使得土体颗粒间形成了较强的胶结作用，土体的黏聚力得到了增强，静力三轴试验中出现的应变软化和体胀特征，类似于结构性土材料。偏应力的增长速率在加载初期要大于重塑样。随着加载过程的持续，一旦土体间的胶结点达到破坏条件，便会局部或完全破坏，胶结样偏应力的增长速率在胶结破坏以后逐渐变缓，而重塑样仍然随着轴向应变的增长而不断增加。细粒含量、围压大小和胶结程度影响着试样静力应力应变曲线的演化趋势，包括其峰值强度、残余强度、剪胀剪缩、变形模量等。

2 循环三轴试验研究

本次循环加载三轴剪切试验采用和前述单调加载三轴试验相同的美国 GCTS 三轴测试系统。胶结试样的制备方法与单调加载三轴试验相同，施加动偏差应力过程中，试样处于不排水状态。试样循环剪切时，对试样施加一定幅值的往返动应力，采用的波形为"正弦波"，剪切频率为 1Hz。本次循环加载三轴试验剪切到 5%轴向应变时结束。细粒含量 13.34%和 30%的胶结试样在围压 100kPa、动应力 130kPa 下循环三轴加载结果如图 4 所示[13]。

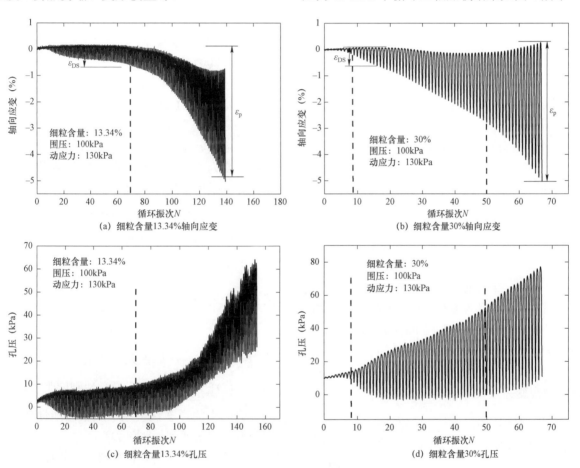

图 4　循环三轴试验结果

结果表明，细粒含量显著影响同等试验条件下的循环应力应变曲线。随着细粒含量的增大，试样轴向应变呈喇叭形，双幅轴向应变显著增加，且孔压曲线由"内凹型"转变为"外凸型"。

3 胶结混合土料的二元介质本构模型

3.1 静力二元介质模型

将自然界中的结构性土看作非均质材料，是由结构块和软弱带共同组成的两"相"混合体。从而借助均匀化理论的思想，考虑土体宏观与微观之间的联系，基于此建立胶结粗细粒混合土的二元介质本构模型。在模型的建立过程中，把二元介质材料中的结构块和软弱带分别称为胶结元和摩擦元，胶结元用下标 b（bonding elements）表示，摩擦元用下标 f（frictional elements）表示。

取一个代表性体积单元 RVE，平均应力和平

均应变分别为 σ_{ij}^{rve}、ε_{ij}^{rve}。令总体积中胶结元和摩擦元所占体积分别为 V_b、V_f。并定义局部应力和局部应变分别为 σ_{ij}^{local}、ε_{ij}^{local}，由非均匀介质的均匀化理论，参考前人研究中的推导。

由于胶结元和摩擦元的变形非均匀性，此时引入局部应力系数张量 C_{ijkl}，它考虑了胶结元的局部应力和平均应力之间的关系，表达式为

$$\sigma_{ij}^b = C_{ijkl}\sigma_{kl} \tag{1}$$

其增量形式为

$$\Delta\sigma_{ij}^b = C_{ijkl}\Delta\sigma_{kl} + \Delta C_{ijkl}\sigma_{kl} \tag{2}$$

式中：C_{ijkl}——当前局部应力系数张量；

ΔC_{ijkl}——其增量。

整理后得到一般应力状态下的应变增量的表达式为

$$
\begin{aligned}
\Delta\varepsilon_{ij}^{rve} = &\left\{(1-\lambda)\left[\left(D_{ijts}^b\right)^{-1}-\left(D_{ijts}^f\right)^{-1}\right]C_{tskl}+\left(D_{ijkl}^f\right)^{-1}\right\}\Delta\sigma_{kl}^{rve} \\
&+\left\{(1-\lambda)\left[\left(D_{ijts}^b\right)^{-1}-\left(D_{ijts}^f\right)^{-1}\right]\Delta C_{tskl}\sigma_{kl}^{rve}\right\} \\
&-\frac{\Delta\lambda}{\lambda}\left(D_{ijkl}^f\right)^{-1}\left(\sigma_{kl}^{rve}-\sigma_{kl}^b\right)+\frac{\Delta\lambda}{\lambda}\left(\varepsilon_{ij}^{rve}-\varepsilon_{ij}^b\right)
\end{aligned}
\tag{3}
$$

在加载初始时刻，$\Delta\lambda=0$，$\varepsilon_{ij}^{rve}=0$，$\varepsilon_{ij}^b=0$，$\varepsilon_{ij}^f=0$。

胶结元假定为理想弹脆性材料，在应力状态达到破坏强度以前无塑性变形，因此可采用弹性本构模型。用矩阵的形式表示胶结元刚度张量 D_{ijkl}^b，则 $\{\Delta\varepsilon\}=[D]_b^{-1}\{\Delta\sigma\}$。这里假定土体为各向同性材料，变形服从广义胡克定律，三轴应力状态时胶结元的应力应变关系式为

$$
\left\{\begin{array}{c}\Delta\varepsilon_1 \\ \Delta\varepsilon_3\end{array}\right\}_b = \left[\begin{array}{cc}\dfrac{(1-\nu_b)E_b}{(1+\nu_b)(1-2\nu_b)} & \dfrac{2\nu_b E_b}{(1+\nu_b)(1-2\nu_b)} \\[3mm] \dfrac{\nu_b E_b}{(1+\nu_b)(1-2\nu_b)} & \dfrac{E_b}{(1+\nu_b)(1-2\nu_b)}\end{array}\right]^{-1}\left\{\begin{array}{c}\Delta\sigma_1 \\ \Delta\sigma_3\end{array}\right\}_b \tag{4}
$$

式中，E_b 和 ν_b 分别为胶结元的切线变形模量和泊松比，其表达式分别为

$$E_b = E_t = K\left(\frac{\sigma_3}{Pa}\right)^n (\sigma_1-\sigma_3+Pa) \tag{5}$$
$$\left[1-\vartheta/\ln\left(\frac{2c\cos\varphi+2\sigma_3\sin\varphi}{(1-\sin\varphi)PaR_f}+1\right)\right]^2$$

$$\nu_b = \nu_t = \cfrac{2h\vartheta Pa}{E_i\left\{1-\vartheta/\ln\left[\dfrac{2c\cos\varphi+2\sigma_3\sin\varphi}{(1-\sin\varphi)PaR_f}+1\right]\right\}}+$$
$$G-F\lg\left(\frac{\sigma_3}{Pa}\right) \tag{6}$$

E_b 和 ν_b 的相关参数通过胶结土样的三轴试验进行确定，模型参数的确定方法同 Duncan-Chang 模型，其中 K、n、c、φ、h、G、F 共 7 个参数均可通过三轴试验得到，R_f 根据经验事先确定。

摩擦元视为各向同性的弹塑性材料，是胶结元局部或完全破损后转化而成的，其变形包含塑性应变，若用线性弹性模型、非线性弹性模型都不能很好地模拟其力学特性，则应采用合适的弹塑性模型进行描述。这里采用 Lade-Duncan 模型来建立摩擦元的本构模型。Lade-Duncan 模型采用不相适应的流动法则，认为加荷初始就同时存在弹性应变 ε_{ij}^e 和塑性应变 ε_{ij}^p，弹性应变按广义胡克定律计算，塑性应变为总应变与弹性应变之差，按广义塑性理论计算。采用增量形式可表示为

$$\Delta\varepsilon_{ij}^f = \left[\Delta\varepsilon_{ij}^e\right]_f + \left[\Delta\varepsilon_{ij}^p\right]_f \tag{7}$$

则应力增量和应变增量的关系为

$$\Delta\varepsilon_{ij}^f - \left[\Delta\varepsilon_{ij}^p\right]_f = \left(D_{ijkl}^e\right)_f^{-1}\Delta\sigma_{kl}^f \tag{8}$$

或直接表述为

$$\Delta\varepsilon_{ij}^f = \left(D_{ijkl}^{ep}\right)_f^{-1}\Delta\sigma_{kl}^f \tag{9}$$

式中：$\left(D_{ijkl}^e\right)_f$——摩擦元弹性刚度张量；

$\left(D_{ijkl}^{ep}\right)_f$——摩擦元弹塑性刚度张量。

建立土的弹塑性模型需要根据塑性理论的原理和方法求出弹塑性张量 D_{ijkl}^{ep}。

对于各向同性的硬化材料，已知屈服函数 f、塑性势函数 g 分别为：

$$f(\sigma_{ij}, H) = 0 \tag{10}$$
$$g(\sigma_{ij}, H') = 0 \tag{11}$$

式中：H 和 H'——均为硬化参数。

塑性应变增量 $\Delta\varepsilon_{ij}^p$ 由塑性位势理论确定：

$$\Delta\varepsilon_{ij}^f = \Lambda\frac{\partial g}{\partial_{ij}} \tag{12}$$

式中：Λ——塑性标量因子。

对式（10）求微分，得到

$$\mathrm{d}f = \frac{\partial f}{\partial_{ij}} d\sigma_{ij} + \frac{\partial f}{\partial H} \frac{\partial H}{\partial \varepsilon_{ij}^p} \mathrm{d}\varepsilon_{ij}^p = 0 \qquad (13)$$

代入得

$$\Lambda = \frac{\dfrac{\partial f}{\partial \sigma_{ij}} \left(D_{ijkl}^e\right)_f d\varepsilon_{kl}}{-\dfrac{\partial f}{\partial H}\dfrac{\partial H}{\partial \varepsilon_{ij}^p}\dfrac{\partial g}{\partial \sigma_{ij}} + \dfrac{\partial f}{\partial \sigma_{ij}}\left(D_{ijkl}^e\right)_f \dfrac{\partial g}{\partial \sigma_{kl}}} \qquad (14)$$

$$\Delta\varepsilon_{ij}^f = \left(D_{ijkl}^{ep}\right)_f^{-1}\Delta\sigma_{ij}^f = \left(D_{ijkl}^e\right)_f -$$

$$\left(\frac{\left(D_{ijts}^e\right)_f \dfrac{\partial g}{\partial \sigma_{ts}}\dfrac{\partial f}{\partial \sigma_{mn}}\left(D_{mnkl}^e\right)_f}{-\dfrac{\partial f}{\partial H}\dfrac{\partial H}{\partial \varepsilon_{ij}^p}\dfrac{\partial g}{\partial \sigma_{ij}} + \dfrac{\partial f}{\partial \sigma_{ij}}\left(D_{ijkl}^e\right)_f \dfrac{\partial g}{\partial \sigma_{kl}}} \right)^{-1}\Delta\sigma_{ij}^f \qquad (15)$$

即，摩擦元弹塑性刚度张量 $\left(D_{ijkl}^{ep}\right)_f$ 可表示为

$$\left(D_{ijkl}^{ep}\right)_f = \left(D_{ijkl}^e\right)_f - \frac{\left(D_{ijts}^e\right)_f \dfrac{\partial g}{\partial \sigma_{ts}}\dfrac{\partial f}{\partial \sigma_{mn}}\left(D_{mnkl}^e\right)_f}{-\dfrac{\partial f}{\partial H}\dfrac{\partial H}{\partial \varepsilon_{ij}^p}\dfrac{\partial g}{\partial \sigma_{ij}} + \dfrac{\partial f}{\partial \sigma_{ij}}\left(D_{ijkl}^e\right)_f \dfrac{\partial g}{\partial \sigma_{kl}}}$$

$$= \left(D_{ijkl}^e\right)_f - \left(D_{ijkl}^p\right)_f \qquad (16)$$

二元介质模型中摩擦元采用 Lade-Duncan 弹塑性模型，分为弹性应变和塑性应变两部分。其中，弹性应变和塑性应变的本构关系根据重塑土的常规三轴试验结果分别确定。

弹性应变和胶结元一样，服从广义胡克定律。应力应变关系式可表示为

$$\left(\Delta\varepsilon_{ij}^e\right)_f = \left(D_{ijkl}^e\right)_f^{-1}\left(\Delta\sigma_{kl}^e\right)_f \qquad (17)$$

同理可得

$$\begin{Bmatrix} \Delta\varepsilon_1 \\ \Delta\varepsilon_3 \end{Bmatrix}_f = \begin{bmatrix} \dfrac{(1-\nu_f)E_f}{(1+\nu_f)(1-2\nu_f)} & \dfrac{2\nu_f E_f}{(1+\nu_f)(1-2\nu_f)} \\ \dfrac{\nu_f E_f}{(1+\nu_f)(1-2\nu_f)} & \dfrac{E_f}{(1+\nu_f)(1-2\nu_f)} \end{bmatrix}^{-1} \begin{Bmatrix} \Delta\sigma_1 \\ \Delta\sigma_3 \end{Bmatrix}_f \qquad (18)$$

式中，E_f 和 ν_f 分别为摩擦元的切线变形模量和泊松比。摩擦元为弹塑性材料，其弹性部分变形是非线性弹性的，所以这里采用同胶结元一致的适用于堆石料、坝基覆盖层等粗粒土改进非线性弹性模型，通过重塑土样的三轴试验结果来确定其参数。摩擦元弹性部分所涉及的参数 K、n、c、φ、h、G、F 的确定方法与胶结元的模型参数相同。

Lade-Duncan 的破坏准则为

$$f^* = \frac{I_1^3}{I_3} = k_f \qquad (19)$$

模型的屈服函数为

$$f = \frac{I_1^3}{I_3} = k \qquad (20)$$

塑性势函数为

$$g = I_1^3 - k_2 I_3 \qquad (21)$$

因为采用了不相适应流动法则，所以模型的屈服函数和塑性势函数相似，但不相等。式（21）中，I_1 为应力第一不变量，I_3 为应力第三不变量。

由上述可得到摩擦元塑性应变增量和应力分量之间的关系：

$$\begin{Bmatrix} \Delta\varepsilon_x \\ \Delta\varepsilon_y \\ \Delta\varepsilon_z \\ \Delta\varepsilon_{xy} \\ \Delta\varepsilon_{yz} \\ \Delta\varepsilon_{zx} \end{Bmatrix}_f = \Lambda \cdot k_2 \begin{bmatrix} \dfrac{3}{k_2}I_1^2 - \sigma_y\sigma_z + \tau_{yz}^2 \\ \dfrac{3}{k_2}I_1^2 - \sigma_z\sigma_x + \tau_{zx}^2 \\ \dfrac{3}{k_2}I_1^2 - \sigma_x\sigma_y + \tau_{xy}^2 \\ 2\sigma_x\tau_{yz} - 2\tau_{zx}\tau_{xy} \\ 2\sigma_y\tau_{zx} - 2\tau_{xy}\tau_{yz} \\ 2\sigma_z\tau_{xy} - 2\tau_{yz}\tau_{zx} \end{bmatrix} \begin{Bmatrix} \Delta\sigma_x \\ \Delta\sigma_y \\ \Delta\sigma_z \\ \Delta\tau_{xy} \\ \Delta\tau_{yz} \\ \Delta\tau_{zx} \end{Bmatrix}_f \qquad (22)$$

式中，Λ 值表示 $\Delta\varepsilon_{ij}^p$ 的绝对大小，k_2 值表示 $\Delta\varepsilon_{ij}^p$ 的相对大小。要得到摩擦元塑性应力应变之间的关系，需要确定 Λ 和 k_2 两个参数。其中 k_2 可由重塑土的三轴压缩试验结果确定，在三轴试验中求得轴向应变 $\left\{\varepsilon_1^p\right\}_f$ 和侧向应变 $\left\{\varepsilon_3^p\right\}_f$，求得其比值

$$\nu^p = \frac{\Delta\varepsilon_3^p}{\Delta\varepsilon_1^p} = \frac{\Lambda k_2\left(\dfrac{3}{k_2}I_1^2 - \sigma_1\sigma_3\right)}{\Lambda k_2\left(\dfrac{3}{k_2}I_1^2 - \sigma_3^2\right)} \qquad (23)$$

由式（23）可得

$$k_2 = \frac{3I_1^2(1+\nu^p)}{\sigma_3(\sigma_1 + \nu^p\sigma_3)} \qquad (24)$$

其中，ν^p 可由三轴试验中的轴向应变和侧向应变结果求得。可以看出，k_2 是随着加载过程而变化的，它和 $f = I_1^3 / I_3$ 之间存在一个线性关系，可表示为

$$k_2 = Af + 27(1-A) \qquad (25)$$

应力水平 f 和 k_2 之间的函数关系确定为：细粒含量为 13.34%，$k_2 = 0.268\,2f + 27\times(1-0.268\,2)$；

细粒含量为 30%，$k_2 = 0.279f + 27 \times (1 - 0.279)$；对于 Λ 的确定，Lade-Duncan 弹塑性模型假设采用各向同性的加工硬化定律，将塑性功 W_p 作为硬化参数，认为其与应力水平 f 之间存在着唯一的关系：

$$f = F(W_p) \tag{26}$$

$$W_p = \int \sigma_{ij} d\varepsilon_{ij}^p \tag{27}$$

联立微分可得

$$dW_p = \sigma_{ij} d\varepsilon_{ij}^p = \Lambda \frac{\partial g}{\partial \sigma_{ij}} \sigma_{ij} \tag{28}$$

因为塑性势函数 g 是 σ_{ij} 的三阶齐次方程，所以

$$\frac{\partial g}{\partial \sigma_{ij}} \sigma_{ij} = 3g \tag{29}$$

$$\Lambda = \frac{dW_p}{3g} \tag{30}$$

已有研究表明，塑性功 W_p 和 f 之间的关系可表示为双曲线，即

$$(f - f_t) = \frac{W_p}{\alpha + \beta W_p} \tag{31}$$

式中，f_t 为主应力差 $(\sigma_1 - \sigma_3)$ 趋近于零时的应力水平。由试验结果可知，无论围压为何值，当偏差应力趋于零时，f 值始终约为 27，所以这里取 f_t 为 27。

α 为试验常数，计算公式为

$$\alpha = rPa \left(\frac{\sigma_3}{Pa} \right)^l \tag{32}$$

β 为塑性功很大时，$(f - f_t)$ 的渐近值 $(f - f_t)_{ult}$ 的倒数，即

$$\beta = \frac{1}{(f - f_t)_{ult}} \tag{33}$$

将式（31）变形求得 W_p，有

$$W_p = \frac{\alpha(f - f_t)}{1 - \beta(f - f_t)} \tag{34}$$

将式（34）微分得

$$dW_p = \frac{\alpha df}{[1 - \beta(f - f_t)]^2} \tag{35}$$

代入得

$$\Lambda = \frac{\alpha df}{3(I_1^3 - k_2 I_3)[1 - \beta(f - f_t)]^2} \tag{36}$$

令

$$m_1 = \frac{E_f(1 - \nu_f)}{(1 + \nu_f)(1 - 2\nu_f)} \tag{37}$$

计算得到摩擦元的弹塑性刚度矩阵为

$$[D^{ep}]_f = \begin{bmatrix} m_1 - \dfrac{n_3}{n_9} & \dfrac{2m_1 \nu_f}{1 - \nu_f} - \dfrac{n_4}{n_9} \\[3mm] \dfrac{m_1 \nu_f}{1 - \nu_f} - \dfrac{n_5}{n_9} & \dfrac{m_1}{1 - \nu_f} - \dfrac{n_6}{n_9} \end{bmatrix} \tag{38}$$

其中，

$$n_1 = \left[\left(3I_1^2 - k_2 \sigma_3^2 \right) + \frac{2\nu_f}{1 - \nu_f} \left(3I_1^2 - k_2 \sigma_1 \sigma_3 \right) \right] \tag{39}$$

$$n_2 = \left[\frac{\nu_f}{1 - \nu_f} \left(3I_1^2 - k_2 \sigma_3^2 \right) + \frac{1}{1 - \nu_f} \left(3I_1^2 - k_2 \sigma_1 \sigma_3 \right) \right] \tag{40}$$

$$n_3 = \frac{m_1^2 n_1}{I_3^2} \left[\left(3I_1^2 I_3 - I_1^3 \sigma_3^2 \right) + \frac{\nu_f}{1 - \nu_f} \left(3I_1^2 I_3 - I_1^3 \sigma_1 \sigma_3 \right) \right] \tag{41}$$

$$n_4 = \frac{m_1^2 n_1}{I_3^2} \left[\frac{2\nu_f}{1 - \nu_f} \left(3I_1^2 I_3 - I_1^3 \sigma_3^2 \right) + \frac{1}{1 - \nu_f} \left(3I_1^2 I_3 - I_1^3 \sigma_1 \sigma_3 \right) \right] \tag{42}$$

$$n_5 = \frac{m_1^2 n_2}{I_3^2} \left[\left(3I_1^2 I_3 - I_1^3 \sigma_3^2 \right) + \frac{\nu_f}{1 - \nu_f} \left(3I_1^2 I_3 - I_1^3 \sigma_1 \sigma_3 \right) \right] \tag{43}$$

$$n_6 = \frac{m_1^2 n_2}{I_3^2} \left[\frac{2\nu_f}{1 - \nu_f} \left(3I_1^2 I_3 - I_1^3 \sigma_3^2 \right) + \frac{1}{1 - \nu_f} \left(3I_1^2 I_3 - I_1^3 \sigma_1 \sigma_3 \right) \right] \tag{44}$$

$$n_7 = \left[\left(3I_1^2 I_3 - I_1^3 \sigma_3^2 \right) + \frac{\nu_f}{1 - \nu_f} \left(3I_1^2 I_3 - I_1^3 \sigma_1 \sigma_3 \right) \right] \tag{45}$$

$$n_8 = \left[\frac{2\nu_f}{1 - \nu_f} \left(3I_1^2 I_3 - I_1^3 \sigma_3^2 \right) + \frac{1}{1 - \nu_f} \left(3I_1^2 I_3 - I_1^3 \sigma_1 \sigma_3 \right) \right] \tag{46}$$

$$\begin{aligned} n_9 = &-\frac{[1 - \beta(f - f_t)]^2 \sigma_1}{\alpha} \left(3I_1^2 - k_2 \sigma_3^2 \right) \\ &- \frac{[1 - \beta(f - f_t)]^2 \sigma_3}{\alpha} \left(3I_1^2 - k_2 \sigma_1 \sigma_3 \right) \\ &+ \frac{m_1}{I_3^2} \left[n_7 \left(3I_1^2 - k_2 \sigma_3^2 \right) + n_8 \left(3I_1^2 - k_2 \sigma_1 \sigma_3 \right) \right] \end{aligned} \tag{47}$$

以上各式中，k_2 和 f_t 两个参数可以通过试验求得，α 和 β 则通过结合试验数据反复试算后确定。

体积破损率 λ 作为土体的结构性参数，其值与胶结元的破裂强度有关，随着外加荷载的变化而变

化。λ 的值应从稍大于零的值变化到小于 1 或接近于 1 的某一个值。总的趋势是加荷初期单元体内伴随着少量胶结元的破坏，随着荷载的增加胶结元破坏的比例在增大。根据体积破损率数值的变化趋势，考虑体积破损率与围压、剪应力、初始应力等有关。另外，我们认为试样在固结的过程中，内部胶结即开始有轻微的破损。因此，定义初始破损率来反映固结过程中胶结的破损，但是初始破损率属于试样的细观参数，无法直接测得。所以这里假定一个初始破损率基准值，并认为这种初始破损率随着固结围压的增大而增大。表达式为

$$\lambda = \lambda_0 \left(\frac{\sigma_3}{P_a}\right)^{\zeta_1} + \zeta_2 \left(\frac{\sigma_1 - \sigma_3}{\zeta_3 q_0}\right)^{\zeta_4} \quad (48)$$

式中： σ_3 ——周围压力；

P_a ——大气压强；

λ_0 ——初始破损率基准值；

$\sigma_1 - \sigma_3$ ——偏应力；

q_0 ——破损开始扩展时的门槛应力基准值；

ζ_1、ζ_2、ζ_3、ζ_4 ——均为试验参数。

局部应力系数建立了胶结元的应力和代表性单元应力之间的关系。它也是一个不可以宏观量测的内变量，和试样所受的外部作用和试样自身外部作用的协调能力有关。简化起见，此处假定 C_{ijkl} 为标量，其值 C 应当小于 1，并且满足当 $\lambda = 0$ 时，$C = 1$。所以假设局部应力系数表达式为

$$C = 1 - \psi \lambda \quad (49)$$

式中：ψ ——试验参数。

3.2 动力二元介质模型

根据土的动力弹塑性理论，将循环荷载分为加、卸载两个过程来研究。所以在建立二元介质动本构模型时分别考虑再加载阶段的应力应变关系式和卸载阶段的应力应变关系式。加载阶段的应力应变表达式为

$$\left(\Delta \varepsilon_{ij}^{rve}\right)^L = \left\{(1-\lambda)\left[\left(D_{ijts}^{bL}\right)^{-1} - \left(D_{ijts}^{fL}\right)^{-1}\right]C_{tskl} + \left(D_{ijkl}^{fL}\right)^{-1}\right\}\Delta\sigma_{kl}^{rveL}$$
$$+ \left\{(1-\lambda)\left[\left(D_{ijts}^{bL}\right)^{-1} - \left(D_{ijts}^{fL}\right)^{-1}\right]\Delta C_{tskl}\sigma_{kl}^{rveL}\right\}$$
$$- \frac{\Delta\lambda}{\lambda}\left(D_{ijkl}^{fL}\right)^{-1}\left(\sigma_{kl}^{rveL} - \sigma_{kl}^{bL}\right) + \frac{\Delta\lambda}{\lambda}\left(\varepsilon_{ij}^{rve} - \varepsilon_{ij}^{b}\right)$$
$$(50)$$

式中，上标 L 代表加载时所对应的参数值。

对于卸载阶段，这里假设主要的应力应变关系式不变，只是应力增量的取值对应于取室内试验中卸载阶段对应的值，相应的胶结元模量、摩擦元模量也基于卸载阶段的参数进行计算。所以，根据式（50），有

$$\left(\Delta \varepsilon_{ij}^{rve}\right)^U = \left\{(1-\lambda)\left[\left(D_{ijts}^{bU}\right)^{-1} - \left(D_{ijts}^{fU}\right)^{-1}\right]C_{tskl} + \left(D_{ijkl}^{fU}\right)^{-1}\right\}\Delta\sigma_{kl}^{rveU}$$
$$+ \left\{(1-\lambda)\left[\left(D_{ijts}^{bU}\right)^{-1} - \left(D_{ijts}^{fU}\right)^{-1}\right]\Delta C_{tskl}\sigma_{kl}^{rveU}\right\}$$
$$- \frac{\Delta\lambda}{\lambda}\left(D_{ijkl}^{fU}\right)^{-1}\left(\sigma_{kl}^{rveU} - \sigma_{kl}^{bU}\right) + \frac{\Delta\lambda}{\lambda}\left(\varepsilon_{ij}^{rve} - \varepsilon_{ij}^{b}\right)$$
$$(51)$$

式中，上标 U 代表卸载时所对应的参数值。

认为在加载阶段中，应力的施加对试样中胶结元的破损起主要作用；而在卸载阶段中，应力的"释放"对试样中胶结元已有破损程度的变化影响很小，所以这里假设卸载过程中的体积破损率和局部应力系数不发生变化。

所以，联立式（50）和式（51），就得到循环应力状态下二元介质本构模型的应变增量表达式。对于细粒含量为 13.34% 的土料，其计算参数见表 1，相应的试验结果和模型计算结果比较如图 5 所示。

表 1　　　细粒含量 13.34% 时模型计算参数统计表

参数	围压—动应力（kPa）			
	50～100	100～155	200～190	300～300
α	0.22	2.62	7.34	12.03
β	0.01	0.01	0.01	0.01
ζ_1	0.01	0.01	0.01	0.01
ζ_2	4.00	7.00	12.00	14.00
ζ_3	1.50	1.60	1.75	2.10
ζ_4	−2.00	−2.00	−2.00	−2.00
λ_0	0.01	0.01	0.01	0.01
ψ	0.50	0.50	0.50	0.50

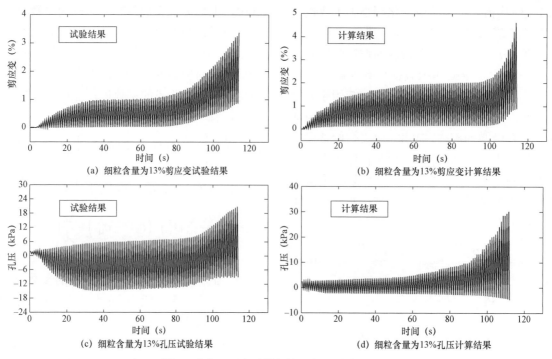

(a) 细粒含量为13%剪应变试验结果   (b) 细粒含量为13%剪应变计算结果

(c) 细粒含量为13%孔压试验结果   (d) 细粒含量为13%孔压计算结果

图 5　动力二元介质模拟结果与试验结果对比

4　结语

（1）利用氧化钙和干冰作为主要原材料，尝试了一种简单可行的人工制备胶结粗细粒混合土的制样方法，并将其用于单调和循环加载三轴试验，所制备试样能够较好的体现出胶结性土体的典型力学性能。

（2）通过试验研究，对胶结试样和重塑试样在循环荷载作用下的应力应变特性、孔压特性、强度和变形破坏机理做了全面的研究，尤其分析细粒含量、胶结作用对试样的力学特性的影响，得到了一些规律。

（3）根据已有的二元介质本构模型，建立了动力二元介质模型来反映胶结混合土的动态力学行为。通过模型可以描述出循环加载作用对试样的变形及损伤效应，反映出不同加载条件时试样应变、孔压的累积速率和累积程度。

参考文献：

[1] 许强，陈伟，张倬元. 对我国西南地区河谷深厚覆盖层成因机理的新认识[J]. 地球科学进展，2008，23（5）：448－456.

[2] 李树武，张国明，聂德新. 西南地区河床覆盖层物理力学特性相关性研究 [J]. 水资源与水工程学报，2011，22（3）：119－123.

[3] 罗守成. 对深厚覆盖层地质问题的认识 [J]. 水力发电，1995（4）：21－24.

[4] 魏星灿，夏万洪，杜明祝. 冶勒水电站坝基深厚覆盖层的工程地质特性研究 [C] //2009 年南方十三省（区、市）水力发电工程学会联络会暨学术交流会. 2009.

[5] Coop M R，Atkinson J H. The mechanics of cemented carbonate sands [J]. Geotechnique，1993，43（1）：53－67.

[6] 刘恩龙，沈珠江. 人工制备结构性土力学特性试验研究 [J]. 岩土力学，2007，28（4）：679－683.

[7] Miller E A，Sowers G F. The strength characteristics of soil-aggregate mixtures[J]. Highway Research Board Bulletin，1958，（183）：16－32.

[8] 刘恩龙，宋长航，罗开泰，等. 粗－细粒混合土动力特性探讨 [J]. 世界地震工程，2010（s1）：28－31.

[9] 蒋明镜，肖俞，孙渝刚，等. 水泥胶结颗粒的微观力学模型试验 [J]. 岩土力学，2012，33（5）：17－23.

[10] 沈珠江，刘恩龙，陈铁林. 岩土二元介质模型的一般应力应变关系 [J]. 岩土工程学报，2005，27（5）：489－494.

［11］ 成都勘测设计研究院. 冶勒水电站初步设计报告——土工试验研究报告［R］. 成都：成都勘测设计研究院，1991.

［12］ YU H J，LIU E L. The mechanical characteristics of artificially cemented gravel-silty clay mixed soils［J］. Proceedings of the Institution of Civil Engineers-Geotechnical Engineering，2020，173（3）：262－273.

［13］ YU H J，LIU E L. Cyclic properties of artificially cemented gravel-silty clay mixed soils［J］. Exp Tech（2020）44：573－589.

［14］ 刘恩龙. 岩土结构块破损机理与二元介质模型研究［D］. 北京：清华大学，2005.

［15］ LIU E L，YU H S，ZHOU C，et al. A binary-medium constitutive model for artificially structured soils based on the disturbed state concept and homogenization theory［J］. International Journal of Geomechanics，2017，17（7）：04016154.

［16］ YU H J，LIU E L.A binary-medium-based constitutive model for artificially cemented gravel-silty clay mixed soils［J］. European Journal of Environmental and Civil Engineering，2021.

作者简介：

喻豪俊（1989—），男，工程师，研究方向为土的本构关系。

刘恩龙（1976—），男，教授，研究方向为土的本构关系。E-mail：liuenlong@scu.edu.cn

砾石心墙土复杂应力耦合作用下的渗流特性

詹美礼[1]，辛圆心[1]，唐健[1]，黄青富[2]，盛金昌[1]，罗玉龙[1]

（1. 河海大学水利水电学院，江苏省南京市　210098；

2. 昆明勘测设计研究院，云南省昆明市　650000）

【摘　要】为研究土石坝中心墙土在复杂应力状态下的渗透特性以及其渗透性演变模型，利用自行研制的渗流—应力耦合试验装置，针对长河坝水电站砾石土进行多种应力耦合作用下渗透特性试验研究。结果表明：复杂应力状态对心墙土渗流特性影响显著；土样在设计水力梯度内渗流满足达西定律，且均未发生渗透破坏；在同一围压下，砾石土体的渗透系数随着偏应力和轴向应力的增大而逐渐减小；试验过程中轴向应变随应力作用时间的变化呈阶梯状，且随着偏应力的增大，渗透梯度和轴向应变也增大；建立了土体渗透系数与应力函数的经验公式，从理论上进一步揭示了砾石心墙土应力耦合作用下的渗透机制。

【关键词】砾石心墙土；复杂应力；渗透系数；轴向应变；渗透性演变

0　引言

因具有可就近取材、节省水泥、适应复杂地形等优点[1]，土石坝得以广泛应用及发展。但由于土石坝多建于透水的土基上，再加上自身的透水性，土石坝渗流问题严重[2]，给坝体带来很大安全隐患。如青海省海南藏族自治州恰河沟后坝与美国Mud Mountain 土石心墙坝都因为发生渗漏破坏，砂砾或土体细粒被冲蚀，最终导致溃坝以及大量人员伤亡和财产损失[3]。

目前国内外已经做了大量的渗流特性研究试验，速宝玉等[4]利用充填裂隙模拟试验研究充填裂隙渗透特性，表明其渗透性主要与充填材料的颗粒组成、孔隙率，以及充填料的颗粒直径与裂隙宽度之比有关；罗玉龙等[5]采用饱和—非饱和渗流应力耦合方法，探讨窝崩形成机理，结果表明窝崩的本质是岸坡土体在各种不利因素的组合作用下发生剪切破坏；黏聚力及内摩擦角是防止窝崩的有利因素，而岸坡坡角、岸坡内外水位差、河流侵蚀等是诱发窝崩的不利因素；张丽等[6]采用饱和—非饱和渗流理论，计算面板缝失效情况下坝体和坝基的渗流场，表明某处面板缝小范围失效只对失效部位附近的渗流场产生较大影响，并导致局部渗透变形，而对坝体渗流场全局的影响不大；蒋中明等[7]研究了渗流条件下孔隙介质土体渗透力特性及数值大小，得出采用基于细观理论的颗粒流分析程序（PFC）研究孔隙介质在渗流条件下的宏观受力特性是可行的，渗透力是由所有土颗粒表面的法向应力和黏滞切向力合成；Li 等[8]以殷庄砂岩为研究对象，研究围压、孔压和试样尺寸对渗透规律的影响，发现殷庄砂岩渗透率与轴向应力和应变具有较好的函数关系；朱珍德等[9]对灰岩进行了不同围压下的全应力—应变渗流试验，结果表明岩石在破坏前后不同变形阶段渗流特性具有明显的不同，岩石变形过程渗透性与变形破坏形式密切相关；Tsang 等[10]采用某种理论概念模型来解释渗流与应力的耦合规律，得出渗流应力耦合作用下岩石断裂面粗糙度较单一作用下更大；邹玉华等[11]在不同应力条件下开展砾石土防渗料和反滤料联合抗渗试验，结果表明试样发生破坏的临界坡降随水平应力的增加先增大后减小，在达到峰值之前，反滤料趋于更紧密，临界坡降随着水平应力增大其增大的幅度越大，在达到峰值之后，反滤料由紧密趋松散，密度有变小的趋势，临界坡降随水平应力减小其减小幅

基金项目：国家自然科学基金（51474204，51579078）。

度越大；陈建生等[12]研究了堤基接触冲刷渗透破坏机理，接触面附近的细砂从出渗口开始流出，然后逐步向内部发展，以垂直河岸方向的发展最为迅速，甚至形成贯通性集中渗漏通道；Wang等[13]对沉积岩全应力—应变过程中的渗透规律进行了研究，发现在峰值强度之前，渗透率随轴向应力的增加而增大，在应变软化阶段，渗透率显著降低。目前对单一作用下砾石土渗透特性的研究已比较成熟，然而对复杂应力状态下的渗透特性研究还不多见。

大渡河长河坝水电站[14]将心墙设置于深厚覆盖层地基上，是目前国内外拟建的坝体最高、工程场址位于强震区的土质心墙堆石坝，基础防渗系统设计难度居世界前列。在多种高应力共同作用下，心墙土体接触面上易形成渗透变形，进而产生集中渗流冲刷，严重危害大坝安全[15]。本文在前人研究的基础上针对长河坝水电站砾石心墙土研究其在围压、轴向应力、渗透压力耦合作用下的渗透特性以及渗透性演变模型，通过开展复杂应力条件下砾石土三轴渗流应力耦合试验，研究应力状态对心墙土渗流特性的影响，建立渗透系数与应力函数的经验公式，从理论上描述砾石土在渗流—应力耦合作用下的渗透特性，为后续工程设计与施工提供理论基础。

1 复杂应力状态下砾石土渗透特性试验

1.1 试验装置及原理

试验装置如图1所示，包括围压系统、轴向应力系统、渗透压力系统及数据采集系统（如竖向位移传感器、水压力传感器等）。围压及轴向应力系统模拟接触面的高应力状态，最高围压为2.0MPa，最高轴向应力为4.0MPa；渗透压力系统利用压力源产生高压渗透水，通过输出控制盘控制渗透压力的大小，最高水头为100m；数据采集系统能够实时监测土体沉降、孔隙水压力等。渗透压力进水口为试样下表面，出水口为试样上表面，水流经土骨架产生可动细颗粒，细颗粒随渗流在孔隙中运移、流失，导致土体结构以及相应的力学性能发生改变，如孔隙率、渗透特性、轴向应变等。土体孔隙率及渗透特性的变化改变了孔隙水压力及土体承受的有效应力；反之，外界有效应力的改变也会影响渗流及细颗粒的力学性能变化。该装置能够真实地模拟不同应力、高水头、大剪切变形条件下土石坝心墙土的实际渗流发展过程，可以实时监测渗透发展过程中颗粒流失引起的土体几何、水力、力学特性的演变。

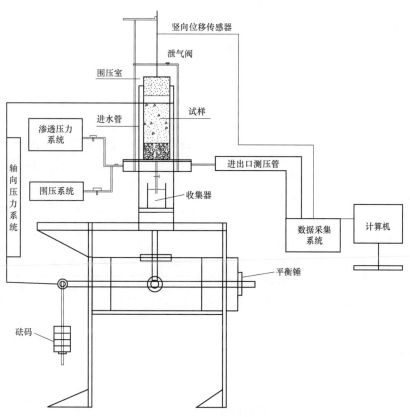

图1　渗流—应力耦合试验装置

1.2 试验方案

1.2.1 试样制备及饱和

试样制备及饱和过程如下：① 将原扰动土烘干碾散，取足够代表性土样，配成符合设计颗粒级配曲线的土料；② 根据所要求的干密度、含水量，量取适量的干土和水；③ 把土放入干净盆中分多次加水拌匀；④ 将试样分多层填筑（直径 10cm，高度 15cm），试样制备好后装入保鲜袋中；⑤ 在内径为 10cm、高为 20cm 的模具内侧套上旧橡皮膜；⑥ 用压实仪压实至其对应的高度；⑦ 将旧膜去除，套上新膜，采用真空抽气法利用真空饱和缸进行土样饱和。

1.2.2 试样安装及固结试验

（1）试样安装：在压力室上、下端分别放上湿透水石；试样外套橡皮膜，下端用橡皮圈扎紧，将橡皮膜扎紧在置于试样顶端的试样帽上。

（2）压力加载：装上压力室罩，将轴向加压杆往下压至试样帽顶端再把轴向位移清零；打开围压控制阀开始分级施加围压，同时打开排水阀，使试样开始固结。

（3）等压固结过程监测：实时测量上、下游两端的排水量随时间的变化关系，当 2h 排水量小于 0.1mL 时认为此压力下固结完成，开始下一级压力下的等压固结。

（4）偏应力下的固结：在等压固结完毕后开始偏应力固结，利用位移传感器密切监测试样在固结过程中的沉降量，施加一级偏应力后，当试样沉降量不再变化时施加下一级应力，直至加载至预定偏应力。

1.2.3 渗透试验

保持围压及轴向应力不变，首先施加较小的渗透压力以排除管路中的气泡，再把渗透压力管安装到试样上。然后打开渗透压力控制阀，启动渗透压力加压器，开始分级施加渗透压力。渗透水流进入试样，再通过排水管进入量杯。在此过程中，实时监测排水流量随时间的变化情况，以及试样沉降量随时间的变化情况。待排水流量稳定时，施加下一级渗透压力。

2 试验结果及分析

心墙土渗流应力耦合试验组合见表 1。由于心墙土原级配中粗颗粒较多，采用土工实验规程中的质量等效粒径替代法，将原级配中超过允许最大粒

径 d_{max}（本试验取 20mm）的部分，用 2~20mm 粒径颗粒等质量替代，并依 2~20mm 各级配含量进行分配。

表 1 心墙土渗流应力耦合试验组合

试验组次	围压（MPa）	偏应力（MPa）
1	0.5	0.2、0.4、0.5、0.6、0.7、0.8
2	1.0	0.8、1.0、1.2、1.3、1.4、1.5、1.6
3	1.5	1.0、1.2、1.4、1.6、1.8、2.0
4	1.8	1.2、1.4、1.6、1.8、2.0

注：设计干密度为 1.875g/cm³，设计含水量为 7.6%。

认为渗透水流服从达西定律：

$$Q = Av \quad (1)$$

$$J = (H_1 - H_2)/L \quad (2)$$

$$v = KJ \quad (3)$$

$$\varepsilon = S/L \quad (4)$$

式中：Q——流量；

A——土样截面积；

v——渗透流速；

J——渗透梯度；

H_1、H_2——分别为上下游水头；

L——渗流长度；

K——渗透系数；

ε——轴向应变；

S——试样沉降量。

渗透系数计算结果见表 2；渗透系数与轴向应力和偏应力的关系曲线分别如图 2、图 3 所示；流速与渗透梯度的关系见表 3；轴向应变与应力作用时间的关系如图 4 所示；轴向应变与渗透梯度的关系如图 5 所示。本文认为当渗流出口水流出现混浊时试样发生渗透破坏；当土样变形或表面出现破坏面时试样发生剪切破坏。

表 2 渗 透 系 数 计 算 结 果

围压（MPa）	轴向应力（MPa）	偏应力（MPa）	渗透系数（10⁻⁸cm/s）	渗透梯度
0.5	0.7	0.2	18.1	120
	0.9	0.4	13.8	113
	1.0	0.5	12.4	127
	1.1	0.6	11.7	133
	1.2	0.7	10.1	140
		0.8		发生剪切破坏

续表

围压（MPa）	轴向应力（MPa）	偏应力（MPa）	渗透系数（10^{-8}cm/s）	渗透梯度
1.0	1.6	0.6	6.68	146
	1.8	0.8	6.51	153
	2.0	1.0	5.84	160
	2.2	1.2	4.83	133
	2.3	1.3	4.28	133
	2.4	1.4	4.04	146
	2.5	1.5	3.54	133
		1.6	发生剪切破坏	
1.5	2.5	1.0	4.44	266
	2.7	1.2	3.84	266
	2.9	1.4	3.37	266
	3.1	1.6	3.09	266
	3.3	1.8	2.59	266
	3.5	2.0	2.48	346
1.8	3.0	1.2	3.12	266
	3.2	1.4	2.71	266
	3.4	1.6	2.61	266
	3.6	1.8	2.06	266
	3.8	2.0	1.92	433

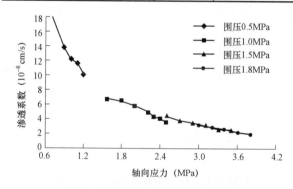

图 2　渗透系数与轴向应力关系

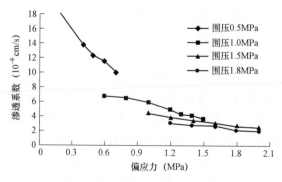

图 3　渗透系数与偏应力关系

2.1　复杂应力对渗透特性的影响

　　由图 2、图 3 可知，在发生剪切破坏之前，当

围压分别为 0.5、1.0、1.5、1.8MPa 时，随着偏应力和轴向应力的增大，心墙土的渗透系数具有逐渐减小的趋势，且减小速率越来越慢，表明剪缩效应可引起土体抗渗能力的提高。但当偏应力增大到某一值时，土体的抗渗强度会降低，导致发生剪切破坏。当围压为 0.5MPa、偏应力加载到 0.8MPa 时，透过围压室在 2 个相对应的侧面发现了 2 条明显的剪切面，因此在没有施加渗透压力的条件下认为试样发生剪切破坏；围压为 1.0MPa、偏应力为 1.6MPa 时，发现围压室侧面出现了 1 条明显的剪切破坏面，因此在没有施加渗透压力条件下认为试样发生剪切破坏；围压为 1.5MPa 和 1.8MPa 时，土体均未发生渗透破坏或剪切破坏。由于试验设备的限制，没有继续做偏应力更大的试验。

表 3　渗透流速与渗透梯度拟合关系

围压（MPa）	偏应力（MPa）	统计方程	拟合相关度 R^2
0.5	0.2	$v = 18.05 \times 10^{-8}J - 13.89 \times 10^{-8}$	0.998
	0.4	$v = 13.81 \times 10^{-8}J - 97.00 \times 10^{-8}$	0.986
	0.5	$v = 12.36 \times 10^{-8}J - 123.3 \times 10^{-8}$	0.989
	0.6	$v = 11.65 \times 10^{-8}J - 148.1 \times 10^{-8}$	0.993
	0.7	$v = 10.12 \times 10^{-8}J - 137.9 \times 10^{-8}$	0.988
1.0	0.6	$v = 6.678 \times 10^{-8}J - 8.05 \times 10^{-8}$	0.996
	0.8	$v = 6.514 \times 10^{-8}J - 108.0 \times 10^{-8}$	0.994
	1.0	$v = 5.844 \times 10^{-8}J - 13.41 \times 10^{-8}$	0.979
	1.2	$v = 4.827 \times 10^{-8}J - 90.57 \times 10^{-8}$	0.974
	1.3	$v = 4.282 \times 10^{-8}J - 41.47 \times 10^{-8}$	0.996
	1.4	$v = 4.036 \times 10^{-8}J - 27.17 \times 10^{-8}$	0.988
	1.5	$v = 3.540 \times 10^{-8}J - 22.05 \times 10^{-8}$	0.976
1.5	1.0	$v = 4.438 \times 10^{-8}J - 90.18 \times 10^{-8}$	0.980
	1.2	$v = 3.840 \times 10^{-8}J - 94.55 \times 10^{-8}$	0.991
	1.4	$v = 3.373 \times 10^{-8}J - 102.0 \times 10^{-8}$	0.998
	1.6	$v = 3.087 \times 10^{-8}J - 109.0 \times 10^{-8}$	0.996
	1.8	$v = 2.585 \times 10^{-8}J - 138.0 \times 10^{-8}$	0.990
	2.0	$v = 2.476 \times 10^{-8}J - 125.0 \times 10^{-8}$	0.998
1.8	1.2	$v = 3.124 \times 10^{-8}J - 131.0 \times 10^{-8}$	0.992
	1.4	$v = 2.705 \times 10^{-8}J - 97.55 \times 10^{-8}$	0.998
	1.6	$v = 2.614 \times 10^{-8}J - 99.58 \times 10^{-8}$	0.996
	1.8	$v = 2.055 \times 10^{-8}J - 9.10 \times 10^{-8}$	0.978
	2.0	$v = 1.915 \times 10^{-8}J - 79.00 \times 10^{-8}$	0.997

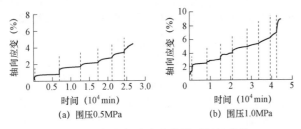

图 4 轴向应变随应力作用时间的变化

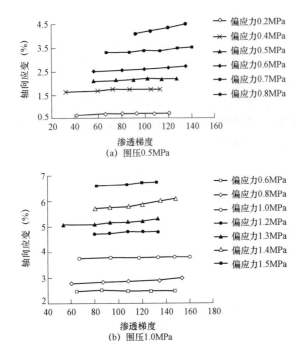

图 5 各偏应力下轴向应变与渗透梯度的关系

在设计渗透梯度范围内心墙土均未发生渗透破坏。分析原因可能为当土体承受高复杂应力时（本试验施加轴向应力与偏应力之比为 2～3），土样处于剪缩状态，随时间趋于更加密实，导致渗流阻力变大，得到的渗透系数较一般值更小，显著提高了土体的抗渗能力。由试验结果分析可知，围压为 0.5MPa、偏应力为 0.7MPa 以上时认为土样发生破坏，渗透梯度大于 140；围压为 1.0MPa、偏应力为 1.5MPa 以上时认为土样发生破坏的渗透梯度大于 133；对于 100m 以上的高坝，渗透梯度一般小于 10，远远小于本实验中施加围压、轴向应力及偏应力后的渗透梯度（113～433），且本实验重点分析渗透系数及轴向应变与应力的关系，仅从宏观上论述了复杂应力状态下剪缩效应可引起土体抗渗能力的提高。

固定围压，将不同偏应力条件下的渗透流速与渗透梯度的关系及拟合相关度列于表3。由表3可知，在各偏应力下渗透梯度与渗透流速均基本符合线性关

系，即满足达西定律，且拟合相关度在 0.970 以上。

2.2 复杂应力对轴向应变的影响

在围压为 0.5MPa 和 1.0MPa 时，轴向应变随应力作用时间的变化关系如图 4 所示。当围压为 0.5MPa、1.0MPa 时，轴向应变随应力作用时间的变化呈阶梯状，分级加载偏应力的初始时刻轴向应变骤然增大，随后缓慢增大并趋于稳定。分析原因可能为，在加载各偏应力的初始时刻，由于土质相对疏松，对渗透水流的阻力相对较小，因此固结过程会发生较大沉降，轴向应变相应迅速增大，随后固结过程基本完成，沉降量基本由渗流作用诱发，导致轴向应变缓慢增大并趋于稳定。施加下一级偏应力表现出同样的特征。结合表 2 可以看出，随着偏应力的增大，由于土体愈加密实，导致渗透系数随着渗透压力波动而整体减小。而渗透梯度随着渗透压力波动整体呈现出增大的趋势，由 120 增大至 433。

各偏应力下轴向应变与渗透梯度的关系如图 5 所示。分析图 5 可知，当围压为 0.5MPa，偏应力分别为 0.2、0.4、0.5、0.6、0.7MPa 时，轴向应变随渗透梯度的变化并不大，分别增加了 0.04%、0.04%、0.05%、0.15%、0.13%。结合图 4（a）可以看出当偏应力为 0.8MPa 时，在没有渗透压力的条件下，轴向应变随时间持续增大，且没有趋于稳定的趋势，综上认为当偏应力达到 0.8MPa 时土体已发生剪切破坏。当围压为 1.0MPa，偏应力分别为 0.6、0.8、1.0、1.2、1.3、1.4、1.5MPa 时，轴向应变随渗透梯度的变化分别增加了 0.03%、0.17%、0.15%、0.11%、0.22%、0.41%、0.19%，结合图 4（b）看出当偏应力达到 1.6MPa 时，在没有渗透压力的条件下，轴向应变随时间持续增大，且没有趋于稳定的趋势，认为当偏应力达到 1.6MPa 土体已发生剪切破坏。

图 5 表明：偏应力小于围压时，轴向应变随渗透梯度的变化极为缓慢，也就是说，渗流作用对于土体轴向应变的影响较为微弱；偏应力大于围压时，轴向应变随渗透梯度的变化比较明显；当土体结构接近破坏时（围压为 0.5MPa、偏应力为 0.8MPa 以及围压为 1.0MPa、偏应力为 1.6MPa），渗流作用效应最为显著，并起到加速土体结构破坏的作用。由此得出偏应力大于围压时，土体渗流对轴向应变的作用较显著，并随着偏应力的增大而加速土体结构的破坏。

3 复杂应力状态下心墙土渗透性演变模型

土体的应力状态对渗透特性的影响非常大，因为其直接关系到土体内部结构的变化。由于在围压作用下土体孔隙率变低，土体渗透率也会变低。在偏应力作用下，一方面，随着偏应力的作用土体轴向应变变小，同时剪切作用使得土体结构更密实，导致 渗透率降低；另一方面，剪切作用达到一定程度时，土体发生剪切破坏，可能为水流提供一条阻力较小的通道，使得土体渗透率增大。因此围压和偏应力是引起心墙土渗透特性变化的重要原因。渗透系数的变化趋势及上述机理分析表明：在围压固定的情况下，心墙土的渗透性与偏应力、轴向应力密切相关，综合考虑围压、偏应力和轴向应力的影响，对试验数据进行拟合分析。

对于三轴试验的应力状态，设围压为 σ_3，对应的偏应力为 $\sigma_1-\sigma_3$，则球应力 $p=(\sigma_1+2\sigma_3)/3$，等效应力 $q=[(\sigma-\sigma)^2+(\sigma-\sigma)^2+(\sigma-\sigma)^2]^{0.5}/2^{0.5}$，应力函数 $x=[p^2+(Mq)^2]^{0.5}$，M 为本构模型参数。假设渗透系数与应力函数的指数性关系为

$$k=k_0\mathrm{e}^{-ax} \tag{5}$$

式中：k——渗透系数；

k_0、a——均为待拟合参数。

与其他多个指数模型进行比较可知，此模型相关系数较高，且概念清晰、公式简洁，拟合参数仅有 2 个，便于工程应用。将试验结果进行拟合分析可知，$M^2=3$ 时拟合相关系数最高为 0.977，拟合结果如图 6 所示，拟合公式为

$$k=26.97\times10^{-8}\mathrm{e}^{-0.697x} \quad (R^2=0.977) \tag{6}$$

4 结语

（1）在本试验各应力组合工况下，心墙土渗透流速与渗透梯度基本呈线性关系，且拟合相关度在 0.970 以上，表明在试验水力梯度内土样仍满足达

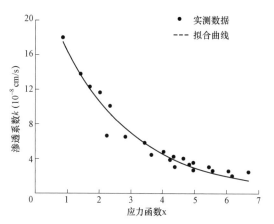

图 6 高塑性黏土复杂应力状态下
渗透性演变模型拟合结果

西定律，且随着偏应力和轴向应力的增大，心墙土的渗透系数均具有逐渐减小的趋势，且减小速率越来越慢，表明剪缩效应引起了土体抗渗能力的提高。但当偏应力增大到一定程度时，土体抗渗强度会降低，导致发生剪切破坏。

（2）在本试验设计梯度范围内，土样均未发生渗透破坏，当围压为 0.5MPa、偏应力为 0.8MPa 时，在未加渗透压力的条件下，土体发生剪切破坏；当围压为 1.0MPa、偏应力为 1.6MPa 时，在未加渗透压力条件下，土体发生剪切破坏。

（3）轴向应变在试验过程中呈阶梯状，分级加载各偏应力的初始时刻轴向应变骤然增大，随后缓慢增大并趋于稳定。当偏应力大于围压时，土体渗流对轴向应变的作用较显著，并随着偏应力的增大加速了土体结构的破坏。

（4）建立了心墙土复杂应力状态下渗透性演变模型，根据试验结果进行拟合分析，得出心墙土渗透系数与应力函数的关系式为 $k=26.97\times10^{-8}\mathrm{e}^{-0.697x}$。该模型与已有渗透性模型的显著区别是综合考虑了围压及偏应力的共同作用，且模型简单，便于实际应用。

参考文献：

[1] 林继镛. 水工建筑物 [M]. 北京：中国水利水电出版社，2009.

[2] 毛昶熙. 渗流计算分析与控制 [M]. 北京：中国水利水电出版社，1990.

[3] 顾淦臣. 国内外土石坝重大事故剖析：对若干土石坝重大事故的再认识[J]. 水利水电科学进展，1997，17（1）：13-20.

[4] 速宝玉，詹美礼. 充填裂隙渗流特性实验研究 [J]. 岩土力学，1994，15（4）：46-51.

[5] 罗玉龙，张文捷，速宝玉. 基于非饱和渗流应力耦合的河堤窝崩机理 [J]. 河海大学学报（自然科学版），2011，39（3）：327-331.

［6］ 张丽，沈振中，赵斌. 某超高面板砂砾石坝面板缝局部失效渗流场有限元分析［J］. 水利水电科技进展，2015，35（1）：67−72.

［7］ 蒋中明，王庆，秦卫星. 孔隙介质渗透力的细观数值解析［J］. 水利水电科技进展，2015，35（4）：35−38.

［8］ LI S P，WU D X，XIE W H. Effect of confining pressure，pore pressure and specimen dimension on permeability of yinzhuang sandstone［J］. International Journal of Rock Mechanics and Mining Sciences，1997，34（3）：432−433.

［9］ 朱珍德，张爱军，徐卫亚. 脆性岩土全应力—应变过程渗流特性试验研究［J］. 岩土力学，2002，23（5）：555−563.

［10］ TSANG Y W，WITHERSPOON P A. The dependence of fractare mechanical and fluid flow properties on fracture roughness and sample size［J］. Journal of Geophysical Research Atmospheres，1983，88（3）：2359−2366.

［11］ 邹玉华，陈群，何昌荣. 不同应力条件下砾石土防渗料和反滤料联合抗渗试验研究［J］. 岩土力学，2012，33（8）：2323−2329.

［12］ 陈建生，刘建刚，焦月生. 接触冲刷发展过程模拟研究［J］. 中国工程科学，2003，5（7）：33−39.

［13］ WANG J A，PARK H D. Fluid permeability of sedimentary rocks in a complete stress-strain process［J］. Engineering Geology，2002，63（3）：291−300.

［14］ 沈远，邓荣贵，张丹. 大渡河长河坝水电站区域泥石流特征及危险性评价［J］. 防灾减灾工程学报，2012，32（3）：359−364.

［15］ 刘杰. 土的渗透稳定与渗流控制［M］. 北京：水利电力出版社，1992：170−196.

作者简介：

詹美礼（1959—），男，教授，主要从事渗流力学、地下水污染及控制技术研究。E-mail：zhanmeili@ vip.sina.com

高土石坝复合加筋抗震措施技术开发与应用

杨星，余挺，金伟，朱先文

（中国电建集团成都勘测设计研究院有限公司，四川省成都市　610072）

【摘　要】高土石坝的抗震安全问题是我国西部强震区水电开发最突出的问题之一。在总结以往高土石坝抗震措施优缺点的基础上，开发了一种高土石坝复合加筋抗震加固技术，该技术同时吸收了柔性加筋材料（土工格栅）和刚性加筋材料（钢筋）在高土石坝抗震加固方面的优点，介绍了高土石坝复合加筋抗震措施的开发背景、结构形式及技术特点，并通过大型振动台模型对比试验验证了复合加筋抗震措施的有效性和可靠性，最后介绍了复合加筋抗震措施在在建的295m高的两河口心墙堆石坝抗震设计中的应用。

【关键词】高土石坝；抗震安全；复合加筋；抗震措施；振动台模型试验

0　引言

我国80%的水能资源集中在西部地区，随着社会经济的发展和对能源需求的增加，必将在这些地方修建大量高坝以开发利用这些水能资源。土石坝具有选材容易、造价较低、结构简单、地基适应性强、抗震性能好等优点，是全世界水利水电工程建设广泛采用的一种坝型。然而，由于水能资源空间分布的限制，我国高土石坝大多修建在西部强震区，这些高土石坝不可避免地要经受强震作用。大库高坝一旦因地震溃决失事，其后果将是灾难性的。因此，开展高土石坝抗震措施研究，确保大库高坝的抗震安全，显得格外迫切和重要[1]。

在高土石坝抗震设计中，坝顶是抗震设计的关键部位[2]。这主要基于以下两方面原因：一方面，坝顶部的地震加速度响应最为强烈。高土石坝在地震中的"鞭梢效应"会导致坝顶部堆石出现松动、滚落、坍塌，甚至局部浅层滑动，这些局部破坏可能会危及大坝的整体抗震安全；另一方面，坝顶部的地震沉降是坝体总沉降的主要部分。章为民等[3-4]利用"5·12"汶川大地震紫坪铺面板堆石坝地震永久变形实测数据，引入分区震陷率的概念，论证了高土石坝震陷主要是由上部坝体地震沉降造成的。过大的地震沉降或不均匀沉降，会使坝体丧失部分超高或导致心墙开裂，存在库水漫顶和防渗体破坏的风险。

著名土动力学与土工抗震学家汪闻韶院士曾明确提出"有效的工程抗震措施比理论计算更为可靠，地震变形分析比稳定分析更有意义"的土石坝抗震设计理论（思想）和原则。地震的不确定性和高土石坝的复杂性，使高土石坝抗震设计很大程度上还依赖于工程类比以及工程师们的经验和判断。目前，除了苏联修建的努列克（Hypek）心墙堆石坝，国内外缺乏300m级高土石坝抗震设计经验。我国西部强震区在建、拟建的300m级超高土石坝有多座，由于在国内外鲜有同类工程可资借鉴，这些高土石坝的抗震安全已成为我国西部水电开发最突出的问题，确保这些高土石坝的抗震安全是国家经济发展和社会公共安全的基础保障。因此，亟待开发适合我国西部地区特点的更加安全、可靠、实用、高效的高土石坝抗震措施。

1　开发背景

在以往的高土石坝坝顶抗震措施中，一般采取加宽坝顶宽度；在坝坡一定高程设置马道，并放缓马道以上高程坝坡的坡比；坝顶一定高程范围的上、下游坝壳堆石体铺设柔性加筋材料（土工格栅）或刚性加筋材料（混凝土框格梁、钢筋）。加宽坝顶宽度和放缓坝坡毫无疑问会对提高土石坝抗震性能有利，但势必增加坝体填筑体积，增加工程造价。在坝顶一定高程范围内采取加筋结构是一种经济、有效的增强坝体抗震性能的措施，并在国内外强震区修建的高土石坝工程中得到了广泛应用。坝顶加筋已成为目前高土石坝抗震加固的最主要方法[6]。

苏联修建的努列克心墙堆石坝最大坝高300m，地处Ⅸ度地震区，为了保证大坝的抗震安全，在上游坝壳内的 235、256、274m 三个高程分别设置一层抗震梁系，坝顶 292m 高程再设置一层抗震梁系，连接上、下游坝壳。抗震梁系由长条形钢筋混凝土板和倒"T"形钢筋混凝土梁组成，长条板垂直于坝轴线铺设，板间距（中到中）为 9m，倒"T"形梁平行于坝轴线铺设，嵌搁在长条板上，梁间距（中到中）为 9m，梁高 3m（如图 1 所示）[7]。

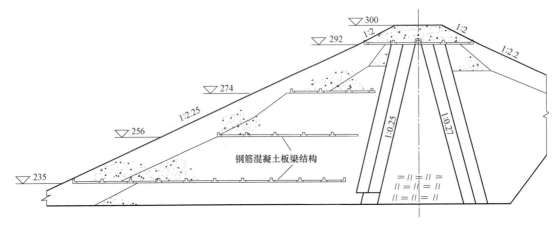

图 1　努列克高心墙堆石坝抗震梁结构（高程单位：m）

我国许多高土石坝修建在西部高海拔的高寒山区，如冶勒沥青混凝土心墙堆石坝，最大坝高为124.5m，设计地震烈度Ⅸ度，坝址所在地区高寒多雨，气候环境恶劣。冶勒沥青混凝土心墙堆石坝原有抗震设计借鉴了苏联努列克坝的抗震经验，在坝顶采用多层现浇钢筋混凝土抗震格梁。由于坝址所在地区气候环境恶劣，雨季和寒冷季节都很难进行混凝土浇筑，且钢筋混凝土格梁在浇筑完成后还需要一个龄期，待其达到一定强度后才能进行坝料填筑，这将造成大量施工机械、台班和人员的闲置，严重制约大坝的施工进度。不管是现浇钢筋混凝土梁，还是预制钢筋混凝土梁，都存在投资费用高、施工工序复杂等问题，且重型碾压机械不能直接在梁上碾压，对大坝施工带来不利影响。此外，钢筋混凝土梁无法适应大坝建成之后的不均匀自然沉降和地震造成的不均匀永久变形。随着土工格栅加筋土技术在岩土工程和水利工程中的广泛应用，冶勒沥青混凝土心墙堆石坝在实际建造中采取了在坝顶部铺设多层土工格栅的抗震措施，如图 2 所示[8]。土工格栅作为高土石坝抗震体系的主要组成部分，在我国水利水电工程建设中尚属首例。此后，我国许多高土石坝坝顶均采用了铺设土工格栅的抗震措施，如 160m 高的青峰岭水库主坝加固工程[9]、186m 高的瀑布沟心墙堆石坝[10]等工程。

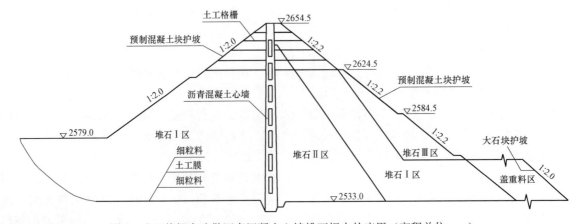

图 2　土工格栅在冶勒沥青混凝土心墙堆石坝中的应用（高程单位：m）

虽然土工格栅在边坡、堤防及土石坝工程中得到广泛应用，但土工格栅属于柔性加筋材料，在土石坝坝顶铺设土工格栅的抗震措施，一般用于200m级及以下的土石坝工程。2014年6月完建的糯扎渡砾石土心墙堆石坝，最大坝高为261.5m，为目前国内已建成的最高土石坝，设计地震烈度Ⅷ度，采取了在坝体770.0m高程至坝顶821.5m高程

的上、下游坝壳堆体中埋设直径20mm不锈钢钢筋网，坝面布设扁钢网的抗震措施，糯扎渡心墙堆石坝坝顶抗震钢筋现场施工情况如图3所示。

土工格栅和钢筋由于其自身材料性质和结构形式不同，用于高土石坝抗震加固各有各的优缺点，现将它们主要优缺点总结于表1。

(a) 整体施工图

(b) 局部放大图

图3　糯扎渡心墙堆石坝坝顶抗震钢筋现场施工图

表1　　　　　　　　　　土工格栅和钢筋用于高土石坝抗震加固优缺点对比

加筋材料	优　点	缺　点	代表性工程实例
土工格栅	① 筋材与堆石接触面大，界面摩擦力大；特有的网肋结构，使其与堆石嵌锁、咬合作用力强； ② 施工便利、不受气候环境影响、不影响坝体填筑进度； ③ 费用较低	① 柔性材料，强度和刚度较钢筋低； ② 重型机械碾压可能会造成筋材损伤	冶勒沥青心墙堆石坝（坝高124.5m）
钢　筋	① 筋材刚度大，强度高； ② 碾压不会造成筋材损坏； ③ 施工便利，不受气候环境影响，不影响坝体填筑进度	① 筋材间距大，与堆石接触面小，摩擦力小； ② 费用较高	糯扎渡土心墙堆石坝（坝高261.5m）

2　结构形式

在岩土工程和水利工程领域，同时吸收几种工程技术的优点，形成一种新的工程技术不乏先例，例如，近年来在常规土钉墙基础上发展起来的新型基坑支护结构——复合土钉墙技术，该技术于2011年9月由住房和城乡建设部发布并实施了国内外首部复合土钉墙技术规范[12]。在同时吸收土工格栅和钢筋在高土石坝抗震加固方面优点的基础上，笔者开发了一种高土石坝复合加筋抗震措施及其施工方法的专利技术，并获得国家发明专利授权[13]。高土石坝复合加筋抗震措施主要构成包括：① 钢筋；② 土工格栅；③ 不锈钢扁钢网；④ 预制混凝土锚固端。高土石坝复合加筋抗震措施位置示意图及结构放大图分别如图4和图5所示（图中 H 为坝高）。

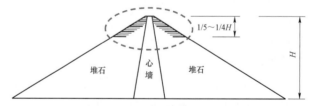

图4　高土石坝复合加筋抗震措施位置示意图

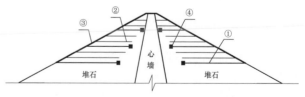

①—钢筋；②—土工格栅；③—不锈钢扁钢网；④—预制混凝土锚固端

图5　高土石坝复合加筋抗震措施结构放大图

高土石坝复合加筋抗震措施主要技术特征：在3/4～4/5H以上坝顶区域的上、下游坝壳堆石体中，根据堆石料碾压层数，每隔一定高程沿顺河向铺设

一层钢筋，钢筋一端与预制混凝土锚固端相连，另一端与坝面不锈钢扁钢网相连；钢筋表面上浇沥青进行防锈处理；在竖向两层钢筋的堆石体中铺设有土工格栅；坝面处土工格栅预留一定长度，待土工格栅上的堆石料填筑、碾压完成后，将坝面预留的土工格栅翻卷到碾压后的堆石体上，形成土工格栅包裹段；心墙顶面的钢筋贯穿整个堆石体，将上、下游坝面的不锈钢扁钢网相连。

3 技术特点

高土石坝复合加筋抗震措施主要具有以下技术特点：

（1）同时吸收了柔性加筋材料（土工格栅）和刚性加筋材料（钢筋）在高土石坝抗震加固方面的优点，刚柔结合，施工方便，施工不受气候环境影响，不影响坝体填筑进度，不增加坝体尺寸。

（2）坝壳堆石体内沿顺河向铺设的钢筋，通过一端连接坝内预制混凝土锚固端，另一端连接坝面不锈钢扁钢网，对散粒体堆石料起到了锚固作用，同时相比于在堆石体内布设钢筋网的抗震措施，工程造价低。

（3）土工格栅通过与堆石料之间的界面摩擦作用，纵、横肋所形成的独特网孔结构与堆石料之间的嵌锁、咬合作用，以及坝面处的包裹段，限制了堆石料的侧向变形，提高了坝体抵抗地震变形的能力。

（4）心墙顶面的钢筋贯穿整个堆石体，将上、下游坝面的不锈钢扁钢网相连，进一步将坝顶部散粒体堆石料约束成为一个整体，增强了坝体的抗震整体性。

（5）高土石坝复合加筋抗震措施不需要现浇混凝土，尤其适合在我国水能资源分布丰富的西部高寒地区使用。

4 大型振动台模型试验

为了验证高土石坝复合加筋抗震措施的有效性和可靠性，开展了不同幅值、不同频率、不同持时的地震波作用下，未加筋模型坝和复合加筋模型坝大型振动台对比模型试验。模型坝坝高 100cm，上、下游坡比为 1:1.7，坝顶宽 10cm，级配依据某典型高土石坝的堆石料级配进行选配，最大粒径为 20mm。模型坝主断面及主要仪器布置图如图 6 所示。在模型坝坝顶 20cm 范围（1/5 坝高）内采取

复合加筋抗震措施，分别采用直径 2mm 的镀锌铁丝、经编聚酯纤维（PET）和 1mm 厚的铁条网模拟高土石坝复合加筋抗震措施中的钢筋、土工格栅和坝面不锈钢扁钢网，在坝顶部上、下游堆石体中共布置 5 层筋材，筋材的竖向间距为 4cm，镀锌铁丝和经编聚酯纤维（PET）由下向上交替布置，即在两层镀锌铁丝之间布置一层经编聚酯纤维（PET），镀锌铁丝的水平向间距为 5cm，顺河向最长铺设 20cm，坝顶镀锌铁丝贯穿上、下游，将坝面铁条网相连。为考虑库水作用，在模型坝上游采用复合土工膜蓄水来模拟库水，蓄水高程为 80cm。限于篇幅，只给出蓄水工况时，不同峰值的松潘波作用下，未加筋模型坝和复合加筋模型坝的部分试验成果，其中模型试验输入的松潘波如图 7 所示，填筑完成后的未加筋模型坝和复合加筋模型坝如图 8 所示。

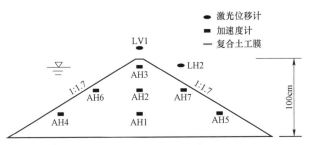

图 6 模型坝主断面及主要仪器布置图

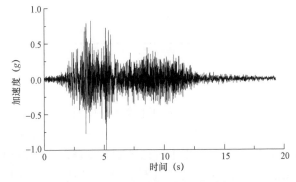

图 7 输入的松潘波加速度时程

图 9 为 0.5g 松潘波作用下，未加筋模型坝和复合加筋模型坝坝顶激光位移计监测的坝顶竖向沉降时程曲线，由图 9 的位移时程曲线可知，坝体在振动过程中都产生了不可恢复的竖向永久变形，并在地震波能量主要集中的时间段（3~12s，如图 7 所示）竖向永久变形迅速增加，随着地震波能量的减弱，永久变形趋于稳定，但复合加筋模型坝的坝顶竖向永久位移明显小于未加筋模型坝。同时还可以看出，未加筋模型坝的坝顶竖向位移时程曲线

在振动过程中出现了较大的波动，其原因是在较强振动过程中未加筋模型坝坝顶堆石颗粒出现了松动、隆起造成的，但总的变形是产生不可恢复的竖向沉降。

(a) 未加筋模型坝   (b) 复合加筋模型坝

图 8 填筑完成后的模型坝

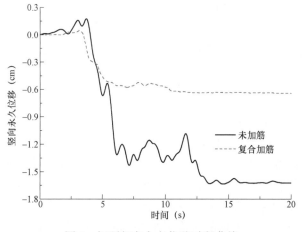

图 9 坝顶竖向永久位移时程曲线

图 10 为不同峰值的松潘波作用下，未加筋模型坝和复合加筋模型坝坝顶累计沉降随输入加速度峰值的变化。由图 10 可以看出，未加筋模型坝和复合加筋模型坝坝顶累积沉降随输入加速度峰值的增加均呈现非线性增大，但复合加筋抗震措施较未加筋可有效减小坝顶沉降，且随着输入加速度峰值的增加，复合加筋抗震措施对减小坝顶沉降的贡献越大，0.3g 时复合加筋抗震措施较未加筋减小41.7%，0.5g 时复合加筋抗震措施较未加筋减小55.0%，说明复合加筋抗震措施非常适合于强震区高土石坝的抗震加固。

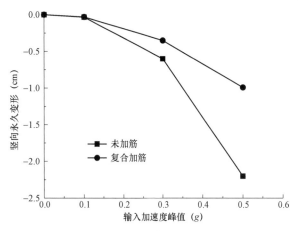

图 10 坝顶累积沉降与输入加速度峰值的关系

图 11 为 0.5g 松潘波作用下，未加筋模型坝和复合加筋模型坝加速度放大系数沿坝高的分布。由图 11 可见，未加筋模型坝和复合加筋模型坝加速度放大系数沿坝高的分布呈现相同的变化规律，均随坝高的增加而增大，并在坝顶部增加迅速，但采取复合加筋抗震措施后，坝顶加速放大系数小于未加筋模型坝坝顶加速度放大系数，这与南京水利科学研究院王年香等[14-15]采用离心机振动台进行长河坝坝顶土工格栅抗震加固模型试验得出的结论相一致。Kim 等[16]开展的土石坝离心机振动台模型试验发现坝顶堆石振松后加速度放大系数会显著增大。杨正权等[17]开展的紫坪铺面板堆石坝坝坡震后抗震加固大型振动台模型试验发现，浆砌石护坡由于具有良好的整体性，坝体加速度放大系数小于干砌石护坡。因此，复合加筋抗震措施能够有效限制坝顶堆石松动，从而对加速度响应具有一定的抑制作用。

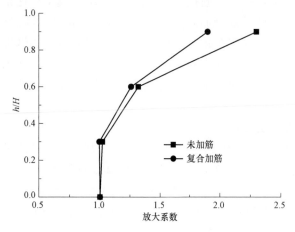

图 11 加速度放大系数沿坝高分布

5 工程应用

我国在建的两河口水电站位于四川省甘孜州雅江县境内的雅砻江干流上,为雅砻江中、下游的龙头水库,水库的正常蓄水位为 2865.00m,相应库容为 101.54 亿 m³,校核洪水位为 2870.34m,总库容为 107.77 亿 m³,电站装机容量为 3000MW。拦河大坝采用砾石土心墙堆石坝,最大坝高 295m,坝顶宽度为 16m,上、下游坝坡坡比分别为 1:2.0 和 1:1.9,防渗心墙顶宽 6m,心墙上、下游坡比均为 1:0.2。该工程为一等大(1)型工程。根据国家地震局场地安全性评价成果,并经国家地震安全性评定委员会审定,工程场地地震基本烈度为Ⅶ度,100 年超越概率 2%的基岩水平峰值加速度为 287.8gal。

两河口心墙堆石坝属于 300m 级超高土石坝,坝址所处地区为我国西部强震区,因此,其抗震安全问题尤为突出。鉴于工程的重要性,两河口高心墙堆石坝的抗震设计采用了复合加筋抗震措施,即在坝体 2820.0m 高程至坝顶范围的上、下游坝壳堆石料、过渡料及反滤料内铺设水平钢筋和土工格栅,其中钢筋和土工格栅沿顺河向最长铺设长度为 30m,不足 30m 的伸至心墙外表面,钢筋直径为 20mm,竖向层距为 3m,水平向间距为 1m,并在钢筋外表面上浇沥青进行防锈处理,竖向两层水平钢筋之间铺设两层土工格栅,其层距为 1m,如图 12 所示。

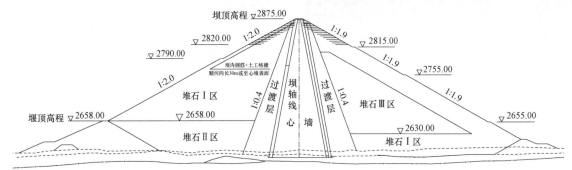

图 12 复合加筋抗震措施在两河口高土石坝中的应用(高程单位:m)

6 结语

受限于我国水能资源空间分布,我国高土石坝大都修建在西部强震区,抗震安全问题是我国高土石坝建设最突出的问题之一。在总结以往高土石坝抗震措施优缺点的基础上,开发了一种高土石坝复合加筋抗震加固技术,通过大型振动台模型对比试验验证了复合加筋抗震措施的有效性和可靠性,并介绍了其在在建的 295m 高的两河口砾石土心墙堆石坝抗震设计中的应用,复合加筋抗震措施为我国西部强震区在建和拟建的高土石坝的抗震设计提供了借鉴和参考。

高土石坝的抗震设计是一个复杂的岩土工程问题,涉及工程场地未来可能地震活动性评价,坝体及坝基材料静、动力条件下的物理性质和力学性能确定等许多复杂问题,强震区修建的高土石坝除特别重视坝顶的抗震安全外,高土石坝抗震设计涉及坝体结构与材料分区、坝料设计与填筑标准、坝坡坡比与坝面护坡、坝顶超高与坝基处理等诸多方面,高土石坝复合加筋抗震措施应与其他方面的抗震设计相结合,共同保证大坝的抗震安全。

参考文献:

[1] 杨星,刘汉龙,余挺,等. 高土石坝震害与抗震措施评述 [J]. 防灾减灾工程学报,2009,29(5):583-590.

[2] 孔宪京,邹德高,邓学晶,等. 高土石坝综合抗震措施及其效果的验算 [J]. 水利学报,2006,37(12):1489-1495.

[3] 章为民,陈生水. 紫坪铺面板堆石坝汶川地震永久变形实测结果分析 [J]. 水力发电,2010,36(8):51-53.

[4] 章为民,王年香,顾行文,等. 土石坝坝顶加固的永久变形机理及其离心模型试验验证 [J]. 水利水运工程学报,2011(1):22-27.

[5] 汪闻韶. 土石填筑坝抗震研究 [M]. 北京:中国电力出版社,2013.

[6] 李红军,迟世春,林皋. 高心墙堆石坝坝坡加筋抗震稳定分析 [J]. 岩土工程学报,2007,29(12):1881-1887.

［7］ 顾淦臣，沈长松，岑威钧. 土石坝地震工程学［M］. 北京：中国水利水电出版社，2009.

［8］ 马家燕. 土工格栅应用于水工大坝初探［J］. 四川水力发电，2007，26（6）：84－85.

［9］ 李道田. 青峰岭水库土石坝加固技术及加筋砾石料的应力应变特性研究［D］. 南京：河海大学，2006.

［10］ 冉从勇，朱先文，卢羽平. 瀑布沟水电站砾石土心墙堆石坝的抗震设计［J］. 水电站设计，2011，27（3）：26－30.

［11］ 雷红军，冯业林，刘兴宁. 糯扎渡高心墙堆石坝抗震安全研究与设计［J］. 大坝与安全，2013（1）：1－4.

［12］ 中华人民共和国住房和城乡建设部、中华人民共和国国家质量监督检验检疫总局. GB 50739—2011，复合土钉墙基坑支护技术规范［S］. 北京：中国计划出版社，2012.

［13］ 杨星，刘汉龙，余挺，等. 一种高土石坝抗震结构及其施工方法［P］. 中国：ZL201110122191.5，2011－11－30.

［14］ 王年香，章为民，顾行文，等. 长河坝动力离心模型试验研究［J］. 水力发电，2009，35（5）：67－70.

［15］ 陈生水. 土石坝试验新技术研究与应用［J］. 岩土工程学报，2015，37（1）：1－28.

［16］ KIM M K，LEE S H，CHOO Y W，et al. Seismic behaviors of earth-core and concrete-faced rock-fill dams by dynamic centrifuge tests［J］. Soil Dynamics and Earthquake Engineering，2011，31（11）：1579－1593.

［17］ 杨正权，赵剑明，刘小生，等. 紫坪铺大坝下游坝坡震后抗震加固措施大型振动台模型试验研究［J］. 岩土工程学报，2015，37（11）：2058－2066.

作者简介：

杨　星，男，高级工程师，主要从事高土石坝相关设计与研究。E-mail：yangxing032515@126.com

筑坝材料缩尺效应及其对阿尔塔什面板坝
变形及应力计算的影响

邹德高 [1,2]，宁凡伟 [1,2]，刘京茂 [1,2]

（1.海岸与近海工程国家重点实验室，大连理工大学，辽宁省大连市　116024
2. 工程抗震研究所，建设工程学部水利工程学院，大连理工大学，辽宁省大连市　116024）

【摘　要】本文针对阿尔塔什混凝土面板坝工程，基于超大型三轴仪（试样直径 800mm，最大粒径为 160mm）和大型三轴仪（试样直径 300mm，最大粒径为 60mm）固结排水剪切试验结果，研究了筑坝材料缩尺效应及其对阿尔塔什面板坝竣工期坝体变形及应力计算的影响。主要结论：阿尔塔什筑坝砂砾料与人工开采的灰岩爆破料变形特性的缩尺效应规律相反，砂砾料超大型三轴试验的邓肯–张 $E-B$ 模型模量参数 k 和 k_b 为大型三轴的 1.3～1.4 倍；灰岩爆破料大型三轴试验的模量参数 k 和 k_b 为超大型三轴的 1.2～1.4 倍。大型三轴试验的邓肯–张 $E-B$ 模型参数无法反映上游砂砾料与下游灰岩爆破料的变形模量差异，导致沉降计算规律与实际不符，超大型三轴试验的模型参数可以很好地反映由于上游砂砾料变形模量高于下游灰岩爆破料而产生的不均匀沉降，计算结果在分布规律及量值上相比大型三轴试验的参数更接近于实测值。本文研究对于进一步深入认识筑坝材料缩尺效应的影响有着重要意义，并可为同类工程变形预测提供试验与数值计算依据。

【关键词】土石坝；超大型三轴；缩尺效应；砂砾料；爆破料

0　引言

目前土石坝的坝高已从200m级迈向300m级[1]。随着坝高的增大，坝体的变形越来越大，迫切需要对筑坝材料的性质进行更深入的研究。筑坝材料的最大粒径可达 800～1000mm，然而常规大型三轴仪所允许进行试验的最大粒径仅为60mm，只能进行大比例缩尺后的试验研究，缩尺的比尺可以达到 10 倍以上。缩尺后材料力学性质与原型材料的差异（即缩尺效应）一直都是工程和学术界关注的热点[2, 3]。

缩尺效应问题由来已久，国内外学者针对缩尺效应进行了大量的研究[4-14]。筑坝材料主要可以分为人工开采的爆破料和河床砂砾料，已有的爆破料三轴试验研究表明，缩尺后的试验结果会高估爆破料的变形模量[4, 5, 8-10, 12, 13]，这也是文献［15］中指出的水布垭等高面板堆石坝采用室内试验参数计算的最大沉降明显小于实际监测值的原因之一。然而，针对砂砾料的缩尺效应研究还比较少，Varadaraja[8]分别对 Ranjit Sagar 坝的砂砾料以及

Purulia 坝的爆破料进行了最大粒径为 80、50mm 以及25mm 的三轴试验。结果表明，砂砾料的缩尺规律与爆破料有所不同，Ranjit Sagar 坝的砂砾料的峰值强度以及变形模量随最大粒径的增大而增大，这意味着不同筑坝材料缩尺效应及其对坝体变形及应力计算的影响可能并不相同。

目前，我国规划建设的高面板砂砾石坝已达到 250m 级，如新疆库玛拉克河上的大石峡水利枢纽以及位于黄河干流的青海茨哈峡水电站，这类坝型一般选用天然砂砾料作为上游主堆石料，开挖料（爆破料）作为下游次堆石料，准确预测这类坝型的变形就需要对砂砾料以及爆破料的缩尺效应规律有清楚的认识。

为了研究筑坝材料的缩尺效应，大连理工大学研制了超大型静动两用三轴仪[13]，针对阿尔塔什混凝土面板坝工程，基于试样直径800mm 的超大型三轴仪及普通大型三轴仪（试样直径 300mm）的固结排水剪切试验结果标定了邓肯–张 $E-B$ 模型参数，据此对阿尔塔什面板堆石坝填筑变形进行

了数值分析，并结合实际观测资料，讨论了筑坝材料缩尺效应对坝体填筑期计算的影响。试验及计算成果可为阿尔塔什面板坝安全性分析提供依据，同时可为同类工程的设计和建设提供参考。

1 试验介绍

试验采用的仪器为大连理工大学工程抗震研究所研制的超大型三轴仪以及高压大型三轴仪[16]。其中超大型三轴试样尺寸为直径 800mm，高1700mm，最大围压 3.0MPa。大型三轴试样尺寸为直径 300mm，高 700mm，最大围压 4.0MPa。试验采用的径径比（试样直径 D 与最大粒径 $d_{\max}$ 的比值）取为 5[17]，即对于超大型三轴试验最大粒径为160mm，大型三轴试验最大粒径为 60mm。

本文研究的材料为阿尔塔什面板坝的主堆砂砾料以及次堆爆破料。其中砂砾料岩性为第四系全新统冲击砂卵砾石，实测岩块平均比重为 2.73；爆破料岩性为灰岩，岩石中硬—坚硬，实测平均比重为2.66。

采用相似级配法缩尺，原型级配及试验级配如图 1 所示。对于砂砾料和灰岩爆破料的原型级配最大粒径分别为 450mm 和 500mm。

制样采用分层振捣法，超大型三轴试验共分 8层装样，第一层 30cm，其余每层 20cm，大型三轴试验分 7 层装样，每层 10cm。采用表面振动击实器击实，击振频率均为 50Hz。采用控制试样干密度法制样。试样采用水头饱和法进行饱和。固结完成后均以 0.1%/min 的应变速率剪切。共进行三组不同围压的试验，具体试验控制条件见表 1。

表 1   试 验 控 制 条 件

材料名称	试样直径（mm）	最大粒径（mm）	制样干密度（g/cm³）	围压 σ_3（MPa）
砂砾料	800	160	2.302	0.5, 1.0, 1.5
	300	60	2.302	0.5, 1.0, 1.5
灰岩爆破料	800	160	2.155	0.5, 1.0, 1.5
	300	60	2.155	0.5, 1.0, 1.5

2 试验结果与分析

图 2 给出了砂砾料超大型三轴试验与大型三轴试验在不同围压下的应力—轴变—体变关系，可以看出，砂砾料与前期进行的某筑坝爆破料缩尺试验结果不同[13]，随着最大粒径的增大，峰值应力处的轴向变形以及最大体变均减小，相同围压下大

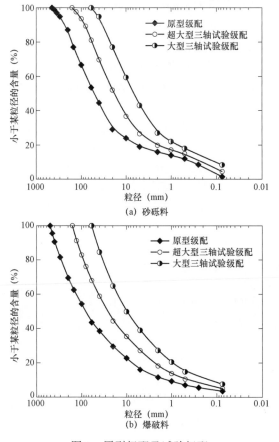

(a) 砂砾料

(b) 爆破料

图 1   原型级配及试验级配

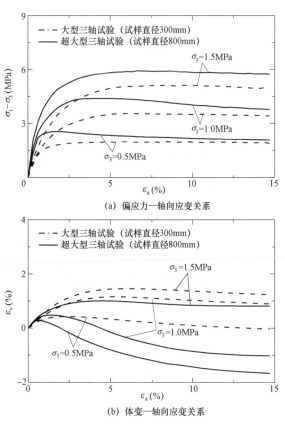

(a) 偏应力—轴向应变关系

(b) 体变—轴向应变关系

图 2   砂砾料偏应力—应变—体变关系

型三轴试验的变形模量、体积模量以及峰值强度均要低于超大型三轴试验。

图 3 给出了灰岩爆破料超大型三轴试验与大型三轴试验在不同围压下的应力—轴变—体变关系，与砂砾料试验结果不同，相同围压下大型三轴试验的变形模量及体积模量均要大于超大三轴试验，超大型三轴试验的体变明显大于大型三轴试验，但两种尺寸试验的峰值强度差距不大。试验结果与文献［13］中的某筑坝爆破料结果规律近似。

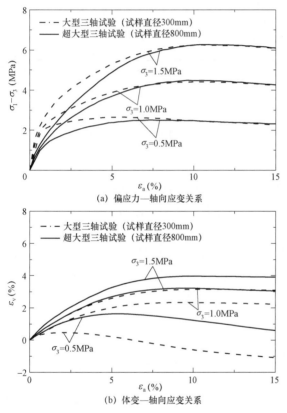

图 3 灰岩爆破料偏应力—应变—体变关系

对于爆破料，在相似级配缩尺并控制孔隙比相同的条件下，已有缩尺效应研究规律一般表现为随着最大粒径的增大，试样的变形模量与体积模量减小，峰值强度差别不大或略有减小。爆破料级配通常以 Talbot 级配曲线为模板，可通过爆破参数的设计生产所需级配的爆破料，不同土石坝工程爆破料的级配差距较小，另外，爆破料的岩性普遍为中硬—坚硬，颗粒形状普遍为次角粒—角粒。在岩性、级配、颗粒形状等差别不大的条件下爆破料的缩尺规律较为一致。砂砾料的来源主要是河床开挖料，与爆破料相比，砂砾料的岩性、级配、颗粒形状、细颗粒含量等都有较为明显的区别，这些都可能是阿尔塔什砂砾料缩尺规律与爆破料相反的影响因素。不同材料缩尺效应的机理仍需进一步的试验研究。

3 坝体三维有限元计算简介

3.1 工程概况

阿尔塔什水利枢纽是塔里木河主要源流之一的叶尔羌河流域内最大的控制性山区水库工程，是叶尔羌河干流梯级规划中“两库十四级”的第十一个梯级。大坝采用混凝土面板砂砾石堆石坝，坝顶高程为 1825.80m，坝顶宽度为 12m，最大坝高164.8m，坝顶长度为 795.0m。

坝体标准剖面如图 4 所示，坝体主要由上游盖重区 1B、上游铺盖区 1A、混凝土面板、垫层料区2A、特殊垫层区 2B、过渡料区 3A、砂砾料区 3B、利用料区 3C1、爆破料区 3C2、水平排水料区 3D组成。

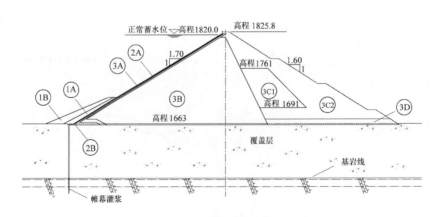

图 4 阿尔塔什面板坝典型横剖面示意图

3.2　有限元计算软件

本文采用大连理工大学工程抗震研究所研发的岩土工程静、动力分析软件系统 GEODYNA7.0 对阿尔塔什混凝土面板坝进行计算分析。该软件系统具有丰富的材料本构模型、单元类型和荷载类型，广泛应用于我国的土石坝和核电工程。

3.3　大坝有限元网格及填筑过程模拟

阿尔塔什面板坝河谷地形比较复杂，为了使计算结果具有更高的精度，本文采用大规模的精细网格分析方案。采用八分树技术进行精细化网格离散，该方法可准确地反映复杂河谷地形、防渗墙、连接板、趾板和面板的三维结构形式，以及材料分区、分期填筑等真实情况。三维复杂河谷网格及大坝三维整体网格如图 5 所示，整体网格共有 86.6 万节点，自由度超过 200 万，实体单元采用多面体比例边界有限元单元[18, 19]，土—结构间接触采用接触单元，面板间接触采用缝单元。

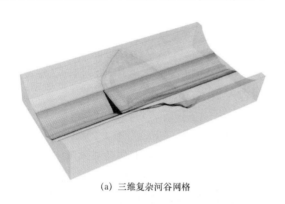

(a) 三维复杂河谷网格

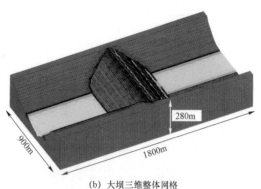

(b) 大坝三维整体网格

图 5　阿尔塔什三维复杂河谷网格与大坝三维整体网格

为了真实地反映施工期大坝应力和变形过程，有限元分析时填筑过程与实际施工过程保持一致。填筑共分 8 期，填筑期计划为 2016 年 4 月至 2019 年 4 月，历时 37 个月。计算荷载分为 41 步，面板分 3 期施工，第一、二、三期面板浇筑高程分别为 1729.0、1776.0m 和 1822.3m，对应的荷载步分别为 20、30 和 40。坝体具体填筑过程及有限元计算步数如图 6 所示。

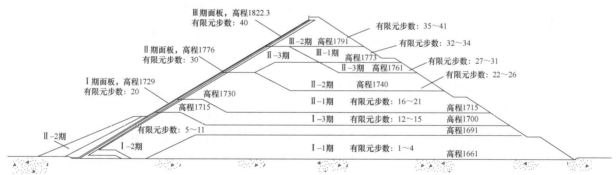

图 6　阿尔塔什面板坝施工填筑过程

4　缩尺效应对计算沉降变形影响分析

4.1　试验结果及计算参数

表 2 为根据阿尔塔什面板坝筑坝材料三轴试验标定的邓肯－张 $E-B$ 模型参数。模型参数物理意义详见文献［17］。从表中能够看出，阿尔塔什砂砾料与灰岩爆破料邓肯－张 $E-B$ 模型参数的缩尺效应主要体现在模量 k 及 k_b 上，且两种材料的缩尺规律不同，砂砾料超大型三轴试验的模量参数 k、k_b 均大于大型三轴，为大型三轴的 1.3～1.4 倍；而灰岩爆破料结果相反，大型三轴试验的模量参数 k、k_b 为超大型三轴的 1.2～1.4 倍。

计算分析时，3B 区采用砂砾料试验参数（位于坝体上游区），3C1 区、3C2 区和 3D 区（位于坝体下游区）采用灰岩爆破料试验参数，2A 区、2B 区、3A 区采用垫层料试验参数。由于覆盖层材料与筑坝砂砾料相同，且级配及相对密度与砂砾料十分接近，因此覆盖层采用砂砾料试验参数进行计

算。面板与垫层间接触面采用双曲线模型，模型参数与文献［20］中相同，面板等混凝土防渗结构均

采用线弹性模型，混凝土等级为 C30。

表 2　　　　　　　　阿尔塔什面板坝筑坝材料邓肯－张 $E-B$ 模型参数（不同缩尺）

材料名称	试验设备	试样直径（mm）	φ_0	$\Delta\varphi$	K	n	R_f	K_b	m
砂砾料	大型三轴	300	47.9	8.0	1320	0.45	0.82	680	0.22
	超大型三轴	800	52.9	9.0	1750	0.50	0.85	950	0.25
灰岩爆破料	大型三轴	300	52.6	8.7	1150	0.40	0.82	582	0.02
	超大型三轴	800	50.2	6.5	980	0.33	0.74	420	0.01
垫层料	大型三轴	300	54.3	10.3	1800	0.50	0.80	950	0.35

4.2　竣工期坝体变形及应力规律比较

图 7（a）、（b）分别为采用大型三轴及超大型三轴邓肯－张 $E-B$ 模型参数计算得到的竣工期大坝典型（0+380）断面竖向沉降云图。如图所示，采用大型三轴和超大型三轴试验的模型参数（以下简称"超大型三轴参数"）计算得到的坝体沉降量值和分布规律均存在明显差别。大型三轴试验的模型参数（以下简称"大型三轴参数"）计算得到的坝体最大沉降为 102cm，位于近坝轴线约 1/2 坝高处；超大型三轴参数计算得到的坝体最大沉降值为 80cm，位于下游侧灰岩爆破料区约 1/2 坝高处，计算结果较大三轴参数降低约 20%。图 7（c）所示为大型三轴与超大型三轴参数计算得到的坝体沉

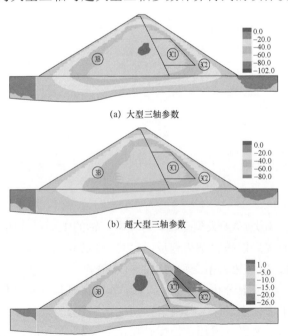

（a）大型三轴参数

（b）超大型三轴参数

（c）大型、超大型三轴参数沉降计算差值

图 7　竣工期典型横断面竖向沉降图
（单位：cm，沉降为负）

降差值云图。可以看出，两种参数计算得到的沉降差值的最大位置位于近坝轴线约 1/2 坝高处，二者最大差值为 26cm。

采用大型三轴参数计算时，上游砂砾料与下游灰岩爆破料的模量差距不大，坝体竖向沉降规律与均质坝类似，沉降最大值位于大坝中轴线附近。而采用超大型三轴参数计算时，上游砂砾料模量提高、下游灰岩爆破料模量降低，此消彼长，导致最终的竖向沉降最大值位于下游灰岩爆破料区。同时，由于阿尔塔什砂砾料与灰岩爆破料缩尺规律不同，上游砂砾料区大型三轴参数计算的沉降值大于超大型三轴参数，而下游灰岩爆破料区超大型三轴参数计算的沉降值略大于大型三轴参数。已有的同类坝型（上游侧筑坝材料为砂砾料、下游侧为爆破料）实测资料表明坝体填筑完成的最大沉降同样出现在下游堆石区，这也印证了超大型三轴参数计算结果相比大型三轴参数更为合理。

图 8、图 9 分别所示为大型三轴与超大型三轴参数计算得到的坝体大、小主应力分布云图。两种参数计算得到的坝体大主应力最大值均约为 3.4MPa，但由于上、下游筑坝材料模量差别较大，超大型三轴参数计算的大主应力在砂砾料、灰岩爆破料分界处产生了明显的应力梯度，材料分界处上游砂砾料的大主应力明显大于下游灰岩爆破。两种参数计算得到的坝体小主应力分布规律一致，小主应力的最大值均约为 1.6MPa。

4.3　与实测结果对比

大坝在 0+475 断面对坝体变形进行了监测，其中 1671m 高程安装了 7 套水管式沉降仪，1711m 高程安装了 6 套水管式沉降仪。图 10 给出了 0+475 断面的测点分布图。

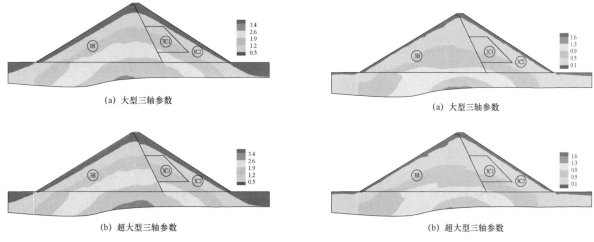

(a) 大型三轴参数   (a) 大型三轴参数

(b) 超大型三轴参数   (b) 超大型三轴参数

图 8 竣工期典型横断面大主应力分布图（单位：MPa）   图 9 竣工期典型横断面小主应力分布图（单位：MPa）

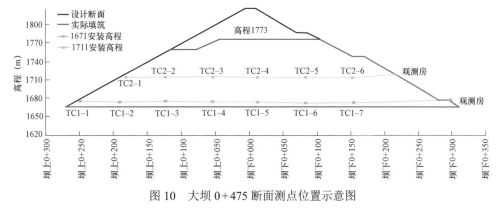

图 10 大坝 0+475 断面测点位置示意图

截至进行计算时的 2018 年 7 月 22 日，坝体填筑至高程 1773m，如图 10 中实际填筑线位置所示。此时坝体内 1671m 及 1711m 安装高程测点的实测沉降值与大型三轴及超大型三轴参数计算结果对比如图 11 所示。

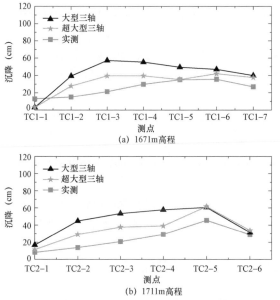

(a) 1671m 高程

(b) 1711m 高程

图 11 大坝 0+475 断面沉降实测和计算对比

如图 11 所示，实测 0+475 断面 1671m 高程的下游侧沉降量要高于上游侧，最大沉降发生在靠近下游侧的 TC1-6 测点。超大型三轴参数计算的沉降规律更接近实测结果，而大型三轴计算的上游侧沉降要高于下游侧沉降，最大沉降发生在了靠近上游的 TC1-3 测点。实测 0+475 断面 1711m 高程处发生了明显的不均匀沉降，下游灰岩爆破料区的沉降量明显大于上游砂砾料区，超大型三轴参数计算结果较好地反映了这一规律。超大型三轴参数大多数测点的沉降计算值均小于大三轴参数计算值，更接近于实测值。

坝体的变形协调是高面板坝设计的一项重要原则，然而对于砂砾石—堆石面板坝，由于上游砂砾石料变形模量通常高于下游堆石料导致下游堆石区的沉降量普遍大于上游砂砾料区。坝体不协调变形可能导致上游部分坝体向下游倾斜，引起面板的脱空与裂缝。超大型三轴参数相比大型三轴参数可以更好地反映坝体的实际变形规律，因此超大型三轴试验、计算成果可用来指导坝体的分区设计、碾压标准制定等。

5 结语

本文针对阿尔塔什混凝土面板坝工程，基于筑坝砂砾料和人工开采灰岩爆破料的超大型（试样直径 800mm，最大粒径为 160mm）和大型三轴（试样直径 300mm，最大粒径为 60mm）固结排水剪切试验结果，研究了筑坝材料缩尺效应及其对阿尔塔什面板坝竣工期变形及应力计算的影响。主要结论如下：

（1）阿尔塔什砂砾料与灰岩爆破料邓肯－张 $E-B$ 模型参数的缩尺效应主要体现在模量 k 及 k_b 上，且两种材料的缩尺规律相反。即砂砾料超大型三轴试验的模量参数 k、k_b 为大型三轴的 $1.3\sim1.4$ 倍；而灰岩爆破料大型三轴试验的模量参数 k、k_b 为超大型三轴的 $1.2\sim1.4$ 倍。

（2）采用大型三轴和超大型三轴参数计算得到的坝体竣工期沉降在分布规律及量值上均存在差异，大型三轴参数计算得到的坝体最大沉降位于近坝轴线约 1/2 坝高处。超大型三轴参数计算得到的坝体最大沉降位于下游侧灰岩爆破料区约 1/2 坝高处，超大型三轴参数计算结果较大三轴参数降低约 20%。超大型三轴参数计算得到的坝体大主应力在砂砾料、灰岩爆破料分界处产生了明显的应力梯度，材料分界处上游砂砾料的大主应力明显大于下游灰岩爆破料。

（3）超大型三轴参数计算结果可以很好地反映由于上游砂砾料变形模量高于下游灰岩爆破料而产生的不均匀沉降，坝体变形及应力计算结果在分布规律及量值上相比大型三轴参数更接近于实测值。因此超大型三轴试验、计算成果可用来指导坝体分区设计、碾压标准制定等。

本文研究有助于深入认识缩尺效应对大坝变形及应力发展规律的影响，可为同类工程的设计提供重要的试验和数值分析依据。

参考文献：

[1] 孔宪京，徐斌，邹德高，等．混凝土面板坝面板动力损伤有限元分析 [J]．岩土工程学报，2014，36（9）：1594-1600.

[2] 陈生水．土石坝试验新技术研究与应用 [J]．岩土工程学报，2015，37（1）：1-28.

[3] 陈生水，凌华，米占宽，等．大石峡砂砾石坝料渗透特性及其影响因素研究 [J]．岩土工程学报，2019，41（1）：26-31.

[4] Marsal R J. Large scale testing of rockfill materials [J]. Journal of the Soil Mechanics & Foundations Division，1967，93（2）：27-43.

[5] Marachi N D，Chan C K，Seed H B. Evaluation of properties of rockfill materials [J]. Journal of the Soil Mechanics and Foundations Division，1972，98（1）：95-114.

[6] 李凤鸣，卞富宗．两种粗粒土的比较试验 [J]．勘察科学技术，1991（2）：25-29.

[7] 王继庄．粗粒料的变形特性和缩尺效应 [J]．岩土工程学报，1994，16（4）：89-95.

[8] Varadarajan A，Sharma K G，Venkatachalam K，et al. Testing and modeling two rockfill materials [J]. Journal of Geotechnical & Geoenvironmental Engineering，2003，129（3）：206-218.

[9] 李翀，何昌荣，王琛，等．粗粒料大型三轴试验的尺寸效应研究 [J]．岩土力学，2008，29（S1）：563-566.

[10] 凌华，殷宗泽，朱俊高，等．堆石料强度的缩尺效应试验研究 [J]．河海大学学报（自然科学版），2011，39（5）：540-544.

[11] HU W，Dano C，Hicher P Y，et al. Effect of sample size on the behavior of granular materials [J]. Geotechnical Testing Journal，2011，34（3）.

[12] P Honkanadavar N，L Gupta S. Effect of particle size and confining pressure on shear strength parameter of rockfill materials [M]. 2012.

[13] 孔宪京，宁凡伟，刘京茂，等．基于超大型三轴仪的堆石料缩尺效应研究 [J]．岩土工程学报，2018，41（2）：255-261.

[14] 褚福永，朱俊高，翁厚洋，等．堆石料强度及变形特性缩尺效应试验 [J]．河海大学学报（自然科学版），2019，47（4）：381-386.

[15] 朱晟，梁现培，冯树荣．基于现场大型承载试验的原级配筑坝堆石料力学参数反演研究 [J]．岩土工程学报，2009，31（7）：1138-1143.

[16] 孔宪京，刘京茂，邹德高．堆石料尺寸效应研究面临的问题及多尺度三轴试验平台 [J]．岩土工程学报，2016，38

（11）：1941－1947.

［17］ 中华人民共和国水利部. SL 237—1999，土工试验规程［S］. 北京：中国水利水电出版社，1999.

［18］ CHEN K，ZOU D，KONG X. A nonlinear approach for the three-dimensional polyhedron scaled boundary finite element method and its verification using Koyna gravity dam［J］. Soil Dynamics and Earthquake Engineering，2017（96）：1－12.

［19］ ZOU D，CHEN K，KONG X，et al. An enhanced octree polyhedral scaled boundary finite element method and its applications in structure analysis［J］. Engineering Analysis with Boundary Elements，2017（84）：87－107.

［20］ 张宇. 高面板堆石坝面板地震响应，破损机理及抗震对策研究［D］. 大连：大连理工大学，2017.

［21］ 杨蓉，秦淑芳，曾茂全，等. 吉林台一级水电站混凝土面板堆石坝变形监测数据分析［J］. 水利水电技术，2010，41（6）：61－65.

［22］ 菅强，顾永明，韩庆. 察汗乌苏水电站面板堆石坝坝体沉降变形规律分析［J］. 西北水电，2013（3）：76－79.

作者简介：

邹德高（1973—），教授，主要从事高土石坝抗震研究。E-mail：zoudegao@dlut.edu.cn

深厚覆盖层上高面板砂砾石坝应力变形分析

黄旭斌 [1,2]，黄鹏 [1,2]，邢瑞蛟 [1,2]，姬阳 [3]，王秦川 [3]

（1. 中国电建集团西北勘测设计研究院有限公司，陕西省西安市　710065；
2. 国家能源水电工程技术研发中心高边坡与地质灾害研究治理分中心，陕西省西安市　710065；
3. 河海大学水利水电学院，江苏省南京市　213022）

【摘　要】本文依托新疆察汗乌苏面板砂砾石坝，采用双屈服面弹塑性模型，分析了面板砂砾石坝关键部位的变形及应力状态，并将计算变形值和实测值进行了对比。结果表明，坝体的沉降占坝高的 0.54%，覆盖层沉降占覆盖层的厚度比值为 0.75%；面板和防渗墙均以受压为主，小范围受拉，整体上发生破坏的概率较小；坝体沉降与防渗墙变形计算与实测规律相符，但趾板与防渗墙的接缝变形结果有较大差别，因此在后续的分析中需对坝体材料模型和参数进行进一步的优化。本文的分析可为后续相似地基条件下特高或高面板砂砾石坝的施工及设计提供指导。

【关键字】深厚覆盖层；高面板砂砾石坝；坝体；防渗墙；应力变形

0　引言

深厚覆盖层是由洪积、坡积等冲积作用形成的第四纪松散堆积物，其主要特点是组成成分复杂、力学参数难以确定等[1]。土石坝因其能够适应较为复杂的地形地质条件而被广泛应用于深厚覆盖层之上[2-6]。

面板堆石坝具有适应性强、造价低、施工干扰小、工期短、抗震性能较好等优点，是目前国内外土石坝建设中的首选坝型。近年来，对深厚覆盖层上面板堆石坝的应力和变形方面的研究较多，例如范金勇[7]对深厚覆盖层上的面板堆石坝择筑坝材料、优化坝体分区、提高各料区压实密度、有效控制填筑顺序和施工工艺等方面提出了设计思路。赵生华[8]对深覆盖层上面板堆石坝在加高情况下的应力和变形情况进行了分析。肖雨莲等[9]采用邓肯—张模型，对高面板堆石坝在施工期的应力和变形进行研究。郦能惠等[10]采用双屈服面弹塑性模型，对覆盖层特性防渗墙混凝土特性、防渗墙施工顺序、防渗墙与坝趾之间距离和防渗墙形状对于面板堆石坝防渗墙应力变形性状的影响进行了分析。

尽管有很多的文献对深厚覆盖层上面板堆石坝进行了应力和变形分析，并取得了较多有意义的成果。然而，由于计算参数选取的差异性和计算模型的局限性，数值分析结果往往和工程实际监测结果有一定差异。本文采用双屈服面弹塑性模型，对高面板砂砾石坝在正常蓄水位下坝体、面板和防渗墙的应力和变形基本规律进行了分析，并结合实际监测数据，对比分析了坝体和防渗墙等部位的变形，以期为后续相似地质条件下高面板砂砾石坝和特高坝提供参考。

1　工程概况

依托的察汗乌苏水电站（如图 1 所示）面板砂砾石坝坝顶高程 1654.00m，最大坝高 110m，坝顶长 337.6m，混凝土面板坝上游坝坡 1:1.5，下游坝坡综合坡 1:1.85（如图 2 所示）。覆盖层最大厚度为 46.7m，覆盖层分为上部、下部（河床砂卵砾石层）和中部（含砾中粗砂层）三个大层两个岩组。河床覆盖层采用混凝土防渗墙防渗，墙顶长 112.36m，墙厚 1.2m，防渗墙底进行帷幕灌浆，最大墙深为 46.8m，墙底嵌入基岩 1.0m。两岸趾板（墙）下进行固结灌浆和帷幕灌浆，河床部位趾板建在覆盖层上，采用趾板和两块连接板与混凝土防渗墙连接。

(a) 上游坝区   (b) 下游坝区

图 1 新疆开都河察汗乌苏面板堆石坝照片

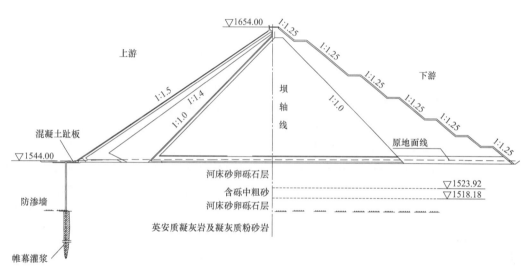

图 2 察汗乌苏水电站面板砂砾石坝剖面示意图

2 基本模型及参数

2.1 有限元模型及本构关系

面板砂砾石坝有限元模型图如图 3 所示。计算模型共形成三维实体单元 14 465 个，节点 16 323 个。在进行三维有限元网格剖分时，实体单元采用 8 结点六面体等参单元，为适应边界条件以及坝料分区的变化，部分实体模型采用三棱体和四面体作为退化的六面体单元处理。对于两条垂直缝之间坝基边界面高程落差较大的部位，增加部分横剖面。面板坝应力变形计算时，面板垂直缝采用分离缝模型进行模拟。由于本文分析仅对蓄水期坝体应力和变形分析，因此施加的荷载包括坝体自重和上游水压力荷载。在模型计算中，坝体材料和覆盖层模型本构关系采用双屈服面弹塑性模型[11]。面板与垫层、趾板与覆盖层、连接板与覆盖层之间接触面模型采用无厚度的 Goodman 单元[12]进行模拟。

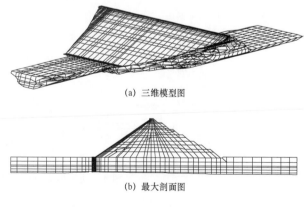

(a) 三维模型图

(b) 最大剖面图

图 3 面板砂砾石坝有限元模型图

2.2 模型参数

相关的材料抗剪强度指标和计算参数见表 1。

表1 筑 坝 材 料 参 数 表

坝料名称	ρ（g/cm³）	抗剪强度指标		模型计算参数								
		c（kPa）	φ（°）	R_f	$\Delta\varphi$	K	K_{ur}	n	n_d	c_d	R_d
泥皮	1.76	3	10.0	0.50	0.5	50	75	0.45	0.90	0.022	0.80
过渡层	2.32	0	49.7	0.86	8.6	820	1230	0.50	0.65	0.009	0.77
主砂砾石	2.34	0	51.9	0.85	8.9	1100	1875	0.49	0.90	0.008	0.79
下游堆石	2.16	0	51.9	0.79	10.4	680	1140	0.30	0.77	0.004 4	0.73
砾石排水区	1.74	0	53.2	0.83	10.0	600	900	0.24	0.62	0.010	0.74
坝基中粗砂	2.16	0	46.5	0.75	3.2	620	900	0.33	1.00	0.002 2	0.65
坝基砂砾石	2.37	0	48.5	0.84	7.2	1050	1200	0.44	0.91	0.002	0.81
沉渣	2.26	6	36.0	0.68	1.7	400	800	0.50	0.90	0.018	0.62

面板、趾板、连接板（C25）和防渗墙结构（C35）等为混凝土结构，采用线弹性模型计算，不同标号混凝土计算参数见表2。

表2 混凝土材料计算参数表

混凝土标号	E（GPa）	μ	ρ（g/cm³）
C25	28	0.167	2.45
C35	31.5	0.167	2.45

值得注意的是，面板与垫层、趾板与覆盖层、连接板与覆盖层之间接触面采用 Goodman 单元模拟，其参数为 $K_1=6800$，$n=0.44$，$R_f=0.87$，$c=50$kPa，$\varphi=36°$。

3 计算结果与分析

3.1 坝体应力与变形分析

蓄水期坝体内部应力的产生主要是坝体自重和上游水压力共同作用的结果。大主应力和小主应力最大值均位于坝轴线坝基位置，也就是深厚覆盖层底部位置，大小分别为2.72MPa和1.47MPa。大、小主应力沿坝基到坝顶方向逐渐减小，符合基本自重作用下土压力分布规律，说明坝体的产生的应力主要由自重产生（如图4所示）。

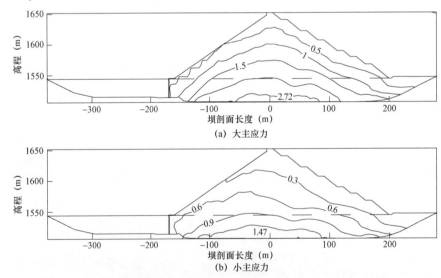

(a) 大主应力

(b) 小主应力

图4 坝体最大剖面应力等值线图（单位：MPa）

在上游水压力作用下，坝体上游填筑体的最大顺河向位移为7.2cm，位移方向指向下游，位于上游砂卵砾石覆盖层上部，下游填筑体的最大顺河向位移为12.9m，位于下游砂卵砾石覆盖层上部，如图5（a）所示。坝体的竖向沉降变形，也就是自重和上游水压力共同作用下发生沉降变形最大值为59.5cm，位于约1/3坝高处。覆盖层顶部最大沉降量为35cm，底部沉降量为10cm，如图5（b）所示。

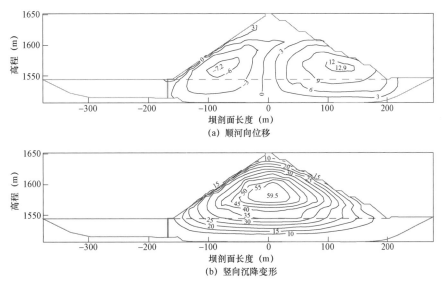

图 5　坝体最大剖面沉降变形等值线图（单位：cm）

假定坝高为 H_1，覆盖层厚度为 H_2，坝体的最大沉降量为 S_1，覆盖层最大沉降量为 S_2。由此可计算得到坝体和覆盖层沉降量与坝高和覆盖层厚度的比值，定量的分析沉降比（见表 3）。表中数据显示，坝体最大沉降占坝高的 0.54%，小于 1%，符合面板堆石坝沉降的基本规律。覆盖层沉降占覆盖层厚度的 0.75%。结果表明：一方面，坝体的沉降比值小于砂砾石覆盖层沉降与厚度的比值，说明填筑碾压的砂砾石料变形特性优于多年沉积的坝基砂砾石变形特性。另一方面，一般块石料填筑的大坝，沉降与坝高的比值为 0.7%~1%，而本工程的坝体沉降与坝高的比值小于块石料填筑的大坝，表明作为坝体填筑料砂砾石的变形优于块石料。

表 3　坝体及覆盖层最大沉降占比

H_1 (m)	H_2 (m)	S_1 (m)	S_2 (m)	S_1/H_1	S_2/H_2
110	46.7	0.595	0.35	0.54%	0.75%

3.2　面板、防渗墙应力与变形分析

3.2.1　面板应力与挠度分析

在库水位的压力作用下，面板上轴向应力主要集中在面板顶部位置，以压应力为主，最大轴向压应力为 8.35MPa，面板右侧坝肩受轴向拉应力，最大拉应力为 0.86MPa，左侧坝肩位置基本未出现应力，如图 6（a）所示。顺坡向应力如图 6（b）所示，在正常蓄水位下最大压应力为 11.27MPa，位于面板

底部中心位置。根据《混凝土结构设计规范》[13]规定，正常蓄水位下面板的压、拉应力均低于 C25 混凝土的标准抗压、拉强度，说明正常蓄水位下面板出现压坏或拉裂等现象的概率较小。面板上的最大挠度为 18.7cm，约在面板顶部 1/4 处，坝肩位置的挠度值较小，仅为 2cm（如图 7 所示）。

3.2.2　防渗墙应力与变形分析

在库水压力作用下，防渗墙主要以受压为主，最大轴向压应力为 4.34MPa，位于防渗墙顶部位置。在防渗墙右侧位置部分受拉，轴向拉应力最大值位于防渗墙右侧位置，最大拉应力为 1.25MPa。相比于墙顶位置，防渗墙底部位置的轴向应力较小，如图 8（a）所示。最大垂直应力位于防渗墙约 1/3 墙高处，大小为 5.44MPa，如图 8（b）所示。计算得到的最大压、拉应力均小于 C35 混凝土的抗压、拉强度，因此墙体混凝土出现拉裂或压坏的概率较小。防渗墙在库水压力作用下向下游变形，最大变形位于防渗墙顶部位置，大小为 5.88cm。防渗墙变形沿墙顶向下逐渐减小，至墙底基本没有变形产生（如图 9 所示）。

4　坝体断面变形实测与计算值对比

4.1　监测断面

为了监测大坝在建造过程和运营过程中的安全性能，需对大坝不同断面处安装仪器进行监测。表 4 列出了各监测项目的使用仪器及其布置情况，本文中仅对变形监测进行对比。

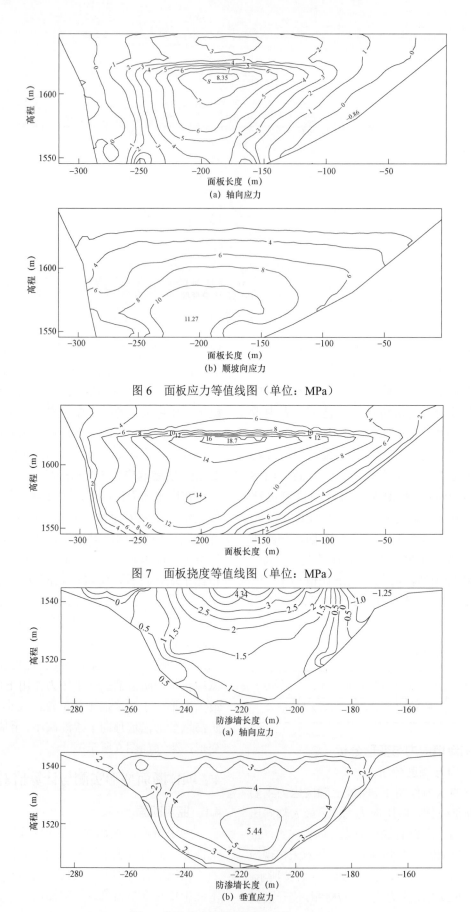

(a) 轴向应力

(b) 顺坡向应力

图 6　面板应力等值线图（单位：MPa）

图 7　面板挠度等值线图（单位：MPa）

(a) 轴向应力

(b) 垂直应力

图 8　防渗应力等值线图（单位：MPa）

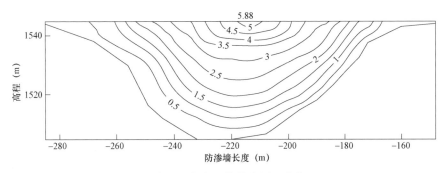

图9　防渗墙顺河向变形等值线图（单位：MPa）

表4　　　　　　　　　　**监测项目仪器及其布置情况**

部位	项目	仪器	监测断面
坝体	沉降	电磁式沉降管	坝左 0+094.00m，坝左 0+150.00m，坝左 0+195m.00，最大坝高断面
防渗墙	变形	固定测斜仪	坝左 0+200.00m，坝左 0+226.00m，坝左 0+245.00m
周边缝	变位	三向测缝计	左岸、右岸、河床剖面包括坝左 0+202.00m，坝左 0+224.0m，坝左 0+247.00m

4.2　监测数据与计算数据对比

（1）坝体沉降变形。不同工况下坝体最高断面沉降量实测与计算值对比分析如图10所示。从图中可以看出，坝体中部以上部分沉降量计算值与实测值相差较大，可能是与计算参数有很大的关系，室内试验得到的参数不能完全反映随着坝高增大而反应出的参数的变化，尤其是材料模量的变化，应在后续分析时对材料的参数进行优化，且本模型并不能反映材料的剪胀剪缩特性。高程为1540～1560m 的沉降量实测值与模拟值比较接近，主要是由于此高程范围在坝底位置，材料参数对坝高的增大而变化的影响较小。整体上来看，计算得到的沉降量随着高程的变化曲线趋势与实测变化趋势接近。

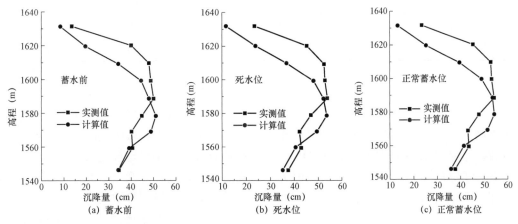

图10　坝体最大坝高断面监测点沉降量实测与计算对比

（2）防渗墙变形。在施工期，坝体填筑引起覆盖层的沉降，增加了防渗墙的水平荷载，是影响坝基防渗墙应力变形的主要因素。施工期受下游覆盖层的挤压，防渗墙产生上游侧的水平位移。以坝左 0+200.00m 断面防渗墙侧向变形与实测值作对比（如图11所示），从对比图可以看出，防渗墙底部15m，计算结果和实测结果差别较小，15m 以上部分的差别较大。这主要是由于坝体对坝基覆盖层的影响方面，数值计算参数取值与实际相差较大，模拟误差较大。

在水库蓄水期，计算结果显示，在库水压力作用下，防渗墙受上游水荷载的推力作用，防渗墙变形增量趋向于下游方向，最大值发生在墙顶，0+200.00m 断面最大位移计算值为 7.5cm。防渗墙变形沿墙顶至墙底减小，与实际监测得到的结果趋势相同，符合一般防渗墙变形规律。防渗墙的变形过大可能导致与其连接趾板接缝闭合程度增大，严重的可能会造成连接板缝间挤压破坏，因此需加强对此处监测。

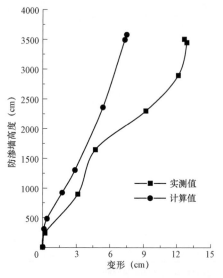

图 11 坝左 0+200.00m 断面蓄水期防渗墙监测点
变形实测与计算对比（单位：cm）

（3）趾板与防渗墙连接位置接缝。深厚覆盖层是大坝在蓄水期间的主要渗流通道，尤其是对于本文中涉及的深厚砂卵砾石层。为了了解趾板与防渗墙间的连接部位接缝大小，计算了趾板与防渗墙连接位置接缝变位。其实测与计算最大接缝值见表 5，表中结果表明，3 条接缝位置处的接缝变形形式均为沉陷变形，但计算得到的数值与实测数值相差较大。主要原因一方面可能是由于计算中自坝顶向下计算出现的误差在防渗墙与趾板接缝位置累计变形较大，进而造成与实测值有较大的差别；另一方面可能由于本工程趾板直接建在深厚覆盖层上，覆盖层的参数选取对接缝变形的影响同样较大。因此，如何准确给定覆盖层的参数是计算的关键。

表 5　　　　　　　　　　　　　　**坝体与防渗墙连接位置接缝实测与对比分析**

接缝位置	变形形式	实测或计算	数值（mm）	接缝最大值出现断面与高程
防渗墙与连接板	沉陷	实测值	11	坝左 0+247、坝上 0−170.99、1544.8m
		计算值	38.6	坝左 0+202.00、坝上 0−155.85、1545.68
连接板之间	沉陷	实测值	18	坝左 0+224.00、坝上 0−164.99、1544.8m
		计算值	0.18	坝左 0+202.00、坝上 0−155.85、1545.68
趾板与连接板	沉陷	实测值	29	坝左 0+224.00、坝上 0−160.838、1544.8m
		计算值	0.27	坝左 0+202.00、坝上 0−155.85、1545.68

5　结语

（1）计算结果表明，坝体最大沉降变形位于坝体中心位置，坝体最大沉降占坝高的 0.54%，小于 1%，覆盖层沉降占覆盖层的厚度比值为 0.75%，坝体的沉降比小于覆盖层沉降占覆盖层的厚度比值。

（2）面板和防渗墙均以受压为主，小范围区域承受拉应力，计算结果显示，轴向压、拉应力小于相应标号混凝土的强度，说明在正常蓄水位下面板和防渗墙发生破坏的可能性较小。

（3）对比分析了坝体水平位移、沉降变形和防渗墙变形等计算结果和实际监测结果，计算结果虽在整体上的规律与监测结果规律较为相符，但在部分点上数值的偏差较大，主要是计算模型的局限性和计算参数的不合理性造成的，在后续计算中不仅需进一步研究计算模型，还需对参数进行优化，减小缩尺效应对模型参数的影响。

（4）趾板与防渗墙接缝计算得到的数值与实测数值相差较大，可能是由于计算中自坝顶向下计算出现的误差在防渗墙与趾板接缝位置累计变形较大，进而造成与实测值有较大的差别。另外，可能由于本工程趾板直接建在深厚覆盖层上，覆盖层的参数选取对接缝变形的影响同样较大。

参考文献：

[1] CHEN H J，REN G M，NIE D X.Study on engineering geologic characteristic of the deep alluvium in valleys and its evaluation methods［J］. Journal of Geological Hazards and Environmental Preservation，1996，7（4）：54−60.

[2] 刘吉祥，林超. 深厚覆盖层地基土石坝防渗处理研究［J］. 黑龙江水利科技，2017，45（9）：14−16，37.

［3］ 徐晗，汪明元，程展林，等. 深厚覆盖层 300m 级超高土质心墙坝应力变形特征 ［J］. 岩土力学，2008，29（S1）：64－68.

［4］ 刘占涛. 基于流固耦合的深厚覆盖层粘土心墙坝稳定性分析 ［J］. 水利规划与设计，2018（1）：96－99.

［5］ 陆嘉伟，张继勋，任旭华. 深厚覆盖层塑性混凝土心墙坝应力变形特性研究 ［J］. 三峡大学学报（自然科学版），2021，43（4）：19－24.

［6］ 李为，苗喆. 察汗乌苏面板坝监测资料分析 ［J］. 水利水运工程学报，2012（5）：30－35.

［7］ 范金勇. 阿尔塔什深厚覆盖层上高面板砂砾石堆石坝坝体变形控制设计 ［J］. 水利水电技术，2016，47（3）：29－32.

［8］ 赵生华. 深覆盖层上加高混凝土面板堆石坝应力变形特性研究 ［J］. 陕西水利，2021（7）：27－30.

［9］ 肖雨莲，唐德胜，关富傈，等. 深厚覆盖层面板堆石坝施工期应力变形分析 ［J］. 人民黄河，2021，43（5）：128－131，136.

［10］ 郦能惠，米占宽，孙大伟. 深覆盖层上面板堆石坝防渗墙应力变形性状影响因素的研究 ［J］. 岩土工程学报，2007，29（1）：26－31.

［11］ 沈珠江. 土体应力应变分析中的一种新模型 ［C］∥第五届土力学及基础工程学术讨论会论文集. 北京：中国建筑工业出版社，1990.

［12］ Goodman R E，Taylor R L，Brekke T L. A model for the mechanics of jointed rock ［J］. Journal of the Soil Mechanics and Foundations Division，1968，94（3）：637－659.

［13］ 中华人民共和国住房和城乡建设部，中华人民共和国国家质量监督检验检疫总局. GB 50010—2010，混凝土结构设计规范 ［S］. 北京：中国建筑工业出版社，2015.

作者简介：

黄旭斌（1989—），男，博士后，研究方向为岩土工程、水工结构。E-mail：hxbxmty@126.com

某心墙堆石坝两种本构模型应力变形分析比较

吴天昊[1]，高峰[1]，朱俊高[1]，何顺宾[2]，张丹[2]

（1. 河海大学岩土力学与堤坝工程教育部重点实验室，江苏省南京市　210098；
2. 中国电建集团成都勘测设计研究院有限公司，四川省成都市　610072）

【摘　要】对某心墙堆石坝采用邓肯－张 $E-B$ 模型和 UH 模型开展三维有限元数值模拟，分析了两种本构模型计算得到的应力、变形特性上的差异。结果表明，邓肯－张 $E-B$ 模型计算的沉降、向上游位移和向下游位移结果均大于 UH 模型，分别为 74.35cm（约 27.4%）、24.1cm（约 119.9%）和 18cm（约 62.3%）；邓肯－张 $E-B$ 模型与 UH 模型计算所得的竣工期大、小主应力分布规律和数值基本一致，且邓肯－张 $E-B$ 模型受拱效应的影响略高于 UH 模型；本构模型的选择对堆石坝有限元的计算结果有明显影响。

【关键词】堆石坝；本构模型；应力变形；有限元分析

0　引言

堆石坝是土石坝的主要坝型之一，一般使用当地卵石、爆破石料等为主要筑坝材料。它具有取材方便、施工简单便捷、施工周期短、成本低、能够较好地适应复杂地形等优点[1]。因此，在大坝选型中，常常优先考虑使用堆石坝。

在堆石坝的设计过程中，通常需要利用有限元法对坝体的应力变形进行分析和预测，以确保坝体安全稳定。有限元计算中，土体本构模型及其相应的参数的选择对计算结果有很大影响。因此，选用合适的本构模型十分重要。随着有限元法的发展，许多学者提出了相应的本构模型。1970 年，邓肯和张[2]提出了邓肯－张模型，其参数确定简单，物理意义明显，是广泛应用的一种弹性非线性模型，但其无法反映土体的剪胀性、软化性、各向异性以及压缩和剪切的交叉影响。殷宗泽提出的椭圆—抛物双屈服面弹塑性模型，其应变增量的方向不完全决定于应力状态，相较于线弹性模型和弹性非线性模型能够更好地反映土体剪胀、剪缩性。姚仰平[4]等在修正剑桥模型基础上建立的 UH 模型，通过引入统一硬化参数，能够较好地反映土体剪胀性、压硬性、应力路径相关性以及临界状态等复杂应力应变特性。有学者基于堆石料试验研究的成果对 UH 模型进行了改造，使其能够考虑颗粒破碎对堆石料等粗颗粒土应力变形特性的影响。

邓肯－张模型参数通常由常规三轴试验结果获得，因此条件简单，在工程实际中被广泛应用。然而，邓肯－张模型不能反映中主应力的影响，亦存在无法反映土体剪胀性等缺陷。因此，开展土石坝有限元数值模拟，研究不同本构模型的适用性，科学合理模拟出大坝变形与应力状态，准确把握大坝动、静力学特性显得很有必要[5, 6]。

本文以某心墙堆石坝为例，分别开展了以邓肯－张 $E-B$ 模型和 UH 模型为基础的有限元模拟，对比分析了两种本构模型下坝体应力变形计算结果上的区别，以验证这两种本构模型的适用性，为土石坝的有限元模拟选择合适的本构模型提供参考依据。

1　本构模型

本文分别采用邓肯－张 $E-B$ 模型和 UH 模型对某大坝进行了三维有限元应力变形计算分析。邓肯－张 $E-B$ 模型广为人知，因此，这里不再介绍。

姚仰平[7]等人在修正剑桥模型基础上建立了 UH 模型，引入了统一硬化参数，能较好地反映土体剪胀性、压硬性、应力路径相关性以及临界状态等复杂应力应变特性。同时，对堆石料试验研究的成果进行了改进，使其能够考虑颗粒破碎对堆石料等粗颗粒土应力应变特性的影响，进一步提升了

UH 模型的应用前景。以下对 UH 模型作简要介绍。

在等压固结试验结果的基础上，UH 模型认为土体在等压压缩条件下塑性体应变 ε_v^p 可用平均主应力 p 表示为

$$\varepsilon_v^p = (C_e - C_t)[(p/p_a)^m - (p_0/p)^m] \quad (1)$$

式中：p_a——大气压；

$\quad p_0$——初始平均应力；

$\quad m$——材料参数；

$\quad C_e$——回弹指数；

$\quad C_t$——压缩指数。

文献［7］认为，在存在颗粒破碎的情况下，剪胀性作为粒状材料的一个基本力学特性，也受到了非线性的影响。剪切时，塑性体积应变增量为 0 时的应力比（q/p）称为特征状态应力比 M_c，如果忽略弹性应变，则总应变增量为 0 时的应力比就是特征状态应力比。依据文献［8］，M_c 可表示为

$$M_c = M\left(\frac{p}{p_c}\right)^n \quad (2)$$

式中：p_c——破碎平均主应力；

$\quad M$——临界状态应力比；

$\quad n$——材料常数，且 $n \geqslant 0$。

在此基础上，文献［7］建议了一个堆石料的破坏应力比 M_f 表达式

$$M_f = M\left(\frac{p}{p_c}\right)^{-n} \quad (3)$$

UH 模型采用相关联流动法则，其屈服函数和塑性势函数表示为

$$f = g = \frac{(2n+1)p_c^{2n}}{M^2} \times \frac{q^2}{p} + p^{2n+1} - p_x^{2n+1} = 0 \quad (4)$$

式中：p_c——破碎平均主应力；

$\quad M$——临界状态应力比；

$\quad n$——材料常数，且 $n \geqslant 0$；

$\quad p_x$——塑性势面与 p 轴的交点的横坐标。

将式（1）代入式（4），并将修正的硬化参数 H 用塑性体应变 ε_v^p 的表达式代替，可得到最终的能够描述堆石料颗粒破碎特性屈服函数：

$$f = \frac{C_t - C_e}{p_a^m} p_a^m \left\{ \left[\frac{(2n+1)p_c^{2n}}{M^2} \frac{q^2}{p} + p^{2n+1} \right] \right.$$
$$\left. \frac{m}{2n+1} - p_0^m \right\} - H = 0 \quad (5)$$

其中，$H = \int dH = \int \frac{M_c^4}{M_f^4} \left(\frac{M_c^4 - \eta^4}{M_f^4 - \eta^4} \right) d\varepsilon_v^p$

式中：M_c——特征状态应力比，$M_c = M(p/p_c)^n$；

$\quad M_f$——破坏应力比，$M_f = M(p/p_c)^{-n}$；

$\quad \eta$——应力比，$\eta = q/p$。

采用 SMP 强度准则的变换应力方法，将二维 p-q 空间变换成三维应力空间的应力张量，从而使得二维弹塑性本构模型推广到三维。三维颗粒破碎 UH 模型建立单一的应力—应变关系，不仅可以预测常规三轴试验下粗颗粒土的本构关系，也能够合理地描述复杂应力路径下土体的变形特性。在三维化的应力空间中，考虑颗粒破碎的 UH 本构模型所表示的弹塑性矩阵表达式为

$$D_{ijkl} = G\left(\delta_{ik}\delta_{jl} + \delta_{il}\delta_{jk}\right) - \left(L\frac{\partial f}{\partial \tilde{\sigma}_{mm}}\delta_{ij} + 2G\frac{\partial f}{\partial \tilde{\sigma}_{ij}}\right)$$
$$\left(L\frac{\partial f}{\partial \sigma_{nn}}\delta_{kl} + 2G\frac{\partial f}{\partial \sigma_{kl}}\right)X^{-1} + L\delta_{ij}\delta_{kl} \quad (6)$$

其中：

$$X = \frac{M_c^4}{M_f^4}\frac{M_c^4 - \tilde{\eta}^4}{M_f^4 - \tilde{\eta}^4}\frac{\partial f}{\partial \tilde{\sigma}_{mm}} + L\frac{\partial f}{\partial \sigma_{nn}}\frac{\partial f}{\partial \tilde{\sigma}_{mm}} + 2G\frac{\partial f}{\partial \sigma_{ij}}\frac{\partial f}{\partial \tilde{\sigma}_{ij}}$$

$$G = \frac{E}{2(1+\nu)}$$

$$L = \frac{E}{3(1-2\nu)} - \frac{2}{3}G$$

模型需要确定 7 个参数：C_t、C_e、m、M、p_c、n 和 ν，其中 C_t、C_e 和 m 可通过等压条件下的加、卸载试验确定；M、p_c 和 n 可以通过常规三轴压缩试验确定。

2 工程概况和有限元模型

2.1 工程概况

某心墙堆石坝主要材料为砾石土，最大坝高 240m，坝顶长度 502.85m。防渗体采用砾石土直心墙，心墙底部高程 1457.0m。坝壳采用堆石填筑，心墙与上、下游坝壳间设反滤层、过渡层，岸坡段心墙底部的基岩上设置了混凝土铺盖，心墙与两岸接触部位采用水平高塑性黏土衔接盖板与砾石土。防渗采取全封闭混凝土防渗墙方案，防渗墙共两道，分别厚 1.4m 和 1.2m，形成一主一副布置格局，两墙之间净距 14m。大坝典型横断剖面如图 1 所示。

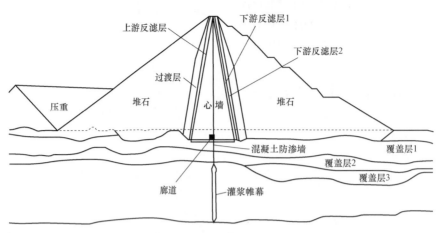

图 1　大坝典型横断剖面图

2.2　有限元模型

依据设计方案进行了坝体及坝基的三维有限元网格剖分。有限元计算网格共划分 217 709 个节点、212 008 个单元，单元网格划分时主要采用 8 结点 6 面体单元，少数采用退化的 6 结点 5 面体、5 结点 5 面体及 4 结点 4 面体单元过渡。其中，防渗墙沿顺河向划分 6 层单元，廊道沿径向划分 6 层单元。

图 2、图 3 分别所示为三维有限元网格模型和坝体典型横剖面网格划分示意图。

有限元网格 x 坐标轴为沿坝轴线方向，水平指向右岸为正，y 坐标轴为沿顺河向，水平指向下游为正，z 坐标轴为竖向，向上为正。有限元模型的 x 向最大长度约 630m，y 向最大长度约 1310m，z 向最大深度约 315m。按照土力学中的一般规定，应力以压为正，拉为负。

分别用两种本构模型进行有限元分析。表 1 给出了坝体各区土石料由常规三轴试验确定的邓肯－张 $E–B$ 模型参数，表 2 为对应 UH 模型参数。

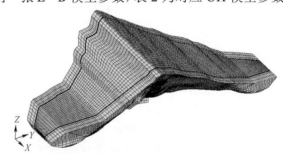

图 2　堆石坝三维有限元网格模型

图 3　堆石坝坝体典型横剖面有限元网格

表 1　　　　　　　　　　　三维有限元计算参数（邓肯－张 $E–B$ 模型）

材料 \ 参数	γ（kN/m³）	Φ_0（°）	$\Delta\phi$（°）	R_f	K	n	K_b	m
覆盖层 1	14.5	48.0	7.0	0.744	448	0.621	300	0.621
覆盖层 2	13.1	46.9	6.5	0.711	614	0.489	283	0.489
覆盖层 3	14.2	45.7	6.7	0.860	802	0.424	92.7	0.424
堆石料	23.7	52.88	8.64	0.869	1340	0.389	695	0.01
上游反滤料	22.8	46.76	5.08	0.693	542	0.512	295	0.434
下游反滤料 1	21.8	48.03	6.61	0.791	1195	0.313	726	0.01
下游反滤料 2	21.8	51.17	7.83	0.696	454	0.459	306	0.378
过渡料	23.4	52.16	7.3	0.888	1599	0.253	635	0.01
心墙料	13.5	30.4	0	0.850	226	0.635	180	0.577

表2　　　　　　　　　　　三维有限元计算参数（UH模型）

材料 ＼ 参数	γ（kN/m^{-3}）	M	v	C_e	C_t	n	P_c（kPa）	m
堆石料	23.7	1.818	0.344	0.006	0.024	0.062	2122	0.252
上游反滤料	22.8	1.763	0.377	0.005	0.012	0.060	1445	0.392
下游反滤料1	21.8	1.795	0.321	0.007	0.016	0.054	1710	0.334
下游反滤料2	21.8	1.698	0.407	0.006	0.014	0.028	1404	0.349
过渡料	23.4	1.894	0.374	0.001	0.002	0.068	1469	0.754
心墙料	13.5	1.377	0.418	0.025	0.049	0.048	898	0.206

3　计算结果及比较分析

3.1　坝体位移

利用河海大学岩土工程科学研究所 TDAD 三维有限元软件对大坝进行了变形和应力计算。模拟得到的两种本构模型下的坝体主要位移结果见表3。

图4给出了邓肯-张 $E-B$ 模型和UH模型计算所得的最大断面竣工期沉降等值线图。采用邓肯-张 $E-B$ 模型计算得到的坝体最大沉降为344.35cm，占最大坝高的1.44%；采用UH模型计算得到的坝体最大沉降为270cm，占最大坝高的1.13%。两种模型计算出的最大沉降都位于1/2坝高附近，分别规律相近。邓肯-张 $E-B$ 模型计算出的最大沉降比 UH 模型大 74.35cm（约27.4%）。

图5（a）、（b）分别所示为邓肯-张 $E-B$ 模型和 UH 模型计算所得的最大横断面顺河流向水平位移等值线图，图中"＋"号表示向下游位移，"－"号表示向上游位移。采用邓肯-张 $E-B$ 模型，向下游最大位移46.9cm，占坝高0.19%；采用UH模型，向下游最大位移28.9cm。邓肯-张 $E-B$ 模型计算的向下游最大位移结果大幅度高于 UH 模型，约为62.3%；邓肯-张 $E-B$ 模型计算的向上游最大位移结果同样大幅度高于 UH 模型，约为119.9%。

表3　　　　坝体主要变形表

本构模型	最大沉降（cm）	向下游位移（cm）	向上游位移（cm）
邓肯-张 $E-B$ 模型	344	46.9	44.2
UH 模型	270	28.9	20.1

（a）邓肯-张 $E-B$ 模型

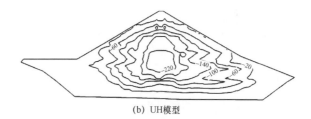

（b）UH模型

图4　最大横断面沉降等值线图（单位：cm）

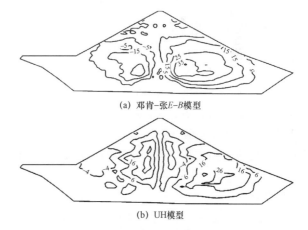

（a）邓肯-张 $E-B$ 模型

（b）UH模型

图5　最大横断面顺河向水平位移等值线图（单位：cm）

3.2　坝体应力

图6（a）、（b）分别所示为邓肯-张 $E-B$ 模型和 UH 模型计算所得的最大横断面竣工期大主应力等值线图。可以看出：两种模型计算所得大主应力分布规律和数值大小基本一致。等值线在心墙处明显下凹，这是由应力拱效应引起的。受拱效应影响，心墙内大主应力要低于过滤层。心墙受到下部廊道及防渗墙的顶托作用，削弱了拱效应的影

响，使得心墙内竖向应力降低有限，有利于心墙抵抗水力劈裂。

图 7（a）、（b）分别所示为邓肯－张 $E-B$ 模型和 UH 模型计算所得的最大横断面竣工期小主应力等值线图。可以看出，两种模型计算所得的小主应力数值上基本一致，但分布规律略有差异。相

比于心墙内大主应力的分布情况，两种本构模型小主应力等值线未出现明显的下凹，说明小主应力受应力拱效应影响较小。UH 模型比邓肯－张 $E-B$ 模型所受到拱效应的应力更小，其心墙内小主应力与过渡层小主应力大小基本相近。两种本构模型的心墙内均未出现拉应力。

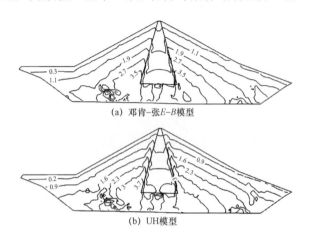

（a）邓肯-张$E-B$模型

（b）UH模型

图 6 最大横断面大主应力等值线图（单位：MPa）

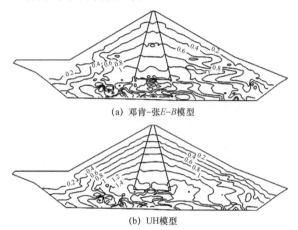

（a）邓肯-张$E-B$模型

（b）UH模型

图 7 最大横断面小主应力等值线图（单位：MPa）

4 结语

本文分别采用 UH 模型和邓肯－张 $E-B$ 模型进行某心墙堆石坝的三维有限元计算，对比分析了两种本构模型条件下有限元计算得到的堆石坝应力变形特性，主要结论如下：

（1）邓肯－张 $E-B$ 模型计算出的坝体最大沉降比 UH 模型大 74.35cm（约 27.4%）；邓肯－张 $E-B$ 模型计算出的向上、下游位移大幅度高于 UH 模型，分别为 24.1cm（约 119.9%）和 18cm（约 62.3%）。这符合目前一般认识，即弹塑性本构模型计算得到的大坝变形一般都小于邓肯－张 $E-B$ 模

型的计算结果。

（2）两种模型计算得到的应力分布规律基本一致，数值上并无显著差异。心墙内大主应力受到应力拱效应影响显著，有利于心墙抵抗水力劈裂。相比邓肯－张 $E-B$ 模型，UH 模型的大、小主应力受到拱效应的影响略小。坝体应力受坝体材料本构模型的影响较小。

（3）从上述坝体位移及应力分布规律上来看，两种模型的应力分布规律基本一致，但位移结果差异较大。在更加精准的有限元数值模拟中，选择合适的本构模型十分重要。

参考文献：

[1] 左启东，王世夏，林益才. 水工建筑物 [M]. 南京：河海大学出版社，1995：11－54.

[2] Committee A. Fracture Mechanics Of Concrete：Concepts，Models And Determination Of Material Properties [J]. 1992.

[3] 殷宗泽. 一个土体的双屈服面应力—应变模型 [J]. 岩土工程学报，1988（4）：64－71.

[4] 姚仰平，张丙印，朱俊高. 土的基本特性、本构关系及数值模拟研究综述 [J]. 土木工程学报，2012，45（3）：127－150.

[5] 姚天宝，丁冬彦，任建民. 地震作用下复合土工膜心墙堆石坝应力变形分析 [J]. 南水北调与水利科技，2015，13（1）：127－131.

[6] 陈立成，杨培章. 心墙堆石坝坝体变形有限元分析 [J]. 华电技术，2013（2）：21－23.

[7] 姚仰平，黄冠，王乃东，等. 堆石料的应力－应变特性及其三维破碎本构模型 [J]. 工业建筑，2011，41（9）：12－17.

[8] 张兵，高玉峰，毛金生，等. 堆石料强度和变形性质的大型三轴试验及模型对比研究 [J]. 防灾减灾工程学报，2008（1）：122－126.

复杂巨厚覆盖层高闸坝基础变形控制研究

魏匡民 [1,3]，周恒 [2]，米占宽 [1,3]，任强 [1,3]，李国英 [1,3]

（1. 南京水利科学研究院，江苏省南京市　210024；
2. 中国电建集团西北勘测设计研究院有限公司，陕西省西安市　710065；
3. 水利部水库大坝安全重点实验室，江苏省南京市　210029）

【摘　要】变形控制是复杂巨厚覆盖层上高闸坝建设的重要难题。本文结合多布水电站工程，系统介绍了复杂巨厚覆盖层上建设闸坝的基础变形控制措施，采用可反映深厚覆盖层超固结特性的弹塑性模型以及用于模拟大规模桩群的简化方法，实现了深厚覆盖层闸坝工程的三维整体模拟，通过与实测值进行比较验证了数值模型的有效性。根据建立的三维整体模型评估了多布水电站地基加固措施的有效性和必要性。研究结果表明，模型计算结果与实测值较好吻合，采用灌注桩联合旋喷桩的加固措施后，可将覆盖层变形控制在允许范围以内。

【关键词】巨厚覆盖层；闸坝；有限元；基础处理；超固结

0　引言

覆盖层是指经过各种地质作用而覆盖在基岩之上的松散堆积、沉积物的总称，而河床深厚覆盖层，一般指堆积于河谷底部、厚度大于40m的松散沉积物。根据厚度不同，结合水电建设需要，又可进一步将覆盖层细分为厚覆盖层（40～100m）、超厚覆盖层（100～300m）以及特厚覆盖层（厚度大于 300m）[1]。我国西南地区尤其是西藏地区河床覆盖层分布尤其广泛，一般厚度均为 100m 以上，局部厚度甚至可达到 300～600m[2]。在如此深厚的覆盖层上修筑水电工程，地基变形控制面临严峻考验[2-8]。例如，拟建的大渡河上丹巴水电站河床覆盖层最大深度达133m；尼洋河上的多布水电站，基础覆盖层厚度达 359.3m，拟建的雅鲁藏布江下游水电站河床覆盖层深度甚至超过 500m。这些深厚覆盖层具有土层分布规律性差、密实度和级配变化大等特点，给坝基变形和渗流控制带来诸多困难。目前亟待研究提出经济、可靠的地基加固处理措施，为一批覆盖层上高坝建设提供技术支撑。本文以西藏尼洋河上多布水电站为例，系统介绍了复杂巨厚覆盖层上修筑高闸坝采用的地基加固处理措施，以及深厚覆盖层上高闸坝三维数值模拟方法，现场实测数据与数值模拟相结合论证了覆盖层上加固措施的有效性和有效应。本工程采用的地基加固处理方法可为深厚覆盖层上同类工程建设提供重要参考。

1　多布水电站工程概况与基础加固方案

1.1　多布水电站工程概况

多布水电站工程位于西藏自治区林芝县境内，是雅鲁藏布江一级支流尼洋河干流巴河口以下河段水电开发规划的第二个梯级电站。水库正常蓄水位为3076m，总库容8500万 m^3，电站总装机容量为120MW。枢纽工程主要由拦河坝、引水发电系统、泄洪建筑物等组成。从左至右依次布置有土工膜防渗砂砾石坝、泄洪闸、发电厂房、左岸副坝坝等建筑物。坝顶全长 582.46m，坝顶高程为3079.00m，发电厂房最大高度达 50.3m，泄洪闸最大高度为27.5m，防浪墙顶高程均为3080.20m。坝址区场地地震基本烈度约为Ⅶ度，坝址区覆盖层深厚，基岩露头出露较少，河床覆盖层厚 52.6～190m，左岸台地覆盖层厚度变化范围为 251.2～359.3m，平均厚度为 300.5m。建筑物布置如图 1 所示。

图 1　深厚覆盖层上多布水电站建筑物平面布置

1.2　深厚覆盖层基础处理

该工程挡水、泄水、发电建筑物均位于深厚覆盖层上，基础变形控制以及承载力问题突出，且该工程建成前尚没有在如此深厚覆盖层上修建 50m 级高闸坝的经验。经研究论证，确定的各坝段覆盖层地基处理措施如下：

（1）土石坝坝段基础处理。土石坝计算表明，坝基应力水平不大，无剪切破坏情况，可以满足 30m 高土石坝筑坝要求。施工时将表面的松散堆积层清除，以漂石砂卵砾石层 Q_4^{al}-sgr_2 作为大坝的持力层。大坝基础开挖后对浅表层出露的砂层用级配良好的砾石料进行置换，并采用振动碾碾压处理，提高基础密实度。

（2）泄洪闸坝段基础处理。1～6 号泄洪闸基底应力接近覆盖层承载力值，考虑到存在砂层等因素，为防止过大的不均匀沉降，闸基础采用振冲桩处理，如图 2 所示。其中桩径为 1.5m，间距为 2.5m，采用等边三角形布置。7～8 号泄洪闸及生态放水孔靠近发电厂房，且泄洪闸基础与发电厂房高差为 27m，为保障该部位安全，采用基础砂砾石回填然后进行旋喷桩处理，如图 3 所示。其中旋喷深度为 17m，桩径为 1.0m，间排距为 3.0m，梅花形布置。

（3）厂房坐落在冲积含块石砂卵砾石层（Q_3^{al}－Ⅲ）上，基础承载力不足，采用混凝土灌注桩进行处理，桩径为 1.0m，桩距为 4.0m，桩深 25m，梅花形布置。为了提高基础变形模量，增强基础承载力，对砂层地基采用旋喷桩处理，旋喷桩直径 1.0m，梅花形布置，桩距为 2.2m，桩深 10m，如图 4 所示。

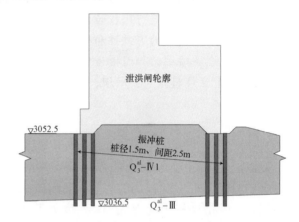

图 2　泄洪闸基础振冲桩处理示意

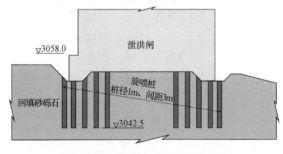

图 3　泄洪闸基础旋喷桩处理示意

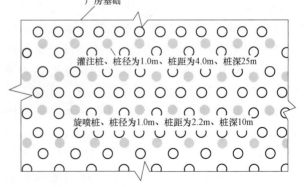

图 4　厂房基础灌注桩＋旋喷桩处理

2 巨厚覆盖层闸坝工程数值模拟方法研究

深厚覆盖层上闸坝工程地基与结构均受力复杂，有限元方法是模拟其力学行为的有力工具。多布工程数值模拟过程中需要解决以下两个技术难题：① 常规方法不能反映深厚覆盖层开挖卸荷引起的超固结效应；② 覆盖层基础中大规模加固桩群的模拟。

2.1 覆盖层超固结特性对基础变形影响研究

图 5 标出了厂房基础开挖线以及原始地面线位置，实际开挖最大深度达 55.6m，显然，开挖卸荷后厂房基础处于超固结状态。目前常用的土体计算模型如邓肯－张 $E-B$ 模型、$E-v$ 模型[9, 10]不能完备考虑土体的应力历史和"超固结"性质。

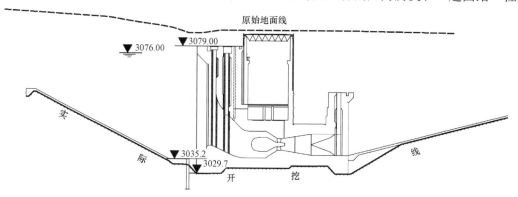

图 5　厂房基础开挖线与原始地面线

本文采用基于广义塑性理论的弹塑性模型[11]，该模型不但能反映覆盖层材料的剪胀性、非线性，还能反映其加、卸载效应。该模型基本理论表述如下。

该模型弹塑性矩阵为

$$\boldsymbol{D}^{ep} = \boldsymbol{D}^{e} - \boldsymbol{D}^{p} = \boldsymbol{D}^{e} - \frac{\boldsymbol{D}^{e} : \boldsymbol{n}_{\mathrm{gL/U}} : \boldsymbol{n}^{T} : \boldsymbol{D}^{e}}{H_{\mathrm{L/U}} + \boldsymbol{n}^{T} : \boldsymbol{D}^{e} : \boldsymbol{n}_{\mathrm{gL/U}}} \quad （1）$$

式中：$\boldsymbol{D}^{e}$ ——弹性矩阵；

$\qquad \boldsymbol{D}^{p}$ ——塑性矩阵；

$\qquad \boldsymbol{n}_{\mathrm{gL/U}}$ ——加载或卸载时的塑性流动方向；

$\qquad \boldsymbol{n}$ ——加载方向；

$\qquad H_{\mathrm{L/U}}$ ——加载或卸载时的塑性模量。

加载时塑性流动方向为

$$\boldsymbol{n}_{\mathrm{gL}} = \left(\frac{d_{\mathrm{g}}}{\sqrt{1+d_{\mathrm{g}}^{2}}}, \frac{1}{\sqrt{1+d_{\mathrm{g}}^{2}}} \right) \quad （2）$$

卸载时塑性流动方向为

$$\boldsymbol{n}_{\mathrm{gU}} = \left(-abs\left(\frac{d_{\mathrm{g}}}{\sqrt{1+d_{\mathrm{g}}^{2}}} \right), \frac{1}{\sqrt{1+d_{\mathrm{g}}^{2}}} \right) \quad （3）$$

根据陈生水等人的建议，d_{g} 为

$$d_{\mathrm{g}} = (1+\alpha) \times \frac{M_{\mathrm{d}}^{2} - \eta^{2}}{2\eta} \quad （4）$$

式中，α 一般取 0.5，M_{d} 为材料由剪缩向剪胀过渡的相变应力比

$$M_{\mathrm{d}} = \frac{6\sin\psi}{3-\sin\psi} \quad （5）$$

$$\psi = \psi_{0} - \Delta\psi \lg\left(\frac{\sigma_{3}}{p_{\mathrm{a}}} \right) \quad （6）$$

式中：ψ ——剪胀特征摩擦角；

$\qquad \psi_{0}$、$\Delta\psi$ ——反映剪胀特征摩擦角变化的参数。

加载方向为

$$\boldsymbol{n} = \left(\frac{d_{\mathrm{f}}}{\sqrt{1+d_{\mathrm{f}}^{2}}}, \frac{1}{\sqrt{1+d_{\mathrm{f}}^{2}}} \right) \quad （7）$$

d_{f} 定义为

$$d_{\mathrm{f}} = (1+\alpha) \times \frac{M_{\mathrm{f}}^{2} - \eta^{2}}{2\eta} \quad （8）$$

其中

$$M_{\mathrm{f}} = \frac{6\sin\varphi}{3-\sin\varphi} \quad （9）$$

$$\varphi = \varphi_{0} - \Delta\varphi \lg\left(\frac{\sigma_{3}}{p_{\mathrm{a}}} \right) \quad （10）$$

式中：φ ——内摩擦角；

$\qquad \varphi_{0}$、$\Delta\varphi$ ——均为反映内摩擦角变化的参数。

塑性模量表达为

$$H_{\mathrm{L}} = \frac{p_{\mathrm{a}}^{m}}{m(\lambda-\kappa)p^{m-1}} \frac{1+(1+\eta/M_{\mathrm{d}})^{2}}{1+(1-\eta/M_{\mathrm{d}})^{2}} \times \left(1 - \frac{\eta}{M_{\mathrm{f}}} \right)^{d} \quad （11）$$

为了反映土体的加载历史（如超固结、循环加卸载）的能力，定义再加载模量

$$H_{RL} = H_L \cdot H_{DM} \cdot H_{den} \tag{12}$$

其中

$$H_{DM} = \left(\frac{\sigma_{z,max}}{\sigma_z}\right)^{\gamma_{DM}} \tag{13}$$

$$H_{den} = \exp\left(\gamma_d \cdot \varepsilon_v^p\right) \tag{14}$$

H_{DM} 用于反映卸载—再加载时塑性模量增大的现象。定义覆盖层超固结参数 $OCR = \sigma_{z,max} / \sigma_z$，其中 $\sigma_{z,max}$ 为历史最大竖向应力，σ_z 为当前竖向应力。H_{den} 用于反映循环加载时塑性模量逐步增大的现象。

卸载模量可以定义为

$$H_U = \begin{cases} \dfrac{p_a^m \cdot \Omega}{mc_e p^{m-1}} H_{DM} H_{den} \left(\dfrac{M_g}{\eta_u}\right)^{\gamma_u} , & \text{当} \left|\dfrac{M_g}{\eta_u}\right| > 1 \text{时} \tag{15} \\[3mm] \dfrac{p_a^m \cdot \Omega}{mc_e p^{m-1}} H_{DM} H_{den} , & \text{当} \left|\dfrac{M_g}{\eta_u}\right| \leqslant 1 \text{时} \tag{16} \end{cases}$$

以上各式中，γ_{DM}，γ_d，γ_u 为三个反映循环加载的参数。

室内试验确定的覆盖层材料参数见表1。

表1　　多布水电站覆盖层材料参数

材料	ρ (g/cm³)	φ (°)	$\Delta\varphi$ (°)	ψ (°)	$\Delta\psi$ (°)	λ	κ	m	d	γ_{DM}	γ_d	γ_u
$Q_4^{al}-sgr_2$	2.14	45.5	9.5	42.5	5.5	7.6×10^{-3}	1.47×10^{-3}	0.660	1.477	2.4	55	25
$Q_4^{al}-sgr_1$	2.14	45.2	9.0	42.5	5.4	7.7×10^{-3}	1.48×10^{-3}	0.654	1.472	2.5	55	23
$Q_3^{al}-V$	2.10	41.8	5.9	40.5	3.6	8.2×10^{-3}	1.60×10^{-3}	0.787	0.923	2.3	40	35
$Q_3^{al}-IV_2$	1.70	36.5	1.0	32.1	1.0	9.1×10^{-3}	1.82×10^{-3}	0.945	0.824	2.2	3.2	24
$Q_3^{al}-IV_1$	1.92	41.3	5.7	40.0	3.7	8.3×10^{-3}	1.62×10^{-3}	0.785	0.965	2.9	50	40
$Q_3^{al}-III$	1.90	44.7	1.0	43.7	1.0	6.7×10^{-3}	1.31×10^{-3}	0.685	0.832	2.7	45	28
$Q_3^{al}-II$	1.89	42.1	4.4	37.0	5.0	7.9×10^{-3}	1.54×10^{-3}	0.657	1.598	2.5	58	31
$Q_3^{al}-I$ $Q_2^{fgl}-V$	2.13	44.3	1.7	41.3	1.7	7.6×10^{-3}	1.49×10^{-3}	0.671	1.547	2.5	54	26
$Q_2^{fgl}-IV$	2.13	47.6	6.1	46.2	4.7	8.7×10^{-3}	1.51×10^{-3}	0.615	0.862	2.4	42	20
$Q_2^{fgl}-III$	1.76	45.6	10.2	36.2	1.5	6.5×10^{-3}	1.27×10^{-3}	0.731	1.850	2.1	44	26
$Q_2^{fgl}-II$	2.15	45.1	5.8	39.5	1.5	7.54×10^{-3}	1.48×10^{-3}	0.662	2.12	2.9	49	25
回填砂砾石	2.18	50.2	8.9	36.8	2.3	6.5×10^{-3}	1.27×10^{-3}	0.682	1.431	2.3	44	23

本文研究了覆盖层超固结效应对基础变形的影响，计算方案有两个（见图6），方案 1 不考虑覆盖层的加载历史，在开挖面上直接修建上部结构；方案 2 考虑覆盖层的开挖过程，然后再修建上部结构。表2列出了两个方案地基变形极值。从计算结果来看，考虑开挖引起的超固结效应时，厂房下部覆盖层顺河向变形及沉降值均小于不考虑固结效应，其中沉降值减小了约 14%，可见，超固结效应对计算结果有显著影响。图7为考虑开挖效应时覆盖层内部超固结系数的分布。在实际三维模拟中完全模拟基础的开挖以及上部结构修建过程十分复杂，本文利用广义塑性模型在模拟土体应力历史方面的优势，在三维计算中，通过赋予单元超固结度 OCR 的方式考虑开挖效应。

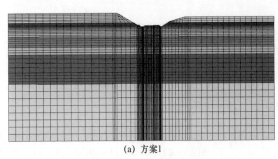

(a) 方案1

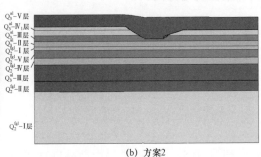

(b) 方案2

图6　厂房应力变形计算方案

表 2   覆盖层超固结效应对基础变形的影响计算分析

项目		计算方案 1		计算方案 2	
		竣工期	蓄水期	竣工期	蓄水期
沉降（cm）		21.9	22.8	18.8	19.6
水平向位移（cm）	指向下游	1.6	12.4	1.6	10.9
	指向上游	1.7	1.1	1.8	1.1

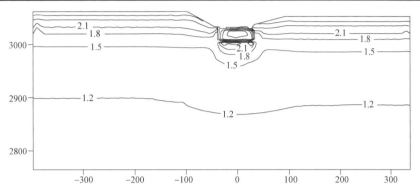

图 7 考虑开挖效应时覆盖层内部 *OCR* 分布

2.2 地基加固桩群简化模拟方法

多布水电站整体地基桩群数目庞大，完全根据实际桩数建立模型需花费巨量计算资源，且模型建立极其复杂。本次研究根据实际桩群位置建立等效的简化桩基建模方法，为整体数值分析奠定基础。桩—基简化模拟主要分为两个步骤：① 灌注桩等效模拟，根据面积置换率相等原则，将典型区域图 8（a）灌注桩体等效为图 8（b），逐步调整桩间距，试算使得简化模型 *P–S* 曲线与精细化模型 *P–S* 曲线一致。本文简化模型中方桩边长为 1.494m，间距为 6.9m。② 旋喷桩等效模拟，旋喷桩属于柔性桩，对旋喷桩加固可采用复合地基模拟方法，即逐步提高旋喷桩加固土体力学参数，使得简化模型和实际模型的 *P–S* 曲线一致。本文旋喷桩加固的土体参数 λ、κ、m、φ_0 分别减小 23%、减小 18%、减小 16%、增加 11%。精细模型和简化模型 *P–S* 曲线比较如图 9 所示。

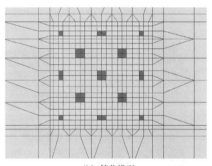

（b）简化模型

（c）桩群

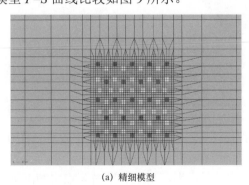

（a）精细模型

图 8 精细桩土模型与简化桩土模型（一）

图 8 精细桩土模型与简化桩土模型（二）

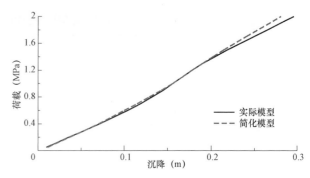

图 9　精细模型和简化模型 P–S 曲线比较

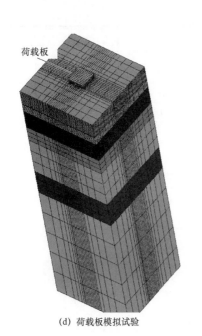

(d) 荷载板模拟试验

图 8　精细桩土模型与简化桩土模型

3　巨厚覆盖层加固效果分析

3.1　多布水电站三维整体模型概述

多布水电站三维整体模型如图 10 所示，主要包括厂房、泄洪闸、混凝土副坝、土石坝等建筑物。施工次序为基础加固处理，厂房下部、泄洪闸、左副坝、厂房上部，土石坝。施工过程分为 60 个荷载级。

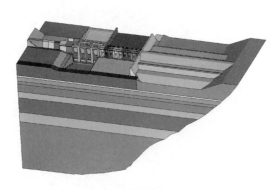

(a) 整体模型

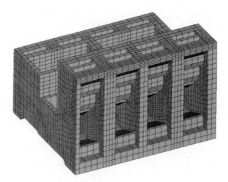

(b) 发电厂房

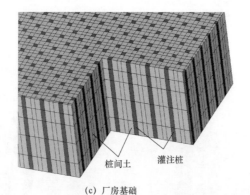

(c) 厂房基础

图 10　多布水电站三维整体模型

3.2　数值模型的合理性分析

为了监测施工过程中基础沉降，在各泄洪闸闸墩和厂房上、下游均布置了沉降监测点。本文对数值模型结果和实测结果进行了比较，结果表明，数值模拟结果能较好地反映实际变形过程。图 11 给出了 2 号闸墩上、下游测点实测沉降与计算值比较。图 12 所示为厂房上、下游测点实测沉降与计算值比较。

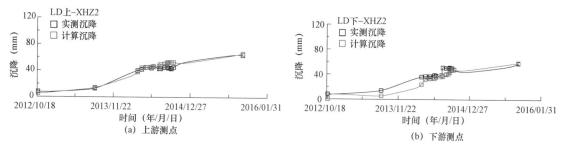

图 11　2 号闸墩底板沉降过程

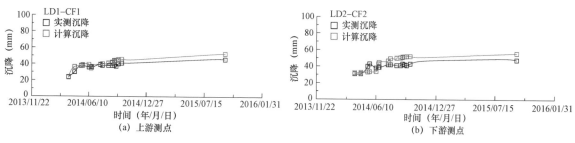

图 12　厂房底板沉降过程

3.3　基础处理的有效性分析

根据水闸设计规范规定：天然土质地基上水闸地基最大沉降不宜超过 15cm，相邻部位的最大沉降差不宜超过 5cm。图 13 给出了各建筑物坝轴线处沉降分布，可以看出，若不采用坝基加固措施，泄洪闸、厂房蓄水期沉降将分别达到 10.1、20.6cm，不符合规范要求，采用加固措施后各坝段的沉降量均可控制在 8.0cm 以内。

图 14 所示为加固前、后各建筑物之间的沉降差分布（图中沉降差为右侧沉降减去左侧沉降），结果表明，未加固时，建筑物沉降差最大值为

4.56cm，发生在 9 号泄洪闸与发电厂房之间，接近了规范最大允许值。经过基础处理后，各建筑物沉降差控制在 1.55cm 以内。

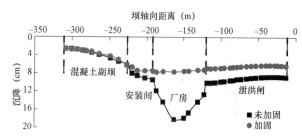

图 13　未加固和加固时各坝段沉降分布

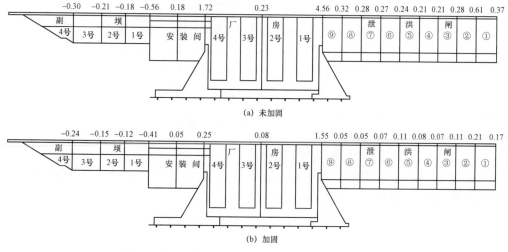

图 14　未加固和加固时各坝段沉降差（单位：cm）

图 15 所示为厂房和泄洪闸基础沉降沿覆盖层高程的分布，图中同时给出了加固和未加固情况下土层沉降分布，可以看出，地基处理范围内土体的压缩性显著缩减，加固效果明显。

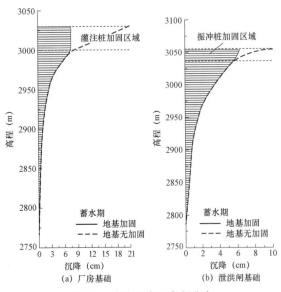

图 15　基础沉降沿高程分布

本文系统介绍了多布水电站大坝基础加固处理措施，数值计算与现场实测相结合，评估了该工程基础加固措施的有效性和必要性。本文得到的主要结论如下：

（1）覆盖层开挖引起的超固结效应对基础变形计算结果具有明显的影响，广义塑性模型由于能够反映土体的加载、卸载历史可用于模拟该超固结效应。

（2）深厚覆盖层基础处理的桩群数目巨大，本文提出了基于 $P\text{-}S$ 曲线的桩群简化方法，可方便地用于桩群的数值模拟。

（3）三维数值模型结果与现场监测结果比较表明，数值模型能有效地描述基础的沉降过程。采用灌注桩、旋喷桩处理后，加固区土体压缩率显著降低。未采用加固措施时厂房基础总沉降量以及厂房与 9 号闸之间差异沉降均超过了规范允许值，采用加固措施后可将沉降值控制在允许范围以内。

4　结语

尼洋河上多布水电站为巨厚覆盖层上修筑闸坝的代表性工程，大坝基础变形控制问题突出。

参考文献：

[1] 周建平，郑胜安. 深厚覆盖层筑坝地基处理关键技术 [M]，北京：水利水电出版社，2020.

[2] 任苇，王君利，李国英. 巨厚覆盖层上高闸坝沉降控制关键技术研究与实践 [J]. 水电与抽水蓄能，2019，5（5）：36-39，51.

[3] 黄庆豪，侍克斌，毛海涛，等. 固结灌浆深度对丹巴水电站深厚覆盖层坝基中流固耦合的影响 [J]. 水电能源科学，2020，38（5）：86-90.

[4] 罗永红，南凯，谢春庆，等. 青藏高原南缘某机场场区深厚覆盖层工程地质特征 [J]. 工程地质学报，2021，29（2）：486-494.

[5] 徐燕，李江，黄涛，等. 深厚覆盖层上超深防渗墙细部设计问题探讨 [J]. 水利水电技术，2019，50（12）：151-156.

[6] 杨玉生，刘小生，赵剑明，等. 考虑原位结构效应确定深厚覆盖层土体的动强度参数 [J]. 水利学报，2017，（4）：446-456.

[7] 郑克. 深厚覆盖层上土石坝坝基加固措施研究 [D]. 大连：大连理工大学，2021.

[8] 朱殿英，董景刚，匡启兵. 深厚覆盖层上土石坝地震响应分析 [J]. 东北水利水电，2011：51-52.

[9] Duncan J M，Chang C Y. Nonlinear analysis of stress and strain in soils [J]. Asce Soil Mechanics & Foundation Division Journal，1970，96（5）：1629-1653.

[10] 殷宗泽. 土工原理 [M]. 北京：中国水利水电出版社，2007.

[11] Pastor M，Zienkiewicz OC，Chan AHC. Generalized plasticity and the modelling of soil behaviour[J]. International Journal for Numerical & Analytical Methods in Geomechanics，1990，14（3）：151-190.

[12] 陈生水，傅中志，韩华强，等. 一个考虑颗粒破碎的堆石料弹塑性本构模型 [J]. 岩土工程学报，2011，33（10）：1489-1495.

作者简介：

魏匡民（1985—），男，高级工程师，主要从事水工结构数值分析、试验等研究工作。E-mail：kmwei@nhri.cn

金川深厚覆盖层上修建高面板堆石坝可行性研究

张晓将，李天宇，王家元

（中国电建集团西北勘测设计研究院有限公司，陕西省西安市　710065）

【摘　要】 在分析金川水电站坝址处河床覆盖层工程地质特性的基础上，对坝基不均匀沉降、渗漏与渗透变形、砂层液化等问题进行了评价，论证了深厚覆盖层上建坝的可行性，并提出了工程处理措施。

【关键词】 覆盖层；不均匀沉降；渗漏；渗透变形；砂层液化

1　工程概况

金川水电站是大渡河干流规划的第 6 个梯级电站，正常蓄水位 2253m，装机容量为 860MW，属二等大（2）型工程。枢纽建筑物主要由拦河坝、泄水建筑物、引水发电系统及电站厂房等组成。拦河坝为建在覆盖层上的混凝土面板堆石坝，坝顶高程为 2258m，最大坝高 112m，上游坝坡 1:1.4，下游综合坡比为 1:1.78，坝体填筑总量约 422.3 万 m³。

金川河床坝基覆盖层深厚复杂，具多层结构，局部分布有砂层透镜体。在平均厚度近 50 米的河床覆盖层修建最大高度达 112m 的混凝土面板堆石坝，坝基不均匀沉降、坝基渗漏及渗透变形、砂土液化等工程地质问题必须引起重视。

2　河床覆盖层工程地质特性

坝址河床覆盖层较深厚，最厚处 65m，主要为冲积含漂石砂卵砾石层，从下到上可分三岩组：Ⅰ岩组为含漂砂卵砾石层；Ⅱ岩组为砂卵砾石层；Ⅲ岩组为含漂砂卵砾石层。勘探揭示河床覆盖层夹多层含泥细砂层透镜体，灰色，最厚者处于Ⅱ岩组。

Ⅰ岩组：含漂砂卵砾石层，位于河床底部，局部夹有漂块石及砂层透镜体。厚度为 6.4～34.1m，平均厚 17.5m。砂层透镜体厚度为 2.0～4.0m，发育面积小，延伸性较差。Ⅱ岩组：砂卵砾石层，局部夹有漂块石及砂层透镜体，位于河床中部，厚度为 7.27～53.48m，平均厚 22.48m。该岩组中所含砂层透镜体多，分布面积较大，厚度一般为 2.5～13.44m，虽不连续，但延伸性好，最大的透镜体砂层顺河向延伸达 500m。Ⅲ岩组：含漂砂卵砾石层，局部夹砂层透镜体，位于表部，局部夹有砂层透镜体。厚度为 2.00～30.9m，平均厚 18.00m。该岩组中所含砂层透镜体较少，厚度一般为 0.5～2.0m，延伸性差。坝基覆盖层各岩组砂层（透镜体）大多为粉土质砂。

由现场超重型动力触探试验、标准贯入试验可知，Ⅰ、Ⅱ、Ⅲ岩组整体呈中密状态，岩组中所含砂层（透镜体）同样呈中密状态。

金川河床坝基覆盖层深厚，具多层结构，各层厚度变化较大，局部分布有砂层透镜体，且层位分布复杂，不同层位的覆盖层岩组的物理力学性质变化较大，覆盖层可能存在不均匀沉降；根据坝基河床覆盖层各岩组的渗透特征，覆盖层粗粒土岩组的渗透性强，自然条件下受天然坡降影响，河床覆盖层向下游渗流量逐渐加大，但不会对水库造成严重的水量流失。大坝挡水后形成的水头会增大地下水的水力坡度，进一步加大水库沿覆盖层坝基向下游的渗流量，如果不采取渗流控制措施，势必带来覆盖层的渗透破坏问题；覆盖层各岩组中均一定程度上分布有砂层透镜体，其中Ⅱ岩组中 2 号透镜体延伸性好，顺河向延伸达 500m，在设计或校核地震时存在砂土液化的可能。

河床覆盖层横剖面与纵剖面分别如图 1、图 2 所示。

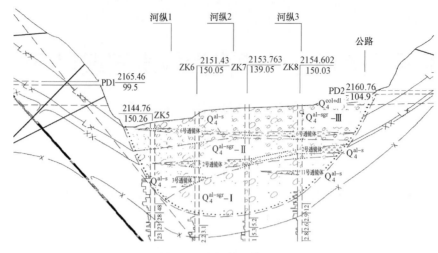

图 1　河床覆盖层横剖面

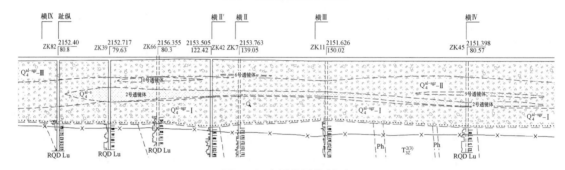

图 2　河床覆盖层纵剖面

3　趾板建在覆盖层上可行性初步分析

据不完全统计，我国河床趾板置于覆盖层上的混凝土面板坝建成的已有十多座。其中已建的百米级覆盖层上混凝土面板堆石坝有云南的那兰堆石坝、新疆的察汗乌苏砂砾石坝、甘肃的九甸峡堆石坝、四川多诺堆石坝、四川斜卡堆石坝以及甘肃苗家坝堆石坝等，这些工程运行情况良好，为覆盖层上混凝土面板坝的建设积累了丰富的经验。已建覆盖层上混凝土面板堆石坝工程地基工程特性汇总见表 1。

表 1　　　　　　　　　趾板建在覆盖层上混凝土面板堆石坝工程覆盖层主要工程特性

工程名称	坝高（m）	覆盖层深（m）	持力层	干密度（g/cm³）	承载力（MPa）	变形模量（MPa）
柯柯亚	41.5	37.5	冲积砂砾石			60
梅溪	40.0	30	冲积砂卵石	2.06		
那兰	109	24.3	卵砾石夹中细砂	2.19	0.50～0.60	33～45
察汗乌苏	110	46.7	含漂砂卵砾石	2.14	0.50～0.60	45～55
九甸峡	136.5	54	冲积砂砾卵石	1.95～2.12	0.50～0.60	40～60
汉坪咀	56	46.6	冲积砂卵砾石	2.0	0.60～0.70	40～60
达拉河口	65	20	含漂、块石砂卵砾石	2.05	0.50～0.55	50～55
苗家坝	110	48	含块碎石砂卵砾石层	2.15～2.2	0.55～0.60	60～65
老渡口	96.8	24.3	卵砾石层			
斜卡	108.2	100	含漂卵砾石层	2.1～2.2	0.50～0.60	45～50
多诺	108.5	20～30	含漂碎砾石土层	2.17	0.50～0.55	50～60

从表 1 可以看出，面板坝坝高范围为 40～136.5m，覆盖层深度范围为 20～100m，其覆盖层持力层干密度一般为 2.0～2.2g/cm³，与上伏堆石体设计干密度接近或略低，承载力为 0.50～0.70MPa，变形模量为 40～65MPa。以上工程坝基特性数据说明，当覆盖层干密度＞2.0g/cm³，承载力＞0.50MPa，变性模量＞40MPa，覆盖层基础物理力学指标应能满足百米级面板坝的建坝要求。

金川混凝土面板堆石坝坝高 112m，河床趾板座在覆盖层上，覆盖层最厚达 65m，至下而上分为三层，分别为 Ⅰ、Ⅱ、Ⅲ岩组。Ⅰ、Ⅲ岩组干密度为 2.17～2.32g/cm³，允许承载力为 0.55～0.60MPa，变形模量为 40～45MPa；Ⅱ岩组干密度为 2.0～2.1g/cm³，允许承载力为 0.50～0.55MPa，变形模量为 35～40MPa。

金川水电站面板坝河床持力层为Ⅲ岩组含漂砂卵砾石层，其干密度、承载力、变形模量基本介于上述范围值或略高，Ⅲ岩组可以作为金川面板坝的坝基持力层。位于中部的Ⅱ岩组也为砂卵砾石层，呈中密状态，除变形模量位于上述范围值下限外均在其范围内。

经工程实例类比，金川坝基覆盖层具备修建110m 级混凝土面板堆石坝的基础条件。

4 坝基不均匀沉降评价及工程措施

4.1 宏观评价

顶部Ⅲ岩组：压缩模量均值为 147.03MPa，为低压缩性土。相对密实度 D_r 均值为 0.82，N_{120} 平均击数为 8.05，整体呈中密状态。该层在坝体荷载作用下，仍具有一定的压缩性，会产生一定的沉降变形。但由于该层分布厚度较大，层位也较稳定，砂层透镜体范围不大，故不会产生大的不均匀沉降变形。该层作为坝基持力层，需考虑下部土层的沉降变形。

中间Ⅱ岩组：相对密实度（D_r）均值为 0.7，N_{120} 平均击数为 8.28，整体呈中密状态。大坝填筑完成后，此层及上部Ⅲ岩组的压缩沉降将大部分完成。但由于Ⅱ岩组中砂层透镜体多，分布面积较大，虽不连续，但延伸性好，由砂层（透镜体）分布形态初步分析，也不会产生大的不均匀沉降变形。

底部Ⅰ岩组：相对密实度（D_r）均值为 0.7，N_{120} 平均击数为 9.35，整体呈中密状态。其物理力学性质同Ⅲ岩组接近，不会产生大的不均匀沉降变形。该层位于河床覆盖层的最底部，承受的附加应力将更小，产生的进一步沉降变形更小。

4.2 计算分析

金川覆盖层Ⅰ、Ⅱ、Ⅲ岩组以及各岩组中分布的砂层（主要是Ⅱ岩组中砂层）层位分布复杂，物理力学性质变化较大，这是覆盖层不均匀沉降的主要原因。为了了解覆盖层不均匀沉降对坝体应力变形的影响，尤其是对防渗体系应力变形的影响，对金川面板坝进行了三维有限元静力计算，计算时拟定砂层透镜体不同厚度、不同分布范围方案进行比较。三维计算方案一览表见表 2。

砂层不同厚度及不同分布范围情况下坝左 0＋143.94 剖面坝基面沉降如图 3 所示。

表 2　　　　　　　　　三维计算方案一览表

方案	砂层分布	施工方案	备注
方案 5	坝基贯穿分布，厚度为 10m，层顶高程为 2125m	施工期坝体挡水，上游水位 2210.4m	
方案 6	坝基贯穿分布，厚度为 5m，层顶高程为 2125m	施工期坝体挡水，上游水位 2210.4m	砂层厚度敏感性分析
方案 7	坝基贯穿分布，厚度为 15m，层顶高程为 2125m	施工期坝体挡水，上游水位 2210.4m	
方案 9	横河向贯穿分布，顺河向分布到坝体底宽 30%处，厚度为 10m，层顶高程为 2125m	施工期坝体挡水，上游水位 2210.4m	
方案 8	横河向贯穿分布，顺河向分布到坝体底宽 50%处，厚度为 10m，层顶高程为 2125m	施工期坝体挡水，上游水位 2210.4m	砂层分布敏感性分析
方案 10	横河向坝左 0＋083.94 以右，坝左 0＋143.94 以左分布，顺河向分布到坝轴线处，厚度为 10m，层顶高程为 2125m	施工期坝体挡水，上游水位 2210.4m	

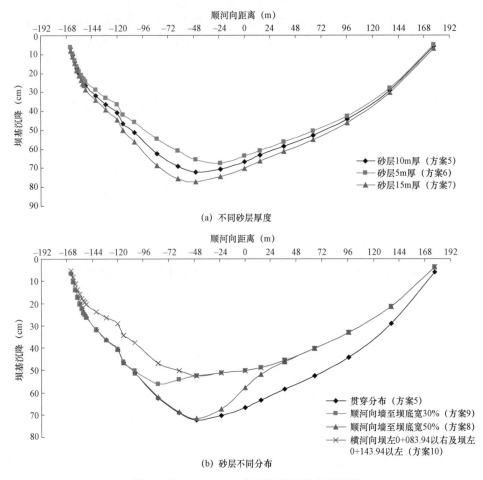

图 3　坝左 0+143.94 剖面坝基面蓄水期沉降

由计算结果可见，砂层的存在对坝基变形和防渗体系的变形影响较大，有砂层时坝基和防渗体系的变形明显增大。

（1）砂层贯穿分布时，随着砂层厚度的增大，坝基的沉降量增大，导致防渗墙、趾板和连接板的变形有所增大，接缝变位也有所增大，尤其是防渗墙与连接板之间的接缝变形增大较明显。

（2）在砂层同厚度、不同分布情况下，砂层分布范围内的坝基、坝体变形变化不大。

（3）金川工程覆盖层中砂层呈透镜体存在，在平面上和深度上分布都不均匀，其危害表现为两个方面：一是砂层的存在增加了坝基的压缩变形，从而导致坝体及防渗结构变形增大；二是砂层分布的不均匀性又可能导致坝基沉降不均匀，从而影响防渗体系的应力变形特性。计算结果表明，砂层分布不均匀带来的对防渗系统应力变形的不利影响并不显著，原因在于砂层有一定的埋深，虽然分布不均匀，但覆盖层面的沉降变形基本仍是连续的。相对而言，砂层概化为贯穿连续分布是最不利的状态。根据工程地质勘探，从偏安全角度考虑将砂层概化为贯穿分布，厚度取 10m，顶部高程为 2125m 是可行的，较符合实际，但比实际情况更不利。

金川混凝土面板堆石坝三维有限元静力计算成果表明，坝体、坝基和防渗体系应力变形特性总体较好，其变形符合一般规模，方案 5 坝体最大沉降为 97.2cm，约为坝高和覆盖层厚度总和的 0.57%，坝基覆盖层变形较大，覆盖层面最大沉降 66.8cm，约为覆盖层厚度的 1.15%，坝体及坝基沉降变形量值在面板堆石坝经验范围内。

经宏观分析及三维有限元静力计算分析，金川趾板持力层为Ⅲ岩组，河床趾板坐在深厚覆盖层上，其应力、变形符合一般规律，量值在面板堆石坝经验范围内，金川河床覆盖层具备修建百米级混凝土面板坝基础的条件，不会产生严重的不均匀沉降。

4.3　河床覆盖层加固措施

金川坝基覆盖层具备修建混凝土面板堆石坝

的基础条件,主要针对持力层的表部Ⅲ岩组覆盖层进行浅表部加固处理,处理范围主要包括防渗墙上游5m~河床趾板下游10m以及两岸岸坡0.3倍水头范围内。

综合比选了挖除置换、强夯、振冲碎石桩和固结灌浆四种方法后,采取将浅表层挖除后,以固结灌浆及振动碾压为主进行坝基加固处理的方式。

覆盖层坝基采取的工程措施:① Ⅲ岩组中埋深小于5m范围内的砂层透镜体采用挖除并用反滤料置换、振动碾压的处理方式。② 防渗墙上游5m~河床趾板下游10m及两岸岸坡0.3倍水头范围内进行固结灌浆加固处理,提高表层砂砾石的整体性。③ 河床覆盖层坝基填筑前用振动碾碾压8~10遍。

5 坝基渗漏与渗透变形评价及工程措施

5.1 计算分析

自然条件下受天然坡降影响,河床覆盖层向下游渗流量逐渐加大,但不会对水库造成严重的水量流失。大坝挡水后形成的水头会增大地下水的水力坡度,进一步加大水库沿覆盖层坝基向下游的渗流量,如果不采取渗流控制措施,势必带来覆盖层的渗透破坏问题。

大坝建坝后,水库蓄积约100m高水头,为使坝基覆盖层满足抗渗稳定不致发生渗透破坏,以及减小坝基渗漏量,采用了全封闭的混凝土防渗墙进行防渗,并委托武汉大学进行了枢纽区的三维有限元渗流计算,研究分析坝体、坝基以及两岸坝肩渗流场、坝基深厚覆盖层和卸荷岩体的渗透变形特性、渗漏量及渗透稳定性。金川渗流计算成果汇总见表3。

表3　　金川渗流计算成果汇总表

部位		渗透坡降
坝体材料分区	面板	149.530
	垫层	0.875
	过渡层	0.118
	主堆石区	0.043
	反滤层	0.069
	次堆石区	0
	下游盖重	0.070

续表

部位		渗透坡降
坝基	混凝土防渗墙	73.43
	帷幕	28.96
	覆盖层Ⅲ岩组	0.077
	覆盖层Ⅱ岩组	0.062
	覆盖层Ⅰ岩组	0.081

部位		渗漏量(L/s)
建筑物	大坝	8.125
基础	左岸防渗帷幕范围	24.855
	混凝土防渗墙	15.283
	河床坝基帷幕范围	172.142
	右岸防渗帷幕范围	43.589
合计		263.994

分析渗流计算结果可知:

(1)正常蓄水位下大坝防渗体系范围总渗漏量为263.994L/s。其中:坝身渗漏量为8.125L/s,防渗墙渗漏量为15.283L/s,河床坝基帷幕范围内渗漏量为172.142L/s,左岸坝基帷幕范围内渗漏量为24.855L/s,右岸坝基帷幕范围内渗漏量为43.589L/s。计算表明金川混凝土面板通过大坝的防渗混凝土面板、趾板、连板及坝基混凝土防渗墙、坝基帷幕灌浆等整个防渗系统是有效的。

(2)坝体中心剖面最大渗透坡降出现在混凝土面板中下部,最大坡降值为149.53;垫层最大渗透坡降为0.875;过渡层最大渗透坡降为0.118;主堆石区最大渗透坡降为0.043;反滤层最大渗透坡降为0.069;下游盖重最大渗透坡降为0.070;防渗墙最大渗透坡降为73.43;帷幕最大渗透坡降为28.96;覆盖层最大渗透坡降均较小,从上至下分别为0.077、0.062和0.081。坝体各材料分区及坝基渗透坡降均满足材料允许值,计算表明坝体渗透稳定满足要求。

三维渗流计算成果显示,通过可靠的防渗措施,坝基渗漏和渗透变形问题会得以解决,不会成为建坝的制约因素。

5.2 河床覆盖层渗控措施

河床覆盖层采用了"混凝土防渗墙+连接板+趾板+面板"与帷幕灌浆相结合的渗流控制体系,如图4所示。

混凝土防渗墙轴线与坝轴线平行布置,墙厚1.2m,最大深度53m,墙底嵌入基岩1.0m。防渗墙与趾板之间采用两块混凝土连接板连接,连接板宽度 4m。河床基岩布置一排帷幕灌浆孔,通过防渗墙上的预埋管进行灌浆,最大深度为 41.5m,深入相对不透水层(q<5Lu)以下 5m。

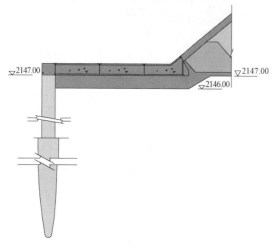

图 4　河床坝基防渗设计

6　砂层液化评价及工程措施

6.1　砂层液化评价

砂层液化首先根据土层埋深、地层年代、粒径大于 5mm 颗粒含量、土层剪切波速等资料进行初步判别,又根据标准贯入锤击数、相对密度、相对含水量或液性指数、平均粒径 d_{50} 以及覆盖层砂层综合指标等资料进行复判,最后还根据三维有限元动力计算成果进行了评价。

动力评价分别采用基于动强度试验的总应力法和有效应力法进行砂土液化分析与判别。

(1)基于最大剪切作用面原理的总应力法:坝体单元的抗震安全系数 $F_e=\tau_f/\tau$,若 $F_e>1.0$,则认为单元不会发生动力失效或液化。

(2)有效应力法:定义液化安全度为震前上覆有效荷重与振动孔隙水压力的比值,若液化度 >1.0,则认为单元不可能发生液化。有效应力分析方法中,振动孔隙水压力采用沈珠江模式。

设计地震工况,根据总应力分析方法,计算出的砂层单元最小动强度安全系数为 2.07;采用有效应力分析方法,计算出的砂层单元最大振动孔压为 115kPa,最小安全系数为 2.30。

校核地震工况,总应力法计算出的砂层单元动强度安全系数在 1.81 以上;有效应力法计算出的砂层安全系数在 1.98 以上。

根据计算结果,金川坝基砂层在设计和校核地震时均不会发生动力失效和液化。

6.2　工程措施

工程设计中,采用了以下工程措施:① 混凝土防渗墙有一定刚度、强度和较强的抗渗能力,可减缓地下水向砂层(透镜体)的渗透速率,进一步削弱液化的可能;② 大坝上下游 2165.00m 高程以下回填 30m 宽石渣形成压坡平台,增大了砂层(透镜体)的有效覆盖压力,也有利于预防砂层液化问题;③ 大坝建基面砂层(透镜体)特别是 6 号透镜体浅表部(埋深小于 5m 范围内)进行必要的置换处理。

7　结语

金川混凝土面板堆石坝坝基部位可利用的河床覆盖层具有厚度大、层位起伏变化较大、颗粒组成复杂、工程特性复杂等特点,尤其是 Ⅱ 岩组中所含砂层透镜体多,分布面积较大,厚度一般为 2.5～13.44m。经研究分析河床覆盖层完全可以利用,具备修建百米级混凝土面板坝基础的条件,不会产生不均匀沉降问题;采取必要的渗控措施后,坝基渗漏和渗透变形问题可以解决;坝基覆盖层砂层透镜体通过各种方法评判,遭遇Ⅶ度和Ⅷ度地震时不会发生动力失效和液化。建在厚度近 60m 的覆盖层上的面板堆石坝是可行的。

参考文献:

[1] 段斌,等. 建在深厚覆盖层和强卸荷岩体上的混凝土面板堆石坝筑坝关键技术研究 [C] //水电 2013 大会-中国大坝协会 2013 学术年会暨第三届堆石坝国际研讨会,2013:667-673.

[2] 辛俊生. 覆盖层上高混凝土面板堆石坝设计技术及应用研究 [J]. 水电站设计,2020,36(1):1-4.

作者简介:

张晓将(1973—),男,正高级工程师,主要从事水工设计方面工作。

李天宇(1981—),男,高级工程师,主要从事水利水电工程坝工专业设计工作。

王家元(1983—),男,正高级工程师,主要从事水利水电工程坝工专业设计工作。

二、工程地质

水电工程深厚覆盖层建坝勘察研究综述

王寿宇，王惠明，张东升

（水电水利规划设计总院有限公司，北京市　100011）

【摘　要】 深厚覆盖层问题在水电工程建设中较为常见，在我国西南，特别是青藏高原地区尤为突出，该地区河流两岸山体陡峻，随着多期次地质运动、河流强烈快速下切，河床覆盖层深度普遍达数十米至百余米，部分可达数百米。深厚覆盖层地区建坝存在着坝址坝型选择、坝基防渗设计、坝基抗变形和抗滑稳定处理等一系列难题。由于深厚覆盖层物质组成及地层结构复杂，勘察难度大，学术界及工程界对其的研究一直在持续进行并逐步加深。经过近几十年的发展，我国水电工程建设规模已稳居世界前列，覆盖层上建坝的数量也达到了一定的规模，积累了宝贵的建设经验，本文将从深厚覆盖层成因机制、勘察技术、物理力学性质、工程地质特性、主要工程地质问题及处理等方面，系统总结我国水电开发过程中勘察研究的工作经验，分析存在的问题及对策建议，并对下步工作提出展望，以为深厚覆盖层地区建坝工程勘察设计等提供一定的参考。

【关键词】 深厚覆盖层；勘察研究；工程地质问题；综述；展望

0　引言

深厚覆盖层指厚度大于 40m 的覆盖层。深厚覆盖层问题在我国多个河流流域的水电工程建设中广泛存在（见表 1），长期以来，深厚覆盖层建坝问题一直是水电开发建设过程中勘测设计、施工重点关注的问题[1]。例如已建成的乌东德水电站、察汗乌苏水电站、长河坝水电站、猴子岩水电站、泸定水电站、小浪底水电站，在建的双江口水电站、JC 水电站、硬梁包水电站，拟建的丹巴水电站、YJML 水库等，其枢纽布置所处河床的覆盖层厚度一般为数十至百余米，局部甚至达到数百米。目前我国已建水电站中覆盖层最深的为冶勒水电站，其坝址区最大覆盖层厚度达 420m，根据初步勘察资料，规划中的 YJML 水库坝基部位覆盖层甚至厚达 500 余米。河床深厚覆盖层的存在，较大影响流域水电梯级规划，制约了水电工程枢纽布置及坝型

选择，也为大坝工程勘察、设计以及施工等带来巨大的挑战，一直是水电工程建设者正在着力研究解决的一大课题。深厚覆盖层成因机制、地质建造、物理力学特性等方面要素复杂、影响因素繁多，使得对其的研究进展相对缓慢，国内外学者对深厚覆盖层建坝研究始于 20 世纪 50 年代，国内水电在中华人民共和国成立初期的映秀湾、南桠河梯级、鱼子嘴等工程中初步建立了深厚覆盖层建坝的理论体系，而 21 世纪初开始的水电工程建设高潮中深厚覆盖层建坝技术得到了更加广泛而深入的研究，取得了丰硕的成果和长足的进步，为下阶段深厚覆盖层建坝勘察设计及工程地质问题处理等提供了必要的技术支持。本文拟从河床深厚覆盖层的成因机制、地层结构、综合勘察、物理力学性质、工程地质特性、工程地质问题及处理等方面系统总结目前的相关研究成果，并初步提出下步工作展望。

表 1　　　　　　　　　我国水电开发部分工程覆盖层厚度统计表

项目名称	覆盖层厚度（m）	所在河流	坝型	坝高（m）	装机容量（MW）	状态
乌东德	80	金沙江	混凝土双曲拱坝	270	10 200	在建
察汗乌苏	46	开都河	混凝土面板砂砾石坝	110	330	建成

项目名称	覆盖层厚度（m）	所在河流	坝型	坝高（m）	装机容量（MW）	状态
双江口	67.8	大渡河	砾石土心墙堆石坝	312	2000	在建
长河坝	80	大渡河	砾石土心墙堆石坝	240	2600	建成
猴子岩	70	大渡河	混凝土面板堆石坝	223.5	1700	建成
黄金坪	133.9	大渡河	沥青混凝土心墙堆石坝	85.5	850	建成
泸定	148.6	大渡河	黏土心墙堆石坝	79.5	920	建成
仁宗海	148	田湾河	复合土工膜防渗堆石坝	56	240	建成
冶勒	420	南桠河	沥青混凝土心墙堆石坝	125.5	240	建成
狮子坪	101.5	杂谷脑河	砾石土直心墙堆石坝	136	195	建成
JC	89	YLZBJ	混凝土重力坝	84.5	360	在建
丹巴	133	大渡河	混凝土闸坝	42	1150	规划
ML 水库	568	YLZBJ	土质心墙堆石坝	150	1920	规划

1　深厚覆盖层成因机制

在大量的地质勘探、物理测年等试验研究以及历史气象等环境影响因素分析的基础上，现行的研究成果普遍认为河床深厚覆盖层的成因主要为以下几方面：

——构造运动成因。近代构造运动中存在升降变化，河流往往流经不同构造单元，构造单元又具有差异运动性，特别是垂直升降的差异，从而导致河流在纵剖面上具有一定的差异运动，影响河流的溯源侵蚀和堆积，而构造单元的差异升降多形成"构造型"加积层，会加深覆盖层沉积厚度。

——滑坡堆积堰塞、壅塞成因。历史上大型崩塌、滑坡等在地震、暴雨等条件下产生大规模失稳破坏，滑入江中产生堵江或部分堵江，造成堰塞沉积，形成局部河段的深厚覆盖层堆积。

——冰川期等气候作用成因。现行研究认为，第四纪以来中国主要历经 4 次大规模冰期、冰期、间冰期的冰川冻融作用，对河流两岸山体产生剧烈刨蚀，形成了大量碎屑物质，在流水等作用下，碎屑物质不断被带到河床中堆积，从而形成所谓气候变化型堆积层，而高山峡谷区强烈的冰川作用往往使得其的堆积层厚度更大，同时由于不同冰川期作用程度不同，堆积物质成分等差异也较大且具有某种周期性。

上述观点是当前学者普遍认同的河谷深厚覆盖层的形成机制解，近些年成都理工大学许强教授等学者提出一些新观点认为[2-3]，河谷深切和深厚堆积事件可与全球气候、海平面升降、地壳运动等联系起来，提出全球海平面大幅度升降，导致河流深切成谷，沿河古滑坡前缘临空更加明显，产生大规模的失稳破坏可能性大大增加，从而形成深厚堆积，同时对沿河古滑坡前缘剪出口高程常低于现代河床数十米的原因给出了较为合理的解释，这都为深厚覆盖层的成因机制研究与探索提供新的思路。

2　深厚覆盖层勘察研究主要技术手段

钻探、物探、试验等传统方法仍是目前深厚覆盖层的主要勘察研究手段，但鉴于深厚覆盖层分布、物质组成的复杂性，同时深厚覆盖层地区常是高山峡谷地区，河面水流湍急，人员设备等难以到达，往往需要我们采取一些特有的或创新性的勘察技术手段。因此，相较于常规河谷覆盖层的勘察，深厚覆盖层的工程地质勘察技术要求更高、难度更大，更具复杂性。深厚覆盖层勘察技术手段有其自身的特点：

——水电工程相关标准规范均对各个开发阶段，相应的地质测绘、勘探工作精度等都有相应的规定[5]。深厚覆盖层地区，在相关规定的基础上适当地加密测绘及勘探的点、线、网布置，部分工程的勘探间距甚至达到 10m 以内。

——随着覆盖层厚度的增加，甚至深达 500 余米的深度覆盖层，传统的钻探技术、设备已难以完成所需的工作，因此，已在研制并采取针对性的钻探设备，以满足超深孔的钻进、护壁、取样、试验等工作。例如，华东院通过使用自主研发的新型低固相冲洗液配合 SDB 半合管钻具，解决了深厚覆盖层钻孔护壁难题，实现了 700m 以上覆盖层裸孔高质量取芯钻进，极大地缩短了施工工期，同时创造了我国水电行业深厚覆盖层钻进深度和裸眼长度的新纪录；成都院创新性地在西部某工程钻探中使用多级套管拔管技术、裸孔冲洗技术、深孔爆破技术、超深孔防斜纠斜技术等，高质量地进行了500m 级钻孔钻进，达到国内外领先水平。[6-7]

——覆盖层勘察中一般较少采取坑探的方法，因为其不仅耗时耗力、工作难度也大，但在深厚覆盖层地区，特别是坝基等关键部位，其作为一种行之有效的手段，可以直接观察地质剖面、采取原状样、开展现场原位试验等，进而查明深厚覆盖层的工程特性，因而受到重视并加以利用。

——通过先进的物探技术，利用覆盖层介质的弹性波差异、电性差异等，探测土层的层次分布、密度，也可通过声波成果，确定剪切模量等土体参数，从一个相对较大的维度，了解深厚覆盖层的工程特性，从而采取针对性的勘探、试验等工作。

——试验方面，深厚覆盖层物质展布空间广泛，为增强物理力学性质试验样品的代表性及综合参数取值的基础，同样应加大试验取样数量、范围，同时需重视并加大原位测试工作，来更加准确地获取覆盖层土体物理力学参数建议值等基础性资料。

——随着计算机技术的快速发展，越来越多的勘察工作成果输出采用了三维地质建模的方法，如电建成都院的 Geo Smart、电建华东院的 Geo Station 等方法，地质体勘察成果实现三维可视化，可直观地展示地层、岩性、构造、空间位置关系等，实现地质分析三维空间化，方便地质资料解译分析覆盖层基础的整体立体性状、下伏基岩面高差起伏形态，是否存在古河槽、古河道、埋藏谷、液化土层等特殊岩土层等，以及其分布范围、深度等形态特征，并可根据发现的问题及时进行补充性勘探试验研究工作，同时也有利于多专业的协同设计。

综上，深厚覆盖层物质成分、物理力学性质复杂，运用传统单一或者几种勘察手段难以保证勘察工作成果的质量，因此需要引入多种勘察手段及国内外先进的前沿技术等进行综合勘察，才能得到更

加准确合理的勘察成果，以为建坝设计、施工等提供强有力且坚实的基础。

3 深厚覆盖层地层建造勘察研究

深厚覆盖层地层建造研究对覆盖层工程地质分层、分组研究具有十分重要的意义。在测绘、钻探、试验等研究基础上，对覆盖层土体基本地质条件、物理力学性质、工程地质条件等进行分析，将工程地质特性相同或相似的土层划分为同一个地层单元或一个地层单元组，为地基稳定性分析及基础处理提供依据。深厚覆盖层地质建造成果一般需要进行以下几个方面勘察研究：

——空间展布特征。河床覆盖层基底起伏较大，横河向、纵河向的发育深度也变化较大，对其深度的确定，需要综合勘探、物探等的成果资料来确定覆盖层的分布厚度等空间展布特征。

——物质组成、层次结构。与常规覆盖层基础勘察类似，深厚覆盖层勘察需分析探明粗颗粒的物源、原岩成分，以及相应的细颗粒物质成分，需要运用巨粒、粗粒、细粒等概念来对覆盖层的颗粒粒组进行划分。由于深厚覆盖层物质组成更具复杂性，还需对深厚覆盖层组成物质颗粒的级配、形态、排列、密实度、胶结程度等进行评价，查明其中不同沉积分层之间的界面，为工程地质特性分层建立基础。深厚覆盖层地区多处于构造运动强烈的山谷地带中，往往还需查明基础中的断层及其活动特征等。

——物质地质年代序列。从全流域、构造历史背景等进行研究，运用地层年代序列、地层相对序列等方法，合理划分土层的年代序列。

——土体分组。将工程地质特性相似相近的物质划归为同一个地质单元，是地基利用及处理的基础，其划分遵循原则一般为综合、系统、多元相结合，整体、局部相结合，宏观、微观相结合。深厚覆盖层中往往存在软土、粉细砂、膨胀土、架空层等特殊或工程特性较差的土层，这些是后期大坝建基特性分析及工程处理的重点，即使上述类型土层分布范围小，也应单独予以划分。

4 深厚覆盖层工程地质特性勘察研究

深厚覆盖层工程地质特性勘察研究，是通过必要的室内外试验、原位试验等工作，对覆盖层土体的物理水理性质，强度、变形、抗冲刷等力学性质

进行勘察研究，在综合分析覆盖层特性和参数试验成果的基础上，提出设计所需的土体物理力学参数建议值。针对深厚覆盖层地基，需重点查得物理性状参数主要包括颗分、密度、含水率等基本物理性状指标、液塑限等水理指标，力学性质参数主要包括地基承载力、抗剪强度等强度特性，压缩系数、压缩模量等变形特性参数，渗透系数、渗透比降等渗透性指标，以及抗冲系数等抗冲刷特性指标等[9-10]。主要包括：

——物理力学性质指标及试验。覆盖层土体物理力学性质指标及其试验方法在工程勘察中属常规性工作内容，相关标准规范等都有相应规定，本文不再赘述。需要指出的是在深厚覆盖层地区，传统取样数量、试验组数等常不能很好地代表深厚覆盖层土层性质，需我们大幅加大试验的取样数量及试验组数，以使试验成果更丰富、取值更加有据。

——参数取值。在充分考虑试验样本的位置、代表性、土层代表性、区段或层位分类等基础上，舍去试验成果中不合理的离散值，用算术平均法或最小二乘法等方法整理后，再根据水工建筑物地基工程地质条件等，提出合理的土体物理力学性质参数地质建议值。深厚覆盖层土体往往处于深埋状态，物理力学参数取值还需考虑钻孔取样试验过程中钻机的扰动影响，也需考虑土层的埋深效应等，通过埋深土体的综合空间应力相应分析后确定，根据以往工程经验，往往参数可适当地提高。同时，工程建设经验也表明，受限于前期勘察精度等，后期施工过程中往往发现土体的物理力学性质较前期有一定变化，实施阶段务必对参数进一步进行复核并提出实施阶段参数建议值。

5 深厚覆盖层建坝勘察研究

深厚覆盖层的主要工程地质问题，往往也是传统覆盖层建坝中遇到的问题[11-12]，包括如何制定地基利用标准、变形稳定、抗滑稳定、渗漏与渗透稳定、砂土液化、软土震陷、基坑边坡稳定、冲刷等，也具有其一定的特殊性与复杂性。深厚覆盖层分布宽广且深厚，体积效应、压重效应等会显现出来，所处地区也往往是新构造运动强烈的地区，地震放大效应等也会突出，这都是我们在下一步工作中需要开展重点研究的方向。本节重点介绍目前深厚覆盖层建坝中遇到的主要工程地质问题、处理及初步建议等。

5.1 建基标准勘察研究

覆盖层上建坝经验在国内已十分丰富[13-14]，目前覆盖层建基标准主要为：250m 以上坝高的超高土石坝，心墙、反滤层、过渡层坝基均挖除覆盖层并建基于基岩上，其余部位基础则将表层松散、粗颗粒物质清除后，选择置于较密实力学性状较好的土层上，对坝基应力影响带内的粉细砂层、粉质黏土层等全部挖除，如双江口水电站心墙部位清除覆盖层，堆石体部位浅部砂层透镜体挖除、深部砂层透镜体结合坝脚压重处理；坝高 250m 以下的高心墙土石坝，持力层可置于力学强度较高的土层上，坝基应力影响带内的粉细砂层、粉质黏土层可挖除，也可进行必要的灌浆等处理，对于 70～250m 的高坝心墙部位一般还会进行必要的灌浆等加固处理，如长河坝水电站浅层的砂层透镜体进行了清除处理，心墙及堆石体地基均建基于粗粒土上；一般面板堆石坝堆石区可置于物理力学性状较好的土层上，趾板一般建议建基于基岩上，坝高小于 100m 的面板坝，经适当基础处理验收后，趾板也可置于覆盖层上，但也有 100m 以上的高坝，经充分论证及必要工程处理后，趾板放在了覆盖层上，如察汗乌苏水电站河床趾板部位地基为深厚漂石、砂卵砾石层，通过强夯等处理后，满足趾板建基要求；对于闸坝基础，选择在均一性以及力学强度相对较高的良好土层上即可，而电站厂房、施工围堰等永久、临时建筑物，可根据地基强度要求等，选择合适的覆盖层建基。

5.2 建坝主要工程地质问题勘察研究

根据已有工程实践，地基承载变形、抗滑稳定、渗透稳定、砂土地震液化、深基坑边坡稳定等是深厚覆盖层上建坝的关键工程地质问题。

（1）地基承载变形：地基土体的承载变形是覆盖层建坝应考虑的最基本问题，承载力不足会造成上部水工建筑物沉降破坏，甚至会导致使用功能丧失，这在近些年黄河、长江等流域水利工程中屡见不鲜。这些工程往往建设于 20 个世纪七八十年代，甚至中华人民共和国成立初期，多是因当时技术水平、任务紧迫性以及勘察投入有限等因素造成。当前水工建筑物建坝对基础的沉降变形要求越来越大，这就需要严格确定承载变形参数、进行变形稳定性计算分析、合理选择建基面并采取相应处理措施，确保承载及变形控制要求。

（2）抗滑稳定：地基土抗滑能力与其物质组

成、地层结构以及外力作用方向有关，抗滑稳定评价应重点对持力层范围内的黏土、砂土等软弱土层的空间展布情况、土体抗滑稳定边界条件及破坏模式进行研究。加强对抗滑稳定土体控制参数的合理选取，运用多种稳定性分析计算方法，综合评价抗滑稳定性，并给出地质建议措施。

（3）渗漏及渗透稳定：渗漏及渗透稳定问题往往通过压水、注水试验等试验，并根据试验成果进行计算分析，主要研究单层、双层、多层透水坝基的坝基渗漏，绕坝渗漏，管涌、流土、接触冲刷和接触流失等问题，提出可能的渗漏及渗透破坏形式，并提出相应的地质建议措施等。

（4）砂土地震液化：深厚覆盖层地层中往往会发育粉土、黏土、粉细砂层或其透镜体，而西南地区地震烈度较区，坝基砂土液化问题基本上都存在[15-18]。工程建设中均严格地按照规程规范进行砂土液化的初判、复判，并采取液化处理措施，郭德存等[19-20]结合汶川地震后的地震液化灾害调查等认为，深部液化、砂砾石液化的问题尚需进一步科学研究，也是深厚覆盖层地区处理砂土液化问题所需深入研究的问题。

（5）软土震陷：地基中分布有软土层时，应根据经验法及规范法进行震陷判别，对于有软土震陷的软土层或软土层组，震害影响主要取决于最接近地表且厚度较大的软土层，采取消除震陷灾害的处理措施需要估算震陷量，我们一般采取分层总和法来估算可能的震陷量。

（6）基坑边坡稳定问题：水电工程建坝中，为使得建基面满足承载、变形及设计等要求，需对深厚覆盖层进行一定的基础开挖，易产生基坑边坡抗滑稳定、渗透稳定等问题，需对上述问题进行分析、评价，并制定合理的基坑开挖与支护设计方案。如拉哇水电站坝址区河床覆盖层最大深度达 71m，其中约 50m 为堰塞湖相低液限黏土、粉土的软弱土层，其承载力及抗剪强度低、压缩性高、渗透系数小，工程性状差，坝基建于基岩上，因此需开挖形

成高度较大的软弱土基坑边坡，天然状态下稳定性差，为确保边坡稳定，经多方研究，最终采取堰基排水固结+振冲碎石桩处理为主的方式进行处理，取得了良好的效果。

（7）抗冲刷：覆盖层土体抗冲能力相对较弱，当设计水流流速大于土体抗冲流速时，易产生冲刷破坏问题，影响建筑物基础、护岸边坡等的安全，应采取针对性工程防护处理。

6 展望

随着水电工程持续向高寒、高海拔地区挺进，深厚覆盖层建坝将越来越多。前期工程建设中，我国水电工程勘察设计工作者们对深厚覆盖层进行了深入细致的研究，工程地质问题处理采取了许多创新性措施，积累了丰富的宝贵经验。然而，深厚覆盖层是一个工程地质特性极为复杂的地质体，具有形成演化机制复杂、影响因素众多、破坏类型多样等特点，存在的工程地质问题极为突出，工程地质勘察研究尚需从以下几个方面进一步开展工作：

——相关单位应不断自身推进，并加强与科研单位、设备厂商等的合作，研究开发能够适应深厚覆盖层测绘、钻探、试验等方面的新设备、新方法。

——由于覆盖层分布范围广、深度大、物质组成相对复杂，传统试验手段、取样方法等得出的土体物理力学参数建议值可靠度相对降低，因此，应加大取样及试验组数，同时对如何改进原位测试手段来适应深厚覆盖层地区的特点进行深入研究。

——高坝、特高坝基的心墙、趾板等部位建基面很难完全清除覆盖层到达基岩，建基于覆盖层上已不可避免，后期应对心墙、趾板等关键部位覆盖层建基稳定等问题开展研究。

——深厚覆盖层中的液化土层上部压覆土体厚度较大，如何考虑上覆土体压重效应对液化破坏等的影响，需进一步开展研究，以形成对砂土液化更全面、准确的理解与认识，并为合理处理砂土液化问题提供地质依据。

参考文献：

[1] 彭土标，等. 水力发电工程地质手册 [M]. 北京：中国水利水电出版社，2011.

[2] 许强，陈伟，张倬元. 对我国西南地区河谷深厚覆盖层成因机理的新认识 [J]. 地球科学进展. 2008, 23（5）：448-456.

[3] 谭儒蛟，胡瑞林，徐文杰. 金沙江龙蟠断陷谷地与河床覆盖层的成因初探 [J]. 工程地质学报. 2008, 16（1）：1-5.

[4] 中国电力企业联合会. GB 50287—2016, 水力发电工程地质勘察规范 [S]. 北京：中国计划出版社，2016.

[5] 杨天俊. 深厚覆盖层岩组划分及主要工程地质问题 [J]. 水力发电，1998（6）：19-21.

[6] 丁斌，裴晓东，许凯凯．尼泊尔水电站地质勘察经验综述 [J]．人民珠江，2021，42（2）：31－37．

[7] 牛美峰．钻孔冲洗液在西部水电深厚覆盖层台地钻探中的应用 [J]．工程设备与材料，2020（17）：142－143．

[8] 钟诚昌．深厚覆盖层地区工程物探方法技术探讨 [J]．水力发电，1996（5）：34－38．

[9] 周波，李进元，施裕兵．西南某水电站深厚软弱覆盖层地基工程地质研究 [J]．水力发电，2011，37（3）：21－22．

[10] 罗永红，南凯，谢春庆，等．青藏高原南缘某机场场区深厚覆盖层工程地质特征[J]．工程地质学报，29（2）：486－494．

[11] 杨泽艳，王富强，吴毅瑾，等．中国堆石坝的新发展 [J]．水电与抽水蓄能．2019，5（6）：36－40．

[12] 范金勇．阿尔塔什深厚覆盖上高面板砂砾石堆石坝坝体变形控制设计 [J]．水利水电技术，2016（47）：30－32．

[13] 王伟，张发中．开都河察汗乌苏水电站覆盖层上趾板结构设计 [J]．西北水电，2004（4）：11－14．

[14] 刘昌．西藏尼洋河多布水电站主要工程地质问题的勘察与评价 [J]．西北水电，2017（2）：5－8．

[15] 刘升欢，宋志强，王飞，等．深厚覆盖层液化对场地卓越周期及土石坝地震响应影响研究 [J]．振动工程学报．2021，34（4）：721－728．

[16] 中华人民共和国建设部．GB 50021—2001，岩土工程勘察规范（2009 版）[S]．北京：中国计划出版社，2009．

[17] 中华人民共和国建设部．GB 50011—2010，建筑抗震设计规范（2016 版）[S]．北京：中国计划出版社，2016．

[18] 杨玉生，刘小生，刘启旺，等．地基砂土液化判别方法探讨 [J]．水利学报，2010，41（9）：1064－1066．

[19] 郭德存，杨建．关于水电工程饱和砂土液化判别若干问题的探讨 [J]．水力发电．2014，40（4）：28－30．

[20] 王富强，张建民．坝基覆盖层土体地震液化评价与工程措施 [J]．水力发电．2018，44（11）：35－38．

[21] 张飞．深厚覆盖层高土石围堰堰坡稳定研究 [D]．宜昌：三峡大学，2015．

西藏尼洋河多布水电站逾360m 深厚覆盖层成因分析

刘昌[1]，王文革[1]，巨广宏[1]，符文喜[2]

（1. 中国电建集团西北勘测设计研究院有限公司，陕西省西安市　710065；
2. 四川大学水力学与山区河流保护开发国家重点实验室，四川成都　610065）

【摘　要】西藏尼洋河流域水能资源丰富，然而存在超300m厚度的覆盖层，探明深厚覆盖层的成因对开发水能资源意义十分重要。通过对多布水电站坝址深厚覆盖层进行钻探分析、物探解译和综合分析，发现青藏高原特殊的地质环境与气候变迁是多布水电站深厚覆盖层形成的直接原因。研究结果表明，尼洋河流域深厚覆盖层成因主要包含"气候型"加积型、河流冲积层、崩滑流加积层、堰塞湖相沉积、"构造型"加积层等五种类型。本文可为含深厚覆盖层地区水电工程选址和开发提供参考和指导。

【关键词】多布水电站；深厚覆盖层；钻探分析；物探解译；覆盖层成因

0　引言

多布水电站是尼洋河干流巴河口以下河段水电开发规划的第一个梯级电站[1]。坝址位于西藏自治区林芝市巴宜区多布村，下游距林芝市政府所在地28km，国道G18川藏公路从尼洋河左岸通过。多布水电站坝型采用砂砾石复合坝，枢纽工程主要由拦河坝、引水发电系统、泄洪建筑物等组成。多布水电站坝址区河床覆盖层深厚、物质结构多样、成因机制复杂，复杂深厚覆盖层的工程地质性质影响坝体安全。因此，针对深厚覆盖层的埋深特征以及成因机制开展研究十分必要。

在国外，深厚覆盖层上建坝的工程实例已有较多报道，如巴基斯坦 Tarbela 水电站[2]土石坝坝高145m，坝基砂卵石覆盖层最大埋深约230m；智利Puclaro 水电站[3]为混凝土面板堆石坝，坝基覆盖层厚度最厚约113m；埃及 Aswan 水电站[4]大坝高度为111m，长3830m，坝基覆盖层最深达225m。在国内，中国西南地区大渡河、雅砻江、金沙江等河流的河床覆盖层均较深厚，多在50m以上[5-6]。目前，仅有冶勒水电站[7]和多布水电站[1]覆盖层厚度超过300m。大渡河支流南桠河上冶勒水电站坝址区覆盖层最大厚度超过420m，是我国已建和拟建

水电工程勘探发现的最深覆盖层。这类覆盖层分布规律性差，结构和级配变化大，且常有粒径 20~30cm 的漂卵石或间有1 m 以上的大孤石，伴随架空现象，透水性强，粉细砂及淤泥呈分层或透镜分布，组成极不均匀。

河床深厚覆盖层的形成需具备两个基本条件[8-10]：① 深切河谷，可为形成深厚覆盖层提供沉积空间；② 丰富的沉积物来源，为形成深厚覆盖层提供丰富物源。然而，深厚覆盖层的成因复杂，对其成因分析研究成果较少。深厚覆盖层的成因主要包括：① 气候成因，冰川对河谷的剧烈刨蚀作用产生大量的碎屑物质，被冰水与流水或洪水搬运到河谷中堆积，会形成"气候型"加积层，这种深厚覆盖层的"气候型"加积层在青藏高原地区尤为突出，而且对青藏高原地区深厚覆盖层的形成具有非常重要的影响[11]；② 构造成因，受新构造运动与地质构造作用影响河流侵蚀和堆积特性，从而形成"构造型"加积层，如金沙江虎跳峡250m 的巨厚覆盖层主要与断陷盆地有关[12]；③ 崩塌滑坡泥石流堆积成因，第四纪以来，地壳快速隆升，河谷深切，在地震、暴雨等外在因素诱发下，高山峡谷中常有大型巨型滑坡、崩塌、泥石流事件发生，且常形成堵断江河事件，造成河床局部深厚堆积，如宝兴河

深厚覆盖层就是因暴雨作用诱发为下发生的崩塌、滑坡、泥石流，从而产生大量碎屑物质堆积于河谷中形成深厚覆盖层[13]。

本文结合西藏尼洋河多布水电站揭示的深厚覆盖层物质组成与结构特征，主要对尼洋河深切河谷成因、覆盖层堆积成因和覆盖层成因分类这三方面进行探讨，从而为深厚覆盖层上水电站选址、施工、设计和运营提供参考和指导。

1 工程概况

西藏尼洋河多布水电站是西藏自治区"十二五"能源规划的重点项目。工程主要任务为发电，兼顾灌溉。工程枢纽主要由河床砂砾石复合坝、左岸泄洪闸、生态放水孔、引水发电系统、左副坝及鱼道等建筑物组成。2012 年 3 月开工建设，2015年 7 月下闸蓄水，2015 年 8 月首台机组投产发电，2016 年 1 月 4 台机组全部投产发电。

多布水电站水库正常蓄水位为 3076.00m，相应库容为 $6500×10^4m^3$，死水位 3074.00m，调节库容为 $1300×10^4m^3$，为日调节水库。电站总装机容量为 120MW，安装 4 台灯泡贯流式机组，设计多年平均发电量为 $5.06×10^8kWh$。多布水电站为三等中型工程，主要建筑物为 3 级，枢纽工程主要由河床土工膜砂砾石坝、8 孔泄洪闸、2 孔生态放水孔、发电厂房、左副坝及鱼道等建筑物组成，各建筑物均位于河床覆盖层上，最大坝高为 54.3m。

2 多布水电站深厚覆盖层地质特征

多布水电站坝址所在工程区长期遭受青藏高原的持续隆升、冰川活动、地质构造等内外动力地质作用，形成的复杂地质条件为尼洋河深厚覆盖层的堆积提供了有利条件。

2.1 钻探分析

为了查明多布水电站深厚覆盖层的空间分布与厚度特征，在坝址区完成了较多的勘探钻孔，特别是在轴线、厂房、上下围堰附近布置了大量的河床钻孔。结合多布水电站深厚覆盖层特点，主要采取合金、金刚石钻具循环交替使用，从地表往下尽量采用不小于直径 110mm 的大孔径钻井，超过 80m深以后逐渐变小，开孔口直径最大 250mm、最小75mm，分级跟管钻进，相应级配套管护孔。钻探中遇到砂层采取绳索取芯技术，遇到塌孔时采用 SM 胶工艺护壁，该方法有效解决了钻孔深、成孔难、取芯率低等难题，勘察中覆盖层岩芯采取率平均达95%以上，典型取芯照片如图 1 所示。根据钻孔资料，对坝址区的深厚覆盖层厚度进行统计见表 1。

图 1 多布水电站深厚覆盖层典型取芯照片

表 1 多布水电站河床不同位置钻孔勘探覆盖层厚度统计表

位置	范围值（m）	平均厚度（m）	平均厚度（m）
左岸台地	248.80	248.80	
左岸	185.00～189.96	187.48	173.55
河心孔	65.2～105.50	84.38	

根据钻孔勘探资料，河床偏右岸有 3 个钻孔穿透覆盖层，厚度为 20.55～41.8m，平均厚度为32.25m；河床河心部位有 4 个钻孔穿透覆盖层，覆盖层厚度为 65.2～105.5m，平均厚度为 84.38m；左岸台地仅有 ZK40 钻孔揭露，覆盖层厚为248.8m，ZK40 钻孔位于坝址左岸公路边，距现河床约 840m，属"古河道"的左岸岸边。

2.2 物探解译

由于多布水电站坝址区覆盖层局部厚度太大，

钻探未能揭露其真实厚度。为进一步查明坝址区深厚覆盖层的厚度和埋深，在河床、左岸台地布置1条顺河参数测线和6条横河测线，其中包括预可研阶段 DB_{02} 和 DB_{03} 两条测线。DZ_1 测线为相遇观测系统，点距为7m。横河向测线为互换法非纵观测系统，测点点距为5m。

坝址区覆盖层厚度勘探采用地震折射波法，使用的仪器为国产 SWS 型地震仪。地震勘探成果资料解释中，DZ_1 和 DZ_5 测线采用"t_0法"解释。DH_1、DH_3、DH_4、DB_{02}、DB_{03}、DZ_2、DZ_3 和 DZ_4 测线采用"相对时差法"解释。"相对时差法"解释的结果不在观测测线上，与观测测线存在一定偏移，尤其是覆盖层较厚时偏移距比较大，各偏移线名称为该测线编号后加"'"，即 DH'_1、DH'_3、DH'_4、DB'_{02}、DB'_{03}、DZ'_2、DZ'_3 和 DZ'_4。

通过物探测试，覆盖层内波速层主要表现为两层或三层，层间纵波波速差异较明显，且 $v_1 < v_2 < v_3$，地层厚度满足地震折射波法勘探必要条件，物性参数与实际地层的对应关系见表2。坝址区河床及左岸台地物探成果分析如下。

表 2　地震折射波法解译多布水电站覆盖测各层物质成分及纵波波速 v_p

波速层	物质成分	波速 v_p（m/s）	层厚度（m）
第①层	水	1500	0～3.5
	堆积碎石土	560	0～43.0
第②层	饱水砂卵砾石	2150～2160	52.6～322.9
第③层	花岗岩	3800	—

河床位置主要布置了顺河向 DZ_1 测线、横河向 DH_0、DH_1、DH_3、DH_4 及 DB_{02}、DB_{03} 等六条测线。解译成果表明，DZ_1 测线覆盖层厚度变化范围为146.3～202.2m，整体上游浅，下游深；DH_0 测线覆盖层厚度变化范围为52.6～197.1m，DH_1 测线覆盖层厚度变化范围为75.0～269.1m，DH_3 测线覆盖层厚度变化范围为62.8～119.5m，DH_4 测线覆盖层厚度变化范围为137.6～270.9m，DB_{02} 测线覆盖层厚度变化范围为75.4～171.6m，DB_{03} 测线覆盖层厚度变化范围为73.3～188.8m。整体上看，坝址区河床深厚覆盖层厚度有左岸厚、右岸薄特征，基岩顶板整体以40°左右坡度由右岸斜插向左岸。

在台地上顺坝轴线布置一条 DH_5 测线。表层碎石土厚度变化范围为4.0～38.3m，平均厚度为23.1m。饱水砂卵砾石层厚度变化范围为225.4～351.9m，平均厚度为277.4m。覆盖层厚度变化范围为251.2～359.3m，平均厚度为300.5m。基岩顶板高程变化范围为2730.9～2830.2m，基岩面凸凹不平，基岩顶板由左向右略有抬高趋势，在埋深288m出现凹沟，沟宽度为75m左右，深度约60m，沟底基岩顶板高程为2730.9m。在埋深365m附近出现凹沟，沟宽度为70m左右，深度约40m，沟底基岩顶板高程为2757.7m。物探解译成果如图2所示，总体上看，左岸台地覆盖层厚度变化范围为251.2～359.3m，平均厚度为300.5m。基岩顶板高程变化范围为2730.9～2830.2m，基岩顶板由左岸向右岸略有变高趋势，基岩面凸凹不平，在埋深288m附近出现凹沟和埋深365m附近出现凹沟，推测为古河道。

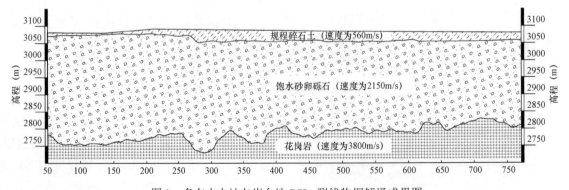

图 2　多布水电站左岸台地 DH_{05} 测线物探解译成果图

2.3　综合分析

坝址区河床覆盖层深度采用钻探和物探相结合方法确定。根据钻孔揭露和物探地震剖面测试成果，坝址深厚覆盖层厚度具有以下特征：

（1）深厚覆盖层厚度大。ZK34 钻孔最深258.45m，但未揭穿覆盖层。物探测试结果最深大于 359.3m，属于深厚覆盖层。

（2）坝址区不同部位深厚覆盖层厚度差异明显。左岸台地最厚，现河床左岸滩地次之，河心较薄，右岸滩地最薄。

（3）基岩顶板产出状态起伏。河床及右岸基岩顶板呈斜坡状展布，坡度 40° 左右斜插向左岸，到左岸台地，基岩顶板逐渐变缓，但是起伏差较大，呈沟壑状。至现今国道川藏公路附近，左岸台地下伏基岩顶板埋深约 250m，再向山内逐渐抬升。

（4）从深厚覆层厚度变化来看，古河床中心应该在左岸台地中部附近。

3 多布水电站深厚覆盖层成因机制与成因分类

3.1 深切河谷成因

（1）青藏高原地壳隆升。青藏高原自形成以来，运动趋势一直向上隆升。第四纪以来，受青藏高原持续隆升的影响，工程区地壳处于间歇性抬升或一直抬升状态，其抬升速度还不断在加快。地壳抬升的状态形成该地区的深切河谷，这种深切河谷为形成深厚覆盖层提供了堆积空间，具备了形成深厚覆盖层的河谷条件。青藏高原早更新世晚期至中更新世初期，即 120 万～60 万年，青藏高原发生二次构造隆升事件，称为昆黄运动，经过此次抬升事件，青藏高原被抬升到了 3000～3500m 高度，青藏高原地貌格局出现。距今 15 万年以来，青藏高原再次发生了一次剧烈而不均匀的构造抬升，称为共和运动，进而形成现今平均海拔 4000m 以上的高度，该阶段高原以强烈的构造变形和周缘区地貌的剧烈切割为特征，形成深切河谷，出现 3 次加速隆升过程，高原急剧隆升，河谷剧烈下切形成尼洋河深切河谷。实际上，雅鲁藏布江也是在这个时间段形成，尼洋河是在这个时段形成其最深河谷的。根据钻孔测年资料，ZK_{30} 孔在 52～54m 段的测年是 $12.4\pm1.2\times10^4$aBP，高程约 3000m。物探资料表明，覆盖层最深大于 359.3m，即谷底高程为 2720～2730m，则谷底形成年代应该是共和运动，即在 15×10^4aBP 左右。

（2）地质构造。根据区域地质构造单元划分，尼洋河流域整体位于拉萨地块，下游局部位于拉萨地块与喜马拉雅地块的雅鲁藏缝合带上。尼洋河流域位于班公错—怒江断裂带 F_1、嘉黎断裂带 F_2 与雅鲁藏布江断裂带之间，河流整体方向与断裂痕迹基本平行，但是沿河流断裂构造不太发育。不同地块与区域断裂差异活动强烈，由于断块间上升幅度不同，可以形成不同的深切峡谷，对深厚覆盖层的形成提供空间条件。工程区地质构造发育，特别是区域性大断裂发育，大断裂活动经常会形成深切峡谷。从区域地质条件来看，尼洋河流域断裂发育，断裂不仅为河床堆积提供了丰富的物源，而且形成深切河谷。

（3）冰川活动。青藏高原的冰川活动丰富，冰川活动过程中不仅会堆积大量的冰碛物和冰水，而且冰川运动过程中会对河谷形成强烈侵蚀作用，导致河谷进一步深切。从冰川活动的气候变化特点来看，冰期海平面大幅下降，导致河流比降加大，河流动力作用增强，引起强烈下切，形成深切河谷。

3.2 覆盖层堆积成因

（1）气候因素。第四纪更新世以来，青藏高原经历多次冷暖交替气候。自 30×10^4aBP 以来，该地区发生过四次冰期和三次间冰期。间冰期气温大幅上升，冰川大面积融化，从而在深切河谷沉积大量冰水堆积物与少量冰积物，形成深厚覆盖层"气候型"加积层。间冰期早期，海平面上升不仅产生了下切河谷内的海侵，还影响到河流的搬运和沉积作用。尼洋河与雅鲁藏布江一带河谷非常宽阔，平均宽度近 1km，表明西藏地区河谷受到冰川活动显著。强烈的冰川活动不仅导致河谷宽阔，而且为深厚覆盖层提供了丰富的物源。从覆盖层钻孔资料来看，多布水电站坝址下部有超过 100m 的冰水堆积为主的堆积物。覆盖层测年结果表明，这些冰水堆积物形成时期在第四纪更新世中期的后期，即距今 10×10^4～20×10^4aBP，正好为庐山亚冰期与大姑亚冰期之间的里斯—明德间冰期。在间冰期，气温大幅上升，冰川大范围消融，大量冰川携带物随着消融的冰水被携带至河谷地带沉积下来，为尼洋河深厚覆盖层形成提供了物源基础。

（2）构造作用。不同的构造单元上地层岩性不同，造成河谷下蚀速率的差异，也会对河谷的堆积厚度产生影响。在构造上升区内的河段，河流急剧侵蚀，形成深切峡谷，冲积层显著变薄，对深厚覆盖层的形成起弱化作用。流经构造下降断块上的河段则发生加积，谷底急剧堆积，早期形成的冲积层被新的物质所覆盖，覆盖层厚度骤增，冲积层亦呈现出多层性或周期性。根据区域地质构造资料，工程区域新构造运动强烈，多次发生 7 级以上大地震。尼洋河的冲积层中大部分含有块碎石,这些块碎石与尼洋河上游的区域断裂活动有直接关系。此外,强烈的断裂活动导致研究区不良地质现象发育、岩体破碎,松散、丰富的破碎物质不仅为深厚覆盖层沉积提供了非常丰富的物源,在暴雨、地震条件下,又会产生许多新的不良地质现象,以致覆盖层堆积加厚。从结果来看,尼洋河深厚覆盖层中上部堆积物形成时间小于 $20 \times 10^4 aBP$。大部分小于 $10 \times 10^4 aBP$,说明尼洋河沉积主要发生于第四纪晚期,这与第四纪晚期该区新构造活动密切相关。

(3)地质灾害作用。受地质环境与气候条件影响,滑坡、崩塌、泥石流等地质灾害在尼洋河流域非常发育。从地质测绘和地表调查资料分析,多布水电站库坝区也发育有滑坡、崩塌和泥石流,对坝址区深厚覆盖层具有明显的加积作用。在坝址左岸,由于大规模的滑坡形成了超过 30m 厚的溃坝残留体,而在库区左右岸分布有四条典型泥石流沟。从现场调查来看,坝址区深厚覆盖层中既有堰塞沉积,也有崩滑流沉积,其中以滑坡堆积为主。这些大型地质灾害堆积于河道中不仅造成河谷覆盖层加厚,而且形成一定厚度的堰塞湖相沉积。钻探揭示堰塞湖相沉积厚度一般超过十几米,厚者达几十米,也是形成坝址区深厚覆盖层的原因之一。

3.3 覆盖层成因分类

由上述尼洋河深厚覆盖层成因以及坝址区钻孔资料可以看出,多布水电站坝址区深厚覆盖层成因复杂,多成因的叠加作用形成厚度超过 359.3m 的巨厚深厚覆盖层。结合物探、钻探以及测年、室内测试,深厚覆盖层的成因主要包括以下五种类型。

(1)"气候型"加积型(冰水积)。由于区域气候变迁,冰川活动的冰期与间冰期交替出现,特

别是间冰期气温大幅上升,大面积的冰川融化,河床沉积能力加强,河床部位形成大范围的冰水积。根据钻孔资料,多布水电站坝址下部 100m 主要为该类型的沉积,且冰水积堆积物占到了覆盖层厚度的 30%左右。

(2)河流冲积层。较大的河床比降、丰富的松散物质、充沛的水流条件等使得位于尼洋河下游的多布水电站形成了厚度超过 100m 的冲积层,且冲积层的粗细沉积层呈现交替重复叠加。

(3)崩滑流加积层。在强烈的冰川活动、区域构造运动、暴雨、地震等因素的综合作用影响下,尼洋河流域的崩塌、滑坡以及泥石流地质灾害非常发育,所形成的大量松散物堆积于河道中形成了深厚覆盖层的加积层。现场调查,坝址区覆盖层中有崩塌和泥石流物质,左岸高约 30m、纵河向长 1800m 左右的台地,就是大型滑坡与崩塌堵江溃坝后的残留坝体,该大型滑坡堵江导致河流改道而向右岸偏移,现代河床变窄,同时也造成坝址区右岸的覆盖层大于左岸的覆盖层厚度。

(4)堰塞湖相沉积。受强烈的冰川活动、区域构造运动、暴雨、地震等因素的综合作用影响,不仅崩塌、滑坡以及泥石流地质灾害发育,而且形成多次堵江事件。尼洋河的堵江事件使工程区河谷形成堰塞湖相沉积,而且在左岸台地的堆积体中和右岸平硐中都可见堰塞湖相的灰黑色、深灰色淤泥质黏土沉积物。

(5)"构造型"加积层。尼洋河流域不仅断裂发育,而且新构造发育。尼洋河位于不同的构造单元,使尼洋河形成"构造型"加积层深厚覆盖层。从钻孔资料来看,坝址区的深厚覆盖层中普遍含有块石、碎石,这些堆积物与区域地质构造有直接关系。根据深厚覆盖层各岩组的成因、物质组成等因素,深厚覆盖层各岩组的成因与物质组成类型统计见表 3。

表 3　　深厚覆盖层各岩组成因与物质组成类型分析表

物质类型	物质特征	成因类型	埋深特征
崩滑堆积类土	大颗粒为主,局部粉土充填,较松散	滑坡堵江	古河床表层
堰塞湖相沉积的细粒土	细砂与粉粒为主	堰塞沉积	古河床上部
冲积砂卵砾石类土	卵砾石为主	水流较急环境的冲积	中部多层分布
冲积砂类土	中细砂为主	水流较缓环境的沉积	中部多层分布
冰水积砂卵砾、块碎石类土	卵砾石为主,含少量块碎石	间冰期较急冰水的冲积	下部多层分布
冰水积砂类土	中细砂为主	间冰期较缓冰水的冲积	河床下部

从表 3 可以看出，多布水电站坝址深厚覆盖层根据物质组成特征和成因可以分为六类：崩滑堆积类土、堰塞湖相沉积的细粒土、冲积砂卵砾石类土、冲积砂类土、冰水积砂卵砾（块碎）石类土、冰水积砂类土。

4　结语

（1）尼洋河多布水电站逾 360m 的深厚覆盖层的形成受气候因素、地质构造与新构造运动、冰川活动、地质灾害等综合影响。青藏高原特殊的地质环境与气候变迁是多布水电站深厚覆盖层形成的直接原因。

（2）青藏高原地壳强烈隆升及其特殊的地质构造、冰川活动形成尼洋河深切河谷。间冰期大量冰川携带物、地质构造运动及活跃崩塌、滑坡、泥石流等地质灾害为尼洋河深厚覆盖层形成提供了丰富物源基础。

（3）结合物探、钻探以及测年、室内测试，尼洋河深厚覆盖层的成因主要有"气候型"加积型（冰水积）、河流冲积层、崩滑流加积层、堰塞湖相沉积、"构造型"加积层五种类型。

参考文献：

[1] 赵卓. 西藏尼洋河多布水电站施工准备工程动工 [J]. 水力发电，2011，37（8）：97-98.

[2] Shrestha KY，Webster PJ，Toma VE. An atmospheric-hydrologic forecasting scheme for the Indus river basin [J]. Journal of Hydrometeorology，2014，15（2）：861-890.

[3] Delorit JD，Block PJ. Promoting competitive water resource use efficiency at the water-market scale：an inter-cooperative demand equilibrium-Based approach to water trading [J]. Water Resources Research，2018，54（8）：5394-5421.

[4] Strzepek KM，Yohe GW，Tol RSJ，et al. The value of the high Aswan dam to the Egyptian economy [J]. Ecological Economics，2008，66（1）：117-126.

[5] 霍苗，晏国顺，杨兴国，等. 大渡河泸定水电站深覆盖层基础防渗墙施工技术 [J]. 人民长江，2013，44（1）：61-63.

[6] 赵华，王运生. 金沙江某水电站坝基覆盖层的成因及其渗透稳定性 [J]. 成都理工大学学报（自然科学版），2011，38（4）：443-449.

[7] 郦能惠，米占宽，李国英，等. 冶勒水电站超深覆盖层防渗墙应力变形性状的数值分析 [J]. 水利水运工程学报，2004（1）：18-23.

[8] 许强，陈伟，张倬元. 对我国西南地区河谷深厚覆盖层成因机理的新认识[J]. 地球科学进展，2008，23（5）：448-456.

[9] 王运生，罗永红，唐兴君，等. 雅砻江谷底卸荷松弛现象与深厚覆盖层特征[J]. 工程地质学报，2007，16（2）：164-168.

[10] 王启国. 金沙江虎跳峡河段河床深厚覆盖层成因及工程意义 [J]. 岩石力学与工程学报，2009，28（7）：1455-1466.

[11] 罗永红，南凯，谢春庆，等. 青藏高原南缘某机场场区深厚覆盖层工程地质特征 [J]. 工程地质学报，2020，29（2）：486-494.

[12] 王启国. 金沙江虎跳峡河段水电开发重大工程地质问题研究 [J]. 岩土工程学报，2009，31（8）：1292-1298.

[13] 邓荣贵，张倬元. 宝兴河流域地质灾害特征浅析 [J]. 成都理工学院学报，1995（2）：57-63.

作者简介：

刘　昌（1964—）男，正高级工程师，长期从事水电工程地质工作。E-mail：LC@nwh.cn

长河坝水电站深厚覆盖建坝适宜性研究

刘永波，胡金山，曹建平，黄润太

（中国电建集团成都勘测设计研究院有限公司，四川省成都市　610072）

【摘　要】 可研阶段通过地质测绘、室内物理力学试验以及现场大剪、载荷、管涌、三轴试验及钻孔原位测试等方法及手段，充分研究了坝基覆盖层物质组成及其力学特性，技施阶段通过深厚覆盖层基坑开挖现场原位试验及室内试验，成果表明覆盖层沉积时代越早、埋深越大，在有上覆盖重情况下，力学性能和抗渗性能均有明显提高，可以充分利用坝基下覆盖层，达到节约工期及降低造价目的。可供水利水电工程技术人员借鉴。

【关键词】 深厚覆盖层；土体利用；力学性能；渗透性能；土体利用原则

0　引言

深厚覆盖层在国内外河流中广泛分布，在我国的西南山区河流中更为突出，一般达数十米，甚至部分可达数百米。深厚覆盖层上建坝越来越多。随着水电开发在四川、西藏、云南等西部地区快速推进，深厚覆盖层建坝问题越来越突出，如何查明覆盖层力学特性并充分利用覆盖层是深厚覆盖层建坝的关键技术之一。

目前对覆盖层厚度分类尚无统一标准，根据水电工程现状及经验，有必要统一下覆盖层厚度的认识，一般认为：覆盖层厚度小于 40m 时为浅层；40～100m 为深厚覆盖层；100～300m 为巨厚覆盖层；>300m 为超厚覆盖层。已建水电工程覆盖层最深为冶勒水电站，达 420m，属超厚覆盖层。

长河坝水电站大坝为砾石土心墙堆石坝，最大坝高为 240m，电站总装机容量为 2600MW，为一等大（1）型工程。覆盖层厚 70 余米，坝高 240m，坝基下覆盖层深约 50m。本文重点研究了长河坝深厚覆盖层物理力学特性及深厚覆盖层建坝土体充分利用。

1　覆盖层物理力学特性研究

覆盖层力学特性与其物质组成、密实程度、胶结状况有关，也与成因、沉积时代、埋深有关。一般来说，颗粒越粗，力学强度越高，渗透系数越大，渗透破坏坡降越小；密实程度、胶结程度越高，力学及抗渗性能越好；沉积时代越早、埋深越大，其力学及抗渗性能越好。

1.1　覆盖层层次结构特征及物质组成

利用钻探、坑槽探等勘探方法及地质测绘，查明覆盖层厚度及分布规律。同时采用现场及钻孔取样进行室内物理力学性质试验查明覆盖层物质组成。自下而上为①、②、③层。

① 层漂（块）卵（碎）砾石层（fglQ₃）：分布于河床底部，厚度和埋深变化较大，钻孔揭示厚度为 3.32～28.50m。漂石占 10%～20%；卵石粒径占 20%～30%，一般为 6～15cm；砾石占 30%～40%，粒径一般为 2～5cm，次为 0.2～1cm，充填灰—灰黄色中细砂或中粗砂。粗颗粒基本构成骨架，局部具架空结构。

② 层含泥漂（块）卵（碎）砂砾石层（alQ₄¹）：钻孔揭示厚度为 5.84～54.49m。漂石占 5%～10%；卵石占 20%～30%，粒径一般为 6～8cm 及 12～18cm；砾石占 40%～50%，粒径一般为 2～5cm，次为 0.2～1cm；充填含泥灰—灰黄色中—细砂。钻孔揭示，在该层有②-c、②-a、②-b 砂层分布。

②-c 砂层分布在②层中上部，钻孔揭示砂层厚度为 0.75～12.5m，为灰色粉细砂。平面上呈长条状分布，顺河长度大于 650m，宽度一般为 80～120m。在坝轴线上游的②-c 砂层呈透镜状分布，厚度为 3.56～8.58m，顶板埋深 18.00～27.84m，顺河长约 200m，横河宽一般为 40～60m。坝基②-c 层上部局部分布有②-a、②-b 透镜状含砾中细砂

层，总体分布面积小。

③层为漂（块）卵（碎）砾石层（alQ$_4^2$）：钻孔揭示厚度为 4.0～25.8m。漂石一般占 15%～25%；卵石一般占 25%～35%，局部达 40%～50%，粒径一般为 6～12cm，次为 16～18cm；砾石占 30%～40%，粒径一般为 2～5cm，次为 0.2～1.5cm，充填灰—灰黄色中细砂或中粗砂。该层粗颗粒基本构成骨架，局部具架空结构。

1.2 可研阶段覆盖层力学性质研究

坝址区河床覆盖层深厚，具有多层结构，为了查明其物理力学特性及渗透与渗透变形特性，在野外地质测绘基础上，分层进行了室内物理性质试验、室内力学全项试验以及现场大剪、载荷、管涌、大三轴试验；现场钻孔原位测试进行了超重型触探试验、现场钻孔旁压试验和砂层标贯试验、抽（注）水试验等。

第①层超重型圆锥动力触探 N120 平均击数为 7.1 击，经换算成承载力标准值 f_k=0.51MPa，变形模量 E_0=27.4～36.2MPa，由于该层贯入深度均超过 45m，故该试验结果仅供参考。旁压试验表明，旁压模量 E_m=19.87～112.80MPa，平均值为 65.08MPa，标准值为 26.59MPa，地基承载力基本值的平均值为 0.934MPa，表明该层结构中密，具有较高的承载力。钻孔抽水试验表明渗透系数 K=1.22×10^{-1}～8.71×10^{-2}cm/s，具强透水性。

第②层超重型圆锥动力触探 N120 平均击数为 6.1～9.3 击，经换算成承载力标准值 f_k=0.48～0.65MPa，变形模量 E_0=32.8～47.3MPa。旁压试验表明，旁压模量 E_m=2.63～131.93MPa，平均值为 24.54MPa，标准值为 18.79MPa，地基承载力基本值的平均值为 0.533MPa。表明该层粗颗粒构成骨架，结构中密，具有较高的承载力。

据现场载荷和大剪试验，比例极限 P_f=0.52MPa，变形模量 E_0=25.3MPa；内摩擦角 ϕ=28.4°，凝聚力 C=7.5kPa。室内压缩试验表明压缩模量 E_s0.1～0.2=53.6～113.84MPa。表明该层总体强度较高，具低压缩性、结构不均一等特点。

据现场管涌试验，渗透系数 K=5.47×10^{-2}～6.36×10^{-2}cm/s，临界坡降为 0.33～0.36，破坏坡降为 1.95～2.96，破坏型式为管涌。现场渗透试验和钻孔抽水试验均表明其具有强透水性。

②-c 砂层试验成果表明：60～2mm 粒径的砾石含量为平均占 4%；2～0.005mm 粒径的砂平均含量为 99.3%；<0.005mm 粒径的细粒含量平均为 4.5%。平均干密度为 1.64g/cm^3。旁压试验表明，旁压模量 E_m=2.63～10.45MPa，标准值为 4.65MPa，地基承载力基本值的平均值为 0.191MPa。砂层标贯试验测得承载力基本值的平均值为 0.199MPa。两者测得地基承载力基本一致。室内压缩试验反映压缩模量分别 E_s0.1～0.2=11.9～14.0MPa，内摩擦角 ϕ=21.8°～24.2°，凝聚力 C=4～13kPa。

②-c 砂层初判：为第四纪全新世 Q4 地层；砂层粒径小于 5mm 颗粒含量为 86%～100%；粒径小于 0.005mm 的颗粒 ρ_C 含量百分率为 0～15.08%，小于相应地震设防烈度七度、八度和九度含量 16%、18% 和 20%；砂层的剪切波速度小于上限剪切波速度，初判为可能液化砂。

标贯复判：可研阶段、技施阶段分别进行了 48 组、180 组标贯，在Ⅶ度及以上地震烈度下绝大多数标准贯入锤击数 N_{cp}<标准贯入锤击数临界值 N_{cr}，为可能液化砂。该砂层多属于少黏性土，相对含水率为 0.98～1.03，液性指数为 0.94～1.09。根据相对含水率、液性指数复判法，试样的相对含水率大于 0.9，液性指数大于 0.75，故判定为可能液化砂。

另外还进行了砂层振动三轴试验，试验采用 DSS 型电磁式振动三轴仪，砂土的液化可能性评价采用西特简化法。根据 XZK93、XZK94 剪应力对比判别：取 K_C=1 时砂层②-c 现场抗液化剪应力分别为 18.16kPa 和 21.48kPa，小于Ⅷ度地震引起的等效剪应力为 26.83kPa 和 31.39kPa，砂层处于液化状态。

第③层超重型圆锥动力触探 N120 平均击数为 5.61～8.86 击，经换算承载力标准值 f_k=0.44～0.63MPa，变形模量 E_0=30.9～45.2MPa。旁压试验表明，旁压模量 E_m=3.70～67.36MPa，标准值为 7.33MPa，地基承载力基本值的平均值为 0.535MPa，表明卵砾石层粗颗粒构成骨架，结构稍密一中密，具有较高的承载力。现场载荷和大剪试验，比例极限 P_f=0.54～0.75MPa，变形模量 E_0=31.0～52.9MPa；内摩擦角 φ=35.2°～39.9°，凝聚力 C=5.0～8.75kPa。室内大三轴试验，在施加围压 σ_3=0.8～4.5MPa 时，通过 "E-μ" 模型计算，其内摩擦角 φ=36.7°～40.69°，凝聚力 C=25～44kPa。在施加围压 σ_3=0.8～2.4MPa 时，通过

"E-B" 模型计算，其内摩擦角 $\varphi = 36.7° \sim 39.2°$，凝聚力 $C = 31 \sim 44$kPa。室内压缩试验反映压缩模量 $E_s 0.1 \sim 0.2 = 29.93 \sim 110.43$MPa。上述试验成果表明该层总体强度较高，具低压缩性。

据现场管涌试验表明，渗透系数量分别为 $K = 5.28 \times 10^{-2} \sim 6.0 \times 10^{-3}$cm/s，临界坡降为 $0.12 \sim 0.88$，破坏坡降为 $0.48 \sim 2.68$，破坏型式为管涌。室内力学试验表明，临界坡降为 $0.13 \sim 0.44$，破坏坡降为 $0.33 \sim 1.06$，破坏型式也为管涌。钻孔抽水试验渗透系数 $K = 2.28 \times 10^{-1} \sim 6.57 \times 10^{-2}$cm/s，现场渗透试验和钻孔抽水试验均表明该层具强透水性。

1.3 技施阶段覆盖层力学性质研究

在大坝基坑开挖过程中，现场进行了大剪、载荷、管涌、三轴、超重型动力触探、现场钻孔旁压和砂层标贯、抽（注）水等试验。在第③层原位挖坑取样，进行了物理性质试验、现场原位及室内力学试验和高压大三轴试验（结果见表 1）。也对②层含泥漂（块）卵（碎）砂砾石层物理力学特性进行复核，开挖超过 20m 后进行了现场原位及室内力学试验（结果见表 2）。开挖后在靠近下游围堰附近的原位进行现场力学试验。②-C 砂层开挖后进行现场原位载荷试验、大剪试验（结果见表 3）。

表 1　　　　　坝基覆盖层第③层现场力学试验成果

试验位置	现场干密度	载荷试验			大剪试验		渗透变形试验			破坏类型
		比例极限	变形模量	相应沉降量	黏聚力	内摩擦角	临界坡降	破坏坡降	渗透系数	
	ρ_d	P_f	E_0	S	C	φ	i_k	i_f	k_{20}	
	g/cm³	MPa	MPa	mm	kPa	(°)	—	—	cm³/s	
③层埋深 11m	2.25	0.60	45.8	0.49	15	29.2	3.18	9.03	3.14×10^{-5}	过渡
③层埋深 0.5~4m	2.17~2.27	0.54~0.75	31.0~52.9	0.53~0.67	50~88	35.2~39.9	0.12~0.70	0.48~1.77	$6.0 \times 10^{-3} \sim 5.28 \times 10^{-2}$	管涌

表 2　　　　　坝基覆盖层第②层现场力学试验成果统计

试验位置	现场干密度	载荷试验			大剪试验		渗透变形试验			破坏类型
		承载力特征值	变形模量	相应沉降量	黏聚力	内摩擦角	临界坡降	破坏坡降	渗透系数	
	ρ_d	P_f	E_0	S	C	φ	i_k	i_f	k_{20}	
	g/cm³	MPa	MPa	mm	kPa	(°)	—	—	cm³/s	
②层（高程 1457m）		0.85~0.98	51.4~59.3	6.3						
②层（高程 1462m）	2.24~2.32	0.9~0.97	48.4~88.6	0.38~0.75	—		1.05~1.79	3.17~5.45	$2.94 \times 10^{-4} \sim 2.50 \times 10^{-3}$	管涌
②层（高程 1478m）	2.12	0.52	25.3	0.77	45	30.4	0.33~0.36	1.14~1.65	$5.47 \times 10^{-2} \sim 6.36 \times 10^{-2}$	管涌

表 3　　　　　坝基覆盖层②-c 砂层现场力学试验成果

试验位置	试验编号	现场干密度	载荷试验			大剪试验	
			比例极限	变形模量	相应沉降量	黏聚力	内摩擦角
		ρ_d	P_f	E_0	S	C	φ
		g/cm³	MPa	MPa	mm	kPa	(°)
②-c	SE1	1.36	0.17	14.7	0.42		
②-c	SE2	1.34	0.17	11.0	0.57		
②-c	Sτ1	1.30				30	19.1
②-c	Sτ2	1.29				25	18.9
②-c	Sτ3	1.36				25	19.2
②-c	Sτ5	1.33				30	19.1

1.4 可研阶段与现场试验覆盖层物理力学特性对比

（1）力学性能。第②层含泥漂（块）卵（碎）砂砾石层，前期一级阶地原位载荷试验比例极限为0.52MPa，变形模量为25MPa。开挖16～20m时，原位载荷试验比例极限为0.85～0.98MPa，平均为0.92MPa，变形模量为48.4～88.6MPa，平均为62MPa，深部、浅部原位力学试验对比见表4。覆盖层埋深较深时，其承载力及变形模量均有一定的提高。

表4 深部、浅部原位力学试验对比表

覆盖层描述	试验类型	承载力（MPa）	变形模量（MPa）
长河坝覆盖层第②层含泥漂（块）卵（碎）砂砾石层	地表载荷试验	0.52	25
	埋深16～20m载荷试验	0.92	62

室内压缩试验漂卵砾石层浅部压缩模量 $E_{S0.1\sim0.2MPa}$ 为46.7～131.7MPa，平均为88.7MPa；深部压缩模量 $E_{S0.1\sim0.2MPa}$ 为55.5～192.6MPa，平均为98.6MPa，深部略高于浅部。

（2）渗透性能。长河坝深部、浅部原位渗透试验对比见表5，现场试验浅部、深部临界坡降对照见表6。

表5 长河坝深部、浅部原位渗透试验对比表

覆盖层描述	试验类型	临界坡降	渗透系数（1×10^{-3}）
长河坝覆盖层第②层含泥漂（块）卵（碎）砂砾石层	地表渗透试验	0.33～0.36（平均0.34）	54.7～63.6（平均59.2）
	埋深16～20m渗透试验	1.05～1.79（平均1.50）	1.09～2.5（平均1.7）
长河坝覆盖层第③层漂（块）卵（碎）砾石层（alQ_4^2）	地表渗透试验	0.12～0.70（平均0.43）	6～52.8（平均35.3）
	埋深11m渗透试验	3.18	0.03

表6 现场试验浅部、深部临界坡降对照表

临界坡降（浅部）	临界坡降（深部）
0.15～1.19/0.54/49	0.59～3.18/1.35/13

注：范围/平均值/统计组数。

从表5、表6可以看出，埋深8m以上深部砂卵砾石层抗渗临界坡降提高1倍以上，渗透系数也有明显减少。

2 覆盖层建坝

长河坝河床覆盖层地基具多层结构，总体为漂（块）卵砾石层，粗颗粒基本构成骨架，结构较密实，对坝下覆盖层采取两道全封闭防渗墙+墙下帷幕灌浆的方式进行防渗，坝轴线下游河床覆盖层设水平反滤层以增加抗渗性能。

一定埋深情况下，覆盖层结构更加密实，力学性能有所提高。为改善大坝砾石土心墙的应力变形条件，对河床部位心墙基础覆盖层进行了铺盖式固结灌浆处理，基础处理后可满足基础承载和变形要求。

②-c砂层分布广，埋深较浅，力学强度较低，通过前期勘探及开挖后试验表明在Ⅷ度地震工况下均为可能液化砂层，采取挖除处理。

3 结语

在一定埋深情况下，河床覆盖层经过长期固结，结构更加紧密，干密度有显著提高，力学性能及抗渗性能均有显著提高，在实验论证及工程类比情况下可应用于水电站设计。前期勘察时，对大埋深粗粒土为主覆盖层，超重型重力触探及钻孔旁压试验能反映土体力学性能。

本文通过覆盖层建坝基坑开挖现场原位试验及室内试验表明，盖层沉积时代越早、埋深越大和在有上覆盖重情况下力学性能和抗渗性能有明显提高，积累覆盖层建坝土体利用经验，以达到充分利用坝基下覆盖层，节约工期及降低造价的目的。同时可推动深厚覆盖层建坝技术发展，可供

同行借鉴。

应当指出,目前通过覆盖层深基坑开挖现场原位力学试验仍相对较少,仍需继续积累经验,特别是对超厚覆盖层物理力学性能的勘探技术仍有提高空间,以提高深厚覆盖层建坝土体利用研究水平。

参考文献:

[1] 胡金山,张丹,陈春文. 超高心墙堆石坝长河坝水电站深厚覆盖层利用研究 [J]. 低碳世界,2013(11):201-202.

[2] 胡金山,曲海珠,甘霖. 大埋深粗粒土勘察及物理力学特性试验研究 [J]. 人民长江,2016,47(9):41-47.

[3] 刘萌成,高玉峰,刘汉龙,等. 堆石料变形与强度特性的大型三轴试验研究 [J]. 岩石力学与工程学报,2003,22(7):1104-1111.

河床深厚覆盖层钻孔取样及可视化技术研究

向家菠，李会中，郝文忠，刘冲平

［长江三峡勘测研究院有限公司（武汉），湖北省武汉市　430074］

【摘　要】以粗粒土为主的河床深厚覆盖层一般成因类型复杂、物质组成及结构多样、性质不均，其工程地质特性研究一直以来都是我国水利水电工程勘察面临的一大技术难题。在其物质组成及结构勘探时存在原状及元级配样采取困难、钻孔彩电测试受限等问题。为此，研制高强度、适宜于砂卵石（碎石土）等粗粒土为主地层的取样器，解决钻孔原状及原级配样采取的难题；研发透明护壁套管，解决河床深厚覆盖层可视化测试钻孔护壁的问题；研究有效洗孔方法，为可视化测试创造条件；提出成套深厚覆盖层可视化测试方法，弥补钻探取芯的局限性，可直观、全面地反映河床覆盖层的物质组成与结构，为深厚覆盖层物质组成及结构研究开辟一条新的途径。

【关键词】河床深厚覆盖层；勘探取样；覆盖层取样器；可视化；透明护壁套管

0　引言

随着我国西南地区水电资源的持续开发，研究发现几乎所有的大江大河都存在深厚覆盖层，金沙江、岷江、大渡河、嘉陵江、雅砻江等河床覆盖层普遍厚达 40～70m 的，有的甚至上百米，且其成因类型复杂、组成结构多样、工程特性不均[1, 2]。利用钻探手段对河床深厚覆盖层工程地质特性进行研究时，由于其结构不均、卵砾石强度高，钻探取芯差，利用常规取样器取样又极易损坏，很难取出原状及原级配样品[3]；受钢质套管或泥浆等护壁影响，钻孔彩电无法实施；进而导致其物质组成及结构难以准确判定[4, 5]。因此，如何有效解决上述问题，准确查明河床深厚覆盖层的物质组成、结构，已成为西南地区水电开发无法回避的重大技术难题，直接关系到工程建设的安全、高效实施与正常运行。

1　河床深厚覆盖层特征

就西南地区而言，河床深厚覆盖层一般由不同时期、不同成因的物质叠加组成，具有物质组成复杂、层次多、结构松散程度变化大等特点。

从物质组成特征来说，主要包括磨圆度较好的漂石、卵砾石，呈棱角及次棱角状的块、碎石，粉砂—粗砂的砂粒类，粉粒、粘粒组成的细粒土等；且上述物质组成的原岩成分复杂多样。

从结构分层特征来说，西南地质区河床深厚覆盖层按形成的先后顺序总体可分为三大层[6, 7]：① 古河流冲积层，堆积于河谷底部，分布厚度不一，主要为卵、砾石夹碎块石，物质成分混杂，结构一般密实；② 崩积、坡积、滑坡积、堰塞沉积与冲积混合堆积层，位于河床覆盖层中部，厚度相对较大，主要为块石、碎石夹少量砂卵石，局部见砂质及粉—黏粒土透镜体，结构一般较密实—密实状；③ 现代河流冲积层，位于河床覆盖层顶部及江河两岸的漫滩，厚度一般为 10～30m，主要为砂卵砾石及少量碎块石，物质成分混杂，结构一般松散—较密实。

河床深厚覆盖层复杂的物质组成及结构，导致其工程地质特性勘察研究难度极大。

2　河床深厚覆盖层原状取样技术

2.1　存在问题及解决思路

目前覆盖层勘察中使用的钻孔取样器主要有敞口式、活塞式两种。

敞口式取土器是最简单的取土器，分厚壁和薄壁两种，其优点是结构简单，取样操作方便；缺点是不易控制土样质量，土样易于脱落，仅适用于黏性土及砂土取样。

活塞式取土器可分为固定活塞式和自由活塞式两种，其中固定活塞式取土器是目前国际公认的高质量取土器，但其结构及操作复杂；自由活塞式虽简化了结构及操作,但土样易被扰动,取样质量不及固定活塞式。活塞式取土器主要适用于粉砂、粉土及流塑—可塑状黏性土取样。

物质组成以砂卵石及碎块石等粗粒为主的河床深厚覆盖层,采用现有取样器进行取样时,由于取样器强度较低,极易损坏,无法取出能够满足室内试验要求的原状及原级配样品。

针对上述深厚覆盖层取样存在的问题,在总结现有取样器不足的基础上,根据河床深厚覆盖层的物质组成及结构特征,研制强度高、结构简单、易于操作,能够适应粗粒为主的覆盖层原状及原级配取样器。

2.2 新型覆盖层钻孔取样器研制

根据河床深厚覆盖层以粗粒为主的地质特性,利用废旧合金钻头+岩芯管自行研制强度高、适宜在砂卵石及密实地层中取样的锤击取样器,经过反复试验及改进,最终研制定型形成 ϕ130mm 和 ϕ110mm 两种口径的双管内筒式锤击取样器(如图1、图2所示)。

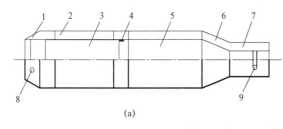
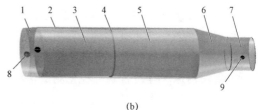

(a) (b)

图 1 双管内筒式锤击取样器机构示意图

1—靴式钻头;2—取样管;3—取样内管;4—防串环;5—余土管;6—盖头;7—异径接头;8—钢丝孔眼;9—水眼

图 2 双管内筒式锤击取样器照片

取样器的外管部分由靴式钻头、取样管、余土管、盖头、异径接头组成;取样内管由厚 0.5mm、长 300mm 的镀锌铁皮板卷制而成。其中靴式钻头利用废旧合金钻头加工改造而成,将其头部加工成内外约 70°的尖靴形,减小入土阻力,并进行淬火与正火处理,提高其硬度和强度;取样管及余土管由相应口径的废旧岩芯管制作;顶部为盖头及异径接头;另外,在钻头底部钻设钢丝孔眼,穿入钢丝,可有效防止松散覆盖层样脱落;在异径接头处钻设水眼,可降低提钻时管内浆液压力对样品的破坏。取样器通过异径接头与钻杆连接,通过锤击方式进行取样。

研制的双管内筒式锤击取样器强度高、地层适应性较广,可取出含粒径 70mm 以下碎(卵)石的原状及原级配样品;对样品不扰动、上下不混层,样品代表性强,可满足室内试验的要求(如图 3 所示);与国内外现有覆盖层取样器相比,双管内筒式锤击取样器具有结构合理、强度高、适用性强、易于操作、取样成功率高的特点。

图 3 双管内筒式锤击取样器采取的钻孔原状样照片

3 河床深厚覆盖层高清可视化技术

3.1 存在问题及解决思路

以粗颗粒为主的河床覆盖层钻探取芯多呈散体状，很难取得完整的柱状芯样，无法准确判断覆盖层的物质组成及结构。为解决此问题，提出在河床深厚覆盖层钻孔中进行可视化探测来直观研究覆盖层的物质组成及结构。

在覆盖层钻孔中进行可视化探测，需解决的问题包括：① 测试钻孔在无钢质套管及循环介质护壁材料被冲洗后的成孔问题；② 如何进行有效的钻孔冲洗，减小钻进循环介质护壁对可视化的影响等。针对上述问题开展透明护壁套管研发，有效洗孔方法研究，进而形成一套深厚覆盖层钻孔高清可视化测试技术。

3.2 河床深厚覆盖层钻孔透明护壁套管研发

为了解决覆盖层钻孔在无护壁材料下的孔壁稳定问题，从研制强度高，且具良好透光性、机加工性及耐久性的透明套管代替钢质套管进行钻孔护壁入手，通过市场调研，选定有机玻璃（PMMA）和工程塑料（PC）进行透光性、化学稳定性、耐久性及机加工性的反复试验（见表1）。

表 1 　　　　　　　有机玻璃（PMMA）与工程塑料（PC）性能对比一览表

材料名称	有机玻璃（PMMA）	工程塑料（PC）	备注
透光性（%）	92.8	89	
化学稳定性	不耐碱	不耐强碱	钻探循环液为碱性
力学性能	质轻，不易变形，硬度较好，耐冲击性稍差	质轻，具韧性，耐冲击性较好，硬度不足，易刮花、易裂	
耐久性	可抵抗紫外线老化，耐久性好	易老化，不耐性差	
成型性能	冷拔法、热浇注法均可成型，容易成型，尺寸稳定	主要为注塑、热成型，成型略有收缩	
机加工性	好	较差，易裂	

有机玻璃及工程塑料均为可塑性高分子材料，作为钻孔护壁材料，前者相对后者具有更加良好的透光性、化学稳定性、耐久性及机加工性；其透光率可达到92.8%以上，耐磨性与铝材接近，可抵抗紫外线老化，既可采用冷拔法，也可采用热浇注法成管，成管后机械加工性能良好。最终，选定用有机玻璃（PMMA）作为套管加工材料，采用热浇注法，成功加工了一批大壁厚（7～8mm）且其管径与钻孔孔径相匹配的透明套管，透明套管可通过加工丝扣进行连接，反复使用（如图4所示）。

图 4　有机玻璃（PMMA）特制专用透明管使用现场

3.3 河床深厚覆盖层可视化测试有效洗孔技术研究

覆盖层在钻进过程中为了成孔，一般会采用泥浆或植物胶等护壁材料对钻孔进行保护，后续可视化测试在下入透明套管后需对钻孔进行冲洗，以确保获得的可视化成果真实可靠。

研究提出了一套河床深厚覆盖层钻孔可视化测试有效洗孔方法，解决了河床覆盖层钻进过程中泥浆等护壁材料对可视化测试的影响，为钻孔可视化测试创造了条件。洗孔的具体方案为：钻孔形成后，在测试孔段下入透明套管，起拔外层钢质套管至测试孔段顶部；通过连接透明套管的管柱，采用由内向外正循环方式连续压水洗孔，待孔口返水变清且无杂质时，停止向孔内压水，静待10～15min后，再次压水入孔进行洗孔，一般重复2～3个循环，可将钻孔护壁的泥皮清洗干净（如图5所示）。如遇泥皮较厚、采用上述方法无法清洗干净时，可将测试孔段透明套管改为透明花管，再用上述方法进行洗孔，可明显改善洗孔效果；若洗孔用水或孔内存在絮状物，可加入液体清水剂，以有效提高净化效果。

(a) 洗孔前钻孔返水　　　　　　　　　(b) 洗孔后钻孔返水　　　　　　　　(c) 洗孔前后钻孔孔壁清晰度

图 5　洗孔前后钻孔返水情况及孔壁对比

3.4　河床深厚覆盖层钻孔可视化测试方法研究

研发透明护壁套管解决了测试钻孔在无钢质套管及循环介质护壁材料被冲洗后的成孔问题，研究有效洗孔技术为覆盖层钻孔可视化测试创造了条件。具备可视化测试条件后，通过反复试验，研究了一套河床深厚覆盖层可视化测试方法。

针对不同钻进工艺，河床深厚覆盖层可视化测试方法可分为自下而上及自上而下两种分段测试法。一般可采用自下而上分段方式进行，即将钻孔钻进至终孔深度，然后从孔底开始向上逐段进行可视化测试，直至孔口；这种测试分段方式的优点是测试效率高，避免了反复扫孔。当覆盖层较浅时，也可采用自上而下分段方式进行测试；这种测试分段方式的优点是洗孔较前者容易，但测试孔段在测试完成后一般需进行扫孔处理，效率相对较低。在特别重要的部位，如条件允许，可先采取自上而下分段方式进行可视化测试，终孔后再采用自下而上分段方式进行补充测试，两次测试成果相互补充，可获得更加优质的可视化成果。如需对覆盖层特定孔段进行可视化测试，上述两种分段方法均可。典型覆盖层可视化成果如图 6 所示。

(a) Ⅲ₂₊₃层（ZK80孔深7.4～8.4m）　　　(b) Ⅱ层（ZK80孔深51.7～52.7m）　　　(c) Ⅰ层（ZK80孔深62.6～63.6m）

图 6　乌东德水电站河床覆盖层 ZK80 钻孔可视化测试成果

4 结语

河床深厚覆盖层一般成因类型复杂、组成结构多样、工程特性不均，尤其是以粗粒土为主的河床覆盖层，钻探勘察时存在原状及元级配样采取难、钻孔彩电测试受限等问题。

研制的强度高、适宜于砂卵石（碎石土）地层取样的双管内筒式锤击取样器，可取出粒径 7cm 以下的原状及原级配样品，解决了河床覆盖层原状及原级配样品采取困难的问题。研发的透明护壁套管，解决了河床深厚覆盖层可视化测试钻孔护壁的问题；提出的有效洗孔方法，为可视化测试创造了条件；提出的成套深厚覆盖层可视化测试方法，弥补了钻探取芯的局限性，可直观、全面地反映河床覆盖层的物质组成与结构，为深厚覆盖层物质组成及结构研究开辟了一条新的途径。

参考文献：

［1］ 蔡耀军，司富安，陈德基，等. 水利水电工程深厚覆盖层工程地质研究［C］//大坝安全与新技术应用论文集. 北京：中国水利水电出版社，2013：121-128.

［2］ 石伯勋，薛果夫，李会中，等. 乌东德水电站重大地质问题研究与论证［J］. 人民长江，2014，45（20）：1-7.

［3］ 李会中，郝文忠，向家菠，等. 金沙江乌东德水电站坝址河床深厚覆盖层勘探取样与试验研究［J］. 工程地质学报，2008，16（增刊）：202-207.

［4］ 李会中，郝文忠，潘玉珍，等. 乌东德水电站坝址区河床深厚覆盖层组成与结构地质勘察研究［J］. 工程地质学报，2014，22（5）：944-950.

［5］ 李会中，郝文忠，潘玉珍，等. 金沙江乌东德水电站坝址区河床深厚覆盖层工程特性研究［C］//工程地质学报. 2015年全国工程地质学术年会论文集. 北京：科学出版社，2015：519-525.

［6］ 许强，陈伟，张倬元. 对我国西南地区河谷深厚覆盖层成因机理的新认识［J］. 地球科学进展，2008，23（5）：448-456.

［7］ 李树武，张国明，聂德新. 西南地区河床覆盖层物理力学特性相关研究［J］. 水资源与水工程学报，2011，22（3）：119-123.

作者简介：

向家菠（1976—），男，高级工程师，主要从事工程地质勘察及研究. E-mail：370336638@qq.com

李会中（1964—），男，正高级工程师，主要从事工程地质勘察及研究. E-mail：464336297@qq.com

郝文忠（1980—），男，正高级工程师，主要从事工程地质勘察及研究. E-mail：19256083@qq.com

刘冲平（1982—），男，高级工程师，主要从事工程地质勘察及研究. E-mail：185379180@qq.com

高地震烈度区深厚覆盖层建坝工程地质问题研究

夏万洪，杨寿成

（中国电建集团成都勘测设计研究院有限公司，四川省成都市　610072）

【摘　要】本文以冶勒水电站深厚覆盖层建坝为例，结合高地震烈度区深厚覆盖层建坝的特点，提出了坝基土体物理力学参数取值原则及建议值，重点对深厚覆盖层建坝的主要工程地质问题进行了分析，简要介绍了坝基主要工程地质问题的处理措施。

【关键词】高地震烈度区；深厚覆盖层；物理力学参数；坝基稳定；渗漏稳定；处理措施

0　引言

0.1　工程概况

冶勒水电站位于四川省凉山州冕宁县和雅安市石棉县境内，是南桠河流域梯级开发"一库六级"龙头水库工程，水库正常蓄水位2650m，总库容为2.98亿 m^3，调节库容为2.76亿 m^3，具多年调节能力，装机容量为240MW，年发电量为5.88亿 kW.h。电站建成后可增加下游 5 个梯级电站保证出力160MW，增加年发电量7亿 kWh。大坝为沥青混凝土心墙堆石坝，坝高 124.5m，坝顶高程为2654.5m，主坝轴线长 411m，右岸台地副坝长300m。

0.2　工程特点与难点

（1）区域地质及地震地质环境复杂。大坝距安宁河东、西支断裂分别为4km 和1.5km，场址地震基本烈度为Ⅷ度，大坝设防烈度为Ⅸ度。

（2）坝基工程地质及水文地质条件复杂。坝基覆盖层深厚，层次结构复杂，透镜体多，具多层承压含水层。

（3）坝基变形及渗漏问题突出，且具严重不对称性。大坝位于冶勒断陷盆地边缘，左岸覆盖层厚度小于100m，右岸覆盖层厚度超过420m。

（4）深厚覆盖层上建坝需解决的工程地质问题多，如隔水层及透水层空间分布、渗透变形及抗渗稳定性、地震液化、不均匀沉降变形、抗滑稳定等问题。

（5）坝基防渗处理深度及难度大。基础防渗处理最大深度超过200m，防渗墙深度达140m，防渗

墙下帷幕灌浆深度达 60 余米。

（6）建坝工程地质条件要求高。大坝采用沥青混凝土心墙堆石坝，最大坝高为 124.5m，工程建设期间为国内外已建同类工程第二高坝，仅次于挪威的 Storglomvatn 坝（基岩上建坝，最大坝高为128m）。

1　区域地质与地震背景

冶勒水电站处于川滇南北向构造带北段的安宁河断裂、小金河断裂和南河断裂所围限的冶勒断块上，区域地质基础和地震地质背景复杂。坝区东侧约 4km 的安宁河东支断裂规模宏大，具多期继承性活动，但其构造规模、新活动性及地震活动强度均有由南向北逐渐减弱的特点。坝区东侧约1.5km 处控制冶勒断陷盆地的安宁河西支断裂，上新世至中更新世有一定差异性活动，晚更新世晚期以来的活动性不明显。工程区附近安宁河东支断裂的冕宁大桥一紫马跨间具备发生强震的地震地质背景，场地地震基本烈度为Ⅷ度。

2　坝基覆盖层基本特征

大坝位于冶勒断陷盆地边缘，勘探揭示最大厚度超过420m，河床下部残留厚度为160m，具有由盆地边缘向中心逐渐增多增厚的特点。坝基主要由第四系中、上更新统的卵砾石层、粉质壤土和块碎石土组成。根据沉积环境、岩性组合及工程地质特征，自下而上分为五大岩组（如图1、图2）所示。

第一岩组：弱胶结卵砾石层 $[Q_2^2（Ⅰ）]$，以厚

层卵砾石层为主，泥钙质弱胶结。该岩组深埋于坝基下部，最大厚度大于 100m，最小厚度为 15～35m，构成坝基深部承压含水层，具有埋藏深、水头高、动态稳定的特点。

第二岩组：块碎石土夹硬质黏性土层 [Q_3^1（Ⅱ）]，块碎石含量为 30%～62%，结构密实，呈超固结压密状态，层中夹数层褐黄色硬质黏性土。在坝址河床部位埋深 18～24m，厚度为 31～46m，自坝址向上、下游延伸长达 1.3～1.5km，自左岸向河床、右岸及盆地中心倾斜，延伸宽约 600m，逐渐减薄以至尖灭与上覆第三岩组中的粉质壤土层搭接。该岩组透水性微弱，既是深部承压水的相对隔水和抗水层，又是坝基防渗处理工程的主要依托对象。

第三岩组：卵砾石与粉质壤土互层 [Q_3^{2-1}（Ⅲ）]，分布于河床谷底上部及右岸谷坡下部，厚45～154m，在河床部位残留厚 20～35m，是坝基主要持力层，也是河床和右岸坝基下部防渗处理的主要地层。粉质壤土层间夹数层炭化植物碎屑层，局部分布有粉质壤土透镜体，粉质壤土透水性极弱，具相对隔水性能，构成坝基河床浅层承压水的隔水层。

第四岩组：弱胶结卵砾石层 [Q_3^{2-2}（Ⅳ）]，厚度为 65～85m，层间夹数层透镜状粉砂层或粉质砂壤土，单层厚 2～10m。卵砾石粒径为 5～15cm，空隙式泥钙质弱胶结，局部基底式钙质胶结卵砾石层多呈层状或透镜状分布，存在溶蚀现象，为右岸坝基上部防渗处理的主要地层。

第五岩组：粉质壤土夹炭化植物碎屑层 [Q_3^{2-3}（Ⅴ）]，分布于右岸正常蓄水位以上谷坡地带，厚90～107m，与下伏巨厚卵砾石层呈整合接触，粉质壤土单层厚度为 15～20m，最厚达 30m，其间夹数层厚 5～15cm 的炭化植物碎屑层和厚 0.8～5m 的砾石层，胶结程度较差。

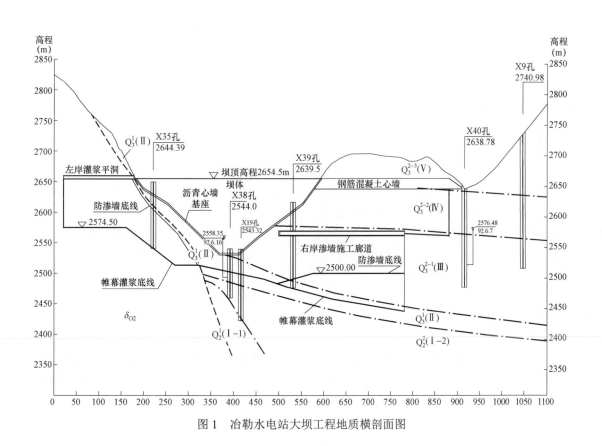

图 1　冶勒水电站大坝工程地质横剖面图

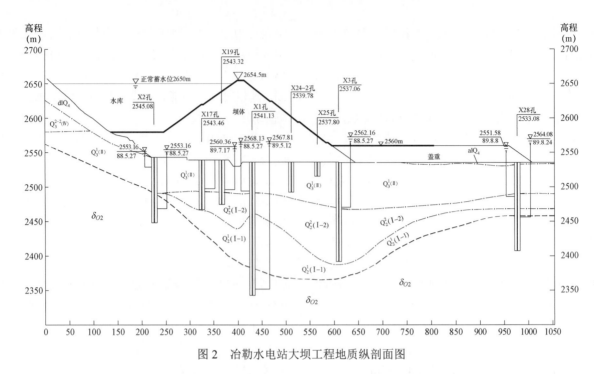

图 2　冶勒水电站大坝工程地质纵剖面图

3　物理力学参数取值原则与建议值

3.1　物理力学参数取值原则

（1）渗透系数：根据土体结构特征和渗流状态，按抽（注）水试验、扬水试验、现场渗水试验和室内渗透试验成果汇总进行取值。由于卵砾石层透水性较强，是坝基主要防渗处理对象，渗透性具不均一性，其渗透系数取试验值的大值。

（2）抗渗强度：坝基各岩组具有不同程度的泥钙质胶结和超固结压密特征，抗渗强度较高，临界比降和破坏比降均超过一般同类的非超压密土体，胶结程度又具有不均一性。第二、三、四岩组的允许渗透比降值是根据现场和室内原状土样渗透变形试验成果，按破坏比降的 1/2～1/3 选取，第一、第五岩组允许渗透比降按工程类比确定。

（3）允许承载力：坝基第二、三、四岩组允许承载力是根据现场原位荷载试验按比例界限荷载值确定的，第一、第五岩组按工程类比确定。

（4）变形模量：鉴于坝基各岩组属遭受过较高先期固结压力的超固结压密土体，变形模量有随埋深和围压增加而增大的特征，变形模量的取值分别按表部土体（深度≤3m）和深部土体（深度＞3m）考虑，表部土体变形模量值以原位承载试验的比例极限对应的沉降量为基准值，按布氏理论计算确定；深部土体变形模量值按表部土体变形模量的 1.5 倍修正系数确定。

（5）抗剪强度：在不同试验条件下同一土体的抗剪强度值均较高，且差值较小，小三轴剪切试验所得到的应力—应变曲线多呈驼峰形软化形式脆性破坏，显示出具超固结压密土的剪切破坏特征。第三岩组粉质壤土抗剪强度是按现场大剪试验确定；第二岩组块碎石土及黄色硬质黏性土中黏土矿物含有蒙脱石，抗剪强度是根据现场试验值按 0.9 的折减系数作为长期强度值；第三、四岩组卵砾石层抗剪强度是以三轴试验值为基础，并参考现场原位试验值，结合地质条件和工程特点，按工程类比确定。

（6）土体非线性八大参数：坝基土体非线性八大参数是在综合分析坝基工程地质条件、试验成果、土体变形指标的基础上，参考国内外类似工程经验类比确定。

（7）动力特征值：坝基第二岩组硬质黏性土和第三岩组粉质壤土的动力特征值是根据标准惯入法、跨孔法和动三轴剪力特性试验成果确定，标贯击数（$N'_{63.5}$）、横波速度（v_S）、纵波速度（v_P）、动剪切模量（G_d）和动弹性模量（E_d）取试验值的平均值。

3.2　物理力学参数建议值

冶勒水电站坝基覆盖层物理力学参数建议值见表 1。

表1　冶勒水电站坝基覆盖层物理力学参数建议值表

层位及岩性	岩性	天然含水量 ω (%)	天然密度 ρ (g/cm³)	干密度 ρ_d (g/cm³)	比重 G_s	孔隙比 e	允许比降 $J_允$	渗透系数 K (cm/s)	允许承载力 [R] (MPa)	变形模量 E_0 表部 (MPa)	变形模量 E_0 深部 (MPa)	压缩系数 α_v (MPa⁻¹) (0.8~1.6)	压缩模量 E_s (MPa)	不固结不排水剪 凝聚力 C_u (MPa)	不固结不排水剪 摩擦角 φ_u (°)	固结不排水剪 凝聚力 C (MPa)	固结不排水剪 摩擦角 φ (°)	固结排水剪 C' (MPa)	固结排水剪 φ' (°)	R_f	k	n	D	G	F	坡比 水上	坡比 水下
第五岩组 (Q3³)	粉质壤土	20.00	2.00	1.67	2.74	0.64	4~5	15×10^{-5}~3.0×10^{-6}	0.6~0.8	45~50		0.036	45	0.075	30	0.06	32	0.06	34	0.65	450~500	0.4	2.71	0.358	0.128	1:1.3	1:1.45
第四岩组 (Q3²⁻²)	卵砾石	11.23	2.35	2.11	2.77	0.31	1.0~1.1	5.75×10^{-3}~1.15×10^{-2}	1.0~1.2	120~130	150~180	0.009	150	0.075	35	0.06	37	0.06	39	0.59	1300~1500	0.65	2.97	0.38	-0.035	1:1.0	1:1.2
第三岩组 (Q3²⁻¹)	卵砾石	9.94	2.42	2.20	2.77	0.26	1.1~1.6	3.45×10^{-3}~9.2×10^{-3}	1.3~1.5	130~140	195~210	0.006	200	0.09	36	0.07	38	0.07	40	0.75	1750~1950	0.45	4.64	0.30	-0.040	1:1.0	1:1.2
	粉质壤土	14.86	2.05	1.78	2.75	0.54	6.1~7.1	1.15×10^{-6}~6.9×10^{-6}	0.8~1.0	65~70	100~105	0.015	100	0.15	32	0.12	34	0.12	36	0.758	900~1000	0.417	5.23	0.299	0.118	1:1.25	1:1.4
	碎石土	12.53	2.52	2.24	2.83	0.26	3.8~4.8	2.30×10^{-5}~3.45×10^{-5}	1.0~1.2	90~100	135~150	0.009	135	0.075	34	0.06	36	0.06	38	0.68	1150~1350	0.50	1.32	0.36	-0.026	1:1.0	1:1.3
第二岩组 (Q3¹)	粉质壤土	11.50	2.17	1.88	2.73	0.48	10.4	15×10^{-6}~1.15×10^{-7}	0.7~0.9	55~65	85~95	0.017	85	0.15	31	0.12	33	0.12	35	0.757	750~850	0.405	6.25	0.329	0.124	1:1.25	1:1.4
第一岩组 (Q2)	卵砾石						1.1~1.6	1.15×10^{-3}~5.75×10^{-3}	1.3~1.5	130~140	195~210	0.006	200	0.09	36	0.07	38	0.07	40	0.65	1750~1950	0.63	1.83	0.25	-0.023		

4 坝基主要工程地质问题

4.1 坝基承载与变形稳定

由于坝基覆盖层分布的总体趋势是自上游向下游、从左岸往右岸及盆地中心倾斜，形成左岸覆盖层薄、河床覆盖层厚、右岸覆盖层深厚的特点，加之坝基各岩组物理力学性能存在差异，导致左岸坝基沉降变形较小，河床及右岸坝基沉降变形较大，存在坝基不均一变形问题。河床坝基浅表部分布的粉质壤土层，顶板埋深 0.5～4m，厚 0.5～17.5m，自坝基上游往下游逐渐增厚，对坝基不均一沉降变形产生不利影响。此外，由于粉质壤土层的抗变形能力低于卵砾石层，且岩性和厚度变化较大，对坝基变形不利。

4.2 坝基抗滑稳定

坝基覆盖层由卵砾石层、粉质壤土及块碎石土等多层结构土体组成，坝基下部的粉质壤土以及粉质壤土与下伏卵砾石层或块碎石土层的接触面可视为向上游缓倾的潜在滑移面，存在抗滑稳定问题。此外，河床坝基分布的砂层透镜体（顺河长 100m、横河宽 20m），由于埋深浅，且透镜体内含有较高的承压水，大坝挡水后坝基承压水位将进一步升高，对坝基抗滑稳定不利，需采取工程处理措施。

4.3 坝基渗漏与渗透稳定

坝基渗漏的主要途径有两条，一是通过坝基下部第一岩组向下游渗漏，二是沿坝基坝肩分布的第三、四岩组的卵砾石层向下游渗漏。第一岩组埋藏较深（49～70m），上覆第二岩组隔水层封闭性好，承压水渗漏缓慢，下游排泄不畅，蓄水后通过第一岩组卵砾石层产生的渗漏量很小，库水主要通过第三、四岩组向下游产生渗漏。右坝肩 2650m 高程以下至河床坝基下部约 18～24m 一带为第四、三岩组，垂直厚度为 128～137m，岸坡地下水位低，蓄水后第三、四岩组将是河床坝基及右岸坝肩主要渗漏途径。左岸坝肩卸荷岩体透水性强，岩体相对隔水层顶板埋藏较深（95～108m），主要沿卸荷裂隙产生绕坝肩渗漏。

河床及右岸坝基分布的卵砾石层、粉质壤土层和块碎石土层，天然状态下具有较高的抗渗强度，沿第二、三、四岩组内及其接触界面产生管涌的可能性小。建库后坝基土体可能出现的三种抗渗稳定型式为：

（1）位于河床坝基深部的第一岩组未进行防渗处理，其上覆第二岩组将承受较高的水头压力（水头差 70.9m），渗透比降达 1.418，但小于第二岩组块碎石土的允许渗透比降值（3.8～4.8），故第二岩组不存在产生管涌破坏的可能，处于抗渗稳定状态。由于河床坝基下部厚约 50m 的第二岩组自身重量小于其下伏第一岩组承压水的渗透压力。通过稳定性复核验算，在 70.9m 水头差的渗压作用下，第二岩组将不会发生整体流土破坏，该部分土体也是处于稳定状态。

（2）卵砾石层与粉质壤土接触界面结合紧密，透水性较弱，渗透破坏比降达 4.25，除在卵砾石层中发生少量的细粒带出和局部小裂纹型管涌破坏外，在接触界面上未发生其他渗透破坏现象，蓄水后不存在发生接触冲刷破坏的可能。

（3）第一、三岩组卵砾石层中承压水径流缓慢、交替速度较弱，易溶盐含量低，蓄水后其水质和溶解性能不会发生重大改变，产生化学管涌的可能性小。

4.4 坝基液化

坝基粉质壤土层及粉质壤土、粉细砂层透镜体分布较多，且厚度较大，在地质历史时期曾受到高达 4.5～6.0MPa 的先期固结压密作用，结构密实，动静强度指标较高。通过经验判别法和剪应力对比法分析判断，在最大水平地震加速度 α_{max}=0.322 4g、0.273 7g 的工况下，坝基不同深度分布的粉质壤土及透镜体在饱和状态下均不会发生液化破坏。位于坝基附近的粉质壤土受强震作用可能引起局部孔隙水压力升高，导致抗剪强度降低，对坝基变形稳定和抗滑稳定不利，在抗震设计和施工时应予以考虑。

5 工程处理措施

5.1 坝基承载与变形处理

为防止坝基粉质壤土层因开挖扰动而降低其力学强度，在坝基开挖过程中采取了预留 20～30cm 保护层和必要的工程处理，并对右岸第三岩组卵砾石层中分布的砂层透镜体采用置换处理。为减少基础不均一沉降变形对大坝心墙的不利影响，大坝心墙基础置于密实的原状土体内，并在基础面上设置混凝土基座，以改善心墙基础的应力状态。

5.2 坝基渗漏处理

5.2.1 防渗及排水控制标准

防渗和排水设计的控制条件：坝体与坝基的总渗透流量小于 0.5m³/s，防止渗透坡降和出逸坡降过大，降低右岸冲沟两侧山坡的地下水位，以提高覆盖层边坡的抗震稳定性。

防渗控制标准：河床和右岸深厚覆盖层防渗深度需深入第二岩组 5m 以上，左岸防渗深度为深入微风化基岩。覆盖层部位帷幕灌浆透水率 q≤5Lu，基岩部位帷幕灌浆透水率 $q \leqslant 3Lu$。

排水控制标准：有效降低右岸山坡渗透坡降和出逸坡降，降低坝基渗水压力，确保坝坡和右岸山坡的稳定和坝基渗透稳定。

5.2.2 渗漏处理措施

由于两岸及河床坝基覆盖层厚度具有不对称性，坝基防渗不可能采用全封闭的防渗方式，而是利用下伏第二岩组作为坝基相对隔水层的悬挂式防渗处理方案。根据坝址地形地质条件和国内防渗墙施工水平，坝基防渗采用"防渗墙+帷幕灌浆"的联合防渗处理方式（如图3所示）。左岸坝基为全封闭防渗墙接墙下基岩帷幕灌浆，并将帷幕水平

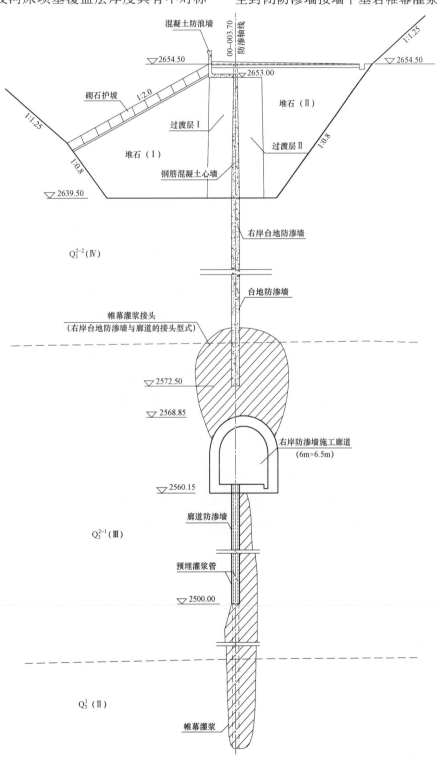

图3　冶勒水电站大坝右岸悬挂式防渗体系图

延伸至左岸山体内 150m，左岸端头和延伸段采用帷幕灌浆。河床坝基采用悬挂式防渗墙，墙底深入相对隔水层（第二岩组）5m。右岸采用"140m 深防渗墙+70m 深帷幕灌浆"防渗处理方式，其中 140m 的防渗墙分为上、下两层施工，中间通过防渗墙施工廊道连接，下墙与廊道整体连接，根据上墙与廊道的连接型式及施工顺序的不同，分为先墙后廊道嵌入式和先廊道后防渗墙的帷幕连接；防渗墙下接帷幕灌浆，深度约 70m，深入相对隔水层（第二岩组）5m 以上，防渗线向右岸水平延伸约 300m，大坝防渗轴线总长为 860m。

5.3 坝基抗滑稳定处理

为确保坝基下部第二岩组在高渗透水压力作用下不发生渗透破坏，在大坝下游采取了加盖重和建基面设置反滤排水等处理措施，即在坝下游设置长 215m，平均厚度为 22m 的盖重，并在建基面上设置了 0.6m 厚的基础反滤层和排水层。由于右岸坝肩及坡体内地下水浸润线较高且出逸坡降较大，加之河床坝体下游末端基础内砂层透镜体内含承压水，为有效降低坝体右岸山坡内地下水位及渗透坡降，提高坝基抗渗透稳定性以及下游坝坡和右岸坡体的抗滑稳定性，在下游坝基面铺设反滤和排水垫层，并在右岸设置了长 290m 排水廊道，沿廊道布置垂直和水平排水孔。沿砂层透镜体纵向设置两排减压排水孔，孔深 30m，孔间排距为 24m×20m。

5.4 坝基液化处理

为提高坝基地震液化稳定程度，在坝基设置了减压排水孔、反滤排水垫层和坝下游压重等工程处理措施，并对位于建基面附近的粉质壤土透镜体增设了减压排水孔。

6 运行状况评价

冶勒水电站自工程竣工以来已正常运行 15 年，坝基应力、变形及渗压符合一般规律，均在设计允许范围内；大坝防渗系统工作性态正常，坝基总渗漏量为多年平均流量和设计控制渗漏量的 2.4%和 70%，坝基渗漏仍在设计控制的合理范围内，且呈逐年递减的趋势；坝体及坝基沉降变形量较小，低于设计允许沉降变形值，运行状态良好。

7 结语

通过勘察新技术新方法，查明了冶勒水电站深厚覆盖层上建坝的主要工程地质条件，经工程实践验证，主要勘察结论符合客观实际。

现场载荷试验、原位大剪试验及现场渗透试验等是全面系统认识深厚覆盖层坝基土体力学特性和科学合理选取力学参数的重要基础。

坝基渗漏是深厚覆盖层建坝的关键性工程地质问题，尤其是含水层和隔水层的空间分布、渗透特性、防渗处理边界及防渗标准等；坝基稳定是深厚覆盖层上建坝又一重大工程地质问题，同时也是坝型选择及大坝安全运行的主要影响因素。在前期勘察设计阶段需详细予以查明，在施工阶段需重点进行复核。

作者简介：

夏万洪（1962—），男，教授级高级工程师，主要从事水电工程和岩土工程勘察技术工作。E-mial：xiawh1643@163.com

杨寿成（1965—），男，教授级高级工程师，主要从事水电工程和岩土工程勘察技术工作。E-mail：897153305@qq.com

猴子岩水电站深厚覆盖层特性及主要工程地质问题研究

钟雨田

（中国电建集团成都勘测设计研究院，四海省成都市　610000）

【摘　要】深厚覆盖层广泛分布于我国川西地区的河流之中，而四川西部正是我国水能资源最为丰富的地区之一，因此对河床深厚覆盖层工程地质特性的研究对我国水利水电建设有着重要意义。猴子岩水电站高面板堆石坝建于大渡河深厚覆盖层之上，其坝址区覆盖层厚达 60～70m，结构层次复杂，工程勘察设计难度大。本文就猴子岩水电站坝址区深厚覆盖层的分布、结构特征、物理力学特性，及其存在的工程地质问题和相应的处理措施进行了总结，可为类似工程地质条件下的水电建设提供参考。

【关键词】　深厚覆盖层；坝基；高面板堆石坝；猴子岩水电站

0　引言

四川西部地区是我国水能资源最为丰富的地区之一，流经川西的金沙江、雅砻江、大渡河、岷江等峡谷型河流，河床下普遍存在深切槽谷，谷底基岩深埋，河谷中沉积形成较为深厚的覆盖层[1]。河床深厚覆盖层往往结构松散、成因类型复杂、厚度不均、物理力学性质差异较大，此类地质条件下的水利水电工程建设面临着坝基坝体变形过大、渗透破坏或滑动、地基砂土液化等诸多问题。近年来，许多学者在深厚覆盖层坝基的成因、物理力学特性、勘探试验方法、大坝应力变形计算及坝基渗流分析等方面进行了大量探索研究[2-6]，并建成了一批深厚覆盖层条件下的水电项目，如龚嘴、铜街子、映秀湾、渔子溪、冶勒、猴子岩等[1, 7-8]，积累了丰富的研究成果和工程经验。

猴子岩水电站位于四川省甘孜藏族自治州康定市境内，是大渡河干流水电规划调整推荐 22 级开发方案中的第 9 个梯级电站。水库正常蓄水位为 1842.00m，相应库容为 6.62 亿 m³，具有季调节性能，电站装机容量为 1700MW。电站拦河坝为混凝土面板堆石坝，最大坝高为 223.50m，大坝顶总长度为 389.50m。坝址区河床覆盖层深厚，结构层次复杂，工程勘察建设难度大。本文基于工程实践，在大量勘探、试验及分析工作的基础上，总结了猴子岩水电站坝址区深厚覆盖层的分布、结构及物理力学特性，对其存在的工程地质问题进行了分析研究，并提出了相应处理措施，可为类似工程地质条件下的水电建设提供参考。

1　坝基覆盖层工程地质特性

1.1　空间分布与组成特征

猴子岩水电站坝基覆盖层顺河展布，垂直于河流的横剖面，覆盖层分布形态总体呈倒梯形，上宽下窄。覆盖层的分布规律如下：一般厚度为 60～70m，最大厚度为 85.5m。结构层次复杂，覆盖层自下而上（由老至新）按成因类型和工程地质特性可分为四大层（见表 1）：第①层为冰水堆积含漂（块）卵（碎）砂砾石层（fglQ₃²）；第②层为堰塞沉积黏质粉土（lQ₃³）；第③层为冲洪积含泥漂（块）卵（碎）砂砾石层（pl＋alQ₄¹）；第④层为河流冲积含孤漂（块）卵（碎）砂砾石层（alQ₄²）。猴子岩水电站坝址区河床覆盖层横、纵剖面图分别如图 1、图 2 所示。

表 1   猴子岩水电站坝址区河床覆盖层特征

覆盖层编号	厚度（m）	岩性特征
①	12.00～39.00	含漂（块）卵（碎）砂砾石层（fglQ$_3^2$），分布于河床下部，为冰水积成因。漂（块）卵（碎）砾石物质成分较复杂，主要为白云质灰岩、白云岩、变质砂岩、灰岩、花岗岩、角闪岩、灰绿岩等，多呈次棱角—次圆状，少量砾石呈次圆—浑圆状。据钻孔岩心统计，漂（块）石粒径一般为 200～400mm，约占 5%；卵（碎）石粒径一般为 60～180mm，占 20%～25%；砾石粒径以 60～60mm，次为 2～10mm，占 35%～40%；粗颗粒间为砂土充填，砂土占 25%～30%。其结构较密实。① 层中下部夹卵砾石中粗砂层（①－a 层），均呈不规则的透镜状分布，据钻孔统计，其中卵石含量约占 10%，砾石含量约占 35%，砂含量约占 55%，该层最厚 20.45m，最薄 1.7m，顺河方向长 240m，宽 35～60m，面积约 1.21 万 m²
②	13.00～20.00 最薄处 0.67m 最厚达 29.45m	黏质粉土（lQ$_3^3$），系河道堰塞静水环境沉积物，在坝址区河床中部连续分布。勘探揭示该层分布范围较广，顺河延伸较长，横跨河床分布较宽处 136m，窄处 50m，总体尚未铺满整个河床，厚度变化大，顶底板顺河分布起伏，颗粒组成以粉粒为主，黏粒次之，工程地质性状差。通过取样进行电子自旋共振（ESR）测年，该层黏质粉土形成时期距今大约 8.6 万年，属于第四系晚更新世
③	5.80～26.00	含泥漂（块）卵（碎）砂砾石层（pl＋alQ$_4^1$），分布于河床中上部，颗粒组成以近缘物质为主，漂（块）卵（碎）砾石成分主要为白云质灰岩、白云岩、变质灰岩、大理岩等，多呈次棱角状，少量呈次圆状；据钻孔岩心统计，漂（块）石粒径一般为 200～400mm，约占 5%；卵（碎）石粒径一般为 60～150mm，占 15%～20%；砾石粒径以 20～60mm 为主，其次为 2～10mm，占 30%～40%；粗颗粒间充填含泥质的砂土，达 30%～35%，结构稍密实，局部有架空现象
④	3.00～14.92	含孤漂（块）卵（碎）砂砾石层（alQ$_4^2$），分布于河床上部，孤漂（块）卵（碎）砾石成分主要为白云质灰岩、白云岩、变质灰岩、灰岩、石英岩、绢云母石英片岩等；据钻孔岩心统计，孤漂块径一般为 0.6～1.5m，最大 8.80m，呈棱角—次棱角状，含量约为 5%，主要分布在河床两侧枯洪水变幅区，河心一带相对较少；漂（块）石粒径一般为 200～400mm，占 10%，卵（碎）石粒径一般为 60～180mm，占 15%～20%；砾石粒径以 20～60mm 为主，次为 2～10mm，占 40%～45%；粗颗粒间充填略含泥的中细砂，约占 20%。该层结构较松散，局部具架空结构。在③层中部夹有③－a 砂层透镜体，厚 1～7.45m，为灰黄色含砾石粉细砂，顺河向长 95～160m，横向最大宽度为 150m，面积 1.48 万 m²

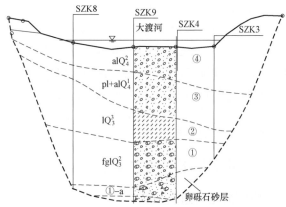

图 1 猴子岩水电站坝址区河床覆盖层横剖面图

1.2 物理力学性质

为查明河床覆盖层的物理力学特性，我们开展了大量超重型触探试验、标贯试验、剪切试验、载荷试验、渗透变形试验等现场试验，并分层取样进行了室内物理性质及力学试验。通过对试验结果进行统计分析，获得河床覆盖层物理力学指标，见表 2。

表 2   猴子岩水电站坝址区河床覆盖层物理力学指标

覆盖层编号	岩性	代号	干密度 ρ_d (g/cm³)	允许承载力 [R] (MPa)	变形模量 E_0 (MPa)	抗剪强度 Φ (°)	抗剪强度 C (kPa)	渗透系数 K/ (cm/s)	允许渗透坡降 j	稳定坡比 水上	稳定坡比 水下
④	孤漂（块）砂卵（碎）砾石层	alQ$_4^2$	2.02～2.04	0.45～0.55	35～45	26～28	0	1.95×10⁻²～6.63×10⁻²（局部）2.51×10⁻¹	0.1～0.12（局部 0.07）	1:1.5 / 1:1.25	1:2.0 / 1:1.5
③	含泥漂（块）卵（碎）砂砾石层	Pl＋alQ$_4^1$	2.10～2.15	0.40～0.50	30～40	24～26	0	1.59×10⁻²～7.56×10⁻³	0.15～0.18	1:1.25	1:1.5
③－a	含砾粉细砂（透镜状）		1.60～1.65	0.17～0.18	16～18	18～19	0			1:3	1:3.5
②	黏质粉土	lQ$_3^3$	1.55～1.60	0.15～0.17	*E_s: 14～16	16～18	10～15	2.33×10⁻⁵～1.40×10⁻⁶	0.5～0.6	1:3	1:4
①	含漂（块）卵（碎）砂砾石层	fglQ$_3^2$	2.10～2.15	0.50～0.60	40～50	28～30	0	3.73×10⁻²～2.73×10⁻³	0.15～0.18		
①－a	卵砾石中粗砂（透镜状）		1.66～1.68	0.2～0.25	18～22	20～22	0				

注：*E_s 为压缩模量。

2 坝基覆盖层工程地质问题评价

2.1 地基承载与变形稳定

由于猴子岩电站大坝为超过200m的特高面板堆石坝，对地基的承载变形指标有着严格的要求。坝基第①、④层漂（块）卵（碎）砂砾石层基本由粗颗粒构成骨架，结构较密实，具有较高的承载力和抗压缩变形能力，抗剪强度也较高；第③层虽然相对较第①、④层略细，承载能力相对略低，仍可以满足如堆石区等坝区的要求。

河床覆盖层第①、③层中分别夹有第①-a、③-a 砂层透镜体，其中第①-a 层允许承载力为0.18～0.2MPa，变形模量为 16～18MPa；第③-a 层允许承载力为 0.17～0.18MPa，变形模量为 16～18MPa。两个砂层透镜体承载力低，抗变形能力弱。而河床中部较连续分布的第②层黏质粉土层厚度及分布变化较大，埋深大，承载力低，抗变形能力弱，不能满足高堆石坝要求。

2.2 地基抗滑稳定

坝址区河床覆盖层为多层结构，各层次的力学性指标有一定差异。第①、④层和第③层的内摩擦角 ϕ 分别为 28°～30°、26°～28° 和 24°～26°，坝基抗剪强度相对较高。第②层黏质粉土厚度大、连续性好，力学强度低（内摩擦角 $\phi=16°～18°$，黏聚力 $C=10～15kPa$）。上游坝壳地基中第③-a 砂层透镜体无黏聚力，内摩擦角为 18°～19°。第①层中下部的第①-a 砂层无黏聚力，内摩擦角为 18°～20°。

以第②层、第①-a 层、③-a 层为主的坝基软弱层均具有一定厚度，且连续性较好、分布广，尤其是第②层，可能引起地基剪切变形进而影响堆石坝坝体稳定。

2.3 地基渗漏与渗透稳定

坝基覆盖层除第②层黏质粉土渗透系数 $K=2.33×10^{-5}cm/s～1.41×10^{-6}cm/s$，属弱—微透水层，抗渗稳定性较高具相对隔水性外，其余各层均以粗颗粒为主，局部有架空现象。第①层含漂（块）卵（碎）砂砾石层、第③层含泥漂（块）卵（碎）砂砾石层和第④层含孤漂（块）卵（碎）砂砾石层渗透系数 $K=6.63×10^{-2}～2.73×10^{-3}cm/s$，局部架空处 $K=1.74×10^{-1}cm/s$，允许渗透坡降 $J=0.1～0.12$，局部架空处 $J=0.07$，表明其透水性强，抗渗坡降低，加之各层颗粒大小悬殊，结构不均一，渗透坡降较低，易产生管涌破坏。

此外，河床覆盖层具多层结构，如第③-a 砂层透镜体与第③层之间，尤其是第②层黏质粉土与第①、③层之间渗透性存在较大差异，有产生接触冲刷的可能性。

2.4 地基砂土液化

猴子岩水电站坝址区地震基本烈度为Ⅶ度，设防烈度为Ⅷ度，对应的地震动峰值加速度分别为 $0.10g$ 与 $0.20g$，覆盖层中颗粒较细的第②层粉质黏土层与第①-a、③-a 砂层在地震作用下有发生液化现象的风险，我们通过土层黏粒含量、西特总应力法等，对其进行了潜在地震条件下的砂土液化判定。

根据 GB 50287—2016《水力发电工程地质勘察规范》，对粒径小于 5mm 颗粒含量质量百分率大于 30% 的土，其中粒径小于 0.005mm 的颗粒含量质量百分率不小于表 3 中的液化临界黏粒含量，则可判为不液化反之可能发生液化。猴子岩水电站坝址区河床覆盖层液化判定结果见表 4。

坝址区 50 年超越概率为 10% 的基岩地震动峰值加速度为 $141g$，100 年超越概率为 2% 的基岩地震动峰值加速度为 $297g$。根据相应地层的钻孔取样动三轴振动试验求得 $K_c=1$ 的动剪应力比，采用西特总应力法对第①-a、②、③-a 地层进行液化估算判别。西特总应力法公式如下：

地震在土层中引起的等效循环剪应力幅值为

$$\tau_{av}=0.65a_{max}\sigma_{v0}r_d/g \tag{1}$$

式中：τ_{av}——循环地震剪应力幅值，MPa；

σ_{v0}——上覆土层竖向总应力，MPa；

a_{max}——地面最大水平地震加速度，m/s²；

g——重力加速度，m/s²；

r_d——应力折减系数。

饱和砂土单元发生液化所提供的地震水平抗剪应力为

$$\tau_l=C_rD_r\sigma'_{v0}(\tau_d/\sigma_{3c})/50 \tag{2}$$

式中：τ_l——抗剪应力，MPa；

C_r——动三轴试验 45° 面上的动剪应力比水平面大的修正系数；

D_r——土层的相对密度；

τ_d/σ_{3c}——砂层三轴动强度；

σ'_{v0}——上覆土层竖向有效应力，MPa。

表 3 液化临界粘粒含量表

地震动峰值加速度（g）	0.10	0.15	0.20	0.30	0.40
液化临界粘粒含量（%）	16	17	18	19	20

表 4 猴子岩水电站坝址区河床覆盖层粘粒含量法液化判别表

地层编号	液化临界粘粒含量		粒径小于 5mm 颗粒含量	粘粒含量	判定结果
	地震烈度Ⅶ度	地震烈度Ⅷ度			
①-a	16%	18%	95%	0	可能液化
②			100%	14.18%～21.0%，少量达 27%～32%，局部 3.94%～5.49%	可能液化
③-a			100%	11.2%	可能液化

液化安全系数定义为水平地震抗液化应力与循环地震剪应力之比，即

$$K = \tau_l / \tau_{av} \qquad (3)$$

式中：τ_{av}——循环地震剪应力，MPa；

τ_l——水平地震抗液化应力，MPa；

K——安全系数。

西特总应力法判别结果见表 5。

表 5 猴子岩水电站坝址区河床覆盖层西特法液化判别表

地层编号	地层抗液化剪应力 τ_l（kPa）	地震烈度Ⅶ度			地震烈度Ⅷ度		
		地震剪应力 τ_{av}（kPa）	液化安全系数 K	判定结果	地震剪应力 τ_{av}（kPa）	液化安全系数 K	判定结果
①-a	70.27～115.39	49.74～50.93	1.41～2.27	不液化	104.76～107.28	0.67～1.08	局部液化
②	24.26～27.74	31.59～38.30	0.4～0.84	液化	66.5～69.52	0.3～0.4	液化
③-a	16.15～16.2	20.4	0.79～0.9	液化	43.04	0.38～0.69	液化

由表 4、表 5 可知，经西特法估算，第①-a 层卵砾石中粗砂在基岩地震动峰值加速度为 297g 情况下可能出现局部液化。但该层砂土相对密度 $D_r = 0.79～0.88$，大于 GB 50287—2016《水力发电工程地质勘察规范》提出的设防烈度Ⅷ度时无黏性砂土液化的临界相对密度 0.75，可判别为不液化砂层。鉴于第①-a 层为第四纪晚更新世沉积地层，埋藏较深，上覆有效压重大，结构密实，且相对密度大，综合判定该层卵砾石中粗砂为不液化砂土。

覆盖层第②层为饱水的黏质粉土，为第四纪晚更新世沉积地层。经西特总应法判别，②层黏质粉土在基本烈度和设防烈度下均处于液化状态，而通过黏粒含量判断，该层为可能液化土层。根据埋藏条件和标贯试验成果综合分析，认为该层均一性差，综合判定为可能液化土。

第③-a 层含砾石粉细砂经西特总应法判别在基本烈度和设防烈度下均处于液化状态，结合土层粘粒含量综合判定该层为可能液化砂土。

3 坝基覆盖层处理措施

为保证坝基满足高堆石坝的地基要求，使大坝趾板置于较完整的基岩上。施工过程中对坝轴线上游垫层区、过渡区及主堆石区河床坝基覆盖层第④、③、②、①-a 层进行挖除处理；坝轴线下游堆石区保留第①层覆盖层，并进行碾压处理。清除覆盖层后下伏基岩为泥盆系下统薄—中厚层—巨厚层状白云变质灰岩、变质灰岩，局部夹含绢云母变质灰岩等，岩石坚硬，较完整，具较高的抗变形能力和抗剪强度，可满足高堆石坝对地基的承载、变形及抗滑稳定要求。同时，在对覆盖层第④、③、②、①-a 层进行挖除处理后，地基砂土液化问题也随之解决。

河床覆盖层第①、②、③、④各层之间渗透系数差异明显，第②层为黏质粉土属于弱—微透水层，与之接触的上、下层以粗颗粒为主，局部有架空现象，有产生接触冲刷的可能性，因此堆

石对下游堆石区清除除第①层覆盖层，有利于坝基渗透稳定。

由于河床覆盖层第②层为黏质粉土，含水量高，天然状态呈"淤泥状"，开挖难度大，易造成施工机械内陷，运输困难，为此施工过程采用先降水，再用石渣铺路的方式，使第②层黏质粉土最终顺利开挖完成。

猴子岩水电站大坝于 2015 年 12 月填筑完成，面板于 2016 年 10 月浇筑完成，2016 年 11 月水库开始蓄水。为对大坝渗流及渗压进行监测，在坝基防渗帷幕前后、周边缝下、面板后挤压边墙以及堆石区共布设渗压计 48 支，渗压计 2016 年 4 月安装完成并取得基准值。监测结果显示，帷幕后渗压计实测水位为 1698.05～1701.43m，较帷幕前水位 1707.84m 水头折减为 6.41～9.79m，表明坝基帷幕起到了良好的防渗作用。

坝基覆盖层 1683.50m 高程以下共布设 11 套电位器式位移计，于 2014 年 1 月全部安装完成并取得基准值。监测结果显示，累计最大沉降量为 97.50mm，日平均沉降速率为 0.005mm/d。

总体而言，猴子岩水电站坝基及坝体变形和渗透均在正常范围内，可见对河床深厚覆盖层地基的

工程处理是有效的。

4 结语

（1）猴子岩水电站坝址区河床覆盖层厚 60～70m，结构层次复杂，由下至上可分为第①层冰水堆积含漂（块）卵（碎）砂砾石层（fglQ$_3^2$）、第②层堰塞沉积黏质粉土（lQ$_3^3$）；第③层冲洪积含泥漂（块）卵（碎）砂砾石层（pl+alQ$_4^1$）、第④层河流冲积含孤漂（块）卵（碎）砂砾石层（alQ$_4^2$）四大层。其中第①、③层分别夹有透镜体砂层①–a、③–a。

（2）坝基覆盖层中颗粒较细的第②层及第①–a、③–a 层力学性质软弱，而主要由粗颗粒组成的第①、③、④层透水性强，抗渗坡降低。各土层的物理力学性质缺陷以及土层间较大的性质差异，使坝基存在承载力不足、不均匀沉降、抗滑稳定、坝基渗透稳定及砂土液化等诸多工程地质问题。

（3）通过对坝址区部分覆盖层进行挖除处理，坝基可满足高堆石坝的地基要求，大坝建成蓄水后各观测数据未出现异常，表明所采取的工程处理措施是合适的，为我国特别是川西地区深厚覆盖层建坝工程地质勘察研究积累了经验。

参考文献：

[1] 陈海军，任光明，聂德新，等. 河谷深厚覆盖层工程地质特性及其评价方法 [J]. 地质灾害与环境保护，1996，7（4）：53–59.

[2] 党发宁，胡再强. 深厚覆盖层上高土石坝的动力稳定分析 [J]. 岩石力学与工程学报，2005，24（12）：2041–2047.

[3] 孙大伟，郦能惠. 深覆盖层上面板堆石坝关键技术研究进展与展望 [J]. 水力发电，2005，31（8）：67–69.

[4] 李向阳，左永振，周跃峰，等. 坝基深厚覆盖层粗粒土原位密度与力学特性研究 [J]. 人民长江，2021，52（7）：180–184，191.

[5] 吴梦喜，杨连枝，王锋，强弱透水相间深厚覆盖层坝基的渗流分析 [J]. 水利学报，2013，44（12）：1439–1477.

[6] 李国英，苗喆，米占宽. 深厚覆盖层上高面板坝建基条件及防渗设计综述 [J]. 水利水运工程学报，2014（4）：1–6.

[7] 夏万洪，魏星灿，杜明祝. 冶勒水电站坝基超深厚覆盖层 Q$_3$ 的工程地质特性及主要工程地质问题研究 [J]. 水电站设计，2009，25（2）：81–87.

[8] 周波，李进元，施裕兵. 西南某水电站深厚软弱覆盖层地基工程地质研究 [J]. 水力发电，2011，37（3）：20–22.

[9] 中国电力企业联合会. GB 50287—2016，水力发电工程地质勘察规范 [S]. 北京：北京计划出版社，2016.

[10] Seed H B, Idriss I M. Simplified procedure for evaluating soil liquefaction potential [J]. Journal of Geotechnical Engineering, ASCE, 1971, 97（9）：1249–1273.

[11] Youd T L, Idriss I M, et al. Liquefaction resistance of soil：Summary report from the 1996NCEER and 1998NCEER/NSF workshops on evaluation of liquefaction resistance of soils [J]. Journal of Geotechnical and Geoenvironmental Engineering.ASCE, 2001, 127（8）：817–833.

作者简介：

钟雨田（1997—），女，工程师，主要从事水电工程地质勘察工作。E-mail：531940887@qq.com

双江口水电站深厚覆盖层物理力学试验对比分析研究

袁国庆，马行东，王修华

（中国电建集团成都勘测设计研究院有限公司，四川省成都市　610072）

【摘　要】双江口水电站坝高 315m，为在建世界第一高坝。坝区河床覆盖层深厚，层次结构复杂，且夹有多个砂层透镜体。可研阶段与技施阶段对河床覆盖层各层开展了大量的现场和室内物理、力学性试验，本文通过对比技施阶段开挖与前期可研阶段试验成果，进行总结分析整理，复核河床覆盖层物理力学性参数建议值，为坝基覆盖层开挖与利用提供可靠的地质依据。

【关键词】双江口水电站；深厚覆盖层；坝基；土工试验；原位测试

0　引言

国外内在深厚覆盖层上已建造或正在建一系列高土石坝，对覆盖层勘探工艺及材料、物理力学特性试验、地质评价及基础处理等开展了一系列研究工作，并将这些成果应用于工程实际，取得了一些工程实践经验，但与河床深厚覆盖层特性有关的一些关键技术问题未进行深入研究，如对钻孔岩芯扰动样、基坑样试验成果和现场试验成果之间没有进行过系统对比研究，对不同埋深情况下土体物理力学特性没有系统的研究成果。

双江口水电站坝高 315m，为在建的世界第一高坝。前期勘探揭示坝区河床覆盖层深厚，一般厚 48～57m，最大厚度达 67.8m，具多层结构，上、下部为漂卵砾石或含漂卵砾石层，中部为砂卵砾石层，各层厚度变化较大，且夹有多个砂层透镜体，特别是心墙部位附近的第③-b、②-b 砂层厚度和范围较大，部分属液化砂层。技施阶段利用心墙部位河床覆盖层开挖，对河床覆盖层各层开展现场和室内试验，通过技施阶段与前期可研阶段试验成果进行对比分析研究，复核河床覆盖层物理力学性参数建议值，为坝基覆盖层开挖与利用提供可靠的地质依据。

1　河床覆盖层基本特征

大坝基坑开挖揭示河床覆盖层厚度为 45～60m，基底开挖最低高程约 2195m，位于心墙上游侧反滤层附近靠左岸侧。根据其物质组成、层次结构，从下至上（由老至新）可分为三层（如图 1 所示），层次结构和物质组成与前期勘探情况基本一致。

第①层为漂卵砾石层（如图 2 所示），位于河床下部，漂卵砾石成分主要为花岗岩，次为变质砂岩，多呈次圆状，磨圆度较好，漂石粒径一般为 20～40cm，夹部分孤石，直径大者可达十余米，孤漂石含量占 30%～40%，卵石粒径一般为 7～12cm，砾石粒径为 2～5cm，卵砾石含量占 40%～50%。空隙中充填中粗或中细碎屑砂，其中第①-a 砂层透镜体已经部分挖除，为细砂，在坝 0+400.47m 下游侧底部尚有部分砂层位于开挖范围之外，其出露位置与勘探预测范围基本一致。

第②层为（砂）卵砾石层（如图 3 所示），位于河床中部，卵砾石成分主要为花岗岩，次为变质砂岩，多呈次圆状，含量约占 60%，其余多为含泥中粗砂。该层中夹有多个较大的砂层透镜体，其中的第②-b、②-c、②-f 砂层透镜体已经全部挖除，为粉土质砂、中细砂、中粗砂，分布厚度与范围与前期勘探预测基本一致。第②-a 砂层位于下游围堰，第②-d、②-e 砂层位于上游围堰，均未挖除。

第③层为漂卵砾石层（如图 4 所示），位于河床表部，漂卵砾石成分为花岗岩、变质砂岩，呈次圆状、扁圆状，夹较多孤石，漂石粒径一般为 20～40cm，孤漂石占 30%～40%，卵砾石占 35%～50%，粗颗粒间充填中粗或中细碎屑砂，底部见黄色绣染条带。其中第③-b、③-c 砂层透镜体已经全部挖除（如图 1、图 5 所示），为粉土质砂、中粗砂，分布厚度与范围与前期勘探预测基本一致。第③-a、③-d 位于上游围堰，均未挖除。

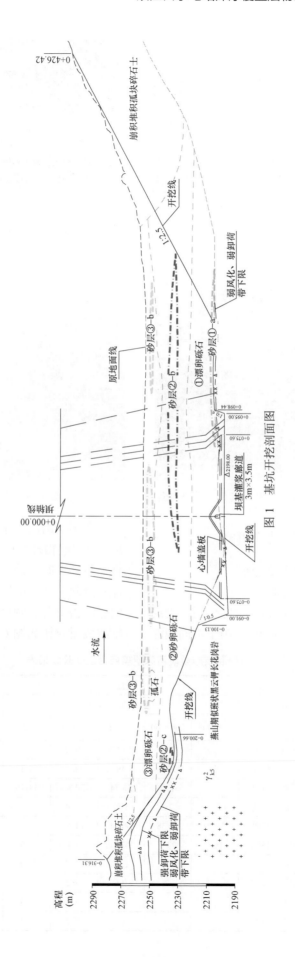

图 1　基坑开挖剖面图

图 2 ①层漂卵砾石层

图 3 ②层（砂）卵砾石层及夹②−b 层砂层

图 4 ③层漂卵砾石与②层（砂）卵砾石层分界面

图 5 心墙下游侧③−b 砂层

2 河床覆盖层物理力学试验研究

2.1 河床覆盖层试验成果对比分析

2.1.1 物性试验成果对比分析

深厚覆盖层颗粒组成较为复杂，即使同一土层不同位置的颗粒组成也不完全相同，由于不同埋深还存在不同的应力水平、应力路径，导致不同的密度。覆盖层物理性成果有一定的离散性，但当试验样品足够多时，统计该层的物性成果呈正态分布，能够反映出该层的物理特性。可研阶段和技施阶段河床覆盖层各层物性成果对比见表 1，颗粒级配包络线成果对比如图 6～图 8 所示。

表 1　　　　　　　　　　可研和技施阶段河床覆盖层物性试验成果表

地层	取样方式	物性试验									
		颗粒级配（mm）					不均匀系数 C_u	曲率系数 C_c	湿密度	干密度	孔隙比
		>200	200~60	60~2	2~0.075	<0.075					
第①层漂卵砾石层（底部）	钻孔扰动样均值（可研）		9.78	55.07	29.25	5.9	110.5	2.1			
	开挖原状样均值（技施）	3	29.8	49	16.9	1.3	77	2.8	2.28	2.25	0.18
第②层砂卵砾石层	钻孔扰动样均值（可研）		4.13	53.74	30.34	11.76	194	1.89	1.73	1.6	0.674
	开挖原状样均值（技施）	0.9	20	56.7	21.4	1	33.4	1	2.27	2.22	0.184
第③层漂卵砾石层（浅表层）	钻孔扰动样均值（可研）	11.59	25.38	46.54	14.22	2.25	110	3.6	2.26	2.17	0.25
	开挖原状样均值（技施）	16.6	24.3	48.1	7.4	0.9	32	1.1	2.34	2.32	0.15
第②−b 砂层透镜体	钻孔扰动样均值（可研）			1.24	63.7	35.07	96.8	1.28	1.72	1.52	0.773
	开挖原状样均值（技施）			0.6	96.2	3.2	5	1.3	1.71	1.59	0.67
第③−b 砂层透镜体（浅表层）	钻孔扰动样均值（可研）			6.1	75.84	17.97	32.3	4.2			
	开挖原状样均值（技施）			2.1	95.2	2.7	3	1.1	1.58	1.49	0.77

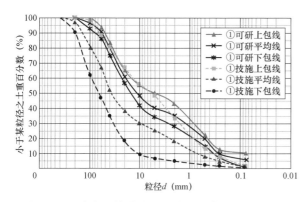

图6 可研阶段、技施阶段覆盖层第①层级配包络线

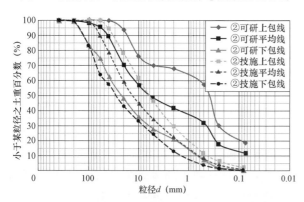

图7 可研阶段、技施阶段覆盖层第②层级配包络线

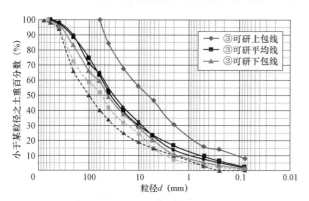

图8 可研阶段、技施阶段覆盖层第③层级配包络线

从物性试验成果对比分析可知：第①层漂卵砾石中粒径大于 60mm 的漂卵石含量比可研阶段提高了 23.0%，小于 2mm 的砂含量比可研阶段减少了 16.9%；第②层卵砾石中粒径大于 60mm 的卵石含量比可研阶段提高了 16.8%，小于 2mm 的砂含量比可研阶段减少了 19.7%，湿密度增加 31.2%，干密度增加 38.8%，孔隙比减少 72.7%；第③层漂卵砾石中粒径大于 200mm 的漂石含量比可研阶段提高了 5%，粒径小于 2mm 的砂含量比可研阶段减少了 8.2%，孔隙比减少 40%。

技施与可研试验成果有差异的原因：钻孔岩芯扰动样对卵砾石及小于砾粒的颗粒采取较好，而对巨粒颗粒采取差，造成巨粒含量与实际相比偏低，影响成果的准确性；钻孔岩芯扰动样对砂层、细粒土，在规范进行土样采取的条件下，经室内试验是能够获得干密度指标的，而对于漂卵砾石层等粗粒土，因钻孔对巨粒颗粒采取差，造成巨粒含量与实际相比偏低，使干密度试验值偏低。

2.1.2 力学试验成果对比分析

前期可研勘察阶段河床覆盖层开展的力学试验包括：重型动力触探测试、标准贯入试验、旁压试验、现场大型荷载试验、渗透变形试验、室内压缩试验和大型三轴试验。技施阶段河床覆盖层开挖过程中进行的力学试验包括：现场载荷试验、现场天然快剪试验、室内饱和固结快剪、现场渗透变形试验、室内渗透试验、室内压缩试验和三轴压缩试验。力学试验成果汇总表见表2。

从力学性试验成果对比分析可知：① 通过钻孔对不同土体进行压缩特性研究时，需采取不同的测试、试验手段综合判断，其中对砂卵砾石等粗粒土层，前期可采用超重型重力触探（测试范围有

表2 可研和技施阶段河床覆盖层力学试验成果汇总表

地层	阶段	载荷、触探、旁压	压缩试验（正压力 0.1~0.2MPa）		直剪试验（饱和固结快剪）		现场渗透变形			室内渗透变形试验		
		变形模量 E_0（MPa）	压缩系数（MPa^{-1}）	压缩模量（MPa）	黏聚力 C（kPa）	内摩擦角 ψ（°）	破坏坡降 i_f	渗透系数 K_{20}（cm/s）	破坏类型	破坏坡降 i_f	渗透系数 K_{20}（cm/s）	破坏类型
① 漂卵砾石层	可研	24.68~57.7										
	技施	37.1~39.3	0.009 1~0.011 1	107.0~130.1	55~70	41.7~42.9	1.61~4.14	7.17×10^{-3}~6.17×10^{-2}	过渡型			
② 砂卵砾石层	可研	28.34~44.2	0.031~0.098	13.6~41.4								
	技施	33.6~40.4	0.007 7~0.011 3	106.2~154.0	60	38.7~40.0	2.02~2.19	1.2×10^{-2}~2.3×10^{-2}	过渡型	3.36~4.01	2.76×10^{-3}~6.47×10^{-3}	过渡型

续表

地层	阶段	载荷、触探、旁压	压缩试验（正压力 0.1～0.2MPa）		直剪试验（饱和固结快剪）		现场渗透变形			室内渗透变形试验		
		变形模量 E_0（MPa）	压缩系数（MPa^{-1}）	压缩模量（MPa）	黏聚力 C（kPa）	内摩擦角 ψ（°）	破坏坡降 i_f	渗透系数 K_{20}（cm/s）	破坏类型	破坏坡降 i_f	渗透系数 K_{20}（cm/s）	破坏类型
③漂卵砾石	可研	11.24～68.8	0.009～0.042	31.3～136.8	35～85	40.2～48.5	0.41～3.52	2.19×10^{-3}～4.30×10^{-2}	管涌	1.18	1.92×10^{-3}～6.47×10^{-1}	管涌
	技施	58.4	0.009 4～0.010 8	106.2～121.7	92.5～100	41.7～45.0	7.92	1.6×10^{-4}	过渡型	2.19～5.09	2.96×10^{-4}～3.96×10^{-3}	过渡型
②-b 砂层透镜体	可研	22.4										
	技施	20.6			9～15	20～29.7		3.2×10^{-3}	流土	2.39	1.6×10^{-5}～2.1×10^{-5}	流土
③-b 砂层透镜体	可研	21.94										
	技施	29.3			15～16	23.4～27.8		6.64×10^{-4}	流土	1.2	4.55×10^{-4}	流土

限）、旁压试验（适用深度受限、变形模量经验公式有待研究）及室内压缩试验（颗粒组成代表性差）进行，需对各试验成果综合分析确定。② 对细粒土可采用标准贯入试验及室内压缩试验进行，但取值需根据经验修正，而室内压缩试验须采取埋深修正。③ 过钻孔岩芯扰动样对不同土体进行抗剪强度试验时，其中砂层试验成果相对较为准确，而对漂卵砾石等粗粒土及细粒土一般偏低，其原因有所不同，前者主要受钻孔岩芯扰动样对巨粒颗粒采取

差，致颗粒偏细，加之室内试验时采取等量替代制样等因素影响，而后者主要与钻孔岩芯扰动样扰动或破坏了土体原有结构有关。④ 根据现场渗透试验，渗透系数和渗透变形允许坡降值试验成果与前期钻孔抽水试验提出的成果对比，表明各层抗渗性及渗透稳定较以往建议值有所提高。

2.2 河床覆盖层物理力学参数评价

可研阶段根据勘察试验成果和工程类比对河床覆盖层各层提出了物理力学参数的建议值，见表 3。

表 3 可研阶段河床坝基覆盖层物理力学参数建议值表

位置	层位	名称	天然密度 ρ	干密度 ρ_d	允许承载力 $[R]$	变形模量 E_0	抗剪强度 φ	c	渗透系数 K	允许渗透坡降 J	边坡比 水上	水下
			g/cm³	g/cm³	MPa	MPa	（°）	MPa	cm/s			
河床坝基	①③	漂卵砾石（alQ₄）	2.18～2.29	2.14～2.22	0.5～0.6	50～55	30～32	0	4.5×10^{-2}～8.6×10^{-2}（局部架空 4.5×10^{-1}）	0.10～0.15（局部架空 0.07）	1:1.25	1:1.75
	②	砂卵砾石 alQ₄）	2.1～2.2	2.0～2.1	0.4～0.45	30～35	26～28	0	5.0×10^{-3}～3.0×10^{-2}	0.17～0.22	1:1.5	1:2.0
		中细砂层透镜体	1.7～1.9	1.6～1.8	0.15～0.25	15～25	18～23	0	2.0×10^{-3}～5.0×10^{-3}	0.25～0.3	1:2.0	1:3.0

技施开挖后物理力学性质试验表明：开挖后天然密度与干密度试验值较可研阶段的建议值偏高；第①层变形模量较可研阶段建议值偏低，其余各层均较可研阶段建议值稍偏大；抗剪强度均比可研阶段建议参数值略偏大，并均测出有黏聚力。

总体上可研阶段河床坝基覆盖层物理力学指标建议值有一定安全裕度，考虑到河床覆盖层的复杂性和试验手段的局限性，可研阶段各层参数的取

范围是合适的。但由于河床覆盖层第①层埋藏较深，试验取样困难，其指标主要从第③层漂卵砾石试验成果类比获得，因此其取值稍偏高。

3 结语

（1）开挖揭示双江口水电站河床覆盖层深厚，层次结构复杂，从下至上（由老至新）可分为三层：第①层漂卵砾石层、第②层（砂）卵砾石层、第③

层漂卵砾石层,中间夹砂层透镜体。与前期可研勘探情况基本一致。

(2)通过利用大坝心墙部位覆盖层全部挖除的机遇,技施阶段开展了现场原位试验等工作,在此基础上对前期勘察试验成果进行对比分析,取得了一些对河床深厚覆盖层特性深入的理解和认识。

(3)本文通过技施阶段与可研阶段河床覆盖层物理力学试验对比研究,分析了覆盖层各层物理力学指标的差异性和原因,主要勘察结论基本符合实际,可供今后类似工程借鉴。

(4)鉴于试验数量有限及局部的差异性,成果还有一定的局限性,研究与评价结论还需要在今后进行验证。另外,对获得的一些经验和原则,亦需要再今后的其他工程中验证。

参考文献:

[1] 冯建明,张世殊,田雄,等.双江口水电站坝址区深厚覆盖层工程地质特性初步研究[J].水电站设计,2011(2):55-57.

[2] 曲海珠,陈春文,王金生.深厚覆盖层钻孔样与基坑样压缩特性对比研究[C]//2016年全国工程地质学术年会论文集,2016.

[3] 余波.水电工程河床深厚覆盖层分类[C]//中国水力发电工程学会第四届地质及勘探专业委员会第二次学术交流会论文集,2010.

[4] 冯玉勇,张永双,曲永新,等.西南山区河床深厚覆盖层的建坝工程地质问题[C]//第六届全国工程地质大会论文集,2000.

深厚覆盖层特性试验研究新进展

罗启迅，李小泉，李建国

（中国电建集团成都勘测设计研究院有限公司，四川省成都市　610065）

【摘　要】本文介绍了大口径钻孔取样方法的新进展。依托泸定、长河坝、黄金坪、双江口、猴子岩等电站深厚覆盖层基坑开挖对不同深度、部位的覆盖层进行现场及室内试验，对比分析了漂卵砾石层浅部与深部的渗透试验成果、载荷试验成果和钻孔旁压试验成果，得到了物性成果与力学成果之间的相关关系。同时选择了双江口水电站代表性的漂卵砾石层，通过模型试验获得了室内旁压试验模量与土层密度的关系曲线，利用对应层次的现场旁压模量平均值，在曲线上求得现场漂卵砾石层的密度。

【关键词】深厚覆盖层；旁压试验；载荷试验；渗透试验；原位试验；大口径钻孔

0　引言

覆盖层是指经过内外地质作用而覆盖在基岩之上的松散堆积体、沉积物的总称[1]。覆盖层通常具有建造类型多样性、分布范围广泛性、产出厚度多变性、组成结构复杂性、构造改造少见性、工程特性差异性等特点[2]。覆盖层的这些特点决定了覆盖层上建设水电工程的特殊性与复杂性。结合水电建设的特点，根据厚度的不同，一般又可将覆盖层进一步细分为浅覆盖层（厚度小于 40m）、厚覆盖层（厚度为 40～100m）、超厚覆盖层（厚度为 100～300m）以及特厚覆盖层（厚度大于 300m）。深厚覆盖层在我国西南山区河流中广泛分布，一般深度为数十米。西南地区河床覆盖层的颗粒组成可以归为四类：① 颗粒粗大、磨圆度较好的漂石、漂卵砾石层；② 块、碎石层；③ 颗粒细小的中粗—粉细砂层；④ 黏土、粉质黏土、粉土层。因此，查明覆盖层工程特性并充分利用覆盖层是深厚覆盖层上建设水电工程的重要课题。

土工试验是查明深厚覆盖层物理力学特性的直接有效手段，为河床深厚覆盖层的合理利用与工程处理提供重要的设计和计算参数。准确获取天然密度、含水率和级配等基础指标是深厚覆盖层试验的重点、难点和关键点。覆盖层中浅部的砂层、黏土层和卵（块）、砾（碎）石层，可以通过开挖获取原状样，进而获取相应的基本物理参数，但是在勘测设计阶段，受勘测手段和条件的限制，对于深部土体的基本物理参数，不能进行大开挖而获取原状样；砂层和黏土层采用常规钻孔取样，密度可能变化；卵、砾石层采用常规钻孔取样，层次不变，组成结构发生变化，而密度难以获得。

针对上述问题，本文介绍了大口径钻孔取样的新进展；开展了利用旁压模量推求漂卵砾石层密度的研究，获得了砂卵石层的密度；统计分析了多个电站漂卵砾石层的浅部与深部物理力学参数的相关关系。

1　大口径钻孔取样

为了准确获取深厚覆盖层的物理力学参数，国外一般采用冻结法、化学灌浆法、钢板桩法钻取水下原状样，但是这些方法往往耗资巨大，不易实施[3]。随着勘探技术的发展，孔内直剪等新的试验手段被提出，但其有效性还有待验证。近年来，大口径钻孔获取原状样逐渐在工程中得到应用，成为可行的勘探试验方法。

对砂层和黏土层，常规尺寸的钻孔往往会挤压土层，使得土体密度变大；钻孔使用的植物胶也会混入土层中，对土体级配和室内测定砂层的渗透性产生影响。对于漂卵砾石层，常规尺寸的钻孔很难准确获得其级配。采用大口径钻孔取样，对土样核心部位扰动较小，能够有效解决砂层和黏土层的扰动问题；取样直径的增大也使得钻取的砂卵石层的级配更具代表性。

"七五"期间成都院成功研制 SD 型金刚石双管钻具,具有双级单动机构和磨光的内管,较好地满足了岩芯品质和采取率要求。采用大孔径 $\phi196mm$ 钻头可以获取近于 200mm 最大粒径的砂卵石料。近年来,研制出了如图 1、图 2 所示的 $\phi315mm$ 大口径钻孔设备,并投入使用,直径 $\phi1000mm$ 的钻孔取样设备也在研制之中。

图 1　$\phi315mm$ 大口径钻孔获取的原状样

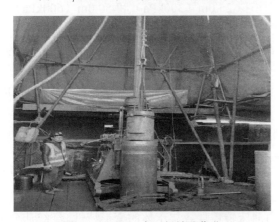

图 2　$\phi315mm$ 大口径钻孔作业

2　漂卵砾石层旁压试验与密度关系研究

密度是影响漂卵砾石层力学特性的基础指标。通常砂卵石料无胶结性,需现场直接测试其密度,虽然也可以通过化学注浆或冷冻的方法,但是代价是巨大的,甚至难以实现。因而如何获取深厚覆盖层漂砂卵砾石层的密度,便成为确定深部漂卵砾石层力学指标的关键点和难点。成都院联合相关单位在双江口、长河坝、猴子岩电站进行了深部旁压试验,并在室内土力学模型槽进行对应旁压试验,获得了对应深部漂卵砾石层的密度。以双江口电站为例,对其方法进行简介。

2.1　级配组成

双江口电站覆盖层,从下至上(由老至新)可分为三层,第①层为漂卵砾石,第②层为(砂)卵砾石层,第③层为漂卵砾石层。第②、③层级配包络线如图 3 所示,考虑到第③层级配的上包线、平均线与第②层级配的平均线、下包线基本相同,因此,模型料级配选定第②层的上包线、平均线、下包线及第③层的下包线 4 种级配。现场砂砾石有较大粒径,为保证试验成果的稳定性,采用剔除法,剔除 60mm 以上颗粒,缩尺得到试验级配。

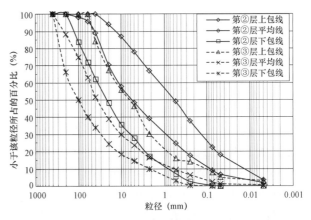

图 3　双江口水电站坝址区覆盖层砂砾石级配曲线

2.2　试验设备

如图 4 和图 5 所示,旁压试验的实质是原位横向载荷试验,由法国工程师梅纳(Louis Ménard)

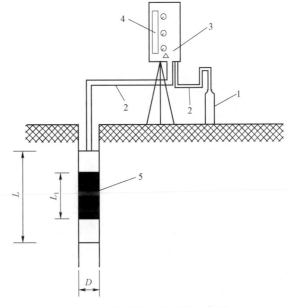

图 4　预钻式旁压仪结构示意图

1—压力源;2—导管;3—加压稳压装置;
4—变形量测装置(体变管);5—旁压器

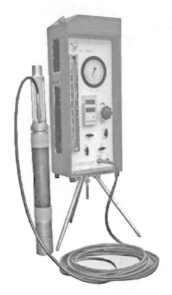

图 5　PY-2 型预钻式旁压仪

发明于 1957 年。其原理是将圆柱形旁压器竖直放入土中，利用旁压器扩张对周围土体施加均匀压力，量测压力和径向变形关系来获取地基土在水平方向的应力应变关系[4]。其试验时的应力条件接近于圆柱孔穴扩张课题。本试验采用 PY-2 型预钻式旁压仪，三腔式旁压器公称外径 ϕ=90mm，试验预钻孔径 ϕ=94mm。

室内模拟深厚覆盖层的旁压试验在模型箱体中进行，由于砂砾石属于粗粒料，尺寸效应对试验成果的影响较大，同时还要承受较大的上覆压力，因此要求模型箱体具备一定的尺寸和较强的刚度，箱体内尺寸为 0.84m×0.86m×1.05m，制作材料采用 60mm 厚钢板。

模型加压系统采用 4 个 50t 千斤顶组成的自反力系统，反力架在加压盖上对称布置，加压盖对角设置位移测量系统，在加压盖的几何中心预留旁压孔。

2.3　试验设计

2.3.1　试验原理

在模型试验中，现场砂砾石层的深度是通过在模型上方施加一定的上覆压力来实现的，上覆压力取值为第②、③层砂砾石的平均深度处的自重压力值。室内模型试验成果为了与现场原位测试数据相比较，第②、③层砂砾石的平均深度取在双江口坝址区进行的现场旁压试验点的平均测试深度。

2.3.2　上覆压力选择

第②层砂砾石层旁压试验点有 58 个，平均测试深度为 25.3m，最大测试深度为 39.4m。上覆压力值为平均测试深度乘以浮容重（干密度取

2.00g/cm³，孔隙比按照 0.350 进行计算）得到 312kPa。为探讨上覆压力对试验成果的影响，同时反映最大埋置深度砂砾石的受力状态，第②层砂砾石的模型试验上覆压力取 300kPa 和 600kPa。

第③层平均测试深度为 8.8m，最大测试深度为 18.3m，第③层上覆压力值为平均测试深度乘以浮容重得到 110kPa，模型试验的上覆压力取 110kPa 和 220kPa。

2.3.3　试验步骤

按照选取的级配配制砂砾石试样进行相对密度试验，测得该级配下的砂砾石最大干密度和最小干密度。计算当压实度为 86.4%、88.6%、91.3%、95.3% 时所对应的砂砾石密度，提出砂砾石装样的控制密度。

将旁压探头的保护管（开缝钢管）预埋于模型中间，并与加压盖和封盖中心圆孔对应，将模型总的砂砾石量分成 6～8 层（视装样密度而定），每层按照选取级配和控制密度进行配制和装样，逐层夯实。然后加水饱和，并加上加压盖进行加压，压力分别模拟 25.0m（300kPa）和 50.0m（600kPa）深度砂砾石，第③层砂砾石模拟 8.8m（110kPa）和 17.6m（220kPa）深度砂砾石，加压后将旁压探头置于保护管内，进行旁压试验，每组旁压试验做 2 级上覆压力。旁压试验在上级压力测试完后，卸掉旁压压力，重新加上覆压力，进行下一级压力的旁压试验，按照压力从小到大依次进行试验，直至完成。

2.4　试验结果

大渡河双江口水电站坝址区内河床覆盖层共进行了 8 孔 103 点旁压试验，较充分地反映了坝址区内河床覆盖层各层土体的变形特性。经统计分析后，坝址区河床覆盖层旁压试验成果见表 1。

表 1　双江口河床漂卵砾石层现场旁压试验成果统计表

分层序号	地质分层	试验统计点数	旁压模量（MPa）
③	漂卵砾石	24	6.59～47.12 17.47（14.17）
②	（砂）漂卵砾石层	58	5.71～21.11 12.79（11.97）
①	漂漂卵砾石层	21	10.98～29.13 15.68（13.90）
汇总		103	5.71～47.12 14.47（13.47）

注：$\dfrac{6.59～47.12}{17.47(14.17)}$ 代表的含义是 $\dfrac{最小值～最大值}{平均值(标准值)}$。

如图 6 所示，根据室内旁压模型试验所得成果，可以推测覆盖层第②、③层砂砾石的密度。采用平均级配线来体现第②、③层砂砾石的级配，利用现场旁压试验值的平均值和室内旁压试验密度与旁压值曲线来推求现场的砂砾石密度分别为 2.03g/cm³ 和 2.14g/cm³。

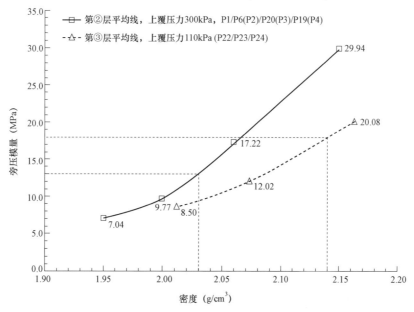

图 6 利用室内旁压试验成果推求密度参数示意图

3 浅部与深部物理力学参数对比分析

漂卵砾石层强度与变形参数一般能满足工程需要，存在的主要工程地质问题是渗漏及抗渗透变形能力。因此将渗透变形作为重点内容研究，着重对比深部与浅部、原状样和扰动样的差异；其次才是强度和变形等力学特性。

针对漂卵砾石的现场和原位土工试验的手段主要包括：浅层主要为大型载荷试验，可获得土层承载能力和变形模量，现场原位渗透及渗透变形试验可获得土层临界坡降、破坏坡降及渗透系数（有时采用联合渗透和有上覆压力下的渗透变形试验）；深层多用钻孔旁压或动力触探获得不同深度的变形模量或承载能力，深层渗透参数主要通过抽、注水试验获得。

依托泸定、深溪沟、长河坝、黄金坪、双江口、猴子岩等电站的深厚覆盖层基坑开挖对不同深度、部位的土层进行了现场及室内试验。考虑到常规试验一般在 10m 左右进行，故将浅部和深部的分界定在埋深 10m。埋深≤10m 统称为浅部漂卵砾石，埋深＞10m 统称为深部漂卵砾石。

3.1 物性试验

统计分析了猴子岩等已建、待建工程的浅部探坑、深部开挖取样以及钻孔样漂卵砾石层物理性成果，共计 549 组，包括天然湿密度、干密度、颗粒级配等指标。

3.1.1 级配组成

评价粗粒土的工程地质特性，离不开土体的颗粒级配，如何获取较为接近真实的土体颗粒级配是摆在有经验的工程师面前的一大问题。在勘测设计过程中，深部砂卵石级配由于勘测手段限制，难以采取直接取样的方式，往往通过钻孔取心来完成。而钻孔取心由于孔径小、取心率差等因素导致试验级配误差较大。通过大量的工程实践，统计分析得出钻孔样级配与实际级配之间的差异。

平均线采用级配算数平均值，以平均线为基础，按 90%保证率得出上、下包线，颗分曲线如图 7 所示，结果表明：浅部、深部探坑取样其小于 5mm 颗粒含量平均值分别为 23.6%、22.1%，而钻孔样小于 5mm 颗粒含量平均为 33.6%；浅部、深部探坑取样其漂石含量平均值分别为 11.2%、17.4%，而钻孔样小于 5mm 颗粒含量平均为 5.6%；钻孔样漂石含量低于浅部、深部探坑取样，小于 5mm 颗粒含量高于浅部、深部探坑取样。深部、浅部砂卵石级配差别不大，而钻孔样采用ϕ91mm～ϕ168mm 钻头取样级配略微偏细。

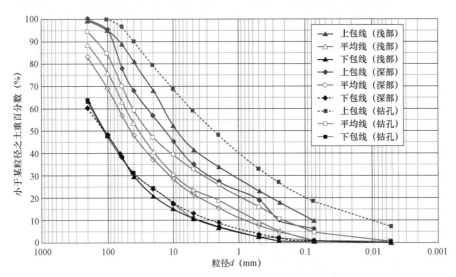

图 7　深厚覆盖层砂卵石浅部、深部、钻孔取样物性颗分包络线对比

3.1.2　密度试验

密度试验结果见表 2：浅部（埋深≤10m）干密度为 1.89～2.41g/cm³，平均为 2.18g/cm³，变异系数为 0.042，变异性很小；深部（埋深＞10m）干密度为 1.95～2.45g/cm³，平均为 2.25g/cm³，变异系数为 0.038，变异性很小；钻孔样干密度为 1.73～2.30g/cm³，平均为 2.11g/cm³，变异系数为

0.054，变异性小。深部干密度由于埋深、构造等因素影响，比浅部干密度高约 0.07g/cm³，为 3%～5%，比钻孔样高约 0.14g/cm³，约为 7%。

不管是浅部、深部还是钻孔样，干密度值的变异性均属于很小—小等级，仅钻孔样变异系数略大，这与试验条件、取芯情况有关。因此，用钻孔样成果评价深厚覆盖层密实度指标偏于保守。

表 2　　　　　　　　　　　　　　深厚覆盖层漂卵砾石层密实度指标统计表

评价指标	浅部（埋深≤10m）		深部（埋深＞10m）		钻孔样	
	干密度	孔隙比	干密度	孔隙比	干密度	孔隙比
	ρ_d	e	ρ_d	e	ρ_d	e
	g/cm³	—	g/cm³	—	g/cm³	—
统计组数	339	339	166	166	44	44
最大值	2.41	0.43	2.45	0.39	2.30	0.38
最小值	1.89	0.13	1.95	0.10	1.73	0.15
平均值	2.18	0.260	2.25	0.24	2.11	0.27
标准差	0.093	0.056	0.086	0.052	0.114	0.062
变异系数	0.042	0.21	0.038	0.22	0.054	0.23
变异性评价	很小	中等	很小	中等	小	中等

3.2　渗透试验

由表 3、表 4 可知，浅部和深部土层渗透系数平均值基本都为 10^{-2}cm/s 数量级，差别不大，但浅部的渗透系数分布范围更广。深部土层的临界坡降基本为浅部的 2 倍左右。深部的密实度更大，因此临界坡降大大高于浅部是合理的。

由表 5 可知，室内试验浅部土层渗透系数主要

分布数量级为 10^0～10^{-2}cm/s，占比达 88.6%。深部渗透系数主要分布数量级为 10^0～10^{-2}cm/s，占比达 87.5%。

从浅部和深部的成果对比可知，渗透系数平均值本都在 10^{-1}cm/s 数量级，差别不大，但浅部的渗透系数分布范围略广。由表 6 可知，从临界坡降看，深部为浅部的 2 倍左右。

表 3　现场试验浅部、深部渗透系数分布百分比

土体类比	<渗透系数范围划分			
	$>10^0$	$10^0 \sim 10^{-1}$	$10^{-1} \sim 10^{-2}$	$10^{-2} \sim 10^{-3}$
	百分比			
浅部砂卵石	—	5.5%	63.6%	30.9%
深部砂卵石	—	—	58.3%	41.7%

注：渗透系数单位为 cm/s。

表 4　现场试验浅部、深部临界坡降对照表

临界坡降（浅部）	临界坡降（深部）
0.15～1.19/0.54/49	0.59～1.91/1.29/6

注：范围/平均值/统计组数。

表 5　室内渗透变形试验浅部、深部渗透系数分布百分比

土体类比	渗透系数范围划分			
	$>10^0$	$10^0 \sim 10^{-1}$	$10^{-1} \sim 10^{-2}$	$10^{-2} \sim 10^{-3}$
	百分比			
浅部砂卵石	3.8%	44.3%	44.3%	7.6%
深部砂卵石	—	37.5%	50.0%	12.5%

注：渗透系数单位为 cm/s。

表 6　室内试验浅部、深部临界坡降对照表

临界坡降（浅部）	临界坡降（深部）
0.06～0.54/0.19/74	0.13～1.08/0.43/36

注：范围/平均值/统计组数。

3.3 旁压试验

对比浅部旁压试验成果与深部旁压试验成果，并将旁压试验换算得到的变形模量与现场大型载荷试验直接测得的变形模量指标进行对比分析，结果见表 7。

对比钻孔旁压试验浅部和深部的成果可以发现，浅部砂卵石承载力基本值平均为 741kPa，深部为 916kPa，深部比浅部高约 23.6%。浅部旁压模量平均为 29.7MPa，深部为 37.0MPa，深部比浅部高约 24.6%。浅部变形模量平均值为 108.1MPa，深部为 134.8MPa，深部比浅部高约 24.7%。

3.4 载荷试验

现场载荷试验（浅部）统计成果（见表 8）表明比例界限 f_{pk} 为 0.25～0.98MPa，平均值为 0.63kPa。变形模量为 29.3～77.8MPa，平均值为 47.1MPa。相应沉降量为 2.7～7.6mm，平均值为 5.2mm。

表 7　深厚覆盖层砂卵石旁压试验成果统计表

项目	浅部					深部				
	试验深度 H（m）	极限压力 P_L（kPa）	承载力基本值 f_0（kPa）	旁压模量 E_m（MPa）	变形*模量 E_0（MPa）	试验深度 H（m）	极限压力 P_L（kPa）	承载力基本值 f_0（kPa）	旁压模量 E_m（MPa）	变形*模量 E_0（MPa）
统计组数	10	10	10	10	10	38	38	38	37	37
最大值	15.0	3640	954	47.57	148.0	54.7	6400	1629	69.3	218.80
最小值	3.1	2400	606	22.73	87.4	10.9	2120	506	19.8	84.70
平均值		2880	741	29.70	108.0		3404	879	35.2	128.30

*变形模量通过旁压试验得出，旁压模量根据经验公式换算得到。

现场载荷试验（深部）统计成果（见表 9）表明比例界限 f_{pk} 为 0.50～1.29MPa，平均值为 0.89kPa。变形模量为 90.2～166.1MPa，平均值为 123.6MPa。相应沉降量为 1.8～6.8mm，平均值为 3.4mm。

现场载荷试验（深部）成果与旁压试验（深部）成果变形模量值吻合度较高，在一定程度上相互印证了上述两种试验方法在深厚覆盖层变形参数测试中的成果可靠性。

表 8　深厚覆盖层砂卵石载荷试验成果统计表（浅部）

项目	比例界限 f_{pk}（MPa）	变形模量 E_0（MPa）	相应沉降量 S（mm）
统计组数	41	41	41
最大值	0.98	77.8	7.6
最小值	0.25	29.3	2.7
平均值	0.63	47.1	5.2

表 9 深厚覆盖层砂卵石现场大型
载荷试验统计表（深部）

试验编号	试验深度 f_{pk}（g/cm³）	载荷试验		
		比例界限 E_0（MPa）	变形模量 S（MPa）	相应沉降量 f_{pk}（mm）
E2-1	20.0	0.50	90.2	2.1
SE2	28.0	>1.29	108.4	6.1
SE3	28.0	>1.29	97.3	6.8
H①-1-1	75.0	0.85	125.3	2.9
H①-2-1	75.0	0.75	128.7	2.3
H①-3-1	80.0	0.85	166.1	2.2
H①-4-1	82.0	0.7	149.2	1.8
最大值		>1.29	166.1	1.8
最小值		0.50	90.2	6.8
平均值		0.89	123.6	3.4

4 结语

（1）如何经济、准确地获取深厚覆盖层的天然密度、含水率和级配等基础指标，以及如何联合室内和现场试验来综合研究土体的物理力学特性是深厚覆盖层试验研究的重要发展方向。

（2）介绍了大口径钻孔取样的方法。通过建立旁压模量与漂卵砾石层密度关系的方法求得漂卵砾石层的密度，获得可行的密度获取方法。总结了一套能较准确反映覆盖层天然结构特性参数统计值的方法。

（3）漂卵砾石层统计结果表明：钻孔样漂石含量低于浅部、深部探坑取样，小于 5mm 颗粒含量高于浅部、深部探坑取样。深部、浅部砂卵石级配差别不大。干密度值的变异性均属于很小—小等级。浅部的渗透系数分布范围更广，深部土层临界坡降基本为浅部的 2 倍左右。浅部砂卵石承载力基本值平均为 741kPa，深部为 916kPa，深部比浅部高约 23.6%。浅部旁压模量平均为 29.7MPa，深部为 37.0MPa，深部比浅部高约 24.6%。现场载荷试验（深部）成果与旁压试验（深部）成果变形模量值吻合度较高。

参考文献：

[1] 余挺，陈卫东，等，深厚覆盖层筑坝技术丛书 深厚覆盖层勘察研究与实践 [M]. 北京：中国电力出版社，2020.

[2] 彭土标，袁建新，王惠明. 水力发电工程地质手册 [D]. 北京：中国水利水电出版社，2011，12：261-271.

[3] 王锺琦，孙广忠，等. 岩土工程测试技术 [M]. 北京：中国建筑工业出版社，1986.

[4] 彭柏兴，金飞. 红层旁压试验、载荷试验与单轴抗压试验对比研究 [J]. 城市勘测，2019（5）：174-179，194.

三、设计实践

新疆开都河察汗乌苏水电站
趾板建在深厚覆盖层上混凝土面板砂砾石坝设计综述

周恒，李学强

（中国电建集团西北勘测设计研究院，陕西省西安市 710065）

【摘　要】察汗乌苏水电站混凝土面板砂砾石坝建在厚达 40 余米的砂砾石覆盖层上，最大坝高为 110m，是我国最早开展科研试验研究的趾板建在深厚覆盖层上的百米级混凝土面板砂砾石坝。通过科研攻关，对坝基覆盖层组成、结构、物理力学性状进行原位载荷及旁压试验和室内大型试验，同时对坝体及坝基的渗控措施进行了深入研究，并通过坝体及坝基三维有限元静动力计算分析，最终确定了河床趾板建在深厚覆盖层上混凝土面板砂砾石坝的设计方案，现已经成为目前国内深厚覆盖层上百米级面板坝的标准设计模式，该大坝已于 2007 年竣工，目前运行 15 年，运行状态良好。

【关键词】察汗乌苏；河床柔性趾板；深厚覆盖层；百米级混凝土面板砂砾石坝

1　工程概况

察汗乌苏水电站位于新疆维吾尔自治区巴音郭楞蒙古自治州境内，是开都河中游河段规划中的第七个梯级电站，该电站距巴州首府库尔勒市公路里程 132km。

察汗乌苏水电站为混合式开发，具有发电和防洪功能，水库总库容为 1.25 亿 m³，电站总装机容量为 309MW，为二等大（2）型工程。坝址位于开都河左岸支沟察汗乌苏沟沟口上游 1.6km 的峡谷处，拦河坝为趾板建在深厚覆盖层上混凝土面板砂砾石坝，河床趾板位置覆盖层最大深约 47m，覆盖层以上最大坝高为 110m，坝顶高程为 1654m，坝顶长度为 337.6m。枢纽建筑物由拦河坝、布置在右岸的引水发电系统和泄洪洞及溢洪洞等建筑物组成，引水隧洞长约 3.6km，电站厂房位于河道右岸。由于拦河坝为趾板建在深厚覆盖层上且坝高超 100m 的面板坝，坝基条件复杂且属经验少的新坝型，故大坝级别提高一级按 1 级建筑设计。

工程可行性研究报告于 1999 年 2 月通过电规总院审查，项目建议书于 2004 年 3 月通过中咨公司的评估，2004 年 10 月 1 日导流洞开工，2005 年 11 月截流，2007 年 10 月 31 日下闸蓄水，同年 12 月 22 日首台机并网发电，2012 年 12 月枢纽竣工安鉴完成，2021 年枢纽工程专项验收通过。

工程建设单位为国家能源集团新疆开都河流域水电开发有限公司，由中国电建集团西北勘测设计研究院有限公司设计，监理单位为长江水利委员会工程建设监理中心（湖北），大坝施工单位为中国水利水电第十五工程局有限公司，防渗墙施工单位为北京振冲工程股份有限公司。

2　新型面板坝结构设计技术难点和主要设计亮点

（1）20 世纪 90 年代前，国内深厚覆盖层上混凝土面板坝基本为 50m 级，且河床趾板基本为整体刚性结构，例如铜街子副坝（坝高 48m，覆盖层厚 71m）和柯柯亚面板坝（坝高 41.5m，覆盖层厚 37.5m），刚性河床趾板适应覆盖层不均匀沉降的能力较差，在高水头作用下容易变形产生裂缝导致渗漏，对覆盖层的渗透安全影响较大，制约了河床趾板建在深厚覆盖层上高面板坝的发展。中电建西北院依托察汗乌苏工程，联合水电水利规划设计总院在国内首度开展了百米级深厚覆盖层上面板坝的科研研究，完成了《深覆盖层地基上混凝土面板堆石坝关键技术研究》及其子题《察汗乌苏水电站覆盖层地基处理措施研究》和《察汗乌苏深覆盖层面板堆石坝关键技术》，并将研究成果应用在察汗乌苏水电站工程上，专题报告研究了在河床趾板中设缝方案，将面板与混凝土防渗墙之间的不均匀沉降变形通过分离缝错缝逐渐渐变，每条缝的变形都能够被当前的止水结构适应，把河床趾板建在深厚覆盖层上，混凝土面板坝筑坝技术由 50m 级大幅提高到百米级，与常规的大基坑开挖方案相比，减小了围堰防渗深度，降低了基坑排水强度，简化了施工导流，减小了两岸人工边坡的开挖支护规模，大大缩短了建设工期，降低了工程投资，经济效益非常显著。察汗乌苏面板砂砾石坝是国内第一座开展研究的深厚覆盖层上百米级混凝土面板坝，创新性地将河床趾板采用分离式结构，为同类型同级别工程提供了理论基础和设计、建设经验，同时代建设中的云南那兰覆盖层面板坝借鉴了察汗乌苏的科研成果调整了设计，也将河床趾板建在了深厚覆盖层上，察汗乌苏水电站工程的成功设计和建设，代表了 21 世纪初国内深厚覆盖层上百米级面板堆石坝的领先筑坝水平，对推动深厚覆盖层上面板坝筑坝技术的突破发展具有重大意义。

（2）深厚覆盖层上百米级面板坝的技术难点是河床截渗措施，以及其与混凝土面板的连接方式。察汗乌苏面板坝借鉴国外工程和国内 50m 级工程的设计经验，创新性地提出河床覆盖层截渗采用刚性混凝土防渗墙，以及防渗墙与防渗面板之间采用分离式河床趾板柔性连接结构的解决方案，现已经成为目前国内深厚覆盖层上百米级面板坝的标准设计模式，是本工程的最大设计亮点。

（3）该坝型的采用，较趾板建在基岩面上面板砂砾石坝方案可节约工程直接费用 4000 多万元，总工期提前 8 个月，首台机组发电工期提前 6 个月，经济效益显著。

3 深厚覆盖层上混凝土面板砂砾石坝设计

3.1 地质条件

坝址位于察汗乌苏沟沟口上游 1.6km 的峡谷内，河道较顺直，河谷呈 V 形谷，河道坡降约 6.44‰，两岸地形基本对称，岸坡一般为 40°～60°，相对高差为 270～400m，正常蓄水为 1649m 时坝轴线处河谷宽约 316m。坝址区右岸发育一条较大的深切冲沟——六坎沟，长度超过 5km，切割深度为 100m～150m，沟底宽 1～5m，两侧岸坡陡峻，坡角为 50°～70°，沟口直抵河床。

坝址区出露基岩岩性为巨厚层—厚层英安质凝灰岩、凝灰质砾岩、凝灰质粉砂岩及变质砂岩等，岩石致密坚硬，湿抗压强度为 112～133MPa，软化系数为 0.78～0.93。

河床、高漫滩河床覆盖层最大厚度为 47.0m，一般为 34m～46m。主要由漂石、砂卵砾石组成。根据其颗粒组成的不同及物理力学性质和工程特性的差异，可分为三大层，即上部、下部含漂石砂卵砾石层和中部含砾中粗砂层。上部和下部为同一岩组，以含漂石砂卵砾石为主，上部层厚平均为 25.3m，下部平均层厚为 11.2m，含漂砂卵砾石层结构紧密，属中等密实—密实状态。中部含砾中粗砂层平均厚 5.9m，以中粗砂为主，结构紧密，属中等密实—密实状态，经试验研究属非液化砂层。覆盖层参数建议值见表 1。

表 1 　　　　　　　　　　　　察汗乌苏坝基覆盖层参数建议值表

覆盖层类型	干密度（g/cm³）	相对密度	允许承载力（MPa）	变形模量（MPa）	抗剪强度		渗透系数（10⁻²cm/s）	压缩性		剪切波速（cm/s）	临界坡降	允许渗透坡降
					φ（°）	c（MPa）		压缩系数 a_v（0.1～0.2）（MPa⁻¹）	压缩模量 E_s（0.1～0.2）（MPa）			
漂石砂卵砾石	2.14	0.85	0.50～0.60	45～55	34	55	6.68	0.03	40～50	583～615	0.23～1.13	0.10～0.15
中粗砂	1.86	0.92	0.30～0.35	30～35	28	25	4.27	0.04	25～30	440	0.40～0.50	0.20～0.25

坝址区强风化岩体较少，强风化层厚度为 3～5m，两岸弱风化层厚度一般为 25～40m，河床一般为 10～30m。两岸相对隔水层顶板埋深为 80～150m，河床为 55～125m。地下水位埋深较大，对

混凝土无侵蚀性。

工程区天然砂砾料储量丰富，距坝址较近的 C1、C2、C3 三个天然砂砾料场交通方便，其中 C1 料场位于察汗乌苏河与开都河汇合处左岸 Ⅱ～Ⅴ 级阶地上，距坝址 0.5～1.5km，储量约 616 万 m³，为本工程的主要填筑料场。

3.2 平面布置

首部枢纽建筑物由拦河坝、布置在右岸的电站进水口、泄洪放水洞、溢洪洞等建筑物组成。

大坝为混凝土面板砂砾石坝，坝轴线长 331.6m，坝顶宽 8.2m。由于坝轴线左坝头下游有 Ⅰ 号变形体，右岸引水洞进口上游有 Ⅱ 号变形体，坝轴线受变形体位置限制，与河道斜交，而且右岸坝轴线上游六坎沟延伸到河床，所以在六坎沟附近设有 26m 高的高趾墙。枢纽平面布置如图 1 所示。

3.3 大坝剖面设计

坝址区砂砾石料丰富，大坝填筑料主要为阶地砂砾石料。上游坝坡采用 1:1.5，下游坝坡采用 1:1.25，综合坡度为 1:1.8。L 形钢筋混凝土防浪墙高 5m，上游设 0.6m 宽的交通监测平台。坝后设六层宽 10m、纵坡 10% 的上坝"之"字形公路。坝体填筑方量为 410 万 m³，大坝标准剖面图如图 2 所示。

3.4 坝体分区和坝料设计

由于拦河坝为混凝土面板砂砾石坝，其受力特点和渗透特性对填筑料的抗剪强度、压缩性、渗透性、耐久性有着不同的要求，故坝体断面的设计主要原则为：① 各区料之间应满足水力过渡的要求，充分利用砂砾料易于压实、密度高变形量小的特点，用砂砾石作为主堆石区。② 为保证满足自由排水要求，在坝体内偏上游设置竖向排水区，同时为方便施工，沿底部设置水平条带排水区，将全部渗水自由排出坝体外。最终确定坝体分为十个区域，即垫层区（2A）、特殊垫层区（2B）、过渡料区（3A）、主砂砾石区（3B）、排水体（3F）、下游堆石区（3C）、下游干砌石护坡（3D）、上游防渗区（混凝土面板 F）和防渗补强区（1A、1B）。

垫层料（2A）选用 C3 料场筛分的天然砂砾料掺人工粗砂按级配要求配制而成，垫层料水平宽 3m。垫层料最大粒径为 80mm，小于 5mm 粒径的含量为 35%～50%，小于 0.1mm 粒径的含量小于

8%，设计干密度为 2.24g/cm³，孔隙率≤17%。

过渡料（3A）采用洞渣料（60%）和夏尔木特沟天然砂砾料（40%）混合掺配，过渡区顶部水平宽度为 3.0m，上游侧坡度 1:1.5，下游侧坡度 1:1.4。最大粒径为 300mm，小于 5mm 的含量为 15%～25%，小于 0.1mm 粒径的含量小于 5%，设计干密度为 2.20g/cm³，孔隙率≤19%。

主砂砾料（3B）为 C1 料场开挖的天然砂卵砾石，碾压填筑层厚 80cm，碾压指标采用双控，相对密度不小于 0.9，孔隙率不大于 17%，设计干密度为 2.24g/cm³。

下游堆石料（3C）采用拦河坝两岸及进水口开挖的弱风化石凝灰岩渣料，碾压铺层厚度为 80cm，级配连续，孔隙率不大于 23%，含泥量<8%。

L 形排水料（3F）采用 C3 料场筛分后的天然砂砾料，设置在主砂砾料内，$D_{max}=80mm$，$D_{min}=20mm$，相对密度不小于 0.9。竖向排水体布置在偏上游的上游坝体内，分布高程为 1649～1549m，底部与河床水平排水相连，为了便于施工，顺河床方向铺设 5 条水平排水条带，每个条带宽 10m，层厚 4m，上游侧与竖向排水体连接，下游与下游堆石连接。

3.5 覆盖层基础防渗

根据河床覆盖层最大深度为 47m、砂砾石层组成及物理力学特性，河床覆盖层基础防渗处理方案拟定四个方案进行比选，分别为① 混凝土防渗墙方案；② 灌浆帷幕方案；③ 高压旋喷方案；④ 混凝土沉井方案。从防渗透的结构形式及可靠性、施工进度、施工技术条件、工程投资等几方面进行综合比较认为，混凝土防渗墙处理方案防渗形式结构可靠、防渗墙变形和应力满足要求、运行可靠，覆盖层颗粒级配组成适宜防渗墙施工，施工质量有保证，施工简单，工期有保证，在国内水利水电工程广泛采用，具有成熟的施工经验，在工程投资上基础处理费用最少，故推荐混凝土防渗墙处理方案为覆盖层上混凝土面板砂砾石坝地基防渗处理方案。

混凝土防渗墙轴线平行于坝轴线布置，墙顶长 112m，墙厚 1.2m，墙底嵌入基岩 1.0m，最大墙高 41.8m。防渗墙采用混凝土刚性墙，混凝土强度为 C35、抗渗为 W10。防渗墙顶部以下 10m 和两岸端头顶部以下 20m 范围均布置钢筋笼。

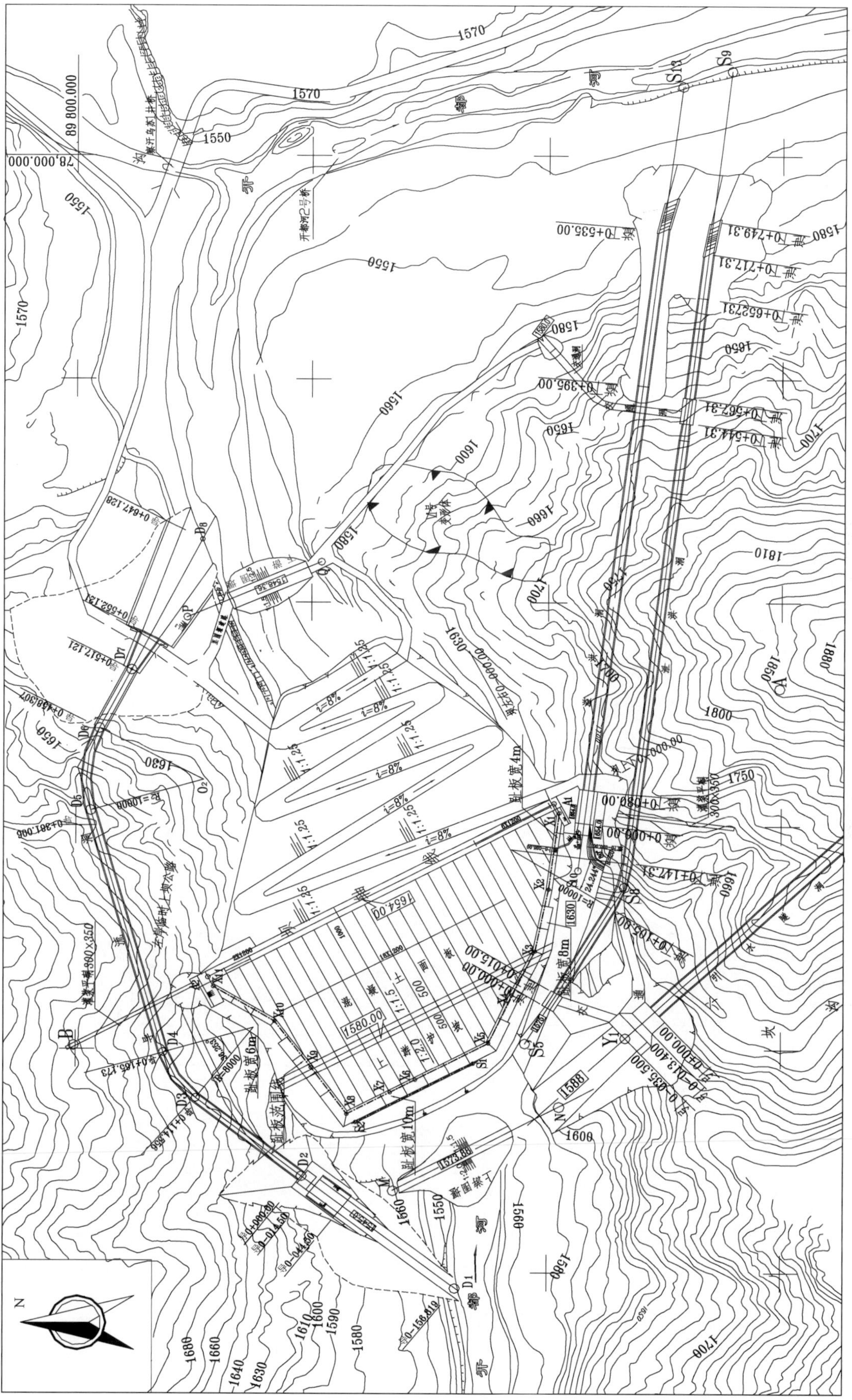

图 1　察汗乌苏水电站首部枢纽布置图

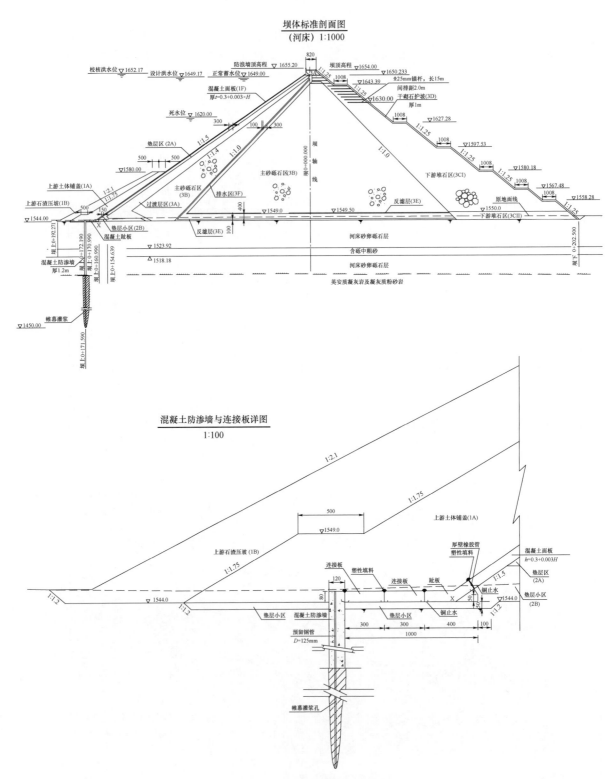

图 2　察汗乌苏面板砂砾石坝标准剖面图（一）

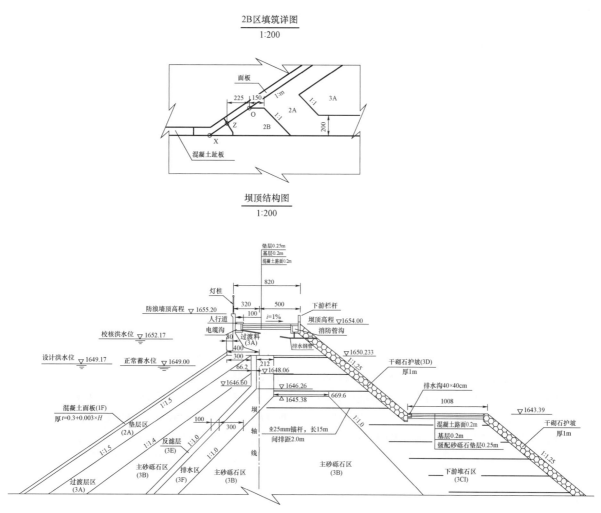

图 2　察汗乌苏面板砂砾石坝标准剖面图（二）

3.6　坝体与坝基、岸坡的连接及处理

3.6.1　趾板（含连接板）基础开挖

河床趾板砂卵砾石覆盖层建基面高程为 1544m，趾板及其下游 0.3 倍坝高范围覆盖层进行强夯处理，夯击能≥2700kN·m，夯击点数为 10 击，点夯后满夯，满夯夯击能为 2000kN·m，满夯后再用 20t 拖式振动碾碾压 6 遍。河床覆盖层地下水较高无法进行挖深坑干密度检测，只对表部 2m 深进行干密度控制，夯后要求干密度提高至少 5% 以上。

两岸趾板置于弱风化的岩石上，趾板上游侧按 1:0.5 的稳定坡进行开挖，每 20m 设一层 2m 宽的水平马道，便于边坡喷锚支护施工。根据岩石揭露情况，进行岩石锚杆、素喷混凝土、挂网喷混凝土以及锚筋桩等加强处理支护方式。

3.6.2　堆石体基础开挖

河床覆盖层基础，按高程 1544m 进行开挖且至少清除覆盖层 1m，并用 20t 拖式碾碾压 6 遍。

两岸趾板下游按不陡于 1:1.5 进行开挖（垂直于趾板轴线），垂直于坝轴线方向按 1:1.5 开挖（与面板平行）。

坝轴线上游两岸基岩边坡开挖成不陡于 1:0.5，如自然岸坡缓于 1:0.25 陡于 1:0.5，在岸坡 1:0.5 边坡范围内用过渡料掺水泥进行干贫混凝土碾压，并比附近填筑料增加碾压遍数 2 遍。对于陡坡（陡于 1:0.25）、倒悬，首先应将其削坡处理或回填浆砌石（混凝土）成 1:0.25 的边坡，然后按缓于 1:0.25 的边坡进行处理，局部如削坡确有困难，而又无法进行回填处理（基础为覆盖层），可在 1:0.5 坡度范围进行过渡料掺水泥干贫混凝土填筑，并在边坡 20m 范围内增加碾压遍数 2 遍。

坝轴线下游的岸坡应开挖成不陡于 1:0.25 的边坡，如有陡坡、倒悬，可将其削坡处理或回填浆砌石（混凝土）成 1:0.25 的边坡即可。

3.6.3　节理、裂隙及断层破碎带处理

趾板范围内岩石节理、裂隙断层发育宽度小于

300mm，清理表面充填物后灌水泥砂浆进行封堵，趾板下游 5m 范围喷 200mm 厚的 C25 混凝土；发育宽度大于 300mm 以上时，趾板和垫层基础范围要进行混凝土塞置换处理，堆石体基础采用混凝土置换塞和混凝土板覆盖处理，混凝土板上覆盖垫层料和过渡料。

3.6.4 基础灌浆

河床覆盖层采用厚 1.2m 的混凝土防渗墙进行防渗处理。防渗墙为刚性墙，混凝土标号为 C35W10，最深 41.8m，两侧通过左右岸连接墙（现浇墙）同河床和两岸趾板连接。

固结灌浆布置在趾板和高趾墙基础范围内，固结灌浆孔深入基岩 8m（竖直孔），间排距 3m，在趾板处排距 1.5～2m。

帷幕灌浆沿河床防渗墙、两岸趾板和右岸高趾墙以及坝顶灌浆隧洞布置。河床防渗墙下防渗帷幕设单排孔，孔距为 2m；两岸趾板设主、副两排防渗帷幕孔，排距为 1.5m，孔距为 2m；两岸灌浆隧洞均深入岩体 100m，帷幕为单排布置，孔距为 2m。主帷幕深度按帷幕深度插入到相对不透水层（$q=3Lu$）线或 0.7 倍水头控制，副帷幕深度为 1/2～2/3 倍主帷幕。

3.7 趾板（高趾墙）设计

3.7.1 趾板设计

两岸趾板全部坐落在较坚硬完整的弱风化基岩上，右岸地质条件优于左岸。右岸趾板的宽度取 1/15 水头，高程 1600m 以上为 4.0m，以下为 8.0m；左岸趾板的宽度取 1/10 水头，高程 1600m 以上取 6.0m，以下为 10.0m。左、右岸趾板在高程 1600m 以上厚度均为 0.6m，以下厚度均为 0.8m。河床部位趾板坐落在覆盖层上，起连接混凝土防渗墙和面板的作用，柔性连接板宽度取为 10.0m，分成宽度分别为 4、3、3m 的三块，厚度均为 0.8m。

两岸趾板顶部布置单层双向钢筋，每向配筋率为 0.4%，基础设间排距 1.2m 深入基岩 4m 的锚筋（$\phi28$），锚筋与钢筋网连接。趾板混凝土标号为 C25W12F300（二）。趾板每隔 10m 左右设一道施工缝，钢筋穿缝，缝面凿毛。河床趾板每隔 10m 设一道伸缩缝，柔性趾板两侧、顶底面均布钢筋。

3.7.2 高趾墙设计

在右岸趾板通过六坎沟处设置高趾墙，最大高度为 24.8m，长 72.68m。墙顶随坡降逐渐降低，墙顶宽 4m，墙胸坡比为 1:0.8，墙背坡比为 1:0.5，墙顶高整 1654m。右岸高趾墙体型图如图 3 所示。

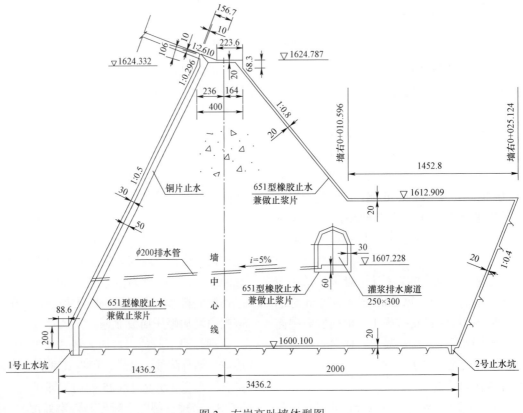

图 3　右岸高趾墙体型图

3.8 面板

面板顶端厚度为 0.3m，底部最大厚度为 0.61m，最大水力梯度为 175（＜200），满足混凝土面板抗渗耐久性要求。面板垂直缝间距 12m，面板采用单层双向配筋，每向配筋率为 0.4%，在周边缝和垂直缝（压性缝）侧面设挤压钢筋，防止局部挤压破坏，面板分二期浇筑，一期拉面板顶高程为 1622m，混凝土标号为 C25W12F300，二级配。

3.9 分缝和止水

周边缝死水位以下设 3 道止水，死水位以上设 2 道止水。顶部设 SR 表面塑性填料止水，中部设厚壁橡胶管（壁厚 20mm），底部设 F 型铜止水。为适应较大的剪切位移和张拉变形，止水铜片鼻宽和鼻高分别为 30mm 和 100mm，鼻子内设 φ30mm 橡胶棒，并用聚氨酯泡沫充填，周边缝内充填 12mm 厚的沥青浸渍木板。

面板张性缝设 2 道止水。顶部设 SR 塑性填料止水，底部设 W 型铜止水，鼻子内塞 φ12mm 的橡胶棒并用聚氨酯泡沫充填，张性缝面涂刷 3mm 厚乳化沥青。

面板压性缝设置在河谷中部，设置为柔性缝，其止水设置基本同张性缝相同，但缝内设 12mm 厚的沥青浸渍木板。

两岸趾板每隔 20m 设 1 道伸缩缝，缝内涂刷 3mm 厚乳化沥青，缝中设 1 道 D 型铜止水，一端插入周边缝表面止水，另一端插入基岩止水坑内。趾板每隔 10m 左右设 1 道施工缝，缝中埋 1 道 H2-861 型橡胶止水。

河床趾板之间和趾板与连接板、连接板之间、连接板和防渗墙之间均设伸缩缝，缝宽 20mm。缝内设 3 道止水，缝顶设 SR 塑性填料止水，缝中部设 1 道厚壁橡胶管止水，缝底部设 1 道 W 型（连接板与防渗墙连接用 F 型）铜止水，鼻子宽 20mm，鼻子高 60mm。

面板和防浪墙间的底缝（伸缩缝）止水设 2 道，顶部设 SR 塑性填料止水，底部设 E 型铜止水，并与防浪墙内伸缩缝内 D 型止水相接。缝内填充 12mm 沥青浸渍木板。

防浪墙体每格 12m 设 1 条伸缩缝，缝内设 D 型止水铜片 1 道，缝面填充 L-600 闭孔低发泡塑材板。

接缝止水布置如图 4 所示。

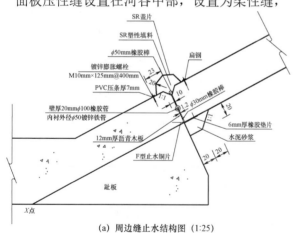

(a) 周边缝止水结构图（1:25）

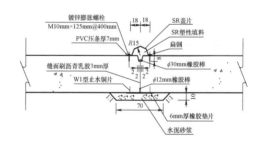

(b) 面板张性缝止水结构图（1:25）

(c) 面板柔性缝止水结构图（1:25）

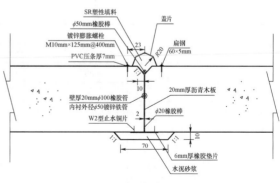

(d) 河床趾板、连接板伸缩缝止水结构图（1:25）

图 4　接缝止水布置图（一）

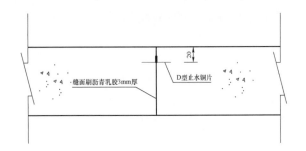

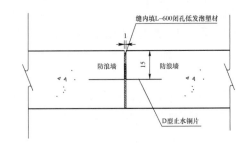

(e) 两岸趾板伸缩缝止水结构图（1:25）　　　　(f) 防浪墙体缝止水结构图（1:10）

图 4　接缝止水布置图（二）

3.10　坝体计算

三维非线性有限元静动力分析，西北院在可研和技施阶段分别委托北科院和南科院进行计算，北科院采用 E-B 模型，南科院采用"南水"双屈服面弹塑性模型。面板与垫层、趾板与地基、连接板与地基、防渗墙与地基之间采用薄层单元以模拟接触特性，防渗墙与连接板、连接板之间、连接板与

趾板、趾板与面板（周边缝）、面板与防浪墙之间以及面板间垂直缝采用分离缝模型，防渗墙与河床砂砾石覆盖层之间设置 3cm 厚泥皮薄层单元，防渗墙底部设 15cm 厚的沉渣单元，基岩面以下 10m 内岩体视为弹性体，以下视为刚性体。

静力计算模拟大坝填筑、面板浇筑、蓄水过程进行仿真计算。主要计算成果见表 2～表 7。

表 2　　坝体应力应变计算成果表

计算情况		沉降（cm）		水平位移（cm）		主应力（MPa）	
		坝体（竣工/蓄水）	覆盖层（竣工/蓄水）	向上游	向下游	大	小
可研阶段	南科院	76.2/79.2	50	10.9/5.5	22.4/23.6	2.44/2.70	1.09/1.15
施工详图	南科院	62.45/65.25	50	6.82/4.6	9.96/10.6	2.26/2.35	0.94/1.0
	水科院	107.6/108.4	85	27.9/21.5	23.9/25.4	2.7/2.8	0.8/0.9
至 2009 年 12 月（2007 年 12 月填筑到坝顶）		50.0/53.8	34.7/37.6				

注：1. 沉降变形采用电磁式沉降管测值；

2. 水管式沉降仪漏测时间长达 12 个月，开始观测时坝体已经填筑至高程 1625m，距坝顶仅 29m。

表 3　　坝体动力计算成果表

计算情况		坝顶地震永久变形（cm）		最大水平加速度（m/s²）	加速度放大系数	最大动位移（cm）
		沉降	水平位移			
可研阶段	南科院	36.6	28.4	9.469	4.18	6.2
施工详图	南科院	23.4	21.5	5.34	3.75	5.6
	水科院	21.6	13.3	4.51	3.17	—

表 4　　蓄水期面板变形、应力计算极值

计算情况			挠度（cm）		最大轴向位移（cm）		最大顺坡向应力（MPa）		最大轴向应力（MPa）	
			最大值	底部	左侧	右侧	压应力	拉应力	压应力	拉应力
可研设计阶段	南科院	静力计算	26.98	15.89	1.64	3.37	12.68	0	6.41	-2.99
		动力计算	51.5	32.0	4.86	4.98	14.05	-2.77	13.96	-5.23
施工详图阶段	南科院	静力计算	25.18	22.0	1.72	1.66	10.86	-1.35	7.62	-1.94
		动力计算	29.62	22.0	3.28	2.81	13.74	-1.35	10.61	-2.38
	水科院	静力计算	22.3	22.3	2.0	1.0	6.3	-2.1	3.4	-2.0
		动力计算	35.6	—	3.2	2.3	8.28	-1.73	8.12	-2.78

注：动力计算位移为震后位移，应力为震后应力。

表5　　　　　　　　　　　　　防渗墙变形、应力计算极值

计算情况			防渗墙顶部位移（cm）			防渗墙应力（MPa）		
			顺河向	竖直向	轴向	垂直向压应力	坝轴向压应力	坝轴向拉应力
可研设计阶段	南科院	静力计算	−5.8/4.2	0.29/1.12	0.2/0.6	3.46/9.13	4.0/7.0	−0.59/−1.5
		动力计算	14.63	0.44	2.6	18.3	15.0	−2.5
施工详图阶段	南科院	静力计算	−3.08/6.41	0.97/1.18	0.4/0.5	9.13/12.84	3.45/5.67	1.14/1.45
		动力计算	9.76	1.21	1.08	13.67	6.38	−1.76
	水科院	静力计算	−14/11.8	7.6/8.5	1.3/2.1	5.7/11.1	3.4/8.7	1.8/2.3
		动力计算	6.1	0.2	0.6	12.4	10.3	−2.8
运行期（至2011年12月）			11.3～13.2					

注：1. 静力计算斜杠上为竣工期，斜杠下为蓄水期；
　　2. 动力计算应力均为震后应力；
　　3. 运行期墙顶部位移以竣工时墙顶部为基准计。

表6　　　　　　　　　　　　周边缝、垂直缝最大变位计算成果表

计算情况			周边缝（mm）			垂直缝（mm）		
			张开	沉降	剪切	张开	沉降	剪切
可研设计阶段	南科院	静力计算	13.8	16.6	15.5	7.1	1.0	3.4
		动力计算	22.3	15.4	24.3	7.9	8.2	6.0
施工详图阶段	南科院	静力计算	10.0	9.7	10.7	9.3	2.8	6.4
		动力计算	11.6	10.5	17.6	9.9	3.5	7.2
	水科院	静力计算	18.9	25.5	23.6	19.0	15.0	13.5
		动力计算	21.2	22.1	25.9	14.7	17.3	12.1
运行期（至2020年12月）			5.1	14.5	9.6	13.6	11.2	—

表7　　　　防渗墙与连接板、连接板之间、连接板与趾板间缝最大变位计算成果表

计算情况			防渗墙与连接板之间（mm）			连接板之间（mm）			连接板与河床趾板（mm）		
			张开	沉降	剪切	张开	沉降	剪切	张开	沉降	剪切
可研设计阶段	南科院	静力计算	0.3	0.1	0.1	0.8	14.9	9.8	0	59.5	10.8
		动力计算	0.6	1.7	0.9	1.7	14.8	12.2	0	18.8	6.9
施工详图阶段	南科院	静力计算	0	28.4	0.7	0	8.8	2.9	0	12.1	3
		动力计算	0	31.5	1.5	0	11.9	3.9	0	14.1	3.9
	水科院	静力计算	0	50.0	6.0	5.0	32.0	8.0	7.0	36.0	11.0
		动力计算	2.6	47.6	7.4	7.3	33.1	8.2	8.4	35.4	12.4
运行期（至2020年12月）			6.9	10.9	10.1	4.6	10.7	2.6	15.8	36.1	11.3

以上计算表明：

（1）静力计算坝体沉降竣工期最大值为107.6mm，蓄水期为108.4mm，坝基沉降最大为85mm，沿坝体上、下游方向水平最大位移值为25～28cm，蓄水期坝体沉降增加值较小，大坝总的沉降不到坝高的1%，与已建同类工程相近。坝体大主应力为2.35～2.8MPa，小主应力为1.0MPa左右。坝体整体的应力水平不高，坝体不会发生剪切破坏，应力和位移数值不大，应力和变形分布规律与一般工程相同。

（2）面板的变形受河谷和河床覆盖层的影响较大，并且在库水作用下呈略凹的曲面，由于河床趾

板建造在覆盖层上，曲面的锅底偏底部，最大挠度为 25.18cm（动力计算最大 35.6cm）。面板中部呈双向受压状态（顺坡向和坝轴向），沿坝轴线方向两岸坝肩附近面板局部受拉，坝轴向最大压应力约为 7.62MPa，最大拉应力为 2.0MPa，顺坡向最大压应力为 10.86MPa，最大拉应力为 2.1MPa，但拉应力值和范围均在规范允许之内。面板混凝土标号设计为 C25，故不会对面板产生危害。

（3）察汗乌苏面板砂砾石坝河床坝基防渗措施采用混凝土防渗墙，在竣工期，防渗墙受到其下游侧的坝基砂砾石的推挤作用向上游位移，并导致墙体产生下游面受拉、上游面受压的受力趋势，蓄水以后，防渗墙在水荷载的作用下向下游变形，这种受力趋势将在一定程度上得以抵消。从计算成果看，防渗墙在竣工时和蓄水期的垂直向位移与轴向位移都很小，顺河向位移略大，竣工时和蓄水期顺河向最大位移分别为 14mm（向上游）和 11.8mm（向下游），最大压应力（竖向）为 12.84MPa，两岸附近防渗墙部位产生的拉应力最大值均为 2.3MPa，防渗墙混凝土设计采用 C35，在墙顶变位较大和两岸受拉区域均布设钢筋笼，故可满足其变形和应力要求。

（4）受河床趾板坐在覆盖层上影响，周边缝最大沉降变形和张拉变形发生在河床中央，沉降变形为 25.5mm，张开 18.9mm；最大剪切位移（沿缝长错动）基本发生在两岸岸坡较陡处，最大值为 23.6mm。面板垂直缝大部分受压，在两岸附近和河谷中央靠底部有局部张开，一是因为两岸边坡较陡，二是因为坝体坐在覆盖层上，受其影响，两岸垂直缝最大张开为 19mm，河床部位垂直缝最大张开为 9.8mm。这样的位移数值与常规修建在基岩上的面板堆石坝的周边缝位移相当，从周边缝位移的量级上看，设计采取的止水型式可以适应这样的变形量。

（5）河床趾板与防渗墙通过连接板连接，连接型式为 2 块 3m 的连接板，共形成 3 道缝，即连接板与防渗墙、连接板之间、连接板与趾板间缝。连接板在一期面板施工后再进行施工，各接缝受覆盖层地基和库水作用影响较大。从计算成果看，防渗墙与连接板之间缝沉降变形最大，其次为连接板之间，再次为连接板与趾板之间，分别为 50、32、12.1mm，最大沉陷 50mm 满足小于 60mm 的要求；各接缝剪切变形较小，最大 8mm，各接缝大部呈

受压状态，局部有所张开，张开度为 5mm。由于上述接缝位置在河床，受水荷载作用最大，工作重要性同周边缝，所以以上各接缝都按周边缝止水型式设计。

（6）南科院动力计算表明，在 7 度地震作用下，坝顶最大沉降为 23.4cm，顺河向地震反应加速度最大为 5.34m/s²，最大加速度放大倍数为 1.89，顶部最大动位移为 9.7cm，下游坝坡抗震安全系数为 2.53，坝坡抗震稳定性较好。

面板挠度比震前增加 4.44cm 为 29.62cm；坝顶附近应力分布有所变化，轴向应力增大约 2.99MPa，顺坡向应力产生了拉应力，左右岸附近分别为 -2.38MPa 和 -1.87MPa，面板顶部为 -1.03MPa，与坝顶附近动力反应有关，但应力变形变化不大。

各种接缝应力变形状态较好，接缝变形略有增加，增加量在 3mm 以内。

坝基中粗砂层内振动孔隙水压力只有 12kPa，其上有厚 15m 左右的砂砾石覆盖层和 110m 高的堆石体，不存在液化问题。

综上所述，无论在施工期还是蓄水期，坝体、面板、防渗墙，以及之间的各种接缝的应力变形状态较好，设计合理可靠。蓄水期遭遇地震情况，各部位应力变形都有所调整，但变化不大，各接缝变形增加 3mm 以内，坝基含砾中粗砂层也不存在液化问题，坝坡抗震稳定性较好，只是坝顶附近下游坡可能存在掉块、局部滑落等问题，通过在下游坝坡内预埋插筋形成土钉等工程措施予以解决。

3.11　大坝运行监测资料分析

（1）坝体水平位移。实测的坝体水平位移规律：坝轴线上游堆石体向上游位移，坝轴线下游堆石体向下游位移。蓄水后，靠近上游测点在水荷载的作用下，有向下游位移的趋势。截至 2009 年 7 月底，各测点均向下游位移，向下游位移最大位移 6.9cm。

实测水平位移向上游变形范围比有限元计算成果明显偏小，水平位移向上游和下游变形值也比有限元计算结果明显偏小；有限元计算坝体最大水平位移为 10.6cm，实测坝体最大水平位移为 69cm。分析认为，这与实测水平位移初始观测日期较晚，丢失了部分施工期测值有关。

（2）沉降。蓄水前实测最大沉降值为 50.0cm，发生在 1588.48m 高程，其中覆盖层沉降量为 34.7cm；蓄水后至 2009 年 12 月，实测最大沉降值为 53.8m，也发生在 1588.48m 高程，其中覆盖层

沉降量为 37.6cm。

（3）坝体内部应力。在坝体填筑期，测点压力随着坝体填筑的进行逐渐增大，垂直向最大土压力为 690kPa，发生在 1544m 高程坝下 0+40 部位；倾斜方向最大土压力为 560kPa，发生在 1544m 高程坝上 0-80 部位；水平向最大土压力为 420kPa，发生在 1544m 高程坝上 0-80 部位。

（4）坝体渗流。在施工期，各测点渗压水头都较小，最大值在 2m 左右，测值变化平稳。

在水库蓄水后，建基面部位测点渗压水头有不同程度增加，最大升高了 13m，然后基本趋于稳定。

坝后量水堰渗流量至今已观测 9 年，实测最大渗流量为 635L/s（2010 年 10 月 26 日，当日库水位 1648.76m），近两年（2017—2018 年）渗流量最大值为 375L/s（2017 年 6 月 17 日，当日库水位 1649.54m），实测流量较大。

（5）混凝土防渗墙。

1）防渗墙挠度变形。在水库蓄水和水位抬升时，防渗墙都有向下游位移的趋势。以竣工时防渗墙顶部位置为基准，防渗墙顶部最大向下游变形 13.2cm。

2）防渗墙钢筋应力。钢筋计大部分测点都受压，最大压应力值为 10~70MPa。个别测点为拉应力，最大拉应力值 44.36MPa。应变计均为受压状态，最大压应变为 343με。

（6）面板。

1）面板挠度变形。在水库蓄水时，面板向下游位移，面板下部变形较小，上部面板变形较大。截至 2009 年 5 月底面板挠度变形最大值为 53.7cm。

2）面板垂直缝变形。在施工期，大部分测缝计测点处于张开状态；测点测值基本在 5mm 以下。水库蓄水和水位抬升时，垂直缝测点产生压缩变形，中央面板的测点反映较为明显。

2009 年 5 月，单向测缝计测点开合度基本为 -1.7~0.5mm；二向测缝计测点开合度为 -2~11mm，沉降方向变位值在 10mm 以下。

3）面板脱空变形。面板无脱空现象。

4）面板应力应变。水库蓄水前，应变计组测点基本处于受压状态，最大压应变为 300με 左右。水库蓄水后，各应变计组测点压应力基本都增大。2009 年 5 月顺坡向最大压应变为 330με 左右，无拉应变；轴向最大压应变为 370με 左右，拉应变较小，最大值为 10με 左右。

水库蓄水前，各钢筋计测点应力基本在 -30~20MPa 之间变化。在水库蓄水后，中央面板轴向钢筋计基本处于受压状态，测点压应力增大；靠近两岸边坡轴向钢筋计基本处于受拉状态，测点拉应力增大；顺坡向钢筋计基本都处于受压状态，测点压应力增大。各钢筋计测点测值都不大，基本为 -50~30MPa。

（7）周边缝。蓄水前，大部分测点测值都较小，基本都在 0.5cm 以下。水库蓄水后，在库水的压力下，周边缝测点都发生了一定的变形。

周边缝最大张开为 20.7mm、最大沉降为 40.2mm、最大剪切为 26.5mm。防渗墙与连接板之间最大张开为 6.9mm、最大沉降为 10.9mm、最大剪切为 10.0mm。连接板之间最大张开为 4.6mm、最大沉降 10.7mm、最大剪切为 2.6mm。连接板与河床趾板最大张开为 15.8mm、最大沉降 36.1mm、最大剪切为 11.3mm。

4 结语

通过大量的勘探试验，从数值分析和物理模拟相结合等手段，论证了察汗乌苏混凝土面板堆石坝将趾板建在深盖层上的工程方案是合理可行的，并取得了明显的经济效益。察汗乌苏混凝土面板砂砾石堆石坝的设计成功，为在深覆盖层上筑高混凝土面板堆石坝技术进行有益的探索和发展，是我国在建的趾板建在深覆盖层上最高的混凝土面板堆石坝，它的建成将有很重要的工程实践价值和学术意义，可为其他类似工程的建设提供借鉴。

冶勒水电站沥青混凝土心墙堆石坝

何顺宾，王晓东，余学明，姜媛媛

（中国电建集团成都勘测设计研究院有限公司，四川省成都市 610072）

【摘 要】冶勒水库大坝是深厚覆盖层上世界已建最高的沥青混凝土心墙堆石坝。大坝设防烈度为Ⅸ度，坝基左岸为基岩、河床及右岸为覆盖层，左右岸基础不对称；右坝肩覆盖层最深420m以上，深厚覆盖层采用垂直分段联合防渗型式，颇具特色和创新。大坝于 2005 年年底建成并蓄水发电，至今已安全运行 15 年。本文对冶勒水电站堆石坝的设计和监测作了较全面的介绍，对后续同类工程的设计、建设及运行具有一定的参考价值。

【关键词】堆石坝；沥青混凝土心墙坝；设计；深厚覆盖层；冶勒水电站

0 引言

冶勒水电站为南桠河流域梯级规划"一库六级"的第六级龙头水库电站，电站以单一发电为主，无航运、漂木、防洪、灌溉等综合利用要求，采用混合式开发，整个工程由首部枢纽、引水系统和地下厂房三大部分组成。沥青混凝土心墙堆石坝最大坝高 124.5m，坝顶长 411m。

坝址以上控制流域面积为 323km²，多年平均流量为 14.5m³/s；在正常蓄水位为 2650m 时，水库总库容为 2.98 亿 m³，调节库容为 2.76 亿 m³，具有多年调节能力。电站最大水头为 644.8m，最小水头为 546.7m，额定水头为 580m，装 2 台 120MW 水斗式水力发电机组。电站枯水年枯水期平均出力为 108.2MW，多年平均发电量为 6.47 亿 kWh。电站建成后，可增加下游 5 个梯级电站的保证出力约 160MW，增加年发电量约 7 亿 kWh。

电站枢纽属二等大Ⅱ型工程，因工程区处于地震基本烈度为Ⅷ度的高地震区，坝基为深厚覆盖层且左右岸严重不对称，沥青混凝土心墙堆石坝最大坝高超过 100m，故确定大坝按一级建筑物设计，按Ⅸ度地震设防。施工导流采用导流洞全年导流，导流初期洪水标准为 20 年一遇，相应流量为 266m³/s。冶勒工程枢纽布置平面图如图 1 所示。

电站主体土建工程于 2000 年年底开工建设，2001 年 4 月开始两岸坝基处理工程施工，2002 年 9 月实现河道截流，2003 年开始坝体填筑。坝体总堆筑量约 550 万 m³，于 2004 年 12 月坝体填筑到 2605m 高程（死水位 2600m 以上），2005 年 11 月填筑至顶（2654.50m 高程）；水库于 2005 年 1 月开始蓄水，电站 2 台机组于 2005 年年底投产发电。

1 地形地质条件

工程区地处中国南北地震带中段，是强震活动向弱震活动过渡地区，工程区附近的安宁河东支断烈（冕宁大桥—紫马），具有发生中强震的地震背景，经四川省地震局鉴定，工程区地震基本烈度为Ⅷ度。

坝址位于石灰窑河、勒丫河汇合口下游的冶勒盆地边缘峡谷中，坝轴线右岸上、下游分别为 7 号、8 号沟深切形成的条形山脊，地形较单薄。坝址左岸及河谷盆地底部基岩由晋宁期石英闪长岩（δ_{02}）组成，岩石致密坚硬，岩石单轴湿抗压强度为 128～150MPa。左岸石英闪长岩上覆覆盖层厚度为 35～60m，河谷下部石英闪长岩岩体顶板最小埋深为 55～160m。坝址右岸及河床下部由第四系中、上更新统卵砾石层、粉质壤土和块碎石土组成，根据沉积环境、岩性组合及工程地质特征自下而上（由老至新）分为五大岩组。

第一岩组（Q_2），弱胶结卵砾石层：以厚层卵砾石层为主，偶有夹薄层状粉砂层。该岩组深埋于盆地及河谷下部，最大厚度大于 100m，最小厚度仅 15～35m，在坝址河谷一带。该岩组底部有一层深灰色碎石土夹黏性土直接覆于石英闪长岩之上，厚 28～36m，构成坝基深部基岩裂隙承压水的隔水顶板。

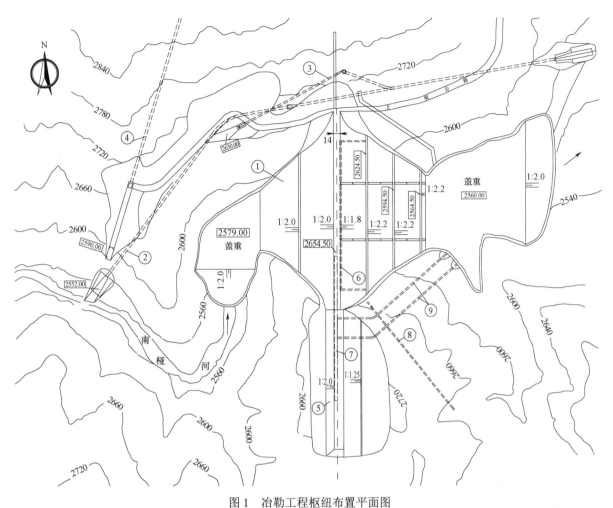

图 1 冶勒工程枢纽布置平面图

①—沥青混凝土心墙堆石坝；②—放空兼导流洞；③—泄洪洞；④—引水隧洞；⑤—右岸钢筋混凝土心墙堆石坝；
⑥—监测廊道；⑦—右岸防渗墙施工廊道；⑧—排水廊道；⑨—交通廊道

第二岩组（Q_3），褐黄、灰绿色块碎石土夹硬质黏层中夹数层褐黄色硬质黏性土：单层厚度一般为 1.5～3.5m，最厚 5.5～9.1m。该岩组在坝址河床部位的顶板埋深为 18～24m，一般厚 31～46m，既是坝址深部承压水的相对隔水、抗水层顶板，又是坝基防渗处理工程的主要依托对象。

第三岩组（Q_3^{2-1}），弱胶结卵砾石层与粉质壤土互层：分布于河床坝基上部及右坝肩，厚 46～154m，在坝址河床部位残留厚度为 18～36m，是坝基主要持力层，也是坝基和右坝肩下部防渗处理的主要层位。该粉质壤土呈超固结微胶结状态，透水性极弱，具相对隔水性能。

第四岩组（Q_3^{2-2}），弱胶结卵砾石层：厚 65～85m，分布于右坝肩上部，呈厚—巨厚层状。该岩组具有较弱的含水、透水性能，为右岸坝肩上部防渗处理的主要地层。

第五岩组（Q_3^{2-3}），粉质壤土、粉质砂壤土夹炭化植物碎屑层：厚 90～107m，分布于右岸正常蓄水位以上谷坡地带。

由上可见，左坝肩为石英闪长岩基础，河床及右坝肩为深厚覆盖层基础；作为坝基深部相对隔水、抗水层的第二岩组埋深较大；坝基左、右岸基础严重不对称，尤其是在坝基及其右岸的第三、四岩组弱透水卵砾石层厚度较大，粉质壤土岩相及厚度变化大、连续性差，存在坝基及坝肩渗漏和地基不均一等问题。

坝基主要持力层为二、三、四岩组，堆石坝设计采用的土体物理力学参数见表1。

表 1　　　　　　　　　　　冶勒水电站坝址区各岩组物理力学指标建议值

层序	代号	岩性	天然含水量 ω (%)	天然密度 ρ (g/cm³)	干密度 ρ_d (g/cm³)	比重 G_s	孔隙比 e	允许比降 $J_{允}$	渗透系数 K (cm/s)	允许承载力 $[R]$ (MPa)	变形模量 E_0 表部(深度≤3m)(MPa)	变形模量 E_0 深部(深度>3m)(MPa)	压缩系数 a_v (0.8~1.6)(MPa⁻¹)	压缩模量 E_s (0.8~1.6)(MPa)	不固结不排水剪 凝聚力 C_u (MPa)	不固结不排水剪 摩擦角 φ_u (°)	固结不排水剪 凝聚力 C_u (MPa)	固结不排水剪 摩擦角 φ_u (°)
冲积层	alQ_4	漂卵石层	5.90	2.25	2.13	2.82	0.32	0.1~0.15	40~70	$4.6\sim8.05\times10^{-2}$	0.6~0.8	60~70			0		0	31
坡积层	dlQ_4	碎石土	16.74	2.27	1.94	2.85	0.47	0.3~0.5	0.1	1.15×10^{-4}	0.5~0.6	50~55	0.029		0.025		0.02	28
第五岩组	Q_3^{2-3}	粉质壤土	20.00	2.00	1.67	2.74	0.64	4~5	0.01~0.0026	$15\times10^{-5}\sim3.0\times10^{-6}$	0.6~0.8	45~50	0.036		0.075		0.06	30
第四岩组	Q_3^{2-2}	卵砾石	11.23	2.35	2.11	2.77	0.31	1.0~1.1	5~10	$5.75\times10^{-3}\sim1.15\times10^{-2}$	1.0~1.2	120~130	0.009	150~180	0.075		0.06	35
第三岩组	Q_3^{2-1}	卵砾石	9.94	2.42	2.20	2.77	0.26	1.1~1.6	3~8	$3.45\sim9.2\times10^{-3}$	1.3~1.5	130~140	0.006	195~210	0.09		0.07	36
第三岩组	Q_3^{2-1}	粉质壤土	14.86	2.05	1.78	2.75	0.54	6.1~7.1	0.001~0.006	$1.15\sim6.9\times10^{-6}$	0.8~1.0	65~70	0.015	100~105	0.15		0.12	32
第二岩组	Q_3^1	碎石土	12.53	2.52	2.24	2.83	0.26	3.8~4.8	0.02~0.03	$2.3\sim3.45\times10^{-5}$	1.0~1.2	90~100	0.009	135~150	0.075		0.06	34
第二岩组	Q_3^1	粉质壤土	11.50	2.17	1.88	2.73	0.48	10.4	0.001~0.0001	$15\times10^{-6}\sim1.15\times10^{-7}$	0.7~0.9	55~65	0.017	85~95	0.15		0.12	31
第一岩组	Q_2	卵砾石						1.1~1.6	1~5	$1.15\sim5.75\times10^{-3}$	1.3~1.5	130~140	0.006	195~210	0.09		0.07	36

注：1. 表中各岩组物理性指标及颗粒级配均系本工程试验成果汇总，按其平均值给出的。

2. 各岩组渗透系数 K 值系现场抽水、扬水、渗水试验和室内渗透试验成果汇总，按其大值范围值给出的。

3. 第二、三、四岩组允许渗透比降值系现场及室内原状土样渗透变形试验成果按破坏比降的 1/2～1/3 进行选取的，其余各岩组（层）允许比降按工程类比给出的。

4. 第二、三、四岩组允许承载力系现场原位荷载试验按其比例界限荷载值确定的，其余为工程类比值。

2　大坝平面布置

坝址位于南桠河上游的石灰窑河和勒丫河汇合口下游的冶勒盆地边缘峡谷上，沥青混凝土心墙堆石坝布置在严重不对称的基础上。河床及右岸为深厚覆盖层，左岸为基岩。首部枢纽布置和大坝结构充分考虑了地形、地质条件，利用大坝上游左岸的基岩岸坡布置泄洪洞、放空洞（兼导流洞）及引水发电隧洞进口，利用 Z 字形河湾将上游围堰作为坝体的一部分，利用坝体下游盖重解决坝下深部承压水问题。

3　坝体设计

3.1　剖面设计

拦河大坝采用沥青混凝土心墙堆石坝，坝顶高程为 2654.5m，最大坝高 124.5m，坝顶宽 14m，上游坝坡比为 1:2.0，下游坝坡比为 1:1.8～1:2.2，坝底宽 900 余米（含围堰结合体、盖重区等）。坝体主要由沥青混凝土心墙防渗体及坝壳堆石料组成，在心墙和坝壳堆石之间设碎石过渡层。心墙呈直线形，顶宽 0.6m，向下逐渐加厚，心墙厚度 t 的变化公式为：$t=0.6+0.005\times(2654.5-\text{混凝土垫座顶高程}-\text{渐变段高度})$，最大坝剖面心墙底部厚度为 1.2m；在心墙上、下游各设两道碎石过渡层，分别为上（下）游过渡层Ⅰ、上（下）游过渡层Ⅱ，水平宽度分别为 1.3～1.6m 和 2～4m；在上游过渡层外只设堆石Ⅰ区，在下游过渡层外则有堆石Ⅰ和堆石Ⅱ两个区。

心墙底部设钢筋混凝土垫座，垫座宽约 3m、厚 3m。根据坝体的三维应力、变形分析研究成果，垫座横河向不设缝，为整体浇筑的钢筋混凝土梁；垫座下为混凝土防渗墙，防渗墙厚 1～1.2m，单段最大深度约 84m。沥青混凝土心墙与钢筋混凝土垫座、钢筋混凝土垫座与混凝土防渗墙之间均为刚性连接，心墙与垫座之间的水平缝设沥青玛蹄脂，垫座与防渗墙采取整体浇筑方式。大坝典型布置图如图 2 所示。

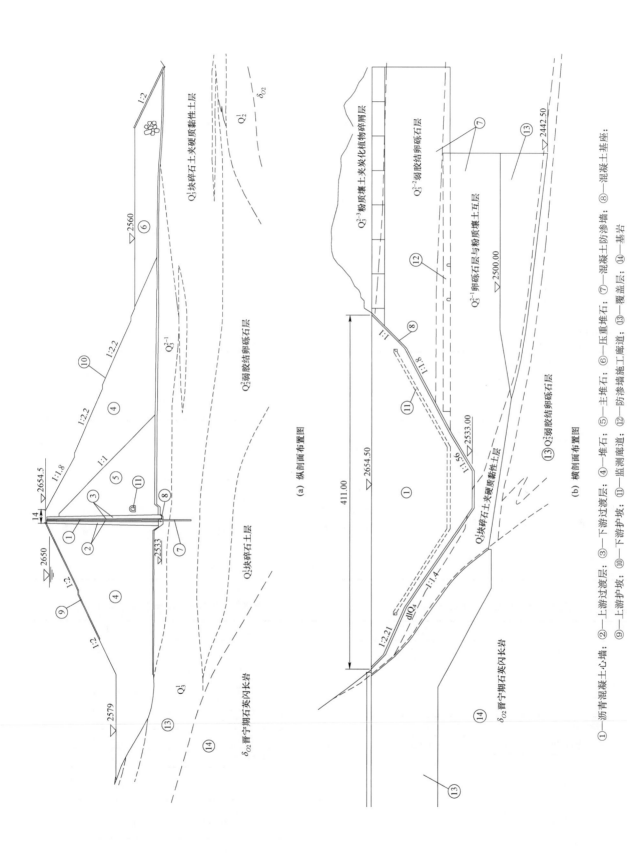

(a) 纵剖面布置图

(b) 横剖面布置图

图 2 冶勒工程大坝典型纵、横剖面布置图

①—沥青混凝土心墙；②—上游过渡层；③—下游过渡层；④—堆石；⑤—主堆石；⑥—压重堆石；⑦—混凝土防渗墙；⑧—混凝土基座；
⑨—上游护坡；⑩—下游护坡；⑪—监测廊道；⑫—防渗墙施工廊道；⑬—覆盖层；⑭—基岩；

3.2 筑坝材料选择

3.2.1 沥青混凝土及矿料

沥青混凝土心墙采用碾压式，骨料采用三岔河料场（位于坝址下游 3km）的石英闪长岩，粗骨料最大粒径为 20mm，沥青由新疆克拉玛依石化总公司提供。碾压式沥青混凝土参考配合比和沥青混凝土设计指标及对沥青与骨料的质量要求见表 2～表 7。

表 2　　　　　　　　　　　　　　　碾压式沥青混凝土参考配合比

级配指数	粗骨料通过率（%）			细骨料通过率（%）						填料量（%）	沥青	
	20mm	15mm	10mm	5mm	2.5mm	1.2mm	0.6mm	0.3mm	0.15mm	<0.075mm	用量（%）	品种
0.38	100	89.30	76.08	57.70	43.57	32.72	23.95	17.64	12.79	9～13	6.5～8.5	水工沥青

表 3　　　　　　　　　　　　　　　　沥青混凝土设计指标

项目	设计指标	项目	设计指标
容重（t/m³）	>2.37	水稳定系数	>0.85
孔隙率（%）	≤3	小梁弯曲（%）	>1.0
渗透系数（cm/s）	≤1×10⁻⁷	模量数 K（E－μ 模型）	400～850
渗透性试验	无渗漏	内摩擦角 Φ（°）	≥27
马歇尔稳定度（40℃）	>5000μ	凝聚力 C（MPa）	≥0.4
马歇尔流值（1/100cm）	>50		

注：1. 表中的后面四个指标作为测试指标参考值，均在 6.5℃状态下。

2. 孔隙率为机口取样<2%，击实成型。

表 4　　　　　　　　　　　　　　　　沥 青 质 量 要 求

项目	质量要求	项目	质量要求	备注
针入度（25℃，1/10mm）	60～80	溶解度（%）	>99.5	
软化点（环球法，℃）	47～54	闪点（℃）	>230	
延度（15℃，cm）	>150	质量损失（%）	<0.5	
密度（g/cm³）	≈1	针入度比（%）	>68	
含蜡量（%）	≤2	延度（15℃/25℃，cm）	>60/100	薄膜烘箱试验
脆点（℃）	<－10	脆点（℃）	<－8	
含水量（%）	<0.2	软化点升高（℃）	<5	

表 5　　粗骨料（5～20mm）技术要求

项目		指标
比重		>2.7
吸水率（%）		≤2.5
磨耗损失（%）	10～20mm	<35
	5～10mm	<40
针片状颗粒含量（%）		<15
含泥量（%）		<0.3
级配		与配比级配一致，连续级配
超逊径（主孔筛）（%）	超径	<5
	逊径	<1
耐久性（5 次硫酸钠溶液循环后的质量损失）（%）		<12
与沥青黏结力		>4 级
其他		岩质坚硬，在加热条件下不致引起性质变化

表 6　　细骨料（0.075～5mm）技术要求

项目	指标
比重	>2.7
吸水率（%）	≤2.5
耐久性（5 次硫酸钠溶液循环后的质量损失）（%）	<15
黏土、尘土、炭块（%）	≤1.0
级配	级配连续
水稳定性	>4 级
其他	岩质坚硬，在加热条件下不致引起性质变化

表 7　　填 料 技 术 要 求

项目	指标
比重	>2.7
吸水率（%）	≤2.5

3.2.2 坝体过渡料

要求沥青混凝土心墙两侧的过渡料（包括Ⅰ区和Ⅱ区）致密、坚硬、级配良好，最大粒径与沥青混凝土骨料的最大粒径之比小于 8:1，过渡料为天然砂砾料或石料场的人工骨料，过渡Ⅰ区最大粒径小于 6cm，过渡Ⅱ区最大粒径小于 15cm。

3.2.3 坝体堆石料

大坝坝壳料主要源于坝址左岸的 3 号沟上游和坝址下游的三岔河两处料场，料场开采石料由澄江期石英闪长岩组成，岩质坚硬，为弱风化—微新鲜岩体，各项物理力学指标均满足规范规定和设计要求，储量约 1000 万 m³。坝体堆筑料指标见表 8。

表 8　　　　　　　　　　　　坝体堆筑料指标

分区	<10mm（%）	<5mm（%）	不均匀系数	孔隙率（%）	干密度（t·m⁻³）
Ⅰ	10～25	<10	<30	≤24	2.23
Ⅱ	10～25	<10	<30	≤22	2.29

注：最大粒径均为 80cm。

4 基础防渗处理及排水系统

根据坝基工程、水文地质条件，左坝肩基岩埋深较浅，坝基采用全封闭防渗墙，而河床及右岸为深厚覆盖层，采用悬挂式防渗墙处理，整个坝基防渗系统布置由左至右分为六段：

（1）坝 0-150m～0+007m 段：左岸坝肩基岩绕渗区，采用 2 排帷幕灌浆，排距为 1.2m，孔距为 2.5m，最大帷幕深度约 80m。

（2）坝 0+007～0+150m 段：左岸坝肩基岩浅埋段，采用"防渗墙+2 排帷幕灌浆，防渗墙厚 1.0m，深 2～53m（嵌入基岩内 1～2m）；墙下帷幕灌浆排距为 1.0m，孔距为 2.0m，帷幕深度为 3.5～80m。

（3）坝 0+150～0+343.5m 段：河床覆盖层段，采用悬挂式防渗墙，墙厚 1.0～1.2m，深 25～100m（深入第二岩组内 5m 以上）。

（4）坝 0+343.5～0+411m 段：右坝肩覆盖层段，采用悬挂式处理，"防渗墙+3 排帷幕灌浆，防渗墙厚 1.0m，最大墙深 140m，分廊道上、下两段，墙下帷幕灌浆孔距为 2.0m，帷幕深度为 6～33m，帷幕深入第二岩组内 5m 以上。

（5）坝 0+411～0+611m 段：右岸坝肩平台Ⅰ段，覆盖层内悬挂式处理，采用"防渗墙+3 排帷幕灌浆，防渗墙厚 1.0m，最大墙深为 140m，分廊道上、下两段；墙下帷幕灌浆孔距为 2.0m，帷幕深度为 33～57.5m，帷幕深入第二岩组内 5m 以上。

（6）坝 0+611～0+710m 段：右岸坝肩平台Ⅱ段，覆盖层内悬挂式防渗墙，墙厚 1.0m，深 78.5m（深入第三岩组一定高程下的粉质壤土内）。

右岸排水系统：在桩号（坝）0+440m 和（坝）0+480m 的 2560m 高程处，布置 2 条顺渗流向的排水廊道（兼交通廊道），廊道中设水平排水孔幕，孔距为 3m，孔深为 20m，孔径为 10cm；距坝轴线下游约 100m、高程 2560m 处布置一长约 300m 垂直于渗流向的排水廊道，廊道中设竖直向排水孔幕，孔距为 3m，孔深为 30m，孔径为 10cm。

由于坝基下相对隔水层的承压水头较大，接近于 70% 的上下游水头差，故在坝趾下游增设了长 215m 的盖重，盖重顶面高程为 2560m，平均厚度为 22m。

5 坝体稳定及应力变形计算

5.1 坝坡稳定计算

坝坡稳定计算采用简化毕肖普法和瑞典圆弧法。计算工况，下游坝坡主要考虑竣工期、稳定渗流期、稳定渗流期加Ⅷ度/Ⅸ度地震，稳定渗流期取水平向设计地震加速度代表值为 0.45g；上游坝坡主要考虑竣工期、稳定渗流期加Ⅷ度/Ⅸ度地震，稳定渗流期取水平向设计地震加速度代表值为 0.45g。

坝坡稳定计算采用的参数见表 9、表 10，坝坡稳定安全计算结果见表 11。

表 9 坝基土层抗剪强度指标表

参数\材料	饱和密度（t/m³）	天然密度（t/m³）	竣工期		稳定渗流期		库水位降落		地震情况	
			Φ（°）	C（MPa）	Φ（°）	C（MPa）	Φ（°）	C（MPa）	Φ（°）	C（MPa）
Q_2	2.42	2.42	38	0.07	40	0.07	38	0.07	38	0.07
Q_3^1	2.35	2.35	34.5	0.09	36.5	0.09	34.5	0.09	34.5	0.09
Q_3^{2-1}	2.28	2.24	36	0.095	38	0.095	36	0.095	34.1	0.095
Q_3^{2-2}	2.35	2.35	37	0.06	39	0.06	37	0.06	33.3	0.06
Q_3^{2-3}	2.13	2.0	32	0.06	34	0.06	32	0.06	32	0.06

表 10 坝壳料抗剪强度指标表

材料名称	干密度（t/m³）	饱和密度（t/m³）	φ（°）	C（MPa）	备注
心墙过渡层	2.1	2.44	40	0	
堆石 I₁	2.23	2.47	47	0	为法向应力小于 0.6MPa 的区域
堆石 I₂	2.23	2.47	41	0	为法向应力大于 0.6MPa 的区域
堆石 II	2.29	2.51	41	0	
压重料	1.95	2.23	32	0	

表 11 坝坡稳定计算成果表

计算工况			计算水位（m）		计算部位	最小稳定安全系数	
			上游	下游		简化毕肖普法	瑞典圆弧法
正常运用期	正常运行条件	稳定渗流期	2650	2540	下游	2.16	1.775
非常运用期	非常运用条件 I	竣工期	—	—	上游	2.109	1.941
			—	—	下游	2.018	1.893
		水位骤降期	2650～2620	2540	上游	1.896	1.793
	非常运用条件 II	稳定渗流遇地震 8 度地震	2650	2540	下游	1.572	1.25
		稳定渗流遇地震 9 度地震			下游	1.401	1.0
		水位骤降期 8 度地震	2650～2620	2540	上游	1.527	1.438
		水位骤降期 9 度地震			下游	1.172	1.08

5.2 应力变形分析

5.2.1 结构模型与参数

坝体和地基材料采用邓肯－张非线性弹性 $E-\mu$ 模型和双屈服面弹塑性模型两种计算模型；混凝土基座和防渗墙采用线弹性模型，防渗墙及基座按整体不分缝考虑。混凝土基座和防渗墙与两侧地基覆盖层之间的接触面采用薄单元模型模拟，防渗墙裂缝也采用薄单元模型。计算参数见表 12。

表 12 三维有限元计算参数表

名称	R_f	K	n	G	F	D	K_{ur}	Φ_0	$\Delta\Phi$	C（kPa）	密度（g/cm³）
Q_2^1	0.65	1950	0.76	0.38	−0.023	4.5	3800	40	0	70	2.42
Q_2^2	0.65	1800	0.72	0.35	−0.023	3.8	3600	40	0	70	2.42

名称	R_f	K	n	G	F	D	K_{ur}	Φ_0	$\Delta\Phi$	C（kPa）	密度（g/cm³）
Q_3^1	0.68	900	0.74	0.38	−0.026	4.3	2200	37	0	80	2.45
Q_3^{2-1}	0.70	1100	0.78	0.38	−0.04	5.6	2200	38	0	80	2.24
Q_3^{2-2}	0.59	1300	0.76	0.39	−0.035	5.9	2600	39	0	60	2.35
Q_3^{2-3}	0.65	900	0.73	0.38	0.02	5.7	2200	37	0	60	2.20
dlQ_4	0.76	1100	0.76	0.34	−0.04	4.6	2200	38	0	80	2.24
沥青混凝土心墙	0.76	850	0.33	0.38	0.05	15	1200	27	0	200	2.43
上游过渡层Ⅰ	0.68	1200	0.52	0.34	0.08	6	2400	45	5	0	2.2
上游过渡层Ⅰ（湿态）	0.68	1080	0.52	0.32	0.06	5	2100	43	5	0	2.2
下游过渡层Ⅰ	0.68	1200	0.52	0.34	0.08	6	2400	45	5	0	2.2
上游过渡层Ⅱ	0.67	1200	0.52	0.32	0.06	6	2400	43	5	0	2.2
上游过渡层Ⅱ（湿态）	0.67	1080	0.52	0.32	0.06	5	2100	41	5	0	2.2
下游过渡层Ⅱ	0.67	1200	0.52	0.32	0.06	5	2400	43	5	0	2.2
上游堆石体Ⅰ	0.72	1000	0.5	0.33	0.06	6	1800	48	5	0	2.2
上游堆石体Ⅰ（湿态）	0.72	900	0.5	0.33	0.06	6	1600	46	5	0	2.2
下游堆石体Ⅱ	0.65	1200	0.45	0.31	0.03	3	2000	50	5	0	2.25
下游堆石体Ⅰ	0.72	1000	0.5	0.33	0.06	6	1800	48	5	0	2.2
下游盖重	0.65	800	0.45	0.31	0.05	3	1800	48	5	0	2.3
下游堆石Ⅲ	0.75	800	0.4	0.28	0.05	3	1600	36	3	0	2.2
上游围堰	0.75	800	0.4	0.28	0.05	3	1600	36	3	0	2.2
防渗墙底的（帷幕灌浆区）土体单元	0.65	2200	0.63	0.35	−0.023	3.5	4400	40	0	70	2.42

5.2.2　应力应变分析成果

（1）坝体和沥青混凝土心墙。

防渗墙及基座均作为整体考虑时，坝体最大沉降：邓肯－张模型为 106.7cm，双屈服面弹塑性模型为 92.1cm；坝体向下游位移最大值：邓肯－张模型为 58.1cm，双屈服面弹塑性模型为 32.8cm。

（2）防渗墙及基座不分缝方案。采用邓肯－张非线性弹性模型计算，竣工期防渗墙的最大压应力为 27.79MPa，位置在桩号（坝）0+230m 剖面的防渗墙底部；最大拉应力为 4.39MPa，位置在桩号（坝）0+150m 剖面的防渗墙顶部基座内；蓄水期的拉、压应力均有所减小。

采用双屈服面弹塑性模型：竣工期防渗墙的最大压应力为 28.72MPa，位置在桩号（坝）0+230m 剖面的防渗墙底部；最大拉应力为 2.6MPa，位置

在桩号（坝）0+150m 剖面防渗墙顶部基座内；蓄水期的拉、压应力均有所减小。

6　大坝监测

6.1　监测设计

针对冶勒大坝工程地质情况的复杂性和结构的特殊性，布置了较为完整的安全监测设施，以便了解大坝在施工期、蓄水期和运行期的工作状态和监视大坝的安全运行。

6.1.1　坝体表面变形监测

为监测坝体建筑物的绝对位移，专门建立了大坝枢纽监测控制网（平面位移为一等三角网，垂直位移为二等水准网）。分别在坝顶和下游坝面布置了平行坝轴线方向的视准线，视准线两端工作基点置于稳定基础上，在坝顶及下游坝面布设永久观测

间，每个观测间布置水平和沉陷两个工作基点。

对于大坝外部变形的监测，水平位移采用视准线法观测，垂直位移采用水准法测量，水准观测标石与视准线观测标石共用。

6.1.2 坝体内部变形监测

（1）水平位移、垂直位移。

1）混凝土防渗墙。在左岸地形突变产生不均匀沉陷、纵向水平变位比较大及河床最深覆盖层部位分别布置监测断面，在监测断面上布设固定测斜仪，监测水平位移。

2）沥青混凝土心墙。在沥青混凝土心墙下游侧布设测点，监测心墙的挠曲变形。通过心墙下游布设的引张线水平位移计测点和固定式测斜仪监测其水平位移。

3）堆石坝体。在主要监测断面的心墙下游布设活动测斜仪及沉降仪，用以监测大坝堆石体的变形。

（2）接触缝和混凝土防渗墙裂缝。在河床和两岸变形较为复杂的心墙与防渗墙接触面处，布置了错位计进行接触缝变形监测，每个测点均采用单向测缝计。

为监测心墙与其上下游过渡层间的错动及蓄水后随水库水位的变化，在心墙与其上下游过渡层结合面的变形监测区，沿高程间隔布置了错位计进行监测。

在河床及左岸产生不均匀沉陷和水平变位比较大而有较大拉应变区的混凝土防渗墙顶布置了

多点位移计等，监测裂缝开裂变形及随外荷载作用下的变化情况。

6.1.3 应力、应变及温度

结合结构布置和沥青混凝土心墙的具体特性，选择具有代表性的监测横断面的心墙和防渗墙应力、应变监测区，并沿其高程间隔布置应变计和无应力计，对沥青混凝土心墙和混凝土防渗墙的应力、应变进行监测。同时，在监测断面的心墙和防渗墙接触面间布设压力计，以了解心墙与混凝土基座之间的应力变化。由于温度的变化对结构应力变化影响较大，在沥青混凝土心墙和混凝土防渗墙的应力、应变监测区布置了温度计进行相应的温度监测。

6.2 主要监测成果

6.2.1 水平位移

（1）坝面。从大坝表面位移极值与历年位移年变化量看，随着大坝堆石体沉降的逐年减小，向下游位移趋势逐渐趋缓。下游坝体变形量大于上游，河床部位顺河向水平位移量最大，向两岸水平位移递减趋势；大坝水平位移还受库水位升降影响，随着库水位的上升向下游位移，库水位下降而回弹；总的来看，水平位移分布较均匀，变形规律合理。2019 年向下游最大位移为 116.29mm，位于坝 0+220 桩号坝顶下游侧 TP18 测点；2019 年向上游最大位移为 14.56mm，位于坝 0+120 桩号坝顶上游侧 TP15 测点。2654.5m 高程坝顶下游坝轴距 0+005.2 水平位移分布图如图 3 所示。

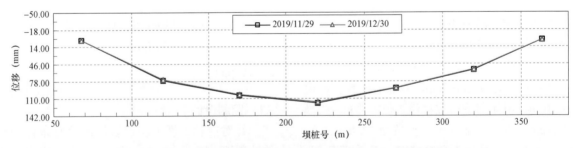

图 3　2654.5m 高程坝顶下游坝轴距 0+005.2m 水平位移分布图

（2）坝体内部。坝体下游堆石区内监测廊道布置的正、倒垂监测仪器在运行过程中多次损坏、维修，数据缺失较多，但从已有的监测数据来看，位移量不大。监测成果表明：① 左岸坝顶有向下游、向右岸位移趋势，右岸坝顶有向上游、向左岸位移趋势，变形渐缓；② 坝顶上、下游方向水平位移随季节呈年周期性变化，每年冬季坝顶向下游变

形，夏季坝顶向上游变形的趋势，符合一般变形规律；2019 年测值为 −47.17～7.91mm。左、右岸方向水平位移 2019 年测值为 −4.28～29.32mm。右岸监测廊道正、倒垂线位移分布图如图 4 所示。

6.2.2 垂直位移

（1）坝体表面沉降。由垂直位移过程线与历年沉降量统计可知，大坝表面各测点位移均有随时间

增大的总体趋势，沉降年变化量总体呈逐年减弱趋势，由位移分布图看，对于坝顶来说，心墙上游堆石体、心墙顶部、心墙下游侧堆石体沉降量依次减小；同条测线上的测点，河谷中部测点的沉降大于两岸测点，右岸普遍大于左岸；大坝沉降分布总体正常。

2019年度大坝表面累计垂直位移在−9～340.2mm范围内，年变幅为3.7～18.3mm，年变化量为2.4～14.5mm，平均变化量为7.2mm左右，按小于10mm/年的经验值判断，大坝表面垂直位移已趋稳定。2654.5m高程心墙上游坝轴距0−008.8m垂直位移分布图如图5所示。

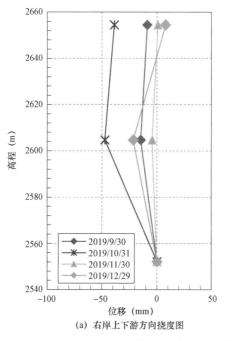

(a) 右岸上下游方向挠度图

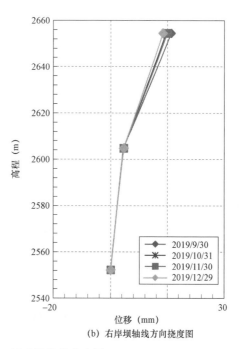

(b) 右岸坝轴线方向挠度图

图4　右岸监测廊道正、倒垂线位移分布图

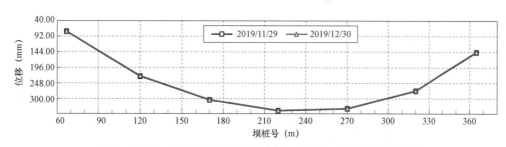

图5　2654.5m高程心墙上游坝轴距0−008.8m垂直位移分布图

（2）坝体内部。

1）监测廊道。

沿坝体监测廊道底板全线布置了垂直位移标点18个，标点间隔两个沉陷缝布置在中部，主要监测廊道在坝体内部不同位置的垂直位移变形情况，监测廊道表面沉降测点布置图如图6所示。

监测成果表明：大坝监测廊道出现不均匀沉降，河床部位沉降量大于两岸，右岸沉降量大于左岸，反映出基础左右岸不对称，左岸基岩较完整，河床、右岸为深厚覆盖的情况。

由历史监测数据可知，2005年12月日堆石填筑至2654.5m设计高程，至2006年3月，各测点累计沉降为42.8（JC05）～638.80mm（JC09），说明该部位的沉降主要发生在坝体施工期。

各测点2018年年底前历史沉降量为−3.20～743.60mm（JC09），2019年各测点沉降量为−5.8～744.60mm，与历史值相比沉降量略有增加，但量值很小，基于小于10mm/年的变形速率与垂直位移过程线来看，监测廊道河床段与左右岸坡的测点沉降均基本稳定。监测廊道垂直位移过程线如图7所示。

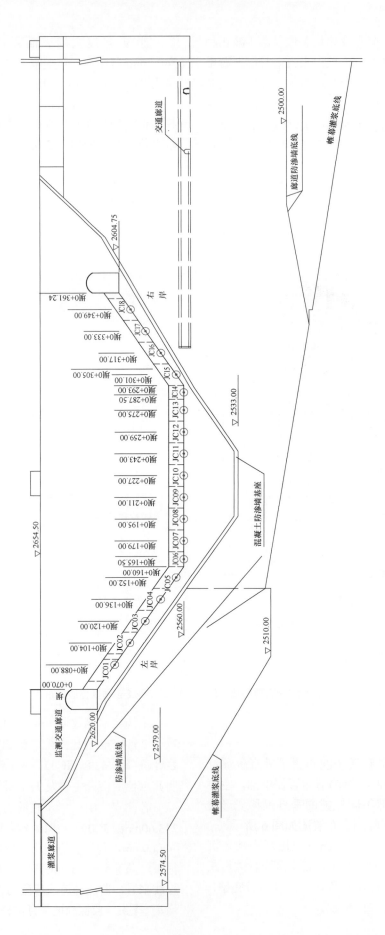

图 6　监测廊道表面沉降测点布置图

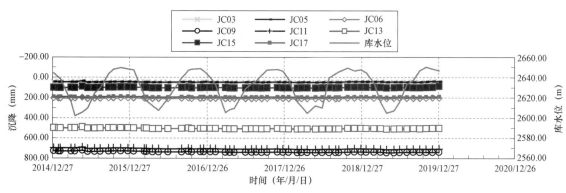

图 7   监测廊道垂直位移过程线

2）水管式沉降仪。过渡料、堆石料内部布置了水管式沉降仪，但部分水管式沉降仪进水管受堵或漏水，无法全面观测到真实的坝体内部变形资料，经多次检测，确认 8 支连通性正常，分布于高程 2597m 和 2625m。监测成果表明：过渡料、堆石料内部总体沉降，河床部位大于两岸，右岸大于左岸，这与表面沉降分布规律一致；沉降变形与库水位有一定关系，但主要为时效变形；由现有测点的年变化量与过程线反映，沉降变形已趋稳定。2019 年实测沉降量为 100.74～427.16mm，变幅为 28～64mm。坝 0+220.00m 断面垂直位移沿高程分布图如图 8 所示，2625m 高程（3/4 坝高）坝 0+220.00m 断面垂直位移过程线如图 9 所示。

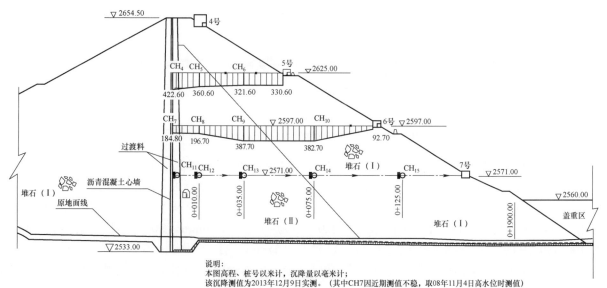

说明：
本图高程、桩号以米计，沉降量以毫米计；
该沉降测值为2013年12月9日实测。（其中CH7因近期测值不稳，取08年11月4日高水位时测值）

图 8   坝 0+220.00m 断面垂直位移沿高程分布图

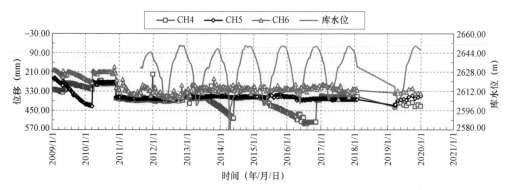

图 9   高程 2625m（3/4 坝高）坝 0+220.00m 断面垂直位移过程线

3）电磁式沉降环。在坝 0+120.00、坝 0+220.00、坝 0+320.00m 心墙下游过渡料中设有三套测斜管，并分层安装了沉降环，用于监测大坝心墙过渡料的沉降量，但沉降环大部分测点因堵管损坏，施测意义不大，此处仅罗列相关数据。心墙下游侧过渡料沉降主要发生在施工期，坝体填筑完成后，沉降变化很小，目前已经稳定。2013 年 11 月 30 日测得，坝 0+120.00m 累计沉降 1001.00mm，坝 0+220.00m 累计沉降 2090.00mm，坝 0+320.00m 累计沉降 872.00mm；沉降率分别为 1.52%、1.72%、和 1.18%。若不计基础的沉降量，那么坝 0+120.00m 中 VE1 扣除基础沉降量（1 号环）314mm，该断面总沉降量为 687.00mm，此处坝高 65.95m，沉降率为 1.05%；坝 0+220.00m 中 VE2 扣除基础沉降量（8 号环）479mm，总沉降量为 1611mm，此处坝高 121.5m，沉降率为 1.33%；坝 0+320.00m 中 VE3 扣除基础沉降量（23 号环）280mm，总沉降量为 592.00mm，此处坝高 73.90m，沉降率为 0.80%。综合三个监测断面，大坝平均沉降率为 1.05%。

6.2.3 心墙与过渡料间位错变形

由于沥青混凝土心墙与过渡层为两种不同变形模量的材料，两种结构受力后的垂直向变形可能产生差异。所以，在心墙的上下游侧与过渡层之间布置垂直向位错计 18 支，当前除 5 支（J06、J13、J15、J16、J26）测值正常外，其余仪器均已失效。从现有位错计监测成果看，均表现为受压状态，表明心墙的压缩位移大于过渡料的沉降；2019 年度位错变形为 -53.7～-21.13mm，与 2018 年度比较，变形规律一致，测值基本稳定。坝 0+220.0m 断面沥青混凝土心墙与过渡料间位错过程线如图 10 所示。

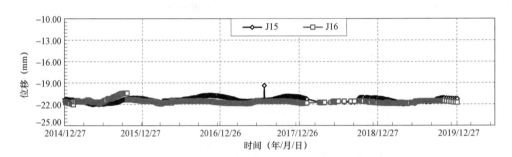

图 10 坝 0+220.0m 断面沥青混凝土心墙与过渡料间位错过程线

6.2.4 心墙与基座间位错变形

在基座与沥青混凝土心墙结合处埋设高温位错计共 15 支，以监测沥青混凝土心墙与基座之间的位错变形。到目前，仅有上下游方向布置的 J20（HT）和 J30（HT）与坝轴线方向布置的 J29（HT）和 J31（HT）等 4 支仪器测值正常，其他仪器均已失效。

监测成果表明：基座与心墙结合处的位错计在埋设初期，受沥青混凝土温度影响，产生位错变形，温度稳定后，变形大多趋稳，不受库水位影响，近 3 年现有仪器测值基本稳定。该部位历史位移极值为 -1.37～1.96mm，2019 年位移测值为 -0.75～0.57mm，处于历史极值范围内，与 2018 年测值 -0.72～0.56mm 比较，测值基本稳定。心墙与基座水平位错过程线（水流向）如图 11 所示，心墙与基座水平位错过程线（坝轴向）如图 12 所示。

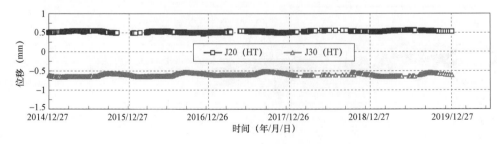

图 11 心墙与基座水平位错过程线（水流向）

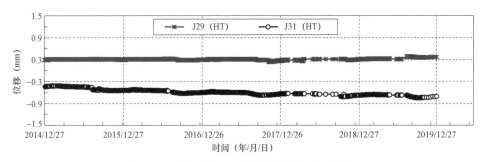

图 12　心墙与基座水平位错过程线（坝轴向）

6.2.5　沥青混凝土心墙温度

当前沥青混凝土心墙温度已经稳定。以 2013 年为例，12 月 9 日心墙温度为 6.95～12.97℃，2013 年最大年变幅为 2.67℃，温度变化正常（2013 年气温最大年变幅为 16.77℃）。坝 0+220.00m 断面沥青混凝土心墙温度过程线如图 13 所示，库水温度过程线如图 14 所示。

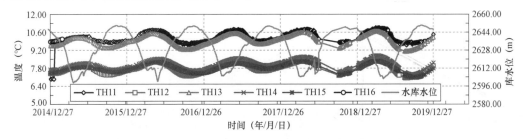

图 13　坝 0+220.00m 断面沥青混凝土心墙温度过程线

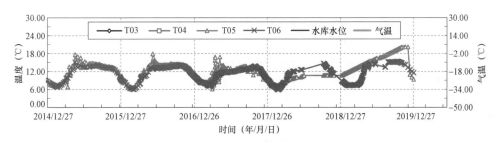

图 14　库水温度过程线

6.2.6　大坝渗流渗压

（1）大坝渗漏量。为了监测坝体渗流量，在坝下游坡脚弃碴盖重区尾部以下构筑截水墙，用以监测坝体坝基渗流量。监测成果表明坝体坝基渗流量与库水位正相关，且受降雨、融雪一定程度影响，渗流量随季节和库水位呈周期变化。该部位最大渗流量为 100L/s 左右，2019 年渗流量为 38.8～103.1L/s，近几年坝体坝基渗流量变化规律基本一致。坝体坝基渗流量过程线如图 15 所示。

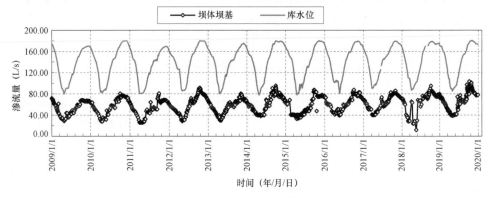

图 15　坝体坝基渗流量过程线

（2）河床段渗透水压力。坝 0+220.00m 断面埋设有渗压计 P17～P29，共计 13 支。P17、P21、P22、P25、P26、P27 埋设于大坝基础面，P17 在防渗墙上游侧，其余在下游侧。

监测成果表明：该断面基础面防渗墙上游侧的 P17 实测渗压水位与库水位同步，但比库水位低 1.5～4.7m，规律正常。防渗墙下游侧基础面的 P21、P22 和 P25～P27 则变化很小，与库水位无明显关

系，说明该部位沥青混凝土心墙防渗能力强。

另外，2007—2013 年正常蓄水位时坝体渗压水位分布情况相似，均具有较大水头差，2013 年最高水位（12 月 2 日，库水位为 2647.72m），该断面防渗墙上、下游侧有 110.742m 的水头差，说明防渗墙防渗效果良好，坝基反滤排水系统正常。该断面坝体渗压水位分布图如图 16 所示，坝 0+220.00m 断面基础面渗压水位过程线如图 17 所示。

仪器编号		P17	P21	P22	P25	P26	P27	图例
观测日期	库水位（m）	水位（m）	水位（m）	水位（m）	水位（m）	水位（m）	水位（m）	
2007–11–15	2650.45	2648.770	2537.182	2536.234	2538.680	2536.838	2543.308	
2008–11–4	2650.19	2648.464	2537.080	2537.080	2538.782	2538.784	2542.186	
2013–12–2	2647.72	2644.996	2536.978	2536.030	2538.986	2536.532	2539.840	

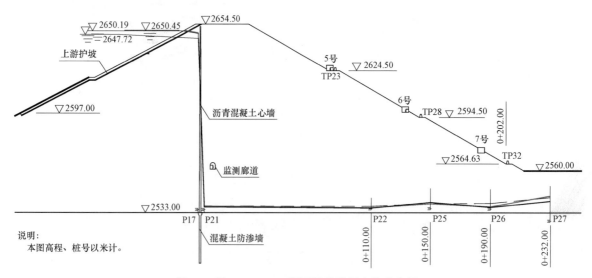

图 16　坝 0+220.00m 断面坝体渗压水位分布图

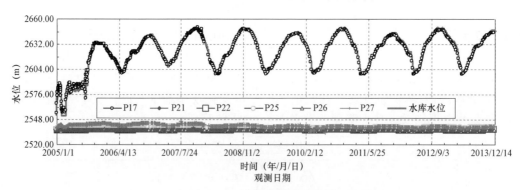

图 17　坝 0+220.00m 断面基础面渗压水位过程线

7　结语

冶勒大坝左、右岸坝基严重不对称，左岸为基岩、河床及右岸为覆盖层，右坝肩覆盖层最大深度超过 420m。工程关键问题是如何在复杂的地质构

造背景下，合理地利用冶勒构造断陷盆地进行首部枢纽布置，解决好深厚覆盖层及在严重不对称基础上建高土石坝的坝体防渗和基础处理问题。

（1）沥青混凝土心墙堆石坝较好地适应了当地的地形、地质条件和施工条件，大坝最大高度为

124.5m，为世界已建最高的沥青心墙堆石坝。

（2）通过科研试验，重点研究和解决坝基防渗墙及基座适应不均匀沉陷变形的技术措施。

（3）沥青混凝土心墙在满足一定强度的同时，应有较好适应变形的能力，配合比设计需合理选择沥青、骨料以及配合比参数等。

（4）坝体沥青混凝土心墙与坝基混凝土防渗墙的有效连接型式是大坝防渗的关键。通过对各种接头型式下心墙、防渗墙的应力和应变状况分析，以及接缝的抗渗能力的研究，综合技术、经济及防渗的可靠性，设计采用了结构简单、施工方便、防渗性能较可靠的硬接头方案，即沥青混凝土心墙与钢筋混凝土垫座、钢筋混凝土垫座与防渗墙之间均采用刚性连接，心墙与垫座之间的水平缝设沥青玛蹄脂，垫座与防渗墙采用整体浇筑方式。

（5）根据河床左岸至右岸不同地质情况，因地制宜进行坝基处理，较好地解决了深厚不均匀覆盖层的防渗处理难题。左岸采用帷幕灌浆、防渗墙+帷幕灌浆的全封闭处理，河床及右岸采用防渗墙+帷幕灌浆处理；对于右坝肩 200 余米深的垂直防渗系统，设计开创性地采取了分段实施技术，即"平台挖填明浇 15m、廊道顶上层墙深 70m、廊道高约 9m、廊道底下层墙身 60m、墙下灌浆帷幕深 60m"。

（6）为使墙下帷幕防渗取得可靠的效果，研究提出了覆盖层内最大帷幕钻灌深度超过 120m，并采取了控制性灌浆工艺，工程效果良好。

作者简介：

何顺宾（1968—），男，正高级工程师，主要从事水电水利工程设计与管理。E-mail：Hshunbin@chidi.com.cn

深厚覆盖层上高土石坝基础廊道环向结构缝设置研究

熊泽斌[1]，潘家军[2]，李伟[1]，王占军[1]，徐晗[2]

（1. 长江勘测规划设计研究有限责任公司，湖北省武汉市　430010；
2. 长江水利委员会长江科学院，湖北省武汉市　430010）

【摘　要】深厚覆盖层上高土石坝基础廊道环向结构缝作为坝基防渗的薄弱部位，其受力和变形均较复杂，是坝基廊道设计的关键技术难点。本文通过建立高土石坝基础廊道环向结构缝的三维有限元数值模型，对比研究了不同分缝设置位置对大坝防渗体系应力变形的影响，揭示了环向结构缝部位的应力变形形态，并据此提出了环向结构缝设计改进建议。

【关键词】高土石坝；坝基廊道；环向结构缝；有限元分析；应力变形；设置建议

0　引言

为基础防渗帷幕灌浆和后期运行维护方便，深厚覆盖层上高土石坝通常会设置基础廊道，廊道布置于坝基防渗墙之上。高土石坝坝基廊道在河床段沿坝轴线方向一般不设置结构缝，在基岩与覆盖层分界线附近通常设置环向结构缝与两岸的灌浆平洞连接。在基岩与覆盖层分界附近，由于两岸平洞位于基岩内，其自身变形很小，坝体内基础廊道受堆石体填筑、覆盖层变形及水压力等作用发生较为复杂的三向变形，结构缝的变形形态复杂，相对两岸平洞的位移错动较大，止水易被破坏而发生漏水。国内已建长河坝砂砾石心墙堆石坝的坝基廊道应力变形监测成果显示受坝基覆盖层的不均匀沉降影响，河床廊道与灌浆平洞连接部位结构缝呈张开趋势，基础廊道结构缝的变形和受力均较复杂。基础廊道与两岸灌浆平洞连接的结构缝成为深厚覆盖层上高土石坝坝基防渗的薄弱部位，因此，有必要对廊道应力变形性态及结构缝设置开展深入研究。

本文依托某深厚覆盖层上的高沥青混凝土心墙堆石坝，通过对比研究环向结构缝的不同设置位置对防渗体系应力变形的影响，揭示环向结构缝部位的变形形态，为环向结构缝的设计提供重要参考。

1　坝基廊道环向结构缝设置方案与计算模型

某沥青混凝土心墙堆石坝坝址区河床覆盖层成因复杂，厚度变化较大，一般厚度为 60～80m，最厚可达 91.2m，深切谷位于河床右岸，总体上右岸基岩埋藏深度较左岸深。由于河床覆盖层的物质组成复杂，结构从上至下呈层状分布，坝址河床覆盖层渗透性强且空间分布不均匀，无防渗处理措施情况下，坝基渗漏量很大，渗透比降不能满足要求，必须进行防渗处理。为此，在深厚覆盖层坝基设置了防渗墙深入基岩，坝基防渗墙通过坝基灌浆廊道与沥青混凝土心墙相连接。

坝体内灌浆廊道沿坝轴线方向不分缝，其与岸坡灌浆平洞间设置环向结构缝，结构缝宽 5cm，为研究不同环向结构缝设置位置对坝基廊道应力变形的影响，本研究对环向结构缝的位置设置了以下4 种方案。① 分缝方案一：坝体灌浆廊道全断面嵌入岸坡岩体深度为 0m；② 分缝方案二：坝体灌浆廊道全断面嵌入岸坡岩体深度为 2m；③ 分缝方案三：坝体灌浆廊道全断面嵌入岸坡岩体深度为 4m；④ 分缝方案四：坝体灌浆廊道全断面嵌入岸坡岩体深度为 6m。

对上述方案建立了三维有限元计算模型，如图 1 所示，计算模型共有 164 359 个单元。工程实践表明，防渗墙混凝土底部有一定厚度的沉渣，因此本次计算在防渗墙底部设置了厚 20cm 的沉渣单元。坝体及覆盖层材料本构关系采用非线性剪胀 K–K–G 模型，基岩及混凝土材料采用线弹性本构

基金项目：中国科协青年人才托举工程；长江设计集团有限公司自主创新项目（CX2020Z47）。

模型，沉渣采用邓肯–张 $E-\mu$ 模型。

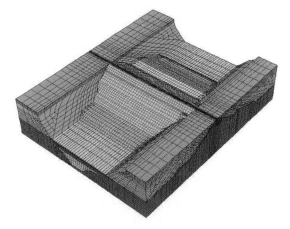

图 1　沥青混凝土心墙堆石坝及坝基整体三维有限元模型

2　大坝及坝基防渗墙应力变形分析

2.1　坝体变形

4 个环向结构缝设置方案的沥青心墙堆石坝坝体变形极值见表 1，由表可知，坝体灌浆廊道环向结构缝的不同分缝位置对坝体和沥青混凝土心墙整体的应力变形基本无影响，4 个方案的坝体和沥青混凝土心墙的变形极值均相同。

完建期坝体竖向位移最大值为 142.0cm，向上游和向下游的水平位移分别为 −26.2cm 和 27.4cm；蓄水期坝体竖向位移最大值为 139.0cm，这是上游坝体蓄水的浮力作用所致，向上游和向下游的水平位移分别为 −16.1cm 和 52.1cm。

表 1　　　　4 个环向结构缝设置方案的沥青心墙堆石坝坝体变形极值统计

工况	方案	竖向位移（cm）	顺河向位移		坝轴向位移（cm）
			向上游（cm）	向下游（cm）	
完建期	方案一：嵌固深度 0m	142.0	−26.2	27.4	17.4
	方案二：嵌固深度 2m	142.0	−26.2	27.4	17.4
	方案三：嵌固深度 4m	142.0	−26.2	27.4	17.4
	方案四：嵌固深度 6m	142.0	−26.2	27.4	17.4
蓄水期	方案一：嵌固深度 0m	139.0	−16.1	52.1	22.1
	方案二：嵌固深度 2m	139.0	−16.1	52.1	22.1
	方案三：嵌固深度 4m	139.0	−16.1	52.1	22.1
	方案四：嵌固深度 6m	139.0	−16.1	52.1	22.1

2.2　沥青混凝土心墙应力变形

4 个环向结构缝设置方案的沥青混凝土心墙应力变形极值见表 2，由表可知，廊道分缝对于沥青混凝土心墙的整体应力变形基本无影响。

完建期沥青混凝土心墙竖向位移最大值为 142.0cm，顺河向位移最大值为 −11.1cm，坝轴向位移最大值为 17.1cm，顺河向应力最大值为 −1.9MPa，坝轴向应力最大值为 −2.3MPa，竖向

应力最大值为 −3.0MPa，应力水平最大值为 0.95，三向均无拉应力。蓄水期沥青混凝土心墙竖向位移最大值为 139.0cm，顺河向位移最大值为 42.1cm，坝轴向位移最大值为 22.1cm，顺河向应力最大值为 −1.8MPa，坝轴向应力最大值为 −2.2MPa，竖向应力最大值为 −2.8MPa，应力水平最大值为 0.78～0.82，三向均无拉应力。

表 2　　　　4 个环向结构缝设置方案的沥青混凝土心墙应力变形极值统计

工况	方案	竖向位移（cm）	顺河向位移（cm）	坝轴向位移（cm）	顺河向应力（MPa）	坝轴向应力（MPa）	竖向应力（MPa）	应力水平
完建期	方案一：嵌固深度 0m	142.0	−11.1	17.1	−2.0	−2.4	−3.0	0.95
	方案二：嵌固深度 2m	142.0	−11.1	17.1	−2.0	−2.4	−3.0	0.95
	方案三：嵌固深度 4m	142.0	−11.1	17.1	−2.0	−2.4	−3.0	0.95
	方案四：嵌固深度 6m	142.0	−11.1	17.1	−2.0	−2.4	−3.0	0.95

续表

工况	方案	竖向位移（cm）	顺河向位移（cm）	坝轴向位移（cm）	顺河向应力（MPa）	坝轴向应力（MPa）	竖向应力（MPa）	应力水平
蓄水期	方案一：嵌固深度 0m	139.0	42.1	22.1	−1.8	−2.2	−2.8	0.82
	方案二：嵌固深度 2m	139.0	42.1	22.1	−1.8	−2.2	−2.8	0.82
	方案三：嵌固深度 4m	139.0	42.1	22.1	−1.8	−2.2	−2.8	0.78
	方案四：嵌固深度 6m	139.0	42.1	22.1	−1.8	−2.2	−2.8	0.78

2.3 深厚覆盖层坝基防渗墙应力变形分析

表 3 为 4 个环向结构缝设置方案的坝基防渗墙应力变形极值统计，由表可知，4 种分缝方案防渗墙的变形极值无差异性，但是防渗墙局部拉压应力有变化，最显著的是坝轴向应力。

完建期与蓄水期 4 种分缝方案防渗墙顺河向应力均无拉应力产生，整体趋势是随着廊道嵌入基岩深度的增加，防渗墙顺河向压应力减小，最大顺河向压应力值为 −9.9MPa。完建期 4 种分缝方案防渗墙坝轴向拉应力分别为 4.8、6.3、6.1MPa 和 5.9MPa，蓄水期坝轴向拉应力分别为 7.0、9.3、9.1MPa 和 8.9MPa，拉应力区域范围随嵌固深度呈先增长后减少态势，拉

应力区域主要分布在防渗墙左岸与右岸局部区域，这是由端部支承效应引起的。完建期与蓄水期 4 种分缝方案坝轴向压应力最大值为 −16.2MPa。

完建期 4 种分缝方案防渗墙竖向拉应力为 0.0MPa，蓄水期竖向拉应力分别为 0.0、0.0、1.0MPa 与 2.0MPa，该拉应力主要分布在防渗墙左岸与右岸两端的局部较小区域，完建期与蓄水期 4 种分缝方案竖向压应力最大值为 −35.1MPa。

防渗墙变形计算结果表明防渗墙主要呈现向下游凸出的变形形态，竖向位移随着高程的增高而增大，河床中央大于两岸，最大值出现在防渗墙顶部中央，为 9.3cm。

表 3   4 个环向结构缝设置方案的防渗墙应力变形极值统计

工况	方案	竖向位移（cm）	顺河向位移（cm）	坝轴向位移（cm）	顺河向应力（MPa）		坝轴向应力（MPa）		竖向应力（MPa）	
					拉应力	压应力	拉应力	压应力	拉应力	压应力
完建期	嵌固深度 0m	9.3	0.8	1.3	0.0	−5.1	4.8	−12.5	0.0	−35.1
	嵌固深度 2m	9.3	0.8	1.3	0.0	−5.1	6.3	−12.5	0.0	−35.1
	嵌固深度 4m	9.2	0.8	1.2	0.0	−5.1	6.1	−12.5	0.0	−35.0
	嵌固深度 6m	9.2	0.8	1.1	0.0	−5.1	5.9	−12.5	0.0	−35.0
蓄水期	嵌固深度 0m	6.6	26.4	3.2	0.0	−9.9	7.0	−16.2	0.0	−25.7
	嵌固深度 2m	6.6	26.4	3.2	0.0	−8.7	9.3	−16.2	0.0	−25.6
	嵌固深度 4m	6.6	26.4	3.1	0.0	−8.9	9.1	−16.1	1.0	−25.5
	嵌固深度 6m	6.6	26.4	3.0	0.0	−9.4	8.9	−16.0	2.0	−25.4

3 坝基廊道应力变形分析

3.1 廊道变形状态分析

坝基廊道在其自重和上部沥青混凝土心墙所传递压力作用下发生竖直向下的挠曲变形，同时因与防渗墙采用刚性连接而被带动向下游挠曲。蓄水期分缝方案四廊道顶部沿坝轴线的沉降变形与顺流向分布如图 2 所示。从图中可以看出，在顺流向和竖直向，坝基廊道的变形均从两岸至河床中部逐

渐增大，坝基廊道顺流向水平位移最大值均为 30.6cm，竖直向沉降变形最大值均为 6.6cm。

表 4 列出了蓄水期 4 种方案两岸环向结构缝在各个方向的变形极值。由表可知，坝体灌浆廊道全断面嵌入岸坡岩体的深度对环向结构缝顺流向水平位移的影响较大，且随着嵌入岩体深度的增加而减小。因为坝基廊道嵌入两岸岩体越深，其所受两岸岩体的约束也越强，因此变形越小，对于环向结构缝的止水结构设计有利。

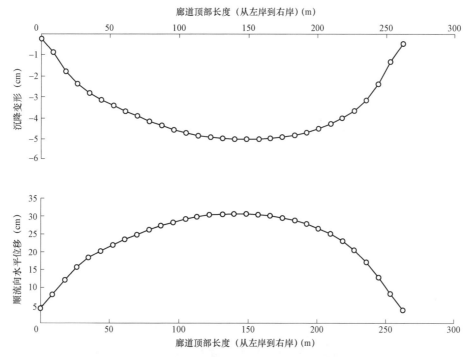

图 2　蓄水期廊道顶部变形分布（分缝方案四）

表 4　　　　　　　　　　　　　　　坝基廊道与两岸平洞环向结构缝变形极值表

分缝方案	左岸结构缝（cm）			右岸结构缝（cm）		
	顺流向水平位移	坝轴向张开	竖直向沉降	顺流向水平位移	坝轴向张开	竖直向沉降
方案一：嵌固深度 0m	3.5	1.9	2.0	2.7	2.4	1.9
方案二：嵌固深度 2m	2.7	2.1	1.7	1.9	2.6	1.3
方案三：嵌固深度 4m	2.3	2.1	1.8	1.7	2.5	1.4
方案四：嵌固深度 6m	1.9	2.1	1.8	1.6	2.4	1.5

3.2　廊道应力变形分析

表 5 列出了 4 种方案蓄水期坝基廊道在各个方向的应力变形极值。选取河床中部和两端的廊道剖面进行特征应力分析，方案四的应力分布如图 3 所示。由表 5 及图 3 可知，在水荷载作用下，坝基廊道整体发生向下游的变形，在靠近两岸处受到防渗墙和基岩的约束作用，出现拉应力集中区；随着廊道嵌入两岸岩体深度增加，坝基廊道在嵌入端顺流向拉应力增加明显，坝轴向和竖直向拉应力变化不显著；嵌固深度从 2m 增加至 6m，坝基廊道在三个方向的压应力逐渐减小，特别是顺流向和坝轴向压应力随着嵌固深度增加而减小较为明显。

表 5　　　　　　　　　　　　　　　蓄水期坝基廊道应力变形极值表

分缝方案	竖向位移（cm）	顺河向位移（cm）	坝轴向位移（cm）	顺河向应力（MPa）		坝轴向应力（MPa）		竖向应力（MPa）	
				拉应力	压应力	拉应力	压应力	拉应力	压应力
方案一：嵌固深度 0m	6.6	30.6	3.6	5.3	−16.7	10.0	−14.5	8.2	−27.3
方案二：嵌固深度 2m	6.6	30.6	3.8	10.6	−28.0	10.7	−31.8	7.5	−39.5
方案三：嵌固深度 4m	6.6	30.6	3.7	15.1	−23.2	9.9	−27.0	6.7	−39.0
方案四：嵌固深度 6m	6.6	30.6	3.7	20.3	−21.3	9.3	−24.0	6.8	−38.4

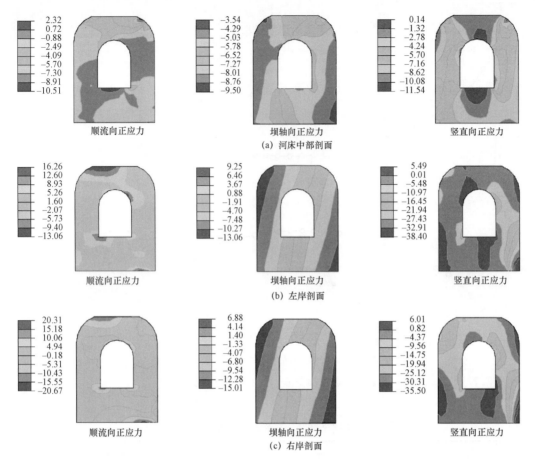

图 3　方案四蓄水期廊道特征剖面应力状态（左侧为上游，单位：MPa）

4　环向结构缝设计建议

上述研究成果表明环向结构缝的不同分缝位置对坝体和沥青混凝土心墙整体的应力变形基本无影响，但对环向结构缝顺流向水平位移的影响较大，且随着坝基廊道嵌入岩体深度的增加而减小。随着坝基廊道嵌入两岸岩体深度增加，坝基廊道在嵌入端顺流向拉应力增加明显，而坝轴向和竖直向拉应力变化不显著；嵌入深度从 2m 增加至 6m，坝基廊道在三个方向的压应力逐渐减小，特别是顺流向和坝轴向压应力随着嵌固深度增加而减小较为明显。环向结构缝的不同分缝位置对防渗墙的变形极值没有影响，但防渗墙由于端部的支承效应，引起两岸墙体局部出现拉应力。坝基廊道嵌入两岸的深度从 2m 增加至 6m，墙体的拉应力范围基本无变化，但拉应力极值有减小的趋势。

为减小环向结构缝的变形，从增强该部位防渗体系的可靠性考虑，坝基廊道需嵌入两岸岩体一定深度，但随着嵌入深度的增加，坝基廊道嵌入端顺流向拉应力也明显增加。综合考虑环向结构缝止水结构设计和廊道混凝土结构设计的难度和适应性等因素，结合已建工程经验，对深厚覆盖层上高土石坝廊道环向结构缝设计提出如下改进建议。

坝基廊道嵌入两岸山体一定深度（一般不少于2m），在环向结构缝内设置不少于两道 W 型结构铜止水，缝面涂刷沥青，缝内用沥青杉木板填充，缝的外表面布置橡胶棒和柔性填料。同时可考虑在坝基廊道深入两岸岩体段的廊道与基岩之间设置弹性垫层，以进一步减小廊道在嵌入端的应力集中，如长河坝水电站砾石土心墙堆石坝。

5　结语

本文对深厚覆盖层上的高土石坝基础廊道环向结构缝设置位置对防渗体系应力变形的影响进行了三维数值模拟分析，并对环向结构缝设计提出了改进建议。

（1）环向结构缝的不同分缝位置对坝体和沥青混凝土心墙整体的应力变形基本无影响，对防渗墙的变形极值没有影响，但防渗墙由于端部的支承效应，引起两岸墙体局部出现拉应力。

（2）坝基廊道嵌入两岸深度从 2m 增加至 6m，随着嵌入岩体深度增加，坝基廊道在嵌入端顺流向拉应力增加明显，而坝轴向和竖直向拉应力变化不显著；坝基廊道在三个方向的压应力逐渐减小，特别是顺流向和坝轴向压应力随着嵌固深度增加而减小较为明显。

（3）坝基廊道嵌入两岸山体一定深度（一般不少于 2m），在环向结构缝内设置不少于两道 W 型结构铜止水，同时可考虑在坝基廊道深入两岸岩体段的廊道与基岩之间设置弹性垫层。

参考文献：

［1］邹德兵，熊泽斌，王汉辉，等. 坝基防渗墙与土质心墙廊道式连接构造设计［J］. 人民长江，2020，51（10）：128－132.

［2］姚福海. 深厚覆盖层上土石坝基础廊道的结构形式探讨［J］. 水力发电，2010，（6）：54－55.

［3］张运达，王能峰，马金根. 某水电站大坝基础廊道变形渗水分析［J］. 地质灾害与环境保护，2016，27（4）：59－65.

［4］熊堃，何蕴龙，伍小玉，等. 长河坝坝基廊道应力变形特性研究［J］. 岩土工程学报，2011，33（11）：1767－1774.

［5］冯蕊，伍小玉，何蕴龙，等. 特深厚覆盖层上超高心墙堆石坝坝基廊道非线性开裂分析［J］. 四川大学学报（工程科学版），2015，47（1）：60－67.

作者简介：

熊泽斌，男，正高级工程师，主要从事水利水电工程设计与科研工作。E-mail：xiongzebin@cjwsjy.com.cn

高地震烈度区深厚覆盖层上高沥青
混凝土心墙堆石坝设计

龙文，陈晴，邓毅国，李向阳

（中国电建集团北京勘测设计研究院有限公司，北京市 100024）

【摘　要】苏洼龙水电站坝基覆盖层最大深度为91m，结构层次复杂，存在强渗漏、强不均匀沉陷、深层滑动、砂层液化等问题，拦河坝采用能适应基础变形和抗震性能好的沥青混凝土心墙堆石坝，地震设防烈度为9°。在查明覆盖层的结构层次和物理力学特性的基础上，利用三维静动力有限元对大坝和覆盖层的应力和变形进行了深入研究，结合分析成果和工程经验，对覆盖层采取工程措施进行了处理。施工期的监测数据表明大坝和覆盖层的变形规律符合工程经验，坝体沉降和位移较小。

【关键词】高地震烈度；深厚覆盖层；沥青混凝土心墙堆石坝；基础处理

1　工程概况

苏洼龙水电站位于金沙江上游河段，地处四川巴塘县苏洼龙乡境内。电站正常蓄水位为2475m，死水位为2471m，总库容为6.38亿 m³，装机容量为 1200MW，为一等大（1）型工程，拦河坝为 1 级建筑物，设计洪水标准为 1000 年一遇，校核洪水标准为PMF。地震基本烈度Ⅷ度，大坝设防烈度为 9 度。100 年超越概率 2%地震基岩水平动峰值加速度代表值为 0.376g；100 年超越概率 1%地震基岩水平动峰值加速度代表值为 0.457g。

电站枢纽由沥青混凝土心墙堆石坝、开敞式溢洪道、泄洪放空洞、引水隧洞和地面厂房等组成。

电站 2017 年 11 月大江截流，2018 年遭遇"11·3"白格堰塞湖溃堰洪水，造成上游围堰冲毁和大坝基坑淤平。2021 年元月底导流洞下闸蓄水，进行一期蓄水，枯水期水库水位维持在 2414m 左右，2021 年 5 月中旬进行二期蓄水，库水位蓄到2465m，9 月下旬进行三期蓄水，水库水位到2471m。

2　工程地质条件

坝址河谷呈 U 形，江水面宽为 102～292m。两岸岸坡总体上在高程 2500m 以下基本对称，坡度为30°～40°，两岸山体大部裸露花岗岩。坝址两岸断续发育漫滩、堆积阶地。

坝址覆盖层主要分布于两岸坡麓及河床地带，覆盖层空间分布具有上游偏薄、下游稍厚、河床深槽稍偏右岸的整体分布特点。深槽部位覆盖层厚度一般为 60～85m，最厚可达 91.2m；深槽左岸为现代河床及河漫滩。

根据河床覆盖层的物质组成特征，自上而下可主要分为 6 个大层以及 4 个透镜体状亚层。主要为：① 砂卵砾石；② 低液限黏土；③ 卵石混合土；④ （含）细粒土质砂（砾）；⑤ 混合土卵石（碎石）；⑥ 冰积块碎石。在第②层中局部分布有②–1黏土质砂透镜体，第③层中局部分布有③–1 黏土质砂透镜体，第⑤层分布有⑤–1 低液限黏土和⑤–2 含泥砂层等透镜体，及若干个厚度小于1m，面积微小，分布不连续的微型砂层或黏（粉）土层透镜体。

覆盖层主要由冰水堆积物、静水沉积物、冲洪积物三个不同成因的沉积物加积形成。

河谷底部的第⑥层为冰水堆积物，顶板埋深一般为 55～60m。块石含量为 30%～60%，一般块径为 6～20cm，最大可达 5m，碎石含量为30%～50%，一般块径为 2～5cm，碎块石呈次棱角状，成分为黑云斜长花岗岩，弱风化状态，其余为碎屑土和砂质。

第②层低液限黏土层、⑤-2 层低液限黏土层透镜体为静水沉积物。低液限黏土浅灰色，可塑—硬塑，土质较细腻，干时坚硬，含有少量砾石及砂质，一般含量不超过 15%。其中第②层厚 2~8m，分布较为广泛；⑤-2 层厚 0.5~4.0m，一般分布于第⑤层的下部，由多个小透镜体组成，单个透镜体面积不大。

第①层现代河床冲洪积砂卵砾石层、第③层冲积卵石混合土、第④层冲积（含）细粒土质砂、第⑤层冲积混合土卵石，及③-1 层黏土质砂透镜体，⑤-1 层含泥砂层透镜体为冲洪积物。

① 现代河床冲洪积砂卵砾石层：黄褐色，稍密—中密。漂、卵石含量较高，一般为 40%~50%，粒径为 20~40cm、6~20cm，呈次圆状—圆形；砾石含量为 30%~40%，以中、粗砾为主，一般粒径为 10~60mm；其他为砂质及少量黏、粉粒。一般厚 3~10m，最厚处达 20.5m，局部受河流冲刷作用，无①层分布。

③ 冲积卵石混合土：黄褐色，较密实。漂、卵石含量较高，一般为 30%~40%，粒径为 20~50cm、6~20cm，呈次圆状—圆形；砾石含量一般为 30%~35%，以中、粗砾为主，一般粒径为 10~60mm；砂质含量一般为 10%~20%，以中粗砂为主；其他为黏粉粒。卵砾石主要成分为花岗岩、变质岩等。该层厚度变化较大，一般厚 8~25m，最

厚达 31.2m。

③-1 黏土质砂透镜体：黄褐色，中密—密实。砂以中细砂为主；泥含量为 15%~25%。厚度为 1.5~4.5m。分布不连续，由多个小透镜体组成。

④ 冲积（含）细粒土质砂：黄褐色，较密实。砾石含量一般为 15%~20%，以中、细砾为主，最大粒径小于 40mm，呈次圆状；砂含量一般为 55%~70%，以中、粗砂为；其他为粉黏粒，以粉粒为主。该层分布较广，厚度变化较大，一般厚 3~12m，最厚可达 21.8m。

⑤ 冲积混合土卵石：黄褐色，较密实。漂、卵石含量一般为 35%~50%，粒径为 20~50cm、6~20cm，呈次圆状—圆形；砾石含量一般为 30%~40%，以中、粗砾为主，一般粒径为 10~60mm，呈次圆状；砂含量一般为 15%~20%，以中粗砂为主；其他为粉黏粒，含量较低。卵砾石主要成分为花岗岩、变质岩等，层厚一般为 13~30m，最厚达38.0m。

⑤-1 含泥砂层透镜体：黄褐色，密实。以中粗砂为主，含少量砾石，含量一般为 5%~15%，粒径为 2~20mm，呈次圆状；泥质含量一般为15%~25%，以粉土质为主。层厚变化较大，一般为 1~4m，最薄不足 1m，最厚可达 9.4m，主要分布于第⑤层的中部，由多个不连续的透镜体组成。

河床覆盖层各土层物理力学指标见表1。

表 1　　　　　　　　　　　　　　坝址区河床覆盖层物理力学指标表

岩性	层号	天然密度 ρ（g/cm³）	压缩系数 a_v 0.1~0.2（MPa⁻¹）	压缩模量 E_s 0.1~0.2（MPa）	抗剪强度参数（饱和固结快剪）ϕ（°）	c（kPa）	渗透系数 K（cm/s）	允许承载力 [R]（kPa）
砂卵砾石	①	2.32	0.01	60~70	36~38	0	0.10~0.20	300~400
低液限黏土	②	1.90	0.31	4~6	18~20	40	$1.0×10^{-6}$~$5.0×10^{-6}$	150~180
粉土质砂	③-1	2.10	0.20	6~8	19~21	10~20	$1.0×10^{-4}$~$1.5×10^{-4}$	160~180
卵石混合土	③	2.24	0.015~0.02	50~60	34~36	10	$5.0×10^{-4}$~$1.0×10^{-3}$	300~350
（含）细粒土质砂	④	2.10	0.16	8~10	21~23	10~20	$5.0×10^{-4}$~$5.0×10^{-3}$	180~200
混合土卵石	⑤	2.36	0.01~0.015	60~70	36~38	0	$1.0×10^{-4}$~$5.0×10^{-3}$	350~450
粉土质砂	⑤-1	2.05	0.20	8~10	19~21	15	$1.0×10^{-4}$~$1.5×10^{-4}$	180~200
低液限黏土	⑤-2	1.92	0.25	4~6	18~20	60	$1.0×10^{-6}$~$5.0×10^{-6}$	160~180
冰积碎、块石	⑥	2.44	0.01	70~80	37~39	0	$1.0×10^{-4}$~$1.0×10^{-3}$	450~550

3　覆盖层利用研究

覆盖层除第②层外，其余各层的渗透性较强，

需要进行防渗处理。国内的防渗墙处理深度已达到 150m，技术成熟，经验丰富，苏洼龙覆盖层的平均深度为 80 余米，采用防渗墙截断覆盖层在技术上

是可行的。

坝基覆盖层第①层为第四系的砂卵石，强度高，压缩性低；第③层为卵石混合土，压缩性低，强度高；第⑤层和第⑥层埋藏深，抗剪强度高，压缩性低。

第②层低液限黏土，主要分布于坝线下游，范围较大，透水性微弱、强度低、压缩性大，影响大坝深层抗滑稳定，存在渗透稳定问题。该层埋藏较浅，可全部挖除。

第④层厚度和埋深变化较大，地震时有液化危险性，该层变形模量小，在上覆大坝荷载下会出现较大沉降变形。从挖除该层的低建基面方案和保留该层的高建基面方案二维静有限元计算成果分析，砂层的存在虽然会引起大坝沉降增加、防渗墙的应力增大等不利影响，但都在工程经验和安全范围内。动力有限元计算成果表明，筑坝后砂层不存在地震液化，在采取一定工程措施后，砂层的不利影响会降低。从技术上分析，不挖砂层的高建基面方案是可行的，且第④层的挖除方案，土石方开挖较不挖方案增加 250.2 万 m³，堆石填筑量增加 253.4 万 m³，因此，挖除方案存在基坑深度大、开挖量大、存在基坑排水难度加大、影响工期和加大坝体填筑量、增加工程投资等问题，经综合分析，对其可予以保留。

第③层力学指标较好，能满足大坝变形、稳定和承载力要求，可作为大坝建基面。综合覆盖层各层的物理力学性状，在挖除第②层后，对第④层采取措施，降低其沉降变形，提高抗液化能力后，并在对覆盖层采取合适的防渗控制措施情况下，剩余覆盖层作为坝基是可行的。

4 拦河坝设计

拦河坝选用了能适应覆盖层变形、抗震性能较好的沥青混凝土心墙堆石坝。

坝顶高程 2480.00m，最大坝高为 110m，坝顶宽度为 12.0m，坝顶长度为 461.88m。坝顶设 1.2m 高的防浪墙。大坝上游坝坡为 1:1.8，下游坝坡为 1:1.9（综合坡）。上游坝坡高程 2465.00m 以上采用 1m 厚大块石护坡，下游坝坡高程 2465.00 以上采用 1m 厚浆砌石护坡。为增强坝体的整体抗震性，在上、下游堆石区内，高程 2440.00m 以上每隔 2m 设置一层土工格栅。大坝上下游设置弃渣压重体，压重顶高程 2400.00m。沥青混凝土心墙轴线位于坝体

中部坝轴线上游 2.25m 处，心墙顶高程 2478.00m，底高程 2377.80m，顶部厚 0.5m，底部厚度为 1.5m，在底部和岸坡接触部位设置 3m 的心墙放大脚，心墙底部逐渐变厚至 3m；心墙底部分别置于两岸混凝土基座、右岸溢洪道左边墙和河床坝基灌浆观测廊道上，采用弧形连接。在心墙上、下游侧各设置两层过渡层，过渡层Ⅰ、Ⅱ厚度均为 3m。

电站建筑物开挖料方量大、质量好，根据工程料源情况，大坝堆石料采用了"建筑物开挖料和河床砂卵石料"的用料原则。

上游坝壳分为堆石Ⅰ区、堆石Ⅱ区，堆石Ⅰ区布置在上游高程 2431.00m 以上，采用风化程度较弱、岩体抗压强度较高的建筑物开挖料填筑。堆石Ⅱ区在高程为 2410.00m 以下，采用一部分天然砂卵石料填筑，砂卵石料级配良好，压缩性低，抗剪强度高，能满足填坝要求。下游坝壳分为堆石Ⅰ区、堆石Ⅲ区，Ⅲ区位于Ⅰ区内部，底部高程为 2400m，高于下游最高尾水位，该区可采用强度指标略低和渗透性较小的开挖料填筑。在两岸岸坡与堆石料接触部位，设置水平宽度 5m 的过渡料。

坝址覆盖层深厚，大坝地震设防烈度高，堆石料选择了较高的压实标准，压实孔隙率不大于 21%，坝体砂卵石料压实相对密度不小于 0.85，过渡料和坝基反滤料采用砂卵石料加工，压实相对密度不小于 0.85。

5 覆盖层的工程处理措施

覆盖层存在多方面的工程问题，不能直接作为坝基，需对其强渗透、不均匀变形、深层滑动等进行处理。

（1）坝基防渗处理。无防渗处理措施情况下，根据三维渗流有限元计算，坝基渗漏量达到 978.487L/s，覆盖层会产生有害的渗透破坏。

坝基采取混凝土防渗墙截断覆盖层。防渗墙通过坝基廊道与沥青混凝土心墙相接，底部嵌入基岩深度为 1.5m，其下基岩进行帷幕灌浆，并与两岸灌浆帷幕衔接，形成坝基和两岸的整体渗流控制体系。

防渗墙墙体厚度应满足耐久性和强度要求，取 1.2m。墙体材料采用常态混凝土，根据防渗墙的应力和耐久性要求确定，选用 90 天抗压强度不小于 40MPa、抗渗等级为 W10 的混凝土。

坝基廊道为城门洞形，底板高程为 2372.50m，

断面尺寸为 2.5m×3.5m，底板厚度为 2.5m，边墙和顶拱厚度为 1.8m，采用 C35W10F50 钢筋混凝土。为了加强防渗墙墙体顶部刚度，减小顶部变形，廊道在防渗墙墙体段纵向不分结构缝，在两岸设置结构缝，底部通过倒梯形基座与防渗墙刚性连接，基座高 5m，基座上底宽 6.1m，底宽 1.2m，采用 C35W10F50 钢筋混凝土。廊道两岸嵌入基岩，以减少结构缝的变形，防止结构缝止水破坏。

（2）河床覆盖层开挖。河床覆盖层挖除第②层，开挖后的大坝建基面高程为 2368m，基坑开挖深度约 20m。

（3）心墙基础固结灌浆。对河床部位心墙廊道基础覆盖层进行铺盖式固结灌浆，以降低覆盖层的不均匀沉降，在防渗墙上、下游覆盖层各布置 4 排固结灌浆，设计孔深为 8m，孔、排距均为 2m，梅花形布置。

（4）第④层振冲碎石桩处理。第④层在筑坝后，不会产生地震液化，但压缩模量低，会增加坝体沉降变形，对防渗体系的应力和变形有不利影响，需通过振冲提高砂层的相对密度，形成复合地基，降低基础变形，同时碎石桩还可在地震时起到排水体的作用，降低震动孔隙压力，提高砂层的抗液化能力。

振冲碎石桩穿透砂层深入第⑤层 1m。利用有限元分析了坝基振冲处理的范围，通过对坝基不处理、全坝基振冲处理和对心墙两侧局部振冲处理的计算分析，随振冲处理范围的增大，坝体沉降有所降低，但幅度不超过 5%；处理范围的变化对坝体水平位移影响不大；振冲区扩大，对降低防渗墙的应力有利，与不处理相比较，最大处理范围时，压

应力可减少 13.4%，拉应力可减少 50%；振冲处理也有助于降低廊道的拉应力和心墙压应力。根据有限元成果，确定的振冲加固处理范围为坝上 0+032.50m～坝下 0+093.00m。其中上游坝基振冲范围为坝上 0+032.500m～坝上 0+010.28m，下游坝基振冲范围为坝下 0+005.80m～坝下 0+93.000m，振冲碎石桩桩径为 1m，间距为 3m，振冲桩最大深度为 20m。

在基础开挖后，对振冲前后的第③层和第④层进行了现场剪切波测试，第③层振前波速为 256～290m/s，振后为 320～365m/s，提高了 22.6%～25.3%；第④层振前波速为 220～260m/s，振后为 250～280m/s，提高了 13.6%～19.6%。振冲处理后，经过现场测试，第③层桩间土变形模量为 69.50MPa，复合地基变形模量为 106.58MPa。第③层的承载力由振前的约 321.5kPa 提高到振后的约 949.2kPa，第④层的承载力由振前的 482kPa～685kPa 提高到 739kPa～819kPa。振冲碎石桩不但对第④层进行了处理，也对提高改善第③层的物理力学指标有作用。处理后，第③层和第④层的密实度得到提高，力学性状得到了改善，对减少坝体的不均匀沉陷有利。

（5）上下游压重。在上下游坝趾设置压重，以提高坝基范围以外的砂层抗液化能力，上游压重顶部高程为 2390m，长度约 60m，下游压重顶部高程 2400m，长度约 29m。

6 大坝稳定计算成果

对大坝典型断面进行了稳定分析，坝料强度采用非线性指标。计算成果见表 2。

表 2　　　　　　　　　　　　　坝坡稳定计算成果表

计算工况		上游水位（m）	下游水位（m）	计算安全系数		允许安全系数
				上游坝坡	下游坝坡	
正常运用条件	正常蓄水位稳定渗流期	2475	2385.31	2.324	2.375	1.5
	死水位稳定渗流期	2471	2385.31	2.246	2.415	
非常运用条件 I	竣工期上、下游无水	0	0	1.868	2.259	1.3
	正常蓄水位快速放空	2475/2415	2385.31	2.154	—	
非常运用条件 II	正常蓄水位稳定渗流期遇IX度地震	2475	2385.31	1.229	1.405	1.2
	死水位稳定渗流期遇IX度地震	2471	2385.31	1.228	1.438	
非常运用条件 II	正常蓄水位稳定渗流期遇校核地震	2475	2385.31	1.048	1.281	1.00
	死水位稳定渗流期遇校核地震	2471	2385.31	1.061	1.331	

从计算成果分析，大坝在各工况下，上、下游坝坡的稳定安全系数满足规范要求。最危险工况为地震工况，上游最危险滑动为深层滑动，滑弧进入上游围堰基础未挖除的覆盖层第②层低液限黏土层，下游最危险滑动也为深层滑动，滑弧深入覆盖层第④层细粒土质砂层。

7 大坝应力变形及运行监测成果

（1）大坝应力变形。利用三维有限元对大坝和覆盖层的变形和应力进行了分析，材料模型采用邓肯-张模型，模型参数见表 3。

表 3 邓肯-张模型有限元计算参数

坝料	密度 ρ （g/cm³）	E-B 模型参数							
		c（kPa）	ϕ_0（°）	$\Delta\phi$（°）	k	n	R_f	k_b	m
沥青混凝土	2.41	160	26.6	0	312	0.23	0.70	2048.3	0.54
过渡料	2.12	0	50.9	8.9	815.7	0.27	0.6	365.3	0.10
反滤 I	2.13	0	50.2	8.5	759.2	0.37	0.61	437.3	0.40
反滤 II	2.22	0	51.1	8.9	867	0.34	0.63	511.5	0.31
堆石料 II	2.15	0	50.1	8.1	866.1	0.27	0.61	360.1	0.21
堆石料 I	2.15	0	49.7	7.8	735.8	0.30	0.61	305.4	0.23
覆盖层①	2.23	0	46.7	4.4	756	0.41	0.65	290	0.35
覆盖层②	1.77	13.1	29.9	0	102.4	0.56	0.61	31.9	0.56
覆盖层③	2.25	0	52.2	8.8	984	0.35	0.63	500	0.28
覆盖层④	1.83	0	37.5	1.5	300	0.35	0.798	150	0.45
覆盖层⑤	2.27	0	52.5	8.8	1044	0.38	0.61	550	0.26
覆盖层⑥	2.28	0	53.2	9.8	1080	0.35	0.67	450	0.19

1）大坝堆石体应力变形。蓄水期坝体最大沉降值为 123.1cm，堆石坝体向下游最大水平位移为 49.0cm，发生在坝体下部的心墙下游侧。竣工期最大沉降值为 128.6cm，堆石坝体向下游最大水平位移为 22.8cm。

坝体大、小主应力均为压应力。竣工期，坝体大主应力最大值出现在心墙底部，为 -2.9MPa，坝体最大应力水平约为 0.39。正常蓄水期，大主应力均最大值出现在心墙底部，为 -2.7MPa，坝体最大应力水平约为 0.67。

2）心墙沥青混凝土应力变形。正常蓄水位工况下最大沉降值为 122.6cm，位于墙体中下部区域；最大顺河向位移为 35.6cm，出现在墙体中部。

正常蓄水位工况下，心墙在竖直向整个剖面受压，最大竖直向压应力为 -2.8MPa。在横河向，整个心墙基本受压，仅墙体顶部与右岸岸坡接触区域出现极小拉应力，拉应力小于沥青抗拉强度。

在竣工期，心墙最大应力水平为 0.82；在正常蓄水期，心墙最大应力水平为 0.95，心墙没有出现塑性区。

3）混凝土防渗墙应力变形。防渗墙变形向下游凸出。正常蓄水位情况下，最大顺河向位移为 23.8cm，河床中央的墙顶部沉降最大为 5.8cm。

防渗墙顺河向应力均无拉应力产生，最大顺河向压应力值为 -5.1MPa。竣工期防渗墙坝轴向拉应力为 5.6MPa，蓄水期坝轴向拉应力为 8.6MPa，竣工期与蓄水期竖向压应力最大值为 -32.9MPa。

4）廊道应力变形。廊道主要发生竖直向下和水平向下游的挠曲变形，廊道靠两岸的部分变形较小，中部变形较大。廊道在河床中央顺河向变形较大，两岸较小，最大值为 30.6cm。廊道最大沉降发生在河床中央坝体最大剖面处，最大值为 6.6cm。

竣工期廊道顺河向最大拉应力为 6.4MPa，蓄水期顺河向拉应力为 17.1MPa，分布在两端小范围内。竣工期坝轴向拉应力为 6.3MPa，蓄水期拉应力为 7.8MPa。竣工期竖向拉应力 2.2MPa，蓄水期拉应力为 6.3MPa；压应力最大值为 -36.0MPa。

竣工期，廊道与两岸接缝的最大顺河向错动位移值为0.02cm；最大坝轴向错动位移为1.4cm；最大竖直向错动位移值为0.2cm。蓄水期，接缝的最大顺河向错动位移值为1.5cm；最大坝轴向错动位移为2.2cm；最大竖直向错动位移值为1.5cm。

（2）大坝施工期监测成果。

1）大坝沉降。坝 0+268.00 断面最大沉降为654.23mm，发生在2427m高程，坝 0+368.00 断面最大沉降为678.23mm，发生在2403m高程。累计沉降速率为0.92～1.16mm/d。

2）水平位移。大坝表面变形监测，累计水平位移为8.99～37.6mm，向下游方向最大变形量为33.26mm，累计竖向位移为12.41～134.43mm。

3）廊道变形与应力。廊道沉降呈现中间大、两边小的规律，最大沉降发生在坝 0+300 桩号，为169.56mm，廊道水平位移为0～10.2mm，最大变形位于坝 0+270～坝 0+300 桩号之间，为10.2mm。

廊道钢筋应力为−7.41～30.6MPa，应力较小，变化也较小。

4）防渗墙位移与应力。防渗墙水平累计位移为4.31mm。防渗墙钢筋应力为−6.06～86.29MPa。

8 结语

（1）坝基河床覆盖层深厚，存在强渗漏、不均匀沉陷、天然情况下砂层液化、软弱层抗滑稳定性差等地质问题。针对存在的地质问题，在查明覆盖层的层次结构和掌握覆盖层的物理力学性状的基础上，利用三维静动力有限元对大坝和基础处理方案进行了计算分析，根据分析成果和借鉴工程经验，对覆盖层采取防渗墙、振冲碎石桩、挖除软弱黏土层、增加压重、覆盖层固结灌浆等综合措施处理，降低和避免了地质问题的不利影响，使覆盖层得到合理利用，保证了大坝安全，提高了工程的经济性。

（2）鉴于工程地处强震区，大坝地震设防烈度高，在大坝设计中提高了坝料的压实标准，降低了坝体地震残余变形，基础振冲处理降低了覆盖层的不均匀沉降，提高了砂层的抗液化能力，在坝壳上部布置的土工格栅增加了地震情况下坝体的稳定。上下游坝趾的压重提高了坝基砂层的抗液化能力，有助于提高地震时的坝体安全性。

（3）施工期的监测数据表明，大坝的沉降和变形较小，心墙、防渗墙、廊道应力基本在允许范围内。坝体和覆盖层渗流基本正常，防渗体系安全有效。大坝运行正常，基础处理措施效果较好。

（4）自 2021 年 1 月底导流洞下闸蓄水，大坝经历了汛期洪水考验，最高库水位达到2467.5m，坝体各部位运行正常。

作者简介：

龙　文（1968—），男，正高级工程师，主要从事土石坝及基础处理设计工作。E-mail：yifan6969@sina.com

两河口水电站砾石土心墙堆石坝设计

金伟，姜媛媛，朱先文

（中国电建集团成都勘测设计研究院有限公司，四川省成都市　610072）

【摘　要】 两河口水电站砾石土心墙堆石坝最大坝高为295m，为中国第二、世界第三高土石坝。大坝具有"坝高高、挡水水头高、河谷狭窄、筑坝材料复杂、地震设防烈度高"等特点。本文简要介绍大坝布置、坝体结构、坝料设计、坝基处理、抗震措施等方面的设计。

【关键词】 心墙堆石坝；坝体断面；基础趾理；抗震设计；两河口水电站

1　工程概述

两河口水电站为雅砻江中、下游的"龙头"水库，正常蓄水位为 2865.00m，相应库容为 101.54 亿 m^3；校核洪水位为 2870.27m，总库容为 107.67 亿 m^3，电站装机容量为 3000MW，为一等大（1）型工程。

两河口水电站枢纽主要建筑物包括砾石土心墙堆石坝、引水发电系统、条洞式溢洪道、条深孔泄洪洞、条竖井泄洪洞和条放空洞。其中竖井泄洪洞由 3 号导流洞改建，放空洞与 4 号导流洞全结合。砾石土心墙堆石坝最大坝高为 295m，按 1 级建筑物设计。

2　坝址区工程地质条件

坝址位于雅砻江与鲜水河汇合口下游 0.6～3.6km 河段上。庆大河为雅砻江左岸支流，于坝前以 S40°W 汇入雅砻江。坝址为横向谷，两岸山体雄厚，谷坡陡峻，临河坡高 500～1000m。左岸呈弧形凸向右岸，地形平均坡度为 55°，局部沟梁相间，发育数条小冲沟；右岸为凹岸，平均坡度为 45°，距坝轴线下游 500m 有阿农沟切割，其余为浅表冲沟。

河床冲积层主要为漂卵砾石夹砂，最大揭示厚度为 12.4m，岸坡覆盖层主要为块碎石土，为 0.5～45m。两岸基岩为两河口组中、下段砂板岩，岩层走向为北西西—南东东，倾角为 60°～80°。

坝址区左右岸顺层向断层较发育，性状主要为岩屑夹泥及岩块岩屑型。河床中不存在全强风化和弱上风化带，仅有弱风化下带，风化深度为 10～20m。心墙部位从高到低，岩体强卸荷—弱卸荷—无卸荷，岩体分级为 V～Ⅳ～Ⅲ类，岩体结构多呈碎裂—块裂—镶嵌、互层状结构。

工程区地震基本烈度为Ⅶ度，工程场地 50 年超越概率 10% 基岩水平峰值加速度为 137.2g，100 年超越概率 2% 基岩水平峰值加速度为 287.8g，两河口水电站工程场地最大可信地震动参数为 324g，万年一遇地震计算值为 345g。

3　坝体结构设计

3.1　坝体断面分区设计

砾石土心墙堆石坝坝轴线走向为 EW，坝顶高程为 2875m，坝基底高程为 2580m。最大坝高为 295m，坝顶长 668m，在上、下游布置之字形路，综合坡比上游坝坡为 1:2，下游约 1:1.9，坝顶宽度为 16m。

心墙顶高程为 2873.00m，顶宽为 6m，心墙上、下游坡均为 1:0.2，底高程为 2581.00m，心墙底部在高程 2613.00m 处进行扩脚加宽，高程 2613m 以下坡比为 1:0.5，心墙扩脚后顺河向宽度为 141.00m；为了防止两侧心墙因大变形而开裂，在心墙与两岸基岩混凝土盖板之间铺设水平厚度为 4～5m 的接触性黏土。

心墙上下游侧均设置了反滤层，上游设两层水平厚度为 4m 的反滤层，下游设两层水平厚度为 6m 的反滤层，坡比均为 1:0.2，反滤层与坝体堆石之间设置过渡层，过渡层外侧为堆石区。

堆石料分区设计原则：坝顶部位、坝壳外部及下游坝壳底部、上游坝壳死水位以上为坝坡稳定、坝体应力变形、坝体透水性、抗震要求较高的关键部位，设置为堆石料Ⅰ区，采用具有较高强度指标、透水性好的优质堆石料，其他部位对石料强度指标及透水性要求可适当降低。上游堆石料Ⅱ区、下游堆石料Ⅲ区充分利用开挖料。考虑岸坡部位的填筑质量，同时有利于变形协调，在堆石料与基岩接触部位设置水平厚度为3m的岸边过渡料。大坝坝体结构分区图如图1所示。

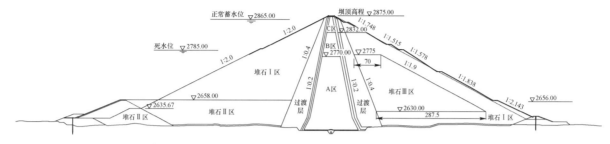

图1　大坝坝体结构分区图

3.2　坝基处理

3.2.1　坝基开挖

（1）心墙及反滤层基础。鉴于坝基基岩条件，心墙建基面开挖线主要根据两岸的地形，以开挖量少、基面顺、边坡稳定等原则拟订。河床挖除基岩表层松动、破碎岩体和突出岩石；左、右岸清除覆盖层和风化卸荷普遍充填次生泥的Ⅳ、Ⅴ类岩体。对于断层破碎带采取加深开挖、作混凝土塞等措施。

（2）坝壳基础。清除覆盖层（表层覆盖层较浅）及蛮石、松动岩块和局部风化严重的岩石。修整岸坡形状，避免出现倒坡和岸坡突变。

3.2.2　固结灌浆

固结灌浆主要是对混凝土盖板与基岩接触面及基岩浅层节理、裂隙进行处理。以加强基岩的完整性，减弱浅层基岩的透水性，防止心墙土料接触冲蚀。

固结灌浆孔垂直于岩基面采用梅花形布设，间、排距均为2.5m。左坝肩、河床段及右坝肩高程2640.00m以下孔深8m；心墙基础局部弱分化、弱卸荷深度较深，固结灌浆须在这些部位适当加深处理。同时左、右岸断层带部位固结灌浆深度加深至15m、20m。

3.2.3　帷幕灌浆

防渗帷幕由河床基础防渗帷幕、左右岸坝肩防渗帷幕及地下厂房防渗帷幕组成。帷幕灌浆通过沿心墙基础面布设的河床基础灌浆廊道、左右两岸分层灌浆平洞及左右两岸盖板进行。

以基岩透水率$q \leqslant 3Lu$作为相对不透水层界限，灌浆帷幕深入相对不透水层5m。由于坝前最大水头近300m，在长期高水头作用下，考虑坝基帷幕的可靠性，河床基础防渗帷幕底高程为2420.00m。大坝灌浆帷幕在灌浆平洞内设置为2排，排距为1.5m，孔距为2m；左右两岸盖板灌浆帷幕为3排，排距为1m，孔距为2m。

4　坝料设计

两河口砾石土心墙堆石坝填筑总量约为4180.6万m^3，其中砾石土心墙料为441.14万m^3，接触黏土料为17.96万m^3，反滤料为197.49万m^3，过渡料为464.52万m^3；堆石料约3059.5万m^3。

4.1　心墙防渗土料

根据土料场颗粒级配中P5含量所处不同区间，将土料归纳为三类：其中P5均线介于0～15%为一类土，介于15%～25%为二类土，大于25%为三类土。第一、二类土料需掺砾改性方可满足要求，第三类土直接利用或改性后利用。

施工过程中通过精细化管理，将土料开采损耗系数降低至1.1，并尽最大可能开采各土料场的一类土料。防渗土料按照"质量可控、低料先用、掺备结合、避免转存"的原则进行开采规划，土料料源最终采用亚中A区、普巴绒（A、B、C区）、瓜里（A、B1、B2区）、西地。其中，坝体2800m高程以下使用一类土料场（区）；2800～2820m高程使用瓜里B1区二类土料场；2820m高程以上使用一类土料场（区）。

天然土料防渗性较好，但颗粒级配偏细，力学性能偏低，难以满足295m高心墙坝的筑坝要求。因此，心墙料采用人工掺砾石土料，一类土掺砾量40%（质量比），二类土由于P5含量范围较宽，掺配前对土料先进行均化，将 P5 含量范围缩窄至一定范围内按动态掺配比配制。

掺配后的心墙砾石土料，其最大粒径不大于 150mm，P5 颗粒含量为 30%～50%。碾后全料压实度不小于 97%，细料压实度不小于 100%，渗透系数应不大于 1×10^{-5}cm/s，抗渗透变形的破坏坡降应大于 9。

心墙与两岸连接部位的接触性黏土取自西地料场，接触性黏土最大粒径不大于 40mm，黏粒含量大于 24%，塑性指数应大于 14。

4.2 反滤料

反滤料对土石坝的安全起着关键作用。坝址区无足量的天然砂砾料，故反滤料由砂石骨料加工系统加工而成，反滤料压实后应具有良好连续级配。

根据反滤设计准则，心墙防渗土料为宽级配砾石土料，反滤料 1 以保护防渗土料中小于 5mm 细粒土为目的，反滤料 2 的级配以保护反滤料 1 为目的。

按反滤准则设计并经试验论证后的设计反滤料 1 最大粒径为 20mm，D_{15}=0.2～0.6mm，D_{85}=4.5～10mm；小于 0.075mm 的颗粒含量小于 5%。反滤料 2 最大粒径为 60mm，D_{15}=1.4～4.4mm，D_{85}=20～42mm，小于 0.075mm 的颗粒含量小于 3%。

考虑到地震烈度较高，高程 2825m 以下反滤料控制相对密度应大于 0.85；高程 2825m 以上反滤料控制相对密度应大于 0.90。

4.3 过渡料

过渡料宜在变形及渗透性能上具有良好的过渡作用，即在反滤层到堆石料之间不至于产生突变。过渡料最大粒径不大于 300mm，小于 0.075mm 的颗粒含量不超过 5%，小于 5mm 的颗粒含量不大于 20%，D_{15}≤20mm，过渡料级配宜连续良好。碾后孔隙率不大于 22%，渗透系数不小于 5×10^{-2}cm/s。

4.4 岸边过渡料及堆石料

堆石体与两岸岸坡之间的过渡料为岸边过渡料，最大粒径不大于 500mm，级配宜连续良好。岸边过渡料碾压设备、施工参数与同层堆石料一致，孔隙率不大于 21%，渗透系数不小于 5×10^{-2}cm/s。

堆石料采用两河口或瓦支沟料场开采的微、弱风化或新鲜的砂板岩，同时结合料源规划，采用主体工程洞挖料。堆石料最大粒径不大于 800mm，D_{15}≤30mm，小于 5mm 的颗粒含量为 3%～21%，粒径小于 0.075mm 的颗粒含量不大于 3%，级配连续良好。

堆石 Ⅰ、Ⅱ 区孔隙率不大于 21%，堆石 Ⅲ 区孔隙率不大于 20%。堆石料 Ⅰ 区压实后的渗透系数应大于 1×10^{-1}cm/s；堆石 Ⅱ、Ⅲ 区压实后的渗透系数应大于 5×10^{-2}cm/s。

5 抗震设计

针对高设防烈度，大坝主要考虑了以下抗震措施：

（1）坝型及坝体结构尺寸。选用抗震性能较好的土质直心墙堆石坝，为了防止地震时心墙产生贯穿性裂缝，增加防渗体的可靠性，扩大心墙厚度，采用了宽心墙。同时加厚反滤层和过渡层厚度，以减缓心墙拱效应，并增强反滤层的抗震安全性。

（2）提高了坝料设计和填筑标准。

（3）上、下游坝面护坡。为防止地震时坝面块石被大片震落，危及大坝安全，在大坝上、下游坡面分别设置大块石护坡、浆砌石护坡以及干砌石护坡。

（4）在 4/5 坝高以上的坝顶部设置抗震措施，并适当加密在河谷中部 1/3 范围内的坝内布筋。采取了坝面扁钢＋坝内预制混凝土框格梁＋土工格栅的抗震措施。

6 结语

两河口砾石土心墙堆石坝最大坝高为 295m，为中国第二、世界第三高土石坝。具有"坝高高、挡水水头高、河谷狭窄、筑坝材料复杂、地震设防烈度高"等特点，因此，经过大量的科研研究并结合工程的特点，在坝料设计、坝体变形控制、基础处理设计、防震抗震设计等关键技术问题上进行不断调整优化，提出了较高的设计控制标准。两河口水电站于 2020 年 12 月下闸蓄水，2021 年 9 月首台机组发电，目前大坝填筑高度约为 265m，工程进展顺利。

参考文献：

[1] 张宗亮. 200m 级以上高心墙堆石坝关键技术研究及工程应用 [M]. 北京：中国水利水电出版社，2011.

［2］ 张丹，何顺宾，伍小玉．长河坝水电站砾石土心墙堆石坝设计［J］．四川水力发电，2016，35（1）：11－14.

［3］ 袁友仁，张宗亮，冯业林．糯扎渡心墙堆石坝设计［J］．水力发电，2012，38（9）：27－30.

作者简介：

金　伟（1972—），男，正高级工程师，主要从事水电水利工程设计与管理工作。E-mail：Jinwei@chidi.com.cn

长河坝水电站深厚覆盖层上超高心墙堆石坝设计研究

张丹，何顺宾，伍小玉

（中国电建集团成都勘测设计研究院有限公司，四川省成都市　610072）

【摘　要】长河坝水电站砾石土心墙堆石坝最大坝高为 240m，坝址覆盖层最大厚度为 79.3m，场地地震基本烈度为Ⅷ度，大坝地震设防烈度为Ⅸ度，是世界上第一座防渗体建基于深厚覆盖层上、Ⅸ度抗震设防、坝高超过 200m 的高土石坝。为解决本工程深厚覆盖层坝基、超高坝、高地震设防烈度等关键技术难题，设计单位联合国内多家知名高校及科研院所进行了长达六年的研究。本文从坝体坝基材料、大坝结构、坝基处理、抗震设计几个方面介绍一些主要研究成果，供类似工程参考。

【关键词】长河坝水电站；深厚覆盖层；超高心墙堆石坝

0　引言

长河坝砾石土心墙堆石坝建设前，国外建基于深厚覆盖层上最高的土石坝为巴基斯坦的塔贝拉坝，坝高 143m，坝址覆盖层最大厚度为 230m；国内建基于深厚覆盖层上最高的土石坝为瀑布沟工程大坝，坝高 186m，坝址覆盖层最大厚度约为 75m，大坝地震设防烈度为Ⅷ度。

长河坝水电站砾石土心墙堆石坝最大坝高为 240m，坝址覆盖层最大厚度为 79.3m，大坝地震设防烈度为Ⅸ度，是世界上第一座Ⅸ度设防，防渗体建基于深厚覆盖层上，坝高超过 200m 的土石坝。深厚覆盖层、高坝、强震给大坝设计带来巨大的挑战，为解决多项设计技术难题，中国电建集团成都勘测设计研究院有限公司联合国内多家知名高校及科研院所进行了长达六年的研究，本文从坝体坝基材料、大坝结构、坝基处理、抗震设计等几个方面介绍一些主要研究成果。

1　大坝设计概况

砾石土心墙堆石坝坝轴线走向为 N82°W，坝顶高程为 1697m，最大坝高为 240m，坝顶长 502.85m，上、下游坝坡均为 1:2，坝顶宽度为 16m。心墙顶高程为 1696.40m，顶宽 6m，心墙上、下游坡度均为 1:0.25，底高程为 1457m。为了防止靠两岸侧心墙因大变形而开裂，在心墙与两岸基岩混凝

土盖板之间铺设了高塑性黏土，左岸 1597m、右岸 1610m 高程以上水平厚度为 3m，以下水平厚度为 4m。心墙上、下游侧均设置反滤层。上游设置 1 层反滤层 3，厚度为 8m；下游设置 2 层反滤层，分别为反滤层 1 和反滤层 2，厚度均为 6m。上、下游反滤层与坝壳堆石间均设置过渡层，水平厚度均为 20m。上游坝坡高程为 1530.5m 以上采用大块石护坡，护坡厚度为 1m。下游坝坡采用干砌石护坡，护坡厚度为 0.8m。上游围堰包含在上游压重之中，上游压重顶高程为 1530.5m。在下游坝脚处填筑压重，顶高程为 1545m，顶宽 30m。

河床部位心墙地基挖除②-c 砂层后还余厚度约为 53m 的覆盖层，具有强透水性，采用两道全封闭混凝土防渗墙进行防渗，两墙之间的净距为 14m，形成一主一副布置格局。主防渗墙厚 1.4m，布置于坝轴线平面内，通过顶部设置的灌浆廊道与防渗心墙连接，防渗墙与廊道之间采用刚性连接。副防渗墙厚 1.2m，布置于坝轴线上游，与心墙间采用插入式连接，插入心墙内的高度为 9m。防渗墙底以下及两岸强透水基岩的防渗均采用灌浆帷幕，以基岩透水率 $q \leqslant 3Lu$ 作为相对不透水层界限，灌浆帷幕深入相对不透水层的深度不少于 5m。为减小两岸绕墙渗漏，提高副防渗墙承担水头的比例，对副防渗墙周边的强卸荷岩体进行了帷幕灌浆，并在副防渗墙帷幕和主防渗墙帷幕之间设置了连接帷幕。

2 坝体坝基材料研究

2.1 防渗砾石土料

长河坝工程大坝需心墙防渗砾石土料约430万 m^3，全部来自大坝上游距坝址约22km的汤坝土料场，为天然砾石土。

2.1.1 控制指标研究

砾石土中一定的砾石含量（简称 P_5 含量）有利于提高心墙的变形模量和强度，但砾石含量过高，又将影响其中细粒土的压实度、心墙防渗性能得不到保证，合理的 P_5 含量对保证砾石土的物理力学性能起着关键的作用。通过室内试验和现场碾压试验研究发现，长河坝汤坝料场土料当 P_5 含量>55%时，在相同击实功或碾压参数下，细料干密度或压实度明显降低。但室内渗透试验即使汤坝料的 P_5 含量增大到 60%，汤坝料的渗透系数仍小于 1×10^{-6} cm/s，并且渗透破坏坡降没有明显的下降。考虑超高坝渗透保证性适当留有裕度，汤坝料上限 P_5 含量确定为 50%。对汤坝料场 P_5 含量为 20%左右的情况进行了室内三轴剪切试验研究，发现其变形模量较平均线附近土料降低较多，且三维应力变形分析此时坝体沉降大幅增加，拱效应明显增大，同时裂缝和水力劈裂的风险明显加大。后经多个 P_5 含量研究后选择心墙料下限 P_5 含量为 30%。

前期室内试验进行了多次最优（经济）击实功能的选择试验，即寻找在击实功能增加的过程中，干密度增长的拐点，长河坝汤坝土料研究成果最优击实功为 1350kJ/m^3。在此击实功能控制下，采用 20t 凸块碾静碾 2 遍加振动碾 6 遍即可达到压实度99%的要求，但此时仍未达到现场碾压变形速率降低的拐点。后经不同吨位 26t、32t 的碾压机具的对比试验选择了 26t 振动碾静碾 2 遍加振动碾 12 遍的施工参数，并且选择了重型击实（击实功为 2688kJ/m^3）、压实度大于 97%的全料控制标准和轻型击实（击实功为 592kJ/m^3）、压实度不低于 100%的控制标准。击实及碾压试验研究发现：

（1）高坝宜进行碾压机具的选择，为达到较高的密实度，常选择尽可能高吨位的碾压机具，但长河坝汤坝料的 32t 碾压机具碾压试验发现，机具吨位提高后对含水率特别是高含水率的容忍度降低，在料场常遇偏高含水率的情况下容易形成弹簧土而不易压实，因此放弃使用 32t 振动碾。

（2）前期脱离碾压试验进行最优击实功的选择

意义不大，击实试验需更多地考虑与现场碾压、振动功能的匹配性，高坝采用 20t 以上振动碾时宜采用重型击实试验控制。

（3）高坝砾石土心墙的压实度宜采用全料和细料压实度双控制，全料压实度保证变形性能，细料压实度保证抗渗性能；通常在下限 P_5 含量附近是全料压实度主控，上限 P_5 含量附近是细料压实度主控。

2.1.2 掺配利用研究

为方便料场的开采及减少弃料，需研究汤坝料场 P_5 含量大于 50%和小于 30%的连续级配土料的掺配利用。长河坝工程之前的多工程砾石土掺配均为在细料中以一定固定掺比掺入级配块（碎）石，未见有工程进行连续级配的偏粗料和偏细料的掺配研究。经研究发现，由于料场偏粗料和偏细料的 P_5 含量波动，采用固定掺比难于控制掺后土料，P_5 含量为 30%～50%，掺配时采用固定粗料铺料厚度，根据目标 P_5 含量计算细料铺料厚度的方法控制掺配后坝料的 P_5 含量。掺配施工采用平铺立采方式，粗料铺料厚度为 0.5m，计算细料铺料厚度，一粗一细互层铺料共 4 层，用正铲挖掘机掺拌 6 次可达到充分掺合。掺配时偏细料含水率是关键，当偏细料含水率偏高结团时，无法掺合充分，需进行偏细料晾晒并破团后方能掺配。

2.1.3 变形及强度参数研究

采用系列三轴试验包括：饱和固结排水剪切 $\phi300$、$\phi150$、$\phi101$；饱和固结不排水剪切 $\phi300$、$\phi101$；非饱和固结排水剪切 $\phi500$、$\phi300$、$\phi150$、$\phi101$ 分析了三轴试验过程中的各项因素，包括：饱和度、剪切速率、试样尺寸、最大粒径、含水率、孔压测量方法等对试验成果的影响，并探究了影响因素发生作用的相应规律。$\phi300$ 的大三轴饱和固结排水剪切试验宜设置砂芯，试验砂芯置换率在 1%范围内，砂芯的设置对砾石土试样的强度及应力应变特性的改变不大。

河床最高坝段大坝的应力变形状态更接近平面应变状态，因此进行平面应变和三轴试验的对比研究，平面应变状态土料的强度和模量明显高于三轴试验。

采用 CT 三轴剪切试验研究土料的破坏过程：试样初始时刻内部存在颗粒架空现象，随着轴向压力的增加，孔隙逐渐减小，土样颗粒逐渐被挤密，直到完全被土颗粒填充，当轴向应变达 7%左右时，试样中明显形成剪切带。

采用 60cm × 60cm 大剪切框进行了心墙料碾压后现场原状样的大剪试验，得到的土料原级配抗剪强度远高于室内三轴试验成果。

经过上述试验研究后，推荐汤坝心墙料饱和固结排水剪切条件下的参数，见表 1。

表 1 三轴饱和固结排水剪切计算推荐参数

参数	K	n	R_f	G	F	D	c（MPa）	φ（°）
数值	581	0.439	0.868	0.348	0.145	4.687	31	31.6

2.1.4 渗透性及渗流保护研究

常规渗透试验汤坝砾石土心墙料压实后饱和状态的渗透系数为 10^{-6}cm/s 量级，与细料的渗透系数在同一个量级，渗透破坏坡降为 10～15。压缩渗透试验表明随着上覆压力增加，土料发生固结，其渗透系数逐渐降低可达 10^{-7}cm/s 量级。

砾石土心墙料与反滤层 1 或 3 的联合渗透试验成果表明：在有反滤保护下心墙料的渗透破坏坡降增大到 80～100，反滤对心墙料有较好的保护效果。心墙料抛填反滤试验采用心墙料中的细颗粒抛投在反滤料上游面，用清水对反滤料进行渗透试验。试验过程中下游自始至终均无浑水现象，试验前后反滤料颗分试验成果的对比也没有明显差异，说明反滤料对心墙料细粒及可能松填的心墙料具有很好的反滤保护作用。心墙料泥浆反滤渗透试验用心墙料中的细颗粒制成泥浆，采用泥浆水流对反滤料进行渗透试验，试验过程中下游没有出现浑水，试验结束后拆样仔细观察，没有发现反滤料中的颜色变化，试验前后反滤料颗分试验成果的对比也没有明显差异，说明泥浆中心墙料土颗粒没有进入反滤料中，而是淤积在反滤料的上游，反滤料起到了很好的反滤作用。

2.2 坝基覆盖层

工程坝址区河床覆盖层结构较复杂，厚度为 60～70m，局部达 79.3m，根据钻孔揭示物质组成、结构特点，自下至上由老至新分为 3 层：第①层漂（块）卵（碎）砾石层（fglQ$_3$），分布河床底部，厚 3.32～28.50m，顶板埋藏深度 32.5～65.95m；第②层含泥漂（块）卵（碎）砂砾石层（alQ$_4^1$），厚 5.84～54.49m，顶板埋藏深度 0～45.0m，分布在河床覆盖层中部及一级阶地上，第②层中上部有②-a、②-C 砂层分布；第③层为漂（块）卵砾石层（alQ$_4^2$），钻孔揭示厚度为 4.0～25.8m。总体上，三层覆盖层均具有较高的承载力、低压缩性、强透水性、较高的抗剪强度。

2.2.1 取样方式对覆盖层指标影响

前期覆盖层试验通常采用挖坑或钻孔取样，结合工程采用开挖取样对覆盖层进行了试验对比，发现：

（1）河床覆盖层表层，原位取样与挖坑取样的平均干密度相差较小，说明前期挖坑取样试验可以较准确反映该层的物理性指标。

（2）第②层含泥漂（块）卵（碎）砂砾石层，钻孔取样测得的平均干密度为 2.10g/cm^3，开挖取样平均干密度为 2.27g/cm^3。钻孔取样器内的粗粒土样品受到扰动较大，导致干密度偏低，钻孔取样测得的干密度值宜加以修正。

（3）对河床覆盖层深部原位取样与钻孔取样、表面露头处竖井取样的级配对比分析表明，尽管级配包络线有一定差距，但平均线接近。

2.2.2 深部覆盖层密度的试验推测方法

通常表层覆盖层的密度可以较方便地通过取样获得，但前期设计时很难获得深部覆盖层的真实密度，因此可通过研究覆盖层密度的影响因素，确定影响覆盖层材料密度的主要因素及其与密度的相关关系，在此基础上以主要因素为研究对象，探求依据表层覆盖层密度推测深部覆盖层密度的方法。

通过研究认为激振时间和上覆压力对覆盖层密度均有较大的影响，但当激振时间达到 6min 时就可达到最大干密度，覆盖层沉积时间长，可以近似认为深部覆盖层和表层覆盖层激振环境相同，不同的最大因素为上覆压力，因此可采用单向压缩试验来推求深部覆盖层密度。

长河坝工程覆盖层表层第③层漂（块）卵砾石层干密度 ρ_d=2.17～2.26g/cm^3，取中值 2.22，通过压缩试验得到深部覆盖层第③层干密度可近似用式（1）估算

$$\rho_d = \frac{p}{21\,349 + 25.327p} + 2.22 \quad (1)$$

2.2.3 固结状态对覆盖层参数的影响

工程常用常规三轴试验（三向等压固结）来获取覆盖层强度和变形参数，而覆盖层的实际固结为 K_0（静止侧压力系数）固结状态，因此对覆盖层料进行了常规三轴和 K_0 固结三轴试验对比研究。成果表明，土料在 K_0 固结排水剪切和各向等压固结排水剪切这两种不同的应力路径下的峰值强度相差不大，但应力应变有较大的差别。相同应力条件下常规三轴试验所得到的体变（压缩）量比 K_0 固结三轴试验的值大，且 K_0 固结三轴试验试样的剪胀性较常规三轴试验的明显。如果用常规三轴试验确定 K_0 固结地基的模型参数并用于数值计算，计算变形偏大。

3 大坝结构及坝基处理设计研究

长河坝工程大坝属超高坝、地震设防烈度较高，若将覆盖层全部挖除，坝体直接建基于基岩，无疑是最可靠的基础防渗处理方案，对坝体尤其是心墙的应力变形有利。但要全部挖除河床覆盖层，不仅开挖、回填工程量大，而且基坑施工道路布置困难，防渗排水难度大，施工工期长，工程投资大。长河坝工程挖除覆盖层方案需要增加建筑工程投资约 0.9 亿元，增加工期 11 个月，工期效益约 27.1 亿元。同时深厚覆盖层上 186m 高瀑布沟工程大坝的成功建设，为深厚覆盖层上建 200m 以上高坝垫定了良好的基础。综合考虑推荐采用覆盖层上建坝方案。

强透水、深厚覆盖层地基比较截水槽、帷幕灌浆及防渗墙后选择采用防渗墙防渗。根据已建工程防渗墙允许渗透坡降的统计及工程常用防渗墙厚度为 0.8～1.2m，长河坝工程需两道防渗墙。两道防渗墙集中布置施工工期长，分开对称布置防渗墙与帷幕灌浆的防渗连接可靠性差，通过对比采用了分开不对称布置的方案。通过对分开不对称布置两道防渗墙的联合防渗机理、联合防渗效果的影响或敏感因素的研究，确定两道防渗墙位置的防渗帷幕设置和连接。对副防渗墙位置、主防渗墙厚度、两道防渗墙与土心墙的连接方式、副防渗墙插入心墙的高度、防渗墙与土心墙连接部位的高塑性黏土设置范围、防渗墙与廊道的连接方式、连接部位的渗透保护等进行了局部三维渗流分析及应力变形子结构分析研究，确定了相应参数。主防渗墙考虑应力采用了 1.4m 的厚墙，于项目实施前在现场进行厚墙成墙试验确定防渗墙相应参数。

为使主防渗墙与土心墙能采用廊道连接，节约主防渗墙底帷幕灌浆工期、保留监测、交通、后期补强通道，对廊道的结构设计进行了深入研究。包括廊道和防渗墙系统的受力机理及应力变形影响因素的模型试验、各种廊道方案的三维有限元子结构分析和离心机模型试验，克服了高坝刚性廊道结构高水压力、土压力带来的结构设计难题，确定了伸入两岸基岩 1m 分缝的方案。

对心墙坡比 1:0.2 和 1:0.25，上游反滤层厚度分别为 6m、8m、10m，下游反滤层厚度分别为 8m、12m、16m，过渡层厚度分别为 15m、20m、25m 进行了三维有限元应力变形分析对比，从心墙水力劈裂安全性、各分区应力变形协调性等方面优选了分区尺寸。

采用有限元子结构方法研究了心墙与两岸连接的高塑性黏土区的厚度和混凝土盖板厚度。研究发现对狭窄河谷中的长河坝大坝，当高塑性黏土厚度为 3m 时，中低高程的高塑性黏土的剪应变较大，大于 20%，为减小高塑性黏土在较大剪应变下抗渗能力降低的风险，将中低部位高塑性黏土的厚度增加至 4m。当进行两岸混凝土板的应力变形分析，不模拟板的分块分缝及盖板锚筋时，盖板将由于土体变形的拖曳作用产生较大拉应力。合理模拟分块分缝后，板厚对板的应力影响较小。因此基础约束区的两岸混凝土盖板宜分块分缝，且不宜盲目加大板厚，以避免浇筑时的温度裂缝。

坝基砂层液化研究，在天然情况下坝基覆盖层②层中的砂层为可液化砂，筑坝后的动力三维有限元分析，当砂层不处理时坝下一定范围（坝脚附近）的砂层发生液化；砂层不处理情况下通过砂层的深滑弧控制坝坡稳定；砂层具有中等压缩性，砂层的随机不等厚分布对坝体坝基应力变形协调不利；综合稳定、应力变形、抗震安全性，需对砂层进行处理，处理方案对比了挖除、振冲处理、半挖除半振冲处理、振冲与旋喷灌浆联合处理、全部旋喷灌浆处理、砂井与旋喷灌浆联合处理、静压注浆等多种方案，选择了经济性较好、处理彻底的挖除方案。

4 抗震设计研究

4.1 加速度反应

采用三维有限元总应力和有效应力法进行了

坝体坝基在设计地震和校核地震下的动力分析，分析成果深厚覆盖层基本上未对地震波传播起放大作用。在大坝顶部 1/5 范围内加速度反应强烈，动力放大系数为 2.08～2.85。

动力离心机模型试验成果，在 1/2～2/3 坝高以上坝体加速度反应明显增大，坝顶地震加速度放大系数为 3.5～4.0。覆盖层的加速度放大系数略小于 1。模型试验的坝顶地震加速度放大系数略大于三维有限元分析成果。

4.2 心墙、反滤层、坝基砂层的动力安全性

有效应力法计算成果表明，在设计地震和校核地震作用下，上游坝基砂层中最大动孔压比分别为 0.31 和 0.37，上游坝基砂层不会发生液化，覆盖层地基均没有出现动力剪切破坏。在设计地震和校核地震作用下，库水压力均小于心墙表面垂直压应力，心墙的有效小主应力均大于 0，不会发生水力劈裂，心墙内部未发现动力剪切破坏和拉应力。与上游反滤层接触部位心墙出现一些单元抗震安全系数小于 1 的区域，有部分破坏单元，但不会影响大坝的整体安全性。

总应力法计算成果表明，在设计地震作用下，上、下游反滤料、心墙料没有出现动强度不足的问题；坝轴线上游坝基砂层透镜体的动强度最小安全系数为 1.24，其动强度储备稍显不足，设计最后对其进行了挖除处理。在校核地震作用下，心墙顶部临近上游反滤层的部分单元动强度安全系数小于 1.0，上游反滤层 3 顶部部分单元动强度不足，可能发生液化破坏。但反滤层 3 即使液化也并不意味着坝坡失稳，采用毕肖普法计算表明，贯穿上游液化反滤层 3 的滑裂面的安全系数（最小为 1.303）仍满足规范要求。

4.3 地震永久变形

三维有限元数值分析设计地震和校核地震作用下，坝体最大竖向永久变形为 157.91cm 和 181.83cm，分别占坝高（不包括覆盖层）的 0.66% 和 0.75%。动力离心机模型试验设计地震和校核地震作用下，坝体最大竖向永久变形为 136cm 和 165cm，略小于数值分析成果。设计和校核地震永久变形量均小于预留震陷量（坝高的 1%）。

4.4 坝坡动力稳定

采用拟静力法、动力有限元动力时程法和动力等效值法计算了坝坡在设计地震和校核地震作用下的抗震稳定性，计算成果见表 2。计算成果表明：设计地震和校核地震作用下，拟静力法计算的上、下游坝坡抗震稳定安全系数均能满足规范要求；在校核地震作用下，动力有限元时程法计算的上、下游坝坡最小安全系数也大于 1.0。因此，在地震荷载作用下，大坝坝坡整体稳定。

表 2　　　　　　　　　　地震工况下坝坡稳定最小安全系数

坝坡	设计地震			校核地震		
	拟静力法	动力有限元法		拟静力法	动力有限元法	
		动力时程法	动力等效值法		动力时程法	动力等效值法
上游坝坡	1.41	1.22	1.51	1.289	1.05	1.32
下游坝坡	1.534	1.26	1.59	1.439	1.08	1.36

动力离心机模型试验在设计和校核地震下大坝上、下游坝坡均未发生破坏或滑动。

4.5 极限抗震能力

三维有限元数值分析从坝坡动力稳定、动孔压比、单元抗震安全系数、永久变形和防渗墙动应力方面进行计算分析，认为长河坝大坝的极限抗震能力为 0.50～0.55g。动力离心机模型试验坝顶出现局部滑坡破坏时的抗震能力为 502.14g，坝顶沉陷破坏时的抗震能力为 512g，防渗墙最大拉应力破坏时的抗震能力为 575g，心墙沿岸坡最大错动破坏时的抗震能力为 506g。

综合计算和模型试验分析，长河坝大坝的极限抗震能力为 0.50～0.55g。

4.6 防渗墙和廊道抗震安全性

三维有限元动力子结构法计算成果廊道横河向动位移为 6.29mm，与 40mm 的静位移相比较小，廊道与两岸平洞的连接缝张开有限，且震后基本复原。由于动应力较静力条件下廊道的应力小很多（很少超过 20%），因此动静叠加后廊道的应力分布规律和静力条件下应力分布规律基本一致。动力离心机模型试验成果防渗墙和廊道动应力小于数值分析。

4.7 抗震措施

针对高设防烈度，长河坝大坝主要考虑实施以下抗震措施：

（1）坝型选择抗震性能较好的土质直心墙堆石坝。坝顶超高考虑若发生地震坝体和坝基产生的附加沉陷和水库地震涌浪。为了防止地震时心墙产生贯穿性裂缝，增加防渗体的可靠性，扩大了心墙厚度，采用宽心墙，同时加厚了反滤层和过渡层的厚度。在上、下游坝脚铺设压重，增强大坝地震时的抗滑稳定性。

（2）提高了坝料设计和填筑标准。反滤料、过渡料在满足反滤、排水要求的前提下，颗粒级配尽可能地采用级配连续和较粗料，提高土石料的压实标准。

（3）心墙与混凝土及岸坡基岩刚度差别大，地震时两者变形不协调，容易在两者连接部位产生裂缝，因此，除在两者接触部位填筑高塑性黏土外，还加大了防渗体断面。

（4）在计算所得地震反应大的坝体上部约 1/5 坝高范围堆石内布置了土工格栅加筋。在大坝上、下游坡面分别设置大块石护坡和干砌石护坡，以加强坡面抗震能力。

（5）设置了放空洞，在地震预报时提前放低水库水位或大坝发生震害时可以及时放空库水，以避免或减小对大坝下游的安全威胁。

5 结语

长河坝水电站砾石土心墙堆石坝是防渗体坐落在深厚覆盖层上的世界最高堆石坝，大坝具有以下特点和难点：

（1）特殊超高坝：最大坝高 240m，心墙建基面以下覆盖层还余约 53m。

（2）坝址区河床覆盖层深厚，一般厚度为 60~70m，局部达 79.3m，且结构复杂。

（3）地震烈度高：工程场址基本地震烈度为Ⅷ度，大坝按Ⅸ度抗震设防。

设计单位针对超高坝、深厚覆盖层、高抗震设防烈度的特点和难点，联合国内多家知名高校及科研院所进行了大量专门的研究工作，取得了系列成果，为工程建设实践提供了强有力的技术保障。大坝已于 2016 年 9 月填筑至顶，2017 年 12 月水库首次蓄水至正常蓄水位，至今大坝已经受多个水库极限消落循环考验，工作性态优良。

参考文献：

[1] 余学明，何兰. 瀑布沟水电站砾石土心墙堆石坝设计 [J]. 水力发电，2010，36（6）：39-42.

[2] 张丹，何顺宾，伍小玉. 长河坝水电站砾石土心墙堆石坝设计 [J]. 四川水力发电，2016，35（1）：11-15.

作者简介：

张 丹（1979—），女，正高级工程师，主要从事水工结构设计工作。

何顺宾（1968—），男，正高级工程师，主要从事水电水利工程勘测设计、项目管理及科研工作。

伍小玉（1965—），女，正高级工程师，主要从事水工设计工作。

某深厚覆盖层上面板堆石坝应力变形有限元分析

徐建 [1,2,3]，闫尚龙 [1,2,3]

（1. 中国电建集团昆明勘测设计研究院有限公司，云南省昆明市　650051；

2. 国家能源水电工程技术研究中心高土石坝分中心，云南省昆明市　650051；

3. 云南省水利水电土石坝工程技术研究中心，云南省昆明市　650051）

【摘　要】利用覆盖层建坝，有其特有的经济优势、工期优势和环保优势，对研究深厚覆盖层上土石坝的应力变形规律很有意义。本文采用邓肯-张非线性 $E-B$ 模型模拟大坝坝体本构关系，考虑了面板与垫层、趾板与垫层接触等因素，采用非线性有限元方法对某深厚覆盖层上的面板堆石坝应力变形进行计算分析，为大坝坝体分区及防渗墙设计提供依据。

【关键词】应力变形；深厚覆盖层；面板堆石坝

0　引言

利用覆盖层建坝一直是水利水电界孜孜以求想要解决好的重点技术问题。利用覆盖层建坝可解决部分覆盖层深厚的河流坝址建坝问题，可减少坝基开挖、缩短工期、降低投资，开挖减少带来渣场容积减小也更符合当前日益增长的环保要求。鉴于上述利用覆盖层建坝的诸多优势，研究并解决好利用覆盖层建坝的技术显得很有意义。本文结合某深厚覆盖层上的面板堆石坝，采用非线性有限元方法进行计算分析，得出了面板堆石坝在不同时期的应力变形特性，计算分析成果为深厚覆盖层上面板堆石坝的设计提供一定依据。

1　工程概况

某水利枢纽工程以灌溉供水为主，兼顾下游人畜饮水，同时利于下游河道生态环境改善。水库坝顶高程为 3600.00m，死水位为 3571.19m，正常蓄水位为 3595.11m，设计洪水位为 3597.13m，校核洪水位为 3597.16m，死库容为 129.25 万 m^3，兴利库容为 962 万 m^3，总库容为 1237 万 m^3。水库属于中型水库，工程等别为Ⅲ等，大坝建筑物级别为 3 级。

坝址处河谷开阔，呈宽 U 形，海拔 3552～3560m，谷底宽 200～270m。河床覆盖层为全新统含漂砂砾石和上更新统泥质漂卵砾石双层结构，厚度为 16.4～50m。上部为全新统冲洪积砂砾卵石，厚度为 20.5～23.6m；砂砾石层的渗透系数为 2.3×10^{-3}～7.18×10^{-2}cm/s，属强透水层；根据钻孔动力触探、剪切波测试试验及工程地质类比，砂砾石承载力为 0.30～0.35MPa，变形模量为 25～30MPa。下部为上更新统泥质漂卵砾石层，厚度为 18.8～29.5m；根据钻孔抽、注水试验，漂卵石层的渗透系数为 2.4×10^{-3}～4.4×10^{-3}cm/s，属中等透水层；根据钻孔动力触探、剪切波测试试验及工程地质类比，冲洪积漂卵砾石承载力为 0.35～0.45MPa，变形模量为 30～35MPa。类比相似工程经验，河床覆盖层上部含漂砂砾卵石层可以作为 50m 级面板堆石坝趾板及坝壳的基础。

水库大坝坝顶高程为 3600.00m，最大坝高为 49m，坝顶长度为 455m，坝顶宽度为 8m，上游坝坡比为 1:1.5，下游坝坡比为 1:1.6。坝体填筑主要利用天然砂砾料、石料场开采料及开挖有用料，面板以下依次为垫层区（2A，水平宽度 3m）、过渡区（3A，水平宽度 3m）、上游堆石区（3B1）、天然砂砾石区（3B2）及排水区（3D），在周边缝下设特殊垫层区 2B，并在面板上游设坝前覆盖料（1A、1B）。堆石区主要分为上游堆石区（3B1）和天然砂砾石区（3B2），上游堆石区（3B1）布置于过渡区下游，延伸至坝基范围过渡区和天然砂砾石区之间，上游堆石区顶高程为 3558.50m；天然砂砾石区（3B2）布置于上游堆石区的下游，采用砂砾石料场开采的天然砂砾石料填筑。为了加强坝体的排水作用，在大坝下游坝趾处设置了大块石棱体，即排水区（3D）。下游护坡（P）采用干砌块石，厚0.6m。

面板采用等厚度0.4m厚C25钢筋混凝土，坝体典型横剖面图如图1所示。

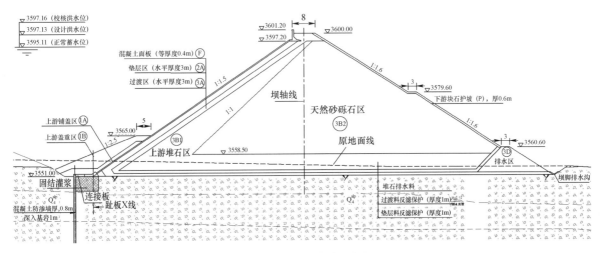

图1　坝体典型横剖面图

大坝基础河床部位覆盖层深厚，故采用防渗墙结合墙底帷幕灌浆的防渗形式。该部位趾板基础置于覆盖层上，趾板与防渗墙之间采用连接板连接；防渗墙厚0.8m，要求深入基岩1m，防渗墙深度最大为48m。

2　有限元计算模型及参数

2.1　材料的本构关系

筑坝材料变形特性的合理模拟决定了整个坝体变形性态预测的可靠性和准确性。邓肯-张 $E-B$ 模型公式简单，参数物理意义明确，三轴试验研究结果表明，其对土体应力应变非线性特性亦能很好地反映。本工程采用邓肯-张 $E-B$ 模型模拟面板堆石坝筑坝材料的非线性变形特性。

2.2　接触面模型

Goodman 接触面单元是由 Goodman 提出并应用于岩石力学中作为节理单元，后来被推广应用于土与结构的共同作用、人工块体结构的有限元计算中作为无厚度接触面单元。由于其形式简单、应用方便，目前被广泛应用于面板堆石坝面板与垫层、趾板与垫层等的接触面模拟。本文即采用 goodman 无厚度单元模拟面板与垫层、趾板与垫层等的接触面。

2.3　计算模型及参数

大坝实体单元一般采用四边形四结点单元，为适应边界条件以及坝料分区的变化，辅以少数三角形过渡单元，共剖分单元562个、结点1686个。为近似模拟坝体施工，坝体单元按实际的坝体填筑顺序加载，共分18级来模拟，面板加载按2期加载，蓄水分10期蓄至正常蓄水位。坝体材料各项参数指标根据各坝料试验数据，并经工程类比最终确定，计算参数见表1。

表1　　　　　　　　　　　　　坝体邓肯-张 $E-B$ 模型静力计算参数表

分区	干密度 (g/cm³)	邓肯-张 $E-B$ 模型参数							
		K	n	R_f	K_b	m	C（kPa）	ψ_0（°）	$\Delta\psi$（°）
上游堆石料	2.08	1378.0	0.23	0.78	586.0	0.25	0	54.9	11.8
天然砂砾料	2.22	1249.7	0.31	0.61	602.2	0.36	0	55.7	10.6
垫层料	2.26	1055.4	0.27	0.59	634.4	0.11	0	54.6	10.4
过渡料	2.20	900	0.38	0.8	450	0.4	0	54.0	12.0
坝基覆盖层	2.15	1100	0.4	0.7	550	0.48	0	31	0
接缝单元	1层金属止水＋1cm橡胶止水，橡胶弹模取7.8MPa								

续表

分区	干密度（g/cm³）	邓肯–张 E−B 模型参数							
		K	n	R_f	K_b	m	C（kPa）	ψ_0（°）	$\Delta\psi$（°）
接触面	—	$K_1=500$	0.1	0.7	$k_n=100\,000\,000$ $k'_n=100$		2	32	—
面板、趾板 混凝土防渗墙、固 结灌浆、帷幕灌浆	2.5	弹模 $E=28\,000\,000$kPa					泊松比 $\mu=0.167$		

3 应力变形有限元计算成果分析

分别考虑竣工工况和正常蓄水位工况下的应力变形状态，计算成果见表 2，各工况条件下坝体应力变形等值线图如图 2～图 5 所示。

表 2　　　　　　　　　坝体应力变形计算成果

项目	分类	工况		备注
		竣工工况	正常蓄水位工况	
坝体最大位移（m）	水平向位移	−0.29	−0.01	"−"为向上游位移
		0.26	0.32	
	竖向位移	0.59	0.61	
坝体应力（MPa）	大主应力	0.91	0.93	
	小主应力	0.20	0.23	
面板顺坡向应力（MPa）	压应力	—	2.63	面板高程 3563m 处
	拉应力	—	1.09	面板高程 3554m 处
面板变形（m）	挠度	—	0.06	面板高程 3578m 处
混凝土防渗墙应力（MPa）	压应力	4.78	7.66	防渗墙底部
	拉应力	0.68	1.82	防渗墙顶部

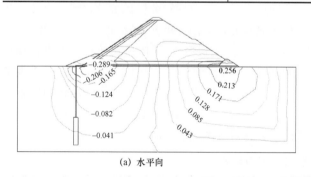
(a) 水平向

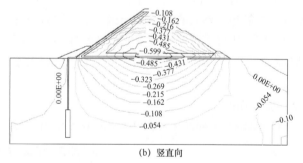
(b) 竖直向

图 2　竣工工况位移等值线图（单位：m）

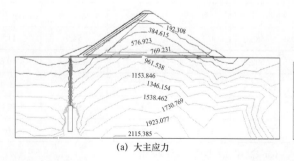
(a) 大主应力

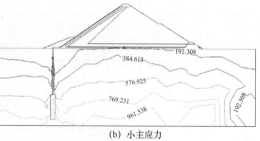
(b) 小主应力

图 3　竣工工况主应力等值线图（单位：kPa）

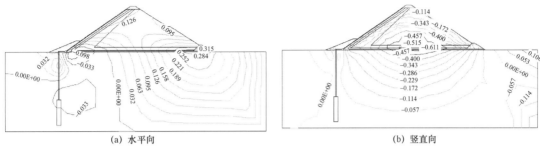

(a) 水平向　　　　　　　　　　　　　(b) 竖直向

图 4　正常蓄水位工况位移等值线图（单位：m）

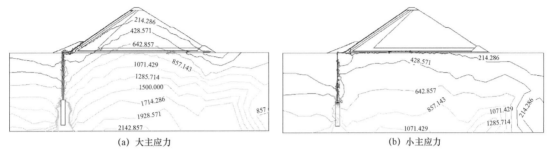

(a) 大主应力　　　　　　　　　　　　(b) 小主应力

图 5　正常蓄水位工况主应力等值线图（单位：kPa）

3.1　坝体变形

从顺河向水平位移分布看，上游部分坝体向上游方向位移，下游部分坝体向下游方向位移。在坝体竣工期，向上游及下游最大水平位移分别为 0.29m 和 0.26m。当水库蓄水时，由于上游水压力的作用，造成整个坝体向下游位移，因此向上游最大水平位移减小，向下游最大水平位移增加，所得向上游最大位移降为 0.01m，向下游最大位移增加至 0.32m。

对于竖直沉降，由等值线分布图可以看出，竣工期和蓄水期的竖直沉降最大值均发生在坝体中部附近。坝体蓄水后，由于面板上承受水压力的作用并传递给坝体，引起竖直沉降的增加。竣工期最大竖直沉降为 0.59m，蓄水末期增加为 0.61m，相对于坝高 49m 的土石坝来说，竣工期和蓄水期最大沉降偏大，而这主要由坝基的深厚覆盖层导致。由计算结果总体看来，坝体的变形符合一般规律。

3.2　坝体应力

从坝体应力分布图上来看，在竣工期，大、小主应力分布与坝体轮廓相似，最大值均位于坝体底部，这是由于坝体填筑施工时，坝体应力主要由坝体自重引起，竣工期大主应力最大值为 0.91MPa，小主应力最大值为 0.20MPa。蓄水后，由于水压力荷载的作用，坝体蓄水后其大主应力和小主应力的最大值均有所增加，所得大主应力最大值增至

0.93MPa，小主应力最大值增至 0.23MPa。

面板顺坡向最大压应力为 2.63MPa，位于面板高程 3563m 处，面板顺坡向拉应力最大值为 1.09MPa，位于面板高程 3554m 处。

混凝土防渗墙竣工期最大压应力为 4.78MPa，最大拉应力为 0.68MPa，蓄水期最大压应力为 7.66MPa，最大拉应力为 1.82MPa，压应力均位于防渗墙底部区域，拉应力均位于防渗墙顶部区域。防渗墙内的应力值主要是防渗墙与两侧覆盖层土体不均匀沉降造成的。针对混凝土防渗墙上部最大拉应力值有可能超过混凝土轴心抗拉强度设计值，需对混凝土防渗墙上部加强配筋，以增强防渗墙的抗拉能力。

4　结语

（1）本文采用邓肯-张非线性 $E-B$ 模型模拟大坝坝体本构关系，考虑了面板与垫层、趾板与垫层接触等因素，采用非线性有限元方法对某深厚覆盖层上的面板堆石坝应力变形进行计算分析，所得结果符合混凝土面板堆石坝的一般规律。由此可见，所采用方法基本合理，大坝设计也较为合理。

（2）混凝土防渗墙上部最大拉应力值超过混凝土轴心抗拉强度设计值，建议对混凝土防渗墙上部加强配筋，以增强防渗墙的抗拉能力。计算结果为防渗墙结构及配筋设计提供了一定的依据。

参考文献：

[1] 党林才，方光达. 深厚覆盖层上建坝的主要技术问题 [J]. 水力发电，2011，37（2）：24－28.

[2] 徐建. 高心墙堆石坝坝顶裂缝成因分析 [J]. 水科学与工程技术，2017（5）：46－50.

[3] 张健梁，沈振中，等. 纳子峡面板砂砾石坝应力变形三维有限元分析 [J]. 水力发电，2011，37（4）：59－62.

作者简介：

徐　建（1986—），男，高级工程师，主要从事水库枢纽、引调水工程设计及科研工作。E-mail：540987714@qq.com

猴子岩水电站高面板堆石坝设计

窦向贤

（中国水电顾问集团成都勘测设计研究院有限公司，四川省成都市 610072）

【摘　要】猴子岩混凝土面板堆石坝坝高 223.5m，为目前世界上已建和在建同类坝型第二高坝，具有"坝高、河谷狭窄、抗震设计烈度高"等特点。本文简要介绍大坝布置、坝体分区与坝料设计、坝基处理、趾板、面板、分缝和止水、大坝抗震措施设计等。

【关键词】猴子岩水电站；高面板堆石坝；坝设计；抗震措施

0　引言

猴子岩水电站位于四川省甘孜藏族自治州康定市境内，是大渡河干流梯级开发规划"三库22级"的第 9 级电站。坝址控制流域面积为54 036km²，占全流域面积的69.8%，多年平均流量约为 774m³/s。正常蓄水位为 1842m，相应库容为 6.62 亿 m³，水库总库容为 7.06 亿 m³。电站采用堤坝式开发，枢纽建筑物主要由拦河坝、两岸泄洪及放空建筑物、右岸地下引水发电系统等组成。拦河坝为混凝土面板堆石坝，最大坝高为223.50m。右岸设置 1 条溢洪洞和 1 条泄洪放空洞，左岸设置 1 条深孔泄洪洞和 1 条非常泄洪洞（1 号导流洞改建）。

1　大坝布置

本工程大坝上游右岸有磨子沟，下游左岸有泥洛堆积体，根据地形地质条件及枢纽布置要求，大坝轴线调整范围不大。坝顶总长 278.35m，坝顶宽度为 14m，坝顶高程为 1848.50m，最大坝高为223.50m。

大坝主要由趾板（6m 定宽趾板＋防渗板）、面板及其接缝止水系统、大坝填筑体、坝顶防浪墙等组成。大坝上游设置铺盖，下游坝脚设置压重体。大坝填筑体 870 万 m³，上游铺盖 66 万m³，下游压重体56 万 m³，总填筑工程量为 992万 m³，混凝土面板面积为 5.95 万 m²，接缝总长

7650m。

坝顶设 3.5m 高的 U 形防浪墙，墙底高程为1845.00m，高于水库正常蓄水位 1842.00m。防浪墙上游设 0.8m 宽的检查便道，以备面板检查和观测使用。大坝上游坝坡 1:1.4，上游坝坡在1735.00m 高程以下设上游压重，顶宽 20m，坡度1:2.5，1733.00m 高程以下设一定厚度的砾石土铺盖和粉煤灰铺盖。下游坝坡布置上坝"之"字形路，综合坡比为 1:1.65；下游坝坡在 1713.50m高程以下设下游压重体，下游压重体顶宽80m，压重体下游坡度 1:2.0；1690.00m 高程以下回填弃渣。

2　坝体分区与坝料设计

对于处于狭窄河谷中的猴子岩高混凝土面板堆石坝，坝体变形控制是关键技术问题之一。坝体填筑所用的堆石料主要取自上游色龙沟料场灰岩料、下游桃花料场斑状流纹岩料和枢纽建筑灰岩开挖料。其中灰岩料岩体强度适中，流纹岩料岩体强度相对较高，但两种岩性强度差异不大，均具有强度高、硬度大、抗风化能力力强的特点，堆石体压实后具有较低的压缩性、较高的压缩模量，可作为大坝填料。根据两种堆石料的压实性能和力学指标，灰岩料设置在上游堆石区，为了控制坝体变形要求，大坝上、下游堆石区设计上采用统一的压实控制标准。大坝剖面示意图如图 1 所示，大坝坝料设计特征及碾压参数见表 1。

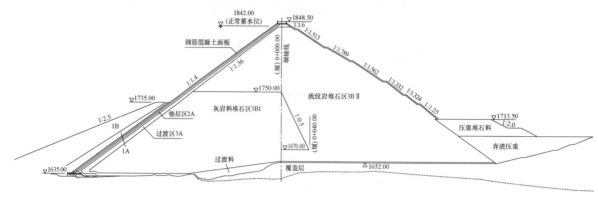

图 1 大坝剖面示意

表 1

大坝坝料设计特征及碾压参数表

分区	名称	填料来源	比重 G_s	干密度（g/cm³）	孔隙率（%）	级配要求			碾压参数			
						D_{max}（mm）	<5mm（%）	<0.075mm（%）	层厚（cm）	碾压遍数	洒水量（%）	碾重（t）
2A	特殊垫层区	色龙沟灰岩人工加工	2.82	2.35	16.5	40	46～62.5	5～10	20			
2B	垫层区	色龙沟灰岩人工加工	2.82	2.34	17	80	35～50	4～8	40	8	5	22
3A	过渡区	硐挖料、色龙沟灰岩人工加工	2.82	2.31	18	300	10～30	0～5	40	10	5	32
3B I	上游灰岩堆石区	色龙沟和开挖灰岩料	2.82	2.28	19	800	5～20	0～5	80	12	15	32
3B II	流纹岩堆石区	桃花沟流纹岩	2.69	2.18	19	800	5～20	0～5	80	10	15	32

3 坝基处理

趾板基础大部分坐落在强卸荷带岩体上，均需加强固结灌浆，增加其整体性。对河床覆盖层，由于第②层黏质粉土（lQ_3^3）力学指标低，且为可能液化土层，不能用作面板堆石坝的基础，坝基部位第②层及其以上覆盖层全部挖除。河床覆盖层第①层含漂（块）卵（碎）砂砾石层（$fglQ_3^2$）厚度为 20～35m，其挖除范围：趾板下游 90m 范围全部挖除，并挖除第①-a 层卵砾石中粗砂层，其余部分予以保留。为减小基坑涌水对河床段趾板施工的影响，改善河床基坑施工条件，河床深槽部位设置基础回填混凝土。

两岸部位要求挖除覆盖层以及极强卸荷裂隙发育带。趾板区接下坡开挖时，坡度不陡于 1:0.5；接上坡开挖时，先将 30m 范围挖平再接上坡，坡度为 1:1.6，以防止对面板造成硬性支撑。两岸坝基要求坝轴线上游反坡采用削挖或适当回填混凝土或浆砌块石，坡度不陡于 1:0.3；坝轴线以下坝基清除覆盖层和松散岩体。

对于趾板区内断层破碎带、挤压破碎带及卸荷裂隙夹泥等地质缺陷，需挖槽清除其充填物，采用混凝土回填处理。挖槽深度为破碎带宽度的 1～2 倍。除此之外，为防止渗透水流通过岩体裂隙而产生基础渗漏破坏，自趾板下游相当于该部位坝高的 1/3 宽度范围内填筑厚 2.0m 的垫层料和过渡料。

固结灌浆采用梅花形布置，趾板部位孔距为 2m，排距为 1.5～2.0m，孔深为 10～35m。防渗板部位孔排距为 2m，孔深为 5～10m。趾板（防渗板）下游喷混凝土部位孔排距为 2.5m，孔深为 5m。坝址区平硐基岩裂隙水为 SO_4^{2-}—Ca^{2+} 型水，对普通水泥拌制的混凝土有硫酸盐腐蚀性，灌浆采用抗硫酸盐水泥。

防渗帷幕设计标准为 $q \leqslant 3Lu$，灌浆采用抗硫酸盐水泥。灌浆帷幕按双排孔设计，排距为 1.5m，孔距为 2.0m，灌浆最大深度为 230m 左右。

4 趾板布置

趾板既要保证与混凝土面板和基岩的连接，构成完整的挡水防渗体系，又兼有灌浆盖板的作用，是混凝土面板坝中重要的防渗结构。在满足趾板下游堆石变形及变形梯度控制要求、趾板地基在可进行固结灌浆处理的前提下，为减小趾板地基及边坡开挖、降低趾板边坡高度，趾板嵌深按适当浅埋设计，本工程混凝土面板堆石坝两岸趾板建基面大部分置于弱风化上段强卸荷岩体上，河床段趾板基础坐落在回填混凝土上。趾板采用结构型式较简单的平趾板，施工方便，并且易于固结灌浆和帷幕灌浆作业。趾板线由面板底面与趾板下游面的交线（Z线）控制。

趾板宽度按基岩地质条件、作用水头及基础处理措施等确定。为避免趾板开挖造成的高边坡，减少岩体开挖量，两岸趾板采用"6m 定宽趾板＋防渗板"型式。为安全起见，对两岸趾板下游 20～30m 范围内基础面进行挂 ϕ8mm 钢筋网喷 20cm 厚的 C20 混凝土铺盖处理，同时对该范围内岩体进行 5m 深的固结灌浆以延长渗径。

趾板厚度按不同高程分别为 1.0～0.6m。趾板采取连续、不设永久缝的布置方式，为防止连续趾板在施工期出现收缩裂缝，采用分序跳块浇筑的施工方法，每 12～16m 设 1～2m 的宽槽，浇筑间隔时间大于 90 天，钢筋穿过施工缝。趾板混凝土强度等级采用 C30，抗渗等级为 W12，抗冻等级为 F100。宽槽回填采用微膨胀混凝土，自身体积变形要求不小于 $50×10^{-6}$。

趾板表面配单层双向钢筋，配筋率为趾板设计厚度的 0.4%。为加强趾板与基础的连接，保证趾板在灌浆压力及其他外力作用下的稳定，趾板、防渗板锚筋设置锚筋（ϕ28mm，L=7m 和 ϕ32mm，L=9m 交错布置），锚筋采用梅花形布置，间、排距均为 1.2m，顶端用 90° 弯钩与趾板钢筋连接。

5 面板

由于河谷部位的顶部面板为易发生挤压区，尤其在地震工况下该部位挤压应力更加恶化，为防止挤压破坏，除在挤压垂直缝中设置能够吸收变形的沥青木板以外，采用较厚的面板，面板顶部厚度取 0.4m，河床底部面板厚度采用 1.048m，中间按直线变化，用公式表示为

$$t=0.4+0.0031H$$

式中：t——面板的厚度，m；

H——计算截面与面板顶部高程 1845.00m 间的垂直距离，m。

猴子岩坝址河谷狭窄、两岸陡峻，宽、高比仅约 1.25，较之于两岸较缓的面板坝，其两岸面板表现出较明显的张拉，河床段中下部面板挤压作用较强烈。本工程面板共分 33 块，靠近左右坝肩受拉区部位（左岸 7～19 号面板、右岸 6～14 号面板）为限制拉应力的发展和适应变形，面板垂直缝间距采用 6m，（左 1～6 号面板、右 1～5 号面板）受压区部位为限制压应力的发展和吸收变形，垂直缝间距采用 12m。两岸垂直缝在距周边缝法线方向 1.0m 内，垂直于周边缝布置。

面板分三期浇筑，第一期面板顶部高程为 1705.00m；第二期面板顶部高程为 1807.00m；第三期到顶，高程为 1845.00m。

已建高面板堆石坝的面板一般不设水平永久缝，仅设水平施工缝。已建的高 233m 的水布垭面板坝在距坝顶 $1/3H$ 首次设置了永久水平缝，研究和实践表明，增设此水平缝后，对减小面板拉应力是有利的，可以显著减少面板的裂缝；另外，紫坪铺面板坝在"5·12"地震中二、三期混凝土面板施工缝发生明显错台。本工程大坝高 223.50m，为高面板堆石坝，地震设防烈度高，结合坝体填筑进度初拟在河床受压区二期面板顶部 1807.00m 高程设一条水平永久缝。

面板混凝土强度等级采用 C30，抗渗等级为 W12，抗冻等级为 F100，极限拉伸不小于 $100×10^{-6}$，坍落度为 3～7cm。面板混凝土采用低热水泥（P·LH42.5），掺 I 级粉煤灰 20%～25%。

面板受压区采用双层双向网状配筋，配筋率顺坡向为 0.4%，水平向为 0.4%。面板受拉区采用双层双向配筋，配筋率均为 0.5%。为加强接触面抗压能力，面板两侧垂直缝边配筋封闭，在面板与趾板接触面也配置加强钢筋。沿面板分期施工缝附近布置底层加强钢筋，钢筋长 10m，穿过施工缝。

6 分缝和止水

6.1 周边缝

周边缝止水是混凝土面板堆石坝结构的重要组成部分，是防渗体系的关键连接部位。周边缝采用三道止水，即"底部为 GB 复合 W1 型铜片止

水+橡胶棒、顶部为橡胶棒+波形橡胶止水+塑性填料、自愈保护为石粉+砾石土（粉土）铺盖"的形式（如图 2 所示），在铺盖顶高程 1735m 以下部位周边缝中部增设一道橡胶棒。

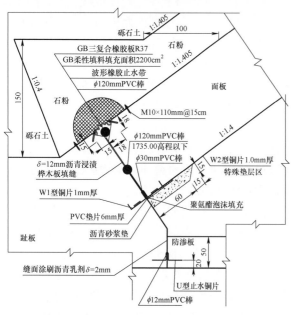

图 2 周边缝止水断面示意（单位：cm）

周边缝接缝剪切位移按 65mm 设计。铜止水厚度为 1.0mm，铜止水的鼻子直立段高度 $H=130mm$，宽度 $d=33mm$。止水自由段长度为 200mm，嵌入面板的立腿高 80mm，在双翼设置复合宽度为 85mm、厚度为 3mm 的 GB 塑性止水材料。鼻子中间用聚氨酯泡沫填充。

顶部止水采用石粉（自愈）、GB 填料、波浪形橡胶止水带和 $\phi120mm$ 组合 PVC 棒的四重保护。试验表明，$\phi120mm$ 组合 PVC 棒可以在接缝张开 100mm、水压力作用 350m 水头以上的状态下保持在缝口，满足对波形止水带提供支撑的要求；GB 填料在接缝张开 100mm 时，可以在接缝中流动 1.1m，并长时间承受 250m 水压力不漏水。

6.2 面板垂直缝

由于面板垂直缝的张、压特性不可能事先得到准确的预判，为保证止水系统安全可靠，猴子岩面板垂直缝的止水结构均按张性缝设计，为防止面板挤压破坏，河床中部选择 5 条压性缝，在其缝面加设 15mm 厚膨胀橡胶复合沥青木板。张性缝设计两道止水，即"底部为 GB 复合 W2 型铜片止水+橡胶棒、顶部为橡胶棒+波形橡胶止水+柔性填料"的形式（如图 3、图 4 所示），1733m 高程以下增设

石粉+砾石土（粉土）铺盖。

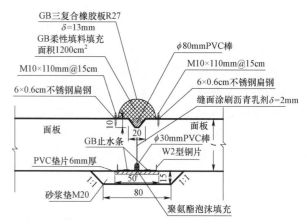

图 3 垂直缝（张性缝）止水断面示意（单位：cm）

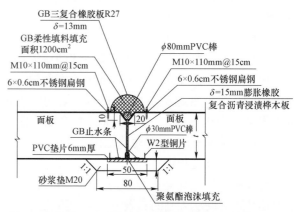

图 4 垂直缝（可压缩缝）止水断面示意（单位：cm）

6.3 面板水平缝及防浪墙沉降缝止水

在河床受压区二期面板顶部 1807.00m 高程设一条水平永久缝，其止水结构同面板垂直缝（可压缩缝）。在面板顶部与防浪墙墙趾之间，设有水平变形缝。变形缝的止水结构大致与面板压性垂直缝相同，只是底部的铜止水形状有所改变，为 W3 型止水，沥青砂浆垫形状也有所改变。其余止水结构同面板垂直缝。

防浪墙沿长度方向每 12m 设一条沉降缝，沉降缝中部设一道 W 型铜止水，与防浪墙底部的铜止水相连；缝面填充厚 2cm 的沥青木板。

7 抗震措施设计

猴子岩大坝设计地震采用基准期 100 年超越概率 2%，相应基岩水平峰值加速度为 297g，抗震设计烈度为Ⅷ度，抗震校核标准采用基准期 100 年超越概率 1%的基岩水平峰值加速度为 401g。鉴于大坝设计地震烈度较高，根据坝体震害特征形式分

析，从坝顶高程、断面设计、坝体分区和坝料设计、泄洪放空设置等方面采取合理的工程措施，以提高混凝土面板坝的抗震能力，降低地震破坏程度。

（1）坝顶高程。本工程坝顶高程控制工况为正常蓄水位+地震情况，坝顶超高考虑了地震时坝体产生的附加沉陷和水库地震涌浪。地震附加沉陷按坝高的1%计，为2.30m，地震涌浪高度取1.50m。

（2）坝顶宽度及防浪墙结构型式。确定坝顶宽度主要考虑遭遇设防烈度地震，坝顶下游部分出现浅层局部滑落时，剩余坝顶堆石仍能具备支承上游防浪墙和面板的作用，同时仍有足够宽度确保震时或震后抢修、维护的交通。参考吉林台、紫坪铺等强震区已建工程经验并适当加宽，取坝顶宽13.2m。

针对世界各国在强震地区修建面板堆石坝的工程经验，认为U形整体式混凝土结构较分离式结构可能有更好的抗震性能，因此本工程坝顶设计防浪墙采用U形整体式混凝土结构。

（3）坝体断面设计和填筑标准适度提高。坝体按筑坝材料特性采用分区设计，下游坝坡适当放缓并设置顶宽80m压重体，下游压重体以上坝坡综合坡比为1:1.65。

为控制坝体变形和不均匀沉降，适当提高堆石料的压实标准，堆石料孔隙率设计要求小于19%，过渡料孔隙率小于18%，垫层料孔隙率小于17%。

（4）设置下游坝面护坡。下游坝面设置大块石护坡，以防止地震时坝面石块被大片震落，危及大坝安全。在坝顶1/4坝高范围采用浆砌石护坡，并设置土工格栅加强该部位区域坝壳的整体性。

（5）采用较厚的面板并加强面板配筋。由于河谷部位的顶部面板为易发生挤压区，尤其在地震工况下该部位挤压应力更加恶化，为防止挤压破坏，采用较厚的面板，面板顶部厚度取40cm。面板采用双层双向网状配筋，配筋率受压区为0.4%，受拉区为0.5%。

（6）可靠的分缝设计。周边缝止水结构在水压力作用350m水头下，能够适应张开100mm、沉陷100mm、剪切65mm的静态接缝位移作用要求。

为防止面板垂直缝出现挤压破坏，并吸收地震荷载产生的应变能，在河床中部选择5条压性垂直缝加设15mm厚的膨胀橡胶复合沥青木板。该复合软木板有两个作用，其一是防止面板沿垂直缝的挤压破坏；其二是膨胀橡胶可以遇水膨胀发挥止水作用，防止垂直缝渗漏。

（7）设置放空建筑物。本工程设置了泄洪放空洞，水库放空率为80%左右，具备临震或震后降低水库水位的条件，可以保证大坝安全、避免或减小对大坝下游的安全威胁。

8　结语

猴子岩混凝土面板堆石坝坝高223.5m，为目前世界上已建和在建同类坝型第二高坝，具有"坝高、河谷狭窄、抗震设计烈度高"等特点，是国际上少有的200m以上、最狭窄河谷上高坝工程，极具挑战性。因此，经过大量的试验研究并结合工程的特点，本工程在坝体变形控制、基础处理设计、防渗止水结构、防震抗震设计等关键技术问题上采用300m建坝理念进行设计，提出了较高的设计控制标准。工程于2016年11月下闸蓄水，2019年5月通过了枢纽工程竣工专项验收。截至2021年6月，实测坝体沉降量为143.3cm（占坝高0.64%）；面板周边缝最大沉降位移为53.6mm（设计允许值100mm）、最大张开位移为16.3mm（设计允许值100mm）、最大剪切位移为25mm（设计允许值65mm）；面板最大挠度为405mm，与计算预测值相当；面板垂直缝最大挤压变形5.4mm（设计允许值20mm），未出现挤压破坏；大坝渗流量为92.3L/s，工程运行状态良好。

参考文献：

[1] 猴子岩水电站大坝工程标招标设计报告 [R]. 中国水电顾问集团成都勘测设计研究院，2011.

[2] 猴子岩水电站面板堆石坝接缝止水结构及施工工艺研究 [R]. 中国水利水电科学研究院，2010.

[3] 熊泽斌，杨启贵，张运建. 水布垭高面板坝设计 [J]. 人民长江，2007，38（7）：19-21.

[4] 吴基昌，杨泽艳，邹林. 洪家渡水电站面板堆石坝基础开挖及处理设计 [J]. 贵州水力发电，2003，17（3）：30-33.

作者简介：

窦向贤（1974—），男，高级工程师，主要从事水工结构设计及研究工作。E-mail：dxx1026@126.com

混凝土防渗墙在堰塞体防渗加固中的应用

行亚楠，黄青富，徐建，张承

（中国电建集团昆明勘测设计研究院有限公司，云南省昆明市 650051）

【摘 要】堰塞体由天然滑坡堆积而成，多数堰塞体体型庞大，拆除处理难度大，工程造价高。而堰塞体内部物质结构空间变异性大、级配宽而不良，且堰塞体与原河谷间存在结合弱面、物理力学参数离散性大、不均匀沉降大的特点，导致其开发利用存在一定的技术难度。本文以云南鲁甸红石岩堰塞湖整治工程为基础，讨论了在深厚堰塞体中布置防渗体系以达到综合开发利用目的的设计方案，为类似工程提供参考。

【关键词】红石岩；堰塞坝；堰塞体；深厚覆盖层；防渗墙

0 引言

2014 年 8 月 3 日，云南省鲁甸县发生 6.5 级地震，地震造成牛栏江干流右岸山体塌方形成堰塞湖。堰塞湖风险等级极高，溃决损失严重，如何安全处置堰塞湖、保障下游人民生命财产安全成为亟待解决的问题。经研究论证，创新性提出"变废为宝、综合利用"的堰塞坝综合整治理念，成功建成集应急抢险、后续处置和永久综合治理为一体的水利枢纽工程——红石岩堰塞湖整治工程。

工程正常蓄水位为 1200m，总库容为 1.85 亿 m³，工程等别为二等大（2）型。供水 6.91 万人，灌溉 6.3 万亩，装机容量为 20.1 万 kW，年发电量为 8 亿 kWh。是世界首座堰塞体刚形成就进行改造利用的工程，也是世界首例集应急抢险、后续处置和永久综合治理为一体的大型水利枢纽工程。

红石岩堰塞坝是天然滑坡形成，堆积体最大厚度为 103m，物质结构空间变异性大，级配宽而不良，且堰塞坝与原河谷间存在结合弱面、物理力学参数离散性大的特点；加之堰塞坝刚形成不久，坝体沉降尚未完成，不均匀沉降较大。如何做好坝体防渗成为堰塞坝"变废为宝"的关键。

1 国内已建类似工程

为达到渗透稳定和对渗漏量控制的要求，垂直防渗必须全部截断堰体和堰基砂砾石层。在 2003 年下坂地水库坝基垂直防渗试验工程中国内首次使混凝土防渗墙技术突破了 100m 大关，达 102m，在以后的狮子坪水电站大坝基础处理工程（101.8m）[1]、新疆兵团南疆石门水库坝基防渗墙工程（121m）[2]、泸定水电站坝基防渗墙工程（154m）、西藏甲玛沟尾矿坝基础防渗工程（110m）[3]、西藏旁多水利枢纽坝基防渗墙工程（201m）[4]中，百米深墙技术得到进一步发展。

国内已建的在爆破堆石体中施工防渗墙的工程实例如下。

（1）云南省武定县己衣水库。武定县己衣水库坝轴线在原爆破设计坝轴线下游 82m 爆堆体上，坝体由爆破堆石、碾压加高培厚堆石、混凝土防渗心墙等构成。大坝防渗结构为坝体混凝土防渗墙，结合基础及两坝肩帷幕灌浆形成整体防渗体系，1980m 高程以下防渗墙在爆堆体中造孔浇筑，混凝土防渗墙造孔最大深度为 47m，墙厚 0.8m。[5]

本工程采用了先期的预爆＋预灌浓浆方式对爆堆体内的大块石进行爆破处理，并对大空腔及渗漏通道进行了充填、堵塞。施工特点和难点与牛栏江红石岩堰塞体的情况类似。

（2）昆明市盘龙区黄龙水库除险加固工程。黄龙水库位于昆明市盘龙区阿子营乡阿达龙村，为小（1）型水利蓄水工程，水库径流面积为 21.5km²，

基金项目：国家重点研发计划项目（2018YFC/508500）。

水库大坝高 21.7m，总库容为 196 万 m³。

黄龙水库于 1956 年自大坝左侧山体爆破，形成大坝，截断河流，工程于 2010 年进行了除险加固处理。招标时，除险部分采用防渗墙的常规方法处理，因施工过程中坝体通道过多，泥浆渗漏量过大，工程试验未能实现，后经设计变更，对防渗墙两侧 1m 轴线位置预灌浓浆到一定的深度，以堵塞大的通道，减少泥浆的损失，并加强了墙下的灌浆和坝肩的灌浆处理，最后达到了相当好的效果。

（3）永胜县康家河水库除险加固工程。康家河水库位于永胜县城以北约 40km 五郎河左岸一级支流康家河上游峡谷河段。工程 1978 年 2 月开工，采用定向爆破筑坝方法填筑，堆积坝高 28m，直到 1982 年 2 月大坝充填到高度 45m（坝顶高程

2267.0m），康家河水库大坝坝型为混合土石坝。后期进行了除险加固工程，工程主要特点为爆破堆积体建 40cm 薄墙，处理后渗漏量大幅减少。

另外，岭澳核电站二期防渗墙、台山核电厂一期工程临时防渗工程均为在填石、海积卵石、残积粉质黏土地层中施工混凝土防渗墙的成功实例。

2 红石岩堰塞体地质特性

根据堰塞体性状初步分析，组成物质主要为弱风化、微风化及新鲜灰岩、白云岩。根据估测，最大粒径达 5m，中块径 50cm 以上的约占 50%，块径 2～50cm 以上的约占 35%，块径 2cm 以下的约占 15%。堰塞体物质组成以粗颗粒为主，与常规碾压堆石坝堆石料相近。SJ2 彩色数字成像截图如图 1 所示。

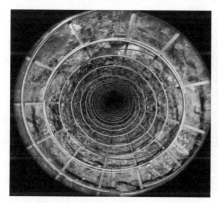

图 1 SJ2 彩色数字成像截图

根据设计初步确定的垂直防渗通常采用的防渗处理形式，为更有效地查明堰塞体的物质组成，在堰塞体上布置了 3 个大直径勘探竖井（D1.5m）。根据竖井测试成果可知，堰塞体内碎石、块石较多，物质结构空间变异性大，级配宽而不良，局部存在孤石。

3 红石岩堰塞坝防渗设计

根据探明的地质成果及类似工程经验，对堰塞

坝防渗墙方案进行初步设计。

3.1 堰塞坝防渗墙设计

防渗墙顶高程为 1209m，沿防渗线路对堰塞体进行槽挖，开挖断面为梯形。底高程为 1200m，底宽 15m，侧坡比为 1:1.5。拟定混凝土防渗墙下部接帷幕灌浆的垂直防渗方案。防渗墙顶部长度为 267m，厚 1.2m，底界深入基岩 1m，最深位置约 130m。

国内近年实施的百米级混凝土防渗墙工程实例见表 1。

表 1　　国内近年实施的百米级混凝土防渗墙工程实例表

工程名称	河床覆盖层特性	防渗墙特性	防渗墙指标参数	实施时间
西藏旁多水利枢纽	碎（块）石混合土、冲积卵石混合土、冰水积卵石混合土	覆盖层厚度大于152m范围采用悬挂式混凝土防渗墙，最深约158m；覆盖层厚度小于152m采用全封闭混凝土防渗墙，厚 1.0m	按防渗墙深度60m为界，防渗墙分为A、B两区。A区混凝土防渗墙成墙指标：28d 抗压强度≥20MPa，弹性模量 $E ≤ 21GPa$；180d 抗压强度不小于 25MPa，弹性模量 $E ≤ 28GPa$。B区混凝土防渗墙成墙指标为：28d 抗压强度≥30MPa，弹性模量 $E ≤ 24GPa$，180d 抗压强度不小于 35MPa，弹性模量 $E ≤ 31GPa$；抗渗等级为 W10	2009 年

续表

工程名称	河床覆盖层特性	防渗特性	防渗墙指标参数	实施时间
新疆下坂地水利枢纽工程	冰碛砂砾石覆盖层，最大厚度约 150m，成分复杂，渗透系数变化大	上部深 85m，厚 1m 的混凝土防渗墙下接 4 排灌浆帷幕来全部截断覆盖层渗流防渗	防渗墙混凝土 180d 龄期抗压强度不小于 35MPa，弹性模量不大于 25.5GP，抗渗标号不小于 W8	2009 年
四川泸定水电站	冲积漂卵砾石层（alQ4），I 级阶地为冲、洪积混合堆积之含漂（块）卵（碎）砾石土层（al+plQ4），II 级阶地为冰缘泥石流、冲积混合堆积之碎（卵）砾石土层（prgl+alQ3），河谷底部为冰水堆积之漂（块）卵（碎）砾石层（fg1Q3）	坝基悬挂式混凝土防渗墙下接帷幕灌浆形式，坝基防渗墙厚 1.0m，暂定覆盖层内最大墙深不小于 110m	混凝土强度等级应高于 C35W12。28d 抗压强度≥25MPa；弹模不宜超过 30 000MPa，90d 抗压强度不小于 30MPa；180d 抗压强度不小于 35MPa，180 天弹模不宜超过 35 000MPa，墙体指标应以强度指标为主	2010 年
四川黄金坪水电站	一般厚 56～130m，最厚达 133.92m，层次结构复杂，自下而上分为三层，第一层漂（块）卵（碎）砾石夹砂土（fglQ3），第二层漂（块）砂卵（碎）砾石层，第三层为漂（块）砂卵砾石	防渗墙厚 1.2m，最大深度为 112m	防渗墙混凝土 C9035，弹性模量≤35GPa，抗渗等级为 W10	2012 年

红石岩堰塞坝防渗墙顶部长度为 267m，最深位置约 130m，厚 1.2m，入岩 1m。虽然塑性防渗墙适应变形能力较强，但本工程防渗墙深度较深，塑性防渗墙自身的变形较大。另外，本工程挡水水头较大，防渗墙最大挡水水头达 100m 以上，而塑性防渗墙可承受的水力坡降有限，大水头下运行效果不佳。综合上述因素，并参考已建工程经验考虑，防渗墙材料采用 C35 混凝土防渗墙，28d 抗压强度不小于 25MPa；弹模不宜超过 30 000MPa，90d 抗压强度不小于 30MPa；180d 抗压强度不小于 35MPa，180 天弹模不宜超过 35 000MPa，抗渗等级为 W10，抗冻等级为 F100。在防渗墙顶部 20m 范围内配筋，采用 $\phi20@200mm$ 双层双向钢筋。

3.2 帷幕灌浆设计

左、右岸坝肩各布置 1 条灌浆洞，底板高程为 1209m。由于左岸堆积体深厚，为避免开挖扰动左岸堆积体，在左岸堆积体范围内开挖灌浆洞，并延伸灌浆洞与地下水位线相接。左岸灌浆洞总长约 278m，堆积体范围内洞长 184m，左岸堆积体范围内进行双排帷幕灌浆防渗代替防渗墙，排距为 1m、

间距为 1.5m。堆积体范围内帷幕深度约为 90m，基岩范围内采用单排灌浆防渗，帷幕深度按伸入基岩单位吸水率≤0.05L/（min·m·m）及地下水位线以下 5m 控制，灌浆间距为 1.5m。

右岸崩塌体边坡内设灌浆洞，与 $\omega\leq0.05L/$（min·m·m）线相交。灌浆洞长 106m，设置单排帷幕，帷幕深度按伸入基岩单位吸水率≤0.05L/（min·m·m）及地下水位线以下 5m 控制，帷幕间距为 1.5m。灌浆洞支护衬砌后断面为 2.5m×3.5m 的城门洞形，灌浆洞堆积体及强风化基岩内进行混凝土衬砌，其余洞段喷锚支护。为减少堰塞体不均匀沉降对防渗墙产生的影响，同时为了减少防渗墙施工过程中的漏浆和塌孔，在防渗墙上下游各布设 1 排堆石体内低压帷幕灌浆对堰塞体进行灌浆加固，便于防渗施工。

帷幕灌浆间距为 1.5m，排距为 1m，灌浆压力为 0.8～2.5MPa。

3.3 堰塞体渗流、变形计算成果分析

对设计方案进行变形、应力和渗流计算，计算成果如图 2～图 5 所示。

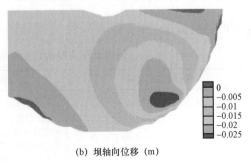

(a) 顺河向位移（m） (b) 坝轴向位移（m）

图 2 防渗墙变形计算结果（一）

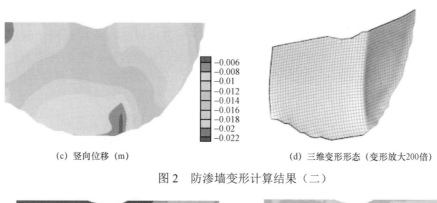

(c) 竖向位移（m）　　　　　　　　　　　(d) 三维变形形态（变形放大200倍）

图 2　防渗墙变形计算结果（二）

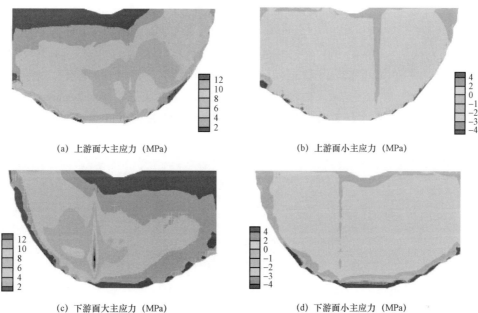

(a) 上游面大主应力（MPa）　　　　　　　(b) 上游面小主应力（MPa）

(c) 下游面大主应力（MPa）　　　　　　　(d) 下游面小主应力（MPa）

图 3　防渗墙应力计算结果

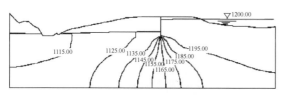

图 4　堰塞坝整治后防 0+90.0 剖面处水头
等值线分布图（单位：m）

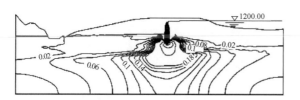

图 5　堰塞坝整治后防 0+90.0 剖面处水力比降
等值线分布图（单位：m）

根据计算可知，防渗墙最大顺河向位移发生在防渗墙中部偏下位置，最大值为 9.78cm。防渗墙大主应力较高数值的分布区域位于防渗墙转折部位

的下游表面，大主应力最大值约为 12.6MPa。高应力值分布范围相对较大，这与防渗墙的转折在下游表面所造成的弯曲应力有关。防渗墙拉应力区拉应力一般小于−2MPa。

经计算，通过堰塞坝段的总渗流量计算值为 13 241.8m³/d（即 153.3L/s），约占未采取渗控措施下渗流量的 1/4。由于堰塞坝堆石中设置有混凝土防渗墙，削减了大量水头，堰塞坝中混凝土防渗墙处的水力比降较大，最大达到了 50.6，这也说明了防渗墙具有很好的截渗效果。

计算结果表明，堰塞坝防渗墙的变形、应力结果与常规堆石坝分布规律相符，且满足规范要求。三维渗流计算结果表明，采用混凝土防渗墙+帷幕灌浆的渗控体系可以很好地满足堰塞坝的防渗要求。

4　结语

根据类似工程经验和堰塞体内部物质组成探

测成果，结合国内外类似工程经验，并辅以数值计算可知，采用防渗墙和帷幕灌浆对红石岩堰塞体进行防渗加固方案可行。

红石岩堰塞湖整治工程于 2019 年 11 月通过下闸蓄水验收，并于当年 12 月中旬正式下闸蓄水。下闸蓄水以来，水库运行监测成果表明，堰塞坝总体渗漏量较小，变形和应力分布规律与设计相符。

参考文献：

［1］周斌. 狮子坪水电站大坝基础防渗墙施工技术与质量监理［J］. 四川水力发电，2006（12）：33－39.

［2］高治宇，高小江. 新疆石门水库钢筋混凝土防渗墙施工技术［C］//第 14 次全国水利水电地基与基础工程学术研讨会论文集. 北京：中国水利水电出版社，2017：69－73.

［3］刘典忠，潘文国，邢书龙，等. 西藏甲玛沟尾矿库 119m 超深塑性混凝土防渗墙施工［C］//中国水利学会地基与基础工程专业委员会第 13 次全国学术研讨会. 工程科技 II 辑. 北京：中国水利水电出版社，2015：111－116.

［4］涂江华，熊平，陈廷胜. 西藏旁多水利枢纽大坝超深防渗墙施工技术［C］//2013 水利水电地基与基础工程技术——中国水利学会地基与基础工程专业委员会第 12 次全国学术会议论文集. 北京：中国水利水电出版社，2013：149－154.

［5］奉丽玲，姜泽侯，韩春秀，等. 武定己衣水库除险加固工程施工成本控制浅析［J］. ValueEngineering，2013（7）：85－87.

［6］刘兴宇. 水库除险加固工程中混凝土防渗墙技术研究［J］. 黑龙江水利科技，2013（12）：85－87.

作者简介：

行亚楠（1987—），女，工程师，主要研究方向：水工结构。E-mail：382487081@qq.com

瀑布沟水电站砾石土心墙堆石坝设计

冉从勇，余学明，何兰

（中国电建集团成都勘测设计研究院有限公司，四川省成都市 610072）

【摘　要】瀑布沟水电站大坝，根据坝址区地形地质条件，采用砾石土直心墙堆石坝，最大坝高为186m，坝基覆盖层最大深度为78m，具有"坝高、覆盖层深厚、抗震烈度高、防渗土料复杂"等特点，大坝土料及防渗体系设计是本工程的关键技术问题。经大量的设计研究工作，选择的坝线、采取的坝体结构、基础防渗处理措施及采用的筑坝材料等，较好地适应了工程特点，保证了大坝安全可靠运行。

【关键词】宽级配砾石土；心墙堆石坝；防渗结构；瀑布沟

1　工程概况

瀑布沟水电站是大渡河中游的控制性水库工程，是以发电为主，兼有防洪、拦沙等综合利用效益的大型水电工程，采用坝式开发。水库正常蓄水位为850.00m，死水位790.00m，消落深度为60m，总库容为53.37亿m³，其中调洪库容为10.53亿m³、调节库容为38.94亿m³，为不完全年调节水库。电站装机6台，总装机容量为3600MW，保证出力926MW，多年平均年发电量为147.9亿kWh。

工程枢纽由砾石土心墙堆石坝、左岸引水发电建筑物、左岸开敞式溢洪道、左岸深孔泄洪洞、右岸放空洞和尼日河引水入库工程等组成。工程为一等大（1）型工程，主要水工建筑物为1级。

拦河大坝为砾石土心墙堆石坝。坝顶高程为856.00m，坝顶宽14m、长540.50m。大坝最低建基面高程为670.00m，最大坝高为186m。拦河大坝的抗震设防类别为甲类，抗震设防烈度为8度，设计地震加速度取基准期100年超越概率2%（对应基岩峰值水平加速度 $a_h = 225g$）。

2　坝址区工程地质条件

坝址位于瓦山断块西侧大渡河由南北向急转为东西向的L形河湾，河谷狭窄，谷坡陡峻，谷坡一般为35°～55°。左岸为凸岸，地表无深切沟状水系切割，山顶面较高，山体雄厚；谷坡形态呈上缓下陡的折线形，在860m高程以下谷坡相对较陡，

坡度多为45°～55°。860m高程以上谷坡为河流Ⅳ级阶地和早期古河道堆积，地势宽缓，地形坡度小于30°。右岸为河流凹岸，由于尼日河和卡尔沟的切割，山顶相对较低，山体单薄，谷坡坡度多在45°以上。

坝区地层岩性主要由浅变质玄武岩、凝灰岩、流纹斑岩和中粗粒花岗岩以及第四系松散堆积层组成。在河床中偏左发育 F_2 断层，并斜切河床穿过坝基；以断层为界，左岸及下游河床为中粗粒花岗岩，右岸大部及上游河床为浅变质玄武岩。

心墙区左岸坝基高程为670～810m。建基面岩性为花岗岩夹少量辉绿岩脉。边坡岩体总体上呈镶嵌、次块状结构。以Ⅲ类围岩为主；仅桩号坝0-008～坝0+097、750～810m高程范围内的强卸荷岩体呈块裂、碎裂结构，为Ⅳ类围岩。

心墙区右岸坝基岩性主要为浅变质玄武岩。岩体风化、卸荷程度总体随着高程的降低而逐渐减弱，边坡岩体总体上以碎裂、镶嵌结构为主，730～810m高程区段为Ⅲ类围岩，670～730m、730～856m高程区段为Ⅳ类围岩。

两岸坝肩边坡主要为岩质边坡，右岸以玄武岩为主，整体稳定。

枯水期河水面高程为676～678m，宽度为60～80m，水深为7～11m。

坝基河床覆盖层深厚，厚度一般为40～60m。最大达77.9m，自老到新共划分为4层：第①层（Q_3^2）为漂卵石层，第②层（Q_4^{1-1}）为卵砾石层，第③层

（Q_4^{1-2}）为漂卵石层，第④层（Q_4^2）为漂（块）卵石层。第③层下部近岸部位夹砂层透镜体，坝体之下较厚的有上游砂层透镜体和下游砂层透镜体，物质组成分别为中细砂和细砂；第④层表部有透镜状砂层靠岸断续分布。大坝建基面上主要出露第①层和第③层漂卵石层及第④层漂（块）卵石层。坝基河床覆盖层深厚，且夹有砂层透镜体，层次结构复杂，厚度变化大，颗粒大小悬殊，缺少 5～0.5mm 的中间颗粒，局部架空明显，透水性强且均一性差。坝基存在不均匀变形、渗漏、渗透稳定及地震砂层液化等问题。

3 大坝设计

3.1 坝型及坝线选择

3.1.1 坝型选择

根据坝址区地形地质条件，初步设计阶段（可研）比较了心墙土石坝（直心墙和斜心墙）、面板堆石坝（趾板建在基岩上）和沥青混凝土心墙坝 3 种坝型。

（1）砾石土直心墙和斜心墙堆石坝。两种堆石坝的坝高均为 186m，但斜心墙防渗土料用量较直心墙多 1/3，受力复杂；砾石土直心墙防渗可靠，且适应变形能力和抗震能力强。

（2）混凝土面板堆石坝。趾板、垫层、过渡层均置于基岩上。坝轴线上游主堆石区夹有砂层部位坝基挖至基岩，其余主堆石区及次堆石区直接填筑在覆盖层上。混凝土面板堆石坝方案虽然趾板建在基岩上，但坝高 236m，而且大部分坝基仍位于深厚覆盖层上，存在防渗结构复杂、防渗可靠性较差、面板因变形过大产生拉裂缝而影响面板的防渗性能等问题；同时，由于基坑深 50m 左右，施工难度大，类似工程经验较少。

（3）沥青混凝土心墙堆石坝。坝高 186m 的沥青混凝土心墙堆石坝建在深厚覆盖层上。主要技术问题是防渗墙需承受很大的压应力，防渗结构复杂。防渗可靠性较差，沥青心墙因变形过大产生拉裂缝而影响心墙的防渗性能，且国内外深厚覆盖层上建高沥青混凝土心墙堆石坝的经验还不成熟。

通过以上分析可知，深厚覆盖层上建面板堆石坝和沥青混凝土心墙堆石坝，其防渗结构复杂。考虑到坝区防渗土料储量裕度不大，根据大坝基础条件，采用直心墙堆石坝较为经济合理，故可研阶段推荐采用砾石土直心墙堆石坝。

3.1.2 坝线选择

坝址右岸发育有古拉裂体，下游有尼日河汇口，两者相距约 1300m。而心墙土石坝的最大底宽约 880m。河床覆盖层中有两个砂层透镜体分布。受此地形地质条件的限制，坝轴线的选择余地不大。ⅩⅣ勘探线位于河湾中部，走向为 N24°E。可研阶段以ⅩⅣ勘探线作为坝轴线，大坝可避开古拉裂体和尼日河口，枢纽布置可以充分利用河湾地形，防渗线和心墙范围覆盖层中无砂层分布，两个砂层透镜体分别位于坝体上、下游压重之下，对土石坝和混凝土防渗墙的应力应变及动力稳定影响小，也有利于砂层抗地震液化；两岸的接头条件好，谷坡稳定，无不利地质构造；导流洞洞线短，进出口稳定条件较好。因此，可研阶段选定ⅩⅣ勘探线作为坝轴线，走向为 N24°E。随着工作的深入和地质地形资料的明朗化，技施阶段以左岸坝轴线和溢洪道边墙的交点为固定点，坝轴线向上游旋转 5°，为 N29°E，使右坝肩正好处于一山脊，坝顶长度由565.80m 减至 540.50m。

3.2 坝体结构设计

技施阶段为减少工程造价，节约有限的土料，对坝剖面进行了优化设计。砾石土心墙堆石坝坝轴线走向为 N29°E，坝顶高程为 856.00m，坝底高程为 670.00m，最大坝高为 186m，坝顶长 540.50m，上游坝坡 1:2 和 1:2.25，下游坝坡 1:1.8，坝顶宽度14m。

心墙顶高程 854.00m，顶宽 4m，心墙上、下游坡度均为 1:0.25，底高程 670.00m，底宽 96.00m，约为水头的二分之一，为减少坝肩绕渗，在最大横剖面的基础上，心墙左右坝肩从 670～854m 高程顺河流向上下游各加宽 12～2.8m，各高程在垂直河流向以 1:5 的坡度向河床中心方向收缩。

心墙坝肩部位，开挖面形成后，浇筑 50cm 厚的垫层混凝土，并进行 6m 深固结灌浆，避免心墙与基岩接触面上产生接触冲蚀。

心墙上、下游侧均设反滤层，上游设两层各为4.0m 厚的反滤层，下游设两层各为 6.0m 厚的反滤层。心墙底部在坝基防渗墙下游亦设两层厚度为1m 的反滤料与心墙下游反滤层连接，心墙下游坝基反滤厚为 2m。反滤层与坝壳堆石间设过渡层，与坝壳堆石接触面坡度为 1:0.4。

由于本工程拦河坝按 8 度地震设计，为防止地震破坏，增加安全措施，在坝体上部增设土工格栅。

土工格栅设置范围为大坝上部 810.00～834.00m 高程之间垂直间距 2.0m、835.00～855.00m 高程之间垂直间距 1.0m，水平最大宽度为 30m。

为了防止坝体开裂，在心墙与两岸基岩接触面上铺设水平厚 3m 的高塑性黏土；在防渗墙和廊道周围铺设厚度不少于 3m 的高塑性黏土。为延长渗径，在上游防渗墙上游侧心墙底面铺设 30cm 厚水泥黏土，水泥黏土上铺一层聚乙烯（PE）复合土工膜，土工膜上填筑 70cm 厚高塑性黏土；混凝土廊道下游侧 10m 范围内反滤之上铺设一层聚乙烯（PE）复合土工膜，廊道下游侧 8m 范围内土工膜之上铺设 60cm 高塑性黏土。

上游坝坡 722.50m 高程以上采用干砌石护坡，垂直坝坡厚度为 1m；下游坝坡采用干砌石护坡，垂直坝坡厚度为 1m。

上游围堰包含在上游坝壳之中，作为坝体堆石的一部分。为加强大坝抗震安全性，增加下游坝基中砂层抗液化能力和提高大坝的抗震能力，在下游坝脚处设置两级弃碴压重体（下游围堰也作为下游压重的一部分），顶高程分别为 730.00m 和 692.00m。

砾石土心墙堆石坝剖面图如图 1 所示。

3.3 坝基防渗及与土心墙的连接设计

3.3.1 坝基防渗设计

坝基深厚覆盖层防渗采用两道厚度均为 1.2m 的混凝土防渗墙，墙中心间距为 14m，墙底嵌入基岩 1.5m，防渗墙分为主、副两部分，副防渗墙最大深度为 76.85m、主防渗墙最大深度为 75.55m。主防渗墙位于坝轴线平面，防渗墙顶与河床坝基灌浆兼观测廊道连接，廊道置于心墙底 670.00m 高程。副墙位于主墙上游侧，墙顶插入心墙内部。上游防渗墙采用 90d 强度 40MPa 混凝土，下游防渗墙采用 90d 强度 45MPa 混凝土，要求弹性模量≤30 000MPa，抗渗等级≥W12，抗冻等级≥F50，墙体渗透系数小于 $n×10^{-7}$cm/s（$n=1～9$）。

河床主、副防渗墙及墙下帷幕与两岸岸坡基岩帷幕灌浆的连接，采用主、副防渗墙分别进行墙下帷幕灌浆，通过上游墙墙下短帷幕灌浆，左、右岸岸坡连接灌浆帷幕，下游墙下基岩帷幕灌浆形成整体防渗系统，起到河床段坝基两墙联合防渗的作

用，最后与两岸岸坡基岩帷幕灌浆形成整个大坝坝基防渗体系。河床主防渗墙墙顶设灌浆廊道，在廊道内通过墙内预埋的两排灌浆管对墙下基岩实施帷幕灌浆；墙下基岩帷幕灌浆共两排，底部深入不大于 3Lu 的基岩相对隔水层 5m，帷幕孔距为 2m。河床由于受工期限制，副防渗墙与心墙的连接采用插入式，墙下帷幕灌浆只能在墙顶通过墙内预埋的两排灌浆管实施灌注；仅针对墙底基岩浅层部位进行灌浆；主、副防渗墙及墙下帷幕通过两岸岸坡连接帷幕灌浆与主防渗帷幕连接。

两岸及防渗墙下基岩采用灌浆帷幕防渗，并与砾石土心墙、防渗墙及墙下灌浆帷幕连成整体的防渗系统，基岩帷幕灌浆深入不大于 3Lu 的基岩相对隔水层 5m，帷幕孔距为 2～2.5m，随灌浆高程不同，排数 1～2 排不等。大坝基础帷幕灌浆以 673.00m 高程为界，分为河床段和坝肩段，其中河床段帷幕由⑦号灌浆平洞内帷幕、下游防渗墙墙下帷幕、上游防渗墙墙下帷幕、两道防渗墙墙间封闭帷幕、⑧号灌浆平洞内帷幕组成；左坝肩段帷幕由①号灌浆平洞内帷幕、③号灌浆平洞内帷幕、⑤号灌浆平洞内帷幕组成；右坝肩段帷幕由②号灌浆平洞内帷幕、④号灌浆平洞内帷幕、⑥号灌浆平洞内帷幕组成。各平洞帷幕与上部的斜帷幕以搭接帷幕相连接，灌浆范围由左至右桩号为 0−452.29m～0+780.00m，全长 1232.29m，最大帷幕深度为 140m，最大帷幕顶部高程为 857.97m，最深帷幕底部高程为 533.00m。大坝基础帷幕灌浆布置如图 2 所示。

3.3.2 防渗墙与防渗心墙连接型式

（1）初步设计阶段研究成果。大坝基础混凝土防渗墙和防渗心墙的连接部位是瀑布沟工程防渗体系的关键部位和薄弱环节。成都院以瀑布沟工程为依托进行了"八五"国家科技攻关成果《高土石坝关键技术问题研究——混凝土防渗墙墙体材料及接头型式研究》[1]，通过数值计算分析、离心模型试验和大比例尺土工模型试验比较了插入式防渗墙与心墙连接、接头式防渗墙与心墙连接两种型式（如图 3 和图 4 所示），其中混凝土防渗墙与廊道连接接头型式又可分为刚性接头、软接头和空接头三种（见图 5）。

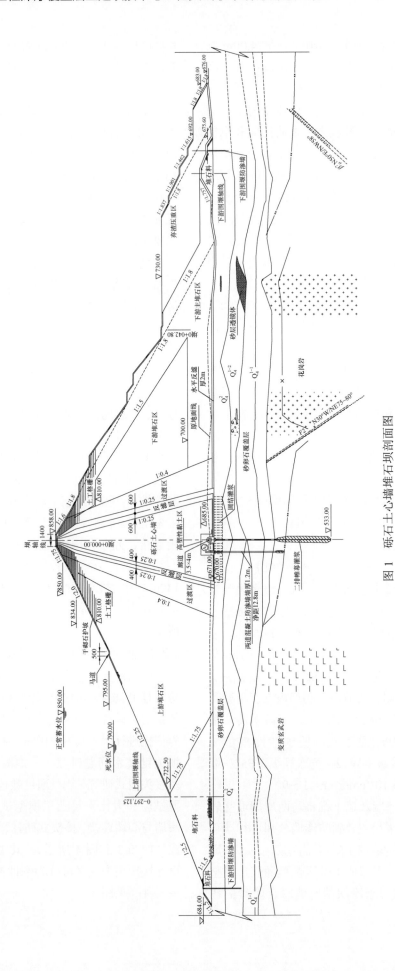

图 1 砾石土心墙堆石坝剖面图

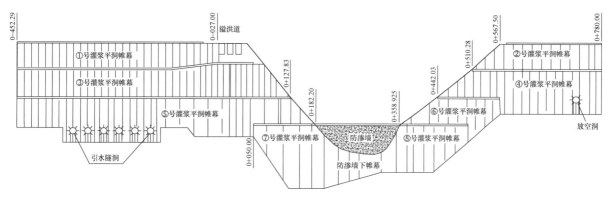

图 2　大坝基础帷幕灌浆布置图

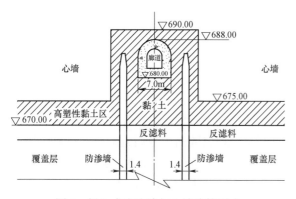

图 3　插入式防渗墙与心墙连接型式

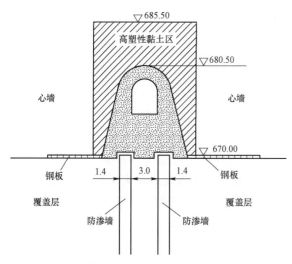

图 4　接头式防渗墙与心墙连接型式

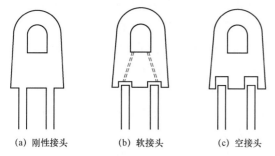

(a) 刚性接头　　(b) 软接头　　(c) 空接头

图 5　混凝土防渗墙与廊道连接接头型式

廊道连接型式最大的优点是廊道设置在防渗墙顶端，廊道沉降小，便于对岩基和两道混凝土防渗墙之间的砂卵石灌浆；缺点是防渗墙不仅承受墙体两侧土体沉降产生的下曳力，而且还要分担廊道传下来的坝体荷载，因此防渗墙内应力高，往往达到常规混凝土难以承受的程度。虽然混凝土防渗墙与廊道之间采用刚性接头时防渗墙应力最大，软接头次之，空接头最小，但三者之间应力差距不大。空接头虽可减小防渗墙一部分应力，但该接头型式结构太复杂，不仅增加工程造价，而且接头处施工期防渗困难。软接头比刚接头结构复杂，而且接头防渗可靠性不如刚性接头，软接头止水设施一旦破坏，接头处便成了坝体防渗的薄弱环节。刚性接头的结构简单可靠，工程造价低，尽管防渗墙应力要高于其他两种接头型式，但只要采取适当的措施，如廊道顶部铺填高塑性黏土、采用高强低弹刚性混凝土墙体材料等，防渗墙是可以满足强度要求的，廊道连接型式宜采用刚性接头。

相对于廊道式连接，直接插入式连接结构简单，施工方便，防渗墙内应力较小，在防渗墙顶部和两侧铺填一部分高塑性黏土后，对防渗墙墙体应力及抗渗透变形的能力均有改善。两种接头型式渗漏流量均不大，数值接近，其中防渗墙和心墙的渗量只占坝体和坝基总渗量的很小部分。廊道式结构型式目前在国内缺乏实践经验，故初步设计阶段推荐插入式方案。

（2）技施设计阶段研究成果。由于河床防渗墙下基岩帷幕灌浆只有通过廊道钻孔施工，才不致影响工程施工直线工期，为此，进入施工阶段，为实现提前发电，在前阶段成果的基础上对防渗墙与心墙连接型式重点研究了以下两个方案：

插入式连接方案（如图 6 所示）：将两道防渗

墙直接插入心墙，并使两墙之间的廊道尽量靠近上游墙，在廊道内钻孔穿过覆盖层对其下部的基岩进行水泥帷幕灌浆，同时为减小对工期的影响，通过防渗墙内预埋的两排钢管，对墙底沉渣及其下浅层基岩进行浅层灌浆。

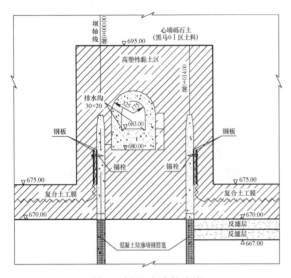

图 6　插入式连接方案

单墙廊道与单墙插入式连接方案（如图 7 所示）：即将插入式连接方案的下游墙轴线移至防渗轴线、墙顶直接同廊道相接，上游墙上移后仍采用插入式与心墙连接。在廊道内通过两排预埋钢管对墙下基岩进行水泥帷幕灌浆；同时在上游墙内预埋钢管，对墙底沉渣及其下浅层基岩进行浅层灌浆，通过两岸连接灌浆帷幕与下游墙防渗帷幕连成整体。

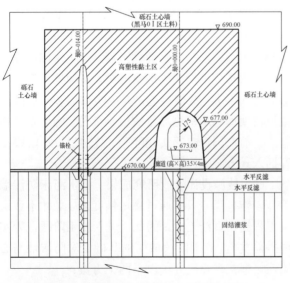

图 7　单墙廊道与单墙插入式连接方案

由于双墙插入式连接方案墙下主帷幕灌浆可靠性稍差，而单墙廊道与单墙插入式连接方案中主防渗墙下帷幕灌浆深度和质量均有保证，便于后期补强，且能加深主防渗墙下帷幕灌浆至深入不大于 3Lu 的基岩相对隔水层 5m。为确保工期，推荐采用单墙廊道与单墙插入式连接方案，同时加深了主防渗墙下帷幕灌浆深度。

3.4　筑坝材料设计

经过技施阶段调整及优化设计，砾石土心墙堆石坝各主要部位土石料需用量为：砾石土心墙料 268 万 m³，高塑性黏土 17 万 m³，反滤料 147 万 m³，过渡料 299 万 m³，堆石料 1251 万 m³。上下游围堰与坝体结合，坝体填筑总量约 2300 万 m³。

3.4.1　防渗砾石土料选择与改良

瀑布沟水电站大坝为国内首次在深厚覆盖层（最大厚度 78m）上采用宽级配砾石土作为心墙防渗料修建的高土石坝，其大坝的防渗设计和心墙料源选择是工程成败的关键问题之一。为保证大坝防渗心墙与坝壳料的变形协调，需尽量减小心墙沉降，要求大坝心墙防渗土料既要有良好的力学性能，又要有良好的防渗性能。国外一些高土石坝已有用粗粒土作防渗料筑坝的成功范例，如塔吉克斯坦的努列克、美国的奥罗维尔、加拿大的迈卡，但与这些工程相比，瀑布沟宽级配砾石土防渗料的特点仍较为突出，大坝防渗土料为国内黏粒含量最少（小于 0.005mm 黏粒含量低于 6%）的宽级配砾石土，也接近国际上已建大坝心墙料黏粒含量最低值（小于 0.005mm 黏粒含量 2%～4.5%）。

瀑布沟水电站心墙防渗料料场筛选及研究过程复杂，研究工作以坝址处为中心、由近至远、就地取材。在满足防渗土料基本原则的基础上，可研、初步设计阶段分别对距坝址 16km 之内的黑马Ⅰ区、黑马0区、深启底、田街子、老堡子、乌斯河、新寨子、卡尔等砾石土料场，管家山黏土料场，以及距坝址 35km 的红花料场进行了调查及勘探试验。技施阶段重点对黑马Ⅰ区、黑马0区、深启底、管家山黏土料场进行了深入的勘探试验研究。深启底料场位于左坝肩，分布高程为890～1380m，由于分布高差太大，有用层层厚较薄，开采难度大，开采过程与左岸溢洪道施工干扰大，破坏坝肩植被，可能引发深启底沟泥石流，由此，对深启底料场予以放弃。黑马Ⅰ区、黑马0区土料级配范围广、粗粒含量偏高，力学特性好、防渗性能稍差，但通过级配调整（筛除大粒径料或搀入细颗粒料），其渗透性能满足大坝设计要求。技施阶段，结合深入的勘探试验研究，并经大型现场碾压试验论证，采用了加大击实功能、筛除大粒径料级配调整、加强反滤等技术措施，最终使用黑马Ⅰ区洪积亚区和黑马0区坡洪积亚区作为砾石土心墙料场。

（1）黑马Ⅰ区料场。黑马Ⅰ区位于上游右岸距坝址约16km的黑马沟黑马乡政府附近，分布高程为1345～1510m，长约2km，宽0.4～1.0km，地势相对开阔。土料其块碎石成分为砂岩、流纹岩和白云质灰岩。在平面上根据土料成因、颜色分为坡洪积（乳白色）、洪积（浅黄色）、洪积堰塞型（浅红色）三个亚区。

1）坡洪积亚区（乳白色）颗粒偏粗，黏粉粒缺乏，小于5mm的含量为45.84%，小于0.075mm的含量仅为13.48%，小于0.005mm的黏粒含量仅为1.4%，平均线和下包线的渗透系数分别为2.23×10^{-4}cm/s 和 1.46×10^{-2}cm/s，不能满足工程要求。

2）洪积亚区（浅黄色）储量为300万m³，是大坝防渗土料的主要料场。小于5mm含量约46%，小于0.1mm和小于0.005mm粒径含量分别为20%和4.6%，稍微偏粗。剔除大于80mm粗粒后，储量为270万m³，小于5mm含量约51.06%，小于0.075mm和小于0.005mm粒径含量分别为21.89%和5.46%，渗透系数能达到$10^{-5} \sim 10^{-6}$cm/s量级，经现场碾压试验成果表明可满足设计要求。室内试验研究成果表明，黑马Ⅰ区洪积亚区全级配土料在高功能压实时作为心墙防渗土料是可行的。

3）洪积堰塞型亚区（浅红色）储量为27.6万m³，土料小于5mm含量平均为49.2%，小于0.1mm和小于0.005mm粒径含量分别为21.2%和4.78%，从物性指标看该土料作为心墙防渗土料基本是可行的，但开采过程中需进行排水处理和含水量的调整，予以放弃。

（2）黑马0区料场距坝址17km，分布高程为1450～1575m，料场地形相对平缓，开采条件较好。根据土料成因、颜色分为坡洪积（浅黄色）、洪积（浅红色）两个亚区。原级配土料偏粗，不能直接作为心墙防渗土料。该土料经简单级配调整（剔除大于60mm颗粒）坡洪积亚区（浅黄色）储量为

42.5万m³，小于5mm含量平均为48.61%，小于0.075mm和小于0.005mm粒径含量分别为16.91%和2.17%；洪积亚区（浅红色）储量为141.3万m³，小于5mm含量平均为49.94%，小于0.075mm和小于0.005mm粒径含量分别为17.29%和3.15%。该土料作为心墙防渗土料基本是可行的。

（3）防渗心墙土料采用方案。黑马Ⅰ区和黑马0区料场均为宽级配的砾石土，级配偏粗，细粒含量较少，防渗和抗渗透变形的能力稍差。防渗心墙土料以黑马Ⅰ区为较优，黑马0区次之。从坝底至坝顶土料采用顺序为黑马料场Ⅰ区较优良级配的土料、黑马料场0区的土料。由于技施阶段设计优化后砾石土料用量减少，实施采用料为黑马Ⅰ区洪积亚区剔除大于80mm的颗粒后土料。

（4）心墙底部、防渗墙上部和廊道周围、心墙与两岸连接处及心墙顶部采用的高塑性黏土，选用坝址上游23km处的管家山料场黏土，其黏粒含量为38.89%～50.5%，塑性指数为17.8～28，可满足要求。

3.4.2 反滤料选择

防渗心墙所用土料在上下游侧需设置两层反滤料，上游侧层厚为4m，下游侧层厚为6m，在两道防渗墙之间和防渗墙下游心墙底部设两层厚度均为1.5m的反滤料，并与心墙下游侧的反滤层联成整体。根据国内外反滤料设计经验，反滤料设计遵循以下原则：

（1）提高下游关键性反滤的可靠性；

（2）控制防渗体出现集中渗漏的裂缝，使其自愈；

（3）确保工程安全的情况下，尽量简化非关键性反滤料，降低工程造价。

设计时按照反滤准则计算初选反滤料，最终通过心墙料与反滤料联合抗渗试验、心墙裂缝和孔洞缺陷自愈等试验确定反滤料级配。

根据反滤料设计原则，第一层反滤料最大粒径$D_{100}=20$mm，$D_{15}=0.2～0.7$mm，反滤料的渗透系数应大于5×10^{-3}cm/s，第二层反滤料最大粒径$D_{100}=80$mm，$D_{15}=0.8～5.5$mm，渗透系数应大于8×10^{-3}cm/s。反滤料压实后的相对密度一般应不小于0.8、不大于0.9。第一层反滤料对心墙土料和第二层反滤料对第一层反滤料，均满足反滤设计要

求。反滤料用量达 147 万 m³。由于近坝区无合适的砂砾石料场，反滤料采用全部人工破碎花岗岩制成的砂砾石。

3.4.3 过渡料及坝壳料选择

上、下游两侧过渡料采用新鲜坚硬的石料场开采料，石料的饱和抗压强度应大于 60MPa，要求级配连续良好，最大粒径不大于 300mm，小于 5mm 的颗粒含量在 5%～20% 范围，过渡料压实后的渗透系数应大于 1.0×10^{-2}cm/s，孔隙率不宜大于 20%。

坝壳堆石区应采用微、弱风化或新鲜的开采石料或花岗岩开挖石碴料，除工程的开挖碴料外，另有 2 个花岗岩块石料场，卡尔料场位于右岸坝轴线下游 1km 的卡尔沟内，储量为 1200 万 m³，加里俄呷料场在左岸坝轴线上游约 4km 处，储量为 1600 万 m³。堆石料要求级配连续良好，最大粒径不大于 800mm，小于 5mm 的颗粒含量宜小于 20%；≤0.075mm 粒径含量应不大于 5%，不均匀系数应大于 10，渗透系数应大于 5×10^{-2}cm/s，饱和抗压强度主堆石料应大于 60MPa、次堆石料应大于 50MPa，软化系数大

于 0.8，压实后的孔隙率应不大于 22%。

4 现场检测与运行监测

4.1 砾石土心墙现场检测

在大坝填筑期间，成都院对砾石土心墙按每填筑 8～10m 进行一次抽检（共 22 次），检测的砾石土料级配曲线如图 8 所示：小于 5mm 含量为 39.27%～54.12%，平均为 48.45%；小于 0.075mm 含量为 19.05%～26.70%，平均为 21.64%；小于 0.005mm 含量为 3.59%～8.25%，平均为 6.4%。此外，成都院用统计实测指标进行了各项力学复核，包括在反滤保护下的联合抗渗试验、非完整土样抗冲刷试验、压缩试验、高压大三轴试验。成果表明：防渗料平均线在反滤保护下，渗透系数达到 10^{-6} 量级，为弱透水性；抗渗透破坏坡降较高，达到 35 以上；反滤层对心墙料有保护效果；心墙料具有防冲刷能力，若出现裂缝，能够淤堵自愈。其他力学性质，如压缩性、抗剪强度均符合设计预期。

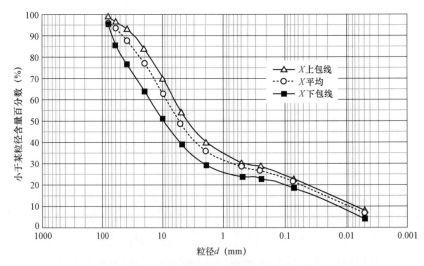

图 8 砾石土心墙防渗料监测级配曲线

4.2 大坝的运行监测

截至 2020 年年底，大坝坝顶最大累计沉降为 1385mm，占大坝坝高（覆盖层 77.9m、坝高 186m）的 0.52%。心墙区渗压计的监测结果显示：渗压主要受上游库水位的影响，相同高程渗压从上游至下游，渗透水位逐步下降，心墙典型剖面渗流浸润线如图 9 所示；上游反滤料中的渗压计测值基本与上

游库水位一致，下游反滤料中渗压计测值在整个监测过程中均为零。正常蓄水位 850m 高程时，两岸山体的防渗效果良好，帷幕起到很好的防渗效果，总渗流量（坝后集水井总渗流量为 42.62L/s）逐年减少。防渗墙向下游最大累计变形为 97.09mm，变形量级较小。主防渗墙后最大渗压为 0.058MPa，主次防渗墙折减上游水位 96.8% 以上，防渗效果较好。

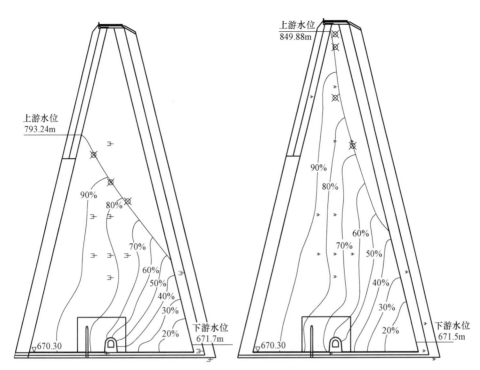

图 9　0+240m 断面心墙不同水位时浸润线

5　结语

瀑布沟砾石土心墙堆石坝坝高 186m，具有"坝高、基础覆盖层深厚、防渗土料复杂"等特点，为世界少有、国内首次在深厚覆盖层上应用宽级配砾石土作为心墙防渗料建高土石坝，极具挑战性。通过大量设计研究工作，大坝防渗心墙采用筛除粗大于 80mm 颗粒的措施、充分利用宽级配砾石土作为大坝防渗材料，防渗墙与土质心墙的连接采用单墙插入式和单墙廊道式连接结构，有效解决了防渗墙墙下基岩帷幕灌浆影响直线工期的难题。工程于 2009 年 10 月下闸蓄水，2013 年 1 月通过了枢纽工程竣工专项验收。目前，大坝安全蓄水发电运行 12 年。瀑布沟大坝蓄水多年以来，大坝心墙变形及土压力变化趋于平稳，坝基廊道和防渗墙变形、廊道结构缝的变形等监测值均在一般经验值范围内。实践证明利用宽级配砾石土配建 200m 级高土石坝是可行的，单墙廊道与单墙插入式连接方案是可靠的。

参考文献：

[1] 高土石坝关键技术研究——混凝土防渗墙墙体材料及接头型式研究 [R]. 电力工业部成都勘测设计研究院，1995.

[2] 李小泉，李建国，罗欣. 瀑布沟宽级配砾质土防渗料的突出特点及工程意义 [J]. 水电站设计，2015，31（2）：60−63.

作者简介：

冉从勇（1979—），男，正高级工程师，主要从事水工结构设计工作。E-mail：rancongyong@chidi.com.cn

余学明（1962—），男，正高级工程师，主要从事水电站水工设计工作。

何　兰（1964—），女，正高级工程师，主要从事水电站水工设计工作。

深厚黏性土地基上建高围堰设计
关键技术问题研究

吴文洪，王迎，徐海亮

（中国电建集团中南勘测设计研究院有限公司　湖南省长沙市　410014）

【摘　要】拉哇水电站围堰地基覆盖层含50m厚的湖相沉积低液限黏土层，地层具有厚度大、承载力低、渗透系数低、抗剪强度低等特点，围堰与基坑开挖形成联合边坡稳定问题突出，通过深入研究提出采用70m级深度的超深碎石桩加固地基。本文针对设计结构分析过程中遇到的诸如分析方法、参数取值、超孔隙水压力变化时程研究等诸多关键技术问题提出探讨，同时对超深碎石桩施工进行介绍，以资借鉴。

【关键词】拉哇；深厚覆盖层；超孔隙水压力；超深碎石桩；复合地基

1　工程概况

拉哇水电站位于金沙江上游，左岸为四川省甘孜藏族自治州巴塘县，右岸为西藏自治区昌都市芒康县，是金沙江上游13级开发方案中的第8级，上游为叶巴滩水电站，下游为巴塘水电站。电站距离成都市790km，距离昌都市575km，工程开发任务以发电为主，并促进地方社会经济发展。

坝址控制流域面积为17.60万km²，多年平均流量为861m³/s。水库正常蓄水位为2702.00m，相应库容为23.14亿m³；水库校核洪水位为2706.82m，水库总库容为24.67亿m³；水库死水位为2672.00m，调节库容为8.24亿m³，水库具有一定的年调节能力。

电站属一等大（1）型工程，枢纽主要由混凝土面板堆石坝、右岸2条溢洪洞、右岸1条泄洪放空洞、右岸地下输水发电系统等建筑物组成。电站总装机容量为2000MW，多年平均年发电量为90.89亿kWh（梯级联合），年利用小时数为4545h（梯级联合）。

面板堆石坝坝顶高程为2709.00m，坝顶长度为398.00m，最大坝高为239m。

主体工程施工采用围堰一次拦断河床隧洞导流方式。2条导流隧洞布置在右岸。

工程计划2021年11月截流，2026年11月下闸蓄水，2027年年底4台机组全部投产发电。

2　围堰设计特点与难点

2.1　围堰结构及基坑开挖边坡形式

围堰挡水标准为全年30年一遇，洪峰流量为6330m³/s。防渗墙施工平台挡水标准时段为11月—次年4月，20年一遇，洪峰流量为1080m³/s。

上游土石围堰采用土工膜斜墙＋混凝土防渗墙防渗结构。堰顶高程为2597.00m，最大堰高约60m，堰顶长度为192m，堰顶宽度为15.00m。上游侧边坡坡比为1:2.5，下游侧边坡坡比为1:1.8，防渗墙施工平台高程为2553.00m。下游坡面设多级下基坑道路，路基宽8.50m，围堰填筑量约150万m³。

围堰堰基防渗墙下游区全部采用碎石桩处理，桩长贯通整个堰塞湖相沉积层。

坝基河床覆盖层部分全部挖除。大坝基坑开挖上游边坡坡比为1:4，综合坡比约1:5，开挖深度约72m，开挖工程量约580万m³，计划开挖工期15个月。

上游围堰及大坝基坑开挖剖面示意图如图1所示。

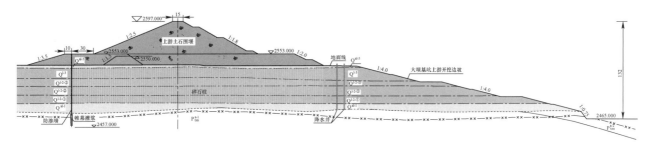

图 1　上游围堰及大坝基坑开挖剖面示意图

2.2　围堰地质条件

上游围堰轴线处枯水期水深约 2.7m，主河槽基岩面高程约 2470.00m。围堰两岸裸露弱风化基岩，岸坡及河床部位基岩岩性为绿泥角闪片岩（P_{txn}^{a-1}）。左岸地形坡度约 60°，岩层产状为 N50°～80°W、SW∠25°～35°，与岸坡构成斜交顺向坡，右岸地形坡度为 35°～45°，岩层产状为 N30°～50°W、SW∠35°～45°，与岸坡构成斜交反向坡；两岸强卸荷带埋深为 10～15m，弱卸荷带埋深为 40～45m；河床部位基岩弱风化下限铅直埋深为 55～75m，岩体厚度为 5～15m。

河床覆盖层最大厚度为 65～71m，按物质成分可分为 4 层和Ⅰ号透镜体，由上至下依次为：

第 1 层 Q^{al-5} 层，河床冲积砂卵石层夹少量漂石，在堰基区域其厚度为 1.4～4.6m，在基坑边坡区域其厚度为 2.15～7.20m。

第 2 层 Q^{l-3} 层，堰塞湖相沉积层，含淤泥质粉砂、黏土质砂，在堰基区域其厚度为 14.7～18.1m、分布高程为 2514.00～2521.00m，在基坑边坡区域

其厚度为 18.95～21.45m。

第 3 层 Q^{l-2} 层，堰塞湖相沉积层，以砂质低液限黏土为主，层厚为 31.4m，该层自上而下可分为 $Q^{l-2-③}$、$Q^{l-2-②}$、$Q^{l-2-①}$ 三个亚层，其中 $Q^{l-2-③}$ 层以低液限黏土为主，多呈流塑状，厚度为 4～8.5m、$Q^{l-2-②}$ 层以低液限粉土和砂质低液限粉土为主，多呈可塑—软塑状，厚度为 10～15m，$Q^{l-2-①}$ 层以低液限黏土为主，局部为低液限粉土，多呈可塑—软塑状，厚度为 15.2m。

第 4 层 Q^{al-1} 层为卵石、块石夹砂，堰基区域最深处厚度为 18m，在基坑边坡区域厚度为 2.25～13.1m。

堰基下游端及基坑边坡上游端发育的Ⅰ号透镜体，位于河床靠右岸坡脚处，物质组成为崩石、块石，顺河向长度为 325m、宽度约 70m，最大厚度为 32.1m，分布高程为 2489.500～2487.000m。

河床底部 Q^{al-1} 层透水性强，且具有微承压特征。

堰基湖相沉积层物理力学指标平均值见表 1。

表 1　　　　　　　　　　　　　堰基湖相沉积层物理力学指标平均值

序号	项目名称	Q^{l-3}	$Q^{l-2-③}$	$Q^{l-2-②}$	$Q^{l-2-①}$
1	干密度（g/m³）	1.40	1.36	1.38	1.36
2	孔隙比	0.92	1.0	0.95	0.99
3	黏聚力 $C'/C_{cu}/C_u$（kPa）	33/30/44	50/39/28	36/35/30	48/42/27
4	内摩擦角 $\phi'/\phi_{cu}/\phi_u$（°）	22.5/17.5/6	20.5/12.5/3	21.5/16.5/5	20.5/13/3
5	垂直渗透系数（cm/s）	$3.9×10^{-5}$	$2.9×10^{-6}$	$3.5×10^{-6}$	$2.0×10^{-6}$
6	水平渗透系数（cm/s）	$7.5×10^{-5}$	$6.6×10^{-6}$	$2.5×10^{-5}$	$9.4×10^{-6}$
7	压缩模量（MPa）	7.7	5.2	6.7	5.2
8	垂直固结系数（cm²/s）	$4.4×10^{-3}$	$3.1×10^{-3}$	$3.8×10^{-3}$	$3.1×10^{-3}$
9	水平固结系数（cm²/s）	$4.5×10^{-3}$	$3.9×10^{-3}$	$4.2×10^{-3}$	$3.9×10^{-3}$
10	允许承载力（kPa）	150～180	120～140	140～160	120～140
11	静止土压力系数	0.5	0.6	0.55	0.66

2.3 围堰设计特点与难点

拉哇水电站上游围堰,具有以下显著特点及难点:

(1)围堰修建在深度达 71m 且含有约 50m 厚堰塞湖相沉积低液限黏土的深厚覆盖层上,湖相沉积层具有"厚度大、承载力低、渗透系数低、抗剪强度低、压缩性高"等特点。围堰填筑后,软弱地基土将形成较高超孔隙水压力,消散时间长,围堰沉降变形、水平变形大;围堰与基坑开挖形成联合边坡,高度达 132m,边坡稳定问题突出。

(2)覆盖层地基采用满堂碎石桩处理,截流前必须完成,需要水上填筑平台分期施工,最大钻孔深度近 70m,施工工艺、质量控制、质量检测等要求高,超出国内振冲碎石桩已有成熟经验。

(3)大坝基坑开挖工程量大,且以黏性土为主,围堰渗水量大小对基坑开挖施工难度影响敏感,对围堰防渗性能要求较高。

(4)上游围堰规模大,填筑量多达 150 万 m^3,防渗墙深度 80 余米,墙底尚有帷幕灌浆,在截流后 1 个枯水期内完成施工,施工条件差、工程量大、工期相当紧张。

3 若干技术问题研究

3.1 抗滑稳定计算方法

SL 274—2001《碾压式土石坝设计规范》、DL/T 5353—2006《水电水利工程边坡设计规范》等现行规范,对土质边坡抗滑稳定分析推荐采用极限平衡法。

从瑞典条分法到普遍条分法的基本思路都是把滑动体分割成有限宽度的土条,把土条当成刚体,根据静力平衡条件和极限平衡条件求得滑动面里的应力分布,从而可计算出稳定安全系数。《土力学》提出有限元法的滑动面应力法,因为土体是变形体并不是刚体,用分析刚体的办法,不满足变形协调条件,因而计算出的滑动面上的应力状态不可能是真实的。有限元法的滑动面应力法,把土坡当成变形体,按照土的变形特性,计算出土坡内的应力分布,然后再引入圆弧滑动面的概念,验算整体抗滑稳定性。

极限平衡法计算方法成熟,商业软件也较多,使用工程经验丰富。缺点是针对拉哇工程,由于地基覆盖层深厚、软弱,沉降变形及水平变形较大,堰体内部可能开裂,覆盖层土体也可能

开裂发生应力迁移,有时堰体可能内部架空,采用极限平衡法无法考虑这方面因素潜在的不利影响。

有限元法的优点是把边坡稳定分析与堰体的应力变形分析结合起来,计算过程中滑动土体自然满足静力平衡条件。但是有限元法也存在缺憾,当边坡接近失稳时,滑动面通过的大部分土体单元处于临界破坏状态,有限元法分析边坡内的应力变形所需土的基本特性变得十分复杂,土体本构模型的选取也较为复杂,同时针对自动搜索滑面将单元应力转化为滑面应力的计算,目前尚缺乏成熟的商业软件。有限元法计算出的边坡稳定安全系数,也缺乏判定标准。

综合各种因素,拉哇工程围堰抗滑稳定分析主要以极限平衡法为主。对有限元应力法分析稳定,亦做了有益的探索。

3.2 抗剪强度指标的选取

抗滑稳定计算方法与抗剪强度指标的配套选取,是边坡稳定分析最基本也是最重要的要求。有效应力法计算时应采用有效应力指标,总应力法计算时应采用总应力指标。

有效应力指标比较明确,这里需要探讨总应力指标两方面的问题。

(1)UU 指标。从理论上分析,土体不固结不排水试验时,完全不固结不排水。不固结指所取样品在试验条件下不产生新的排水固结,原有自重应力导致的固结还存在。由于完全饱和密闭,试验所加轴向力完全转化为超孔隙水压力,所以土体有效应力不会增加,破坏强度不变,故 UU 试验成果为一水平线,如图 2 所示。

UU 试验理论水平线 CU 数值,代表的是土体的实际抗剪强度,而不是抗剪强度指标。但从表 1 可知, $\phi_u > 0$,究其原因,可能与试验过程带来的误差、试件土体并不完全饱和导致有效应力增加等有关。

SL 274—2001《碾压式土石坝设计规范》附录 E 规定,非饱和黏性填土施工期总应力法计算用 UU 指标,坝基饱和黏性土改用 CU 指标。拉哇围堰地基湖相沉积层均为饱和黏性土,无论是防渗墙上游还是基坑边坡范围的原状土体,计算中不采用 UU 值,而是采用 CU 指标。但对于其他工程比如黏土渣场、均质土坝或围堰,采用 UU 值计算时,建议不考虑 ϕ 值,仅使用 CU 总强度值。

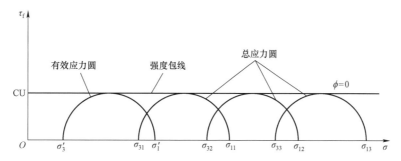

图2 UU试验应力莫尔圆和强度包线

（2）CU指标。UU与CU试验，都是不排水条件，差别在于CU剪切试验前，在围压作用下进行了一定程度的排水固结，土样仍然饱和，分级加载过程中不排水，属于总应力指标。围堰施工期及水位降落期总应力法分析时采用CU指标。

对于采用碎石桩处理后的地基部分，在围堰填筑加载后，桩间土可产生一定的排水固结，总应力法计算采用CU指标是合适的。但对于未处理区域，饱和黏性土孔隙水压力消散非常慢，有效应力不随围堰加载及挡水压力的变化而发生明显变化，故不能直接使用CU指标，而应改为"$\phi=0$"法，分层输入土体的总强度值τ_f，τ_f计算时采用土层天然状态下的有效应力。

3.3 超孔隙水压力分析与应用

饱和黏性土地基在上部加载后土体内产生超孔隙水压力，孔压消散过程也就是土体排水固结的过程，也是土体内有效应力增加的过程。

拉哇工程围堰地基原状黏土层厚度为50m，渗透系数低，排水途径只有垂直排水，按照太沙基固结理论分析，至少数年以上固结度才能达到80%以上，围堰填筑完成时地基最大超孔压达1.5MPa。天然地基下围堰填筑期边坡稳定性不满足安全要求。

采用碎石桩加固后的地基，利用卡雷洛—巴隆砂井固结理论，可考虑井阻、涂抹效应，分析表明，

设置碎石桩后土体固结排水通道由垂直改为以水平为主，碎石桩间距对固结过程影响较为敏感。井阻效应受土体水平渗透系数与碎石桩渗透系数比值影响大，比值越大，井阻影响越大。

边坡抗滑稳定分析，关键是结合围堰填筑及运行工况，提出超孔压时程的变化规律，并在分析中应用。

假设在0时刻施加瞬时荷载后，地基任意一点的固结度—时间关系可以用$\phi(t)$来表示，固结度可用砂井固结理论计算。在任意时刻t_0施加瞬时荷载Δp，引起地基内超静孔隙水压力Δu的时程为

$$\Delta u = \Delta p[1-\phi(t-t_0)] \qquad (1)$$

假设上部荷载时间的函数，即$p=p(t)$，则地基的超静孔压过程可以描述为

$$u = \int_0^t \frac{\partial p}{\partial t_0}[1-\phi(t-t_0)]\mathrm{d}t_0 \qquad (2)$$

将式（2）离散化处理后，根据荷载时程，可以计算各个土层的孔压时程。

典型孔压时程变化规律如图3所示，图中不同曲线代表不同断面位置的土体，如图4所示，可以看出超孔隙水压力是随着围堰填筑过程先升高再消散降低，然后再填筑后孔压再升高再消散降低的反复过程。

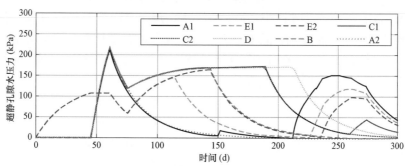

图3 典型土层超孔压时程变化曲线

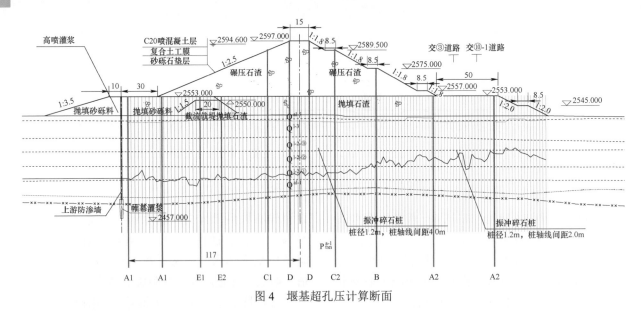

图 4 堰基超孔压计算断面

基于固结理论在轴对称问题下提出的变荷载作用下复合地基孔隙水压力时程分析成果，通过有限元分析模拟和离心机模型试验验证，规律基本一致。在边坡稳定分析软件中，增加孔隙水压力实时变化条件，即可加载任意土条底部的孔隙水压力，实现孔隙水压力实时变化过程仿真模拟。

通过分析，碎石桩加固后的地基，排水固结效果明显，各工况下围堰边坡稳定性满足安全要求。

3.4 渗流与固结的耦合

一般低渗透性土层的渗透系数，随着压实固结过程中孔隙比的变化而变化，渗透系数变化又反过来影响固结排水的速度，故重要的工程一般均应考虑渗流与固结的过程耦合。

耦合分析中最重要同时也最容易混淆的问题是渗透系数的选取。

一般土工试验，通过室内开展的等水头或变水头渗透试验，提出渗透系数 k_{20}。影响土渗透系数的因素包括土颗粒骨架和流体性质，通过固结试验提出固结系数。拉哇水电站固结系数通过试验，粉土质砂、砂质粉土、粉土、黏土等细粒土的固结系数 C_v 均满足随试验压力 P 增大而迅速减小之后趋于稳定的规律。当垂直荷载≤400kPa 时，其 $C_v \sim P$ 基本呈线性负相关；当垂直荷载>400kPa 时，C_v 随着 P 的增大而变化不大。拉哇围堰地基土渗透系数及固结系数见表1。

固结系数的定义公式为

$$C_v = \frac{k(1+e_1)}{\alpha \gamma_w} \qquad (3)$$

式中：C_v——固结系数，cm²/s；

k——渗透系数，cm/s；

e_1——孔隙比；

α——压缩系数，MPa⁻¹；

γ_w——水容重，kN/m³。

固结系数是试验常量，利用固结系数的定义公式（3），已知孔隙比、压缩系数，可以求出渗透系数 k，比如拉哇工程反算 k 一般为 $n \times 10^{-8}$cm/s。这个 k 比 k_{20} 小 2 个数量级甚至更多，那么二者是什么关系？工程研究中应该怎么应用两个渗透系数？一般的参考书籍找不到答案。

经过广泛的调研咨询及理论分析，从工程设计安全出发，总体认为：

（1）渗透系数不是常量。

（2）室内渗透试验的渗透系数，取决于颗粒组成中透水部分，计算渗流量时采用大值平均值 k_{20}。

（3）研究固结过程以及分析应力变形时，土体排水性能取决于相对不透水部分，孔隙比越小，则渗透系数越低，计算时应采用固结系数以及反推求出的渗透系数。

渗流与固结的耦合过程，依据不同时期不同位置土体孔隙比的变化，求出土体的渗透系数，再进行应力变形分析。耦合方法依据不同分析软件而定。

3.5 复合地基等效参数

碎石桩加固地基后可以视作复合地基。复合地基等效参数包括抗剪强度、承载力、等效渗透系数、本构模型参数等。

复合地基抗剪强度指标、承载力等，可以依据DL/T 5214—2016《水电水利工程振冲法地基处理技术规范》建议公式进行计算。

关于复合地基的渗透系数计算，毕佳蕾提出，也参考 DL/T 5214 规范，按面积加权进行计算。这种方法较为简单易算。

对于拉哇工程，地基覆盖层较厚，固结特性对地基沉降及应力状态影响较大，因此我们采用固结特性相似原理推求等效渗透系数。

复合地基等效渗透系数的确定原则是，在上部堆载的作用下，将复合地基考虑为均质体，在一定时间段内，按等效渗透系数计算的地基固结度，与碎石排水桩—软土复合地基的理论固结度一致。瞬时荷载作用下，任意时刻碎石排水桩—软土复合地基的理论固结度，可以按照砂井固结理论进行计算。按照太沙基一维固结理论，计算瞬时荷载作用下复合地基等效均质体任意时刻的固结度。如果复合地基的等效渗透系数确定合理，则上述两种方法计算的固结曲线应大致重合。如不重合，则调整等效渗透系数，直至等效均质体的固结曲线与砂井地基的固结曲线基本重合为止。经分析，桩间距为 3m、2m 时复合地基等效渗透系数分别约为 8×10^{-6} cm/s、3×10^{-5} cm/s。

采用复合地基等效渗透系数进行渗流场计算，不仅简化了模型，减小了建模难度，且提高了计算效率，但碎石桩和桩间土的渗透系数取值相同，故其间的局部渗流特性不能体现，必要时需建立精细模型进行计算分析。如拉哇工程采用桩土分算研究渗流场时，在围堰填筑完成时碎石桩内的水头明显低于桩间土内的水头。典型结果如图 5 所示，图中纵坐标为覆盖层高程，横坐标为水头对应的高程。

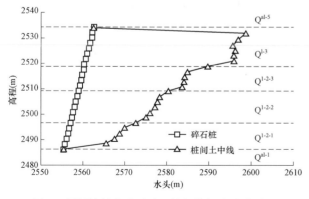

图 5　围堰填筑完成时碎石桩与桩间土水头对比

4　围堰地基处理

4.1　地基处理方案

拉哇工程围堰地基处理的主要目的是提高排水效果，加速地基固结，同时提高基础承载力，减少沉降变形。考虑地基处理深度约 65m（包含施工平台高度约 10m），经分析，换填垫层法、强夯法和排水固结法处理深度有限；加筋法适宜于填筑边坡处理；灌浆法对渗透系数较小的黏土处理效果差；高压喷射注浆法、混凝土搅拌法、水泥粉煤灰碎石桩、地下连续墙属于刚性或半刚性处理方式，不适合处理柔性的土石围堰地基。碎石桩既能通过换填和挤密作用提高地基承载力，又能通过桩孔内充填碎石（卵、砾石）等反滤性好的粗颗粒料，在地基中形成渗透性能良好的人工竖向排水减压通道，有效地消散和防止超孔隙水压力的增高，并可加快地基的排水固结，因此推荐作为本工程地基处理的主要方式。

针对不同碎石桩布置范围、各种桩间距、不同桩径等设计方案，开展围堰及基坑边坡各运行工况下的渗流分析、稳定分析、应力变形分析等，推荐地基处理方案为：围堰堰基防渗墙下游堰基区全部采用碎石桩处理，桩长贯通整个堰塞湖相沉积层，桩顶及桩底均伸入砂砾石透水层不小于 0.2m，桩体直径为 1.2m，堰基上游部分，桩间距为 3m；堰基下游部分，桩间距为 2.5m。碎石桩设计工程量为 16 万 m。碎石桩质量要求：渗透系数大于 1×10^{-2} cm/s、压缩模量大于 50MPa、固结排水剪内摩擦角标准值不小于 40°。

4.2　超深碎石桩施工

目前国内振冲碎石桩施工深度一般在 40m 以内。港珠澳大桥香港口岸填海工程项目中采用干法底部出料振冲技术处理最大有效深度达 43m。西藏 M 项目研发 SV90 振冲碎石桩机利用伸缩导杆技术成功进行了 90m 深的振冲碎石桩试验。2019 年 10 月，拉哇水电站围堰地基处理现场试验采用 SV70 振冲碎石桩机成功实施了 13 根最大深度为 55m 的振冲碎石桩，并经过检验成桩质量良好。

上游围堰地基处理超深碎石桩设计共 4843 根、16 万 m。

施工分为两期，一期施工右岸，施工时段为 2019 年 12 月至 2020 年 5 月。二期施工左岸，施工时段为 2020 年 11 月至 2021 年 5 月。施工平台挡水标准采用时段 5 年一遇。每期施工完成后将平台拆除，确保汛期过流断面满足度汛要求。

碎石桩施工造孔工艺：

（1）填筑平台部分及河床上部砂砾石层，采用振冲器造孔难以直接穿透且容易塌孔，多数孔采用钢护筒护壁、旋挖钻机钻孔。为便于旋挖施工、钢护筒下设，平台填筑料最大粒径不宜大于 15～20cm。

（2）湖相沉积层，深孔采用 SV70 起吊 220kW 振冲器造孔及 300t 吊车起吊 220kW 振冲器造孔两种工艺，先导孔采用旋挖造孔，兼顾地质复勘。

碎石桩制桩，采用振冲器振冲加密成桩。碎石桩的填料碎石粒径为 20～80mm，其中 20～40mm 约占 40%、40～80mm 约占 60%。

地基处理实际施工最大造孔深度为 71.63m。

经过施工过程自动化智能振冲碎石桩质量监控系统以及钻孔取芯、开挖检测、物探试验、室内土工试验等多种技术手段监测及检测，碎石桩各项质量指标均满足设计要求。

5 结语

拉哇水电站上游围堰地基覆盖层地质条件复杂性在国内外水电工程中罕见，无论是地质勘探取样，还是在抗滑稳定、应力变形等理论分析中，都存在较多的技术难题，缺乏可借鉴的成熟经验，超深碎石桩施工也缺乏大面积实施先例。设计院通过大量的土工试验，并联合国内顶尖科研机构以及开展知名院士、专家的技术咨询活动，开展现场超深桩施工工艺试验等，首次提出了采用超深碎石桩加固软弱覆盖层地基技术，并探索出一套针对深厚软弱覆盖层上筑坝具有代表性的涵盖勘探取样、理论分析、方案设计、物模验证、实践检验的研究技术路径和工作方法。围堰工程及基坑开挖工程计划于 2023 年年底完成，工程设计尚需实践进一步检验。但所提出的研究方法及对理论问题的认识、超深碎石桩施工工法，填补国内水电行业在软弱基础处理上的部分空白，进一步提升了勘探及研究技术水平，为水电行业深厚软弱覆盖层处理及振冲碎石桩施工技术进步做出了应有的贡献。

参考文献：

[1] 李广信，张丙印，于玉贞. 土力学. 2 版 [M]. 北京：清华大学出版社，2017.

[2] 李广信. 高等土力学 [M]. 北京：清华大学出版社，2017.

[3] 陈健胜. 堰塞湖相沉积细粒类土固结系数试验研究 [J]. 人民长江，2020，51（S1）：188-190，195.

[4] 毕佳蕾，沈振中，旦增赤列. 振冲碎石桩复合地基的等效渗透系数计算方法 [J]. 水电能源科学，2017，35（11）：87-89.

[5] 吴梦喜，宋世雄，吴文洪. 拉哇水电站上游围堰渗流与应力变形动态耦合仿真分析 [J]. 岩土工程学报，2021，43（4）：613-623.

作者简介：

吴文洪（1970—），男，正高级工程师，主要从事水电水利工程施工组织设计工作。E-mail：55864203@qq.com

王　迎（1986—），女，高级工程师，主要从事水电水利工程施工组织设计工作。E-mail：380352360@qq.com

徐海亮（1989—），男，工程师，主要从事水电水利工程施工组织设计工作。E-mail：969105148@qq.com

多诺水电站趾板建在深覆盖层上高面板堆石坝设计

姜媛媛[1]，辛俊生[2]，王晓安[1]

（1. 中国电建集团成都勘测设计研究院有限公司，四川省成都市　610072；
2. 水利水电规划设计总院，北京市　1000120）

【摘　要】多诺水电站混凝土面板砂砾石坝建在约40m的覆盖层上，坝高112.5m，通过对覆盖层物理力学性状试验研究、坝体分区及料优化设计、深厚覆盖层防渗处理措施研究，最终确定了河床趾板建在深厚覆盖层上混凝土面板砂砾石坝的设计方案。本文简要介绍大坝布置、坝体分区与坝料设计、坝基处理、趾板、面板、分缝和止水设计等。

【关键词】覆盖层上的混凝土面板堆石坝；坝基处理

0　引言

高混凝土面板堆石坝趾板通常建在坚硬、不冲蚀和可灌浆的弱风化、弱卸荷至新鲜基岩上，但在深厚覆盖层上建坝，若挖除覆盖层把趾板置在基岩上，需要较大的开挖量，并需要把坝基范围内挖除的覆盖层部分采用坝体填筑料填筑回去，导致挖、填工程量均大幅增加。而且开挖的基坑较深，施工导流难度和基坑排水工程量均大幅度增加。若能把趾板建在覆盖层上，能充分发挥面板堆石坝坝体断面较小和土石坝对坝基的广泛适应性的优势，通常具有极大的经济优势。目前我国已建成的覆盖层上的面板堆石坝坝高超过100m的已有5座，随着水电开发的推进，将来还有较大的发展空间。

1　概述

多诺水电站位于四川省九寨沟县境内的白水江次源黑河上，是白水江流域水电梯级开发的龙头水库。坝址控制流域面积为1311km²，占全流域面积的50%，多年平均流量约17.6m³/s。电站水库正常蓄水位为2370.00m，相应库容为5622万m³，调节库容为4915万m³，具有年调节性能。多诺水电站为混合引水式电站，枢纽主要建筑物包括混凝土面板堆石坝，两岸泄洪及放空建筑物、引水系统，生态供水设施、发电厂房等。拦河坝为混凝土面板堆石坝，最大坝高为112.50m。

2　大坝布置

混凝土面板堆石坝坝顶长220m，坝顶高程为2374.50m，坝顶宽10m，最大坝高为112.5m。大坝主要由趾板、连接板、面板及其接缝止水系统、大坝填筑体、坝顶防浪墙等组成。大坝填筑体182.2万m³，上游铺盖10.2万m³，总填筑工程量为192.4万m³。

坝顶设防浪墙，墙总高度为5.0m，墙顶高程为2375.70m，高出坝顶1.2m。上游坝坡比为1:1.4，下游坝坡综合坡比为1:1.48,下游坝坡设三级马道，两级马道之间高差30m。

3　坝体分区与坝料设计

垫层料采用八屯河坝天然砂砾石料剔除大于80mm后掺小于5mm的人工砂或制备砂石骨料后的超径卵石按级配加工而成；过渡料采用八屯、烧古、青芝天然砂砾石料场的砂砾石料剔除超径料后的料或洞渣料。堆石区为主体受力结构，采用下坝址块石料场微、弱风化或新鲜的开采石料。

坝体分区及坝料设计以控制坝体的变形、沉降为主导，尽量减小坝体的不均匀沉降，避免面板开裂的产生及接缝止水的破坏，同时要求坝体各分区要有良好的级配过渡，满足设计透水要求。根据本工程大坝各区的作用，主要分为上游盖重区（ⅠB）、上游辅助防渗区（ⅠA）、垫层料区（ⅡA）、特殊垫层区（ⅡB）、过渡层区（Ⅲ

A)、主堆石区（ⅢB）、次堆石区（ⅢC）、下游堆石区（ⅢD）、块石护坡（ⅢE）9 个区域。坝体典型断面分区如图 1 所示。大坝坝料设计特征及碾压参数见表 1。

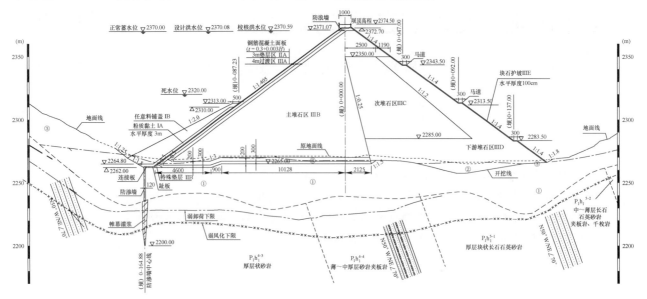

图 1　坝体典型断面分区图

表 1　　　　　　　　　　　大坝坝料设计特征及碾压参数表

分区	名称	干密度（g/cm³）	孔隙率（%）	级配要求			碾压参数		
				D_{max}（mm）	<5mm（%）	<0.075mm（%）	层厚（cm）	碾压遍数	碾重（t）
ⅡB	特殊垫层区	2.30	16	40	43～52.6	4.8～5.7	40	振动碾压 10 遍	—
ⅡA	垫层区	2.30	16	80	30～50	4～8	40	2 遍静压＋8 遍激振	28
ⅢA	过渡区	2.20	18	300	16～32	0～5	40	2 遍静压＋8 遍激振	28
ⅢB、ⅢD	主堆石区、下游堆石区	2.16	20	800	2～20	0～5	80	2 遍静压＋8 遍激振	28
ⅢC	次堆石区	2.16	20	1000	2～20	0～5	100	2 遍静压＋8 遍激振	28

4　坝基处理

4.1　坝基沉降处理措施

覆盖层自身的沉降会对坝体沉降和变形产生显著影响。察汗乌苏面板堆石坝坝体监测成果表明，截至 2009 年 10 月某监测断面上最大沉降为 53.8cm，而在该断面上覆盖层顶面沉降值就达 37.6cm。为减小坝体沉降和不均匀变形，九甸峡水电站和察汗乌苏水电站对坝轴线上游的坝基覆盖层进行了强夯处理。

多诺大坝坝基覆盖层厚度一般为 20～30m，局部厚达 41.7m。河床部位覆盖层挖除含漂卵砂砾石层（第②层）及块碎石土层（第③层），大坝建基面置于含漂块碎砾石土层（第①层）上。为了改善坝体基础覆盖层的力学性能，减少大坝不均匀沉降，改善面板垂直缝、趾板周边缝的止水适应性，对开挖后的大坝覆盖层基础进行振动碾压处理，采用 25t 以上振动碾振动碾压 10 遍。坝基河床覆盖层经碾压处理后，干密度、压缩模量具有一定程度的提高，满足坝体建基要求。

4.2　防渗处理措施

河床覆盖层采用厚 1.2m 的混凝土防渗墙进行防渗处理。防渗墙为刚性墙，混凝土标号为 C30W12F100，防渗墙底部深入基岩 1m，最大深度约 26m。两侧通过左右岸连接墙（现浇墙）同河床和两岸趾板连接。

帷幕灌浆沿防渗墙、趾板以及坝顶灌浆平洞布置。设置两排帷幕灌浆，排距为 1.5m，孔距为 2m，透水率控制为 q≤5Lu。上游排为深帷幕，最大孔深为 149m，下游排为浅帷幕，浅帷幕深度为深帷幕深度的 0.7 倍左右。

5 趾板设计

趾板宽度可根据基岩的允许水力梯度和基础处理措施确定，弱风化基岩的允许水力梯度为 10～20。趾板宽度按大于水头 1/20 控制。河床段趾板宽度为 5.0m，厚度为 0.8m，上游采用 3m 长连接板和混凝土防渗墙相连，连接板厚 0.8m；左岸趾板结合地形地质条件，不同高程趾板宽度分别为 9.5m 和 6m，厚度为 0.6～1.0m；右岸趾板宽度为 8.0m 和 6.0m，厚度为 0.8m。两岸趾板下游采用挂钢筋网喷混凝土延长渗径，长 20m，厚 0.1m。趾板混凝土强度为 C25W12F150。趾板配置双向钢筋，配筋率均按 0.35%配置。

6 面板

面板采用 C25W12F150，其顶部厚度为 0.3m，底部最大厚度为 0.62m。面板配筋采用单层双向配筋，置于面板的中部，各向配筋率按 0.4%控制。并在周边缝附近 20m、施工缝 10m 及面板顶部配置双层双向钢筋，面板垂直缝两侧 1.0m 范围内配置双层双向钢筋，以提高垂直缝抗挤压能力。

本工程面板共 22 块，靠近左、右坝肩受拉区部位为限制拉应力的发展和适应变形，面板垂直缝间距采用 8m，受压区部位为限制压应力的发展和吸收变形，垂直缝间距采用 12m。两岸垂直缝在距周边缝法线方向 1.0m 内，垂直于周边缝布置。

面板分两期施工，一期面板浇筑高程为 2325.00m，一、二期面板之间水平缝按施工缝进行处理。

7 分缝与止水

7.1 面板垂直缝

面板分两期施工，一期面板浇筑高程为 2325.00m，一、二期面板之间水平缝按施工缝进行处理。面板垂直缝共 21 条，中部 7 条为压缩缝，两岸 14 条为受拉缝。垂直缝间距在中间板受压块宽 12m，受拉块宽 8m。受压板块压缩缝设缝宽 1.2cm、缝内嵌 12mm 沥青木板，涂刷乳化沥青，底部设一道 W 型铜片止水，顶部设置 SR 弧凸型塑性填料，外加三元乙丙复合板并用扁钢固定保护

盖。受拉板块拉伸缝不设缝宽，但在缝面涂刷乳化沥青两遍，底部设一道 W 型铜片止水，顶部设置 SR 弧凸型柔性填料，外加三元乙丙复合板并用扁钢固定保护盖。

7.2 周边缝

周边缝设置两道止水：表层和底部，缝宽 1.2cm。底部设 F 型复合型铜片止水，其下铺橡胶垫片，铜片上置 SR 止水片，缝内放置橡胶棒，填塞 2.0cm 厚沥青木板。缝顶部放置橡胶棒，表层设弧凸状 SR 柔性填料，外加三元乙丙复合板并用扁钢固定保护盖。

7.3 趾板—连接板缝

趾板—连接板缝设置两道止水：表层和底部，缝宽 2.0cm。底部设 W 型复合型铜片止水，其下铺橡胶垫片，铜片上置 SR 止水片，缝内放置橡胶棒，填塞 2.0cm 厚沥青木板。顶部放置橡胶棒，表层设弧凸状 SR 柔性填料，外加三元乙丙复合板并用扁钢固定保护盖。

7.4 连接板—防渗墙缝

连接板—防渗墙缝设置两道止水：表层和底部，缝宽 2.0cm。底部设 F 型复合型铜片止水，其下铺橡胶垫片，铜片上置 SR 止水片，缝内放置橡胶棒，填塞 2.0cm 厚沥青木板。顶部放置橡胶棒，表层设弧凸状 SR 柔性填料，外加三元乙丙复合板并用扁钢固定保护盖。

8 结语

覆盖层上的面板堆石坝坝基覆盖层采用混凝土防渗墙进行处理，覆盖层的沉降和渗透特性会对坝体产生多方面的影响，应尤其关注其和常规面板堆石坝的不同，加强坝体结构和坝基处理设计，尤其应加强坝基覆盖层的反滤保护和面板及接缝止水设计。

目前已建成的混凝土面板堆石坝最高的是水布垭大坝，其最大坝高已达 233m，而在覆盖层上的面板坝虽有极大的经济优势，但其总体高度仍然不高，已建工程不多。主要原因是坝基的覆盖层会对坝体产生显著影响，它的安全性受到一定的质疑；通过采取相应的工程措施，其安全性是能够得到保证的，众多的工程经验也证明，其安全性和其他类型的土石坝是一致的。若能精心设计、精心施工，凭借其良好的经济性，仍然有很大的发展潜力。

参考文献:

[1] 郦能惠. 高混凝土面板堆石坝新技术 [M]. 北京: 中国水利水电出版社, 2007.

[2] 菅强, 顾永明, 韩庆. 察汗乌苏水电站面板堆石坝坝体沉降变形规律分析 [J]. 西北水电, 2013 (3): 76-79.

[3] 姜苏阳. 深覆盖层面板坝设计及坝基处理措施 [M]. 北京: 中国水利水电出版社, 2011.

[4] 邓铭江. 严寒、高震、深覆盖层混凝土面板坝关键技术研究综述 [J]. 岩土工程学报, 2012, 36 (6): 985-997.

[5] 刘杰. 土石坝渗流控制理论基础及工程经验教训 [M]. 北京: 中国水利水电出版社, 2006.

作者简介:

姜嫒嫒 (1980—), 女, 正高级工程师, 主要从事水工结构设计工作。E-mail: 2005035@chidi.com.cn

金沙江巴塘水电站沥青混凝土心墙堆石坝设计

贾巍，门利利

（中国电建集团西北勘测设计研究院有限公司，陕西省西安市　710065）

【摘　要】针对巴塘水电站坝址区地形地质条件，对沥青混凝土心墙堆石坝开展了坝体结构、坝料分区、大坝和基础渗控等设计工作，并对大坝进行了坝坡稳定及三维有限元静力分析。结果表明，坝料选择、坝体分区设计以及坝基处理方式是合理的，坝体及防渗结构技术可行。

【关键词】深厚覆盖层；复杂地质条件；沥青混凝土心墙堆石坝；坝体结构、渗控措施、防震抗震设计

1　概述

1.1　工程概况

金沙江巴塘水电站位于金沙江上游，右岸为西藏昌都市芒康县，左岸为四川甘孜藏族自治州巴塘县，是已获得批复的金沙江上游水电规划的 13 个梯级电站中的第 9 级，上游为拉哇电站，下游为苏洼龙电站。工程以发电为主，水库正常蓄水位为 2545m，死水位为 2541m，调节库容 0.21 亿 m³，为日调节水库，电站装机容量为 750MW，年发电量为 33.75 亿 kWh。工程为二等大（2）型[2]，枢纽由沥青混凝土心墙堆石坝、左岸开敞式溢洪道、左岸明钢管引水地面厂房、左岸泄洪放空洞、生态放水管和鱼道等建筑物组成。

巴塘水电站工程场址地震基本烈度为Ⅷ度，根据 NB 35047—2015《水电工程水工建筑物抗震设计规范》[3]，大坝抗震设防类别为乙类，按Ⅷ度抗震设防。大坝的设计地震取基准期 50 年内超越概率 10%基岩地震动峰值加速度为 180gal，鉴于坝址距离全新世活动断裂——巴塘断裂仅 1.5km，坝址区区域稳定性较差，考虑工程安全，对大坝按 50 年超越概率 5%的地震动参数进行校核，其基岩水平峰值加速度分别为 243gal[4]。

1.2　坝址基本地质条件

坝址位于巴楚河口以上金沙江干流，坝轴线方位角为 NE46°34'8"，两岸山体右高左低，完整性较差，左岸为象鼻山"鼻尖"端部，山体三面临空。横河断面呈不对称 V 字形。坝址区水流平缓，河床高程为 2483m，正常蓄水位以下河谷宽度约 345m，河谷宽高比为 5.0。

坝址区岩性主要为二迭系下统角闪岩、黑云母石英片岩，局部穿插花岗岩脉等。左岸顺河向断层发育，顺层裂隙型结构面发育。区域性断裂"雄松—苏洼龙断裂"自右岸坝肩穿过，自上游至下游断裂出露高程逐渐抬高，坝址下游 1.5km 发育全新世活动断裂"巴塘断裂"。受断裂切割影响，坝址区岩体风化严重、卸荷深度较深，浅表层岩体普遍倾倒变形。第四系全新统冲积、冲洪积、崩坡积、滑坡堆积物等分布广泛，河床覆盖层厚 17.70～55.55m，分层复杂，期间夹含中粗砂透镜体，该层在坝基范围内连续分布，埋深约 20m。

坝址上游 4km 左岸发育特米滑坡，上游 4.5km 右岸发育尼曾滑坡，两滑坡基本稳定。坝址附近两岸冲沟不发育，冲沟规模相对较小。两岸地下水位线埋深为 50～57m，总体向岸里抬高，小于 3Lu 特征线埋深，自基岩面起算为 15～65m，两岸深河床浅。[1]

2　沥青混凝土心墙坝设计

挡水建筑物坝型采用沥青混凝土心墙堆石坝，坝轴线位于巴楚河口上游约 660m，坝轴线方位角为 NE46°34'8"，坝顶高程为 2549.0m，坝顶长 348m，宽 10.0m。上游侧设 L 形混凝土防浪墙，墙顶高程为 2550.2m，坝基开挖最低高程为 2480m，最大坝高 69m。上游坝坡为 1:2.2，与上游围堰在 2502.5m 高程以下部分结合，2502m 高程以上设 1.0m 厚干砌石护坡。下游坝坡设"之"字形上坝路，

路面宽 6.0m，坡比为 8%。2527 高程设 2m 宽水平马道，2527 高程以上马道间坝坡为 1:2.0，2527 高程以下马道间坝坡为 1:1.6，下游综合坝坡 1:2.03。下游坝坡面 2500m 高程以上采用混凝土框格梁加砌石护坡，2500m 高程以下设 50m 宽压坡体，压坡体下游坡度为 1:2.0，采用 1m 厚砌石护坡。

2.1 坝体结构设计

2.1.1 坝顶高程确定

坝顶高程按 DL/T 5395—2007《碾压式土石坝设计规范》规定计算，因坝址区基本地震烈度为Ⅷ度，坝址距离全新世活动断裂"巴塘断裂"仅 1.5km，工程防震抗震问题突出，在确定坝顶高程时，除考虑正常安全超高外，还考虑了因地震产生的涌浪及附加沉降等。经计算坝顶高程受正常蓄水位+地震工况控制，综合分析确定坝顶高程为 2549.0m，防浪墙高出坝顶 1.2m，顶高程为 2550.20m。

因坝址上游约 4km 库区内发育特米滑坡，滑坡虽发生整体滑落的可能性不大，但滑坡体前缘部分局部稳定性较差，在水库蓄水后的短暂和偶然工况下可能形成局部失稳，故采用潘家铮法对特米滑坡体局部失稳后产生的涌浪进行估算[6]，当涌浪与各计算工况叠加后防浪墙墙顶高程均不超过目前防浪墙顶高程 2550.2m，不会发生因滑坡涌浪漫坝的危险。

2.1.2 坝顶构造

本工程坝顶无永久交通要求，坝顶宽度采用 10.0m。上游侧设 2.2m 高 L 形混凝土防浪墙，墙底部与沥青混凝土心墙紧结合。坝顶采用 20cm 厚沥青混凝土路面，上游侧设置电缆沟，下游侧设置排水沟。

2.1.3 坝坡拟定

通过工程类比，结合筑坝材料情况及开挖料利用要求，根据坝坡稳定计算成果及抗震要求，确定

沥青混凝土心墙坝上游坝坡为 1:2.2，上游坝坡与上游围堰在 2502.5m 高程以下部分结合。

考虑到坝址区为高地震烈度区，下游坝坡采用"上缓下陡"的设计原则，设"之"字形上坝路，路面宽 6.0m，坡比为 8%。2527 高程设 2m 宽水平马道，2527m 高程以上马道间坝坡为 1:2.0，2527m 高程以下马道间坝坡为 1:1.6，下游综合坝坡为 1:2.03。

下游坝坡 2500m 高程以下设 50m 宽压重平台，下游坡度比为 1:2.0，采用 1m 厚砌石护坡。

2.2 沥青混凝土心墙设计

2.2.1 心墙体型设计

本工程坝体防渗结构采用直线型、碾压、垂直式沥青混凝土心墙[7]。心墙轴线布置在坝轴线上游侧 2m 处，顶部高程为 2548m，高出正常蓄水位 3m。根据抗震要求，心墙顶部厚度为 50cm；心墙底部最大厚度为 1.1m。对心墙与基础连接部位进行扩大，扩大区高度为 2m，扩大角度为 13°，端部设置成弧形与心墙基座连接。

从沥青和粗骨料的黏附性考虑，骨料应采用碱性骨料[7]。本工程沥青混凝土粗骨料岩性为大理岩，经鉴定质地坚硬，在加热过程中未出现开裂、分解等现象，与沥青黏附力强、坚固性好、压碎率合格，满足沥青混凝土粗骨料的技术指标要求；细骨料采用人工砂，人工砂细骨料质地坚硬，在加热过程中未出现开裂、分解等现象，吸水率小，硫酸钠干湿 5 次循环重量损失小，满足沥青混凝土细骨料的技术指标要求；填料采用大型球磨机制备的大理岩岩粉，其各项指标满足规范要求。目前国内可供水电工程使用的沥青品种较多，拟采用克拉玛依沥青 70 号 A 级沥青。

推荐的正常气温条件下心墙沥青混凝土配合比见表 1。

表 1　　　　　　　推荐的正常气温条件下心墙沥青混凝土配合比表

级配参数				材料			
矿料最大粒径（mm）	级配指数	填料含量（%）	油石比（%）	粗骨料	细骨料	填料	沥青
19	0.41	13	6.9	大理岩	50%天然砂 50%人工砂	大理岩 岩粉	克拉玛依 70 号 A 级

推荐配合比的沥青混凝土矿料级配见表 2。

表 2　　　　　　　　推荐配合比的沥青混凝土矿料级配表

筛孔尺寸（mm）	粗骨料（19～2.36）					细骨料（2.36～0.075）					小于 0.075
	19	16	13.2	9.5	4.75	2.36	1.18	0.6	0.3	0.15	
通过率	100	93.4	86.5	76.0	57.9	44.2	40.8	35.4	25.2	18.6	13.0

根据规范要求，结合本工程情况，确定沥青混凝土心墙主要技术要求见表3。

表3　碾压式沥青混凝土心墙沥青混凝土主要技术要求

序号	项目	单位	指标	说明
1	孔隙率	%	≤3	芯样
		%	≤2	马歇尔试件
2	渗透系数	cm/s	$\leq 1 \times 10^{-8}$	
3	水稳定系数		≥0.90	
4	弯曲强度	kPa	≥400	
5	弯曲应变	%	≥1	
6	内摩擦角	（°）	≥25	
7	黏结力	kPa	≥300	

2.2.2　心墙基座设计

在沥青混凝土心墙底部设混凝土基座，河床混凝土基座下部与混凝土防渗墙顶部连接，左、右岸混凝土基座直接建在岸坡基岩槽内。

基础廊道尺寸为 2.0m×3.0m，边墙与顶拱厚度为1.25m，底板厚度为1.5m，混凝土采用C25W8F100，在覆盖层与基岩交界处附近设置结构缝。

两岸混凝土基座参照面板坝趾板设计理念，按地基允许渗透比降确定宽度，采用设计水头的10%～20%，宽度为4.0m. 厚度为2.0m，混凝土采用 C25W8F100，基座设单层双向钢筋，配筋率为0.4%。基座沿水流方向不设永久分缝，采用后浇带方式，微膨胀混凝土浇筑。基座混凝土坐落在河床基岩上，下设帷幕灌浆及固结灌浆，形成坝基以下的防渗结构。

2.2.3　沥青混凝土心墙与其他建筑物的连接

由于沥青混凝土的黏弹塑性性质，在长期水压力作用下，心墙比基岩和混凝土构件更容易变形。因此应注意尽可能使柔性的沥青混凝土压在刚性构件上，并增大其接触面积。另外，水库蓄水后水压力引起水平应力，会使沥青混凝土心墙产生一定的水平位移。所以沥青混凝土心墙同周边基座以及建筑物的连接是防渗系统结构完整性的关键环节。

参考已建工程经验，本工程采用适当放大沥青混凝土心墙底部横断面的方法来处理，在基座面采用弧底型式连接。基座顶面设宽 2.0m、深0.2m 的弧形凹槽，心墙与基座连接处设垂直和水平扩大段，线性渐变连接，沥青混凝土心墙底部由 1.1m 渐变至 2.0m，渐变段长 2m。沥青混凝土心墙底部与沥青混凝土基座连接之间，使用沥青涂料和沥青玛蹄脂进行处理，并在沥青心墙与基座混凝土间设铜片止水连接。本工程沥青混凝土心墙与基础混凝土廊道、防浪墙、混凝土垫座、溢洪道边墙等连接如图1所示。

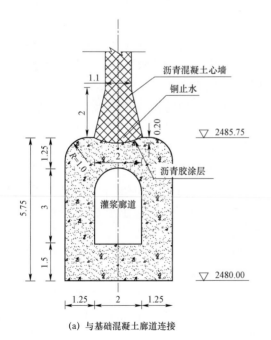

(a) 与基础混凝土廊道连接

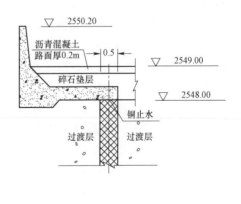

(b) 与坝顶防浪墙连接

图1　沥青混凝土心墙与其他混凝土建筑物连接示意图（一）

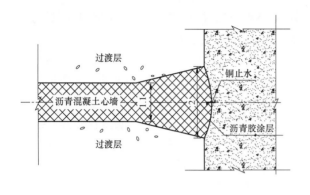

(c) 与溢洪道边墙混凝土连接

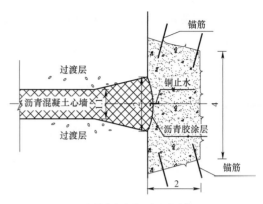

(d) 与基岩岸坡混凝土垫座连接

图1 沥青混凝土心墙与其他混凝土建筑物连接示意图（二）

2.3 坝体分区及坝料设计

2.3.1 料源选择

工程开挖料岩性为黑云母石英片岩，试验资料显示，强风化云母石英片岩干密度为 2.74～2.87g/cm³，饱和抗压强度为 36～70MPa，软化系数为0.82～0.86，内摩擦角为 51°00′～56°49′；弱风化黑云母石英片岩干密度为2.73～2.90g/cm³，饱和抗压强度为 62～89MPa，软化系数为0.67～0.88，内摩擦角为 46°24′～55°55′[1]。

工程推荐方案石方开挖量巨大，满足坝体筑坝料需求量。根据试验结果，枢纽建筑物开挖料中的弱风化及下部强风化岩块质量可满足坝体堆石料的填筑要求。结合施工总进度安排，根据枢纽土石方挖、填平衡分析成果，从利于移民、环保及降低开采成本等角度综合分析，选择工程开挖的弱风化及下部强风化岩体作为大坝堆石料，过渡料、反滤料采用人工骨料场成品料掺配。

2.3.2 分区及坝料设计

结合料源及坝体受力情况，填筑区可分为：堆石Ⅰ区，堆石Ⅱ、Ⅲ区，心墙上、下游过渡料区，河床基础反滤料区，下游压坡区。

上游坝壳及下游水下部分为堆石Ⅰ区，是坝体承受水压力的主要支撑体，对上游坝坡稳定及坝体变形控制意义重大，采用低压缩性、级配良好的坝料填筑，并碾压到足够的密实度。料源主要采用左岸建筑物开挖的弱风化和强风化混合料，控制可用强风化岩石掺入量不高于20%。最大粒径为 800mm，粒径小于 5mm 含量不宜超过30%，粒径小于 0.075mm 含量不超过5%，孔隙率不大于20%。

在心墙及过渡料下游设堆石Ⅱ区，主要对沥青混凝土心墙起支撑作用，抑制心墙在上游水压力作用下向下游变形，采用低压缩性、级配良好的坝料填筑，并碾压到足够的密实度。料源采用左岸建筑物开挖的弱风化岩石，最大粒径为 800mm，粒径小于 5mm 含量不宜超过 30%，粒径小于 0.075mm 含量不超过 5%，孔隙率≤20%。

下游堆石Ⅱ区外围水位以上设堆石Ⅲ区，该料区基本位于坝体干燥区，材料要求可适当降低。料源主要采用左岸建筑物开挖的弱风化和强风化混合料，控制强风化岩石掺入量不超过50%。最大粒径为 800mm，粒径小于 5mm 含量不宜超过 30%，粒径小于 0.075mm 含量不超过5%，孔隙率≤22%。

为提高基础覆盖层Ⅲ岩组冲积含砾中粗砂层在地震工况下抗液化安全度，在坝体下游 2500m 高程以下设水平宽度为 60m 的压重平台。该料区对岩体质量及碾压标准要求不高，采用左岸建筑物开挖的强风化岩石。

考虑坝壳料特性，使沥青混凝土心墙和坝壳之间形成良好的变形模量过渡，改善心墙的受力条件，在心墙上下游均设置过渡料层，水平厚度为4m，采用人工骨料厂加工成品料掺配，最大粒径为80mm，粒径小于 5mm 的颗粒含量不超过35%，小于 0.075mm 的颗粒含量小于5%，级配连续，填筑压实孔隙率不大于18%。

为防止坝基覆盖层细粒料流失，覆盖层基础产生渗透破坏，在河床部位下游坝壳底部设 2m 厚基础反滤层，料源采用人工骨料厂加工的成品料掺配，最大粒径为80mm，粒径小于 5mm 含量为 35%左右，粒径小于 0.075mm 含量不超过5%，连续级配。

2.4 坝基渗控措施设计

2.4.1 河床坝基防渗墙设计

基础防渗采用传统的混凝土防渗墙与帷幕灌浆相结合的形式[8]。混凝土防渗墙通过基座与沥青混凝土心墙连接,墙顶高程为2480m,墙顶长度约210m,按照混凝土防渗墙抗渗设计要求[9],拟定防渗墙墙体厚1.2m,底部嵌入基岩1.0m。防渗墙顶部和坝基灌浆检查廊道相接,采用扩大头式刚性连接如图2所示。在河床建基面2478m高程以上墙体采用现浇钢筋混凝土,体型为扩大头式,上部宽度为4.5m,下部宽度为1.2m,墙高为2.0m,横河向长259m[9]。

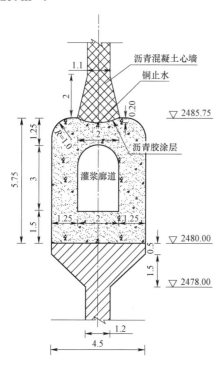

图 2　基础廊道与防渗墙连接方式

根据坝轴线工程地质剖面河床部位弱风化下限距基岩面25m左右,5Lu线距基岩面13m左右,坝轴线上、下游5Lu线埋深均大于坝轴线处,在防渗墙下进行帷幕灌浆,其深度按深入5Lu线以下3~5m设计,单排帷幕,孔距均为2m。

2.4.2 两岸帷幕灌浆设计

两岸防渗帷幕在心墙混凝土基座上进行,左岸岸边溢洪道及电站进水口基础部位帷幕灌浆在基础廊道内进行,帷幕灌浆孔按单排孔设计,孔距为2m,帷幕线底部高程左岸为2480m,右岸为2480m。在左岸F11断层处帷幕灌浆孔深加深,孔距加密为1.5m。

为解决电站蓄水后产生的绕坝渗漏问题,左、右岸在坝顶高程处布置灌浆洞,对两岸岩体进行帷幕灌浆,灌浆孔按单排孔设计,孔距为2m。其中左岸由于象鼻山为金沙江与巴楚河河谷切割形成的三面临空山梁,受断层影响岩体风化深度大,卸荷、倾倒变形剧烈,为防止可能产生的绕坝渗漏问题,帷幕灌浆洞沿金沙江与巴楚河分水岭布置,同时考虑交通需要与左岸交通洞结合,总长度约为350m。右岸因发育雄松—苏洼龙断裂,为截断沿该断裂可能形成的渗漏通道,帷幕灌浆洞穿过该断裂影响范围,延伸长度约200m。在断裂范围内设置上、下游两排帷幕灌浆孔,排距为1m,孔距为2m,交错布置。

2.5 防震抗震设计

本工程虽为中型工程,工程规模不大,坝高仅为69m,但坝址距活动性断裂—巴塘断裂仅1.5km,右岸坝肩有区域性断裂雄松—苏洼龙断裂穿过,左岸还发育多中小规模断裂(F11、F45等),坝基覆盖层深厚最深达55.5m,分层复杂,坝址区地质条件复杂,区域稳定性差。坝体防震、抗震问题较为突出,在对坝体采用三维有限元动力分析基础上,在坝体设计中有针对性地采取了如下防震抗震措施。

在坝顶安全超高中预留了地震涌浪高度,并且计入坝体和坝基的地震附加沉陷,确保坝体有足够的安全超高;坝顶路面以及附属结构采用轻型结构,在坝顶以下20m范围内,分层铺设土工格栅;采用上下游压坡方式,提高坝基覆盖层抗液化能力;沥青混凝土心墙与基座的接头部位采用逐渐扩大的形式连接,放大脚周边的混凝土基座采用弧式槽铰接型式,沿缝面设一道纵向铜片止水;廊道混凝土及防渗墙设计采用高标号混凝土,且具有较好的抗裂性能,针对可能出现应力集中的部位,配置适量的抗震钢筋。

3　坝坡稳定分析

坝坡稳定分析分别采用刚体极限平衡法和有限元法进行。

3.1 刚体极限平衡法坝坡稳定分析

根据DL/T 5395—2007《碾压式土石坝设计规范》[5]规定采用计及条块间作用力的简化毕肖普法和瑞典圆弧法分别计算坝坡抗滑稳定安全系数,地震荷载采用拟静力法计算(同时计入水平向和竖向地震惯性力),计算工况见表4。

表 4 坝坡稳定计算工况表

计算工况	运用时期	上游水位（m）	下游水位（m）
正常情况	稳定渗流期（正常蓄水位）	2545.00	相应下游水位 2486.83
	稳定渗流期（设计洪水位）	2545.00	相应下游水位 2494.27
	水库水位降落期（正常蓄水位—死水位）	2545.00～2540.00	相应下游水位 2486.83
非常情况 I	竣工期	无水	无水
	稳定渗流期（校核洪水位）	2547.9	相应下游水位 2495.73
非常情况 II	稳定渗流期+设计、校核地震（正常蓄水位）	2545.0	相应下游水位 2486.83

筑坝材料及河床覆盖层参数采用线性指标，以坝料工程特性试验成果结合工程类比方法取得，见表 5。

表 5 坝体填筑材料物理力学参数

坝料及覆盖层		干密度（g/cm³）	C（kPa）	φ（°）	
				干	饱和
坝料	过渡料（反滤料）	2.30	0	40.8	40.4
	上游堆石料（I）	2.25	0	40.6	40.2
	下游堆石料（II）	2.30	0	40.9	40.5
	下游堆石料（III）	2.16	0	40.0	39.0
	下游压坡	2.16	0	32.5	31.4
覆盖层	覆盖层 I（III）	1.85	0	—	22.0
	覆盖层 II（IV）	2.12	0	—	31.0

坝坡稳定计算成果见表 6。

表 6 拟静力法坝坡稳定计算成果

计算工况	运用时期及工况	最小安全系数					
		简化毕肖普法		规范允许安全系数	瑞典圆弧法		规范允许安全系数
		上游	下游		上游	下游	
正常情况	稳定渗流期（正常蓄水位）	1.847	1.567	1.35	1.825	1.394	1.25
	稳定渗流期（设计洪水位）	1.847	1.567	1.35	1.825	1.301	1.25
	正常降落期（正常水位～死水位）	1.648	1.567	1.35	1.519	1.396	1.25
非常情况 I	竣工期	1.894	1.567	1.25	1.893	1.469	1.15
	稳定渗流期（校核洪水位）	1.877	1.527	1.25	1.876	1.288	1.15
非常情况 II	稳定渗流期+设计地震	1.251	1.331	1.15	1.240	1.172	1.05

稳定渗流期（正常蓄水）上、下游坝坡最危险滑弧位置如图 3 所示。

各工况上游坝坡滑弧均为浅表层滑弧，除施工期滑弧位于坝体中部外，其余工况上游坝坡滑弧均发生在坝顶附近；稳定渗流期（正常蓄水位、设计洪水位、校核洪水位）、库水位降落期下游坝坡滑弧均为深层滑弧，且滑弧通过基础力学指标相对较差的 Q_4^{al}-III 层；地震工况下游最危险滑弧为浅层滑弧，位于坝顶附近，充分说明了地震作用下的"鞭梢效应"；各运用工况坝坡抗滑稳定安全系数均大于规范要求安全系数，且有一定的安全储备，其稳定性满足规范要求。

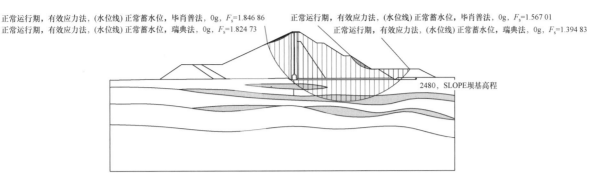

正常运行期, 有效应力法, (水位线)正常蓄水位, 毕肖普法, 0g, F_s=1.846 86
正常运行期, 有效应力法, (水位线)正常蓄水位, 瑞典法, 0g, F_s=1.824 73
正常运行期, 有效应力法, (水位线)正常蓄水位, 毕肖普法, 0g, F_s=1.567 01
正常运行期, 有效应力法, (水位线)正常蓄水位, 瑞典法, 0g, F_s=1.394 83
2480, SLOPE坝基高程

(a) 设计工况地震上、下游坝坡稳定计算结果图

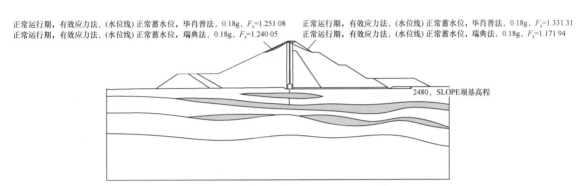

正常运行期, 有效应力法, (水位线)正常蓄水位, 毕肖普法, 0.18g, F_s=1.251 08
正常运行期, 有效应力法, (水位线)正常蓄水位, 瑞典法, 0.18g, F_s=1.240 05
正常运行期, 有效应力法, (水位线)正常蓄水位, 毕肖普法, 0.18g, F_s=1.331 31
正常运行期, 有效应力法, (水位线)正常蓄水位, 瑞典法, 0.18g, F_s=1.171 94
2480, SLOPE坝基高程

(b) 正常蓄水位上、下游坝坡稳定计算结果图

图 3 稳定渗流期（正常蓄水）上、下游坝坡最危险滑弧位置

3.2 有限元法坝坡稳定分析

目前尚未有明确的有限元法稳定安全评判准则。通常将安全系数小于 1 累计时间作为判别标准，认为当安全系数小于 1 累计时间达到 1～2s，即判定坝坡失稳[10]。设计地震工况采用场地波时，上、下游坝坡的稳定安全系数计算成果如图 4 所示，安全系数围绕 2.8、2.5 上下波动，最小安全系数分别为 1.325、1.026。设计地震过程中安全系数都大于 1，坝坡稳定。

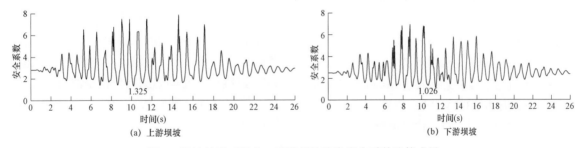

(a) 上游坝坡

(b) 下游坝坡

图 4 设计地震工况上、下游坝坡稳定安全系数计算成果

4 坝体三维静力分析

静力计算中堆石体本构模型采用沈珠江院士提出的双屈服面弹塑性模型（以下简称"南水模型"）[11]，混凝土结构采用线弹性模型，土体与心墙、廊道及防渗墙之间的接触特性用殷宗泽提出的薄层单元[12]模拟。

4.1 计算参数

筑坝材料和覆盖层的静力计算参数通过室内、现场试验及工程类比获得，参数见表 7。

表 7 坝料和覆盖层静力计算参数

坝料	ρ (g/cm³)	c (kPa)	ϕ_0 (°)	$\Delta\phi$ (°)	K	n	R_f	C_d (%) (G)	n_d (F)	R_d (D)
沥青混凝土	2.41	180	30.0	0	350	0.28	0.62	(0.48)	(0)	(0)
过渡层料	2.3	0	51.3	7.7	931.0	0.38	0.68	0.21	0.66	0.51

续表

坝料	ρ (g/cm³)	c (kPa)	ϕ_0 (°)	$\Delta\phi$ (°)	K	n	R_f	C_d (%) (G)	n_d (F)	R_d (D)
堆石料Ⅰ	2.3	0	55.5	10.4	825.0	0.26	0.59	0.40	0.75	0.49
堆石料Ⅱ	2.3	0	55.5	10.4	825.0	0.26	0.59	0.40	0.75	0.49
堆石料Ⅲ	2.26	0	53.2	9.4	602.3	0.38	0.60	0.67	0.57	0.50
围堰	2.28	0	53.0	10.0	700	0.30	0.70	0.45	0.75	0.59
压重体	2.2	0	51.8	8.6	337.0	0.45	0.60	1.09	0.56	0.52
覆盖层Ⅰ岩组	1.75	0	43.0	7.0	350	0.37	0.72	0.50	0.94	0.69
覆盖层Ⅱ岩组	2.10	0	48.0	8.0	700	0.38	0.60	0.40	0.65	0.50
覆盖层Ⅲ岩组	1.77	0	44.0	7.9	387.2	0.37	0.72	0.47	0.94	0.69
覆盖层Ⅳ岩组	1.90	0	47.5	8.0	550	0.38	0.60	0.44	0.66	0.50

廊道计算参数：$\rho = 2.40\text{g/cm}^3$，$E = 28\text{GPa}$，$\mu = 0.167$。

防渗墙计算参数：$\rho = 2.40\text{g/cm}^3$，$E = 30\text{GPa}$，$\mu = 0.167$。

防渗墙周边为泥皮单元计算参数：$c = 5\text{kPa}$，$\phi = 10°$，$K = 70$，$n = 0.5$，$R_f = 0.80$，$G = 0.45$，$F = 0$，$D = 0$。

墙底沉渣单元计算参数：$\rho = 2.35\text{g/cm}^3$，$E = 2\text{GPa}$，$\mu = 0.30$。

4.2 计算网格

坝体三维有限元分析坐标系设定为：x 为轴向，指向右岸为正；y 为顺河向，指向下游为正；z 为垂直向，向上为正。有限元网格划分时，实体单元采用 8 结点六面体等参单元，部分采用三棱体和四面体作为退化的六面体单元处理。防渗墙与覆盖层间设置 5cm 厚薄层单元，墙底设置 20cm 厚沉渣单元，心墙、廊道与过渡料之间设置 10cm 厚薄层单元。离散后单元数为 33124，结点数为 31594。图 5 给出了坝体最大横断面、防渗体平面网格。

(a) 最大横断面平面网格

(b) 防渗体平面网格

图 5 坝体最大断面和防渗体平面网格图

拟定的大坝施工顺序为：上游围堰填筑→坝基防渗墙浇筑→沥青混凝土心墙坝的填筑，坝体填筑考虑整体水平上升，心墙与坝体填筑同步施工。

4.3 三维有限元静力结果分析及评价

挡水坝坝体和防渗结构的三维有限元静力计算结果见表 8。

表 8 大坝坝体和防渗体的静力计算

汇总项目	基本参数		坝料参数调整			
			K 提高 10%		K 降低 10%	
	竣工期	蓄水期	竣工期	蓄水期	竣工期	蓄水期
坝体下游向变形（cm）	12.2	20.8	11.5	19.9	12.5	21.2
坝体上游向变形（cm）	3.6	—	3.2	—	3.8	—
坝体（坝基）沉降（cm）	55.9	58.1	55.2	57.8	56.2	58.7
坝体（坝基）大主应力（MPa）	1.52	1.56	1.52	1.56	1.52	1.56
坝体（坝基）小主应力（MPa）	0.76	0.77	0.76	0.77	0.76	0.77
心墙下游向变形（cm）	2.5	15.2	2.3	15.1	2.9	15.9

汇总项目	基本参数		坝料参数调整			
			K 提高 10%		K 降低 10%	
	竣工期	蓄水期	竣工期	蓄水期	竣工期	蓄水期
心墙上游向变形（cm）	2.8	—	2.3	—	3.0	—
心墙沉降（cm）	38.5	40.4	37.2	39.0	40.0	41.1
心墙大主应力（MPa）	1.53	1.79	1.53	1.79	1.54	1.82
心墙小主应力（MPa）	0.74	0.94	0.74	0.93	0.75	1.04
廊道下游向变形（cm）	3.7	19.0	3.6	18.7	3.8	20.6
心墙与廊道接缝错动变形（mm）	7.7	9.9	7.6	9.8	7.8	10.1
廊道结构缝张开/错动/沉陷（mm）	15.1/4.6/1.8	22.6/15.2/3.4	14.8/4.5/1.6	22.1/14.8/3.2	15.3/4.8/1.9	22.8/15.3/3.5
廊道主压应力（MPa）	10.88	11.11	10.78	11.06	11.61	12.61
廊道主拉应力（MPa）	0.49	1.12	0.48	1.10	0.49	1.16
防渗墙下游向变形（cm）	4.0	20.1	3.9	19.5	4.4	21.7
防渗墙主压应力（MPa）	24.3	22.53	23.90	22.14	25.14	22.61
防渗墙主拉应力（MPa）	0.53	0.91	0.53	0.90	0.62	0.98

由表 8 的计算结果可见：

（1）坝体变形符合心墙坝变形规律，量值在心墙坝变形正常范围内，总体沉降量较小，坝体最大沉降发生在建基面上，蓄水期上游坝壳最大沉降为 55.3cm，下游坝壳最大沉降为 58.1cm，最大沉降约为最大坝高的 0.85%，约为坝体和覆盖层总厚度的 0.53%。

（2）坝体应力符合心墙坝应力规律，坝体内部应力水平较低，蓄水后上游坝壳大、小主应力最大值分别为 1.51、0.73MPa，应力水平最大值为 0.85 左右，下游坝壳大、小主应力最大值分别为 1.56、0.77MPa，应力水平最大值为 0.68 左右。

（3）心墙应力变形规律正常，心墙内无拉应力区，心墙无塑性破坏和水力劈裂的可能性，蓄水后由心墙向下游偏转，靠近心墙的上游坝壳内局部应力水平达到 0.85，由于变形指向坝内不会影响坝坡稳定，蓄水期心墙顺河向变形最大值为 15.2cm，沉降最大值为 40.4cm，压应力小于 1.79MPa，心墙内应力水平低于 0.9。

（4）防渗墙在垂直方向完全受压，在轴向中间受压，两端受拉，墙体不会发生拉裂和压裂破坏，防渗墙变形主要表现为向下游挠曲变形，蓄水期最大挠度为 20.1cm。

（5）廊道应力、变形符合一般规律，最大顺河向变形为 19.0cm，压、拉应力最大值分别为 11.11、

1.12MPa，廊道的应力在 C25 允许范围内，满足要求；廊道与心墙接缝的最大切向变形为 9.9mm，结构缝最大张开变形为 22.6mm，量值均在接缝允许变形范围内，接缝止水安全。

综上所述，静力条件时坝体变形符合同类坝型一般规律，坝体及防渗结构的应力变形特性良好，沥青混凝土心墙、基础廊道及防渗墙的应力均满足材料要求。

5 结语

巴塘水电站坝址下游约 1.5km 发育全新世活动性断裂—巴塘断裂，区域性断裂雄松—苏洼龙断裂自坝址右岸穿过。坝基河床覆盖层深厚，且分层复杂。坝址属区域稳定性差、高地震烈度、深厚覆盖层、复杂地质条件地区。

挡水坝选择抗震性能好、适应基础变形能力强、防渗性能优的沥青混凝土心墙堆石坝，较好地适应了坝址区复杂的地质条件；充分利用坝基覆盖层，避免了大规模开挖及施工期深基坑问题；基础防渗采用混凝土防渗墙与帷幕灌浆相结合的方式，与沥青混凝土心墙共同组成挡水坝渗控体系，可靠性高；筑坝材料完全利用枢纽区开挖料，结合开料料源情况及坝体受力特征，对坝体进行细致分区，显著提高坝体经济性，同时有利于工程环水保目标实现；对沥青混凝土心墙结构、沥青混凝土配合比

以及心墙与其他建筑物的连接结构进行了详细设计，确保了坝体结构的安全性与可靠性；坝体与上游围堰部分结合，下游设压坡体，有效提高了坝基覆盖层抗液化能力；通过现场取料及室内和现场试验确定筑坝材料及覆盖层力学特性参数，经坝体三维有限元计算，坝体分区合理，大坝及防渗结构的应力变形特性较好，坝体变形及应力符合心墙坝一般规律，应力及变形水平较同类坝型低，沥青混凝土心墙、基础廊道及防渗墙的压、拉应力均满足材料要求，坝体及防渗结构设计合理，技术可行。

参考文献：

[1] 金沙江上游巴塘水电站可行性研究报告 [R]. 中国电建集团西北勘测设计研究院有限公司，2017.

[2] 中华人民共和国国家经济贸易委员会. DL 5180—2003，水电枢纽工程等级划分及设计安全标准 [S]. 北京：中国电力出版社，2003.

[3] 国家能源局. NB 35047—2015，水电工程水工建筑物抗震设计规范 [S]. 北京：中国电力出版社，2015.

[4] 金沙江巴塘水电站工程场地地震安全性评价报告 [R]. 中国地震局地壳应力研究所，2007.

[5] 中华人民共和国国家发展和改革委员会. DL/T 5395—2007，碾压式土石坝设计规范 [S]. 北京：中国电力出版社，2007.

[6] 王家成，王乐华，陈星. 基于潘家铮滑速和涌浪算法的楞古水电站滑坡涌浪计算 [J]. 水电能源科学，2010，28（5）：95-97.

[7] 中华人民共和国国家能源局. DL/T 5411—2009，土石坝沥青混凝土面板和心墙设计规范 [S]. 北京：中国电力出版社，2009.

[8] 王青友，孙万功，熊欢. 塑性混凝土防渗墙 [M]. 北京：中国水利水电出版社，2008.

[9] 中华人民共和国国家发展和改革委员会. DL/T 5199—2004，水电水利工程混凝土防渗墙施工规范 [S]. 北京：中国电力出版社，2004.

[10] 张锐，迟世春，林皋，张宗亮. 地震加速度动态分布及对高土石坝坝坡抗震稳定的影响 [J]. 岩土力学，2008，29（4）：1072-1077.

[11] 沈珠江. 南水双屈服面模型及其应用 [C] //海峡两岸土力学及基础工程地工技术学术研讨会论文集，1994.

[12] 殷宗泽. 一个土体的双屈服面应力—应变模型 [J]. 岩土工程学报，1988，10（4）：64-71.

[13] 沈婷，李国英，等. 金沙江巴塘水电站工程沥青混凝土心墙堆石坝三维非线性有限元静动力分析 [R]. 南京：南京水利科学研究院，2016.

作者简介：

贾巍（1974—），男，高级工程师，主要从事水工建筑物结构设计工作。E-mail：01307@nwh.cn
门利利（1992—），女，助理工程师，主要从事水工建筑物结构设计工作。E-mail：850747269@qq.com

毛尔盖水电站大坝缺陷治理设计

王晓安，王晓东，何兰

（中国电建集团成都勘测设计研究院有限公司，四川省成都市　610072）

【摘　要】毛尔盖砾石土心墙堆石坝最大坝高为147m、坝基覆盖层最大深度约52m；在水库首次蓄水至正常高水位过程中，出现了一次水位快速抬升的情况，而后大坝坝体变形加速、坝顶纵横向裂缝以及坝后观测房水管式沉降仪保护管渗水等现象出现。结合大坝监测、钻探、物探、试验以及反演计算分析等成果，通过综合分析，查明了大坝防渗体缺陷产生的原因及其范围；在国内外工程经验调研以及计算分析论证的基础上，通过室内试验、现场生产性试验验证，最终确定采用混凝土黏土浆液灌浆的消缺处理方案；经灌浆处理后的质量检查以及后续运行监测成果表明，大坝消缺处理效果良好。

【关键词】毛尔盖水电站；砾石土心墙堆石坝；大坝病害；消缺处理

1　工程概况

毛尔盖水电站位于四川省阿坝藏族羌族自治州黑水县境内，是黑水河干流水电规划"二库五级"开发方案的第三个梯级电站，采用混合式开发。水库正常蓄水位为2133m、死水位为2063m，正常蓄水位以下库容为5.35亿m³，调节库容为4.43亿m³，具有年调节能力，装机规模为42万kW。工程枢纽由拦河大坝、泄水、引水发电等主要永久建筑物组成，其中拦河大坝采用砾石土心墙堆石坝，最大坝高为147m，坝基覆盖层最大深度约52m。

2008年11月底截流，2009年7月初坝基全封闭防渗施工完成；砾石土心墙堆石坝于2009年12月初开始填筑，2011年5月底填筑至心墙顶高程2136m，平均月上升高度约8m，最大月上升高度约16m；水库于2011年3月中旬开始蓄水，2012年9月底首次蓄至正常蓄水位2133m。

2　大坝渗漏情况

2011年水库最高水位约2103m，之后水位开始下降，2012年4月中旬开始再次蓄水，至6月底水库蓄水至约2103m，在此期间大坝应力变形、渗流情况基本正常。

2012年6月30日—7月7日，受局部连续强降雨及下游河道发生泥石流等的影响，库水位快速从2103m抬升至2124m。随着库水位的快速抬升，监测成果显示坝体水平、沉降变形速率明显加快且变形量值较大；同时出现坝顶纵横向裂缝、防浪墙结构缝错开、坝后观测房渗水等异常现象。

大坝外观墩观测过程线如图1所示，大坝内部沉降观测过程线如图2所示，坝顶纵向裂缝、坝后观测房渗水如图3所示。

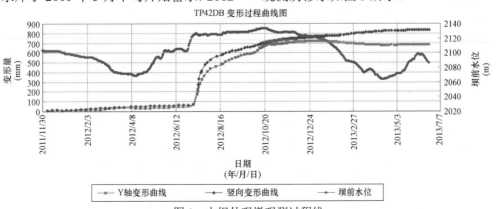

图1　大坝外观墩观测过程线

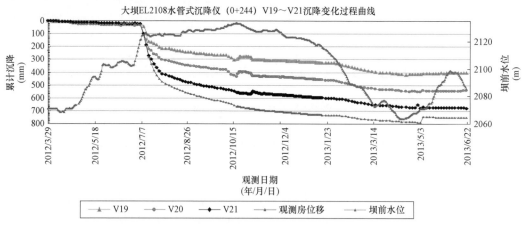

图 2　大坝内部沉降观测过程线

 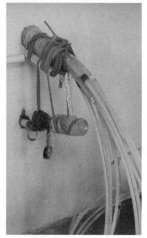

图 3　坝顶纵向裂缝、坝后观测房渗水

3　大坝渗漏原因分析

2012 年 7 月，大坝出现变形、渗水后，为分析产生的原因，先后开展了大坝监测资料综合分析、监测成果反演分析、坝体钻孔取芯、坑探、坝料试验等，以及高密度电法、地质雷达、检测扩散法测井、地震纵横波、电阻率成像等物探检测工作。

（1）大坝监测成果。随着库水位快速抬升，坝体变形出现明显加速，且与库水位抬升相关性明显；高水位情况水位抬升期间，坝体上部变形增量大、下部变形增量小，即水位抬升对上部的影响大于下部；在顺河向分布上，呈现中部大、上下游侧小，下游坝壳大于上游坝壳的趋势。

大坝心墙内上游侧渗压计压力值与库水位相关性明显，下游压力值除个别点位外基本不受蓄水影响，上下游压力差基本正常；但高程 2108m、桩号 0+244m 及 0+320m 位置心墙上下游渗压计压力值在 2012 年 6 月底至 7 月初随库水位抬升而增加

且压差减小，之后压差又逐渐增大，该现象表明，在心墙高高程部位存在局部渗漏通道的可能性较大。

大坝坝后观测房沉降仪保护管渗水现象与库水位快速抬升相关性较为明显；在高水位期间，最大渗水量约 0.56L/s，当库水位低于 2122m 时，观测房渗水消失。

（2）坝体钻孔检查。在坝体心墙内布置 10 个钻孔，钻孔深度为 45m。根据钻孔取芯及钻进全程跟踪检查，大坝心墙在高程 2118m（孔深 20m）以上芯样局部较松散、钻进过程中局部不返浆；高程 2118m 以下芯样较完整。

孔内注水试验成果表明，2115m 高程以上心墙渗透系数为 $3.0×10^{-4}～1.8×10^{-2}$cm/s；2115m 高程以下心墙渗透系数 $≤1×10^{-5}$cm/s，满足设计要求。

（3）钻孔物探检查。钻孔地震波速测试成果表明，大坝心墙按密实程度大致分为三层：第一层为钻孔深度 0～16m，平均波速为 662～847m/s，心墙较松散；第二层钻孔深度为 16～22m，平均波速为 1096～1260m/s，心墙欠密实；第三层钻孔深度在 22m 以下，平均波速为 1441～1480m/s，心墙较密实。

通过孔内水位观测，孔深 20m 以上孔段坝体心墙透水性相对较强，孔内水位下降较快，每天下降 1～2m，渗漏量相对较大；孔深 20m 以下孔段坝体心墙相对较密实，孔内水位下降缓慢，每天下降量小于 0.5m，渗漏量较小。

孔间电阻率成果显示，坝体 2115m 高程以上，电阻率分布不均匀、测值变化较大，心墙均匀性较差；高程 2115m 以下位置电阻率分布相对较均匀，坝体心墙均匀性相对较好。

（4）原因综合分析。坝体变形与库水位（尤其是2012年6月底至7月初水位快速抬升期间）有明显的相关性，而渗水情况与水库到达的水位高度有密切的联系。

坝体整体渗流场总体正常，但心墙高高程部位出现渗漏通道的可能性较大，而出现渗漏通道可能有以下原因：坝体固结沉降时间较短、蓄水速度过快造成心墙局部产生不均匀变形，渗透性增大。

水位快速抬升，对于大坝而言也是一个快速加载的过程，同时库水通过心墙渗漏通道进入下游坝壳内，使下游坝壳在（砂板岩为主、夹碳质砂质千枚岩）一定范围内湿化、软化，造成坝体出现较大的水平、竖向位移；同时由于引张线、沉降仪保护管接头部位无防水措施，渗水可由接头部位进入保护管，造成下游观测房出现渗水现象。

坝顶纵向裂缝是库水位快速抬升，坝体出现较大变形、坝体材料变形不协调导致的。

4 大坝治理方案选择

（1）国内土石坝防渗加固现状。在病险水库大坝处理的过程中，我国水利、水电行业内的很多单位积累了大量的工程经验。对于土石坝的渗流问题，处理的原则是"上堵、下排"。"上堵"就是在上游封堵渗流入口，截断渗漏途径，防止或减少渗漏量；"下排"就是在下游采用导渗和滤水措施，使渗水不带走颗粒，迅速安全地排出，增加坝体稳定性。土石坝渗流控制措施一般分为水平防渗和垂直防渗两种，实质上都是延长渗径，使其渗透坡降不超过允许坡降，保持坝体的渗透稳定。

水平防渗铺盖根据防渗材料不同分为黏土铺盖和土工膜铺盖两种，可以就地取材，具有造价低、施工工作面大、工期短、简单易行等优点，且不需要特殊的施工设备和器材。按设计要求施工，可以满足渗透稳定，但渗漏量加大，坝基下游仍有一定坡降，一般多结合下游排水减压措施。水平铺盖长度一般为坝前设计水头的7～8倍，最大的超过10倍；铺盖要封闭两岸侧坡，避免发生绕坝渗漏。

垂直防渗是通过置换、填充、挤密和化学作用等手段在土层中形成垂直的防渗帷幕或防渗墙，从而达到截水阻水的目的。工程中常用的垂直防渗加固技术主要包括防渗墙（甘肃金川峡水库、四川大竹河等）、高压喷射灌浆（河南弓上水库等）、劈裂灌浆（陕西鱼岭水库、湖北张家咀水库、广东岭澳水库等）、膏状稳定浆液灌浆（贵州红枫电站大坝、广西磨盘水库等）、土工膜防渗等。

（2）大坝治理方案拟定。根据前节分析，大坝缺陷主要是砾石土心墙高高程部位存在渗漏通道，因此治理方案重点着眼于封堵心墙渗漏通道。借鉴国内水利水电行业对土石坝渗漏加固处理的经验，初拟灌浆、防渗墙、挖除换填三个方案进行技术经济综合比选。

灌浆方案：在坝轴线及上下游侧0.5m处布置共三排灌浆孔，梅花形布置，排距为0.5m、孔距为1m；从坝顶钻孔进行灌浆，采用混凝土黏土浆液进行灌注，灌浆最大深度为28m，孔底高程为2110m，两岸靠岸坡段孔深按进入接触黏土料1m进行控制；灌浆总量为3.8万m。

防渗墙方案：沿坝轴线布置一道防渗墙，墙底高程为2110m，厚0.6m，防渗墙面积1.2万m²。

挖除换填方案：心墙料、反滤料挖除底高程为2110m，向上下游侧按1:2起坡至2118m高程，上游堆石料区平台顶宽约15m、下游约9m，开挖回填工程量为62万m³。

（3）大坝病害治理方案综合比选。根据大坝砾石土心墙现状和水库蓄水的要求，对各方案的可行性、可靠性等进行分析。

实施效果可靠性：挖除换填＞防渗墙＞灌浆。

施工期风险：灌浆施工压力过高可能造成心墙劈裂，防渗墙施工期存在漏浆、塌孔风险且施工扰动较大，挖除换填则涉及渣料场以及环水保等问题。

运行期风险：灌浆浆液结石体与心墙料接触面可能会开裂而影响防渗效果，防渗墙与心墙可能存在变形协调问题，新填筑坝体固结沉降时间较长。

施工工期：灌浆、防渗墙方案约3个月，挖除换方案约6个月。

直接工程投资：灌浆方案约需4800万元、防渗墙方案约需2800万元、挖除换填方案约需8200万元。

综上所述，灌浆、防渗墙和挖除换填三个方案通过工程保证措施基本都可以实现，从技术角度讲都是可行的。挖除换填方案的投资最高、工期最长。防渗墙与灌浆方案工期相当，防渗墙方案虽然投资略低、连续的防渗体可靠性稍高，但施工期风险稍大，且墙体模量与心墙土体模量差异较大，后期随变形发展悬挂于心墙内的防渗墙与土心墙之间的变形协调存在一定的风险。灌浆方案可靠性不如防渗墙方案，但对水库蓄水计划影响略小，施工期风险较小，混凝土黏土浆液固化后与心墙土体模量接近，长期变形更协调；综合考虑，选择灌浆方案作为大坝病害治理的推荐方案。

5 大坝治理方案设计

（1）灌浆方法选择。根据施工工艺、机理不同，灌浆方法包括高压喷射灌浆、劈裂灌浆、渗透灌浆和充填灌浆等，各种灌浆方法在土石坝防渗加固中均有成功的实例，但也存在各自的适应性。

高喷灌浆适用于粉土、沙土层的防渗处理，虽然近年来在砂砾层中也有许多成功应用的例子，但毛尔盖大坝心墙料中砾石含量较多、粒径大，黏粒含量较高，碾压填筑过程中存在不均匀性，施工工艺参数不易控制，浆液扩散直径存在不确定性，因此不宜采用该方法。

鉴于大坝心墙采用砾石土、粒径不均匀且可能存在快速蓄水过程所产生的水平向水力裂缝；若采用劈裂灌浆，劈裂方向不易控制，灌浆压力较大，将进一步加剧裂缝的开裂程度，浆液易沿水平向扩散，一方面不易形成垂直向的防渗帷幕，另一方面若渗透至下游反滤层中将产生淤堵，造成新的安全隐患，因此也不易采用该方法。

综合考虑，大坝病害治理灌浆采用渗透灌浆。

（2）灌浆材料选择。为保证与心墙变形的协调，灌浆采用柔性材料。考虑化学灌浆材料费用较高，从经济的角度来讲不宜采用；工程区有黏土分布，可采用黏土浆，同时掺入适量水泥以缩短浆液凝固时间，保证浆液结石体的强度与大坝砾石土心墙料相适应。

室内试验开展了水泥:黏土=1:1、1:2、1:4 的浆液性能试验；试验成果表明，当水灰比为 1 时，初凝时间分别约 10、13、21h，浆液结石体 28d 抗压强度分别为 3.55、1.12、0.57MPa，渗透系数为 $10^{-8} \sim 10^{-7}$cm/s；综合考虑大坝防渗、变形要求及良好的施工性能，最终选择水泥:黏土=1:2，水灰比采用 2、1、0.8 三个比级。

（3）灌浆压力选择。灌浆压力的控制至关重要，压力过大易使心墙产生新的劈裂、同时可能串浆至下游反滤料导致其排水功能丧失，压力过小则难以保证灌浆效果。为此在正式施工前，开展了现场生产性试验，以不产生劈裂和抬动为原则尽量提高压

力。试验成果表明，当灌浆压力大于 0.1MPa 时，就会产生串浆现象，可能产生局部劈裂。因此，确定最大灌浆压力按不超过 0.1MPa 进行控制。

（4）灌浆孔布置。灌浆孔深度按孔底高程 2110m 控制，两岸岸坡部位按进入高塑性黏土 2m 控制，最大孔深约 28m。

灌浆孔在平面上均采用梅花形布置，其中河床中部桩号 0+115m～0+325m 段采用三排孔、排距为 0.5m、孔距为 1.0m；左、右岸靠岸坡段采用双排孔、排距为 0.75m、孔距为 1.0m。

（5）主要施工技术要求。

钻孔：采用金刚石或硬质合金钻头回转钻进方法和冲击回转钻进方法，终孔孔径不小于 76mm；孔位偏差不得大于 5cm，孔斜偏差应不大于 2.5% 孔深，孔底沉淀厚度不宜大于 20cm。

灌浆：采用孔口封闭、孔内循环、自上而下分段灌注，灌浆段长 2～5m；灌浆孔按排间分序、排内加密的原则施灌，排内分 3 序；灌浆浆液采用水泥黏土浆，水泥:黏土=1:2，浆液水灰比采用 2、1、0.8 三个比级；最大灌浆压力不超过 0.1MPa。

灌浆结束标准：在规定的灌浆压力下，注入率不大于 2L/min 后，继续灌注 30min 后可结束灌浆。

质量检查合格标准：注水试验渗透系数不大于 1×10^{-5}cm/s，孔段合格率在 95% 以上，不合格孔段的渗透系数不超过设计值的 150% 且不集中。

6 大坝治理方案实施效果

大坝病害治理灌浆施工自 2013 年 7 月中旬开始，至 2013 年 10 月初，完成了全部灌浆及检查工作。灌浆施工共完成钻孔约 2.48 万 m、灌浆约 0.57 万 t，平均灌浆单耗约 230kg/m，其中左岸部位约 167kg/m、河床中部约 256kg/m、右岸部位约 186kg/m。

（1）灌后质量检查。灌后检查孔采用自上而下方法进行注水试验，在每个单元灌浆结束、待凝 14 天后进行试验，每个单元 2 个，共计 56 个注水孔、233 段，最大为 9.41×10^{-6}cm/s，最小为 9.56×10^{-7}cm/s，满足设计要求。

（2）大坝监测成果。截至 2016 年 6 月，大坝外观变形水平位移累积量最大为 860mm、垂直位移最大约为 1014mm，内部测点水平位移累计量最大值约为 830mm、沉降最大值约为 1323mm；变形增量主要发生在施工期及蓄水初期，后续变形过程

趋于收敛。大坝外观水位位移和沉降观测过程线分 别如图4、图5所示。

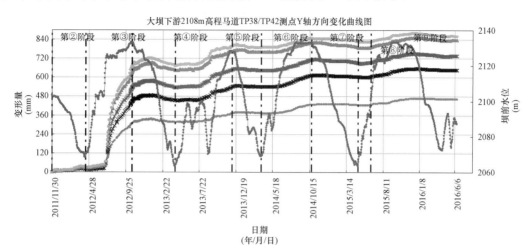

图4 大坝外观墩（水位位移）观测过程线

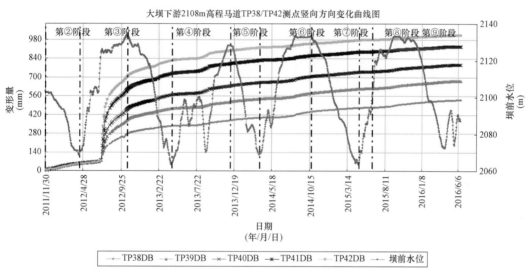

图5 大坝外观墩（沉降）观测过程线

目前心墙内上游侧渗压计测值随库水位变化而变化，而下游侧渗压计基本未见水头作用，表明经灌浆治理后，大坝心墙的防渗效果良好。大坝心墙内渗压计观测过程线如图6所示。

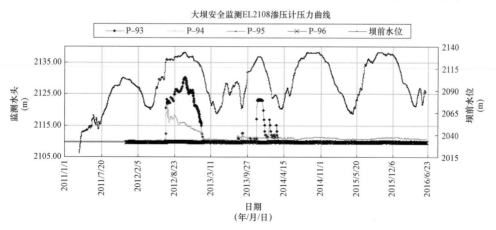

图6 大坝心墙内渗压计观测过程线

各马道观测房在 2012 年 12 月至今未发现各观测房有渗水出现。

7 结语

毛尔盖水电站大坝在 2012 年首次蓄水至正常蓄水位期间，经历了一次水位快速抬升的过程，大坝发生了变形加速、坝顶纵横向裂缝以及坝后观测房水管式沉降仪保护管渗水等现象；在大坝渗漏原因综合分析、评价及治理方案技术经济比选的基础上，最终选择采用混凝土黏土浆液进行灌浆加固治理，并于 2013 年 10 月实施完成；运行期监测成果表明，经灌浆加固治理后，大坝坝体变形、渗流状态正常，治理方案实施效果良好；工程已于 2016 年 12 月通过了枢纽工程竣工专项验收。

参考文献：

[1] 毛尔盖水电站枢纽工程竣工验收设计报告 [R]. 中国电建集团成都勘测设计研究院有限公司，2016.

[2] 毛尔盖水电站大坝消缺方案研究专题报告 [R]. 中国电建集团成都勘测设计院，2013.

作者简介：

王晓安（1980—），男，高级工程师，主要从事水工结构设计及研究工作。E-mail：951226974@qq.com

闸坝深厚覆盖层地基处理技术与应用

李永红，王锋，周正军

（中国水电顾问集团成都勘测设计研究院有限公司，四川省成都市 610072）

【摘 要】深厚覆盖层闸坝建设面临基础复杂性和工程特性差异性的挑战，几十年来，有很多闸坝修建在深厚覆盖层地基上且运行情况良好。本文主要结合西南地区深厚覆盖层已（在）建闸坝，简要介绍了深厚覆盖层上建闸坝遇到的地质问题及其相关地基处理技术与应用。

【关键词】深厚覆盖层；闸坝；地基处理技术

1 深厚覆盖层上闸坝工程建设概况

世界各国的河谷中广泛存在覆盖层，有的河谷覆盖层十分深厚、复杂。我国的楠桠河就存在深度大于 420m 的深厚覆盖层，比较典型的河谷还有金沙江、大渡河、白龙江、雅砻江等，查明深度分别达到 250、130、80、50m。这些地区的河谷深厚覆盖层主要由漂卵砾石、块碎石、粉细砂等组成，一般具有成因类型复杂、结构比较松散、岩层不连续的性质，物理力学性质呈现出较大的不均匀性[1]。在国外，如埃及的 Nile River，覆盖层厚度达到 250m；巴基斯坦的 Indus 河，覆盖层厚度达到 230m；法国的 Durance 流域，覆盖层厚度达到 120m。在这些河谷上修建水工建筑物就需要研究深厚覆盖层的利用，一方面可以显著减少开挖、弃渣和填筑工程量，降低施工难度和安全风险，利于环境保护，并节省工期和投资；另一方面能够通过合理设计并采取必要的工程措施处理，满足建筑物施工、运行的安全要求。然而，由于深厚覆盖层结构及物质组成复杂，也使利用覆盖层建坝存在不同程度的限制条件和工程技术难题。深厚覆盖层上拦河枢纽一般选用对地基承载力和变形稳定等要求相对较低、适宜性较强的坝型，多采用土石坝、水闸，拱坝、重力坝不多见，且一般为中低坝。

水闸是一种低水头挡水兼泄水的水工建筑物，具有防洪排涝和水位控制便捷、施工导流方便等优势，常常组合混凝土溢流坝、两岸接头重力坝或土石坝等在防洪、灌溉、排水、航运、发电、水景观等工程中广泛应用。20 世纪，国外有较多在深厚覆盖层上修建混凝土坝的工程实例。苏联于覆盖层上修建的重力式溢流坝或闸坝工程实例相对较多，其中建于黏土层上的普利亚文电站厂顶溢流混凝土坝，最大坝高为 58m。我国在深厚覆盖层上兴建了不少闸坝，如 20 世纪 70 年代初在 62m 深覆盖层上兴建的映秀湾电站混凝土闸坝，最大坝高为 19.5m，采用 30m 深悬挂式混凝土防渗墙加水平铺盖防渗；90 年代在 86m 深的覆盖层上建成的太平驿电站闸坝，最大坝高为 29.1m，采用 111.5m 长水平铺盖加坝基浅齿槽防渗；2004 年建成的福堂电站，闸基覆盖层成分复杂，厚度最深处约 92.5m，最大坝高为 31m，采用 34.5m 深悬挂式混凝土防渗墙加水平铺盖防渗；2005 年完建的小天都闸坝主河槽覆盖层深 96m，最大坝高为 39m，采用悬挂式混凝土防渗墙接短铺盖联合防渗；2015 年建成的锦屏二级闸坝高 40m，闸基覆盖层最大厚度为 47.75m，采用混凝土防渗墙为主、水平铺盖为辅的防渗方案；在建的硬梁包水电站，闸坝高 38m，闸基覆盖层最大厚度为 129.7m，采用最大深度 73m 深悬挂式混凝土防渗墙防渗。福堂、小天都、锦屏二级、硬梁包等闸坝还针对地基软弱层采用固结灌浆、振冲碎石桩、框格地连墙、高喷、石碴换填等方式进行地基加固处理。

2 深厚覆盖层坝基主要工程地质问题

覆盖层是指经过各种地质作用而覆盖在基岩之上的松散堆积、沉积物的总称，而河床深厚覆盖层一般指堆积于河谷底部、厚度大于 40m 的松散沉积物。大量勘察成果表明，深厚覆盖层多具成因类型多样性、分布范围广泛性、产出厚度可变性、组成结构复杂性和工程特性差异性等特点。

工程建设常常会面对覆盖层埋深大、分布规律性差，组成结构、级配和透水性变化大，并伴架空、粉细砂层或透镜体、淤泥质土层等复杂的工程地质问题。每一个工程遇到的情况会有较大的差别，需要对深厚覆盖层进行勘探、试验、建坝适宜性等方面的研究与评价。

在覆盖层上建闸坝可能存在坝基渗透稳定、渗漏、承载力、地基稳定性以及地震液化等问题[2]，这对闸坝的建设和安全运行提出更高的要求。随着水电水利工程的深度开发，受开发条件的限制，不少工程拦河闸坝修建在深厚覆盖层地基上且运行情况良好。例如，福堂水电站、锦屏二级水电站、多布水电站、太平驿水电站、吉牛水电站、阴坪水电站等[3-7]，这些工程在处理深厚覆盖层地基方面积累了丰富的经验。作为闸坝深厚覆盖层地基需要在勘探、试验和工程地质评价基础上，结合工程布置和建筑物结构设计，开展地基渗漏与渗透稳定、沉降和不均匀沉陷、抗滑稳定、砂层地震液化和抗水力冲刷破坏等分析，做好坝基处理设计和施工质量管控。

3 闸基渗漏及渗流控制

深厚覆盖具有结构松散、堆积厚度大（有的达到百米、甚至几百米）、透水性强等特征[8]，其颗粒级配曲线通常呈由粗粒为主体的陡峻型结构到平缓型的细粒结构转变的趋势，缺乏中间粒径，多为缺乏中间级配的管涌型土体。在对工程整体安全构成威胁的诸因素中，渗流破坏是首要原因之一，防渗是闸坝深厚覆盖层地基处理的重点和难点。

3.1 深厚覆盖层坝基防渗处理方式

深厚覆盖层上建闸常用的坝基防渗处理措施主要有防渗帷幕、混凝土防渗墙和水平防渗铺盖

等。三种坝基防渗处理措施具有各自的优缺点。

水平铺盖虽然不能完全截断渗流，但可以增加渗透渗径，减少坝基渗流的水力坡降和渗流量至允许的范围内。其优点是施工简单易行，对施工设备要求不高；缺点是水平防渗铺盖的长度较长，对施工场地要求较高、投资大，蓄水运行后会因基础变形而可能产生裂缝、塌坑、不均匀沉降等，后期不易维修。

帷幕灌浆的优点主要体现在技术成熟，对于深厚覆盖层，深层防渗可实施性尤其明显，目前的钻孔设备足够实现百米深度以上的成孔，而且具备一定的施工经验，针对性较强，适合解决集中渗漏问题。但由于深厚覆盖层一般层次复杂，可灌性存在不确定性，特别对于细粒土层，灌浆效果不易保证，施工中容易出现塌孔、成孔较难等现象；且其扩散性、连续性也存在不确定性，深孔孔斜较难控制，检测手段也存在局限性，质量不易控制，存在一定风险。

混凝土防渗墙垂直防渗是常用的、可靠的措施。随着施工设备和施工方法的改进，混凝土防渗墙的成墙深度也在不断地加大，在覆盖层适宜的条件下，采用防渗墙截断覆盖层渗透通道，或者适当开挖河床，以保证防渗墙的成墙深度，或者采用上部防渗墙、下部帷幕（即上墙下幕方案）仍然是防渗方案的首选。但是对于超深厚覆盖层来说，采用防渗墙（或帷幕）全部截断坝基渗流，存在设计不经济或技术困难等限制，需采用多措施联合防渗或增加辅助防渗的方案。例如，福堂水电站采用上游水平铺盖和垂直防渗墙的联合防渗措施；锦屏二级水电站坝基防渗采用以垂直防渗措施（混凝土防渗墙和防渗帷幕）为主、水平防渗措施（水平铺盖）为辅的联合防渗措施。

典型工程坝基防渗处理方式具体如表1所示。

表1　　　　典型工程坝基防渗处理方式

工程	坝高（m）	最大覆盖层深度（m）	坝基防渗处理方式
金康	20	90	悬挂式防渗墙
雪卡	22	55	水平铺盖
吉牛	23	80	悬挂式防渗墙
太平驿	29.1	80	采用水平铺盖为主结合浅齿墙防渗
福堂	31	92.5	上游水平铺盖和悬挂式混凝土防渗墙的联合防渗
下马岭	33.2	37	帷幕灌浆
阴坪	35	106	用垂直混凝土防渗墙加水平铺盖联合防渗

工程	坝高（m）	最大覆盖层深度（m）	坝基防渗处理方式
硬梁包	38	129.7	上游水平铺盖和悬挂式混凝土防渗墙联合防渗
小天都	39	96	悬挂式混凝土防渗墙接短铺盖联合防渗
锦屏二级	40	47.75	以垂直防渗措施（混凝土防渗墙和防渗帷幕）为主、水平防渗措施（水平铺盖）为辅
多布	49.5	359.3	悬挂式混凝土防渗墙

3.2 渗漏控制和渗透稳定评价方法

对于在深厚覆盖层上修建闸坝，出于经济和技术等因素的综合考虑，坝基防渗难以封闭。坝基覆盖层的渗漏和渗透稳定是不可回避的问题。目前，坝基渗流安全控制原则为"坡降控制、渗量合理"，即采取有效的防渗措施后，基础渗透坡降满足各层允许值，不会发生渗透破坏；渗漏量控制在合理范围内。

在渗漏量控制上，渗流量达到多少，会对工程安全产生不利影响，规范或资料中均没有明确，在工程实践中通常以一个可接受的渗漏量作为防渗处理的参考标准。在福堂、小天都等工程的坝基渗流量控制设计中以"小于枯水期多年平均流量的1%"为标准进行控制，工程多年的运行情况表明，该经验标准对于深厚覆盖层闸板坝基渗漏控制基本可行，坝基的防渗处理相对经济。

当坝基采用悬挂式防渗墙时，悬挂式垂直防渗措施沿底部均会产生加密流网现象；另外，对于基础岩组渗透性强弱带分布情况，在弱透水层也会出现流网加密现象，从而增加发生内部管涌与接触冲刷的危险。由于渗透稳定分析往往采用单一覆盖层重塑样进行无压渗透试验测取各土层的渗透特性参数，相对保守，会造成计算分析比降超允许比降的情况。此时需根据工程具体情况开展针对性的试验获取渗透特性指标，对覆盖层地基渗透稳定性进行评价，这一点在福堂水电站、太平驿水电站、吉牛水电站等工程实践中得到了较好的证实。

福堂水电站防渗墙深入第①层内，深度控制在30～35m，渗流计算分析表明：在各层内渗透坡降均不大，一般都在允许值内，但第②、③层内的局部坡降略大于允许坡降值。但考虑到第③层埋深近30m，其室内试验的临界坡降为 0.25～0.56，破坏坡降为 0.53～1.27，现场原位试验临界坡降为 2.1～

2.66，破坏坡降为 8.9～9.5，渗透性较室内试验成果大幅提高，分析后认为其发生渗透破坏的可能性较小。太平驿水电站设计阶段的渗流计算分析表明，铺盖前第Ⅲ层内计算平均最大坡降值为 1.702，铺盖前第Ⅲ、Ⅱ层接触处计算坡降最大值为 1.642，计算坡降值远大于室内试验允许坡降值 0.2，不能满足渗透稳定要求。针对工程需要，进行了现场大型原状土渗透试验，由试验成果分析得出相对隔水层（第Ⅲ层）内允许坡降值可由 0.2 大幅提高到 1.1～1.3，临界坡降为 1.44～1.71，破坏坡降为 4.31～5.06。根据实际运行情况和运行后地下水位跟踪监测成果，进行三维渗流反演计算分析，基础防渗处理最终采用以水平铺盖为主，垂直防渗措施为辅的联合防渗措施，坡降均小于修正允许坡降，满足渗透稳定性要求。

4 闸基抗滑稳定及处理措施

由于坝基深厚覆盖层结构复杂、抗剪强度不一，甚至还存在黏土、粉土、细砂层等低强度土层等原因，在工程建筑荷载、库水等外力作用下，闸基可能产生滑动破坏。根据闸址河床覆盖层地质条件，可能发生的闸基滑动破坏主要包括表层平面滑动及浅层或深层圆弧滑动两大类。

水闸覆盖层地基的允许承载力通常可用两类不同的计算方法确定。一类是从地基变形的角度出发，根据地基塑性变形区的开展范围确定地基允许承载力；另一类是从地基的整体剪切破坏角度出发，根据地基发生剪切破坏时的极限荷载除以一定的安全系数确定地基允许承载力。从影响抗滑稳定的因素出发，提高覆盖层地基抗滑稳定的主要工程措施有回填夯实、挖基回填混凝土、强夯基础、桩基础、挖孔桩基础、振冲碎石桩等。此外，通过减压和排水措施降低坝基扬压力也能有效提高坝基的抗滑稳定性。

5 闸基沉降及加固

覆盖层地基各层次结构复杂，成因类型不同，颗粒大小悬殊，结构不均一，各层物理力学性质差异较大，基础存在承载力和不均匀变形等问题。对于深厚覆盖层地基，基础处理除满足承载力要求外，还应重视变形控制，变形控制原则上采用沉降量和沉降差兼顾的双重标准，既要重视总沉降变形，也不能忽视不均匀沉降变形。

目前地基处理的方式主要包括挖基回填夯实、挖基回填混凝土、强夯基础、桩基础、挖孔桩基础、振冲碎石桩、高压旋喷桩基础和基础灌浆等。对于建设在深厚覆盖层上的闸坝，为控制坝基的不均匀变形和整体沉降，采用的地基处理方式通常有固结灌浆、开挖置换、振冲碎石桩处理等，其中典型工程坝基承载力和变形控制处理方式见表 2。其中，固结灌浆能有效减轻地基不均匀变形的影响，开挖置换和碎石桩既能有效提高地基承载力，也能显著降低沉降量。

表 2 典型工程坝基承载力和变形控制处理方式

工程	建成年份	坝高（m）	最大覆盖层深度（m）	基承载力和变形控制处理方式
小关子	2001	20.3	86.7	冲砂闸局部混凝土灌注桩＋置换回填
金康	2006	20	90	振冲碎石桩
吉牛	2013	23	80	振冲碎石桩
福堂	2004	31	92.5	固结灌浆＋振冲碎石桩
阴坪	2009	35	106	振冲碎石桩
硬梁包	在建	38	129.7	振冲碎石桩＋框格地连墙＋高喷
小天都	2006	39	96	固结灌浆加固处理
锦屏二级	2014	40	47.75	固结灌浆加固处理；对开挖揭露的砂层采用洞渣料进行置换
多布	2016	49.5	359.3	振冲碎石桩

对于具体工程应根据承载力和变形控制的目标要求选取适宜的工程处理措施。例如阴坪闸坝基础存在天然地基第⑥层、第⑤层承载力较低的问题，经综合分析比较，对闸坝基础采用振冲碎石桩复合地基加固处理，加固深度最深达 26m，显著提高了坝基承载力和抗变形能力。锦屏二级水电站对闸室基础、上游铺盖基础、护坦上游侧 5m 范围基础采用固结灌浆加固处理，以减小闸坝基础沉降和相对沉降差，同时对开挖揭露的砂层采用洞渣料进行置换。

由于水闸的基础尺寸和刚度都很大，对地基沉降的适应性一般都比较强。实测资料说明，在不危及水闸结构安全和影响正常使用的条件下，一般认为最大沉降量达 100～150mm 是被允许的[9]。但沉降量过大，往往会引起较大的沉降差，对水闸结构安全和正常使用总是不利的。对于建在深厚覆盖层上的闸坝，地基的变形问题更加突出，要求通过地基处理措施和相关结构设计使地基最大沉降量不超过 15cm，最大沉降差不超过 5cm。

6 砂层液化及处理措施

当闸基深厚覆盖层存在地震时可能液化的软弱砂层、黏土层，导致稳定、沉降或不均匀沉降等方面不能满足建筑物安全要求时，就要采取抗液化处理措施。

工程中可选用的抗液化处理措施有很多，可分为两大类：第一类是避免液化或减轻液化程度的方法（通过地基加固的方法），包括改变地基土的性质，使其不具备发生液化的条件；加大、提高可液化土的密实度；改变土体应力状态，增大有效应力；改善土体以及边界排水条件，限制地震时土体孔隙水压力的产生和发展等。第二类是即使发生液化也不使其对结构物的安全和使用产生过大影响的方法（通过结构设计的方法），如封闭可液化地基，减轻或消除液化破坏的危害性；将荷载通过桩传到液化土体下部的持力层，以保证结构的安全稳定。

闸基常用液化防治措施一览表见表 3。

表 3   闸基常用液化防治措施一览表

方法	简述	优点	缺点
置换	将基础范围内的液化图层清除，用稳定性好、强度高的材料回填	抗液化效果好，施工简单可靠、浅层处理较经济，是浅层液化土层处理首选方法	施工难度、风险以及工程投资随液化土层深度显著增加
振冲碎石桩	通过振冲器以碎石作填料在液化土层内形成碎石桩	抗液化效果好，质量可靠，施工速度快，造价较低	施工深度有限，遭遇特殊地层（大块石）时需要引孔，难度增大，功效降低
框格混凝土连续墙	在地下浇注混凝土形成具有防渗和承重功能的连续的地下墙体	墙体刚度大，质量可靠，可直接在原地面施工	相邻墙段接头影响结构整体性；造价高，并随处理深度显著提高
灌浆（固结、高喷）	利用钻孔将加固浆液压入或利用喷嘴将水泥浆喷入土层与土体混合形成水泥加固体	基础处理深度深，施工速度较快，固结体强度较高，可直接在原地面施工	造价较高，施工质量与抗液化效果受地层影响较大
沉井基础	以沉井作为基础结构，将上部荷载传至地基	整体性好，稳定性好，能承受较大的垂直和水平荷载	沉井造价较高，施工难度与风险受地层、地下水情况影响较大，并随深度增加

不同抗液化处理措施在适用条件、工效、费用等方面各不相同，抗液化措施的选择应通过技术经济比较确定。实践中，还应结合工程液化土层分布范围、影响部位、危害程度等情况，选择一种或多种措施进行处理。

表 4 统计了四川省内已（在）建深厚覆盖层上的部分闸坝采取的抗液化措施，其中部分工程历经了"5·12"汶川地震并位于 9～11 度影响区（原设计烈度为 7～8 度）。这些工程虽然遭遇超标地震，甚至发生漫顶，但却没有发生毁灭性破坏，经受住了强震的考验。

表 4   四川省部分工程闸坝采取的液化措施

工程名称	流域	覆盖层最大深度（m）	闸高（m）	抗液化措施	汶川地震影响烈度
福堂	岷江	92.5	31	混凝土置换、振冲、固灌	10
映秀湾	岷江	45	17	置换、固灌、沉井	11
太平驿	岷江	86	22.5	深齿槽（围封）	11
姜射坝	岷江	20	21.5	置换	9
小天都	瓦斯河	96	39.5	固灌	—
阴坪	火溪河	106.77	35	振冲碎石桩	—
金康	金汤河	90	20	振冲碎石桩	—
渔子溪	渔子溪	75	27.8	—	11
耿达	渔子溪	51	31.5	高喷（震后修复）	10
锦屏二级	雅砻江	50.1	34	固结灌浆	—
硬梁包（在建）	大渡河	129.7	38	振冲碎石桩、框格地连墙、高喷	—

震害调查发现，大部分工程坝基未见异常，无翻沙冒水现象[10]。尤其是距震中仅 30km 的福堂电站，坝体主体结构完好，所有泄洪闸均能正常开启，仅附属结构和一些次要结构受到损害[11]，充分验证了基础处理方案是成功的。

7 结语

20 世纪 80 年代以来，我国水电水利发展迅速，工程建设常常面临深厚覆盖层上建设闸坝的问题，有的工程覆盖层结构及物理力学特性十分复杂，工程建设者们通过不断探索和创新发展，在覆盖层勘探、试验、工程布置，以及覆盖层地基防渗、加固处理和分析评价等方面取得了巨大进步，成功建成了一大批闸坝工程，积累了丰富的建设经验。

新的能源发展形势下，水电水利工程建设迎来了新的发展机遇，即将进入新的高增长期。新发展期会面临新的问题和挑战，如高寒、高海拔、强烈地震、生态环境脆弱、复杂环境地质条件地区的工程建设问题，大江大河上超深厚、复杂的深厚覆盖层的勘探、试验、工程处理、建坝适宜性和安全评价问题等，需要在不断总结已有的工程经验的基础上，迎难而上，不断攻坚克难、创新突破，去探明、解决一个又一个遇到的复杂工程技术问题，建成一个又一个安全的里程碑工程。

参考文献：

［1］ 中华人民共和国建设部.GB 50287—2006，水力发电工程地质勘察规范［S］. 北京：中国计划出版社，2006.

［2］ 张磊. 软基重力坝设计中的技术问题与方案选择［J］. 水资源与水工程学报，2011，22（1）：159-161.

［3］ 杨光伟，何顺宾. 福堂水电站首部枢纽布置调整及优化设计［J］. 水电站设计，2005，21（2）：14-17.

［4］ 杨进忠，郜菁，袁超燚，等. 锦屏二级水电站闸坝地基渗控处理技术［J］. 人民黄河，2016，38（2）：126-128.

［5］ 任苇. 多布水电站枢纽建筑物工程布置及关键技术［J］. 西北水电，2017（2）：48-62.

［6］ 李永红，姜媛媛. 吉牛水电站深覆盖层闸基渗透稳定评价［J］. 水电站设计，2010，26（3）：44-46.

［7］ 王菊梅. 建于深厚覆盖层上的阴坪水电站闸坝设计及基础处理［J］. 四川水力发电，2013，32（1）：11-13，41.

［8］ 任苇，李天宇. 深厚覆盖层基础闸坝防渗设计及安全控制标准［J］. 西北水力发电，2017（2）：9-16.

［9］ 中华人民共和国水利部. SL 265—2016，水闸设计规范［S］. 北京：中国水利水电出版社，2016.

［10］ 任久明，胡永胜. 岷江上游覆盖层地基上的闸坝设计与震后思考［C］//纪念汶川地震一周年——抗震减灾专题学术讨论会，2009.

［11］ 杨光伟，马耀，胡永胜. 深厚覆盖层上闸坝基础防渗设计与基础处理［J］. 水电站设计，2011，27（1）：34-42.

四、基础处理

深厚覆盖层筑坝地基处理发展现状与评述

余挺，叶发明，陈卫东，邵磊，王晓东

（中国电建集团成都勘测设计研究院有限公司，四川省成都市 610072）

【摘　要】受河床覆盖层成因、分布、厚度、组成结构、工程特性等多重复杂特征因素的影响和制约，在深厚河床覆盖层上筑坝，地基渗漏、沉降、不均匀变形、冲刷等破坏现象时有发生，大坝的安全可靠性和工程的技术经济性问题尤为突出，覆盖层地基处理成为工程成败的关键。围绕该关键问题，本文梳理了深厚覆盖层上筑坝地基处理的关键技术问题，并就其解决措施与技术发展水平进行了论述与展望。其中包括地基防渗、地基加固、砂土液化评价与处理、地基处理施工等。

【关键词】深厚覆盖层；地质勘察；大坝设计；地基处理

0　引言

我国水力资源十分丰富，自 20 世纪末以来，水电工程建设得到迅速发展，经过长期的经验积累总结和不断的技术创新发展，我国目前的水电工程建设技术水平总体上已经处于世界领先地位。在水电工程建设过程中，建设者们遇到了大量具有挑战性的复杂工程问题，深厚覆盖层上筑坝即是其中之一。我国各河流流域普遍分布河床覆盖层，尤其是在西南地区，河谷深切和深厚覆盖层现象更为显著，给水电工程筑坝带来重大技术经济问题，大坝安全问题也更突出，深厚覆盖层筑坝地基处理成为水电工程建设中的关键技术问题之一[1-3]。

大量工程勘察成果表明，我国西南地区河流覆盖层多具有成因类型多样、分布范围广泛、产出厚度多变、组成结构复杂、工程特性差异性大等特征。对于水电工程建设而言，主要存在地基渗漏与渗透稳定、地基沉降与不均匀沉陷、抗滑稳定、地基砂层地震液化及抗冲刷等问题[4-8]。利用覆盖层建坝，有时是为了节省投资和工期的需要，有时是环保的需要，而有时因为覆盖层太深，想完全挖除覆盖层几乎是不可能的。而直接在覆盖层上筑坝，由于覆盖层允许承载能力、变形模量、抗冲刷能力较低、与混凝土间摩擦系数不大、渗透系数较大等，如果选择的坝址、坝轴线、坝型、枢纽布置以及泄洪单宽流量等不适应覆盖层特点，则可能导致坝基渗流破坏、水工建筑物结构失稳、结构不均匀变形及断裂、下游消能区冲蚀破坏等风险发生。因此，在工程建设中，通过一定的工程技术措施对深覆盖层地基进行必要的处理，改善其地基承载能力、变形性能和抗渗能力是十分必要的。

1　深厚覆盖层的特点与工程地质问题

1.1　深厚覆盖层的特点

覆盖层是指经过各种地质作用而覆盖在基岩之上的松散堆积、沉积物的总称，而河床深厚覆盖层，一般指堆积于河谷底部、厚度大于 40m 的松散沉积物[9-13]。根据厚度的不同，结合水电建设的需要，又可进一步将其细分为厚覆盖层（40～100m）、超厚覆盖层（100～300m）以及特厚覆盖层（厚度大于 300m）[1]。

根据勘察资料统计，我国各主要河流河床覆盖层厚度一般为数十米至百余米，局部地段可达数百米，见表 1。尤其是在西南地区，河谷深切和深厚覆盖层现象更为显著。

表 1　中国部分河流河床覆盖层厚度特征表

河流	最大厚度（对应位置）	覆盖层厚度总体特征
长江	90m（江阴）	三峡河段，覆盖层厚度为 35～40m。在长江下游，镇江河段和江阴河段厚度为 80～90m，南通河段为 70～80m
黄河	110m（王家滩）	在下游河段，沉积物厚度达 20～60m，甚至达到 80m，如小浪底水电站坝址区覆盖层厚度一般为 40～50m，最厚达 70～80m
金沙江	250m（虎跳峡）	梨园至观音岩河段，覆盖层厚度小于 30m；其他河段厚度以 40～80m 为主，上游（龙蟠盆地）局部厚达 100～250m

续表

河流	最大厚度（对应位置）	覆盖层厚度总体特征
雅砻江	60m（楞古）	上游两河口、牙根河段覆盖层厚度小于20m，其他河段覆盖层厚度以35~60m为主
大渡河	>420m（冶勒）	深厚覆盖层普遍分布，厚度以50~130m为主，支流南桠河冶勒水电站坝址揭示厚度大于420m
岷江	96m（十里铺）	深厚覆盖层普遍分布，厚度以30~80m为主
乌江	25m（索风营）	覆盖层厚度以数米至十余米为多
澜沧江	50m（托巴）	覆盖层厚度多为20~30m
怒江	44m（赛格）	覆盖层厚度多为20~40m
南盘江	26m（天生桥）	覆盖层厚度多为15~25m

续表

河流	最大厚度（对应位置）	覆盖层厚度总体特征
雅鲁藏布江	约600m（米林）	雅鲁藏布江在泽当曲水大桥附近，河床覆盖层厚度大于50m，至拉萨一带，河床覆盖层厚达123m，而邻近古河床电测砂砾石层最大厚度达600m

我国水力资源极为丰富的西南地区，除极少部分河流外，大部分江河都普遍存在河床深厚覆盖层。从表2可以看出，在我国西南地区的大渡河、金沙江、岷江、雅砻江等河流中普遍发育深厚覆盖层，例如在大渡河流域，全流域36个水电站中，多数河谷覆盖层厚度达到或超过40m，深厚覆盖层所占比例大于90%，且超厚覆盖层、特厚覆盖层均有发育。

表2　　　　西南地区典型河流坝址河床覆盖层深度情况表

河流名称	坝址	覆盖层深度（m）	河流名称	坝址	覆盖层深度（m）
金沙江	拉哇	55	大渡河	下尔呷	13
	奔子栏	42		达维	30
	龙盘	40		卜寺沟	20
	虎跳峡	250		双江口	68
	其宗	120		金川	80
	两家人	63		巴底	130
	梨园	16		丹巴	80
	阿海	17		猴子岩	85.5
	金安桥	8		长河坝	79
	观音岩	24		黄金坪	134
	龙开口	43		泸定	148.6
	乌东德	73		硬梁包	116
	白鹤滩	54		大岗山	21
	溪洛渡	40		龙头石	70
	向家坝	80		老鹰岩	70
雅砻江	两河口	12		安顺场	73
	牙根	15		冶勒	>420
	愣古	60		瀑布沟	76
	锦屏一级	47		深溪沟	55
	锦屏二级	51		枕头坝	48
	官地	36		沙坪	50
	二滩	38		龚嘴	70
	桐子林	37		铜街子	70
岷江	十里铺	96	岷江	映秀	62
	福堂	93		紫坪铺	32
	太平驿	80		鱼嘴	24

河床深厚覆盖层并不仅分布于我国，在全球范围的河流中均有分布，如巴基斯坦印度河上的Tarbela（塔贝拉）斜心墙土石坝，坝基砂卵石覆盖层厚度达230m；埃及的Aswan（阿斯旺）黏土心墙堆石坝，坝基覆盖层厚225～250m；法国迪朗斯河上的Serre-poncon（谢尔蓬松）心墙堆石坝，坝基覆盖层厚120m；意大利瓦尔苏拉河上的Zoccolo（佐科罗）沥青斜墙土石坝，坝址区覆盖层厚100m；瑞士萨斯菲斯普河上的Mattmark（马特马克）心墙堆石坝，坝基最大覆盖层厚100m；加拿大Manic-Ⅲ（马尼克3号）黏土心墙堆石坝，坝址区砂卵石覆盖层最大厚度为126m，并有较大范围的砂层和细粒土层。

河床深厚覆盖层地质条件十分复杂，按堆积成因，可分为冰水堆积、冲积堆积、洪积堆积、残积堆积、风积堆积、坡积及崩积堆积等类型；按母岩来源，可分为岩浆岩、沉积岩、变质岩等来源的坚硬岩、中硬岩、软质岩；按物质组成颗粒粒组，可分为巨粒（漂石、卵石）、粗粒（砾石、砂）、细粒（粉粒、黏粒）等，并由此组成不同的级配；按分布和产出状态，可分为连续、不连续分布，层状、透镜状产出等；按密实程度可分为密实、较密实、松散、架空等；按胶结程度上可分为胶结、半胶结、未胶结等；不同地区、不同河流、不同河段的覆盖层均具有不同的物理力学特性。

表3为四川省部分水电站钻孔资料揭示的河床覆盖层物质组成统计，由表可见，该地区主要河流的河床覆盖层的物质组成极为复杂，既有颗粒粗大、磨圆度较好的漂石、卵砾石类和磨圆度差的块、碎石类，也有出露颗粒细小的中粗、中细砂类及粉土、黏土类等。

表3　四川省部分水电站河床堆积物物质组成简表

工程名称	河床覆盖层主要土体类别
锦屏二级水电站	块碎石夹砾、中细砂透镜体、含漂石卵砾石
桐子林水电站	含漂砂卵砾石、砂质黏土
双江口水电站	漂卵砾石、砂卵砾石
金川水电站	含漂砂卵砾石、中细砂透镜体
猴子岩水电站	漂卵砾石、中粗砂、粉质黏土
长河坝水电站	漂卵砾石、含砾细砂
黄金坪水电站	漂（块）砂卵砾石、砂层
福堂水电站	漂卵砾石、含砂粉质土、含卵砾石中细砂

续表

工程名称	河床覆盖层主要土体类别
太平驿水电站	砂砾石、块碎石、砂卵石、砂层
冶勒水电站	泥块碎石、细砾卵石、粗粒卵石、砾卵石夹砂、砾卵石
铜街子水电站	漂卵砾石夹砂、砂卵砾石土、砂层
映秀湾水电站	漂卵石夹砂、漂卵石、粉、细砂
龚嘴水电站	砂卵石层、角砾块石
阴坪水电站	粉砂质壤土、砂卵砾石、砂层、块碎石土、含漂砂卵砾石

由于深厚覆盖层具有如前简述的特性，对于水电工程建设而言，它是一种地质条件十分复杂的地基，特别是在西南地区，由于其分布广、厚度深，给水电工程设计，如坝址坝型选择、大坝结构与坝基防渗设计等带来困难，影响甚至制约了相关流域水电资源的开发利用。

1.2 主要工程地质问题

作为挡水建筑物地基，同基岩相比，覆盖层物质结构松散、物理力学性状相对较差，当其厚度不大时，勘察方法手段简单、实践经验较为丰富，即使存在较为不利的工程特性，采取挖除或工程处理等措施，无论在经济上还是技术难度上，都很少影响和制约工程总体建设。而对于深厚覆盖层，由于其具有空间上埋深大、组成结构复杂、物理力学性质不均等特点，存在突出的工程地质问题。

（1）地基承载力问题：对于覆盖层土体而言，其承载能力总体有限，即使是密实的粗粒土，允许承载力也很少能够大于1MPa，当覆盖层深厚，若考虑全部挖除或大范围处理，必然影响工程的经济性。故在工程实践中，当深厚覆盖层上需建设高坝时，多采用对地基承载力要求低的土石坝；当坝高小于40m时，也可采用混凝土闸坝；而较高的混凝土重力坝或拱坝，由于其对地基承载力要求高而很少被采用。

（2）变形及不均匀变形问题：深厚覆盖层土体抗变形能力相对较差，在较大外荷载作用下，附加应力影响范围（压缩层厚度）相对较深，压缩变形量相对较大。同时，由于深厚覆盖层在形成历史上经历了不同的内外力地质作用，可形成复杂的空间几何分布，竖向（厚度）上分布变化大，平面上分布不均，使得基础各部位土体压缩性能不同，导致竖向变形存在差异，产生不均匀变形问题。

（3）抗滑稳定问题：深厚覆盖层土体，特别是内部多夹杂有砂层、细粒土层时，抗剪能力差，影响甚至控制了地基抗滑稳定性，而在一些不利工况，如下游存在临空面（古堰塞陡坎、冲刷坑等），深埋低强度土体可能引起地基土体的深层滑动问题。

（4）渗漏及渗透稳定问题：深厚覆盖层不同土体的渗透性不均，其中的粗颗粒土，在河床覆盖层中广泛分布，其渗透性强，库水会透过坝基土体孔隙而发生流动，当坝基部位流量过大时，会明显降低工程效益，甚至难以达到工程建设目的。同时覆盖层土体在水压力作用下，可产生管涌、流土、接触冲刷等渗透变形破坏，是上部水工建筑物安全的主要威胁之一。

（5）振动液化问题：饱和砂土、粉土及低密度砂砾石等土体在地震等循环荷载作用下，孔隙水压力上升后会导致土体强度完全丧失，从而造成地基土体和上部建筑物失稳破坏。汶川地震后中国地震局曹振中等人进行的震害调查发现，深埋土体存在液化现象，而目前常用的判别方法（如利用标贯试验进行判别适用范围为埋深 20m 以内），已不完全适用于深埋土体的液化判别。

2 深厚覆盖层筑坝概况

由于不同地区、不同河流、不同河段覆盖层的厚度、组成、结构、力学特性等存在差异，受地基承载能力及变形特性等制约，覆盖层上很少建设较高的混凝土重力坝及拱坝，而是建造适应能力较强的土石坝和混凝土闸坝；同时坝址多选择在覆盖层结构较为稳定、承载能力较高的河段上，坝轴线尽量避开古堰塞湖、古滑坡体、可液化地层及覆盖层厚度差异较大的河段，以从根本上提高坝体坝基的抗滑、变形与抗渗稳定能力。

欧洲和美洲在深厚覆盖层上建坝较集中的时期是 20 世纪的 60 年代和 70 年代，如法国的谢尔蓬松心墙堆石坝、加拿大的马尼克 3 号黏土心墙堆石坝、意大利的佐科罗沥青斜墙堆石坝等。20世纪 80 年代后，随着我国深厚覆盖层上建坝技术水平的不断提高，我国在深厚覆盖层上筑坝成就斐然。

2.1 国外覆盖层上筑坝

20 世纪，国外有许多在覆盖层上修建大坝的工程实例。苏联在覆盖层修建的重力式溢流坝或闸坝工程实例较多，其中建于黏土上的普利亚文电站厂顶溢流混凝土坝，最高达 58m，这些工程坝基防渗多采用金属板桩，最大深度达 20 余 m，国外覆盖层上的混凝土坝工程见表 4。

表 4 国外覆盖层上的混凝土坝工程表

序号	工程名称	建成年份	坝型	最大坝高（m）	坝基土层性质	覆盖层最大厚度（m）	坝基防渗形式
1	齐姆良	1952	重力式溢流坝	41	砂含卵砾石	约 20	混凝土铺盖+两道钢板桩
2	卡霍夫	1955	重力式溢流坝	37	细砂层	>60	混凝土铺盖+钢板桩，铺盖长 50m，板桩深 20m
3	凯拉库姆	1956	厂顶溢流坝	43.7	黏土、砂土	—	金属板桩
4	古比雪夫	1958	重力式溢流坝	40.15	细砂	>20	混凝土铺盖+两道钢板桩，铺盖长 45m，板桩深 20m
5	伏尔加格勒	1960	重力式溢流坝	44	砂，细砂	12	40cm 厚混凝土铺盖+金属板桩
6	沃特金	1961	重力式溢流坝	44.5	粉细砂黏土		混凝土铺盖
7	普利亚文	1965	重力式厂顶溢流坝	58	黏土、黏壤土	—	—

其他国家在深厚覆盖层上修建高土石坝方面有较多的工程实例，见表 5。其中高 147m 的巴基斯坦塔贝拉土斜墙堆石坝，建基于最厚达 230m 的覆盖层上，该坝坝前采用了长 1432m、厚 1.5~12m 的黏土铺盖防渗，同时下游坝趾设置井距 15m、井深 45m 的减压井，每 8 个井中有一个加深到 75m。蓄水后，坝基渗透量大，1974 年蓄水后曾发生 100 多个塌坑，经抛土处理，1978 年后趋于稳定。

埃及的阿斯旺土斜墙坝，最大坝高为 122m，覆盖层厚 225~250m，采用悬挂式灌浆帷幕、上游设铺盖、下游设减压井等综合渗控措施。帷幕灌浆最大深度为 170m，帷幕厚 20~40m。加拿大的马尼克 3 号黏土心墙坝，砂卵石覆盖层最大深度为 126m，并有较大范围的细砂层，采用两道净距为 2.4m、厚 0.61m 的混凝土防渗墙，墙顶伸入冰渍土心墙 12m，墙深为 105m，其上支承一高 3.1m 的观测灌浆廊道和钢板隔水层。建成后，槽孔段观测结果表明，两道墙削减的水头约为 90%。

坝高 113m 的智利圣塔扬娜面板砂砾石坝，建基于 30m 深的覆盖层上，是较早在覆盖层上修建的 100m 以上的混凝土面板坝。

表 5　　　　　　　　　　　　　　　　国外覆盖层上的土石坝工程表

序号	工程名称	所在国家	建成年份	坝型	最大坝高（m）	坝基土层性质	覆盖层最大厚度（m）	坝基防渗形式	防渗厚度
1	威尔南哥	意大利	1956	堆石坝	67	砂砾石	50	防渗墙深 26m 下接帷幕灌浆	防渗墙厚 2.5
2	马特马克	瑞士	1959	土斜墙堆石坝	115	砂砾石	100	10 排防渗帷幕	15～35m
3	塞斯奎勒	哥伦比亚	1964	心墙堆石坝	52	砂砾石	100	混凝土防渗墙深 76m	55cm
4	摩尔罗斯	墨西哥	1964	心墙堆石坝	60	砂砾石	80	混凝土防渗墙深 88m	60cm
5	阿勒格尼	美国	1964	堆石坝	51	砂砾石	55	混凝土防渗墙深 56m	76cm
6	聂赫拉奈思	捷克	1964	斜墙砂砾坝	48	砂砾石	>50	混凝土防渗墙深 31.2m	65cm
7	佐科罗	意大利	1965	沥青斜墙土石坝	117	砂砾石	100	混凝土防渗墙深 50m	60cm
8	弗莱斯特列兹	奥地利	1965	沥青面板堆石坝	22	砂砾石	>100	混凝土防渗墙深 47m	50cm
9	谢尔蓬松	法国	1966	心墙堆石坝	122	砂砾石	120	19 排防渗帷幕	15～35m
10	阿斯旺	埃及	1967	土斜墙堆石坝	122	砂砾石	250	悬挂式帷幕深 170m	20～40m
11	埃贝尔拉斯特	奥地利	1967	沥青面板堆石坝	26	砂砾石	>124	混凝土防渗墙深 47m	50cm
12	马尼克 3 号坝	加拿大	1968	黏土心墙土石坝	107	砂砾石	126	两道防渗墙深 131m	每道厚 61cm
13	第一瀑布	加拿大	1969	斜心墙土石坝	38	砂砾石	60	混凝土防渗墙深 60m	75cm
14	下峡口	加拿大	1971	心墙堆石坝	123.5	砂砾石	82	挖除覆盖层	—
15	大角	加拿大	1972	心墙土石坝	91	砂砾石	65	混凝土防渗墙深 73m	61cm
16	塔贝拉	巴基斯坦	1975	土斜墙堆石坝	147	砂砾石	230	黏土铺盖	1.5～12m
17	圣塔扬娜	智利	1995	面板砂砾石坝	113	砂砾石	30	混凝土防渗墙深 35m	—
18	塔里干	伊朗	2006	黏土心墙堆石坝	110	砂砾石	65	混凝土防渗墙	1m
19	普卡罗	智利	—	面板堆石坝	83	砂砾石	113	混凝土悬挂式防渗墙深 60m	—
20	洛斯卡拉科莱	阿根廷	在建	面板堆石坝	130	砂砾石	25	混凝土防渗墙深 25m	—

2.2　我国覆盖层上筑坝

我国在覆盖层上建成了大量的土石坝，坝型包括土心墙堆石坝、混凝土面板堆石坝、沥青混凝土心墙堆石坝等。其中，土心墙堆石坝坝高从碧口的 100m 级，发展到小浪底的 150m 级、瀑布沟的 200m 级，以及目前长河坝的 250m 级，不断刷新高度纪录。我国建基于覆盖层上的主要土质心墙坝工程见表 6，建基于覆盖层上的主要混凝土面板堆石坝工程见表 7，建基于覆盖层上的主要沥青混凝土心墙堆石坝工程见表 8。

表 6　　　　　　　　　　　　　我国覆盖层上的主要土质心墙坝工程表

序号	工程名称	建成年份	坝型	最大坝高（m）	坝基土层性质	覆盖层最大厚度（m）	坝基防渗形式	防渗墙厚度（m）
1	密云	1960	黏土斜墙土石坝	102	砂砾石	44	混凝土防渗墙深 47m	0.8
2	毛家村	1962	黏土心墙土石坝	80.5	砂砾石	32	混凝土防渗墙深 32.5m	0.8～0.9
3	十三陵	1970	黏土斜墙土坝	29	砂砾石	60	混凝土防渗墙深 60m	—
4	斋堂	1974	黏土斜墙土坝	58.5	砂砾石	55	混凝土防渗墙深 56m	0.8

序号	工程名称	建成年份	坝型	最大坝高（m）	坝基土层性质	覆盖层最大厚度（m）	坝基防渗形式	防渗墙厚度（m）
5	碧口	1977	心墙土石坝	102	砂砾石	40	两道防渗墙分别深41、68.5m	1.3，0.8
6	小浪底	2001	斜墙堆石坝	160	砂砾石	80	混凝土防渗墙深82m	1.2
7	满拉	2001	土质心墙堆石坝	76.3	砂砾石	28	混凝土防渗墙深33m	0.8
8	务坪	2001	黏土心墙堆石坝	52	湖积软土	33	混凝土防渗墙深30m	—
9	硗碛	2006	土质心墙堆石坝	125.5	砂砾石	72	混凝土防渗墙深70.5m	1.2
10	水牛家	2006	土质心墙堆石坝	108	砂砾石	30	混凝土防渗墙深32m	1.2
11	直孔	2006	土质心墙堆石坝	47.6	砂砾石	—	混凝土防渗墙深79m	—
12	狮泉河	2006	黏土心墙土石坝	32	砂砾石	—	混凝土防渗墙深67m	0.8
13	瀑布沟	2009	砾石土心墙堆石坝	186	砂砾石	75	两道全封闭混凝土防渗墙，最深70m	均为1.2
14	狮子坪	2010	砾石土心墙堆石坝	136	砂砾石	110	混凝土防渗墙深90m	1.3
15	泸定	2011	黏土心墙堆石坝	85.5	砂砾石	148	80m深防渗墙下接帷幕灌浆	1.0
16	王圪堵	2014	均质土坝	44	砂砾石	—	混凝土防渗墙深20m	0.8
17	长河坝	2016	砾石土心墙堆石坝	240	砂砾石	70	两道全封闭混凝土防渗墙，最深50m	1.4，1.2

表7 我国覆盖层上的主要混凝土面板堆石坝工程表

序号	工程名称	建成年份	最大坝高（m）	坝基土层性质	覆盖层最大厚度（m）	坝基防渗形式	防渗墙厚度（m）
1	柯柯亚	1982	41.5	砂卵砾石	37.5	混凝土防渗墙平均深37.5m	0.8
2	铜街子	1992	48	砂卵砾石	70	两道混凝土防渗墙最大深70m	1
3	梅溪	1997	41	砂卵砾石	30	混凝土防渗墙平均深20m	0.8
4	梁辉	1997	36.5	砂卵砾石	39	混凝土防渗墙	0.8
5	楚松	1998	40	砂卵砾石	35	混凝土防渗墙深35m	1.5
6	岑港	1998	27.6	—	39.5	混凝土防渗墙深35.3m	0.8
7	塔斯特	1999	43	砂卵砾石	28	混凝土防渗墙	—
8	汉坪嘴	2005	38	砂卵砾石	45	混凝土防渗墙平均深56m	0.8
9	那兰	2006	109	砂卵砾石	24	混凝土防渗墙平均深18m	0.8
10	九甸峡	2008	136.5	砂卵砾石	65	两道混凝土防渗墙深约30m	均为0.8
11	察汗乌苏	2008	110	砂卵砾石	40	混凝土防渗墙平均深41.8m	1.2
12	双溪口	2008	55	砂卵砾石	18	混凝土防渗墙	0.8
13	多诺	2012	112.5	砂卵砾石	41.7	混凝土防渗墙平均深30m	1.2
14	斜卡	2014	108.2	粉细砂及砂卵砾石	100	混凝土防渗墙	1.2
15	阿尔塔什	2020	164.8	砂卵砾石	93.9	混凝土防渗墙深94m	1.2

表8 我国覆盖层上的主要沥青混凝土心墙堆石坝工程表

序号	工程名称	建成年份	最大坝高（m）	坝基土层性质	覆盖层最大厚度（m）	坝基防渗形式	防渗墙厚度（m）
1	坎尔其	2001	51.3	砂砾石	40	混凝土防渗墙深40m	—
2	洞塘坝	2001	46	砂砾石	—	混凝土防渗墙深16m	—
3	尼尔基	2006	41.5	砂砾石	40	混凝土防渗墙深38.5m	0.8

序号	工程名称	建成年份	最大坝高（m）	坝基土层性质	覆盖层最大厚度（m）	坝基防渗形式	防渗墙厚度（m）
4	冶勒	2007	125.5	冰水堆积覆盖层	>420	混凝土防渗墙及帷幕联合防渗。防渗墙最大深度：左岸 53m、河床 74m，右岸 140m	1.0～1.2
5	茅坪溪	2007	104	砂砾石及全强风化岩层	—	混凝土防渗墙左岸最深 34m，右岸 48m	0.8
6	龙头石	2008	72.5	砂砾石	70	混凝土防渗墙 71.8m	1.2
7	下坂地	2009	78	砂砾石	148	85m 混凝土防渗墙下接 4 排 161m 深灌浆帷幕	1.0
8	旁多	2013	72.3	砂卵砾石	>420	悬挂式混凝土防渗墙 158m	1.0
9	金平	2015	91.5	砂砾石	85	混凝土防渗墙深 80m	1.2
10	黄金坪	2016	85.5	砂砾石	130	混凝土防渗墙深 101m	1.0
11	大河沿	2021	75	砂砾石	186	混凝土防渗墙深 186m	1.0

我国在覆盖层上修建拱坝、重力坝不多，且一般为中低坝，由于不均匀沉降、渗漏等问题处理较困难，现在已不多见。覆盖层上的闸坝受闸门挡水高度限制，一般小于 35m。我国覆盖层上的混凝土坝及闸坝工程见表 9。

表 9　　　　　　　　　我国覆盖层上的混凝土坝及闸坝工程表

序号	工程名称	建成年份	最大坝高（m）	坝基土层性质	覆盖层最大厚度（m）	坝基防渗形式	防渗墙厚度（m）
1	映秀湾	1971	19.5	砂卵砾石	62	水平铺盖＋30m 深悬挂式混凝土防渗墙	1.0
2	渔子溪（一级）	1972	27.8	砂卵砾石	34	悬挂式混凝土防渗墙深 30m	0.8
3	渔子溪二级	1987	31.5	砂卵砾石	30	悬挂式混凝土防渗墙深 30m	0.8
4	太平驿	1991	29.1	砂卵砾石	86	坝前 111.5m 长水平铺盖加坝基浅齿槽	—
5	冷竹关	2000	24	砂卵砾石	73	混凝土防渗墙深 38m	0.8
6	小关子	2000	20.3	砂卵砾石	>40	混凝土防渗墙深 41.5m	0.8
7	铜钟	2001	26.7	砂卵砾石	>40	混凝土防渗墙深 30m	—
8	红叶二级	2003	11.5	砂卵砾石	80	水平铺盖＋50m 深悬挂式混凝土防渗墙	0.8
9	福堂	2004	31	砂卵砾石	93	悬挂式混凝土防渗墙深 34.5m，加水平铺盖	1.0
10	小天都	2005	39	砂卵砾石	96	悬挂式混凝土防渗墙深 63.5m	1.0
11	金康	2006	20	砂卵砾石	28	混凝土防渗墙深 28m	0.8
12	宝兴	2009	28	砂卵砾石	50	封闭式混凝土防渗墙	0.8
13	沙湾	2009	23.5	砂卵砾石	>60	混凝土铺盖＋混凝土防渗墙深约 50m	1.0
14	江边	2011	32	砂卵砾石	100	悬挂式混凝土防渗墙深 28.5m	0.8
15	锦屏二级	2012	34	砂卵砾石	48	封闭式混凝土防渗墙深 40m	0.8
16	吉牛	2014	23	砂卵砾石	80	悬挂式混凝土防渗墙深 50m	—
17	民治	2015	19	砂卵砾石	85.5	悬挂式混凝土防渗墙深 59m	0.8
18	多布	2015	49.5	砂卵石	359.3	悬挂式混凝土防渗墙	1.0
19	下马岭	1960	33.2	砂砾石	38	3 排水泥帷幕灌浆深 40m	帷幕厚 11.2
20	猫跳河四级	1961	54.77	砂砾石	30	两道混凝土防渗墙最大墙深 30.4m	均为 1.0
21	老虎嘴	2011	约 24	砂砾石	206	80m 深的悬挂式混凝土防渗墙	1.0

注：1～18 号均为建在覆盖层上的闸坝。

3 地基处理关键技术问题

深厚覆盖层筑坝地基处理主要有以下几方面关键技术问题。

3.1 地基渗漏与渗透稳定

覆盖层是易冲蚀材料，在水压力作用下，易产生管涌、流土等渗流破坏，覆盖层的渗流变形和渗流破坏是上部水工建筑物安全的主要威胁之一。如黄羊河水库，壤土心墙砂砾石坝坝高 52m，坝长 126m，坝基河床覆盖层厚 2～14m。原计划挖除心墙下部覆盖层，在基岩上浇筑混凝土齿槽后填筑心墙及坝体，但施工中，坝体中部及右岸长约 61m 河床中，覆盖层并未挖除，有平均厚约 10m 的含孤石的砂砾石覆盖层，同时右岸坡岸坡陡立，未予清坡，直接把坝体填筑于风化岩体和覆盖层上。蓄水后，下游坡脚出现浑水，最大渗水量达 150L/s，渗水掏刷坝基，使下游坝坡出现深约 20m、直经约 2m 的塌陷漏斗，危及大坝安全。为此沿坝轴线从坝顶嵌入基岩修筑 72m 长、0.8m 厚的混凝土防渗墙，最大墙深为 64m。因此覆盖层上筑坝必须严格控制覆盖层水平渗流段和垂直逸出段渗流比降，既关注逸出点的管涌和流土，也要关注覆盖层的层间渗流破坏。

根据沉积形成的河床覆盖层的渗透特性，垂直向混凝土防渗墙的防渗有效性更好，通常是设计的首选方案。随着施工设备和施工方法的改进，混凝土防渗墙的成墙深度也在不断加大，在覆盖层厚度适宜的条件下，采用防渗墙截断覆盖层渗透通道；或者适当开挖河床，以增加防渗墙的防渗深度；或者采用上部防渗墙、下部帷幕（即上墙下幕方案）是最为常见的防渗方案，但在面临超厚甚至特厚覆盖层时，难以采取工程措施彻底地截断覆盖层渗流通道，地基渗漏与渗透稳定问题成为地基处理需要解决的至关重要的技术问题。

3.2 地基沉降、不均匀变形及抗滑稳定

由于覆盖层土体抗变形能力相对较差，其在河床竖向（厚度）及平面上分布又时常存在不均匀的情况，在坝体自重及水压力等外荷载作用下，坝基往往会产生明显沉降或不均匀变形，对于土石坝可能引起坝体裂缝，恶化大坝防渗结构与地基防渗结构及两者连接结构的受力条件；对于泄水闸或溢流坝，过大的不均匀变形，会影响泄洪建筑物和闸门的正常使用，并影响到结构的稳定性。不均匀变形

也集中于岸坡附近覆盖层厚度急剧变化区，也常发生于一些特殊结构及荷载变化较大的区域。例如在河谷两岸边，覆盖层与基岩变形很不协调，土石坝坝基刚性的基础廊道很难适应这种差异性变形，处理不当会出现断裂或接缝破坏等现象。

由于坝基深厚覆盖层的结构复杂，抗剪强度不一，有的还存在黏土、粉土、细砂层等低强度土层，深厚覆盖层地基还会影响到大坝的抗滑稳定，应在查清软土分布及力学性质的前提下，通过稳定分析计算，有针对性地采取处理措施。

3.3 地基砂土地震液化

深覆盖层地基组成成分复杂、层次不均匀，一般都夹有砂层。浅埋砂层在地震作用下，会使孔隙水压力急剧增长而来不及消散，使土中的有效应力削弱或丧失，形成液化地基，对坝基稳定及坝体变形不利。特别是我国西南地区，中强地震活跃频繁，地震作用可能会引起地基的液化，其可液化性判别、对工程的影响程度分析及抗液化处理措施，也是深覆盖层上筑坝的关键问题之一。

3.4 覆盖层抗冲刷

覆盖层是易冲蚀材料，抗冲流速较低，泄水建筑物下游常会出现不同程度的冲刷破坏。大坝建成后阻断了原河道自然水沙运行状态，通常会在上游形成回淤，在下游形成冲刷。当电站在正常发电时，由于尾水流速低，其对下游河床冲刷影响小，但在汛期通过泄水建筑物泄洪时，下泄水流流速高，极易对下游河床覆盖层造成冲刷，如果处理不好可能危及泄水建筑物甚至大坝安全。因此，在覆盖层上建坝，需结合大坝水库运行方式、泄水建筑物布置与消能、坝脚基础保护方案等，采用数值或者物理模型研究下游河床覆盖层冲刷问题。如何从覆盖层抗冲保护目的出发，协调大坝设计、泄水建筑物布置与消能设计也是深覆盖层上建坝应关注的关键问题之一。

4 地基处理技术发展水平

从 20 世纪 30 年代开始，水电工程地基处理技术在美国开始发展。在深厚覆盖层地基处理方面，以地基防渗处理为例，在透水地基上修建土石坝，常在坝基打设钢板桩防渗，如 Marshal Greek（1937）、John Martin（1941）、Fort Peck（1941）、Garrison（1947）等，这些坝通常为中低坝（坝高为 27～57m），地基处理深度为 10～50m。坝高最

高的是 Swift（1958），坝高达到 156m，坝基处理深度也达到 60m，具体方案是地基上部 30m 开挖回填黏土，下部打设 30m 深钢板桩。但该工法造价较为昂贵，且容易出现漏水，效果不是很理想。

从 20 世纪 60 年代开始，国外在覆盖层上陆续修建的土石坝工程，多采用泥浆槽技术和帷幕灌浆技术。如美国的 Wanapum（1962）采用造价低且施工速度快的泥浆护壁索铲挖槽，拌和砂砾壤土回填等手段，处理了深度约 30m 的透水地基。法国的 Serre Poncon（1957）坝高 122m，在厚度为 120m 的砂卵石覆盖层中采用水泥黏土帷幕灌浆，采取预埋穿孔管双塞高压灌浆法施灌，取得了良好的效果。目前，最深的砂卵石灌浆帷幕是埃及的 High Aswan（1957），达到 200m 级。

1954 年，意大利首先在 30m 高的马里亚拉戈坝的砂砾石覆盖层中建成 40m 深的柱列式混凝土防渗墙，用泥浆护壁冲击钻造孔，用溜管法在泥浆下浇筑混凝土，混凝土防渗墙延伸进入基岩，截断透水覆盖层，防渗效果显著。随着防渗墙坝基防渗技术的不断成熟，20 世纪 60～70 年代，国外一批受技术条件约束的深厚覆盖层上的高坝相继开工建设。目前，国外坝基处理深度最大的混凝土防渗墙为加拿大的马尼克工程主坝，防渗墙最大深度为 131m。

20 世纪 80 年代以来，随着水电建设高潮的兴起，经过 30 多年的工程实践积累，我国在深厚覆盖层筑坝地基处理技术方面取得长足的进步，在地基防渗、地基加固处理设计与施工技术等领域已达到国际先进水平。

4.1 地基防渗

深厚覆盖层上筑坝坝基渗透稳定和渗漏损失是防渗控制的主要问题。深厚覆盖层的渗流控制主要采取上游水平铺盖防渗和垂直防渗两种方法，或者是两者相结合。其中坝基垂直防渗处理措施主要有三种：混凝土防渗墙、帷幕灌浆、防渗墙与帷幕灌浆相结合。一般认为对于沉积形成的河床覆盖层，竖向防渗效果优于水平防渗。我国在深厚覆盖层上修建大坝有很多成功的经验，如四川冶勒水电站，建造于高震区、深度超过 400m 的深厚不均匀覆盖层上，采用混凝土防渗墙接帷幕灌浆联合防渗，防渗深度超过 200m，居世界前列。

随着防渗墙技术的不断发展，目前力求对覆盖层形成全封闭，按国内防渗墙施工专业队伍能力，防渗墙施工深度已达到 100m；对于覆盖层深度超过施工能力的、采用防渗墙不能形成全封闭的工程，一般采用开挖部分覆盖层降低防渗墙造墙难度，或采取墙下接帷幕的组合型式，帷幕深度最深可达 250m；为了适应高坝高水压作用下的防渗要求，还发展了两道防渗墙技术，国内的代表工程为 186m 高的瀑布沟土石坝（2009 年建成）和 240m 高的长河坝土石坝（2016 年建成）。在超厚甚至特厚覆盖层上建高坝，由于防渗墙施工技术的限制，仍需结合其他防渗手段如防渗墙下部帷幕灌浆、水平铺盖、坝基垫层与反滤、下游排水井等综合措施解决坝基防渗问题。

目前，国内外基础防渗墙与土质防渗体的连接型式主要有两种：一种是防渗墙直接插入土质防渗体，即插入式连接型式；另一种是防渗墙墙顶设廊道，即廊道式连接型式。插入式连接采取防渗墙顶部插入防渗土体中一定高度进行连接，插入土心墙内的墙体采用人工浇筑混凝土，该连接型式的防渗墙墙体受力状态相对简单，国内已有较成熟的设计、建造及运行经验，例如坝高 160m 的小浪底土石坝、坝高 108m 的水牛家土石坝和坝高 101m 的碧口土石坝。在防渗墙顶设置廊道，可使防渗墙下基岩帷幕灌浆不占直线工期，便于坝基防渗结构检修维护和运行管理，应用前景广阔。国外最早采用防渗墙与土心墙廊道式连接的是加拿大马克尼 3 号坝，坝高 107m，覆盖层深 126m，坝基覆盖层采用两道厚 0.61m 的混凝土防渗墙防渗，廊道设于两道防渗墙之上与土心墙连接，虽然廊道的受力条件好，但两道防渗墙距离近，在漂卵砾石地层中，两道墙需要错开施工，施工工期长，这种方式不适合我国普遍存在的漂卵砾石地层。

中国电建集团成都院从 20 世纪 80 年代开始研究防渗墙与土心墙廊道式连接方式，随着工程技术难度的不断加深，研究持续了三十多年。在研究成果的基础上，于 2006 年建成国内第一座采用防渗墙与土心墙廊道式连接的大坝——硗碛水电站砾石土心墙堆石坝，坝高 125.5m，坝基覆盖层厚约 72m，采用一道 1.2m 厚防渗墙防渗，已建成运行 10 余年，运行期间经历过汶川、芦山和康定 3 次地震的考验，至今运行正常。此后，又陆续建成了采用廊道连接方式的泸定、狮子坪、毛尔盖、瀑布沟、长河坝等多座土心墙堆石坝，其中最高的是长河坝心墙堆石坝，坝高 240m。瀑布沟心墙堆石坝坝高

186m，坝基覆盖层最大厚度为 78m，2009 年开始蓄水后运行正常，大坝心墙变形及土压力变化趋于平稳，坝基廊道和防渗墙变形、廊道结构缝的变形等监测值均在一般经验值范围内。

廊道结构在土心墙堆石坝上成功应用后，目前已推广应用至沥青混凝土心墙堆石坝，金平沥青混凝土心墙坝高 90.5m，黄金坪沥青混凝土心墙坝高 85.5m，其沥青心墙和坝基防渗墙均采用了廊道连接。由近年来廊道式连接的应用和发展情况可以看出，因廊道式连接与插入式连接相比有显著的节约工期、方便补强和运行监测等优势，已得到越来越广泛的应用，且逐渐从土心墙堆石坝推广应用至沥青心墙堆石坝等其他坝型。防渗墙与心墙的廊道式连接是今后防渗墙与土心墙连接的发展方向。

4.2 地基加固

深厚覆盖层地基加固技术主要分为两大类：一是采用人工地基基础，如沉井、桩、地下连续墙框格等，即基础类；二是对地基进行处理，如高压喷射注浆法、振冲法、强夯法、深层搅拌法、土工合成材料、强夯置换法等，即处理加固类。由于采用人工基础，质量可靠，加固效果显著，往往优先选择人工地基基础。在适当地质条件下，地基处理类也是常用的选择。

加固处理方法多样，其选择主要取决于各种运行工况的需求。对于砂土，振冲置换碎石桩通常最为常用且有效，振冲深度与效果主要取决于振冲器的功率，现在振冲器的功率最大已经达到 220kW，成桩半径可达到 1.3m，成桩深度可达到 30m，对于上部覆盖有粗粒的地层，也发展了采用钻孔引孔的施工工艺。通过旋挖钻机、变频式电动振冲器配合伸缩导杆等设备研制试验，振冲置换碎石桩的处理深度已经可以拓展到 70～90m。

其他方法如换土垫层法、固结灌浆、预压法、挤密桩法、深层搅拌法、沉井主要作用深度相对较浅（大多小于 30m），而振冲置换碎石桩、高压喷射注浆法、地连墙法可超过 30m。对于高地震区域，为解决深层抗滑稳定与地基液化等问题，通常采用振冲置换碎石桩结合地连墙或高压喷射注浆法综合加固。上述的各类地基处理加固方法，都只是对基础表部进行处理，最大深度在 100m 以内，而无论是设备还是施工质量都难以达到理想状态。

4.3 地基抗液化

在含可液化土层的深厚覆盖层上修建水工建筑物，地基基础采取的抗液化措施主要分为两大类：一类是对地基进行加固，如加大可液化土层的密实度、增大有效应力、限制地震时土体孔隙水压力的产生和发展等；另一类是对地基结构进行针对性设计，如封闭可液化地基、将荷载通过桩传到液化土体下部的持力层等。对埋深较浅的可液化的土层，应尽可能采用开挖换填。当挖除比较困难或很不经济时，对深层土可以采取振冲碎石桩法、混凝土连续墙围封法、压重、灌浆法等。

振冲碎石桩对砂类土地基的抗液化处理效果较好。典型案例如阴坪水电站，河床覆盖层深厚，最深约 107m，存在以砂、砂壤土为主的软弱下卧层，埋深为 3～11m，最大厚度约 20m。采用 1m 桩径、23～26m 桩长的振冲碎石桩处理，经"5·12"汶川地震考验，基础没有发现液化现象。近年来随着大功率振冲机具的发展，振冲碎石桩桩径已超过 1m、施工深度达 30m，并且结合钻孔机械的应用，振冲碎石桩适应地层也更加广泛，如四川省康定金汤河上金康水电站，采用大功率振冲器进行施工，平均桩径为 1.2m，最大振冲深度达 28m。

自 1964 年日本新潟地震中发现地连墙基础良好的抗地震液化性能后，地连墙技术得到了飞速的发展，目前最大开挖深度已超过百米（140m）。地连墙技术适合于包括砂土在内的各类可液化场地，与碎石桩、振冲加密、强夯处理等相比，地下连续墙可同时用作承重、防渗、挡土和围护以及抗液化的结构。例如桐子林水电站，其导流明渠混凝土左导墙末端覆盖层基础含青灰色粉砂质黏土层，厚 10～25m。地连墙采用 C30 混凝土，墙厚 1.2，间距为 10～17.5m，最大墙深 40.85m。运行后的监测表明，地连墙应力与变形均正常。

压重通过改变土体的埋藏条件，增加基础可液化土层的有效应力，从而提高基础砂土抗液化能力。在瀑布沟、双江口等高土心墙堆石坝设计施工中，利用工程中的弃渣、弃土，对上、下游堆石体坝脚附近砂层透镜体部位设置压重。相关计算分析表明，压重对提高大坝的抗震稳定性效果明显，同时也能增加砂层透镜体抗液化能力。

4.4 地基处理施工

近年来，我国在深厚覆盖层筑坝地基处理技术上的长足进步，与施工技术的发展和突破密不可分。在地基防渗处理方面，研发了 150m 级防渗墙施工成套设备、材料和新工艺，同时突破了深厚覆盖层帷幕灌浆的关键技术；在地基加固处理方面，研发了 90m 级的振冲加固设备，改进了相关造孔、置桩工艺和设备，同时通过对框格式地下连续墙施工设备和工艺的改进，满足了快速施工和结构的需求。

150m 级防渗墙施工关键技术主要体现在施工机具、固壁泥浆、施工工艺等方面的改进和创新上：① 研发了系列重型冲击钻机和特种重锤钻头，钻头重量由原来的 2.5t 左右提高到 8t；改进了重型液压抓斗，将传统液压抓斗施工深度由原来的 60m 提高到了 110m 以上。② 研发了新型防渗墙固壁泥浆材料，采用在传统分散型膨润土泥浆中掺加正电胶（MMH）等处理剂的新型固壁泥浆，与呈负电的水和土颗粒可形成"MMH-水-黏土稳定复合体"，大幅提高浆液固壁性能和携带石渣能力。③ 采用改进后的新型组合型工法技术，广泛采用"钻抓法"，灵活选用"钻铣法""铣砸爆法""铣抓钻法"等新型组合工法技术，同时普遍采用钻孔预爆、槽内钻孔爆破、槽内聚能爆破等控制爆破技术，大幅度提高了含孤、漂（块）石地层和硬岩地层的造孔效率，并有在大于 70° 硬岩陡坡内的嵌岩和在堰塞体上施工实例。④ 混凝土墙段连接普遍采用新研发的"限压拔管法"施工工法，采用大口径液压拔管机，拔管直径可达 2.0m，拔管深度可达 200m，结合使用"气举正反循环法"槽孔清孔换浆技术，大大提高清孔效率，深度达 100m。

深厚覆盖层帷幕灌浆施工关键技术主要在钻孔机具选取、纠偏、护壁泥浆技术和孔内循环、分段灌浆工艺等方面有了新的发展。近年来国内对地层松散或有架空层的覆盖层，主要采取跟管钻进工艺，设备选用全液压潜孔钻机和地质钻机搭配使用。冶勒水电站大坝帷幕还采用了全断面牙轮钻头钻孔，钻进效率相比常规钻头提高一至两倍，并且可以在每一段钻孔完毕后带钻具立即灌浆，明显提高了工效。在钻进过程中每钻进 5m 就及时测量孔斜并及时纠偏，可有效保证钻孔垂直度。目前国内深厚覆盖层帷幕灌浆的施工深度，冶勒电站最大深度达 122m，桐子林电站坝肩帷幕深度为 90m，均在复杂地质条件情况下成功实施，具有较强的代表性。

90m 级地基振冲加固的施工关键技术主要体现在施工机具、施工工艺等方面的改进和创新上：

（1）研发了可伸缩式振冲设备，振冲深度从 30m 左右提升至 90m 且无须大吨位吊车配合施工，同时普遍应用新型大功率振冲器，目前振冲器的最大功率达到 220kW。

（2）造孔、成桩工艺的组合应用，为克服在砂卵砾石层中传统振冲法实施难度大的问题，将振冲器成孔成桩的传统工艺进行改良，发展了"引孔振冲"新技术，不仅增大碎石振冲桩径范围，还能提升碎石桩加固处理深度。目前引孔振冲试验深度已经达到 90m，平均桩径约 1.3m。

5　结语

随着一大批深厚覆盖层上的闸坝和高土石的建设与运行及一系列关键技术问题的解决，我国水电工程深厚覆盖层筑坝地基处理技术得到跨越式发展，覆盖层勘察取样深度已达 600m 级，形成混凝土防渗墙、帷幕灌浆以及连接结构等多种组合的垂直防渗设计体系，混凝土防渗墙最大厚度已达 1.4m、最大深度已达 183m，振冲处理最大深度已达 90m。未来，雅鲁藏布江下游水电开发将面临更深厚的覆盖层、更复杂的地层结构、更高的地震烈度，地基处理也将面临更大的挑战，需要在已有工程经验的基础上，进一步采取创新的地质勘察手段、创新的地基处理措施、创新的结构，持续推进深厚覆盖层地基处理技术的发展。

参考文献：

[1] 余挺，邵磊. 含软弱土层的深厚河床覆盖层坝基动力特性研究 [J]. 岩土力学，2020，41（1）：267-277.

[2] 鲁慎吾，任德昌."深厚覆盖层建坝研究"成果综述 [J]. 四川水力发电，1986（4）：34-38.

[3] 中国水力发电工程学会水工及水电站建筑物专业委员会. 利用覆盖层建坝的实践与发展 [M]. 北京：中国水利水电出版社，2009.

[4] 沈振中，邱莉婷，周华雷. 深厚覆盖层上土石坝防渗技术研究进展 [J]. 水利水电科技进展，2015，35（5）：27-35.

[5] 曹振中，袁晓铭. 砾性土液化原理与判别技术——以汶川 8.0 级地震为背景 [M]. 北京：科学出版社，2015.

[6] 张宗亮，张天明，杨再宏，等. 牛栏江红石岩堰塞湖整治工程 [J]. 水力发电，42（9）：83-86.

[7] 顾淦臣，束一鸣，沈长松，等. 土石坝工程经验与创新 [M]. 北京：中国电力出版社，2013.

［8］ 李立刚. 小浪底水利枢纽大坝变形特性及成因分析［J］. 水利水电科技进展，2009，29（4）：39－43.

［9］ 罗守成. 对深厚覆盖层地质问题的认识［J］. 水力发电，1995（4）：21－25.

［10］ 石金良. 大渡河河床深厚覆盖层及其工程地质问题［J］. 四川水力发电，1986，9（3）：10－17.

［11］ 许强，陈伟，张倬元. 对我国西南地区河谷深厚覆盖层成因机理的新认识［J］. 地球科学进展，2008，23（5）：448－456.

［12］ 陈海军，任光明，聂德新，等. 河谷深厚覆盖层工程地质特性及其评价方法［J］. 地质灾害与环境保护，1996，7（4）：53－59.

［13］ 李树武，张国明，聂德新. 西南地区河床覆盖层物理力学特性相关性研究［J］. 水资源与水工程学报，2011，22（3）：119－123.

［14］ 宗敦峰，刘建发，肖恩尚，等. 超深与复杂地质条件混凝土防渗墙关键技术［Z］. 中国水电基础局有限公司，2017.

作者简介：

余　挺（1964—），男，正高级工程师，主要从事水电水利工程设计与管理工作。E-mail：Yting@chidi.com.cn

坝基覆盖层土体地震液化评价与工程措施

王富强[1]，张建民[2]，刘超[1]

（1. 水电水利规划设计总院，北京市 100120；2. 清华大学土木水利学院，北京市 100084）

【摘　要】针对坝基覆盖层中土体的地震液化问题，本文对液化判别方法进行了梳理和评价，指出坝基覆盖层土体液化主要影响大坝的稳定性和变形，提出了稳定分析中液化土强度的取值方法，揭示了孔隙水转移对液化土层强度和变形的影响，指明了液化变形分析的发展方向，论述了坝基覆盖层地震液化的工程措施。

【关键词】坝基覆盖层；地震液化；液化判别；液化分析；工程对策

0　引言

随着我国水能资源开发的不断深入，水电工程建设面临着越来越复杂的建坝条件，深厚覆盖层地基上建坝即是水电工程技术难题之一。我国已在覆盖层上修建了一批土心墙堆石坝、沥青混凝土心墙堆石坝、混凝土面板堆石坝、混凝土闸坝等。小浪底（坝高 160m、覆盖层最大厚度约 70m）、瀑布沟（坝高 186m，覆盖层最大厚度为 77.9m）、毛尔盖（坝高 147m，覆盖层最大厚度约 50m）和长河坝（坝高 240m，覆盖层最大厚度约 50m）等高土心墙堆石坝，以及察汗乌苏（坝高 110m，覆盖层最大厚度为 40m）和九甸峡（坝高 136.5m，覆盖层最大厚度为 65m）等高面板堆石坝工程的成功建设，表明我国在利用覆盖层建坝方面已取得了显著成绩，积累了丰富经验。随着水电开发重点进一步向我国西南和西藏地区转移，强震区超深厚覆盖层上筑坝出现了新的技术挑战，譬如，西藏某高坝工程的初选坝址处覆盖层深度超过 500m、地震设防烈度达到 9 度，工程设计和建设存在很大难度。

已有工程经验表明，坝基覆盖层土体多具有结构松散、岩性不连续，成因复杂、物理力学性质不均匀等特点。其中，透水层和不透水层通常相间分布，甚至出现较大体积的富含砂或粉细砂的透镜体。一般认为，饱和无黏性土属于可液化土，如饱和砂土或粉土等，饱和砂土地震液化方面也取得了一系列研究成果[1]。当然，也有文献报道了砂砾土液化现象[2]。在地震的作用下，覆盖层中富含砂土层或砂性透镜体中孔隙水压力会上升，甚至出现地震液化现象，从而产生强度弱化和较大的震动变形，对坝体产生不利影响。

针对覆盖层坝基可能出现的地震液化问题，工程师主要关心三个问题：一是坝基覆盖层是否会发生地震液化，即液化判别的问题；二是如果覆盖层中地层或透镜体发生了地震液化，其稳定性和震动变形会对大坝会产生何种影响，也即坝基覆盖层液化是否致灾；三是针对覆盖层液化问题，如何采取经济且有效的工程措施。因此，本文针对坝基覆盖层地震液化问题，对液化判别方法进行了梳理，对坝基覆盖层液化对稳定性和变形造成的影响进行了分析，论述了坝基覆盖层地震液化的处理措施。

1　坝基覆盖层土体液化的判别方法

控制坝基覆盖层土体地震液化的因素可归结为动力条件（地震烈度和持续时间等）和土性条件（成分、密度和有效固结压力等）。液化判别即比较动力作用与覆盖层土体极限抵抗能力的相对大小，当动力作用强度大于土体极限抵抗能力时就可能会发生液化，反之则不会发生液化。实际应用中，液化判别方法较多，比如经验方法、临界孔隙比法、振动稳定密度法、标准贯入锤击数法、剪应力法、剪应变法、能量法等。标准贯入锤击数法和剪应力法在水电工程实践中应用最广泛，其中标准贯入锤击数法已被我国建筑抗震设计规范[3]、水力发电工程地质勘查规范[4]等国家标准所采用。

1.1 经验方法

常用的经验方法包括根据覆盖层土体所处的地质年代、粒径级配、相对密度以及含水率情况进行判别，还可根据土体的剪切波速等进行判别。经验方法多用于土体液化的初判[4]，其可靠性主要依赖于震害资料累积和统计分析等，有时还需要综合考虑覆盖层土体的埋深，即周围压力的影响。

1.2 标准贯入锤击数法

该方法利用饱和土体的标准贯入锤击数 $N_{63.5}$ 与液化判别标准贯入锤击数临界值 N_{cr} 的大小关系进行液化判别，当 $N_{63.5} < N_{cr}$ 时应判为液化土，反之则可判别为非液化土。文献［3］和［4］给出了根据贯入点深度和地下水位深度的校正公式，并给出了 N_{cr} 的计算公式和取值依据。

1.3 剪应力法

该方法由 Seed 和 Idriss[5]提出的简化方法发展而来，以地震在土层中引起的动剪应力比（CSR）来表征动力作用的大小，以一定振次下达到液化时所需的动剪应力比（CRR）来表征土抵抗液化的能力。地震在土层中引起的动剪应力可由动力反应计算分析得到，也可采用文献［5］中的简化公式计算

$$CSR = \left(\frac{\tau_{av}}{\sigma'_{v0}}\right) \approx 0.65 \left(\frac{a_{max}}{g}\right)\left(\frac{\sigma_{v0}}{\sigma'_{v0}}\right)r_d$$

式中： a_{max} ——地表峰值水平加速度；

g ——重力加速度；

τ_{av} ——地震产生的平均循环剪应力；

σ_{v0} 和 σ'_{v0} ——分别为计算点的竖向总应力和有效应力；

r_d ——应力折减系数，其取值可参照美国国家地震委员会的建议。

抗液化剪应力比 CRR 可采用室内试验和震害调查确定，室内试验由于原位试样取样难度和代价较大应用较少，震害调查则应用相对较多。

1.4 液化判别方法的发展

上述液化判别方法更注重对天然地基土体的液化判别，对于上部结构物的影响考虑较少。然而，对于大坝而言，坝基中的应力条件与天然地基有明显差别，其液化可能性也会有较大差别，因此门禄福等[6]曾提出一个用总应力法分析建筑物地基液化的简化方法。对于坝基覆盖层中可液化土体，除采用相关规范规定的方法进行液化判别外，宜采用数值计算或震动试验进行研究，数值计算可结合剪应力法进行液化判别，也可基于有效应力法计算。

2 坝基覆盖层土体液化的影响

已有震害调查发现，地震液化导致的破坏大致可以分为两种类型，一种是流滑破坏，指的是在小于或等于静剪切力的作用下，土体产生持续变形的现象；另一种是变形破坏，指的是在震动过程中或震动后产生了不可接受的较大永久变形。因此，地震液化影响主要包括两个方面，一是液化稳定问题，即液化对坝基和坝体稳定性的影响，核心是评价地震作用时和作用后的土体强度；二是液化变形，核心在于评价土体的动力变形特性。

2.1 液化稳定

图 1 示出了不排水剪切条件下土体应力应变曲线的两种类型，上侧图为单调剪切作用，下侧图

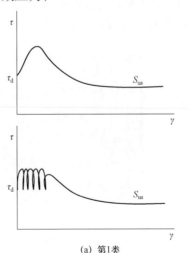
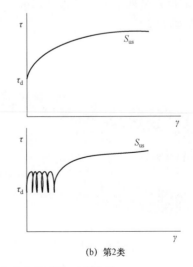

(a) 第1类　　　　　　　　　　(b) 第2类

图 1　不排水剪切条件下土体应力应变关系的两种类型

则为循环剪切作用。其中，第 1 类土密实度较低，为剪缩性土，当震动强度超过其峰值强度时，则土体发生渐进性破坏，孔压持续上升，抗剪强度持续减小以致达到残余强度 S_{us}，残余强度小于静剪切力时则出现流滑。第 2 类土密实度相对较高，为剪胀性土，随着剪切变形的发展，其强度逐渐增加，在不排水条件下一般不会出现流滑现象。

对于第 1 类土，稳定分析中的液化土层宜采用不排水残余强度 S_{us}。对于第 2 类土，地震作用下一般表现为孔隙水压力增大和有效应力的降低，出现地震液化或弱化现象，随着剪切变形的发展，该类土会出现剪胀和剪切吸水现象[7]。因此，第 2 类土在稳定分析中应考虑孔隙水转移对强度和变形的影响，对其不排水强度进行一定程度的降低。

2.2 液化变形

数值分析方法是评价坝基震动变形的有效手段，用于地震液化分析的数值方法主要是动力反应分析方法。根据所采用的本构模型，动力反应分析可分为等效线性分析和非线性分析。等效线性分析将土视为黏弹性体，仅适用于小变形、非线性和超静孔压不显著的情况，在模拟地震液化及液化后大变形方面存在局限。

非线性分析根据本构模型不同可分为直接非线性分析和弹塑性分析，因超静孔隙水压力的考虑方式不同，又可分为总应力分析、拟有效应力分析和动力固结分析。总应力分析不考虑振动过程中孔隙水压力的增长、扩散和消散过程及其对土的动应力应变特性的影响，无法模拟地震液化及液化后大变形现象。拟有效应力分析则在等效线性动力反应分析基础上，将不排水条件下的动荷载作用的孔压发展模式与固结理论耦合，固结分析与动力反应分析交替进行、相互分离。

在基于 Biot 动力固结方程的动力固结分析中，孔隙水压力的产生、消散和扩散与土体应力变形是完全耦合的，可以模拟实际的地震中土体变形与孔压发展及消散情况，其模拟能力主要取决于本构模型的有效性。文献［1］介绍了一种砂土震动液化大变形本构模型与相应算法。

2.3 覆盖层土体内部孔隙水转移的影响

已有震害调查分析表明，地基或者构筑物发生的流滑破坏，有时并不是发生在地震过程中，而是发生在地震结束后的某一时段。比如，1971 年美国圣菲尔南多地震中，下圣菲尔南多坝的上游坝坡的流滑破坏大约发生在震动停止后约半分钟[8]；1964 年日本新潟地震中由于地基土体的侧向流动在震动后持续发展，Showa 桥在震后约 1min 发生了桥面垮塌[9]；1975 年我国海城地震主震过后约数十分钟，石门岭土坝上游坡体才发生滑坡[10]。上述震害的共同特点是流滑破坏均发生在地震结束后的某一时段，震动引起的超孔隙水压力的消散、扩散和转移是延迟破坏的影响因素。

目前，一般采用不排水条件的剪切试验评价地震液化中的土体状态，这可能高估了土体强度同时低估了变形，在实际工程中由于部分排水引起的小范围体积膨胀也会使常规评价方法得到的结果偏于危险。坝基覆盖层中常常呈现透水层和不透水层相间分布的现象，土体的排渗条件对其是否液化及震后变形有很大影响。图 2（a）示出了成层地基中地震作用下孔隙水转移的情形，由于上覆粉土层渗透性相对很低，中间砂层可认为处于整体不排水条件，而在地震动过程中和结束后的一段时间内由于存在孔压梯度，孔隙水发生渗流，下部砂层（单

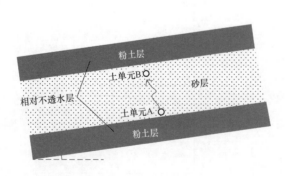

(a) 倾斜成层地基中孔隙水转移

(b) 一维管振动试验中的"水膜"

图 2　地震作用下覆盖层土体中孔隙水转移现象

元 A）就会向上部砂层（单元 B）渗流。那么，对于土单元 A 而言，其边界条件就为部分排水，而土单元 B 则处于孔隙水流入的边界条件或者称为吸水条件。图 2（b）则示出了该现象的极端情况，在一维管振动试验中的砂层和粉土层之间出现"水膜"现象[11]。孔隙水转移甚至水膜现象的出现，对成层地基的稳定性和变形非常不利，因此，在液化稳定和变形分析中考虑孔隙水转移是非常必要的。

因此，只有在充分认识土体液化的物理机制基础上，采用可以统一描述饱和砂土初始液化前后应力应变响应的弹塑性循环本构模型及相应算法，并基于三维化和高效的计算模型，才能真正模拟覆盖层土体的地震液化现象，准确评价液化对坝体和坝基稳定和变形的影响，进而可论证工程措施的有效性。

3 坝基覆盖层土体液化的工程对策

对于判别为可能液化的坝基覆盖层土体，一般可采取挖除、置换、加密、压重、封闭等方法。对于重要工程，宜优先采用挖除或置换处理，当液化土层埋深较深、挖除困难或不经济时可考虑加密等其他措施。加密措施包括振冲、振动加密、挤密碎石桩、强夯等，由于土体加密以及局部碎石桩形成竖向排水通道等作用，可有效提高基础承载力和砂层抗液化能力，降低液化影响。上、下游压重也是处理坝基覆盖层土体液化的常用措施，一方面增加压重可以增强坝基土体的抗液化能力；另一方面也可增加坝体和坝基整体抗滑稳定性。

我国在水电工程建设中积累了处理液化土层的丰富经验。长河坝砾石土心墙堆石坝坝基埋深 4～30m 范围内存在厚 0.75～12.5m 的可液化砂层，经研究采取了全部挖除方案；狮子坪碎石土心墙堆石坝对心墙及下游堆石区基础中的含碎砾石粉砂层进行了 8～15m 深的振冲处理；龙头石心墙坝针对坝基砂层采取了振冲碎石桩处理；黄金坪沥青混凝土心墙堆石坝对坝基可液化砂层采取了基本挖除并设置下游压重。硬梁包大坝分为闸坝和面板堆石坝两部分，针对坝基覆盖层中的可液化砂层，闸坝坝基拟采用振冲碎石桩、混凝土连接坝基础采用地下连续墙方案，面板堆石坝拟采用振冲碎石桩与压重结合的处理方案。对于混凝土坝，有时还可采用穿过液化土层的桩基，以降低液化对上部结构的影响。

超深碎石桩技术有了较大的进步，金沙江上游拉哇水电站上游围堰地基覆盖层深厚，通过采用 SV70 碎石桩机和伸缩导杆连接振冲器，成功实现了 65m 超深振冲碎石桩施工，累计完成 3.5 万余米，是目前国内外大规模施工的最深振冲碎石桩，为解决我国西南地区水电开发面临的超深厚覆盖层处理难题积累了宝贵经验。

4 结语

（1）对于坝基覆盖层中的可液化土体，除采用规范规定方法进行液化判别外，为了分析上部坝体附加应力的影响，宜采用数值方法等开展液化判别。

（2）覆盖层土体液化的主要影响包括液化稳定问题和液化变形问题。对于剪缩性可液化土层，其地震稳定性分析中宜采取不排水残余强度；对于剪胀性可液化土层，其地震稳定性分析中宜考虑地层中孔隙水转移对强度和变形的影响，在一定程度上降低其不排水强度。

（3）只有在充分认识土体液化的物理机制基础上，采用可以统一描述饱和砂土初始液化前后应力应变响应的弹塑性循环本构模型及相应算法，并基于三维化和高效的计算模型，才能真正模拟覆盖层土体的地震液化现象，准确评价液化对坝基和坝体变形的影响。

（4）我国在水电工程建设中积累了可液化土层处理的丰富实践经验，但对处理措施的有效性仍缺乏定量的分析，随着三维、高效的饱和砂土液化计算模型的建立和应用，液化处理措施的有效性和定量化评价将成为可能。

参考文献：

[1] 张建民. 砂土动力学若干基本理论探究 [J]. 岩土工程学报，2012，34（1）：1-50.

[2] 袁晓铭，曹振中，孙锐，等. 汶川 8.0 级地震液化特征初步研究 [J]. 岩石力学与工程学报，2009，28（6）：1288-1296.

[3] Seed H B, Idriss I M. Simplified procedure for evaluating soil liquefaction potential [J]. Journal of the Soil Mechanics and Foundation Engineering Division，ASCE，1971，97（9）：1249-1273.

［4］门禄福，崔杰，景立平，等. 建筑物饱和砂土地基地震液化判别的简化分析方法［J］. 水利学报，1998，（5）：33－38.

［5］王富强. 自然排水条件下砂土液化变形规律与本构模型研究［D］. 北京：清华大学，2010.

［6］Seed H B，Idriss I M，Makdisi F，Banerjee N. The slides in the San Fernando Dams during the earthquake of February 9，1971［J］. Journal of Geotechnical Engineering，1975，101（7）：651－688.

［7］Hamada M. Large ground deformations and their effects on lifelines：1964 Niigata earthquake. Case studies of liquefaction and lifeline performance during past earthquakes，Vol.1，Japanese case studies，Natl［J］. Center for Earthquake Engineering Research，State Univ.of New York，Buffalo，N.Y.，1992（3）：1－123.

［8］徐志英，沈珠江. 1975 年辽南地震时石门土坝滑动有效应力动力分析［J］. 水利学报，1982（3）：13－22.

［9］Kokusho T. Water film in liquefied sand and its effect on lateral spread. Journal of Geotechnical and Geoenvironmental Engineering，1999，125（10）：817－826.

作者简介：

王富强（1983—），男，正高级工程师，注册咨询工程师，主要从事水电工程技术咨询和科研工作。

张建民（1960—），男，中国工程院院士，教授，博士生导师，长期从事土动力学及岩土抗震工程研究工作。

剪切变形黏性对宽深河谷中部覆盖层内坝下悬挂式防渗墙竖向应力变形的影响初探

邓刚，陈辉，张延亿，张茵琪

（中国水利水电科学研究院流域水循环模拟与调控国家重点实验室，北京市 100038）

【摘 要】各种土体都有流变特性，受到剪切变形黏性作用的影响。本文是在非线性计算中引入黏性影响的一次初步探索，旨在推进改善剪应力传导相关问题的模拟精度。宽深河谷覆盖层中坝下悬挂式防渗墙立面体型扁长，河谷段坝体和防渗墙应力变形受三维效应影响较小，防渗墙自身竖向压缩量较大，竖向应力高；同时，墙体沉降变形对两岸拉剪应力影响突出。将宽深河谷中部覆盖层内坝下防渗墙的竖向变形分解为竖向刚体位移和竖向内部压缩，分析了防渗墙竖向应力和沉降变形来源，覆盖层土体内及土体与混凝土防渗墙间因剪切作用而传递的剪应力对防渗墙应力变形影响明显。引入 Maxwell 元件模型并推广到三维，暂采用恒定黏度计算黏性，用 Duncan 非线性模型计算模型中的瞬时变形，分析了覆盖层土体剪切变形的黏性对河谷段悬挂式防渗墙竖向应力变形的影响。剪切变形的黏性引起剪应力松弛，缩小覆盖层土体对防渗墙的竖向变形约束和影响，因此，随着时间发展，防渗墙与覆盖层间剪切变形中的可恢复形变逐渐减小，从而逐步减小与覆盖层间沉降变形差直至稳定。覆盖层变形对防渗墙的整体向下拖曳、向墙体中下部中性点处挤压作用均减小。防渗墙出现少量向上整体位移增量，内部沉降梯度减小，积蓄弹性应变缓慢释放，竖向应力减小。较不考虑黏性的计算成果，河床段防渗墙内部竖向应力可大幅减小，而防渗墙沉降略有降低。

【关键词】剪切变形；黏性；防渗墙；应力；沉降

0 引言

混凝土防渗墙是土木水利工程中解决防渗及部分承载问题采用的主要地下结构类型之一，也是土石坝解决深厚覆盖层防渗问题采用的主要手段之一。早在 20 世纪 50—70 年代，国内外一些覆盖层较深的土石坝工程，如加拿大 Manicouagan-3 高心墙坝[1]（坝高 107m、防渗墙深 131m，1975年）、中国碧口壤土心墙土石坝[2, 3]（坝高 101.8m、防渗墙深 68.5m，1976 年）等，已采用混凝土防渗墙进行坝基覆盖层防渗，并与上部心墙连接形成垂直防渗体系。在 2002 年后的土石坝建设发展新高潮中，高心墙坝基本确立了（砾石）土心墙与坝基覆盖层防渗墙和灌浆帷幕联合、垂直防渗为主、水平防渗为辅的防渗模式[4]。覆盖层上的沥青混凝土心墙堆石坝、混凝土面板堆石坝、土石围堰等也多采用混凝土防渗墙作为坝基防渗结构。

土质心墙堆石坝和沥青混凝土心墙堆石坝的坝基混凝土防渗墙多布置在坝轴线附近的坝下覆盖层中，有时防渗墙顶部还布置有廊道、混凝土盖板等水平向宽度较大的结构。在多种荷载，特别是上覆土重形成的附加应力作用下，防渗墙应力变形问题较为突出。无论防渗墙是否嵌入基岩并封闭河谷，也无论河谷宽窄、覆盖层深浅，防渗墙竖向应力和沉降变形往往数值较高，也对其余部位如岸坡附近的剪应力等形成控制性影响，直接影响防渗墙完整性和防渗性能，是工程建设运行的主要关注点之一。

基金项目：中国水科院基本科研业务费项目（GE0145B032021）；流域水循环模拟与调控国家重点实验室自主研究课题（SKL2020ZY09）。

防渗墙竖向应力变形主要来源于墙顶土压力和墙侧剪切作用，已有较多研究分别揭示了墙顶高塑性黏土、墙侧泥皮和墙底沉渣对改善防渗墙与覆盖层和心墙间变形不均匀、应力不协调问题的积极作用。但截至目前，防渗墙应力变形预测值与工程实测值一般仍有较为显著的差异，给工程规划设计及运行管理决策带来较大的影响。引起这些差异的原因较为复杂，本文试考虑其中一个因素，通过引入剪切变形黏性并假定黏度为常数，作为改善覆盖层中防渗墙竖向应力变形的预测模拟精度初步尝试。

1 宽深河床覆盖层防渗墙竖向应力变形的来源

与其他条件下的防渗墙相比，宽深河谷中覆盖层中坝下悬挂式混凝土防渗墙立面体型扁长（如图 1 所示），三维效应影响小、空间承载特性不明显，覆盖层两侧岸坡对防渗墙的嵌固作用、坝体两侧岸坡对坝体的约束作用均影响范围有限，河谷段坝体和防渗墙应力变形受三维效应影响较小，处于平面应变状态。一方面，柔性较大的覆盖层与刚性较高的混凝土防渗墙间不均匀沉降，对混凝土防渗墙产生向中下部的挤压作用，防渗墙内部沉降梯度较大，因此，自身竖向压缩量大，竖向应力高，可能发生压损；另一方面，覆盖层沉降对混凝土防渗墙产生整体拖曳作用，导致混凝土防渗墙的整体沉降。河床段混凝土防渗墙的墙体沉降变形又对两岸岸坡段防渗墙形成牵引，两岸混凝土防渗墙剪应力突出，可能出现拉剪破坏。可以说，河床段防渗墙的应力变形即沉降和沉降梯度预测的好坏，直接决定了宽深河谷覆盖层内坝下悬挂式防渗墙性态预测的精度。

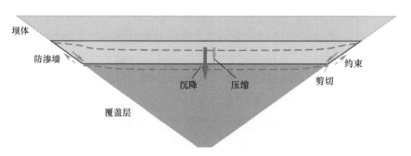

图 1　宽深河谷中覆盖层中坝下悬挂式混凝土防渗墙立面体型和变形

坝下防渗墙在横断面上受到的荷载主要包括两类，一类是竖向荷载，主要包括墙端部竖向压力和墙侧竖向剪力（如图 2 所示），竖向荷载在墙体的上下游侧分布总体对称，墙顶、墙底压力一般不相等，墙侧竖向剪力在不同高程变化较大，引起墙体的竖向位移及内部竖向应力应变；另一类是横向荷载（如图 3 所示），主要包括墙体上下游侧有效土压力和地下水（或库水）水压力差异，以及墙端部的水平荷载，墙体上下游侧水位、填筑体高度的差异，这些荷载会引起墙体水平位移和弯曲变形。

从工程中实测数值看，坝下防渗墙墙体水平位移和弯曲变形在施工期数值不明显，蓄水后数值也仍大幅小于竖向位移和压缩变形，墙体主要体现为小偏心受压状态，偏心程度较低，即在竖向上总体受压，略有弯曲。

防渗墙竖向应力变形可以分解为两个模式，一是竖向刚体位移，二是竖向内部压缩变形。其中，竖向刚体位移对墙体应力没有贡献。一般来说，墙体竖向应力最大值一般发生在墙体高程的中下部，而非墙底；墙顶和墙底竖向应力略小于其他部位，且墙底应力高于墙顶。封闭式防渗墙中的墙体竖向应力最大值发生位置较低，而悬挂式防渗墙的墙体竖向应力最大值发生位置略高，但一般均位于墙高的 1/2 以下。

防渗墙的竖向刚体位移、内部压缩变形在很大程度上取决于土体内部和土体与混凝土防渗墙间因剪切作用而传递的剪应力。其来源是覆盖层（有时包括部分坝体）与防渗墙间由于沉降差产生的剪切作用，包括覆盖层沉降大于防渗墙时产生的向下拖曳和覆盖层沉降小于防渗墙时产生的向上拖曳，墙体竖向应力法最大值发生位置即为拖曳作用向上和向下的分界点，即中性点。

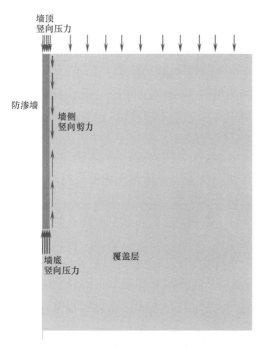

图 2　混凝土防渗墙横断面所受竖向荷载示意

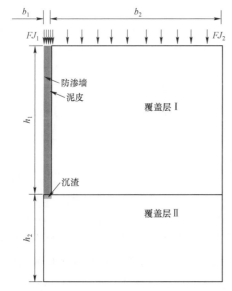

图 3　混凝土防渗墙竖向应力变形简化计算模型

2　黏性元件模型的引入及其与非线性模型的结合和三维推广

散粒体材料的剪应力传导既与剪应变和剪切模量有关，也与剪切变形的速率有关。剪应力与剪应变的关系即剪切模量的非线性、压硬性等在分析中已有较深入的考虑，而剪切速率的影响则考虑相对较少。

剪应力与剪切变形速率的关系即为黏性。当两者关系为线性时，这个比例关系就是著名的牛顿黏

性定律，可表示为

$$\tau = \eta\dot{\gamma} \qquad (1)$$

其中，τ 和 $\dot{\gamma}$ 分别为剪应力和剪应变速率，η 为动力黏度（单位是 Pa·s）。

黏性导致的直接结果即为材料的流变特性，在不同加载条件下可能以蠕变变形、应力松弛、速率效应等多种形式体现，例如，从式（1）可见，当剪应变保持不变时，剪应力会随时间逐步减小，即应力松弛。工程中监测量最为常见的是变形，因此，应力稳定后测得的变形随时间发展即流变特性体现出的蠕变变形形态一直广受关注，而流变特性的其他方面如速率效应、应力松弛，关注相对较少。在关注变形或应变发展基础上产生了较多应变随时间发展过程的蠕变经验关系（在很多无须准确界定的场合，也常笼统称为流变模型），不体现黏性导致流变的本质，也不可能计算得到黏性导致的应力松弛。如将这种经验蠕变模型通过初应变法直接用于防渗墙应力计算，反而可能导致放大覆盖层与防渗墙间相互作用，进而高估防渗墙竖向应力和沉降变形。

从黏性的本质出发，既可以体现应力稳定时变形随时间的发展，又可以表达应力松弛，可以更好改进防渗墙的应力变形计算精度。

能够考虑黏性的模型很多，比较简单直观的是元件模型，本文引入能够较好体现应力松弛的 Maxwell 模型，该模型采用弹簧元件与阻尼黏壶元件的串联组合（如图 4 所示）模拟应力变形特性，其中弹簧元件变形由 Hooke 定律决定，阻尼器变形速率则由牛顿黏性定律决定。串联的弹簧模量为 E、黏壶动力黏度为 η，一维条件下的本构模型为

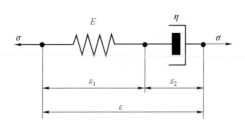

图 4　Maxwell 模型元件结构

$$\sigma + p_1\dot{\sigma} = q_1\dot{\varepsilon} \qquad (2)$$

其中，σ、$\dot{\sigma}$ 和 $\dot{\varepsilon}$ 分别为应力、应力变化速率和应变速率，且

$$\left.\begin{array}{l} p_1 = \dfrac{\eta}{E} \\ q_1 = \eta \end{array}\right\} \qquad (3)$$

为了更好适用于岩土材料，体现瞬时变形中的非线性和压硬性，本文将 Maxwell 模型中的弹簧元件改变为非线性元件，采用 Duncan 非线性模型计算非线性应力变形模量。同时，将一维 Maxwell 模型作三维推广。考虑 Duncan 模型的表达特点，将模型独立扩展至体积变形和剪切变形。

因此，考虑黏性的非线性应力应变关系可以表达为

$$\sigma_{ii} + \frac{\eta_{vt}}{3B_t}\dot{\sigma}_{ii} = \eta_{vt}\dot{\varepsilon}_{ii} \qquad (4)$$

$$s_{ij} + \frac{\eta_{st}}{2G_t}\dot{s}_{ij} = \eta_{st}\dot{e}_{ij} \qquad (5)$$

其中，B_t、G_t 分别为切线体积模量、切线剪切模量，采用 Duncan 模型计算。η_{vt} 和 η_{st} 分别为切线体积动力黏度和切线剪切动力黏度。此外，σ_{ii} 为体积应力，ε_{ii} 为体积应变，s_{ij} 为偏应力张量，e_{ij} 为偏应变张量。

土体中黏性土变形的黏性关注较多[9, 10]，但学界也很早即发现无黏性土在高应力下仍会表现出定性上类似黏性土次固结过程的变形时间效应[11]（Bjerrum，1967）。随着工程现象、试验资料累积，砂土、堆石料等存在的流变特性逐步被证实[12–17]。正如孙钧（1999）总结指出的，所有材料都有流变特性。

土体黏性具有一定的震凝性，即对于恒定荷载，应变变化速度随时间增加逐步减小，从不少试验资料看，应变速度的对数与时间的对数间呈良好线性关系，对应的，恒定荷载作用下，黏度一般应随受荷时间发展而逐渐增大。荷载不断变化时的土体黏性变化规律研究较少，动力黏度随时间和荷载的联合变化规律尚不清。作为初步探索，仅为了体现剪切变形黏性对防渗墙竖向应力变形的可能影响，在本文分析中仍假定剪切动力黏度为恒定值，也即假定土体在剪切流变过程中表现出牛顿流体的特征。

3 计算方法

为了研究剪切变形黏性对混凝土防渗墙应力变形的影响，本文采用如图 3 所示来源于实际工程背景的简化模型进行分析。假定河谷宽且防渗墙轴线长，靠近河谷岸坡处的防渗墙自身刚度不能影响河谷中部横断面内应力变形，选取河谷中部横断面、按照平面应变假定进行计算。同时假定河谷形状和物质组成、防渗墙材料等在轴线两侧对称，取防渗墙中轴线一侧的防渗墙、覆盖层为分析对象开展计算。

计算分析中首先不考虑防渗墙（防渗墙、泥皮、沉渣等所在位置仍采用相应覆盖层材料），模拟覆盖层逐层沉积过程，以获取较为合理的覆盖层初始应力条件。之后，重置覆盖层变形，并采用材料替换法模拟防渗墙施工，将防渗墙、泥皮、沉渣等所在位置单元由初始的覆盖层材料替换为相应材料。此后，采用在防渗墙和覆盖层顶部分别逐级施加均布荷载的方法，模拟大坝填筑引起的覆盖层和防渗墙应力变形。

本次计算中，h_1 和 h_2 分别取 150m 和 410m，即大坝建基面以下选取的覆盖层或覆盖层与基岩的总深度为 560m，计算域底高程为 2380m。b_1 为防渗墙厚度的一半，取 0.7m。考虑防渗墙与覆盖层变形的相互影响区范围有限，b_2 取 128.5m。防渗墙顶均布荷载 FJ_1、覆盖层顶面均布荷载 FJ_2 的最大值取相同数值 3.0MPa，大致相当于 150m 高的土石坝在建基面产生的竖向土压力，分 12 级逐级施加，历时 12 个月。每级荷载在 10 天内施加完毕，其后 20 天保持荷载不变。

覆盖层、墙底沉渣和墙侧泥皮采用 Duncan EB 模型计算，不考虑覆盖层地基处理导致的应力变形和强度参数变化，计算参数见表 1。混凝土防渗墙、基岩采用线弹性模型计算，其中，防渗墙混凝土强度等级为 C30，取杨氏模量为 30.0GPa，泊松比取 0.166；基岩取杨氏模量为 5GPa，泊松比取 0.33。

土体在剪切过程中表现出的黏性更为突出，且防渗墙竖向应力变形与土体剪切变形关系较为紧密，因此，本文计算中重点考虑剪切变形的黏性，不计算体积变形的黏性，即 $\eta_{vt} = +\infty$。覆盖层和泥皮单元的剪切动力黏度取 2×10^{15}Pa·s。需要说明的是，由于本文采用黏度恒定的假定，依据并不充分，也未真实体现土料黏性随时间、剪切变形逐步减小的过程。本文旨在揭示黏性极端化的影响，即长历时应力松弛即剪应力大部松弛后对防渗墙应力的

影响，动力黏度数值的取值影响相对较小。

墙底以下的覆盖层剪切变形相对不突出，且其剪切变形黏性主要对上部覆盖层整体沉降和防渗

墙刚体位移有影响，对防渗墙自身应力影响相对较小，本文计算未墙底以下部分的覆盖层剪切变形黏性。

表 1 覆盖层、墙底沉渣和墙侧泥皮采用的 Duncan EB 模型参数

材料	c（kPa）	ϕ_0（°）	$\Delta\phi$（°）	R_f	K	n	K_{ur}	K_b	m
覆盖层	—	47.0	5.6	0.79	836	0.35	1700	627	0.50
泥皮	46	20	—	0.85	160	0.37	320	120	0.46
沉渣	—	40.0	8.0	0.75	750	0.26	1500	500	0.32

4 剪切变形黏性对宽深河床覆盖层中悬挂式防渗墙平面应力变形的影响

考虑剪切变形黏性时，填筑完成时和填筑完

成后 1200d 时的上部覆盖层（未绘制防渗墙底以下的覆盖层）沉降和竖向应力分布等值线如图 5 所示。

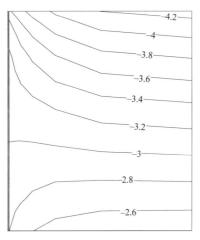

(a) 填筑完成时的覆盖层沉降分布(单位：m)

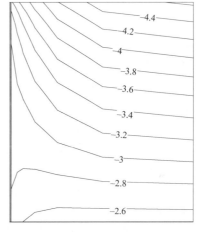

(b) 填筑完成后1200d时的覆盖层沉降分布(单位：m)

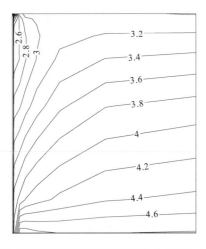

(c) 填筑完成时的覆盖层竖向有效应力分布(单位：MPa)

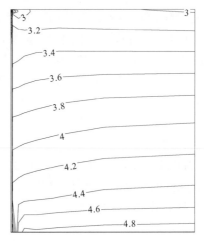

(d) 填筑完成后1200d时的覆盖层竖向有效应力分布(单位：MPa)

图 5　考虑剪切变形黏性时填筑完成后上部覆盖层中沉降和竖向应力分布
（未绘制防渗墙底以下覆盖层）

上部坝体刚填筑完成时，覆盖层中沉降变形总体上由下自上逐步增大。在远离防渗墙的区域，该规律尤其明显，覆盖层顶面沉降大于 4.2m，150m 深处的覆盖层沉降变形小于 2.6m。在靠近防渗墙的区域，覆盖层沉降变形明显受到刚性防渗墙的影响，在 2850m 高程即防渗墙深度的下 2/5 处，覆盖层沉降几乎不受防渗墙影响，从覆盖层与防渗墙的沉降差来看，该位置可看作沉降差的中性点；在此高程以上，覆盖层沉降明显受到防渗墙的阻碍，近防渗墙区域的沉降小于远离防渗墙的区域；在此高程以下，覆盖层沉降明显受到防渗墙拖曳，近防渗墙区域沉降大于远离防渗墙的区域。反映在覆盖层竖向有效应力上，在远离防渗墙的区域，覆盖层应力总体上随深度增加逐步提高，覆盖层顶面竖向有效应力约 3MPa，防渗墙底面对应高程即 2790m 处，竖向有效应力约 4.8MPa。而在靠近防渗墙的区域，受刚性防渗墙的影响，覆盖层竖向有效应力整体均小于远离防渗墙的区域，折减量一般超过 10%。

填筑完成后 1200d 时，由于剪切变形的黏性，覆盖层与防渗墙间因沉降差异而产生的剪切作用对应剪应力出现松弛，防渗墙在自身存续的弹性应变和防渗墙与覆盖层间剪切变形的可恢复部分共同作用下出现向上刚体位移和回弹应变。覆盖层中远离防渗墙的区域沉降略有增大，但增大量较小，沉降由低高程向高高程逐步增大的分布未发生变化。而覆盖层中靠近防渗墙的区域内，防渗墙上部对覆盖层沉降的顶托作用较刚坝体填筑刚完成时还有所增大，防渗墙附近沉降小于远离防渗墙区域沉降的程度扩大，沉降等值线在防渗墙附近的弯曲程度提高；靠近防渗墙底部处，防渗墙附近覆盖层沉降大于远端的程度有所减小，但距离防渗墙远、近处沉降相对一致，沉降等值线水平的位置几乎不复存在，部分位置如 2826m 高程附近还出现了靠近防渗墙处、远离防渗墙处沉降均大于距离防渗墙一定位置（约 5m）的现象。

填筑完成 1200d 时，覆盖层中竖向有效应力分布除靠近防渗墙底部的极少数位置外，已基本全部呈现竖向应力随深度增大的分布，不再存在防渗墙附近覆盖层应力小于远端应力的情况。

防渗墙沉降和竖向应力在大坝填筑完成时、填筑后 1200d 时的高程分布如图 6 所示。较填筑完成时，填筑完成 1200d 后，由于覆盖层剪切变形黏性导致的应力松弛作用，防渗墙沉降整体减小、沿高

程分布曲线的梯度变小、墙顶和墙底沉降差减小，相应的，防渗墙顶部和底部的竖向应力小幅减小，而中下部即 2850m 高程（下 2/5）附近区域的竖向应力大幅减小。应力减小幅度最大的位置约位于 2875m 高程，即接近防渗墙深度的 1/2，防渗墙竖向应力从 55.6MPa 减小为 27.6MPa，最大减小幅度约 50%。2875m 高程处应力减小后，防渗墙最大竖向位移所在位置下移至 2812m 高程附近，数值为 30.5MPa。

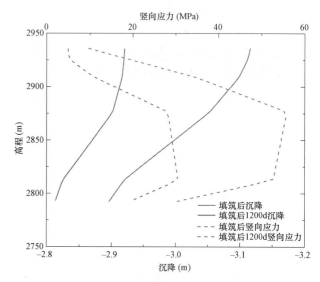

图 6　考虑剪切变形黏性时悬挂式防渗墙不同时刻的防渗墙沉降和竖向应力沿高程分布

大坝填筑过程及填筑完成后防渗墙中不同高程处的应力变化过程如图 7 所示。可见在每级大坝填筑过程中，在前 10 天加载过程中，防渗墙应力提高；而后 20 天荷载维持不变时，防渗墙应力即

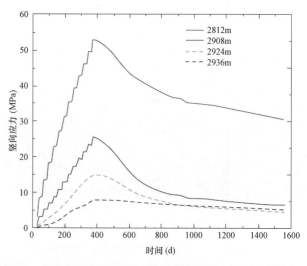

图 7　考虑剪切变形黏性时悬挂式防渗墙中不同高程处竖向应力随时间发展过程

有小幅减小。至大坝填筑完毕后，覆盖层和防渗墙顶面的荷载保持不变，防渗墙中各部位应力均随时间逐步减小，其中 2812～2908m 高程范围内应力减小幅度较大。至大坝填筑完成 1200d 后，竖向应力减小的趋势逐步减缓，应力趋于稳定。

5 结语

本文对宽深河床覆盖层中坝下悬挂式防渗墙竖向应力变形模式进行了分解，即竖向刚体位移和竖向内部压缩，分析了防渗墙竖向应力变形的来源。防渗墙的竖向刚体位移、内部压缩变形在很大程度上取决于土体内部和土体与混凝土防渗墙间因剪切作用而传递的剪应力。

本文将 Maxwell 模型中的弹簧元件改变为非线性元件，采用 Duncan 非线性模型计算非线性应力变形模量。同时，将一维 Maxwell 模型作三维推广。基于实际工程建立了宽深河床覆盖层中悬挂式防渗墙和覆盖层的简化计算模型，计算墙底以上部分覆盖层可能的剪切变形黏性，分析了剪切变形黏性对覆盖层中防渗墙竖向应力变形的影响。

当上部荷载不再增加，覆盖层与防渗墙间剪切变形相对稳定时，由于剪切变形的黏性，覆盖层与防渗墙间剪应力将出现应力松弛。受覆盖层竖向约束减小后的防渗墙将因内部积蓄的弹性应变，以及防渗墙与覆盖层间剪切变形中的弹性形变而出现回弹，同时向上位移。随着防渗墙向上位移及回弹，覆盖层与防渗墙之间沉降变形差逐步减小，覆盖层剪切变形引起应力的松弛趋势也逐步减缓。经历较长时间的覆盖层应力松弛和防渗墙位移引起的应力变形调整，防渗墙对覆盖层应力存在的"反拱效应"将逐步减小，防渗墙应力也随之减小并逐步稳定。

从本文简化黏性计算模型的分析可见，不考虑剪切变形的黏性，将引起防渗墙应力高估近 1 倍，可能是计算中过高预测覆盖层中混凝土防渗墙竖向应力以及悬挂式防渗墙竖向位移的主要原因之一。

从另一方面看，本文采用的简化黏性计算模型假定剪切动力黏度为常数，与实际材料的黏性发展可能存在一定出入，如分别高估、低估了剪切变形初期和后期黏性，因此，初期松弛程度偏低、后期松弛程度又偏高等。亟须进一步开展研究，充分揭示土料后期变形特性，研发能充分体现应力松弛、蠕变变形及滞后效应的黏性模型（流变模型），以更好揭示和预测混凝土防渗墙及类似构筑物的性态。

参考文献：

[1] Dascal O，Smith M and Maniez J. Manicouagan 3Foundation Cut Off：Fifteen Years of Operation［C］//.Proceeding of the 17th International Congress on Large Dams.Q.66，R.53.Vienne，1991，III：961－992.

[2] 王复来. 碧口土石坝［J］. 西北水电技术，1984（3）：13－25.

[3] 陈洪天. 碧口水电站设计特点和若干经验教训［J］. 西北水电技术，1984（3）：1－5.

[4] 邓刚，丁勇，张延亿，等. 土质心墙土石坝沿革及体型和材料发展历程的回顾［J］. 中国水利水电科学研究院学报，2021，19（4）：411－423.

[5] 孙钧. 岩土材料流变及其工程应用［M］. 北京：中国建筑工业出版社，1999.

[6] Duncan JM，Chang CY. Nonlinear Analysis of Stress and Strain in Soils［J］. Journal of Soil Mechanics and Foundation Division，ASCE，1970，96（5）：1629－1653.

[7] Duncan JM，Byrne PM，Wong KS.，Strength. Stress-strain and Bulk Modulus Parameters for Finite Element Analysis of Stress and Movement in Soil Masses［R］. Berkeley：Report No.UCB/GT/80－01，University of California，Berkeley，1980.

[8] Duncan JM，Seed RB，Wang KS，et al. FEDAM－84，A computer program for finite element analysis of dams，Report No.UCB/GT/84－01［R］. University of California，Berkeley，1984.

[9] Singh A and Mitchell JK. General Stress-Strain-Time Function for Soils［J］. Journal of Soil Mechanics and Foundations Division，Proceeding of the American Society of Civil Engineers，1968，94（SM1）：21－46.

[10] Mitchell JK，Campanella RG，and Singh A. Soil Creep as a Rate Process［J］. Journal of Soil Mechanics and Foundations Division，Proceeding of the American Society of Civil Engineers.1968，94（SM1）：231－253.

［11］ Bjerrum L. Engineering Geology of Norwegian Normally Consolidated Marine Clays as Related to the Settlements of Buildings ［J］. Géotechnique.1967，17（2）：83－118.

［12］ Mesri G，Feng TW，Benak JM. Post Densification Penetration Resistance of Clean Sands ［J］. Journal of Geotechnical and Geoenvironmental Engineering.1990，116（7）：1095－1115.

［13］ Mitchell JK. Aging of Sand-A Continuing Enigma ［C］ // 6th International Conference on Case Histories in Geotechnical Engineering，Arlington，VA.2008.

［14］ Mitchell JK，Solymar ZV. Time-Dependent Strength Gain in Freshly Deposited or Densified Sand ［J］. Journal of Geotechnical Engineering.1984，110（10）：1559－1576.

［15］ Lade PV. Creep Effects on Static and Cyclic Instability of Granular Soils ［J］. Journal of Geotechnical Engineering，ASCE.1994，120（2）：404－419.

［16］ Marsal RJ，Ramirez AL. Eight Years of Observations at EI Infiernillo Dam ［A］. Proceedings，ASCE Specialty Conference on Performance of Earth and Earth Retaining Structures ［C］ // Purdue University，Lafayette，ASCE，New York，1972，Vol.1（Part I）：703－722.

［17］ Ronald PC. Post-Construction Deformation of Rockfill dams ［J］. Journal of Geotechnical Engineering，1984，110（7）：821－840.

作者简介：

邓　刚（1979—），男，正高级工程师，主要研究方向为岩土材料特性和土工数值模拟、风险分析等。E-mail: dgang@iwhr.com

上覆压力对深厚覆盖层地基渗透及渗透稳定性的影响

詹美礼[1]，张兴旺[1]，辛圆心[2]，罗玉龙[1]，盛金昌[1]，李柯雅[1]

（1. 河海大学水利水电学院，江苏省南京市　210098；
2. 中国电建集团西北勘测设计研究院有限公司，陕西省西安市　710065）

【摘　要】为了研究不同上覆压力对深厚覆盖层中管涌型土层的渗透及渗透稳定性影响，利用土体渗流—应力耦合装置，在施加不同上覆压力（0、0.3、0.5、0.7MPa）的条件下，对由缺级配砂砾石组成的无黏性土进行渗透破坏试验。通过试验可以得出：渗透破坏过程中，土体局部的渗透特性变化引起渗流场分布的变化，可以反映细土颗粒在渗透破坏过程中的运移和填充粗颗粒孔隙的情况；随着上覆压力均匀增大，土体稳定渗流阶段和渗透破坏阶段的渗透性会出现不同程度的减小，临界坡降和破坏坡降的变化与上覆压力之间存在相同形式的非均匀变化相关关系。

【关键词】深厚覆盖层；上覆压力；管涌型土；渗透破坏；渗透特性

0　引言

目前，我国已有诸多修建在深厚覆盖层上的土石坝[1]。但是，由于深厚覆盖层形成原因和方式异常复杂，造成地基地层结构较为松散，土体级配不连续，多数缺乏中间粒径。故深厚覆盖层中多有缺级配砂砾石组成的无黏性管涌土层，建坝后，在上下游高水头差作用下很容易发生渗透稳定问题[2-3]。如建在深厚覆盖层上的巴基斯坦 Tarbela 大坝、加拿大 Three Sisters 大坝和南非 Mogoto 大坝，均由于坝基覆盖层中大量细颗粒被运移至下游，导致坝基内部产生渗流通道，最终形成沉陷等坝基变形。

在研究深厚覆盖层渗透稳定性问题方面，研究者关注了管涌土渗透变形规律及影响渗透稳定性的一系列因素。如谢定松等[4]研究结果表明，覆盖层管涌土抗渗坡降随干密度、细颗粒含量的增加而增大，土体有无上覆压力，渗透性会有较大的差异；刘运化等[5]在对缺级配砂砾石料进行渗透破坏试验时，发现渗透破坏是从局部开始的，最后发展为整体变形；郭海庆[6]研究了不同级配的砂砾石渗透破坏过程，将其管涌破坏分为发展型和非发展型

两类；Bendahmane 和 Marot[7]在前人基础上基于实验探讨了在管涌发生发展以及破坏过程中颗粒含量、水力梯度以及压力状态等因素的变化规律及其影响。

本文探究不同上覆压力对深厚覆盖层中的无黏性管涌土层渗透及渗透稳定性的影响，以及在渗透破坏过程中土体局部和整体的渗透特性变化规律。

1　试验装置与原理

本试验是在河海大学渗流实验室自主研发的土体渗流—应力耦合装置中进行的。其构造如图 1 所示。

图 1 中，上覆压力施加千斤顶量程为 200kN，压力显示仪单位为 kN，精确度为 0.1kN。用来填筑试样的圆通高 80cm，内径为 46cm，桶壁四周钻了四排圆孔，共 9 个，用来安置孔压探头，测定土样中不同位置的水头，其探头均放置于试样中心位置，如图 1 所示，编号 C0~8，距上游进水口分别为 8、16、24、……、72cm。装置主要通过溢流桶供水，可供给 0~3.0m 的水头，通过人工调节溢流桶的高度来改变进水口水头大小。当需要的水头高

基金项目：国家自然科学基金（51579078，51474204）。

注：本文已发表在《水电能源科学》2019 年第 3 期。

度大于 3.0m 时，则需要利用实验室压力水系统调节水头的大小，其数值通过水压表读取，水压表的精度为 2kPa。为了使得试样受力均匀，同时不影响水流出流，在试样表面放置多孔透水板。

深厚覆盖层坝基不稳定土体中的细颗粒，在高水头差的作用下，当受到的渗透力大于黏聚力和内摩擦力的合力时，会沿着粗颗粒孔隙逐渐向下游移动，充填下游粗颗粒孔隙。此时，坝基上下游区域的渗透性会发生一定的变化。随着渗透破坏的进行，坝基内会有很大部分细颗粒被掏空，只剩粗颗粒，导致渗透性大大提高并发生渗漏，成为大坝安全隐患。以上过程中，会存在一个能使土颗粒刚好启动的水力坡降，称为临界水力坡降。土体水力坡降达到临界值，则开始发生渗透破坏。随着水力坡降进一步增大，深厚覆盖层中会逐渐形成渗流通道，大量细颗粒通过渗流通道被运移至下游，出流浑浊，细颗粒被连续带出。在这一阶段，水力坡降会再次出现突变增加，此时的水力坡降即为破坏坡降，标志着坝基内形成了渗流通道。

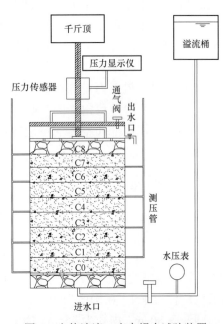

图 1　土体渗流—应力耦合试验装置

深厚覆盖层之上修筑水工建筑物，设置防止渗透破坏的压重，都会使得坝基中不稳定土体受到上覆压力的影响。在上覆压力的作用下，土颗粒发生移动时，不仅要克服自身重力，还需抵抗上覆荷载产生的分解力[4]，土体渗透特性就会发生改变，从而影响到土体渗流场分布，故不同上覆压力下土体的渗透及渗透稳定性存在差异。

2　试验设计

2.1　试样与模型

本试验模型所选土体为"管涌型"级配土体，此种级配土体在一定水力梯度作用下会发生渗透破坏。根据土工试验土料设计要求，文献 [8]，设计了试验颗粒级配，试验用土样级配表见表 1，曲线如图 2 所示。试验土样干密度为 2g/cm^3，总质量为 211kg，土样填筑设计高度为 55cm，分五次填筑。为了真实模拟深厚覆盖层地基渗透破坏，试验水流自下而上流动，即进水口设置在圆桶底部，出水口设在上部。为了防止砂砾堵住进出水口，在装置底层和顶层分别设置厚度为 20mm 的粗石子，并在上游处铺设土工布，以使水流均匀。

表 1　　　　试验用土样级配表

粒径范围（mm）	小于某粒径的土粒含量（%）	粒径 a~b 之间含量（%）	本实验含量（kg）
40	100	38.55	81.34
20	61.45	17.55	37.03
10	43.9	13.90	29.33
5	30	3	6.33
2	27	2	4.22
1	25	11	23.21
0.5	14	6	12.66
0.25	8	8	16.88
0.1	3	0	0

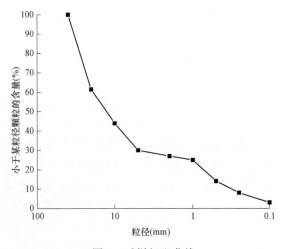

图 2　试样级配曲线

2.2　压力组合

为了研究不同上覆压力下管涌土体的渗透特

性,利用千斤顶施压装置,分别施加 0.3、0.5、0.7MPa 的上覆压力,具体压力组合见表 2。

表 2　　　　上覆压力组合表

压力状态	上覆压力 P（MPa）	圆筒直径 d（cm）	面积 S（cm²）	加压大小 F（kN）
不加压	0	46	1661.06	0.00
一级加压	0.3	46	1661.06	49.85
二级加压	0.5	46	1661.06	83.10
三级加压	0.7	46	1661.06	116.33

2.3　试验步骤

（1）土样装填:按级配配制好土样,加适量水搅拌均匀,分层填筑。与此同时,在对应高度埋设好测压探头,并分层击实土样。填筑完成后,安装好顶盖。

（2）饱和试样与排气:将溢流桶提高到靠近圆柱筒下边缘约三分之一的位置,在溢流桶中加水,进水口缓慢进水,饱和试样。当测压管均有水流流出,读数随测压探头高度增加而线性变化,同时通气阀出水,则认为试样饱和完成,排气彻底。

（3）渗流破坏试验:利用千斤顶施加特定的上覆压力,把溢流桶提高到试验所需高度,保证恒定水头条件,试验中每隔十分钟进行一次流量测量,并时刻观察圆桶边壁发生的现象,及时进行记录。连续两次所测得流量基本相同时认为水流达到稳定状态,记录下流量值的大小。与此同时,读取各个测点的水头数据并记录。待出水量和各个水头值记录完毕,改变供水水头,并观察现象,记录数据。待到出现管涌通道、试验水头无法在增加时,停止试验。重复以上步骤,进行不同上覆压力下的试验。

3　试验结果分析

在无上覆压力的整个渗透破坏试验过程中,试样饱和历时 13h。试验中,在渗透破坏发生之前,土颗粒没有任何移动迹象,出流为清水,且出流量稳定,此时,土体处于稳定渗流阶段。当上下游水头差增大到 28.4cm 时,观察到圆桶玻璃边壁处土颗粒发生滚动,出流中偶尔出现细颗粒,认为此时的水力坡降为临界坡降（0.516）,土体开始进入渗透破坏阶段。随着试验水头增

大,土样靠近下游反滤层部位形成渗流通道,并延伸至上游,与上游土颗粒流失区域贯通,出流持续浑浊,流量增大,认为此时的水力坡降为破坏坡降（1.893）,对应水头差为 104.1cm。其他上覆压力组合试验的渗透破坏阶段均依据这些特征现象划分,不同上覆压力下试验过程中渗透坡降的变化情况将在下文中进一步对比分析。

3.1　试验局部渗透坡降的变化规律

下面从局部渗透坡降的变化规律来分析出现渗透破坏至形成渗流通道的全过程。由于 0 号和 8 号测压探头在试样两端,故本文只分析 1~7 号测压管之间局部渗透坡降变化规律。

试验过程中无上覆压力作用的局部坡降随上下游水头差变化情况如图 3 所示。从图 3 中可以看出:① 未发生渗透破坏时,各个典型测点之间水力坡降增加幅度基本相同;② 当 $\Delta H = 28.4$cm、$J = 0.516$（临界坡降）时,各个典型测点之间水力坡降增加幅度出现差异,下游区域的渗透坡降增幅较大,上游区域坡降增幅较小;③ 当 $\Delta H = 74$cm、$J = 1.35$ 时,1~2,2~3,3~4 号测压管区间坡降增幅减缓,4~5、5~6、6~7 号测压管区间水力坡降增加幅度变大,其中 4~5 号测压管区间坡降变化最为明显;④ 当 $\Delta H = 104.1$cm、$J = 1.893$（破坏坡降）,各测压管区间的水力坡降均产生了突变减小,而在试验中可以观察到土样表面形成的渗流通道,出流浑浊。就整个坡降变化过程来看,下游区域承担的坡降比重较上游区域大。

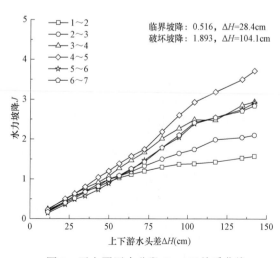

图 3　无上覆压力分段 $J - \Delta H$ 关系曲线

图 4～图 6 为不同上覆压力下局部坡降随上下游水头差的变化情况。对比各图可以看出：① 上游区域坡降的变化受上覆压力影响较小，下游区域坡降受上覆压力影响较大，即随着上覆压力增加，下游侧坡降变化较上游侧敏感；② 从临界坡降到破坏坡降，坡降突变增大的测压管区间在向上游扩展（有无上覆压力时的 4～7 号测压管区间发展为 0.7MPa 时的 3～7 号测压管区间）；③ 各个上覆压力下，4～5 号测压管区间相比其他测压管区间，所占坡降比重最大。

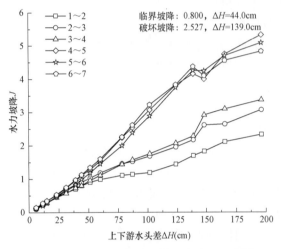

图 4　0.3MPa 上覆压力分段 J-ΔH 关系曲线

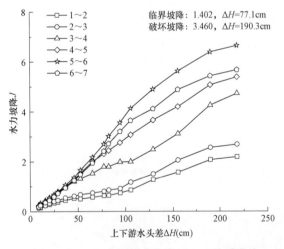

图 5　0.5MPa 上覆压力分段 J-ΔH 关系曲线

分析认为，上游在初始水头作用下，细颗粒向下游运移，下游粗颗粒孔隙被填充，土体结构进行重新调整，故此下游区域水力坡降较大，造成该区域测压管区间在临界坡降之后的突变增加。与之相对的是，由于上游区域细土颗粒被运移之后没有补充，渗透坡降在临界坡降之后降幅较大，如各上覆

压力下 1～2，2～3 号测压管区间坡降变化。4～5 号测压管水力坡降较为集中表明此区域细颗粒填充较多，即上游细颗粒被运移之后，容易在停留在这个区域，当引起阻塞时，会使得此区域的坡降发生突变增加，如图 5 中 4～5 号测压管的坡降突变。在试验中，此区域往往是上下游渗流通道贯通前的结合部，故此区域会容纳较多的上游细颗粒，导致水力坡降集中。由于试验土样为缺级配砂砾料，细颗粒含量少，上覆荷载主要由粗骨料承担，故上游细颗粒容易被运移至下游填充，表现出上游坡降对上覆压力敏感性差，而下游在填充了上游细颗粒之后，骨架调整之后土料密实度增加，故其坡降对上覆压力敏感。随着上覆压力的增加，从测压管区间坡降在临界值与破坏值之间的变化情况来看，敏感区域逐渐向上游发展。

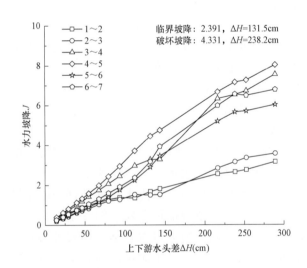

图 6　0.7MPa 上覆压力分段 J-ΔH 关系曲线

3.2　渗流场分布分析

图 7 所示为无上覆压力时，渗流坡降达到临界值和破坏值时的渗流场分布图，C1～7 是测压探头的位置。在无上覆压力的情况下，达到临界坡降时，上下游两侧水头损失较小，反映出渗透破坏是从这些位置开始的，这与观察的试验现象相符；达到破坏坡降时，上游渗透性相对较强，此时细颗粒大部分被运移至下游区域，故中下游区域渗透坡降相对集中。下游一侧由于细颗粒被带出，渗透性也相对较强，可见整体渗透破坏发生之后，上游的细颗粒损失量最多，其次是下游一侧的细颗损失量，中下部区域的细颗粒受上游细颗粒的补充，渗透性较弱。

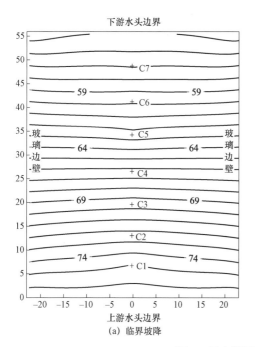 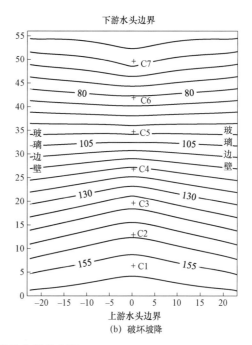

图 7　无上覆压力渗流场典型分布图

对比不同上覆压力下破坏坡降时的渗流场分布图（如图 8 所示）可以看出：上覆压力越大，下游一侧，水力坡降在不断增大；渗流场的分布也能体现中下游水力坡降集中的区域越来越大，有向上游扩展的情况。上游一侧的渗透性随着上覆压力呈增大趋势，尽管在上覆压力增加至 0.7MPa 时，上游一侧渗透性出现减弱情况，但相对中下游区域，坡降依旧较小，没有出现集中现象。

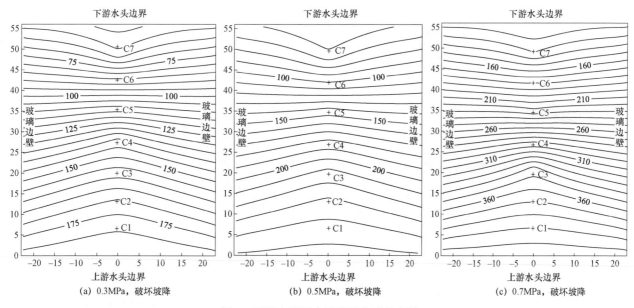

图 8　不同上覆压力渗流场典型分布图

渗流场的分布体现了局部渗透坡降变化规律。随着上覆压力的增大，可以直观地看到中下游坡降集中区域增大，说明土颗粒在中下游区域移动越来越困难，上游细颗粒被运移至下游时，更容易滞留在粗颗粒孔隙中，才会导致上覆压力大的土样，在水力坡降达到破坏值时，下游渗透性较弱，整体表现为破坏坡降增大。上覆压力增大使得土体密实程度增大，增加了上游土颗粒滞留的可能性，滞留区域增大，导致水力坡降集中的区域向上游发展。在试验中，可观察到上下游两侧细颗粒容易损失，故渗透性较强。而粗骨料承担了大部分上覆荷载，使得上游渗透性变化较中下游区域要小得多。

3.3 渗透特性变化规律分析

图 9 所示为不同上覆压力作用下流速水力坡降关系图。从中可以看出，在渗透破坏试验初期，不同上覆压力下的土体都呈稳定渗流状态，水力坡降和流速关系基本按线性规律变化；渗透破坏试验中后期，不同上覆压力下的土体流速水力坡降关系曲线发展情况出现差别，反映了此后土体渗透特性存在差异。为更好地分析渗透破坏试验中渗透破坏前后渗透特性的变化规律，以临界坡降和渗透坡降为界限，将水力坡降与水流流速关系图划分为稳定渗流、渗透破坏、渗透破坏后三部分。如图 9 所示，在认为渗流符合达西定律的前提下，分别拟合稳定渗流、渗透破坏发生、渗透破坏后对应的渗透水力坡降与流速关系曲线。对工程中比较关心的渗透破坏发生前后渗透系数变化情况通过曲线拟合结果进行统计，见表 3。

表 3　不同上覆压力下的渗透系数统计

上覆压力（MPa）	渗透破坏阶段	渗透系数（cm/s）
0	稳定渗流	0.004 2
	渗透破坏	0.024
0.3	稳定渗流	0.003 8
	渗透破坏	0.002 1
0.5	稳定渗流	0.003 8
	渗透破坏	0.018
0.7	稳定渗流	0.003 6
	渗透破坏	0.013

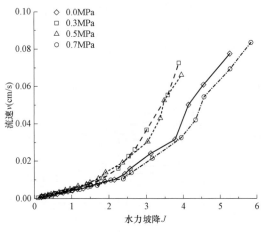

图 9　渗透破坏试验 $J-v$ 曲线图

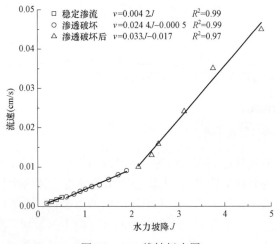

图 10　$J-v$ 线性拟合图

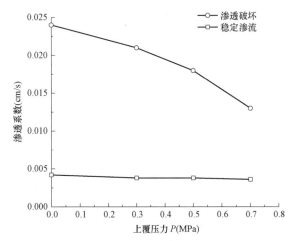

图 11　上覆压力与渗透系数关系

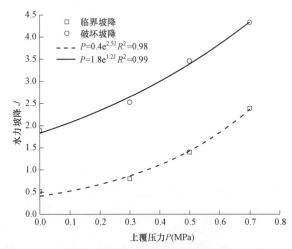

图 12　上覆压力与临界坡降和破坏坡降的拟合关系

如图 11 所示，随着土体上覆压力的增加，渗透破坏阶段的土体渗透系数与渗流稳定阶段的土体渗透系数均逐渐减小。其中，渗透破坏前的稳定渗流阶段，土体的渗透性受上覆压力的影响不大，只存在微小的变化，说明砂砾料局部颗粒启动受上覆压力影响小。在渗透破坏阶段，土体的渗透性受上覆压力影响较大，随着上覆压力的增加，整体渗透性下降明显。关于土体临界坡降和破坏坡降受上覆压力的影响也值得进一步探究。如图 12 所示，在等值增加上覆压力的情况下，临界坡降和破坏坡降增值相差不大，并且临界坡降和破坏坡降均呈现出指数增长的规律，其形式为

$$J=Ae^{BP} \tag{1}$$

其中，P 为上覆压力；J 为水力坡降；A，B 均为拟合常数。

4 结语

（1）深厚覆盖层管涌型土局部的渗透坡降变化规律反映了土体渗透破坏从局部颗粒启动至整体破坏的过程中，土颗粒的运移情况和局部渗透性变化过程及不同阶段渗透破坏的发生区域，这些规律也体现在渗流场的分布上。

（2）随着上覆压力均匀增大，稳定渗流阶段、渗透破坏发生阶段分别对应的渗透性呈现减小趋势，临界坡降和破坏坡降均呈增大的趋势，且土体渗透破坏的临界坡降和破坏坡降均呈现出指数增长的规律。

参考文献：

[1] 周建平，陈观福. 深厚覆盖层坝基防渗处理及混凝土防渗墙设计 [J]. 水力发电，2004（a01）：299-306.

[2] 汪小刚，等. 西部水工程中的岩土工程问题 [J]. 岩土工程学报，2007，29（8）：1129-1134.

[3] 党林才，方光达. 深厚覆盖层上建坝的主要技术问题 [J]. 水力发电，2011.37（2）：24-28.

[4] 谢定松，蔡红，魏迎奇，等. 覆盖层不良级配砂砾石料渗透稳定特性及影响因素探讨 [J]. 水利学报，2014（s2）：77-82.

[5] 刘运化，杨超，段祥宝，等. 无黏性土及黏性土渗透破坏试验与渗透变形分析 [J]. 水电能源科学，2013（7）：104-107.

[6] 郭海庆，黄海燕，耿妍琼，等. 箱形渗透试验仪中宽级配砂砾石渗流变形试验 [J]. 水电能源科学，2012（10）：54-57.

[7] Bendahmane F，Marot D，Alexis A. Experimental Parametric Study of Suffusion and Backward Erosion [J]. Journal of Geotechnical & Geoenvironmental Engineering，2008，134（1）：57-67.

[8] Skempton A W，Brogan J M. Experiments on piping in sandy gravels [J]. Geotechnique，1994，44（3）：449-460.

作者简介：

詹美礼（1959—），男，教授，博士生导师，主要从事渗流力学、地下水污染及控制技术研究。E-mail：zhanmeili@sina.com

金桥水电站首部枢纽闸坝基础加固与防渗的设计

甄燕，王明疆，张华明

（中国电建集团西北勘测设计研究院有限公司，陕西省西安市 710065）

【摘 要】 针对深厚覆盖层及砂层透镜体基础，适应变形能力强的当地材料坝较为占优势，但需结合工程实际考虑其长远性及安全性。同时深厚覆盖层基础加固处理及防渗体系的设计至关重要，是保证工程安全运行的关键性技术问题。本工程采用振冲碎石桩进行地基加固处理，通过现场试验验证满足设计要求。防渗体系采用防渗墙＋左右岸坝肩帷幕灌浆的方式，并通过有限元法对防渗措施、渗控效果、渗流特性等进行三维计算分析，满足设计要求。

【关键词】 深厚覆盖层；基础处理；防渗措施

1 工程概况

金桥水电站是易贡藏布干流上规划推荐"1库8级"开发方案的第2级，位于西藏自治区那曲地区嘉黎县境内，工程的开发任务为在满足生态保护要求的前提下发电。目前已经全部投产发电。

水库正常蓄水位为 3425.00m，死水位为3422.00m，水库总库容为 41.28 万 m³，调节库容为 11.83 万 m³。电站总装机容量为 66MW（3×22MW），年发电量为 3.57 亿 kWh，保证出力6.0MW，年利用小时 5407h。工程为三等中型工程，主要建筑物按 3 级建筑物设计。

2 首部枢纽建筑物基础地质条件

金桥水电站河床砂卵砾石层，厚度为 30～80m，结构中密—密实，岩性成分：卵砾石主要为花岗岩、砂岩等，卵砾石含量一般为 60%～70%，其余为砂，为中等透水层，工程地质条件良好；河床坝基砂卵砾石层中夹有冲积细砂透镜体，岩性为含砾细砂，含砾量约 10%，为弱透水层，承载力及变形模量相对较低，厚度分布不均，工程地质性状较差。覆盖层物理力学参数见表1。

砂卵砾石层中不均匀分布 4 个透镜体状砂层，沿顺河方向呈条带状展布，如图 1 所示，主要以细砂、粉细砂为主，局部为中砂，②号砂层透镜层体分布在左岸 1 号挡水坝、泄洪闸、右岸挡水坝及电站进水口下部，分布范围长约 186m，宽约 77m。该透镜体埋深为 2.5～23.8m，透镜体埋深由上游向下游逐渐减薄，在坝轴线附近最厚，厚度约 20m，向上下游变薄，该透镜体分布不均一，厚度变化大，承载力较小，在上覆荷载作用下，坝基有发生不均匀沉降的可能性。因此，对该透镜体砂层需进行基础处理。

表1 覆盖层物理力学参数建议值表

岩组	干密度 γ_d（g/cm³）	孔隙比 e	允许承载力（kPa）	变形模量（MPa）	压缩系数（MPa⁻¹）	抗剪强度 f 值抗剪强度			渗透系数 k_d（cm/s）	允许坡降 J_c
						覆盖层 f	覆盖层/混凝土			
							f'	C'（MPa）		
洪积碎石土（Q_4^{pl}）	2.04	0.33	400～450	35～40	0.10	0.47～0.58	0.3～0.4	0.03	2.09×10^{-3}	0.10～0.15
冲积砂砾石（$Q_4^{al}-sgr_2$）	2.04	0.33	450～500	40～45	0.08	0.58～0.65	0.45～0.58	0.05	5.51×10^{-3}	0.10～0.20
砂层透镜体（$Q_3^{al}-Ⅳ_2$）	1.65	0.63	250～280	20～25	0.15	0.36～0.40	0.23～0.36	0.01	3.07×10^{-5}	0.35～0.5

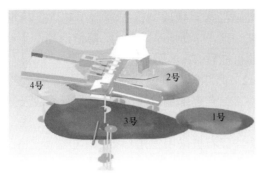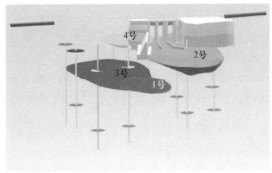

图 1　透镜体分布特征三维视图

3　首部枢纽建筑物

3.1　主要建筑物设计标准

（1）按 NB/T 35023—2014《水闸设计规范》规定，非岩基上的 3 级混凝土闸坝挡水建筑物抗滑稳定安全系数 $[k_c]$ 和坚实土基闸室基底应力最大值与最小值之比的容许值 η 取值见表 2。

表 2　抗滑稳定安全系数 $[k_c]$ 允许值

荷载组合		$[k_c]$	η
基本组合		1.25	2.5
特殊组合	I	1.10	3.0
	II	1.05	3.0

在各种计算情况下，闸基和坝基平均基底应力不大于地基允许的承载力 500kPa，最大基底应力不大于地基允许承载力的 1.2 倍，基底不允许出现拉应力。

（2）地基沉降安全控制标准。主要建筑物最大沉降量不超过 15cm，相邻建筑物最大沉降差不超过 5cm。

（3）渗流控制标准。根据表 1，安全起见，冲积砂砾石允许坡降取 0.1。鉴于砂层透镜体基础经过振冲碎石桩处理，允许坡降取中间值 0.43。

3.2　首部枢纽建筑物布置

首部枢纽主要建筑物从左至右主要包括左岸堆石混凝土重力坝、泄洪冲沙闸、排漂闸、右岸挡水坝段及电站进水口。坝顶高程为 3427.5m，建基面最低高程为 3400.00m，最大坝高为 27.5m，坝顶长约 198.65m。

（1）挡水建筑物布置。左岸挡水坝采用堆石混凝土重力坝，紧邻泄洪闸左边墙，沿坝轴线长度为 106.3m，共分 6 个坝段，坝段宽度为 18～20m。坝顶高程为 3427.50m，坝顶宽度为 12m。上游坝坡 1:0.2，下游坝坡 1:3.225。坝体典型剖面图及分区如图 2 所示。右岸挡水坝段内布设生态防水阀室、门库，采用常态混凝土重力坝，沿坝轴线长度为 52m，坝顶高程为 3427.50m，坝顶宽度为 12m。坝体上游紧邻电站进水口，下游坝坡为 1:0.7。

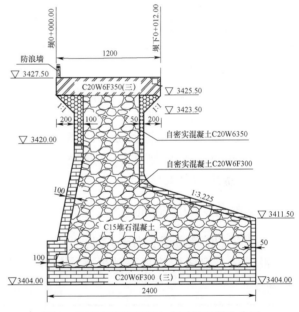

图 2　自密实堆石混凝土典型剖面图及分区

（2）泄水建筑物布置。泄水建筑物主要包括泄洪冲沙闸、排漂闸。泄洪冲沙闸为 3 孔平底孔流混凝土闸坝，1、2 号闸孔为 1 个坝段，坝段宽度为 20m，3 号闸孔及排漂孔为 1 个坝段，坝段宽度为 17m。为防止由于不均匀沉降引起的结构开裂，闸室结构采用整体式。闸室进口底板高程为 3405.0m，孔口尺寸为 6m×5m，顺水流方向长 35m，闸室段上游接引渠和水平混凝土铺盖，并设两道导沙坎。下游接 85m 长的缓坡混凝土护坦，护坦末端设有厚 80cm、深 10m 的混凝土防冲墙。后接 35m

长的钢筋笼海漫，并与下游河床相接。

排漂闸采用折线型实用堰，堰顶高程为3422.0m，孔口宽度为3m。为保证下游河道正常生态用水，在右岸挡水坝段内设 $\phi150cm$ 生态放水孔，进口中心线高程为3414.0m，出口引至泄洪闸消力池左边墙生态供水池内。

4 深厚覆盖层基础加固处理

4.1 基础处理的选择

本工程基础覆盖层厚度较大，换填法需换填后重新分层回填碾压，其压实标准高、工期长，较薄的换填厚度对地基承载力提高有限且不能解决地震液化问题。针对中粗砂基础，强力夯实法对承载力提高效果难以保障。振动水冲法、沉井基础造价较高。因此，本工程针对泄洪闸、右岸挡水坝段、电站进水口坝段的深厚覆盖层基础采用振冲碎石桩处理，提高地基承载力，降低地基发生地震液化的可能性。

4.2 振冲碎石桩设计及施工

结合上部建筑物荷载、砂层分布以及施工设备等条件，通过复合地基承载力特征值计算，本工程振冲碎石桩采用三角形布置，桩径为1m，间距为2m，桩体深度穿过中粗砂层，深入砂卵砾石层面以下2m。桩体填料采用硬质新鲜无风化的连续级配碎石，粒径为2～8cm。桩顶垫层料粒径为20～40mm的连续级配的碎石料。

施工过程中采用单向逐段振密，使得碎石桩体与周围砂层构成复合地基，桩顶置换并铺设2m厚碎石垫层，做碾压实处理，从而提高地基承载力，减小沉降量，达到加固的目的。施工技术参数见表3。

表3 振冲桩施工技术参数

类别	造孔压（MPa）	造孔电流（A）	加密水压（MPa）	加密电流（A）	振留时间（m）	填料粒径（m）	级配配比
指标	0.3～0.8	110～180	0.8	180～210	5～10	20～80	1:2

4.3 试验检测成果

采用重型动力触探试验以及标准贯入试验对施工完成的振冲碎石桩进行了单桩及复合地基的试验。经过试验验证，单桩竖向抗压承载力特征值均大于850kN，复合地基承载力特征值大于550kPa，均满足设计要求。

5 深厚覆盖层防渗处理

5.1 首部枢纽防渗墙深度比选研究

根据首部枢纽建筑物基础覆盖层较厚、结构松散、透水性强、破坏比较低，还夹有细沙透镜体的特点，本工程选用混凝土防渗墙进行渗控处理。拟定表4中所列8种防渗深度分别进行计算，通过计算坝基及两岸的总渗透流量、渗透坡降、等水头线及流网，论证坝基覆盖层以及坝肩岩体的渗透稳定性，并选取最优防渗方案。

表4 首部枢纽防渗方案比选方案

项目	方案1	方案2	方案3	方案4	方案5	方案6	方案7	方案8
防渗墙深入基岩	不设	悬挂1倍坝高	悬挂1.5倍坝高	悬挂2倍坝高	深入基岩1m	深入基岩1m	深入基岩1m	深入基岩1m
左右岸防渗水平深度	不设	25m	25m	25m	25m	50m	75m	100m

5.2 三维渗流计算

（1）计算模型。三维渗流计算模型：两岸坝肩向外延伸200m，上、下游方向自坝脚向外延伸200m，垂直向向下取至相对不透水层以下100m。渗流计算模型与坐标系如图3所示。计算模型采用笛卡儿直角坐标系，横河向为 x 轴，指向左岸为正向，坐标原点选在混凝土闸坝与左岸混凝土坝结合处；顺河向为 z 轴，指向下游为正向，坐标原点选在坝轴线处；以垂直向为 y 轴，垂直向上为正，坐标原点选取在0标高处。

（2）计算参数。首部枢纽坝址区渗流场三维有限元计算各材料渗透系数见表5。

表 5　　　　首部枢纽坝址区渗流场三维有限元计算各材料渗透系数表　　　　cm/s

材料	砂层透镜体	砂砾石覆盖层	岩石基础	坝肩弱风化层	坝肩微风化层	防渗墙	帷幕
渗透系数	3.07×10^{-5}	5.51×10^{-3}	5.0×10^{-5}	5.0×10^{-4}	1.0×10^{-4}	1.0×10^{-6}	2×10^{-5}

（3）计算边界条件。计算边界条件的设置如图3所示，河道内全部为指定水头边界条件，各工况下的水头值见表6。

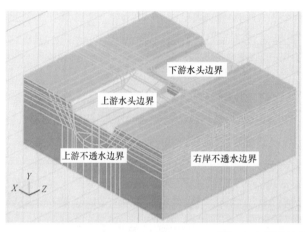
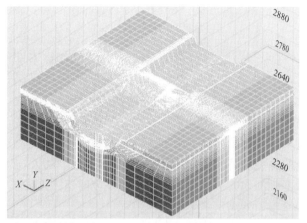

图 3　大坝渗流计算模型与坐标系

模型底部为不透水边界；由于本工程模型范围较大，水位相差不大，两岸岩体渗透系数较小，计算中模型的左右两侧设为不透水边界。

表 6　　　不同计算工况上下游水位值表

工况	上游水位（m）	相应下游水位（m）	备注
正常运行期	3425.00	3407.81	2年一遇洪水下游水位
	3425.00	3408.07	5年一遇洪水下游水位
	3425.00	3404.86	放生态流量对应下游水位（$Q = 11.4\,m^3/s$）
校核洪水情况	3425.70	3409.24	
设计洪水情况	3422.00	3408.50	

（4）计算内容。① 对拟定的防渗方案进行三维渗流计算研究，根据计算选择合理的防渗设计方案；② 对选定的防渗设计方案在不同运行状态下进行三维渗流模拟，通过定性分析与定量计算，研究坝基、坝肩渗透稳定性及渗流量变化估算，验证防渗设计方案的合理性；③ 对主要材料参数进行敏感性分析，对敏感性较大且不利于工程安全运行的材料区应加强防渗处理，确保工程的安全运行。

5.3　计算结果

（1）总体渗流量情况。随着混凝土防渗墙深度的增加，总体渗流量逐渐降低，变化趋势如图4所示。悬挂式混凝土防渗墙只能延长渗透路径，没有达到截渗的目的。砂砾石覆盖层的渗透系数大，有效阻渗路径短，采用悬挂式混凝土防渗墙的总体渗流量均较大。因此，本工程选取封闭式混凝土防渗墙防渗。

左右岸防渗帷幕入岩深度为25、50、75、100m时，总渗流量与防渗帷幕长度的关系如图5所示。坝肩防渗帷幕入岩深度增加，渗流量减小幅度不明显。因此，左右岸防渗帷幕入岩深度50m是最合理的。

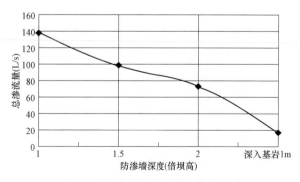

图 4　总渗流量与防渗墙深度的关系

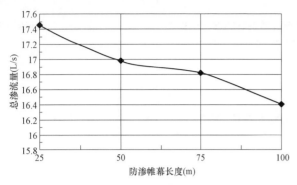

图 5　总渗流量与防渗帷幕长度的关系

（2）水力坡降线的分布情况。坝基和两岸不设防渗措施时，左右岸坡及河床基础的水力坡降高达 0.7。采用不同深度的悬挂式防渗墙时，坝体基础的水力坡降最大值分别为 0.37、0.25 和 0.1，均超过坝体基础的允许坡降，同比封闭式防渗墙同位置处的水力坡降较大。采用封闭式防渗墙，岸边及河床基础的水力坡降最大值均在允许坡降范围之内，渗流出口处满足渗透稳定性要求。

（3）渗流速度的分布情况。坝体防渗体及关键部位的渗流速度在帷幕控制范围内，上游距帷幕越远，渗流速度越小，帷幕中的渗流速度最小，接近帷幕时渗流速度最大；坝基下游距渗流出口越近，渗流速度越大，渗流出口处渗流速度最大。在帷幕下方的基岩内，渗流速度分布呈山峰状，帷幕正下方的渗流速度最大，上下游侧距帷幕越远渗流速度越小。

随着防渗墙深度及两岸防渗帷幕向山里延伸长度的增加，渗流速度递减，对渗透稳定更加有利。

（4）等水头线分布情况。河床中心坝基中顺河方向垂直剖面的等水头线呈以防渗帷幕底端为中心的扇形分布，越靠近上游水头越高。河床覆盖层中顺河方向水平层中的等水头线呈上游高下游低形式，在防渗帷幕处水头线有陡降，越靠近坝基高程水头线陡降处的差值越大。随着深度的增加，水头线陡降处的差值越来越小，直到帷幕底端以下等水头线呈缓变的 S 形分布。水平剖面处的水头等值线呈以防渗帷幕为柄的扇形分布。

由表 7 可知，随着防渗墙深度的增加，防渗墙上下游面处的水头差有所减小，悬挂式防渗墙闸后底板扬压力较大。随着左右岸防渗帷幕向岸内延伸的增加，防渗墙上下游面处的水头差有所减小，但总体变化幅度不大。

表 7　关键部位的最大水头差表　　　（m）

序号	工况	大坝上下游最大水头差	坝体内最大水头差	闸后底板下扬压力水头
1	无防渗墙和帷幕	20.14	18.99	12.82
2	设计方案	20.14	0.08	0.97
3	1 倍坝高悬挂防渗墙	20.14	0.67	5.48
4	1.5 倍坝高悬挂防渗墙	20.14	0.44	3.87
5	2 倍坝高悬挂防渗墙	20.14	0.31	2.57
6	左右岸帷幕长 25m	20.14	0.10	1.11
7	左右岸帷幕长 75m	20.14	0.07	0.93
8	左右岸帷幕长 100m	20.14	0.06	0.89

（5）防渗材料参数敏感性分析研究。本工程对混凝土防渗墙、左右岸防渗帷幕、砂砾石覆盖层、左右岸岩体渗透系数进行了敏感性分析。

混凝土防渗墙 4 种渗透系数（设计工况取 $1.0×10^{-6}$cm/s、增 2 倍、增 5 倍和增 10 倍）的总体渗流量分别为 16.98、19.16、24.90L/s 和 44.63L/s，其随防渗墙渗透系数的变化曲线如图 6 所示。封闭式防渗墙渗透系数小幅增加对渗流计算结果影响不大，防渗墙渗透系数大幅增加对渗流计算结果影响较大。因此，防渗墙渗透系数是敏感参数。

左右岸坝肩帷幕渗透系数增 2 倍和增 5 倍时渗流量分别为 18.09L/s 和 19.88L/s，渗流量随帷幕渗透系数的变化曲线如图 7 所示。左右岸防渗帷幕的渗透系数变化对渗流量的影响小于防渗墙的影响。防渗帷幕渗透系数增大 5 倍时，仍比弱风化层的渗透系数小 10 倍，仍有一定的抗渗作用，总渗流量、水力坡降及大坝各部位的水头与设计工况相差不大。左右岸防渗帷幕渗透系数是较敏感参数。

河床砂砾石覆盖层渗透系数增大 5 倍时，总渗流量是设计工况的 1.09 倍，与设计工况相差不大。由于采用了封闭式混凝土防渗墙，砂砾石覆盖层的渗透系数变化对总渗流量、水力坡降及大坝各部位的水头计算结果的影响不大。砂砾石覆盖层的渗透系数为不敏感参数。

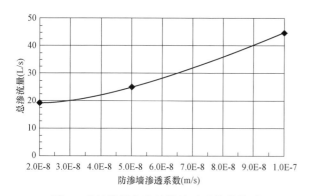

图 6　总渗流量与防渗墙渗透系数的关系

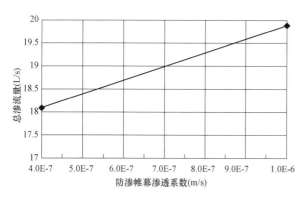

图 7　总渗流量与防渗帷幕渗透系数的关系

左右岸弱透水带及微风化岩体渗透系数增大5倍时，总渗流量是设计工况的 2.06 倍，闸后底板处的扬压力较大，坝坡脚处的水力坡降也较大。说明左右岸弱透水带及微风化岩体的渗透系数对总渗流量影响很大，是敏感性参数。

因此，河床封闭式防渗墙及左、右岸坝肩帷幕对防渗设计至关重要，能保证首部枢纽建筑物基础渗透稳定、满足首部枢纽建筑物蓄水的功能要求，是确保工程安全稳定运行的重要因素。

6　监测布置及运行期监测成果

6.1　监测布置

鉴于本工程首部枢纽建筑物基础为深达 82m 的深厚覆盖层，变形监测及渗流监测是工程监测的重点。首部枢纽建筑物表面水平位移采用交会法监测，共布置 8 个水平位移测点、15 个垂直位移测点。坝基变形监测共布置 3 套电磁沉降管，在各坝

段之间布置板式三向测缝计以监测接缝变形情况。坝基渗流采用渗压计监测，首部共选取 3 个主监测断面，同时在左岸堆石混凝土坝段及泄洪冲沙闸坝段每坝段基础分别布置 1 支渗压计，共布置渗压计 10 支、钻孔渗压计 8 支。为了解两岸绕坝渗流情况，在左、右两岸各布置 2 个地下水位长期观测孔。

6.2　运行期监测

电站运行 2 年来，表面水平位移上下游累计最大位移为 8.5mm，左右岸累计最大位移为 4.18mm，现场巡视检查大坝整体无异常现象，基本符合设计三维计算成果。坝顶垂直最大位移为 8.2mm，实际沉降均小于正常运行工况下计算成果值。

运行初期基础渗压计渗压水头随库水位变化有所波动，正常运行后，基础渗压计测值整体变化平稳。左右两岸各布置 2 个地下水位长期观测孔实测水位为 3411.52～3420.57m，变化基本平稳。

7　结语

（1）首部枢纽建筑物基础为 80m 级深厚砂卵砾石层，且分布着 4 个砂层透镜，其承载力及变形模量相对较低，坝基存在发生不均匀沉降的可能性。本工程通过采用振冲碎石桩基础处理，提高地基承载力，增大地基变形模量，提高地基剪切强度和水平抵抗力，减少不均匀沉降，消除液化砂土液化。经过现场试验检测，满足设计要求。

（2）深厚覆盖层防渗采用封闭式防渗墙，两岸防渗帷幕向岸里延伸 50m，经三维渗流计算，建筑物基础在各运行工况下的渗流量、水力坡降等参数均在安全稳定范围内，合理的防渗方案保证了工程的安全稳定运行。

（3）封闭式防渗墙渗透系数、左右岸弱透水带及微风化岩体渗透系数是敏感性参数。因此，封闭式防渗墙及两岸防渗帷幕的施工质量，是保证电站安全运行的关键。

（4）电站运行 2 年来，根据现场实测数据分析，首部枢纽建筑物垂直及水平位移可控，基本符合设计三维计算成果，现场巡视检查大坝整体无异常现象。

参考文献：

[1]　中国电建集团西北勘测设计研究院有限公司. 西藏易贡藏布金桥水电站工程可行性研究报告（审定本）[R]. 西安：中国电建集团西北勘测设计研究院有限公司，2016.

［2］ 白勇，等. 深厚覆盖层地基渗流场数值分析［J］. 岩土力学，2008，29（S1）：94－98.

［3］ 谢兴华，王国庆. 深厚覆盖层坝基防渗墙深度研究［J］. 岩土力学，2009，30（9）：1526－1538.

［4］ 温立锋，范亦农，柴军瑞，等. 深厚覆盖层地基渗流控制措施数值分析［J］. 水资源与水工程学报，2014，25（1）：127－132.

作者简介：

甄 燕（1985—），女，高级工程师，主要从事水工建筑物结构设计工作。E-mail：304258185@qq.com

深厚覆盖层中新型扩底防渗墙对防渗效果的影响

罗玉龙，孔祥峰，罗斌，詹美礼，盛金昌，何淑媛

（河海大学水利水电学院，江苏省南京市　210098）

【摘　要】为降低防渗墙端部的渗透坡降，提出改变防渗墙端部局部的结构形式，将常规长方体结构形式改为新型扩底结构形式，并对比分析了常规结构形式和扩底结构形式防渗墙端部渗透坡降的分布规律。研究表明：与常规结构形式相比，扩底结构形式能够显著降低防渗墙端部和下游坝脚出溢处的最大坡降；扩底结构的半径越大，防渗墙端部的最大渗透坡降越小，下游坝脚出溢处的最大渗透坡降越小；对于概化模型，常规结构形式防渗墙贯入深度为35m时，防渗墙端部最大坡降为0.85，下游坝脚处最大渗透坡降为0.27，要达到相同防渗效果，半径1.5m的扩底结构形式防渗墙的贯入深度仅需23m；扩底结构形式显著优于常规形式，它能够大幅度降低防渗墙建设的工程量和工程造价，显著缩短防渗墙施工工期。

【关键词】深厚覆盖层；防渗墙；扩底形式；渗透坡降；渗透稳定性

0　引言

深厚覆盖层是指堆积于河谷之中、厚度大于30m的第四纪松散沉积物，它具有结构松散、岩性不连续、成因类型复杂、物理力学性质不均匀等特点[1]。深厚覆盖层地基中常存在级配不良的管涌型土[2]，这类土体的骨架多为漂（卵）砾石，而填充细颗粒则为砾质砂、粉细砂及粉土等。填充细颗粒非常容易在漂（卵）砾石构成的骨架孔隙中移动并被带出土体[3]。大量细颗粒的运移可能诱发地基的不均匀沉降，甚至导致大坝防渗体开裂，威胁大坝安全。混凝土防渗墙作为一种常用的防渗设施，目前已广泛应用于深厚覆盖层地基的防渗处理工程中，如小浪底斜心墙堆石坝坝基防渗墙最大深度为82m，瀑布沟心墙堆石坝坝基防渗墙深度为70m，冶勒大坝的防渗墙深度达140m等[4]。

防渗墙的建设增加了大坝整体的渗透稳定性，降低了地基内部整体的渗透坡降，但是却增大了防渗墙端部附近的渗透坡降[5]，从而大大增加了防渗墙端部附近土体发生局部渗透破坏的可能性[6-10]。目前，关于覆盖层地基，特别是防渗墙端部附近土体的渗透稳定性，通常采用对比计算和允许渗透坡降的方式进行简单评价[11-13]。如果计算坡降大于土体允许坡降，将建议继续增大防渗墙的贯入深度，直至满足土体渗透稳定性要求。防渗墙深度的增加，将显著增加工程投资；同时，如果防渗墙贯入深度过大，其施工质量也难以有效控制，可能出现开叉等现象，显著影响防渗效果。此外，对于一些覆盖层特别深厚（如Science报道[14]，雅鲁藏布江大拐弯地区覆盖层的最大厚度超过500m）的工程而言，由于目前防渗墙施工水平的限制，一味地增加防渗墙贯入深度可能仍然无法满足地基渗透稳定性的要求。

解决上述问题的关键是有效降低防渗墙端部局部过大的渗透坡降，为此，笔者提出改变防渗墙端部局部的结构形式，将常规的长方体结构形式（简称常规形式）改为如图1所示的扩底结构形式

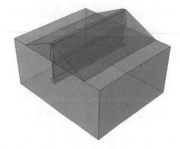

图1　新型扩底式防渗墙三维模型

基金项目：国家自然科学基金（51679070，51579078，51474204）；中央高校基本科研业务费专项（2015B20514）。

注：本文已发表在《河海大学学报（自然科学版）》2018年第2期。

（简称扩底形式），通过增加防渗墙端部局部的渗径长度，改善端部的渗透坡降分布规律。为了评价两种结构形式的防渗效果，重点对比分析了相同贯入深度条件下，常规形式和不同半径的扩底形式防渗墙端部渗透坡降的分布规律。

1　防渗墙端部结构形式对防渗效果的影响

1.1　渗流计算模型概化

为了研究深厚覆盖层地基中防渗墙端部结构形式对防渗效果的影响，参照一般土石坝工程设计，建立了如图 2 所示的二维计算概化模型：假设土石坝坝高为 10m，上下游坝坡比为 1:2，心墙上下游坡比为 1:0.1，深厚覆盖层地基厚度为 50m，覆盖层地基以下为不透水地基。坝体防渗采用黏土心墙，心墙底部和顶部宽度分别为 3m 和 1m，坝基防渗采用混凝土防渗墙，墙体厚度为 0.5m，防渗墙端部对比考虑两种结构形式：常规形式和扩底形式，两种结构形式的防渗墙贯入深度相同，均为 H，扩底形式的半径为 R。

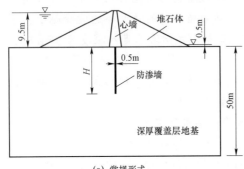
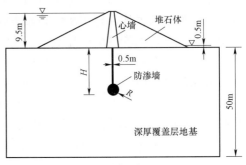

(a) 常规形式　　　　　　　　　(b) 扩底形式

图 2　防渗墙端部不同结构形式对防渗效果影响概化模型

1.2　渗流计算参数及边界条件

参照实际土石坝工程中各材料的渗流计算参数取值，拟定渗流计算参数如下：堆石体、覆盖层地基、心墙和混凝土防渗墙的渗透系数分别为 1.0×10^{-4}、1.0×10^{-5}、1.0×10^{-8}m/s 和 1.0×10^{-10}m/s。渗流计算边界条件：上游库水位 9.5m，即上游库水位以下的坝体上游坝坡坡面及库底边界为上游已知水头边界，总水头为 9.5m；下游水位 0.5m，即下游水位以下的下游坝坡坡面及下游地表为下游已知水头边界，总水头为 0.5m；下游水位以上的下游坝坡坡面为可能出溢边界；模型上下游侧竖向切取边界和坝基底面均为不透水边界。本次采用 Abaqus[15] 进行渗流计算。

1.3　渗流计算分析组合

为了对比防渗墙端部的不同结构形式对防渗墙端部和下游坝脚出溢处渗透坡降的影响，开展了三方面的渗流分析：① 常规形式防渗墙的贯入深度（H）对防渗效果的影响；② 不同半径（$R=1.5$m 和 2.5m）的扩底形式防渗墙的贯入深度对防渗效果的影响；③ 防渗墙贯入深度一定时，扩底形式防渗墙的不同扩底半径对防渗效果的影响。

2　结果分析

2.1　防渗墙端部结构形式对端部附近最大和平均渗透坡降的影响

图 3 所示为不同防渗墙端部结构形式下的渗流场等势线。从图 3 可以看出，对于常规形式而言，防渗墙端部等势线最为密集，表明该处渗透坡降最大。与常规形式相比，扩底形式在下游坝脚处的等势线较为稀疏，扩底结构形式的等势线最为密集的区域集中在端部的扩底区域。扩底形式端部的渗径相比于常规形式显著增大，因此对于扩底形式而言，防渗墙端部的最大渗透坡降显著降低。

图 4 所示为不同防渗墙端部结构形式下的渗透坡降等值线。从图 4（a）中可以看出，常规形式下防渗墙端部附近区域渗透坡降等值线最为密集，端部渗透坡降最大，达到 1.18。该区域以外，渗透坡降明显降低。对于扩底形式而言，防渗墙端部的扩底区域等值线最为密集，端部的渗透坡降最大，达到 0.52［如图 4（b）所示］，该区域以外，与常规形式分布规律基本一致。

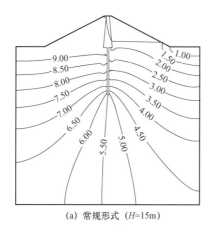 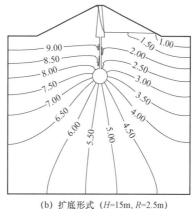

(a) 常规形式（*H*=15m）　　　　　　　　(b) 扩底形式（*H*=15m, *R*=2.5m）

图3　防渗墙端部不同结构形式下的渗流场等势线（单位：m）

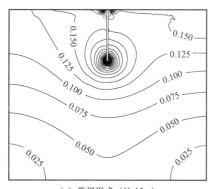 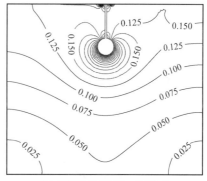

(a) 常规形式（*H*=15m）　　　　　　　　(b) 扩底形式（*H*=15m, *R*=2.5m）

图4　防渗墙端部不同结构形式下的渗透坡降等值线

相同贯入深度（$H=15$m）条件下，常规形式和不同半径（$R=1.5$m和$R=2.5$m）扩底形式的防渗墙端部附近最大渗透坡降的计算结果如下：常规形式时，最大渗透坡降达到1.18，而扩底形式时，$R=1.5$m和$R=2.5$m情况下的最大坡降分别为0.68和0.52。由上述结果可以得出，防渗墙端部的结构形式对防渗墙端部附近的最大渗透坡降的影响十分显著，扩底形式远小于常规形式的渗透坡降。同时，扩底形式的半径也对最大坡降有一定影响。

为了分析防渗墙端部结构形式对端部附近区域平均坡降的影响规律，统计了上述3种情况下防渗墙端部附近6m×6m和10m×10m正方形区域内的平均坡降。结果表明，常规形式（$H=15$m）和扩底形式（$H=15$m，$R=1.5$m；$H=15$m，$R=2.5$m）6m×6m和10m×10m正方形范围内的平均坡降分别为0.22和0.17。因此，防渗墙端部结构形式不会对防渗墙端部附近的平均坡降造成较大影响。

综上，防渗墙端部结构形式仅对端部附近区域的最大坡降产生显著影响，但对该区域的平均坡降

影响较小，其原因为在防渗墙贯入深度一定的情况下，两种结构形式下，防渗墙端部A、B两点间水头差几乎相等，而扩底形式端部的渗径长度比常规端部渗径大，如图5所示，因此，扩底形式端部比常规端部的渗透坡降小。

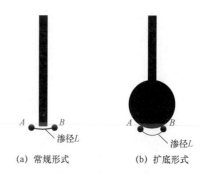

(a) 常规形式　　　　　　(b) 扩底形式

图5　模型原理解释

2.2　防渗墙端部不同结构形式下防渗墙贯入深度与端部最大坡降的关系

图6所示为端部不同结构形式防渗墙贯入深度与防渗墙端部最大渗透坡降J_1的关系。从图6

可以看出，无论何种结构形式，35m 均为防渗墙的最优贯入深度，此时端部最大渗透坡降最小。该结论与参考文献 [16] 的结论一致，即贯入比（防渗墙贯入深度与覆盖层厚度之比）在 0.7 左右为防渗最优取值；同时可以看到在常规形式下，最优防渗墙深度为 35m 时，端部最大渗透坡降为 0.85，而扩底形式（R=1.5m）下，防渗墙的贯入深度仅需约 7.5m 即可达到相同的防渗效果。

图 7 给出了在防渗墙贯入深度为 10m 时，常规形式与扩底形式在不同扩底半径下的端部最大渗透坡降。从图 7 可以看出，当扩底形式的防渗墙扩底半径大于常规形式的防渗墙宽度时，扩底形式会显著减小端部最大渗透坡降。同时可以看到，随着扩底半径增大，防渗墙端部的最大渗透坡降逐渐减小。

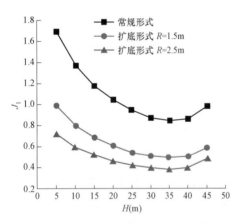

图 6　防渗墙贯入深度与端部最大坡降关系

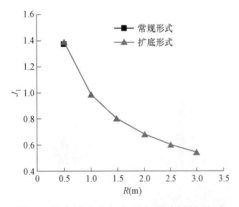

图 7　扩底形式半径与端部最大坡降关系

图 8 所示为端部不同结构形式，防渗墙贯入深度与下游坝脚处最大渗透坡降 J_2 的关系。由图 8 可知，常规形式下，最优防渗墙深度为 35m 时，下游坝脚处最大渗透坡降为 0.27，而扩底形式（R=1.5m）下，防渗墙的贯入深度仅需约 23m 即

可达到相同的防渗效果，保证下游坝脚出溢处渗透稳定。

图 9 给出了在防渗墙贯入深度为 10m 时，常规形式与扩底形式在不同扩底半径下的下游坝脚处最大渗透坡降。从图 9 可以看出，当扩底形式的防渗墙扩底半径等于常规形式的防渗墙宽度时，扩底形式仍会大幅减小下游坝脚处最大渗透坡降。同时可以看到，随着扩底半径增大，下游坝脚处的最大渗透坡降逐渐减小。

综上，对于扩底形式的防渗墙而言，其在较小贯入深度的条件下，就可以达到与常规形式防渗墙较大贯入深度条件下的防渗效果。由此可见，扩底结构形式显著优于常规形式，它能够大幅降低防渗墙建设的工程量和工程造价，显著缩短防渗墙施工工期。

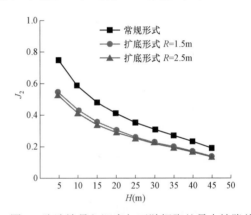

图 8　防渗墙贯入深度与下游坝脚处最大坡降关系

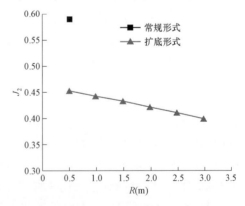

图 9　扩底形式半径与下游坝脚处最大坡降关系

3　结语

为防止深厚覆盖层地基中防渗墙端部的渗透坡降过大，引起防渗墙端部附近局部土体的渗透破坏。提出改变防渗墙端部局部的结构形式，将常规长方体结构形式改为扩底结构形式，对比分析了两种不同的防渗墙端部结构形式对防

渗墙防渗效果的影响，研究表明：① 与常规形式相比，相同贯入深度时，扩底形式能够显著降低防渗墙端部的最大坡降；② 相同贯入深度时，扩底结构的半径越大，防渗墙端部的最大坡降越小；③ 较浅贯入深度条件下的扩底形式防渗墙能够达到与常规形式防渗墙较深贯入深度条件下相同的防渗效果，对于本文的概化模型，常规形式防渗墙贯入深度为 35m 时，端部最大坡降为 0.85，下游坝脚处最大坡降为 0.27，要达到相同防渗效果，半径为 1.5m 扩底形式的防渗墙的贯入深度仅需 23m。由此可见，扩底结构形式显著优于常规形式。

本文仅从渗流数值分析的角度对扩底形式防渗墙的优越性进行了研究，未来还应该开展一些实验工作，全面深入地分析不同结构形式的防渗墙端部附近的渗透坡降的分布规律，以验证数值分析的结果。此外，本文也未详细讨论新型扩底防渗墙的施工可行性等问题，但是鉴于目前桩基扩底造孔施工工艺已比较成熟[17]，也可以为未来扩底型防渗墙施工工艺的研究提供一定的借鉴。

参考文献：

[1] 陈海军，任光明，聂德新，等. 河谷深厚覆盖层工程地质特性与其评价方法 [J]. 地质灾害与环境保护，1996，7（4）：53－59.

[2] 谢定松，蔡红，魏迎奇，等. 覆盖层不良级配砂砾石料渗透稳定特性及影响因素探讨 [J]. 水利学报，2014，45（增刊 2）：77－82.

[3] 罗玉龙，速宝玉，盛金昌，等. 对管涌机理的新认识 [J]. 岩土工程学报，2011，33（12）：1895－1902.

[4] 党林才，方光达. 深厚覆盖层上建坝的主要技术问题 [J]. 水力发电，2011，37（2）：24－28.

[5] 詹美礼，闫萍，尹江珊，等. 不同轴压下悬挂式防渗墙堤基渗透坡降试验 [J]. 水利水电科技进展，2016，36（3）：36－40.

[6] 蔡元奇，朱以文，唐红，等. 在深厚覆盖层坝基上建堆石坝的防渗研究 [J]. 武汉大学学报（工学版），2005，38（1）：18－22.

[7] RICE J D, DUNCAN J M. Findings of case histories on the long-term performance of seepage barriers in dams [J]. Journal of Geotechnical and Geoenvironmental Engineering，2010，136（1）：2－15.

[8] LUO Y L, NIE M, XIAO M. Flume-scale experiments on suffusion at the bottom of cutoff wall in sandy gravel alluvium [J]. Canadian Geotechnical Journal，2017，54（12）：1716－1727.

[9] LUO Y L, WU Q, ZHAN M L, et al. Hydro-mechanical coupling experiments on suffusion in sandy gravel foundations containing a partially penetrating cut-off wall [J]. Natural Hazards，2013，67（2）：659－674.

[10] WANG S, CHEN J C, LUO Y L, et al. Experiments on internal erosion in sandy gravel foundations containing a suspended cutoff wall under complex stress states [J]. Natural Hazards，2014，74（2）：1163－1178.

[11] 沈振中，张鑫，陆希，等. 西藏老虎嘴水电站左岸渗流控制优化 [J]. 水利学报，2006，37（10）：1230－1234.

[12] 王学武，党发宁，蒋力，等. 深厚复杂覆盖层上高土石围堰三维渗透稳定性分析[J]. 水利学报，2010，41（9）：1074－1078.

[13] 吴梦喜，杨连枝，王锋. 强弱透水相间深厚覆盖层坝基的渗流分析 [J]. 水利学报，2013，44（12）：1439－1447.

[14] WANG P, SCHERLER Dirk, LIU Z J, et al. Tectonic control of Yarlung Tsangpo Gorge revealed by a buried canyon in Southern Tibet [J]. Science，2014，346（6212）：978－981.

[15] Hibbitt，Karlsson and Sorensen，Inc. ABAQUS theory manual and analysis user's manual [R]. Pawtucket, USA: Hibbitt, Karlsson and Sorensen，Inc.，2002.

[16] 谢兴华，王国庆. 深厚覆盖层坝基防渗墙深度研究 [J]. 岩土力学，2009，30（9）：2708－2712.

[17] 国家能源局. DL/T 5125—2009，水电水利岩土工程施工及岩体测试造孔规程 [S]. 北京：中国电力出版社，2009.

作者简介：

罗玉龙（1980—），男，博士，副教授，主要从事岩土体渗流控制研究工作。E-mail：lyl8766@ 126.com

多布水电站特厚覆盖层高闸坝防渗设计

任苇，李天宇

（中国电建集团西北勘测设计研究院有限公司，陕西省西安市　710065）

【摘　要】针对多布水电站工程复杂的工程地质问题、特点和技术难点，通过大量系统的分析研究，结合中国深厚覆盖层基础闸坝工程实践，从前期地质勘探与试验、参数选择开始，涉及防渗方案比选、计算分析、方案选定，以及监测资料的分析与安全评价等多个方面，分析提出了深厚覆盖层上修建闸坝的 6 项设计原则，同时总结提出了"防渗墙折减系数分析法""水力坡降法" 2 种渗流安全评价方法。解决了深厚复杂覆盖层工程渗漏渗透稳定问题；完成了深厚复杂覆盖层、高闸坝渗流控制和完善的止水系统等，创新成果突出。

【关键词】多布水电站；特厚覆盖层；闸坝；防渗设计

0 引言

河床深厚覆盖层是指堆积于河谷之中、厚度大于 40m 的第四纪松散堆积物，根据其厚度的不同，又可进一步细分为厚覆盖层（40~100m）、超厚覆盖层（100~300m）以及特厚覆盖层（厚度大于 300m）[1]。中国西南地区，特别是西藏地区河床深厚覆盖层分布尤为广泛，一般厚度均在 100m 以上，局部地区厚度可达 300~600m，其超厚、特厚覆盖层具有保存完整性、多样性、典型性特点[2]。在实际工程实践中，受地形地质条件限制，往往需要在深厚覆盖层上修建具有挡水功能的重力式混凝土闸坝。建成运行的成功典型工程中，下马岭水电站重力坝最大高度为 33.2m，覆盖层厚 37m[3]，锦屏二级挡水闸高 34m，覆盖层厚约 40m[4]，福堂水电站挡水闸高 31m，覆盖层厚 65m[5]；国外工程如苏联的古比雪夫水电站厂房、甫凉斯克水电站厂房[6]，坝高分别为 57m 和 52m。西藏尼洋河上的多布水电站[7]，基础覆盖层深度达 359.3m，属特厚覆盖层，工程枢纽建筑物从右向左依次布置有主河床土工膜防渗砂砾石坝、8 孔泄洪闸、2 孔生态放水孔、引水发电系统、左副坝、鱼道等。枢纽建筑物全长 609.2m，坝顶高程为 3079.00m。最大坝高为 51.3m，是国内特厚覆盖层上最高闸坝建筑物。

特厚覆盖层这种复杂的不良地基条件给水利水电工程建设带来了一定的困难，据 Larocque 统计，因坝基问题而失事的大坝，约占失事大坝的 25%；另据不完全统计，国外建于软基及覆盖层上的水工建筑物，约有一半事故是坝基渗透破坏、沉陷太大或滑动等因素导致的。本文结合国内特厚覆盖层上最高闸坝工程——多布水电站闸坝工程实践，总结坝基防渗处理设计思路，开展渗控原则探讨。

1 多布水电站防渗设计特点分析

多布水电站防渗设计的特点包括"特厚复杂覆盖层地基"（特厚基础覆盖层，有 14 层且物质组成复杂，并存在砂土液化层）和"高软基重力坝"（挡水坝段最大坝高为 51.3m）两个方面。

（1）特厚复杂覆盖层地基：西藏尼洋河多布水电站枢纽工程地处高原，地形地质条件十分复杂，河床及左岸为特厚复杂覆盖层，经勘察坝址区地基覆盖层厚度达 359.3m，河床覆盖层左深右浅，一般厚 60~180m，左岸台地覆盖层厚 180~359.3m，右岸覆盖层厚度为 16~50m。根据覆盖层颗粒级配、粒径大小和物质组成，将坝址区覆盖层划分为 14 层，具有砂卵石、砂砾水平均匀交互分层的特点，防渗性能及基础承载力、变形特性相应出现强弱交替、软硬相间的特点。

（2）多布水电站厂房坝段高达 51.3m，其与相邻的泄洪闸坝段、安装间坝段间基础面高差将近 30m。多布水电站作为特厚覆盖层上的最高闸坝，不均匀变形带来的防渗处理问题突出,是工程设计的重点。

上述工程特点给工程防渗设计带来了巨大的难度,稍有不慎,将导致止水拉裂、基础管涌、机组失稳,严重时甚至威胁下游沿河人民生命财产安全。

2 防渗设计原则

水工建筑物防渗设计从前期地质勘探与试验、参数选择开始,涉及防渗方案比选、计算分析、方案选定,以及监测资料的分析与安全评价等多个方面,通过总结论述多布水电站防渗工程设计实践中的经验,提出以下特厚覆盖层高闸坝防渗设计原则。

(1)重视岩组划分,合理确定渗流参数。岩组划分是进行地质特性研究及评价的基础,对杂乱型堆积和层状韵带分布要区别对待。合理的渗流参数是科学设计的基础。多布水电站坝址区河床特厚复杂覆盖层的组成物质具有粒径范围很广、级配差别大的特点。既有颗粒很大的漂石与块石,也有颗粒非常细小的粉粒与黏土,也有介于二者的卵石、砾石、砂粒等,再根据覆盖层颗粒级配、粒径大小和物质组成,将坝址区覆盖层划分为透水层强弱韵带分布的14层。经过现场抽水、注水试验、同位素法测试以及室内渗透、渗透变形试验,并类比其他工程的科研成果及经验,提出了坝址区河床覆盖层的渗透参数建议值,为后续设计提供了依据。多布水电站特厚覆盖层地质特性及渗流参数建议值见表1。

表1 多布水电站特厚覆盖层地质特性及渗流参数建议值

岩组	岩性	渗透系数 k_d (cm/s)	允许坡降 J_c
第1层（Q_4^{del}）	块碎石土	2.33×10^{-3}	0.10～0.15
第2层（Q_4^{al}-sgr2）	砂卵砾石	2.33×10^{-2}	0.10～0.15
第3层（Q_4^{al}-sgr1）	砂卵砾石	5.8×10^{-3}	0.15～0.20
第4层（Q_3^{al}－Ⅴ）	含砾粗砂	4.46×10^{-4}	0.20～0.30
第5层（Q_3^{al}－Ⅳ$_2$）	粉细砂	2.35×10^{-4}	0.25～0.30
第6层（Q_3^{al}－Ⅳ$_1$）	含砾中细砂层	5.48×10^{-4}	0.20～0.30
第7层（Q_3^{al}－Ⅲ）	含块石砂卵砾石	8.49×10^{-3}	0.15～0.20

岩组	岩性	渗透系数 k_d (cm/s)	允许坡降 J_c
第8层（Q_3^{al}－Ⅱ）	中细砂	5.89×10^{-5}	0.30～0.35
第9层（Q_3^{al}－Ⅰ）	含块石砂卵砾石	1.14×10^{-3}	0.20～030
第10层（Q_2^{fgl}－Ⅴ）	含块石砂卵砾石	1.14×10^{-3}	0.20～030
第11层（Q_2^{fgl}－Ⅳ）	含块石砾砂	1.70×10^{-4}	0.25～0.30
第12层（Q_2^{fgl}－Ⅲ）	含砾中细砂	3.26×10^{-5}	0.35～0.45
第13层（Q_2^{fgl}－Ⅱ）	含块石砂卵砾石	8.35×10^{-5}	0.30～0.35
第14层（Q_2^{fgl}－Ⅰ）	含块石砾砂	2.50×10^{-5}	0.30～0.40

(2)防渗安全控制可采取渗透坡降为主、渗透量为辅的原则。渗流设计一般需要考虑渗漏量和渗透坡降安全两个方面,但渗透量达到多少会对工程安全产生不利影响,各规范或资料中均没有明确。笔者通过搜集部分深厚复杂覆盖层闸坝渗流计算成果发现,在满足渗流坡降安全的前提下,已建工程计算渗流量均较小。福堂各种工况组合下的渗流量都很小,约为岷江枯水期多年平均流量的3‰;小天都不到枯水期多年平均来流量的1‰;太平驿通过闸轴线剖面的总渗透流量约0.1m³/s,锦屏二级电站枢纽计算总渗透流量约0.03m³/s,不到枯水期多年平均来流量的1‰;多布水电站计算总渗透流量约0.05m³/s,不到枯水期多年平均来流量（81m³/s）的0.6‰。对于软基闸坝工程,鲜有进行渗流量监测的案例,也未出现对工程安全及效益的不利影响。渗流量控制需要设置量水堰,一般来讲,软基闸坝工程河床相对较宽且覆盖层深厚,施工截渗墙、设置量水堰的难度相当大,从造价来看基本不具备设置量水堰条件,已建工程均不考虑设置量水堰。同时,对于深厚软基闸坝工程,渗透坡降一旦超过允许值,无论是发生管涌或者流土,其后果均对工程乃至下游影响区安全造成严重不利影响,而同时,混凝土建筑物与覆盖层接触部位往往是发生接触冲刷破坏的薄弱环节,在工程实践中需要严格控制。因此本文提出,对于软基闸坝工程,防渗安全控制可采取渗透坡降为主、渗透量为辅的原则,渗透坡降应重视与混凝土间接触冲刷的安全性。

(3)特厚覆盖层上修建超过30m高闸坝,原则上应优先采用悬挂式垂直防渗的形式。在水利水电领域，垂直防渗的成熟代表为防渗墙技术，中国防渗墙施工技术已经位居世界前沿，目前国内深度超过 40m 的防渗墙约有 70 道，其中 2019 年完建的新疆大河沿水利枢纽的混凝土防渗墙深度达 186m，为世界上深度最大。目前，国内已能够在各种特殊地层中修建各种用途的混凝土防渗墙。通过大量实践，积累了丰富经验，在科学研究、勘测设计和施工技术及现代化管理方面也获得很大进展，解决了在复杂地质条件下较大规模地基处理的某些关键技术。相比之下，垂直防渗长度大约为水平铺盖长度防渗效果的 3 倍以上，随着垂直防渗技术不断更新，水平铺盖的投资更大；特别对于在河滩阶地上修建闸坝的工程，上游铺盖防渗面广，出现沉降变形、裂缝等问题的几率更大，检修、维护难度更大。采用水平铺盖防渗的土坝大多数为中低坝，巴基斯坦的塔贝拉坝、我国河北省的邱庄水库，均出现过较为严重的渗漏塌陷事故。西藏雪卡水电站水平铺盖长 175m，实际施工过程中，由于水情预报不及时，基坑内抽排水措施不到位等，部分铺盖出现隆起、变形现象。因此从施工成熟度、防渗可靠性方面，垂直防渗墙优势较为明显。

目前，我国闸坝挡水水平最大为 50m 水头，其上下游水头差一般为 30m，对于 100m 以上的特厚覆盖层，按照 80m 全封闭防渗墙考虑，基础渗透坡降一般小于 0.2，基本满足渗透安全要求，因此对于特厚覆盖层上的闸坝仍采用封闭式防渗墙的方案，显然是不经济的，也是没有必要的。福堂、多布水电站工程覆盖层最大深度分别为 92.5、360m，防渗墙最大深度均不超过 40m，这两个工程均充分利用地基弱透水性的砂层或黏土层作为防渗依托层，采用悬挂式防渗墙与相对不透水层联合防渗的半封闭式体系，大大减小了防渗墙深度。

（4）合理确定渗流计算方法，重要工程应进行缺陷敏感性分析。渗流计算方法主要包括解析法、电网模拟法、有限元法等。电网络模拟主要分析地下水渗流问题，目前水闸设计规范推荐的改进阻力系数法属于解析法。该方法基于地基各层均匀单一的假定，无法反映特厚覆盖层复杂岩组的韵带分布不均匀特性，因此对于特厚覆盖层复杂地基，应参考水利行业水闸设计规范中"复杂土质地基上的重要水闸，应采用数值计算法进行计算"，否则简单按照解析法往往会出现较大误差。如多布水电站渗

流计算中，采用解析法计算，将地基按照均匀透水地基考虑时，防渗墙深度达到 58m，而采用有限元计算，考虑将防渗墙插入相对不透水层中，防渗墙深度仅需 37m，因此，对于闸坝坝基的复杂三维渗流场应该采用合适的数值方法来计算，以确保闸坝坝基的防渗和稳定。

三维计算表明，悬挂式垂直防渗措施沿底部会产生加密流网现象，另外，对于基础岩组渗透性强弱韵带分布情况，在弱透水层也会出现流网加密现象，从而增加发生内部管涌与接触冲刷的危险，设计时应进行专项分析。如在西藏旁多水利枢纽和多布水电站设计中，尽管防渗墙底部土层出现大于 10 的局部渗透坡降，经充分论证，认为在上部土层压覆和反滤作用下，不会出现内部管涌和接触冲刷。笔者认为，开展上部土层压覆和反滤作用下的室内渗透变形实验，是下一步工作的方向。

实际防渗墙施工中，难免出现底部开叉、相邻槽段搭接不良等缺陷，对于重要工程，应开展缺陷渗流影响分析，提出合理的工程措施建议。多布水电站缺陷渗流分析表明：当防渗墙存在施工缺陷时，防渗墙相邻槽段间由于搭接不良出现裂缝对计算区域渗流场的影响远大于底部分叉产生的影响。工程防渗墙插入相对不透水层大，防渗墙相邻槽段底部分叉缺口顶端位于相对不透水层顶面以下，因而防渗体系整体完整性无显著破坏，防渗体系整体防渗能力也无明显变化，仅底部分叉造成的局部漏水引起局部渗流场变化。而防渗墙相邻槽段间出现接缝时，由接缝上下贯穿形成渗流通道，直接影响坝基相对不透水层上部覆盖层渗流场，对漏水量、墙后自由面、各部位的渗透坡降均产生较大的影响。防渗墙应严格按技术规范施工，建议在施工过程中，保证槽孔几何尺寸和位置、钻孔偏斜、入岩深度（相对不透水层）、槽段接头等符合设计规范要求。

（5）重要工程应进行止水专项设计，并进行分区止水试验。永久伸缩缝面止水是防渗体系的重要组成部分，对于特厚覆盖层闸坝而言，要重视不同建筑物间沉降差对止水的剪切影响，结合三维应力应变分析及工程经验，合理选择止水结构，确保工程安全。

根据设计经验，多布水电站工程应重视不同建筑物间的止水结构设计，通过合理安排工序，确保施工全过程沉降差与上部止水相适应；止水结构布

置上，针对泄洪闸与右侧挡墙、生态放水孔与左侧厂房间沉降差分别为 3.6cm 和 2.7cm 的计算成果，采用 2 道止水＋沥青井的设计；对回填砂卵石基础上的泄洪闸，采用特大翼缘、鼻子的止水结构，确保工程止水适应沉降差要求。

多布水电站为检查止水片的埋设质量和止水效果，首先对 2 道止水进行分区设计，将连通的 2 道止水用竖向止水分隔成封闭的区间，每个区间设置进水管、出水管，在 2 道止水片之间设有骑缝方形检查槽，检查槽尺寸为 10cm×10cm。在结构块浇筑完成并满足强度要求后，通过进出水管，向止水检查槽进行压水，检查各个止水分区止水封闭性。压力为 1.5 倍设计水头，观测止水片是否漏水，若压水时止水片漏水超标，则通过引管对止水检查槽和 2 道止水片之间的缝面进行低弹聚合物灌浆，将止水检查槽及止水片之间的缝面填实，以期与 2 道止水片一起形成一道有效的防渗体。

（6）渗流监测分析宜采用"防渗墙折减系数分析法""水力坡降法"。本文提出了"防渗墙折减系数分析法""水力坡降法" 2 种渗流安全评价方法。

1）防渗墙折减系数分析法。本方法参考 SL 744—2016《水工建筑物荷载设计规范》混凝土坝的扬压力计算公式有关概念，对于一般岩基上的重力坝来讲，一般在上游坝内设置帷幕灌浆及排水，规范规定：当坝基设有帷幕和排水孔时，坝底面上游（坝踵）处的扬压力水头为 H_1，下游（坝址）处为 H_2，排水孔中心线处为 $H_2+\alpha(H_1-H_2)$，其余各段依次以直线连接，α 为渗透压力强度系数。

对于建筑在覆盖层的闸坝，上游垂直防渗相当于坝基帷幕，由于坝基本身透水性较强，不需要设置排水孔，扬压力分布与岩基上重力坝类似，按照上游库水位 $H_上$，下游水位为 $H_下$，防渗墙后第 1 支渗压计渗压测值计算水位为 H_1，则防渗墙折减系数 α 的计算公式为

$$\alpha = \frac{H_1 - H_下}{H_上 - H_下} \qquad (1)$$

对于防渗墙折减系数允许值的确定，有两种方法可以考虑，首先进行三维有限元分析，计算上述部位渗压计算成果，可以推求防渗墙折减系数计算值，作为渗流安全允许值的基本依据。资料显示，吉牛水电站正常挡水时上下游水头差为 19m，计算

防渗墙后折减系数为 0.37；锦屏二级水电站正常挡水时上下游水头差为 23m，计算墙后折减系数为 0.15；福堂水电站正常挡水上下游水头差为 21m，运行监测表明，河床坝段墙后折减系数小于 0.1，两岸坝段墙后折减系数一般为 0.2～0.3；多布水电站正常挡水时上下游水头差为 21m，运行监测表明，河床坝段墙后折减系数为 0.2～0.35。因此，一般工程折减系数安全值可按 0.2～0.4 考虑。

多布水电站针对推荐方案，采用三维非稳定饱和—非饱和渗流有限元计算分析程序 CNPM3D 进行分析计算，以下仅针对泄洪闸坝段水头变化和渗透坡降变化规律进行分析论述。闸坝基础典型剖面覆盖层中的水头等值线如图 1 所示，从水头等值线的负梯度方向可以看出覆盖层中的渗流始于库底垂直入渗，穿过各层，绕过防渗墙底部，以向上方向进入下游河床表面。计算分析表明，由于相对不透水层（第 8 层 $Q_3^{al}-II$）的存在，渗流影响范围基本在该相对不透水层深度范围，覆盖层渗透系数越小，水头等值线越密集，渗流折减较大，其余下层渗透系数较大，等水头线越稀疏。计算表明，防渗墙上、下游面覆盖层内的水头等值线有较大衰减，正常工况防渗墙消减的水头为 13.90m，墙后水头折减系数约为 0.4，说明防渗墙对于水头折减效果明显。

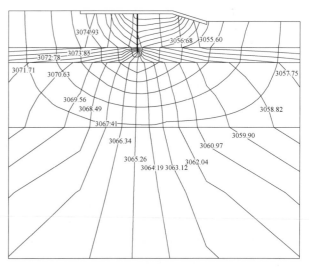

图 1　泄洪闸基剖面位势分布图

在蓄水运行期间，针对各坝段防渗墙后第一支渗压计监测值、上下游水位进行了长期跟踪分析，防渗墙折减系数基本为 0.2～0.35，与三维理论分析成果基本一致。

2）水力坡降法。沿坝体基础不同高程布设渗压计，根据渗压监测值分析计算渗透坡降，以上下游两支相邻布设的渗压计为例，监测所测的渗压水头分别为 H_1、H_2，渗压计间渗径为 S_1，则测点间的水力坡降为

$$J = \frac{H_1 - H_2}{S_1} \qquad (2)$$

将计算得到的渗透坡降与计算部位允许渗透坡降比较，评价渗透坡降是否满足设计及规范要求。一般来讲，对河床坝段，只需验算典型断面顺河向渗流坡降，对于两岸坝段，则应分析沿渗流方向典型断面的渗流坡降，进行安全评价。

以多布水电站为例说明，在正常运行工况（DB-TY-1）下，砂砾石坝、泄洪闸、厂房以及副坝地基的最大渗透坡降均发生在第 8 层 $Q_3^{al}-\mathrm{II}$ 地层防渗墙附近，多布水电站工程该部位渗透坡降分别为 2.589、2.266、1.737 和 2.580，均大于该地层的允许渗透坡降值 0.30～0.40，但考虑到最大渗透坡降发生的部位埋深深，上部第 7 层 $Q_3^{al}-\mathrm{III}$ 地层为冲击砂卵砾石层，可以起到一定的反滤作用，而第 8 层 $Q_3^{al}-\mathrm{II}$ 地层为细砂层，级配良好，即使防渗墙端部有少量细粒随渗透水流产生位移，在周围土体的围压作用下，在离开防渗墙端部后位移会迅速较小，土体重新稳定。综合分析，认为该层土体满足渗透稳定要求。图 2 为泄洪闸三维渗流计算成果剖面，沿泄洪闸基础底面最大渗透坡降为 0.10，相对不透水层最大渗透坡降为 0.32，考虑下游反滤层保护作用，沿泄洪闸基础底面接触冲刷允许坡降为 0.1～0.17 的 1.3 倍，相对不透水层（第 8 层 $Q_3^{al}-\mathrm{II}$）的渗透坡降提高至 0.30～0.35 的 1.3 倍，均满足渗透稳定要求。

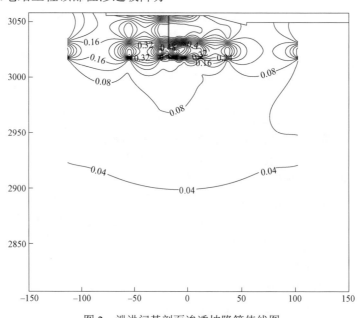

图 2　泄洪闸基剖面渗透坡降等值线图

在蓄水运行期间，针对各渗压计监测值和上、下游水位进行了长期跟踪分析，各监测断面局部有下游测值高于上游的反常现象，分析认为属于初期率定误差，相邻渗压计渗透坡降基本为 0.1～0.15，均满足渗透坡降要求，工程蓄水 7 年来，运行情况良好。

3　防渗总体布置及技术创新点

3.1　防渗总体布置

多布水电站基础防渗采用悬挂式垂直防渗墙的形式，防渗墙右岸与防渗帷幕相接；在主河床砂砾石坝段与上部复合土工膜连接；泄洪闸、厂房、生态放水孔、左副坝等坝段，防渗墙通过连接板与下游挡水建筑物联合防渗；已施工的左岸防渗墙向坝肩延伸80m。墙厚为1.0m。墙底高程为3011.00～3021.00m。

3.2　防渗技术创新点

本文提出了在"坡降控制、渗量合理"原则下，按照"防渗墙折减系数分析法""允许渗透坡降法"进行设计的渗流安全控制标准。以及防渗设计六大

原则，以下论述工程设计形成的技术创新点——超深厚软基闸坝防渗墙止水组合防渗关键技术，该技术获得 2019 年中国大坝工程学会技术发明奖三等奖，包含一套理论、两项发明、一套工艺等三个方面。

一套理论：首先采用广义塑性理论计算止水接缝空间。作为止水设计的基础，该理论基于多布水电站建基于大开挖后砂砾石基础上超固结的特性的实际，创新提出了对塑性模量进行超固结系数、应变累积系数修正，更客观反映土体的超固结特性。如防渗墙顶部与挡墙止水连接时，需要计算顶部预留凹槽高度及上、下游宽度，经分析凹槽高度及上、下游侧宽度分别受竣工期沉降差（3.15cm）、顺河向位移（1.45cm）控制，下游侧宽度受蓄水期顺河向位移控制（5.59cm）。

两项发明：包括"连接板与防渗墙缝间连接的 SR 止水结构及其止水方法""新型防渗墙顶部凹槽止水结构"，前者在广义塑性理论计算确定分缝宽度的基础上，创新借鉴了面板坝的表面止水工艺，沿防渗墙与连接板纵向分缝增设了表面 SR 鼓包及盖片止水系统，形成整体封闭。新型防渗墙顶部凹槽止水结构采用塑性更为良好的 SR 材料代替传统沥青，通过预埋 SR 出流盒及通气孔的细部结构，有效解决了塑性压缩、空气排除问题，该空间顶部上下游尺寸均按照广义塑性理论计算满足防渗墙与顶部挡墙间的沉降差、水平变位。

一套工艺：止水分区检查处理工艺，将建筑物分缝两道止水之间采用竖向止水分段隔离，并设置通水孔（兼灌浆孔）、排气孔，在全部止水结构及混凝土浇筑待强后，压水检查，发现缺陷及时灌浆封堵，确保止水系统埋设质量及封闭完整。

4 结语

西藏尼洋河多布水电站复杂的工程地质问题、防渗技术难点均已得到有效解决，其可靠的理论和工程实践经验为同类工程提供了标杆典范，创新成果突出，工程设计和建设填补了国内外在 360m 级特厚复杂覆盖地层上建设 50m 级高闸坝技术的空白，促进了水利水电行业进步，本文总结其防渗技术经验以期为同类工程提供借鉴。

参考文献：

[1] 余挺，叶发明，陈卫东，等. 深厚覆盖层筑坝地基处理关键技术. 北京：中国水利水电出版社，2020.

[2] 顾小芳. 深厚覆盖层上水闸渗流分析与防渗结构优化设计研究 [D]. 南京：河海大学，2006.

[3] 张磊. 软基重力坝设计中的技术问题与方案选择 [J]. 水资源与水工程学报，2011，22（1）：159-161.

[4] 李连侠，刘达. 锦屏二级水电站防渗墙后止水失效渗流计算 [J]. 长江科学院报，2009，26（10）：44-47.

[5] 杨光伟，何顺宾. 福堂水电站首部枢纽布置调整及优化设计 [J]. 水电站设计，2005，21（2）：14-17.

[6] 《湖北水力发电》编辑部. 古比雪夫水电站 [J]. 湖北水力发电，2008，80（6）：73-74.

[7] 中国电建集团西北勘测设计研究院. 西藏尼洋河多布水电站工程蓄水验收设计报告 [R]. 西安：中国电建集团西北勘测设计研究院，2014.

[8] 中国电建集团西北勘测设计研究院. 西藏尼洋河多布水电站工程可行性研究报告 [R]. 西安：中国电建集团西北勘测设计研究院，2013.

[9] 中华人民共和国水利部.SL 744—2016，水工建筑物荷载设计规范 [S]. 北京：中国水利水电出版社，2016.

作者简介：

任苇（1974—），男，正高级工程师，主要从事水利水电设计工作。

龙头石大坝覆盖层混凝土防渗墙应力变形分析

朱材峰[1]，高峰[1]，朱俊高[1]，刘志[2]，朱万强[2]

（1. 河海大学岩土力学与堤坝工程教育部重点实验室，江苏省南京市　210098；
2. 中国电建集团成都勘测设计研究院有限公司，四川省成都市　610072）

【摘　要】深厚覆盖层中混凝土防渗墙的应力分布特性对大坝的合理设计至关重要。本文以大渡河龙头石堆石坝的设计参数及现场监测资料为基础，开展了三维有限元模拟，研究了原设计参数下沥青混凝土防渗墙竣工期和蓄水期的应力与变形特性，同时反演分析了混凝土防渗墙竣工期和蓄水期的应力特征。结果表明，混凝土防渗墙内大部分范围小主应力为压应力，只在防渗墙顶部左右两端小范围出现了拉应力，最大值为 −3.0MPa，应重点监测该区域的渗压；混凝土防渗墙在竣工期和蓄水期的位移差异较小。反演分析时，防渗墙大主应力不大，竣工期其最大值仅为 16.17MPa；蓄水后，防渗墙插入基岩深度较大的位置，在靠近基岩面处的心墙下游面出现了由于蓄水引起的弯应力，最大值为 27.33MPa。

【关键词】混凝土防渗墙；有限元模拟；应力分析；土石坝

0　引言

土石坝由于具有适用条件广、经济效益好、设计手段成熟、施工简便、地质条件要求低、抗震性能强等优点[1]，成建数量极多，是水利水电工程中极为重要的一种坝型，在大坝选型中常常被优先考虑。当坝址覆盖层较深厚时，土石坝有时甚至是唯一的选择。

对于深厚覆盖层地基上的土石坝，混凝土防渗墙是比较经济和有效的垂直防渗设施。混凝土防渗墙是利用专用的造槽机械设备营造槽孔，并在槽孔内注满泥浆，以防孔壁坍塌，最后用导管在注满泥浆的槽孔中浇注混凝土并置换出泥浆，筑成墙体。在水利水电工程中，防渗墙通常用于堤坝坝基的渗流控制、围堰防渗及土石坝加固等。与其他防渗型式相比，混凝土防渗墙主要有如下优点：① 防渗性能好，效果可靠；② 墙体的渗透和力学性能可根据地层和结构要求进行设计和控制；③ 施工方法成熟，检测手段比其他隐蔽工程成熟，可确保达到预期目标；④ 可适应各种地质条件，尽管施工有难易之分，但以目前的技术都可建成。

正因为防渗墙具有以上优点，对于深厚覆盖层上的土石坝，常采用混凝土防渗墙作为垂直防渗设施，防渗墙的应用也越来越广。然而，在土石坝填筑并蓄水后，防渗墙的受力非常复杂，对于高土石坝，准确地估计防渗墙的应力变形成为设计中一个重点问题。20 世纪 70 年代，业内普遍采用结构力学的方法对防渗墙进行应力分析，但分析结果中墙体的拉应力大于实测值。20 世纪 80 年代以来，有学者开始采用有限元法对防渗墙进行受力分析，分析结果有了较大的改进。其中影响防渗墙应力变形的因素有很多，主要包括以下方面：① 结构型式对防渗墙应力位移的影响很明显，防渗墙顶刺入高塑性黏土的深度及防渗墙底的嵌岩量等对防渗墙的应力位移均有不同程度的影响[2]。② 在大坝竣工期，接触面参数对防渗墙应力的影响不明显，但在正常蓄水期和非常洪水期，防渗墙应力随接触面参数的变化非常明显[2]。③ 墙体材料的弹性模量、墙承受的荷载大小及方向、布置位置的不同也影响防渗墙的应力和变形[3]。④ 在进行应力变形有限元分析时，防渗墙与基岩的接触条件分为嵌固和非嵌固两种。嵌固使防渗墙底部产生高度应力集中现象，且防渗墙中的拉应力会比较大[4]。因此，目前有限元的计算结果通常只作为定性分析，而不宜作为定量分析，但是有限元计算分析仍然是分析土石坝中防渗墙应力变形的主要手段之一。

本文通过三维有限元静力计算程序对大渡河龙头石水库大坝覆盖层混凝土防渗墙进行应力分析，同时为了使计算结果更符合实际情况，进行防渗墙反演分析研究，为大坝防渗墙的安全性提供参考。

1 工程概况

大渡河龙头石水库位于雅安市石棉县境内，距上游泸定县约93km，距下游石棉县约23km，该地区地震基本烈度为Ⅷ度。水库正常蓄水位为955.00m，正常蓄水位以下库容约1.199亿m³，总库容约1.347亿m³。拦河大坝为沥青混凝土心墙堆石坝，坝顶高程为960.00m，坝顶宽10m，长374.5m，最大坝高为58.5m，坝轴线长365m，上、下游压重平台顶部高程为915.00m，坝坡均为

1:1.8。右岸坝基为强风化粗粒花岗岩，左岸坝基为弱风化细粒花岗岩；河床覆盖层深厚，一般为60～70m，最大厚度为77m，自下而上分为三层：Ⅰ层为含砂卵砾石层，层厚15～40m，层内有三个较大的砂层透镜体；Ⅱ层为含砾砂层，层厚10～14.5m，砂层一般为含砾中砂或纯中砂；Ⅲ层为漂（块）卵（碎）石层，层厚19～33m，层内有两层较大的砂层透镜体。

图1所示为大坝典型横剖面图，主要的材料分区包括覆盖层、过渡层、堆石区、心墙料、上游围堰、下游压重。沥青混凝土心墙直接与混凝土基座连接，心墙与基座接触面上铺设沥青玛蹄脂，基座上设置一道铜片止水。右岸混凝土基座和河床混凝土基座下部与混凝土防渗墙顶部连接，左岸混凝土基座直接建在左岸基岩上。

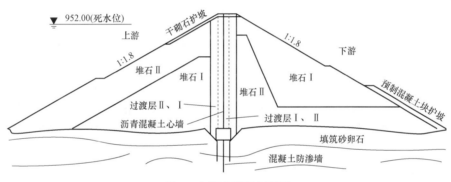

图1 大坝典型横剖面图

2 三维有限元模型与计算方案

2.1 有限元网格与本构模型

龙头石大坝三维有限元网格如图2所示，沿坝轴向共划分了40个横剖面，大坝网格共有17 946个结点和17 565个单元。单元网格划分时，土石料、混凝土等单元大部分为8结点六面体单元，少数用6结点五面体、4结点四面体等单元过渡。在混凝土防渗墙与地基覆盖层之间设置了一层接触面单元。对于混凝土防渗墙插入基岩部分，防渗墙底部与基岩之间可能会由于施工时底部基岩石渣挖掘不尽产生一定的沉降，因此，在防渗墙与基岩之间也设置了接触面单元，以下称作"沉渣单元"。

土石料本构模型采用邓肯-张 E-v 非线性弹性模型。接触面采用无厚度 Goodman 接触面单元。

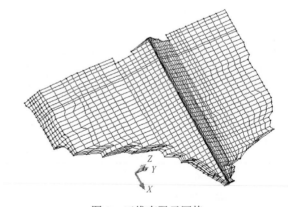

图2 三维有限元网格

人们对邓肯-张模型 Goodman 单元都很熟悉，这里不再详细介绍，仅对接触面模型作简单介绍。

2.2 计算方案与参数

本研究的有限元计算程序采用河海大学岩土工程研究所研制的 TDAD 三维有限元程序。该程

序曾用于铜街子、天生桥、瓦屋山等土石坝的应力变形计算分析，计算结果可靠。

分别对设计参数及反演参数进行了计算。设计参数的基准值见表1。设计参数的计算方案称为"D1"。

为使计算结果更符合实际情况，本文基于实测沉降等资料进行了反分析研究。研究思路为：根据最新大坝监测资料，利用心墙料现场芯样参数以及现有坝料、覆盖层料参数进行反演；进行了若干次三维有限元计算，反复调整模型参数，计算沉降与实测沉降接近的一组参数即认为是各土石料的合理计算参数。限于论文篇幅，反演过程在这里不再赘述。反演参数的取值见表2，反演参数的计算方案称为"B1"。

混凝土防渗墙弹性模量和泊松比分别为30GPa和0.3，接触面单元的计算参数见表3。

表1　计算采用的邓肯–张 E–v 模型的设计参数

材料		R_f	K	n	G	F	D	K_{ur}	φ_0 (°)	$\Delta\varphi$ (°)	φ (°)	c (kPa)	ρ (g/cm³)
覆盖层Ⅰ	含砂卵砾石层	0.889	520	0.65	0.4	0.2	4.34	1040	48.2	7.5	—	—	2.14
覆盖层Ⅱ	含砾中粗砂层	0.8	282	0.34	0.39	0.19	2.5	564	—	—	36.6	14	1.6
覆盖层Ⅲ	漂（块）卵（砾）石层	0.889	520	0.65	0.4	0.2	4.34	1040	48.2	7.5	—	—	2.14
过渡层	过渡料	0.807	760	0.35	0.39	0.21	4.95	1520	47.4	6.7	—	—	2.18
堆石区	堆石料	0.843	480	0.5	0.38	0.2	4.83	960	48.6	8.4	—	—	2.2
心墙料	沥青混凝土	0.6	226	0.17	0.48	0	0	452	—	—	32.8	270	2.5
上游围堰	堆石料	0.843	480	0.5	0.38	0.2	4.83	960	48.6	8.4	—	—	2.2
下游压重	堆石料	0.843	480	0.5	0.38	0.2	4.83	960	48.6	8.4	—	—	2.2

表2　计算采用的邓肯–张 E–v 模型的反演参数（"B1"）

材料		R_f	K	n	G	F	D	K_{ur}	φ_0 (°)	$\Delta\varphi$ (°)	φ (°)	c (kPa)	ρ (g/cm³)
覆盖层Ⅰ	含砂卵砾石层	0.889	520	0.45	0.37	0.2	4.34	1560	48.2	7.5	—	—	1.7
覆盖层Ⅱ	含砾中粗砂层	0.8	282	0.34	0.36	0.19	3.5	846	—	—	36.6	14	1.6
覆盖层Ⅲ	漂（块）卵（砾）石层	0.889	520	0.45	0.37	0.2	4.34	1560	48.2	7.5	—	—	1.7
过渡层	过渡料	0.807	760	0.35	0.38	0.21	4.95	2280	47.4	6.7	—	—	2.18
堆石区	堆石料	0.843	680	0.3	0.37	0.2	4.83	1440	48.6	8.4	—	—	2.2
心墙料	沥青混凝土	0.6	226	0.17	0.48	0	0	452	—	—	32.8	270	2.5
上游围堰	堆石料	0.843	680	0.3	0.37	0.2	4.83	1440	48.6	8.4	—	—	2.2
下游压重	堆石料	0.843	680	0.3	0.37	0.2	4.83	1440	48.6	8.4	—	—	2.2

表3　计算采用的接触面模型参数

接触面	R_f	K_1	n	K_n	δ (°)	c (kPa)
防渗墙与覆盖层	0.88	1400	0.2	900 000	10	20
防渗墙与基岩	0.80	5600	0.3	100 000	36	0
沉渣单元	0.88	15 600	0.3	600 000	36	0

3　防渗墙应力变形分析

3.1　大坝总体应力变形

对两种方案进行了三维有限元计算，整理的大坝及防渗墙应力变形最大值见表4。

表4　　　　　　　　　　　　　　　　　　　大坝及防渗墙应力变形最大值

方案序号	工况	坝体最大沉降（cm）	坝体向上游最大水平位移（cm）	坝体向下游最大水平位移（cm）	指向左岸的坝轴向位移（cm）	指向右岸的坝轴向位移（cm）	防渗墙最大应力（MPa）
D1	竣工期	−76.46	−9.84	12.46	−7.44	7.90	14.71
	蓄水后	−75.43	−8.57	17.99	−7.93	7.81	24.67
B1	竣工期	−92.82	−11.95	14.34	−7.66	9.59	16.17
	蓄水后	−91.64	−9.17	21.49	−8.27	8.58	27.33

3.2　设计参数条件下的应力分析

通过对竣工期、蓄水期进行计算，得出防渗墙上下游的大小主应力。图3（a）～（d）所示分别是方案D1蓄水期防渗墙上、下游面的大、小主应力的等值线，其中，压为正、拉为负。蓄水期防渗墙上、下游压应力（大主应力）分别为13.36、24.67MPa。靠近岸坡处防渗墙上、下游面出现（小主应力）拉应力，范围较小，不会产生拉裂缝。而竣工期防渗墙上游压应力大小与蓄水期时的压应力差异不大，但是蓄水期下游的压应力约比竣工期大近10MPa。限于篇幅，竣工期防渗墙应力等值线图在此不再列出。

3.3　设计参数条件下的变形分析

图4（a）～（c）所示分别是方案D1蓄水期防渗墙的位移等值线。其中，水平位移向下游为正、垂直位移向上为正。防渗墙坝轴向向右位移较小，最大值为0.65cm，顺河向最大位移为14.50cm，最大沉降量为2cm。而方案D1竣工期防渗墙坝轴向向右位移最大值为0.75cm，顺河向最大位移为15.32cm，最大沉降量为2.12cm。竣工期和蓄水期相比，防渗墙坝位移和沉降值无较大差异。

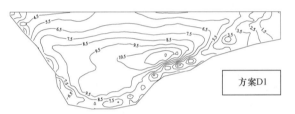

（a）蓄水期防渗墙上游面大主应力等值线图（单位：MPa）

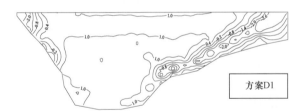

（b）蓄水期防渗墙上游面小主应力等值线图（单位：MPa）

（c）蓄水期防渗墙下游面大主应力等值线图（单位：MPa）

（d）蓄水期防渗墙下游面小主应力等值线图（单位：MPa）

图3　方案D1防渗墙蓄水期主应力等值线图

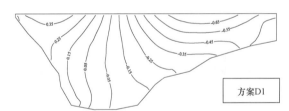

（a）蓄水期防渗墙坝轴向水平位移等值线图（单位：cm）

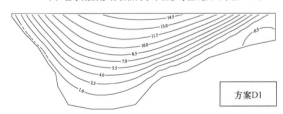

（b）蓄水期防渗墙顺河向水平位移等值线图（单位：cm）

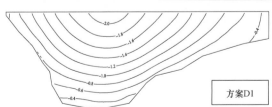

（c）蓄水期防渗墙沉降等值线图（单位：cm）

图4　方案D1防渗墙蓄水期位移等值线图

3.4 反演分析计算结果

图 5（a）～（d）所示分别是方案 B1 计算的竣工期防渗墙上、下游的大、小主应力的等值线。防渗墙上、下游压应力（大主应力）最大分别为 14.27、16.17MPa，远小于混凝土抗压强度。防渗墙上、下游面的小主应力大范围内均为压应力，在防渗墙顶部左右端的小范围出现了拉应力，最大值约为-3.0MPa。建议对这一区域加强渗压监测。

图 6（a）～（d）所示分别是方案 B1 计算的蓄水期防渗墙上、下游的大、小主应力的等值线。蓄水期防渗墙上、下游压应力（大主应力）分别为 14.43、27.33MPa。与竣工期相比，下游面防渗墙应力有明显变化。蓄水后，由于插入基岩深度较大，在靠近基岩面处的心墙下游面出现了由于蓄水引起的弯应力，最大达 27.33MPa。蓄水后，防渗墙小主应力仍然在防渗墙顶部左右端的小范围，出现了拉应力。右端防渗墙上游面受拉区范围比竣工期变大，但该区域的下游面的拉应力不大，因此，并不会产生拉裂缝，大坝的安全性可以得到保障。

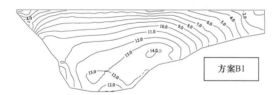

(a) 竣工期防渗墙上游面大主应力等值线图（单位：MPa）

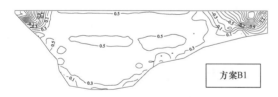

(b) 竣工期防渗墙上游面小主应力等值线图（单位：MPa）

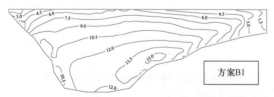

(c) 竣工期防渗墙下游面大主应力等值线图（单位：MPa）

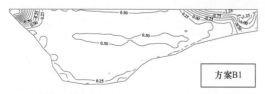

(d) 竣工期防渗墙下游面小主应力等值线图（单位：MPa）

图 5　方案 B1 竣工期防渗墙主应力等值线图

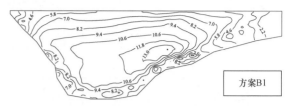

(a) 蓄水期防渗墙上游面大主应力等值线图（单位：MPa）

(b) 蓄水期防渗墙上游面小主应力等值线图（单位：MPa）

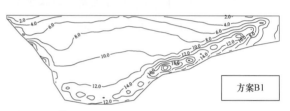

(c) 蓄水期防渗墙下游面大主应力等值线图（单位：MPa）

(d) 蓄水期防渗墙下游面小主应力等值线图（单位：MPa）

图 6　方案 B1 蓄水期防渗墙主应力等值线图

4　结语

本文通过静力三维有限元计算分析，对大渡河龙头石水库大坝深厚覆盖层混凝土防渗墙进行应力与变形分析，得出如下结论：

（1）方案 D1 蓄水期计算的防渗墙内压应力比竣工期压应力大，蓄水期时其最大为 24.67MPa；局部出现拉应力，位于防渗墙顶部左右两端，范围很小。

（2）方案 D1 蓄水期防渗墙坝轴向向右位移、顺河向位移及最大沉降量与竣工期相比差异不大。蓄水期防渗墙坝轴向向右位移为 0.65cm，其最大位移值发生在防渗墙上部，底部的位移最小。顺河向最大位移为 14.50cm，最大沉降量为 2cm。

（3）方案 B1 计算的混凝土防渗墙内大部分范围小主应力为压应力，只在防渗墙顶部左右两端小范围出现了拉应力,最大达到了-3.0MPa。防渗墙大主应力不大;蓄水后,由于插入基岩深度较大,在靠近基岩面处的心墙下游面出现了由于蓄水引起的弯应力,最大达27.33MPa。

参考文献:

[1] 陈胜宏. 水工建筑物 [M]. 北京:中国水利水电出版社,2004.

[2] 陈剑,卢廷浩. 结构型式及接触面参数对防渗墙应力变形的影响分析 [J]. 水利水电技术,2003,11(34):33-36.

[3] 沈新慧. 防渗墙及其周围土体的应力探讨 [J]. 水利学报,1995(11):39-45.

[4] 李国英. 覆盖层上面板坝的应力变形性状及其影响因素 [J]. 水利水运科学研究,1997(4):348-356.

浅析用于高承压水头下深厚覆盖层钻孔加重泥浆研制及配送回收工艺

朱成坤[1]，谢武[2]，付成[3]

（1. 四川华电泸定水电有限公司，四川省成都市 610000；2. 中国水电基础局有限公司科研设计院，
天津市武清 301700；3. 中国水电基础局有限公司三公司，四川省成都市 610000）

【摘 要】LD 水电站工程具有高水头、大涌水、深厚覆盖层地层等特点，施工条件及成孔施工难度极大。作者通过对泥浆护壁原理和作用的分析，在泥浆中掺加不同材料制备需要的加重泥浆，通过加重泥浆钻孔工艺，有效地防止了粉细砂层造孔过程中流砂及塌孔事故的发生。本文将重点论述加重泥浆的研制及配送回收工艺，对今后类似钻孔泥浆的研制、配送回收有一定的借鉴作用。

【关键词】LD 水电站；加重泥浆；研制；配送回收

0 引言

为控制钻孔过程中出现涌水、涌砂现象，拟研究采用加重泥浆护壁钻孔，通过加重泥浆自重来抵消涌水水头压力，避免涌水带出砂砾料，同时起到保护孔壁的作用。通过水头压力计算得出加重泥浆比重需为 1.5～1.8 才能满足护壁钻孔要求。在研制过程中既要兼顾加重泥浆的比重（达到足够的比重才能抵消涌水水头压力），又要兼顾泥浆的悬浮携渣能力（只有适宜的悬浮携渣能力才能使加重泥浆呈均质状态，避免重晶石粉沉淀至孔底导致钻孔抱钻、埋钻孔故），最后还要求加重泥浆能达到一定黏度，以满足在覆盖层中的钻孔护壁效果。加重泥浆护壁钻孔在水电工程中应用很少，没有类似工程经验可以借鉴，只能通过大量的室内试验及现场试验不断摸索、调整、完善，才能达到护壁钻孔要求的浆液性能。

因此在钻孔过程中如何控制出现涌水、涌砂情况是急需解决的技术难题。研制一种加重泥浆压制涌水涌砂是高承压水头下坝基深厚覆盖层帷幕补强灌浆施工的先决条件。

1 工程概况

LD 水电站位于四川省甘孜藏族自治州泸定县境内。水库正常蓄水位为 1378m，总库容为 2.195 亿 m³，装机容量为 920MW，工程为二等大（2）型工程。电站大坝为黏土心墙堆石坝，建基于覆盖层上，坝顶高程为 1385.5m，最大坝高为 79.5m；坝址河床覆盖层深厚，一般厚度为 120～130m。河床部位（0+105.50～0+250.30m）坝基防渗体系由垂直混凝土防渗墙下接三排灌浆帷幕（防渗墙内一排、防渗墙上下游各一排）组成，混凝土防渗墙厚度为 1m，最大深度为 110m，覆盖层灌浆帷幕深度约 40m；两岸部位坝基防渗体系由垂直混凝土防渗墙＋基岩帷幕灌浆（防渗墙内一排）组成。

LD 水电站于 2011 年 8 月 20 日开始蓄水，于 2012 年 6 月 6 日 4 台机组全部投入商业运行。电站正常运行库水位变化高程范围为 1375～1378m。2013 年 3 月 31 日在下游距坝轴线约 448m、距坝脚下游约 200m 的右岸河道 1306m 高程发现渗水，对应坝桩号约为 0+240m。至 2013 年 4 月 15 日涌水区地面发生塌陷，流量目测约为 200L/s，且有较多的灰黑色细颗粒涌出。针对这一情况，在涌水区域及大坝间布设 9 个观测孔，在涌水点布置 11 个减压孔进行疏导。随后进行了坝后帷幕三个阶段补强灌浆施工，前三个阶段的补强帷幕灌浆后，涌水点流量和大坝安全监测值没有明显减小。

LD 水电站坝址区河谷覆盖层深厚，覆盖层最

大深度超过 150m，层次结构复杂。根据物质组成、分布情况、成因及形成时代等，自下而上主要分为 4 个大层 7 个亚层，即第①层漂（块）卵（碎）砾石层，第②-1 亚层漂（块）卵（碎）砾石层夹砂层，第②-2 亚层碎（卵）砾石土层，第②-3 亚层粉细砂及粉土层，第③-1 亚层含漂（块）卵（碎）砾石层，第③-2 亚层砾质砂层，第④层漂卵砾石层。坝顶高程为 1385m，正常蓄水高程为 1375m 左右，通过论证在灌浆廊道内实施补灌是唯一可行

的方案。但灌浆廊道底板高程为 1311m，承受的水头为 60~70m，因此在钻孔过程中普遍存在涌水压力超 0.5MPa、涌水流量超 100L/min 的情况，而且会带出地层中大量的砂砾料，对坝基原始地层造成进一步破坏，同时钻孔过程中塌孔情况十分普遍，对施工进度的影响极大，如何处理钻孔中的涌水、涌砂、塌孔是施工的重点和难点问题。灌浆施工剖面图如图 1 所示。

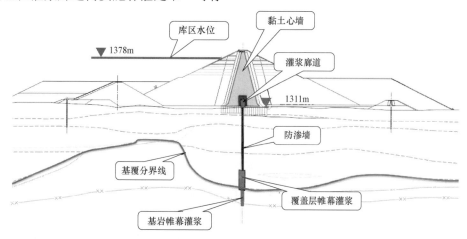

图 1　灌浆施工剖面简图

2　加重泥浆及其护壁原理

加重泥浆也叫加重钻井液，是由石油钻探行业最早开始研究和使用的。通过使用泥浆材料（膨润土浆、黏土泥浆、化学泥浆）、加重材料（重晶石粉、铁矿粉、石灰石），有机高分子材料（植物胶、正电胶、聚合物）和其他化学处理剂等制备而成的加重钻井液，保证浆液具有良好的流动性和悬浮加重能力。

对于每种地层条件，都必须按照一定的配比，使用各种配浆原材料和化学处理剂配置成所需的护壁泥浆，或者将它们添加到正在使用的护壁泥浆中，以随时调节和维持护壁泥浆的性能[1]。目前护壁泥浆的制浆材料主体已经变为膨润土，这是一种以膨润土为主要成分的矿物原料[2]。

加重泥浆的护壁原理主要表现在以下几个方面：

（1）泥浆的凝胶化。泥浆通过管路泵压渗透到周围土基土内，黏附土体颗粒，成为静止的凝胶，从而减小颗粒的移动，并将孔壁表层一定范围内的土体孔隙填满，增强了土体原有的结构稳定性，从

而减少孔壁的坍塌性和透水性，使孔壁趋于稳定。

（2）不透水膜的形成。泥浆向孔壁周围地层渗透，泥浆内部的土颗粒在孔壁接触面上逐渐形成一层致密的泥皮。泥皮能防止漏浆、跑浆，同时也能抵挡水向孔内渗入，有效促进了泥浆的护壁功能。泥皮的形成必须要求地层具有一定的渗透性，假如地层的渗透系数接近于零，则其壁面上是无法形成泥皮的。另外，泥浆的性质也影响泥皮形成的好坏，品质优良的泥浆往往比较迅速地形成薄而韧且密度大耐冲击的泥皮，有效地保护孔壁。

（3）静液压力的作用。泥浆对孔壁作用存在静液压力，加上比重大，其值比地下水压力和涌水压力要大，从而有效地防止水向孔内渗入，破坏泥浆的性能[3-5]。

3　加重泥浆研制

本项目使用的加重泥浆是由膨润土、重晶石粉、植物胶、表面活性剂、聚丙烯纤维和水组成的。参考石油钻探行业钻井液性能测试标准，需要检测的护壁泥浆性能包括浆液密度、扩散度、黏度、动塑比、滤失量等。

按照上述材料和方法，通过室内配合比试验，研究加重泥浆配比和性能。

黏度：也称塑性黏度，泥浆静止后胶体系统被破坏的难易程度。

动塑比：动切力和塑性黏度的比值，表示剪切稀释性的强弱。

滤失量：对泥浆进行压滤试验，通过过滤介质和所形成泥饼的滤液体积进行研究。

（1）膨润土泥浆配比试验。加重泥浆通过在现场膨润土浆站的膨化泥浆中掺加重晶石粉配制而成。膨润土浆配比及性能指标见表 1。

表 1　　　　　　　　　　　　　　　　膨润土浆性能检测结果表

编号	膨润土 B（g）	水（g）	密度（g/mL）	扩散度（mm）	黏度（mPa·s）	动塑比	滤失量（mL）
P－1	140	1750	1.061	156	28.0	0.682	15.0
P－2	160	1750	1.063	133	34.0	0.706	13.5
P－3	180	1750	1.065	126	38.5	0.723	12.8

通过表 1 可以看出，随着膨润土掺量的增加，膨润土浆密度逐渐增大，扩散度变小，黏度也逐渐增大，动塑比也增大，滤失量变小。经验表明，膨润土浆液性能良好。

（2）普通加重泥浆配比试验。不同比重加重泥浆配比性能检测结果见表 2。

表 2　　　　　　　　　　　　　　　　普通加重泥浆性能检测结果表

编号	膨润土 B（g）	重晶石粉 E(g)	水（g）	密度（g/mL）	扩散度（mm）	黏度（mPa·s）	动塑比	滤失量（mL）
PJ－1	160	1512	1750	1.498	138	12.6	0.918	16.5
PJ－2	160	1890	1750	1.600	142	12.9	0.905	15.0
PJ－3	160	2294	1750	1.673	146	13.5	0.891	14.7
PJ－4	160	2742	1750	1.770	150	13.8	0.886	14.2
PJ－5	160	3234	1750	1.847	156	14.1	0.875	13.8
PJ－6	160	3780	1750	1.980	162	14.6	0.866	13.6
PJ－7	160	4000	1750	2.009	165	15.0	0.852	12.3

通过表 2 可以看出，随着重晶石粉掺量的增加，加重泥浆密度逐渐增大，说明重晶石粉对于泥浆比重的改善作用非常明显。扩散度变大，黏度也逐渐增大，说明重晶石粉的颗粒分散作用和改善浆液流动性效果明显。动塑比增大，滤失量变小。经验表明，普通加重泥浆性能良好。

（3）特殊加重泥浆配比试验。特殊加重泥浆是为解决涌水涌砂条件而通过添加植物胶和表面活性剂配制而成的泥浆。特殊加重泥浆性能检测结果见表 3。

表 3　　　　　　　　　　　　　　　　特殊加重泥浆性能检测结果表

编号	膨润土 B（g）	重晶石粉 E（g）	植物胶 G（g）	表面活性剂 L（g）	水（g）	密度（g/mL）	扩散度（mm）	黏度（mPa·s）	动塑比	滤失量（mL）
TJ－1	160	4000	120	12	1750	1.880	165	96.0	0.228	7.8
TJ－2	160	4000	120	12	1840	1.853	170	88.0	0.323	8.3
TJ－3	160	4000	120	12	1930	1.851	173	82.0	0.395	8.7
TJ－4	160	4000	120	12	2020	1.806	178	75.0	0.459	9.0
TJ－5	160	4000	120	12	2110	1.802	186	71.0	0.520	9.5
TJ－6	160	4000	120	12	2200	1.772	192	65.0	0.674	9.8

通过表 3 可以看出，随着水掺量的增加，加重泥浆比重和黏度逐渐减小，说明水对于泥浆密度和黏度的改良作用较为明显。对于涌水涌砂地层而言，需要不同密度的泥浆形成浆柱压力来压制水头压力，平衡孔内涌水压力。通过不同浆液黏度和动塑比来使岩屑、沉渣上浮，循环带出。

（4）纤维加重泥浆配比试验。纤维加重泥浆采用特殊加重泥浆和纤维配制而成。不同纤维掺量加重泥浆配比性能检测结果见表 4。

表 4 　　　　　　　　　　　　　不同纤维掺量加重泥浆性能检测结果表

编号	膨润土 B（g）	重晶石粉 E（g）	植物胶 G（g）	表面活性剂 L（g）	水（g）	纤维 M（g）	密度（g/mL）	扩散度（mm）
XJ－1	160	4000	120	12	1750	48	1.823	126
XJ－2	160	4000	120	12	1750	60	1.827	112
XJ－3	160	4000	120	12	1750	72	1.826	110

通过表 4 可以看出，随着纤维掺量的增加，加重泥浆扩散度逐渐减小，说明纤维对于泥浆扩散度的影响较为明显。对于漏失量较大的地层而言，需要扩散度适宜的纤维泥浆封堵大的渗漏通道，达到孔壁内部渗透平衡的目的。

4 加重泥浆制备及输送回收

4.1 加重泥浆制备和输送

由于加重泥浆的成本较高，因此必须合理规划泥浆的制备、输送和回收问题。施工现场设置一个集中制浆站，首先将 160 组分膨润土在浆池子加上水膨化 24h，然后抽至加重泥浆池，加入 1750 组分水、4000 组分重晶石粉，安装泥浆泵进行内循环，使其充分混合均匀和陈化。然后通过管路输送至现场高速搅拌机（储浆罐），通过管路电磁流量计和电磁蝶阀控制浆液向 4 个机组精确、及时、可控地供应。机组根据钻孔需要在高速搅拌机中加入植物胶、表面活性剂、聚丙烯纤维和水来及时调整浆液，以满足不同地层情况的钻孔状态。加重泥浆制备及输送回收系统如图 2 所示。

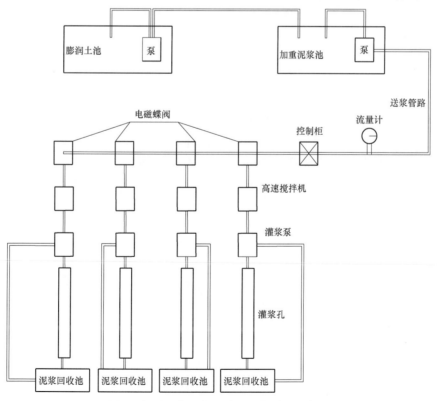

图 2 　加重泥浆制备及输送回收系统示意图

通过相关试验表明，加重泥浆按照膨润土:重晶石粉:水 = 160:4000:1750 配比是适宜的，在使用过程中应根据需要加入适宜的外加剂。

4.2 加重泥浆回收

加重泥浆使用量较大且成本高，在施工过程中需对加重泥浆进行回收重复利用，流程如图 3 所示。

5 结语

LD 水电工程具有高水头、大涌水、深厚覆盖层地层施工条件的特点，成孔施工难度极大。通过对泥浆护壁原理和作用的分析，在泥浆中掺加不同材料制备需要的加重泥浆，通过加重泥浆钻孔工艺有效地防止了粉细砂层造孔过程中流砂及塌孔事故的发生。研制的加重泥浆性能能够满足高承压水头下深厚覆盖层钻孔需求，在施工过程中解决了泥浆制备、输送、计量等问题，同时从经济效益出发，

成功研制出了加重泥浆回收系统，类似经验可供其他工程借鉴。

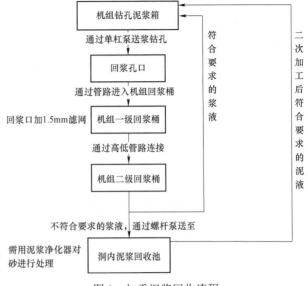

图 3　加重泥浆回收流程

参考文献：

[1] 曹增强. 加重泥浆在乌金峡围堰防渗墙施工中的应用 [J]. 水利建设与管理，2010，30（10）：1-4.

[2] 韩秀山. 各种膨润土的性能及其综合利用 [J]. 化工科技市场，2004（5）：4-7.

[3] 张涛. 地下连续墙槽壁稳定控制及护壁泥浆的研究与应用 [D]. 成都：成都理工大学，2013.

[4] 张涛，陈礼仪，彭建华，等. 深基坑围护超深地下连续墙护壁泥浆的研究及应用 [J]. 探矿工程（岩土钻掘工程），2013，40（2）：68-70.

[5] 袁振. 泥浆性能指标对槽壁稳定的影响 [J]. 建筑施工，2010，32（4）：328-329.

作者简介：

朱成坤（1991—），男，助理工程师，主要从事水利水电施工技术研究与管理工作。

谢　武（1984—），男，高级工程师，主要从事灌浆材料研究与应用工作。

付　成（1981—），男，主要从事水利水电基础处理施工技术研究与管理工作。

高承压水头下超深覆盖层帷幕灌浆技术研究

王晓飞

（中国水电基础局有限公司三公司，四川省成都市　610000）

【摘　要】高承压水头下超深覆盖层帷幕灌浆技术依托泸定水电站坝基0＋100～0＋280m段补强帷幕灌浆工程进行研究，在孔口部位承受60m的水头压力下进行超深覆盖层帷幕灌浆施工，覆盖层最大深度达154m。为了彻底解决泸定水电站坝后涌水问题及坝后长观孔水位高的问题，对钻孔工艺、灌浆工艺和灌浆材料进行技术研究。

【关键词】高承压水头；超深覆盖层；帷幕灌浆；技术研究

1　研究目的

覆盖层帷幕防渗处理的工艺主要包括高喷、防渗墙和灌浆。高喷的深度一般不超过30m，幕体的渗透系数一般为$i×10^{-5}$cm/s（i一般取1～10之间）；随着技术的进步，防渗墙目前最大成墙深度已达到180m量级，混凝土防渗墙幕体的渗透系数一般小于$i×10^{-7}$cm/s；覆盖层灌浆的深度一般在100m以内，超过100m的施工实例较少且基本上都是常规工况下的钻孔灌浆施工，幕体的渗透系数一般为$i×10^{-4}$cm/s左右。相比而言，混凝土防渗墙的施工深度及防渗效果均有明显优势，但由于各个项目的工况不一、需求不同，因此在高喷和防渗墙均无法满足工程需要的前提下，需要采用覆盖层灌浆来解决帷幕防渗问题。

目前的覆盖层灌浆施工技术在钻孔工艺、灌浆工艺和灌浆材料方面仍有短板，难以满足施工需求。为此，我们特依托泸定水电站坝基0＋100m～0＋280m段补强帷幕灌浆工程，在坝基廊道狭小空间内、60m水头压力下进行154m超深覆盖层帷幕灌浆施工技术研究，以期解决泸定项目高承压水头下覆盖层灌浆施工难题，同时形成一套包含钻孔工艺、灌浆工艺和灌浆材料在内的成套施工技术，为推进行业发展做相关技术储备。

2　项目背景

泸定水电站位于四川泸定县，为大渡河干流第12级电站。水库正常蓄水位为1378m，总库容为2.195亿m^3，装机容量为920MW，工程为二等大（2）型工程。电站大坝为黏土心墙堆石坝，建基于覆盖层上，坝顶高程为1385.5m，最大坝高为79.5m；坝址河床覆盖层深厚，一般厚度为120～130m，最大厚度为148.6m。河床部位（0＋105.50～0＋250.30m）坝基防渗体系由垂直混凝土防渗墙下接三排灌浆帷幕（防渗墙内一排、防渗墙上下游各一排）组成，混凝土防渗墙厚度为1m，最大深度为110m，覆盖层灌浆帷幕深度约40m；两岸部位坝基防渗体系由垂直混凝土防渗墙＋基岩帷幕灌浆（防渗墙内一排）组成。

2013年3月31日，在下游距坝轴线约448米、距坝脚下游约200米的右岸河道1306m高程发现渗水，对应坝桩号约为0＋240m。至2013年4月15日涌水区地面发生塌陷，流量目测约为200L/s，且有较多的灰黑色细颗粒涌出。针对这一情况，根据设计意见在涌水区域及大坝间布设9个观测孔，在涌水点布置11个减压孔进行疏导。随后进行了坝后帷幕三个阶段补强灌浆施工，前三个阶段的补强帷幕灌浆后，涌水点流量和大坝安全监测值没有明显减小。

泸定电站补强灌浆施工阶段库区水位已基本蓄至设计最高水位（1378m），属于高承压水头下坝基深覆盖层帷幕补强灌浆，此前采取的均是孔口封闭法和孔口纯压式灌浆相结合的施工方法，该方法不能有效地针对下部渗漏区域进行有效灌注，特别是在发现涌水、涌砂时，采用孔口封闭法灌注须下设射浆管至孔底，但很容易将钻杆筑死、发生孔内事故，因此在前三阶段施工时基本上都是在孔口处采用纯压灌浆方式进行灌注，浆液不能很好地到达渗漏部位，只是从孔口将涌水、涌砂压住，浆液扩散并不好，故这两种方法都不能从根本上解决泸定电站坝基帷幕在高承压水头下补强施工所面临的问题。

3 施工难点分析

（1）钻孔涌水、涌砂问题。通过前三个阶段的补强灌浆可以看出，在高承压水头下，钻孔过程中出现涌水、涌砂对施工造成很大的影响，同时涌砂将进一步对深层地质造成破坏，因此在钻孔过程中需要尽量避免出现涌水、涌砂。

常规方法是采用植物胶护壁或普通泥浆作为钻孔护壁浆液，这两种护壁液的比重都在 $1.2g/cm^3$ 以下，在有 60m 承压水头情况下这两种护壁材料均无法使用，护壁液无法留在孔内，会被涌水带出，达不到压制涌水、涌砂及护壁钻孔的目的。

目前常用的孔口封闭器只能作为灌浆使用，在起下钻具时必须将孔口封闭装置拆卸，达不到在钻孔全过程中封闭涌水、涌砂的目的。

（2）灌浆方法的问题。对基岩涌水、涌砂部位灌浆和防渗墙外下游排覆盖层内灌浆，采用行之有效的灌浆方法是本工程的重点之一。

前三个阶段采用的"孔口封闭、孔内循环、自上而下分段"灌浆方法，方法本身是比较成熟的，但遇到涌水、涌砂时该方法无法实施，只能改用"孔口封闭、纯压式"灌浆方法，而此方法是存在缺陷的，只能偶尔作为一种应急处理措施，而不能作为主要的灌浆方法使用。由于本工程涌水、涌砂现象普遍，"孔口封闭、纯压式"灌浆方法在"孔口封闭、孔内循环、自上而下分段"灌浆方法无法实施的前提下作为前三期的主要灌浆方法全面应用，这是造成灌浆效果不佳的主要原因。"孔口封闭、纯压式"灌浆方法的缺陷是不能始终将射浆管留在孔底灌至结束标准，在灌浆压力升高、流量降低到一定程度后，为避免浆液将射浆管铸死，只能将射浆管提至孔口，从孔口纯压灌注至结束标准，这种结束不能算是真正意义上的结束，而是一种假象的结束，需要灌注的部位并没有真正达到结束标准，灌注效果有限，灌浆缺乏针对性。

（3）灌浆材料的问题。在遇到渗漏通道时，采用常规的水泥浆液灌注效果不佳，浆液在水流长时间冲刷下难以留存，难以保证其强度和耐久性。本研究将针对高承压水头下水流速度较快的问题，研究采用其他灌浆材料的可行性，如采用复合灌浆材料及速凝膏浆，具有初凝时间短、早期强度高的特点，能够在较短的时间内留存在渗漏通道内，达到封堵大渗漏通道的目的。

目前市场上的常规速凝浆材普遍在 10min 左右初凝，留给现场操作的时间不多，为了延迟初凝时间，普遍通过掺加缓凝剂来调制，由于速凝灌浆材料的性能受拌制水平、原材料性能、外加剂性能、环境温度、水温度影响较大，因此市场上能够达到 1h 左右性能稳定、同时具备现场简易二次调和的速凝材料几乎没有。

4 取得的研究成果

（1）加重泥浆护壁钻孔工艺。采用地质钻机进行钻孔，钻孔孔径为 $\phi 91mm$，根据钻孔深度不同及涌水压力不同，采用比重为 $1.5\sim1.8g/cm^3$ 的加重泥浆作为钻孔循环液，加重泥浆以膨润土浆液为基本液，掺加一定比例的重晶石粉、植物胶及外加剂拌制而成，浆液本身具备较好的流动性和一定的黏性。在钻孔过程中，当钻孔达到一定深度后利用自重压制 60m 承压水头，防止涌水涌砂溢出孔口，同时作为护壁泥浆，较好地保证了孔壁稳定。现场加重泥浆拌制如图 1 所示。

图 1　现场加重泥浆拌制

（2）孔口封闭法钻孔工艺。由于开孔后就面临 60m 的水头压力，这时加重泥浆的自重优势尚不能发挥，为防止涌水涌砂溢出孔口，在孔口安装特制的孔口封闭装置，在孔口处于封闭状态的前提下可以进行正常钻孔、起下钻杆、钻具。孔口封闭装置分三部分，最下部为板阀（隔断装置）、中部为钻具封闭装置、上部为钻杆封闭装置。孔口封闭装置模型图如图2所示。

图2　孔口封闭装置模型图

（3）深覆盖层套阀管灌浆工艺。本工程覆盖层钻孔灌浆施工最深达154m，采用传统的孔口封闭法灌浆工艺灌浆效果难以保证，目前浅覆盖层套阀管灌浆工艺基本成熟，但深覆盖层套阀管灌浆工艺应用较少，在超过60m的高承压水头下进行深覆盖层套阀管灌浆施工在国内是没有先例的。考虑到本工程孔深较深，套阀管的自重较大，为了避免套阀管在下设过程中出现异常情况，本工程采用外径φ73mm、壁厚4.5mm的标准地质管制作套阀管，在敷设胶套的部位向内刻槽，槽深1mm，采用弹性良好的薄壁胶套，胶套内径φ70.5mm、壁厚1.5mm，敷设后胶套略受力可以很好地包裹套阀管刻槽部位，起到封闭左右的作用；另外胶套外壁与套阀管外壁基本上是平滑的，在下设过程中不易被损伤，确保了深孔套阀管的成活率。

（4）灌浆材料。

1）复合灌浆材料。复合灌浆材料以硫铝酸盐水泥为基材通过添加外加剂配置而成，初凝时间为1h左右，根据外界环境变化可在施工现场进行简易的二次调配。

2）速凝抗冲膏浆。在遇到吃浆量较大孔段，采用复合灌浆材料难以灌注结束或浪费较大时，改为灌注速凝抗冲膏浆，速凝抗冲膏浆由复合浆液掺加一定比例的外加剂拌制而成，扩散度为12～14cm，初凝时间为1h左右，在现有设备条件下可以顺利灌入孔内，该浆液在孔外无骨料支撑的条件下净浆可以抵抗0.1～0.2MPa的水流冲刷。速凝抗

冲膏浆抗冲及不分散性能展示如图3所示。

图3　速凝抗冲膏浆抗冲及不分散性能展示

3）硅溶胶。硅溶胶灌浆材料是一种双液型环保灌浆材料，其黏度低、与水接近，环保、耐久性好，相比环氧、聚氨酯类化学灌浆材料价格低很多，在本工程中硅溶胶主要应用于采用常规浆液灌注砂层，根据本工程特点，采用的浆液为S型浆液，初凝时间为10～30min，在孔外A、B液按照1:1比例混合后再进行灌注，操作简便，固砂效果好，固砂体强度可达到5MPa左右。硅溶胶与砂层形成的固砂体如图4所示。

图4　硅溶胶与砂层形成的固砂体

5　应用效果

在泸定水电站坝基0+100～0+280m段补强帷幕灌浆施工中，通过采用加重泥浆护壁钻孔工艺配合孔口封闭装置有效解决了覆盖层钻孔中遇到的涌水涌砂问题，覆盖层最大钻孔深度达到154m；通过采用深孔套阀管灌浆工艺使全孔段灌浆效果得到了有效保证；通过复合灌浆材料及复合抗冲膏

浆的应用,有效解决了高压动水条件下的浆液留存问题;通过硅溶胶的灌注有效保证了砂层的防渗效果。坝后涌水点渗流量从灌前的 110L/s 减小到 11L/s,降低率达到 90%;坝后量水堰渗流量从灌前的 300L/s 减小到 170L/s,降低率达到 43%;坝后长观孔水位普遍降幅为 5～10m;坝后渗压计最大降幅达到 14m;处理效果基本达到了设计预期。

幕灌浆施工难度在国内外罕见,属于超深覆盖层帷幕施工的代表性项目,本次研究既解决了超深覆盖层中的钻孔工艺和灌浆工艺问题,又解决了高承压水头下浆液的留存问题,在超深覆盖层钻孔灌浆技术上是一种新的突破。本项目研究成果可用于解决目前条件下其他工艺无法解决的超深覆盖层处理问题以及类似工程的施工。

6 应用前景

泸定水电站坝基 0＋100～0＋280m 段补强帷

参考文献:

［1］国家能源局. DL/T 5267—2012,水利水电工程覆盖层灌浆技术规范［S］. 北京:中国电力出版社,2012.

［2］张景秀. 坝基防渗与灌浆技术.2 版［M］. 北京:中国水利水电出版社,2002.

［3］张海刚,谭礼平. 某水电站深厚覆盖层帷幕灌浆钻孔施工工艺探讨［J］. 建筑规划设计,2007(5):136.

［4］高伟. 水电站深厚覆盖层帷幕灌浆施工技术问题及处理措施研究［J］. 科技信息,2010(1):276–278.

作者简介:

王晓飞(1981—),男,高级工程师,主要从事水利水电基础处理施工技术研究与管理工作。

深厚覆盖层砂土液化判别方法探究及工程应用

朱凯斌 [1,2]，刘小生 [1,2]，赵剑明 [1,2]，杨正权 [1,2]，杨玉生 [1,2]

（1. 流域水循环模拟与调控国家重点实验室，北京市　100038；
2. 中国水利水电科学研究院，北京市　100048）

【摘　要】土的液化破坏往往会造成比较严重的灾害。基于标准贯入锤击数的经验性液化判别方法因试验原理简单、操作便捷是其应用最为广泛的土体地震液化判别方法。本文系统分析了 Seed 液化势简化判别方法、Seed 液化势简化判别改进法以及国内临界标准贯入锤击数液化判别方法等多种方法所考虑的影响因素的差异，并结合某工程场地进行了系统分析和探讨。主要结论如下：两类方法以不同的形式考虑了地震荷载、土料物性、应力状态以及标贯系统对标贯击数的影响；在各方法适用的一般深度范围内（20m 内），不同方法计算液化临界标贯击数差异较小，总体上基本一致；对超出 20m 范围的砂土液化判别，不同方法计算的液化临界标贯击数在数值和趋势上均有所差异；Seed 液化势简化判别方法在进行标准化标贯击数计算时，需要考虑应力状态和能力传递效率的影响，但不同学者提出的修正方法得到的修正系数会随着埋深的增大而存在明显差异。因此，现有各经验化液化判别方法对深层土体液化判别的适用性以及标准化修正系数的确定尚需要开展进一步研究工作。

【关键词】深厚覆盖层；砂土；标准贯入试验；液化判别方法；标准化修正系数

0　引言

地震引起的土的液化破坏往往会造成比较严重的灾害。日本新潟地震（1964 年）、美国阿拉斯加地震（1964 年）以及我国新疆巴楚地震（1961年）、邢台地震（1966 年）均发生了大量由于砂土液化而导致的严重震害，引起了工程界的普遍重视。此后有关土的动力液化特性，土体地震液化判别方法和地基抗液化处理措施成为学术界和工程界的重要研究课题。

土体地震液化判别方法主要分为经验判别法和地震动力反应分析法两大类[1]。在工程界，基于各种原位试验，结合地震液化调查资料建立的经验性液化判别方法被广泛采纳于各规范当中[2]，其中基于标准贯入锤击数的经验性液化判别方法因标准贯入试验（SPT）原理简单、操作便捷又是其中应用最广泛的方法[3]。但是学术界对于引起地震液化问题的地震荷载描述方法，内在的土的物性特

征、应力状态以及外部的标贯系统误差等方面对标准贯入锤击数的影响的认知仍然存在明显差异。

本文首先通过分析 Seed 液化势简化判别方法[4]、Seed 液化势简化判别改进法[5-7]以及国内临界标准贯入锤击数液化判别方法[8-9]等多种方法间的差异，开展基于 SPT 的液化判别方法的影响因素分析研究。然后结合某工程场地条件，对比分析不同基于 SPT 的经验性液化判别方法在实际应用中的差异。再对不同学者提出的标贯击数标准化修正系数进行分析和探讨，论证现有标准化修正系数在深层砂土液化判别中的不足。最后对各方法应用于深层砂土液化判别过程提供一定的参考意见。

1　基于 SPT 试验的液化判别方法探究

1.1　基于 SPT 试验的液化判别方法发展现状

不同的基于 SPT 的液化判别方法都有一个共同点：寻找一个极限状态或者界限值，将液化区域和非液化区域分开，当液化判别结果，落入液化区域则判

基金项目：国家重点研发计划课题（2017YFC0404902，2017YFC0404905），国家自然科学基金项目（51509272），中国水科院基本科研业务费专项项目（GE0145B052021）。

为液化土，反之，为非液化土。基于标贯击数进行液化判别的经验性判别方法可以归结为 Seed 液化势简化判别方法和国内临界标准贯入锤击数判别法两类。

1964 年日本新潟地震和美国阿拉斯加地震严重的地震灾害引起了 Seed[4]等学者的关注，并开始了对砂土液化的预测研究，提出了通过循环剪应力比（CSR）和抗液化剪应力比（CRR）进行液化判别的 Seed 液化势简化判别方法（A Simplified Procedure for Evaluating Liquefaction Potential）。Seed、Idriss[10-12]等人相继对该方法进行了调整并且沿用至今，对全球的液化判别方法起到了主导作用。1985 年，美国国家研究委员会组织专家进行研究，最终提交了一份改进 Seed 液化势简化评价方法的报告[13]。此后，由 NCEER（美国国家地震工程研究中心）举办的多次研讨会，对该简化法进行了规范化处理，并对该方法的适用条件进行了总结[6]。

汪闻韶院士自 1959 年开始开展动三轴仪研制和饱和砂土振动液化试验研究工作，研究土的液化机理。工程力学研究所自 20 世纪 60~70 年代开始对我国发生的诸如邢台地震（1966 年）[14]、通海地震（1970 年）[15]等地震液化资料进行收集和积累，建立了液化场地和非液化场地的标贯击数与地震烈度的对应关系，将临界标贯击数作为液化和非液化场地的分界线，并以埋深和地下水位为影响因素，确定了标准贯入液化判别方法的基本经验公式。1975 年海城地震和 1976 年唐山地震[16]发生的大面积液化现象，为砂土、粉土的液化判别研究提供了前所未有的震害资料，补充了对粉土液化认识的不足，对判别式进行了修正。

1.2 基于国内临界标准贯入锤击数的液化判别方法

GB 50287—2006《水力发电工程地质勘察规范》明确规定，振动液化判定工作分为初判和复判两个阶段。初判阶段依据地层年代、级配特征、饱和度、地震设防烈度等土层物性和地震烈度要求，用以排除一些不需要再进一步考虑液化问题的土层。对于初判可能发生液化的土层，则再做进一步复判。在初判分析中需根据公式（1）考虑深度折减系数和地震加速度对土层剪切波速的影响进行液化初判。

$$V_{st} = 291(K_H \cdot Z \cdot \gamma_d)^{1/2} \qquad (1)$$

式中，V_{st} 为上限剪切波速，单位 m/s；K_H 为地面最大水平地震加速度系数；Z 为土层深度，单位 m；

γ_d 为深度折减系数。

在复判中，对初判结果为可能发生液化的土体进行进一步检验。在利用标准贯入锤击数法对土进行振动液化复判时，采用式（2）进行液化判别。$N_{63.5}$ 为工程运用时的土层标准贯入锤击数，N_{cr} 为液化判别标准贯入锤击数临界值，当埋深小于 15m 按照式（3）计算；当埋深大于 15m 应按照式（4）计算。在计算临界标贯击数时，考虑了地震荷载、应力状态以及黏粒含量的影响。

$$N_{63.5} < N_{cr} \qquad (2)$$

$$N_{cr} = N_0[0.9 + 0.1(d_s - d_w)]\sqrt{\frac{3}{\rho_c}} \qquad d_s \leqslant 15 \qquad (3)$$

$$N_{cr} = N_0(2.4 - 0.1d_w)\sqrt{\frac{3}{\rho_c}} \qquad d_s \geqslant 15 \qquad (4)$$

式中，$N_{63.5}$ 为实测标准贯入锤击数；d_s 和 d_w 分别为工程正常运用时的埋深和地下水位高程，d_s 为标准贯入点在地面以下 5m 以内的深度时，应采用 5m 计算；ρ_c 为土的黏粒含量质量百分率（%），当 $\rho_c \leqslant 3\%$ 时，取 $\rho_c = 3$；N_0 为液化判别标准贯入锤击数基准值，见表 1。

表 1　液化判别标准贯入锤击数基准值表

地震防设烈度	Ⅶ度	Ⅷ度	Ⅸ度
近震	6	10	16
远震	8	12	—

注：当建筑物所在地区的地震防设烈度比相应的震中烈度小Ⅱ度或Ⅱ度以上时，定为远震，否则为近震。

1.3 Seed 液化势简化判别方法

Seed 等学者于 1971 年通过识别对砂土液化势能够产生影响的影响因素，提出了考虑这些影响因素的 Seed 液化势简化判别方法。Seed 液化势简化判别方法采用循环应力比（CSR）、抗液化剪应力比（CRR），用式（5）进行液化判别。NCEER 推荐采用式（6）计算 CSR，其中应力折减系数 r_d 根据埋深和工程重要性分别按照式（7）和式（8）计算。式（9）用以计算抗液化剪应力比 CRR，其中 $(N_1)_{60}$ 根据式（10）进行修正。Seed 液化势简化判别方法需要考虑震级、细粒含量、上覆应力、能力效率、钻孔直径、钻杆长度、内衬技术等技术参数的影响[6]。

$$CSR \geqslant CRR \tag{5}$$

$$CSR = 0.65(a_{max}/g)(\sigma_{v0}/\sigma'_{v0})r_d \tag{6}$$

$$\begin{cases} r_d = 1.0 - 0.007\,65z & (z \leqslant 9.15\text{m}) \\ r_d = 1.174 - 0.026\,7z & (9.15 \leqslant z \leqslant 23\text{m}) \end{cases}$$

非关键性项目（7）

$$r_d = \frac{1.000 - 0.411\,3z^{0.5} + 0.040\,52z + 0.001\,753z^{1.5}}{1.000 - 0.417\,7z^{0.5} + 0.057\,29z - 0.006\,205z^{1.5} + 0.001\,210z^2}$$

关键性项目（8）

$$CRR_{7.5} = \frac{1}{34 - (N_1)_{60}} + \frac{(N_1)_{60}}{135} + \frac{50}{[10(N_1)_{60} + 45]^2} - \frac{1}{200} \qquad (N_1)_{60} \leqslant 30 \tag{9}$$

$$(N_1)_{60} = N_m C_N C_{60} \tag{10}$$

$$C_\sigma = \frac{1}{18.9 - 17.3D_R} \leqslant 0.3 \tag{11}$$

式中，a_{max} 和 g 分别表示地震引起的地表水平峰值加速度和重力加速度，单位 m/s^2；σ_{v0} 和 σ'_{v0} 分别是竖向总上覆应力和竖向有效上覆应力，单位 kPa；z 为地表以下埋深，单位 m。

Idriss 法在 Seed 液化势简化判别方法的基础上，进一步提出采用式（11）对贯入抗力等因素进行修正，考虑相对密度对其影响。

式中，C_σ 为贯入抗力修正系数；D_R 表示相对密度。

R.B.Seed 法则是在 Seed 液化势简化判别方法的基础上，提出使用式（12）和式（13）计算应力折减系数 r_d，进一步考虑了埋深在 12m 以内的剪切波速平均值对其的影响。

$$r_d\left(d, M_W, a_{max}, V^*_{s,12m}\right) = \frac{1 + \dfrac{-23.013 - 2.949\,a_{max} + 0.999M_W + 0.052\,5V^*_{s,12m}}{16.258 + 0.201\,e^{0.341\left(-d + 0.075\,8V^*_{s,12m} + 7.586\right)}}}{1 + \dfrac{-23.013 - 2.949\,a_{max} + 0.999M_W + 0.052\,5V^*_{s,12m}}{16.258 + 0.201\,e^{0.341\left(0.075\,8V^*_{s,12m} + 7.586\right)}}} \pm \sigma_{\varepsilon_{r_d}} \quad (d \leqslant 20\text{m}) \tag{12}$$

$$r_d\left(d, M_W, a_{max}, V^*_{s,12m}\right) = \frac{1 + \dfrac{-23.013 - 2.949\,a_{max} + 0.999M_W + 0.052\,5V^*_{s,12m}}{16.258 + 0.201\,e^{0.341\left(-20 + 0.075\,8V^*_{s,12m} + 7.586\right)}}}{1 + \dfrac{-23.013 - 2.949\,a_{max} + 0.999M_W + 0.052\,5V^*_{s,12m}}{16.258 + 0.201\,e^{0.341\left(0.075\,8 \cdot V^*_{s,12m} + 7.586\right)}}} - 0.004\,6\,(d - 20) \pm \sigma_{\varepsilon_{r_d}} \quad (d > 20\text{m})$$

$$\tag{13}$$

式中，$V^*_{s,12m}$ 表示埋深在 12m 以内的剪切波速平均值，在松软土体中，$V^*_{s,12m}$ 的取值范围为 150～250m/s。

1.4 以深度与液化临界标贯击数的关系表示 Seed 液化势简化判别方法的步骤[2]

NCEER 推荐的 Seed 液化势简化判别方法（简称"NCEER 推荐法"）考虑了震级、上覆应力等参数的影响，因此在分析前需要确定分析的基本条件。当震级 $M = 7.5$ 时上覆应力 $\sigma'_{v0} < 100$kPa 采用 NCEER 推荐法确定液化临界标贯击数，如下：

（1）给定地表峰值加速度 a_{max}，通过式（6）计算不同深度处的地震循环剪应力比 CSR；

（2）可令 $CRR_{7.5} = CSR$ 计算液化临界标贯击数，则需要使土体抗力与地震剪应力相等；

（3）依据式（10）计算 $(N_1)_{60}$，考虑标贯测试系统参数和上覆有效应力对 $(N_1)_{60}$ 的影响，然后参

照式（6）和式（9）计算上覆有效应力为 100kPa 时的液化临界标贯击数 N_{cr}；

（4）采用式（14）将液化临界标贯校正到相应深度，获得相应深度下的液化临界标贯击数 N_{cr}

$$N_{cr} = (N_1)_{60}/C_N \tag{14}$$

当震级 $M \neq 7.5$、上覆有效应力 $\sigma'_{v0} > 100$kPa 时，NCEER 推荐法采用式（15）考虑震级、上覆有效应力对液化判别的影响。因此，当震级 $M \neq 7.5$ 或上覆应力 $\sigma'_{v0} > 100$kPa 时，在步骤（2）中，应采用震级比例系数 MSF 和上覆应力校正系数 K_σ 对地震循环剪应力比进行校正，即令

$$CRR_{7.5} = CSR/(MSF \times K_\sigma) \tag{15}$$

再按照步骤（3）和（4）确定相应深度处的液化临界标贯击数 N_{cr}。

1.5 国内临界标准贯入锤击数判别法与 Seed 液化势简化判别方法的差异

国内临界标准贯入锤击数液化判别方法与 Seed 液化势简化判别方法，从应用上前者多应用于我国的液化判别分析中；后者对全球的液化判别方法起到了主导作用。两种方法均是通过实际液化震害资料，开展影响因素研究，通过一个极限状态或者界限值进行液化判别的经验化液化判别方法。两者的差异具体表现为两个方面：一是依据的地震液化现场调查资料不同；二是采用的液化判据、反映震级影响的方法和考虑黏粒含量影响的方法不同。

Seed 液化势简化判别方法是在地震中液化与未液化场地震害调查的基础上，给出了震级 $M = 7.5$ 级、上覆有效应力 $\sigma'_{v0} = 100\text{kPa}$ 时液化与不液化的抗液化强度比分界线。当 $\sigma'_{v0} \neq 100\text{kPa}$ 时，应先将试验标贯击数修正到 100kPa，再进行液化判别。当震级 $M \neq 7.5$、上覆有效应力 $\sigma'_{v0} > 100\text{kPa}$ 时，采用震级比例系数和上覆有效应力校正系数修正，再进行液化判别。不同的学者对标贯测试系统和土体物性的理解不同采用不同修正方法进行了影响因素修正，见表 2。

表 2　Seed 液化势简化判别方法影响因素表

液化判别式		NCEER 推荐法	Idriss 法	R.B.Seed 法
		$CSR \geq CRR$		
影响因素	共同	$a_{\max}$、g、σ_{v0}、σ'_{v0}、z、M		
	不同	FC、C_E、C_B、C_R、C_S	D_R	$V^*_{s,12m}$、FC、C_B、C_E、C_S

国内临界标准贯入锤击数液化判别方法中则依据不同地震烈度（地表峰值加速度），给出近震和远震（或设计地震分组）情况下的液化判别标贯击数的基准值，并给出埋深与临界标准贯入锤击数的计算关系，计算不同试验点深度和地下水埋深下的液化临界标贯击数。通过与试验实测标贯击数进行比较，判别液化可能性。

根据表 2 和表 3 的对比分析可以得出：两种液化土判别方法都考虑了地震荷载的影响、土料物性的影响、应力状态的影响以及标贯系统的影响，但是具体的考虑方式和参考的量值存在一定的差异。

表 3　国内液化判别法影响因素表

	国内规范法
液化判别式	初判考虑含水量、饱和度、地质年代定性判别
	复判　$N_{63.5} > N_{cr}$
影响因素	地下水位、黏粒含量、地震烈度、埋深

2 影响液化判别的影响因素分析

2.1 反映震级影响的方式不同

在相同地表峰值加速度（烈度）下，GB 50287—2006 以近震和远震来反映震级和震中距对液化临界标贯击数的影响，见表 4；NCEER 推荐法则采用震级比例系数来反映不同震级对液化临界曲线的影响，见式（16）。

表 4　液化判别标准贯入锤击数基准值

地震设防烈度	Ⅶ度	Ⅷ度	Ⅸ度
液化判别式	6	10	16
影响因素	8	12	—

$$MSF = 10^{2.24} / M_w^{2.56} \tag{16}$$

参考文献［2］通过参考我国 1980 年烈度表以及中浅源地震，震中烈度与震级的大致对应关系，给出了 GB 50287（远震）与 NCEER 推荐法计算液化临界标贯击数的差异。当地表峰值加速度 $a_{\max} = 0.1g \sim 0.4g$，近震时采用 GB 50287 计算液化临界标贯击数明显大于采用 NCEER 推荐法，近震时 GB 50287 偏于安全。相同地表峰值加速度下，GB 50287（远震）与 NCEER 推荐法比较分析的汇总结果见表 5。

表 5　GB 50287（远震）与 NCEER 方法比较[2]

$a_{\max}$	$M = 6.0$	$M = 6.5$	$M = 7.0$	$M = 7.5$	$M = 8.0$	$M = 8.5$
0.10g	8.0~14.6	6.5~11.9	5.0~9.3	3.6~6.7	1.7~3.8	-0.5~1.1
0.15g	—	5.6~10.4	3.7~7.2	1.5~4.0	-1.3~0.5	-2.4~-4.2
0.20g	—	—	2.6~6.1	0.6~2.5	-3.0~-1.2	-6.3~-3.9
0.30g	—	—	0.6~4.2	-1.8~1.0	-4.8~-1.6	-3.4~-7.1
0.40g	—	—	—	-0.8~3.6	-2.0~2.1	-3.5~1.1

2.2 反映土料物性影响的方式不同

Seed、Idriss、R.B.Seed 等人对 Seed 液化势简化判别方法采用了不同的修正方式考虑土料物性对标贯击数的影响。NCEER 推荐法和 R.B.Seed 法通过细料含量（<0.074mm）对标贯击数进行修正的方式考虑级配特征对其的影响选择细料含量分别为 5% 和 35% 为两个分界点，分别确定式（17）中的参数 α 和 β；Idriss 进一步通过对相对密度对上覆应力修正系数的影响，考虑土料密实程度对液化判别分析的影响。国内临界标准贯入锤击数液化判别方法则是通过黏粒含量 ρ_c，考虑级配特征对液化判别的影响，见式（3）和式（4）。

$$(N_1)_{60CS} = \alpha + \beta(N_1)_{60} \quad （17a）$$

$$\begin{cases} \alpha = 0 & FC \leqslant 5\% \\ \alpha = \exp[1.76 - (190/)FC^2] & 5\% < FC < 35\% \\ \alpha = 5.0 & FC \geqslant 35\% \end{cases}$$
$$（17b）$$

$$\begin{cases} \beta = 1.0 & FC \leqslant 5\% \\ \beta = [0.99 + (FC^{1.5}/1\,000)] & 5\% < FC < 35\% \\ \beta = 1.2 & FC \geqslant 35\% \end{cases}$$
$$（17c）$$

2.3 反映应力状态影响的方式不同

Seed 液化势简化判别方法计算循环剪应力比时，通过应力比的形式考虑埋深状态（地下水位和埋深的相对关系），其中应力折减系数是与埋深相关的参数；国内临界标准贯入锤击数液化判别方法在根据公式进行初判时，需要通过深度折减系数计算上限剪切波速（不液化下限值），见式（18）。进

行复判时，则需要根据埋深和地下水埋藏深度共同进行液化判别。

$$Z = 0 \sim 10\,\text{m}, \quad \gamma_d = 1.0 - 0.01Z$$
$$Z = 10 \sim 20\,\text{m}, \quad \gamma_d = 1.1 - 0.02Z \quad （18）$$
$$Z = 20 \sim 30\,\text{m}, \quad \gamma_d = 0.9 - 0.01Z$$

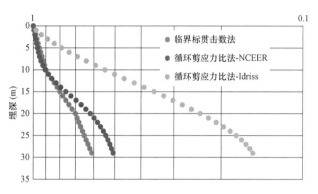

图 1　应力折减系数与埋深关系图

3 实例分析

某均质砂层，其地下水埋深 h_w 为 2m，天然容重为 18kN/m^3，饱和容重为 19kN/m^3，其中 NCEER 推荐法以深度与液化临界标贯击数的关系表示，并结合震级与烈度、地震分组的关系，将 NCEER 推荐法与国内临界标准贯入锤击数液化判别方法计算得到的液化临界标贯击数进行对比。除此之外，将 Idriss 法、R.B.Seed 法与临界标准贯入锤击数液化判别方法进行了对比分析。不同方法在 $M=7.5$、$a=0.4$ 情况下的埋深—临界标贯击数曲线如图 2 所示。

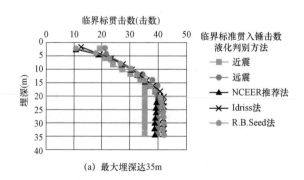

(a) 最大埋深达35m

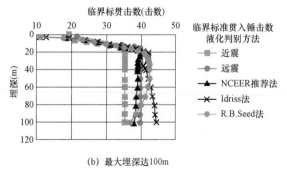

(b) 最大埋深达100m

图 2　不同方法埋深—临界标贯击数曲线

通过分析该场地 20m 以内和 20m 以下砂层液化临界标贯击数的对比及变化趋势，可以获得如下认识：

（1）在各方法适用的一般深度范围内，不同方法计算液化临界标贯击数差异较小，总体上基本一致。说明对于 20m 以内的砂土液化判别，

各方法均是适用的，且具有较好的稳定性与可靠度。这也是目前这些经验方法广泛应用的原因所在。

（2） 对超出 20m 范围的砂土液化，不同方法计算的液化临界标贯击数在数值和趋势上均有所差异，甚至差异很大，这说明对于深层土液化问题，各方法的适用性尚需要进一步研究，尤其是在实际砂层埋深超出公式一般适用的深度范围时，这些方法的液化判别是否完全不可采信，或者是这些方法在深层土液化判别中应如何应用，应用中应考虑的主要因素和修正的可能性。

4   分析与探讨

Seed 液化势简化判别方法以及国内临界标准贯入锤击数液化判别方法均是基于标贯击数进行液化判别的经验性判别方法。其中，Seed 液化势简化判别方法对全球的液化判别方法起到了主导作用。两者在基于标贯击数进行液化判别时的主要差异体现在：在 Seed 液化势简化判别方法中，通过标准化标贯击数 $(N_1)_{60}$ 进行液化判别；国内临界标准贯入锤击数液化判别方法则直接采用实测 N

和临界值 N_{cr} 进行液化判别。根据 Seed 等人的研究成果以及本文图 2 中埋深在 20m 范围内的比较结果，表明两种方法的判断结果具有一致性。

Seed 液化势简化判别方法中将实测标贯击数标准化为上覆应力为 100kPa，能量传递效率为 60% 时的锤击数，计算确定标准化标贯击数 $(N_1)_{60}$ 的大小，通过标准化后的标贯击数 $(N_1)_{60}$ 进行液化判别，从而反映土体的抗液化能力。随着研究的深入，在标准化标贯击数确定的过程中，需要采用标准化能量修正系数 ER_r、标准化应力修正系数 C_N 进行换算。

4.1   标准化应力修正系数 C_N 对深层土体标贯击数标准化的影响

标准化应力修正系数 C_N 是将不同上覆应力条件下的土体修正到上覆应力等于 100kPa 时的标准贯入锤击数。为了分析该系数对深层土体标贯击数的影响，以考虑应力修正的标贯击数 (N_1) 等于 20 为例进行系统探究，其余场地条件同文中第三节要求。图 3 所示为不同应力修正系数 C_N 与埋深的对应关系。

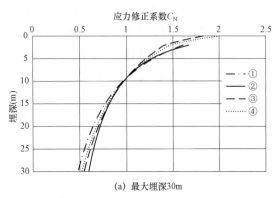
(a) 最大埋深30m

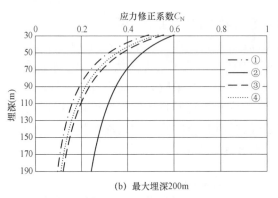
(b) 最大埋深200m

注：① $C_N = 1.7 / (\sigma'_{v0} / p_a + 0.7)$；② $C_N = (p_a / \sigma'_{v0})^{0.5}$；③ $C_N = 2.2 / (1.2 + \sigma'_{v0} / p_a)$；④ $C_N = 2 / (1 + \sigma'_{v0} / p_a)$。

图 3   有效应力修正与埋深的关系

从图 3 可以看出：当上覆应力与大气压力一致时，不同标准化应力修正系数值等于 1.0，符合标准化应力修正系数的定义；当埋深小于 20m 时，不同标准化应力修正系数 C_N 确定方法得到的量值之间的相对误差仅在 5% 以内，各方法均是适用的，且具有较好的稳定性与可靠度。

但是当埋深进一步增大时，各方法之间计算得到的标准化应力修正系数 C_N 的差异明显增大，且当埋深达到 200m 时，图 3 中①、③、④三种方法

的应力修正系数已达 0.1，相应于实测标贯击数可达 200 次；②方法确定的应力修正系数仅为 0.24，响应的实测标贯击数也达到了 83 次。

因此，根据以上应力修正系数可以看出：现有参数确定方法在深层土体中的适用性值得商榷。

4.2   标准化能量修正系数 ER_r 对标贯击数的影响

Seed 液化势简化判别方法考虑了释放方式对动能传递效率的影响 ER_v（Velocity energy ratio）以及锤垫质量对能量传递效率 η_d（Dynamic efficiency）的影响，Skempton[18]等人提出用参数 ER_r 对实测标贯击数进行标准化。但是，能量在标贯杆上的能力传递效率同样会随着杆长的变化而发生变化。根据 Skempton[18]等人的研究成果表明：当埋深等于 10m 时，能量传递率刚好等于标准质量、标准落距自由落体能量的 60%（$ER_r=60\%$）。

当杆长小于 10m 时，因标贯杆刚度较大能力传递效率不足自由落体的 60%，且会随着杆长的变短，传递效率逐渐下降，直至达到自由落体能量的 45%；当杆长大于 10m 时，则认为标贯杆长度对能量传递效率没有影响，保持在自由落体的 60%，因此，在实际分析过程中，需要进一步考虑杆长对准化能量修正系数 ER_r 的影响，如表 6 所示。

表6　标准贯入修正系数值表 – 杆长修正

影响因素	设备多样性	修正系数
钻杆长度	<3m	0.75
钻杆长度	3～4m	0.8
钻杆长度	4～6m	0.85
钻杆长度	6～10m	0.95
钻杆长度	10～30m	1.0

但是，国内临界标准贯入锤击数液化判别方法以 3m 时测量的标贯击数为基准值，该基准值隐式式考虑了释放方式对锤击能量的影响。通过对同种土体（相同密实程度）不同埋深状态的标准贯入试验表明，随着杆长的增加，标贯试验的能量传递效率是逐渐降低的。杆长越大能量传递效率越低，则实测标贯击数越高。

左永振[19]等人围绕重型动力触探开展了杆长修正系数模型试验研究工作。研究成果表明：在中粗砂层的重型动力触探试验中，修正系数会随着杆长的增大而逐渐减小，以杆长等于 2m 为基准值，当埋深达到 83m 时，杆长修正系数仅为 0.48。这一试验规律充分证明了对深层土体进行液化判别时必须需要考虑杆长对于标贯击数的影响。因此，鉴于目前标准贯入试验逐渐应用于深厚覆盖层上，钻杆长度对标贯能量传递效率的影响仍然需要开展深入研究。

5　结语

本文对典型的经验化液化判别方法进行了考察，包括 Seed 液化势简化判别方法、Seed 液化势简化判别改进法以及临界标准贯入锤击数液化判别方法等，对不同方法的适用条件和在液化判别中所考虑的因素进行了分析。并对某工程场地进行分析，系统对比了砂土液化临界标贯击数随深度的变化关系曲线，比较了不同方法对深层土液化判别的适用性，并就不同方法确定的标准化修正系数之间的差异进行了系统讨论。通过该场地液化判别结果的对比分析，可以获得如下认识：

（1）基于标准贯入试验进行液化判别的方法可以分为临界标准贯入锤击数液化判别法和 Seed 液化势简化判别方法两类，两类方法以不同的形式考虑了地震荷载的影响、土料物性的影响、应力状态的影响以及标贯系统的影响等，并且参考文献［2］建立了以深度与液化临界标贯击数关系表示 NCEER 推荐法的方法，使得两种液化判别方式可以在相同条件下进行比较、分析。

（2）在各方法适用的一般深度范围内（20m内），不同方法计算液化临界标贯击数差异较小，总体上基本一致。说明对于 20m 以内的砂土液化判别，各方法均是适用的，且具有较好的稳定性与可靠度。这也是目前这些经验方法广泛应用的原因所在。

（3）对超出 20m 范围的砂土液化，不同方法计算的液化临界标贯击数在数值和趋势上均有所差异，甚至差异很大，这说明对于深层土液化问题，各方法的适用性尚需要进一步研究，尤其需要开展深层土体的标准化标贯击数确定方法研究工作。

（4）Seed 液化势简化判别方法在进行标准化标贯击数计算时，需要考虑应力状态和能力传递效率的影响，但不同学者提出的标准化应力修正系数确定方法的差异会随着埋深的增大而增大。当标准贯入试验达到 200m 埋深时，不同确定方法得到的结果的差异可达 2 倍以上，建议进一步开展相关研究工作。

（5）能量传递效率的影响国内外也从不同的角度建立了不同的评价体系，国内临界标贯击数液化判别方法是以 2m 时检测的结果为基准值，其余深度的标贯击数结果根据杆长修正系数计算，深度越大修正系数越小；Skempton 和 Seed 等人则以相对于标准重量、标准落距的自由落体能量的 60% 为基准值（10m 埋深），埋深大于 10m 时，杆长修正系数为 1.0；埋深小于 10m 时，杆长与其修正系数成正相关变化。两种方法对于能量传递的表达存在明显的不同,且杆长修正系数随着埋深的影响也存在明显差异,因此,建议进一步开展相关研究工作。

参考文献:

[1] 杨玉生,刘小生,赵剑明,等. 土体地震液化评价方法及其优缺点和适用条件 [J]. 水利水电技术,2019,50(8):185-194.

[2] 刘启旺,杨玉生,刘小生,赵剑明. 标贯击数液化判别方法的比较 [J]. 地震工程学报,2015,37(3):794-802.

[3] 杨玉生. 地基砂土液化判别方法探讨 [J]. 水利学报,2010,39(Z2):1061-1068.

[4] Seed H B,Idriss I M. Simplified Procedure for Evaluating Soil Liquefaction Potential [J]. Soil Mechanics and Foundation Div,ASCE,1971,97(9):1249-1273.

[5] 蔡元治. 砂性土地震液化的 NCEER 判别法在港口工程中的应用 [J]. 港工技术,2012(3):36-38.

[6] T.L.Youd,I.M.Idriss,et al. Liquefaction resistance of soils summary report from the 1996 NCEER and 1998 NCEER/NSF workshops on evaluation of liquefyaction resistance of soils.Journal of Geotechnical and Geoenvironmental Engineering,2001(8):297-313.

[7] R.B.Seed,K.O.Cetin,R.E.S.Moss,A.Kammerer,J.Wu,J.Pestana,M.Riemer. Recent advances in soil liquefaction engineering and seismic site response evaluation. Proc.,4th International Conference and Symposium on Recent Advances in Geotechnical Earthquake Engineering and Soil Dynamics,Univ.of Missouri,Rolla,Paper SPL-2,2001.

[8] 国家质量技术监督局,中华人民共和国建设部. GB 50287—2006,水力发电工程地质勘察规范 [S]. 北京:中国标准出版社,2006.

[9] 赵倩玉. 我国规范标贯液化判别方法的改进研究 [R]. 北京:中国地震局工程力学研究所,2013.

[10] Seed H B. Soil Liquefaction and Cyclic Mobility Evaluation for Level Ground During Earthquakes [J]. Geotech.Eng.Div.,ASCE,1979,105(2):201-225.

[11] Seed,H.B.,Idriss,I.M. Ground motions and soil liquefaction during earthquakes [J]. Earthquake Engineering Research Institute Monograph,Oakland,Calif,1982.

[12] Seed,H.B.,Tokimatsu,K.,Harder,L.F.,Chung,R.M. The influence of SPT procedures in soil liquefaction resistance evaluations.J.Geotech.Engrg.,ASCE,1985,111(12),1425-1445.

[13] National Research Council(NRC).Liquefaction of soils during earthquakes,National Academy Press,Washington,D.C.

[14] 刁桂苓,李钦祖. 邢台地震的科学研究 [J]. 华北地震科学,2006(2):24-29.

[15] 陈立军,全德辉,胡奉湘,等.1970 年通海地震震源影响区的研究 [J]. 华南地震,2000(3):31-38.

[16] 李龙海,刘武英. 唐山地震与海城地震之共性特征及有关问题的讨论 [J]. 地震研究,1995(2):161-167.

[17] 中华人民共和国水利部. SL/T 237—1999,土工试验规程 [S]. 北京:中国水利水电出版社,1999.

[18] Skempton A W. Standard penetration test procedures and the effects in sands of overburden pressure,relative density,particle size,ageing and overconsolidation [J]. Geotechnique,1986,36(3):411-412.

[19] 左永振,赵娜. 基于模型试验的重型动力触探杆长修正系数研究 [J]. 岩土工程学报,2016,38(S2):178-183.

作者简介:

朱凯斌(1991—),男,博士,工程师,主要从事水工结构工程研究。E-mail:zhukb@iwhr.com

刘小生(1962—),男,博士,正高级工程师,主要从事土石坝及地基抗震研究。E-mail:liuxsh@iwhr.com

五、试验研究

金川水电站混凝土面板堆石坝筑坝料及覆盖层渗透特性试验研究

马凌云 [1,2]

（1. 中国电建集团西北勘测设计研究院有限公司，陕西省西安市　710065；
2. 国家能源水电工程技术研发中心高边坡与地质灾害研究治理分中心，陕西省西安市　710065）

【摘　要】金川水电站大坝是建在深厚覆盖层上的高混凝土面板堆石坝，最大坝高 112m，覆盖层最大厚度为 65m。鉴于在深厚覆盖层上建设水利水电工程往往存在渗流稳定、渗漏损失、不均匀沉陷和砂土液化等众多问题，本文通过开展土料室内渗透及渗透变形试验、反滤试验、接触冲刷试验等渗透特性试验研究工作，对金川水电站坝体分区筑坝料和坝基覆盖层料的渗透特性参数成果进行了较全面的研究总结，可为面板堆石坝渗流控制和坝体渗透稳定安全设计提供参数依据，也希望能为同类工程坝料渗透特性试验研究提供借鉴参考。

【关键词】混凝土面板堆石坝；覆盖层；渗透特性；试验研究

0　引言

渗透稳定性是深厚覆盖层上筑坝的主要工程地质问题之一[1]，我国西部 12 个省（自治区、直辖市）水力资源占全国总量的 80%多，特别是西南地区云、贵、川、渝、藏 5 个省（自治区、直辖市）的水力资源就占 2/3[2]，而西南地区河谷深切和深厚覆盖层现象十分普遍，各主要河流覆盖层普遍呈现分布厚度变化大、结构差异显著、组成成分复杂且堆积序列异常等特点[3]。在深厚覆盖层上建坝往往存在渗流稳定、渗漏损失、不均匀沉陷和砂土液化等众多问题，给土石坝工程建设带来困难。根据国内外相关统计显示，由渗透破坏直接导致土石坝工程失事概率，中国是 29%（2391 座失事），美国是 39%（206 座失事）[4]，因此，研究深厚覆盖层上土石坝的渗流稳定意义重大。大渡河金川水电站拦河大坝就是建在深厚覆盖层上的混凝土面板堆石坝，基于此，本文通过工程实例，仅就金川水电站面板堆石坝筑坝材料和坝基覆盖层料的渗透特性试验研究的方法及成果进行总结介绍，以期为土石坝渗流控制理论的研究提供参考。

1　工程概况

金川水电站工程为大渡河干流规划 22 级方案的第 6 个梯级电站，坝址位于四川省金川县城以北约 13km、大渡河右岸支流新扎沟汇合口以上长约 1km 的河段上。坝址距成都约 425km，对外交通方便。

金川水电站工程的开发任务主要是发电，为二等大（2）型工程。水库正常蓄水位为 2253m，装机容量为 860MW。枢纽建筑物主要由挡水建筑物、泄水建筑物、引水发电系统等组成。拦河大坝为混凝土面板堆石坝，建在深厚覆盖层上，覆盖层平均厚度为 45m，覆盖层最大厚度为 65m，最大坝高 112m，按 1 级建筑物设计。

1.1　河床覆盖层总的特征

（1）坝址区河床覆盖层平均厚度为 45m，最大厚度为 65m，具有厚度大、层位起伏变化较大、颗粒组成复杂、工程特性复杂等特点。

覆盖层从下而上共划分为三大岩组：底部 I 岩组为灰色—浅灰黄色含漂砂卵砾石层，局部夹砂层透镜体，平均厚度为 17.5m，砂层透镜体较少（厚度为 2.0～4m）；中部 II 岩组为灰色砂卵砾石层，局部夹有漂块石及砂层透镜体，平均厚度为 22.48m，岩组中所含砂层透镜体多，分布面积较大，厚度一般为 2.5～13.44m；上部 III 岩组为灰色含漂砂卵砾石层，局部夹砂层透镜体，位于表部，局部夹有砂层透镜体，平均厚度为18m，所含砂层透镜体较少（厚度一般为0.5～2m），延伸性差。

（2）河床覆盖层Ⅰ、Ⅲ岩组的颗粒级配不良，属巨粒混合土；Ⅱ岩组的颗粒级配良好，颗粒略细，

为含细粒土砾；各岩组中所含砂土主要为粉土质砂。

根据设计提供的前期现场勘探筛分资料进行整理，经确认的覆盖层各层试验颗粒级配组成见表1。

表1　　　　　　　　　　　　　　　　覆盖层各层试验颗粒级配组成

覆盖层	级配	小于某粒径（mm）之百分数（%）										
		200	100	60	40	20	10	5	2	0.5	0.25	0.075
Ⅰ层	平均线	100	94.6	83.5	77.2	67.9	61.6	56.2	51.0	32.9	22.5	13.9
	上包线	—	—	—	100	93	85	78	70	56	44	24
Ⅱ层	平均线	—	99.5	93.6	86.4	75.0	65.8	58.4	48.8	33.2	24.8	16.0
	上包线	—	—	100	95	90	85	70	56	40	30	20
Ⅲ层	平均线	85.2	69.6	55.1	47	35.1	27	21.1	16.5	5.3	3.1	0.7
	上包线	100	90	80	65	48	38	30	23	9	5	2
透镜体	平均线	—	—	—	—	100	98.1	91.5	85	67	56	23

1.2　筑坝材料基本情况

地质勘察以坝址上游的卡拉足沟沟口周山料场、坝址区开挖料和下游石家沟料场为可行性研究阶段的详查堆石料料场。本次试验重点开展坝址区开挖料和下游石家沟料场的利用和研究工作。

1.2.1　坝址区开挖料

坝址区出露的基岩，岩性为三叠系上统杂谷脑组上段（T3z2）薄—厚层状变质细砂岩夹碳质千枚岩。坝址区建筑物开挖料以两岸岸坡卸荷岩体为主，岩体岩层厚度和质量变化较大，无用夹层较多，断裂发育，按地形地质条件属Ⅲ类块石料场。

根据坝址区岩性、层厚及其组合特征，由老到新共划分为8个工程地质岩组，各岩组主要岩性为层状变质细砂岩，岩石干密度远大于2.4g/cm³，饱和抗压强度高，软化系数大，但各岩组中碳质千枚岩及其他软弱夹层强度低，易软化；若针对单个岩组评价，T3z2$^{(3)}$、T3z2$^{(4)}$、T3z2$^{(6)}$岩组岩性坚硬、断裂切割块度较大、无用夹层较少，能够满足坝体堆石料的技术要求；其余各岩组质量可针对坝体分区，或进行不同岩组卸荷带掺合，有成为下游堆石料的可能性。各工程地质岩组特征见表2。

表2　　　　　　　　　　　　　　　坝址区基岩地层工程地质岩组特征简表

界	系	统	组	地层代号	工程地质岩组	厚度（m）	岩性描述
中生界	三叠系	上统	杂谷脑组	T3z2	T3z2$^{(8)}$	>400	浅灰色薄—中厚层状变质细砂岩，夹厚层状变质细砂岩透镜体、碳质千枚岩
					T3z2$^{(7)}$	85～100	灰色薄层状变质细砂岩夹灰黑色碳质千枚岩
					T3z2$^{(6)}$	75～85	浅灰—灰色中厚层状条带状变质细砂岩，夹少量薄层状变质细砂岩
					T3z2$^{(5)}$	75～130	浅灰色薄层状变质细砂岩夹中厚层状变质细砂岩、碳质千枚岩
					T3z2$^{(4)}$	100～135	浅灰色中厚层状变质细砂岩夹薄层状变质细砂岩、灰黑色碳质千枚岩
					T3z2$^{(3)}$	110～150	浅灰色厚层状变质细砂岩，中部夹厚5～8m的薄层状变质细砂岩及灰黑色含碳质千枚岩互层
					T3z2$^{(2)}$	60～85	浅灰色薄层状变质细砂岩夹中厚层状变质细砂岩、灰黑色含碳质千枚岩
					T3z2$^{(1)}$	50～80	浅灰色薄层状变质细砂岩夹灰黑色含碳质千枚岩

1.2.2　石家沟堆石料场

石家沟堆石料场位于坝址区下游左岸石家沟

内，距离坝址5～6km。推荐料层出露高程2400～2900m，山坡陡峻，坡度为45°～60°，局部近直

立陡崖。出露地层岩性为三迭系上统侏倭组（T3zh）中—厚层变质细粒钙质长石石英细砂岩，少量薄层变质细砂岩夹灰黑色含炭质千枚岩，主要为坚硬岩，少量为中硬岩、软岩。中—厚状长石石英砂岩岩层单层厚度一般为 20～50cm，少量薄层变质细砂岩单层厚度小于 10cm。据平硐 SPD1 硐壁岩层厚度统计，中厚层状约占 70%，薄层状约占 18%，千枚状约占 12%（千枚岩多沿层间挤压带分布，最大厚度近 2m）。岩层总体走向为 NW335°～SN，倾向 NE，倾角为 65°～90°。粗估可开采储量大于 2000 万 m³，料源丰富。

物理、力学和化学特性试验成果表明：变质细砂岩干密度为 2.71～2.78g/cm³，干抗压强度为 102～206MPa，湿抗压强度为 94～172MPa，饱和吸水率为 0.08%～0.27%，冻融损失率为 0～0.02%，岩石均具有强度高、冻融损失率低和吸水率低的特点，属坚硬岩。

1.3 设计坝体分区

大坝为混凝土面板堆石坝，最大坝高 112.0m。坝顶高程为 2258m，坝顶长度为 275.78m，顶宽 10m。根据规范并参照类似工程经验，依据可能的料源，初步拟定坝体分为上游铺盖区（1A）、盖重区（1B）、垫层区（2A）、特殊垫层区（2B）、过渡区（3A）、主堆石区（3B）、河床反滤料（3E）、下游堆石区（3C）、下游护坡（P）、下游压重区和混凝土面板（F）。坝体各分区填筑料颗粒组成和级配如下：

（1）垫层料（2A）级配连续。最大粒径为 80mm，粒径小于 5mm 的颗粒含量为 35%～57%，粒径小于 0.075mm 的颗粒含量不大于 5%～8%。

（2）特殊垫层区料（2B）级配连续。最大粒径 40mm，粒径小于 5mm 的颗粒含量为 45%～60%，粒径小于 0.075mm 的颗粒含量不大于 5%～10%。

（3）过渡层料（3A）级配连续。最大粒径 300mm，粒径小于 5mm 的颗粒含量为 20%～30%，粒径小于 0.075mm 的颗粒含量不大于 5%～8%。

（4）反滤料（3E）级配连续。最大粒径 80mm，粒径小于 5mm 的颗粒含量为 20%～30%，粒径小于 0.075mm 的颗粒含量不大于 5%～8%。

（5）主堆石料（3B）最大粒径 800mm，粒径小于 25mm 的颗粒含量为 15%～40%，粒径小于 5mm 的颗粒含量≤20%～25%，粒径小于 0.075mm 的颗粒含量≤5%～8%。

（6）下游堆石料（3C）最大粒径 1000mm，粒径小于 5mm 的颗粒含量 30%～40%，粒径小于 0.075mm 的颗粒含量不大于 8%～12%。

2 坝体筑坝料的渗透及渗透变形试验

2.1 试验级配与密度

试验级配根据坝料分区设计级配曲线图。由于试验仪器尺寸限制，试样最大颗粒粒径为 60mm，对于存在超径颗粒料的过渡料（平均线）、反滤料（下包线），采用等量替代法进行超径颗粒处理；对于存在超径颗粒的主堆石料（平均线 $n=2.5$）、下游堆石料（平均线 $n=1.5$），先采用相似级配法进行不同的缩小倍数（n）的缩径，然后采用等量替代法进行超径颗粒处理。试验颗粒级配见表 3，试验制样控制密度见表 4。

表 3　　　　　　　　　坝体各分区填筑料试验颗粒级配组成

坝体分区	级配	各粒组颗粒粒径（mm）含量组成（%）								
		60～40	40～20	20～10	10～5	<5	5～2	2～1	1～0.075	<0.075
特殊垫层料	平均线	—	7.5	14.5	14.5	63.5	20.5	12	28.5	2.5
垫层料	平均线	14.50	16.50	13.00	12.00	44.0	13	8.25	20.75	2
过渡料	平均线	15.2	23.7	22.9	21.2	17.0	9.75	7.25	0	0
主堆石	平均线	15.82	22.74	24.72	23.73	13.0	13.0	0	0	0
下游堆石	平均线	14.63	23.63	16.88	16.88	28.0	8	4	10	6

表 4　　　　　　　　　坝体各分区筑坝料试验制样控制密度

序号	坝体分区	试验级配	试验用料及组合形式（1～8 号）		制样干密度（g/cm³）	孔隙率（%）
			石家沟料场料	坝址区强卸荷带开挖料		
1	垫层料 2A	平均线	1 号：厚、中厚砂岩	—	2.21	19.6

序号	坝体分区	试验级配	试验用料及组合形式（1~8 号）		制样干密度（g/cm³）	孔隙率（%）
			石家沟料场料	坝址区强卸荷带开挖料		
2	特殊垫层料	平均线	1 号：厚、中厚砂岩	—	2.16	21.5
3	过渡料 3A	平均线	1 号：厚、中厚砂岩	—	2.16	21.5
4	主堆石 3B	平均线	1 号：厚、中厚砂岩	—	2.16	21.5
5	主堆石 3B	平均线	2 号：厚、中厚层砂岩:薄层状砂岩:极薄层千枚状变质细砂岩及含碳质千枚岩 = 70%:15%:15%	—	2.18	20.7
6	主堆石 3B	平均线	—	3 号：岩组 T3z2⁽³⁾:T3z2⁽⁴⁾:T3z2⁽⁵⁾:T3z2⁽⁶⁾ = 20%:30%:30%:20%	2.20	20.0
7	下游堆石料	平均线	2 号：厚、中厚层砂岩:薄层状砂岩:极薄层千枚状变质细砂岩及含碳质千枚岩 = 70%:15%:15%	—	2.18	20.7
8	下游堆石料	平均线	—	4 号：岩组 T3z2⁽¹⁾:T3z2⁽²⁾ = 60%:40%	2.18	20.7
9	下游堆石料	平均线	—	5 号：岩组 T3z2⁽⁷⁾:T3z2⁽⁸⁾ = 30%:70%	2.18	20.7
10	下游堆石料	平均线	—	6 号：岩组 T3z2⁽⁷⁾	2.15	22.0
11	下游堆石料	平均线	—	7 号：岩组 T3z2⁽³⁾:T3z2⁽⁴⁾:T3z2⁽⁵⁾:T3z2⁽⁶⁾ = 35%:15%:20%:30%	2.18	20.7
12	下游堆石料	平均线	—	8 号：岩组 T3z2⁽¹⁾~3T3z2⁽⁷⁾等比例混合料	2.18	20.7

2.2 试验设备与试验方法

在渗流作用下，当土体所受渗透力等于其浮容重时，土粒间不存在接触应力，试样处于即将被浮动的临界状态，当向上的渗透力大于土的浮容重时，土粒会被渗流挟带向上浮动，这种状态称为渗透变形（渗透破坏）。

依据 DL/T 5356—2006《水电水利工程粗粒土试验规程》进行了 12 组垂直渗透变形试验，试验水流由下而上。试验采用直径 ϕ=30cm 大型垂直管涌仪进行，允许的试样最大粒径为 60mm，按试验控制干密度制样，试样分 3 层人工击实而成，试样厚度 45cm，在其上、中、下部均布置有测压管，试样制成后，在低水头下使其充分排气饱和，然后逐级提高水头，每提一级水头，测一个稳定后的平均渗透流量，根据相应测压管读数计算出水力坡降 i 及渗流速度 v，水头由低至高逐级进行直至发生渗透破坏或达到试验条件限制为止。根据试验资料确定渗透系数 k_{20}，绘制 $\lg i$~$\lg v$ 关系曲线，以此为主并结合试验中观测的现象，确定临界坡降 i_{cr}、破坏坡降 i_F 等。

2.3 渗透及渗透变形试验过程成果

试验成果见表 5，各区坝料试验过程现象如下。

表 5　　　　　　　　　　　　　　　筑坝料渗透及渗透变形试验成果

坝体分区	试验用料组合	试验级配	干密度（g/cm³）	k_{20}（cm/s）	i_{cr}	i_F	水流方向	<5mm 含量（%）
垫层料		平均线	2.21	4.73×10^{-3}	1.33	12.1		44
特殊垫层料	1 号	平均线	2.16	2.22×10^{-4}	2.38	>30.3		63.5
过渡料		平均线	2.16	1.21×10^{0}	0.89	>1.74		17
主堆石		平均线	2.16	3.21×10^{0}	0.19	>0.55		13
主堆石	2 号	平均线	2.18	1.40×10^{0}	0.19	>1.56	从下向上	13
主堆石	3 号	平均线	2.20	3.28×10^{0}	0.17	>0.27		13
下游堆石	2 号	平均线	2.18	2.29×10^{-2}	0.51	23.4		28
下游堆石	4 号	平均线	2.18	9.24×10^{-2}	0.36	>30.1		28
下游堆石	5 号	平均线	2.18	2.02×10^{-2}	0.47	>27.4		28

续表

坝体分区	试验用料组合	试验级配	干密度（g/cm³）	k_{20}（cm/s）	i_{cr}	i_F	水流方向	<5mm含量（%）
下游堆石	6 号	平均线	2.15	8.35×10^{-2}	0.38	>29.5		28
下游堆石	7 号	平均线	2.18	4.96×10^{-2}	0.38	>27.7	从下向上	28
下游堆石	8 号	平均线	2.18	8.64×10^{-2}	0.58	>34.3		28

垫层料平均线小于 5mm 的细颗粒含量为 44%，其中小于 0.075mm 的颗粒含量为 2%，试验起始坡降为 0.10，坡降加至 1.33 时有细颗粒移动，随着水头的增加，试料内部结构也在水头作用下随之调整，渗透系数变小，在渗透坡降达到 12.1 时有细颗粒被水流带出，流速突然增大，发生局部流土破坏。

特殊垫层料平均线小于 5mm 的细颗粒含量为 63.5%，小于 0.075mm 的颗粒含量为 2.5%，在试验过程中，试验起始坡降为 0.66，坡降加至 2.38 时有细颗粒移动，渗透系数变大，随着水头的增加，试料内部结构也在水头作用下随之调整，渗透系数变小，由于试验最大供水条件限制，当垫层料渗透坡降达到 30.3 时终止试验，试样未发生整体破坏。

过渡料平均线级配，其小于 5mm 的细颗粒含量为 17.0%，最小粒径大于 1mm；主堆石平均线级配，其小于 5mm 细颗粒含量为 13.0%，最小粒径大于 2mm，细颗粒不能充满粗颗粒形成的骨架，处于自由移动状态，其渗透系数值 $k_{20}=1.40\sim3.28\times10^0$cm/s，均大于 10^0cm/s，渗透等级属极强透水料。由于渗流量过大，在出水从管涌仪顶部溢出时结束试验。在试验条件下，试样未发生整体破坏。

下游堆石料平均线小于 5mm 的细颗粒含量 28%，小于 0.075mm 的颗粒含量为 6%。从 6 组下游堆石平均线的渗透变形试验结果看，渗透系数 $k_{20}=2.02\sim9.24\times10^{-2}$cm/s，属强透水料，临界坡降 $i_{cr}=0.36\sim0.58$，此时相应 lg$i\sim$lg$v$ 关系曲线出现转折。随着水头的不断增加，试料内部结构也在水头作用下随之调整重组，6 组试验中，仅在下游堆石石家沟料场 2 号组合料的试验中，当渗透坡降达到 19.6 时，有部分极细颗粒掺杂在水流中，出水变浑，

稍后水流又变清，在渗透坡降达到 27.2 时，流速急剧增大，出水混浊，发生管涌破坏，取破坏坡降为 23.4；其余 5 组试验，在试验设备条件下，当渗透坡降达到 27.4～34.3 时，试样均未发生整体破坏。

从试验结果看，特殊垫层料 $k_{20}=2.22\times10^{-4}$cm/s，垫层料 $k_{20}=4.73\times10^{-3}$cm/s，渗透性等级均为中等透水料；下游堆石料 $k_{20}=2.02\sim9.24\times10^{-2}$cm/s，属强透水料；过渡料 $k_{20}=1.21\times10^0$cm/s，主堆石料 $k_{20}=1.40\sim3.28\times10^0$cm/s，属极强透水料，其渗透性随着试料细颗粒含量的减少而增大，符合粗粒土渗透系数是随着粗、细料含量和性质的不同而变化的，是随着粗粒含量的增大而增大，随着细料特别是含泥量的增大而减小这一规律。同一级配下，6 组下游堆石料的渗透变形试验渗透系数范围值 $k_{20}=2.02\sim9.24\times10^{-2}$cm/s，均在 10^{-2}cm/s 量级，说明本次料源的不同对试料渗透性的影响不大，规律性较好。

3 坝基覆盖层料Ⅲ层的渗透特性试验

3.1 试验级配与密度

根据金川水电站可行性研究阶段勘测设计工作总体思路，金川水电站大坝基础直接坐在坝址区覆盖层上，通过反滤层与覆盖层Ⅲ层相接，本次主要针对覆盖层Ⅲ层料开展了渗透及渗透变形试验、有反滤料保护的反滤试验以及接触冲刷试验。

本次试验对于存在超径料的反滤料（下包线）、覆盖层Ⅲ层（上包线、平均线）等，采用等量替代法进行超径颗粒处理。确定反滤料（下包线、平均线）的试验制样干密度为 2.15g/cm³，坝基覆盖层Ⅲ层料（上包线、平均线）的为 2.24g/cm³。试验用料级配见表 6。

表6   反滤料、覆盖层Ⅲ层料试验用料颗粒级配

土样编号	级配	各粒组颗粒粒径（mm）含量组成（%）								
		60～40	40～20	20～10	10～5	<5	5～2	2～1	1～0.075	<0.075
反滤料	平均线	5.3	13.3	20.5	25.5	35.5	35.5	0	0	0
	下包线	10.5	16.5	21.0	25.0	27.0	27.0	0	0	0

土样编号	级配	各粒组颗粒粒径（mm）含量组成（%）								
		60～40	40～20	20～10	10～5	<5	5～2	2～1	1～0.075	<0.075
覆盖层（Ⅲ层）	平均线	18.9	27.5	18.9	13.6	21.1	4.7	11.2	4.5	0.7
	上包线	21.0	23.8	14.0	11.2	30.0	7.0	14.0	7.0	2.0

3.2 渗透及渗透变形试验

本次对覆盖层Ⅲ层料进行了 2 组渗透及渗透变形试验，试验设备及试验方法与 2.2 节筑坝料的相同。从表 7 的试验结果看，覆盖层Ⅲ的上包线 $k_{20}=1.29\times10^{-1}$cm/s，$i_{cr}=0.43$，与其平均线 $k_{20}=$ 2.73cm/s，$i_{cr}=0.21$ 相比，在同样的制样密度下，上包线渗透系数约比平均线的小一个量级，这与其级配<5mm 颗粒含量不同的影响有关，<5mm 颗粒含量越高，渗透系数越小，符合一般规律。

表 7　　　　　覆盖层料渗透及渗透变形试验成果

土样编号	试验用料	试验级配	干密度（g/cm³）	k_{20}（cm/s）	i_{cr}	i_F	水流方向	<5mm 颗粒含量（%）
覆盖层Ⅲ层	砂砾石料	上包线	2.24	1.29×10^{-1}	0.43	6.25	从下至上	30.0
		平均线	2.24	2.73×10^{0}	0.21	>0.54		21.1

3.3 反滤试验

本次进行了 2 组反滤试验，验证反滤料和被保护土之间的反滤关系。反滤试验采用直径 $\phi=30$cm 垂直管涌仪进行。水流从下向上，覆盖层Ⅲ层料作为被保护料在垂直管涌仪下部，厚度为 36cm，分 3 层人工击实而成；反滤料作为保护料在覆盖层Ⅲ层料上部，厚度为 24cm，分 2 层人工击实而成。在被保护料下部、保护料试样上部及两种试料接触面均布置有测压管；试样饱和及试验方法等同 2.2 节，试验按 DL/T 5356—2006《水电水利工程粗粒土试验规程》进行，确定渗透系数，临界坡降、破坏坡降或允许渗透坡降。本次反滤试验成果见表 8。

表 8　　　　　反　滤　试　验　成　果

序号	被保护土	保护土	水流方向	k_{20}（cm/s）	i_{cr}	i_F
1	覆盖层Ⅲ上包线	反滤料下包线	从下至上	1.08×10^{-2}	0.69	13.2
2	覆盖层Ⅲ平均线	反滤料平均线		1.68×10^{-1}	0.49	>1.16

从反滤试验的结果看，覆盖层Ⅲ层料上包线在反滤料下包线的保护下，$k_{20}=1.08\times10^{-2}$cm/s，$i_{cr}=0.69$，i_F 达到 13.2；覆盖层Ⅲ平均线在反滤料平均线的保护下，$k_{20}=1.68\times10^{-1}$cm/s，$i_{cr}=0.49$，坡降达到 1.16 时尚未破坏，同表 7 没有反滤保护的试验结果相比，渗透系数值减小，临界坡降值和破坏坡降值都有较大的提高，反滤效果比较明显。

3.4 接触冲刷试验

接触冲刷试验是无黏性土渗透变形的一种破坏形式，指渗流沿着两种渗透系数不同介质的接触面流动时，把颗粒带走的现象。金川水电站大坝基础直接坐在坝址区覆盖层上，通过反滤层与覆盖层Ⅲ层砂砾石料相接，因此反滤料与覆盖层Ⅲ层料接触面在水平渗流下存在接触冲刷破坏的可能。

本次采用水平渗透仪进行了接触冲刷试验。试样由反滤料与覆盖层料两种试料组成，覆盖层料处于试样下部，试样尺寸（长×宽×高）为 78×41.5×20（cm），反滤料处于试样上部，试料尺寸（长×宽×高）为 78×41.5×21.6（cm）；在两种试料内以及两者接触面的上下游侧均布置有测压管。试样制样、饱和及试验方法与 2.2 节渗透及渗透变形试验基本相同。本次完成接触冲刷试验 2 组，试验成果见表 9。

根据试验观察，2 组试验均有细颗粒带出，流失量（冲出的细颗粒占试料<5mm 颗粒的百分含量）分别为 0.35%和 1.64%，冲刷情况不太明显。

表 9 接 触 冲 刷 试 验 成 果

序号	试样下部	试样上部	试验水流方向	k_{20}（cm/s）	i_{cr}	i_f	流失量（%）
1	覆盖层Ⅲ 上包线	反滤料 下包线	水平方向	3.69×10^{-1}	0.32	＞5.09	0.35
2	覆盖层Ⅲ 平均线	反滤料 平均线		3.55×10^0	0.11	＞0.30	1.64

4 结语

（1）坝体各分区填筑料的渗透及渗透变形试验渗透水流从下向上，从试验结果看，垫层料 $k_{20}=4.73 \times 10^{-3}$cm/s，渗透性等级为中等透水料，能满足半透水性材料的要求，过渡料 $k_{20}=1.21 \times 10^0$cm/s，主堆石料 $k_{20}=1.40 \sim 3.28 \times 10^0$cm/s，属极强透水料，从上游向下游各区坝料的渗透性增大，由半透水过渡到自由排水，满足水力过渡要求。下游堆石料 6 组 $k_{20}=2.02 \sim 9.24 \times 10^{-2}$cm/s，属强透水料，渗透性比主堆石料小，若处于下游坝体的干燥区，将不会对坝体自由排水产生影响。

（2）对于覆盖层Ⅲ层料，其反滤试验水流从下向上，在有反滤料保护的情况下，渗透系数值相较于没有保护时减小，临界坡降值和破坏坡降值都有较大的提高，反滤料起到了一定的反滤保护效果；从其水平方向的接触冲刷试验最大不到 2% 的细颗粒流失量看，接触冲刷渗透破坏情况不明显。

（3）本文仅对金川水电站面板堆石坝筑坝料和坝基覆盖层料的渗流特性试验研究情况进行了总结，整个试验成果可作为坝体渗流计算及渗流稳定性能评价的依据，也希望可供同类工程借鉴参考。

参考文献：

[1] 任光明. 川西河谷深厚覆盖层筑坝的渗透稳定性研究 [J]. 成都理工学院学报，2001，28（增刊）：235-239.

[2] 孙志禹，胡连兴. 中国水电发展的现状与展望 [J].《清洁能源蓝皮书》国际清洁能源产业发展报告（2018）：241-251.

[3] 许强，陈伟，张倬元. 对我国西南地区河谷深厚覆盖层成因机理的新认识 [J]. 地球科学进展，2008（5）：448-456.

[4] 沈振中，邱莉婷，周华雷. 深厚覆盖层上土石坝防渗技术研究进展 [J]. 水利水电科技进展，2015，35（5）：27-35.

[5] 郭庆国. 粗粒土的工程特性及应用. 1 版 [M]. 郑州：黄河水利出版社，1998.

作者简介：

马凌云（1971—），男，正高级工程师，主要从事岩土工程试验研究。E-mail：404918599@qq.com

长河坝动力离心模型试验研究

王年香，章为民，顾行文

（南京水利科学研究院，江苏省南京市　210024）

【摘　要】本文采用离心机振动台模型试验研究了长河坝在不同地震加速度下长河坝的地震加速度反应、坝顶沉降、破坏模式和极限抗震能力。结果表明：坝体加速度反应随坝高的变化可以分成两个线性变化段，在 $1/2 \sim 2/3$ 坝高以下，坝体加速度反应较小，在 $1/2 \sim 2/3$ 坝高以上，坝体加速度反应明显增大，越往坝顶加速度放大系数就越大；在 100 年超越概率 1%（峰值加速度为 $430g$）地震条件下，地震引起的坝顶沉降为 $165 \sim 178cm$；地震破坏模式为坝顶局部滑动破坏；地震极限抗震能力为 $532g$。试验验证了长河坝的抗震措施是合理、可行的。

【关键词】水工结构；长河坝；动力离心模型试验；地震反应；破坏模式

0　引言

地震会使土石坝产生很大变形，甚至破坏[1]。地震破坏的研究方法基本上可分为三类，一是震灾调查，通过地震的破坏现象来研究分析地震的破坏机理及防抗震措施。由于地震无法预测、更无法控制，这类研究比较表观，而且不能重复，普遍性差。二是数值模拟与理论分析，即根据室内单元土体的试验结果，找出规律、提出假定，再依据某一条件来预测结构的整体行为，由于土的复杂性及土的本构模型、计算参数的不确定性，目前仍难达到定量的水平，预测值与实际往往相差很大。三是振动台试验方法，此方法主要应用在研究结构问题方面，而在研究土工问题时，由于不能满足模型与原型应力水平相同的要求，使得此方法得出的结果与实际相差甚远，难以在岩土工程领域内应用。

长河坝水电站工程为一等大（1）型工程，挡水、泄洪、引水及发电等永久性主要建筑物为 1 级建筑物，永久性次要建筑物为 3 级建筑物，临时建筑物为 3 级建筑物。拦河大坝采用砾石土心墙堆石坝，最大坝高为 240m。场址地震基本烈度为Ⅷ度，拟按Ⅸ度抗震设防。坝址河床覆盖层深达 65～76.5m。在强震区、深覆盖层地基上建如此高的土石坝，国内、外尚无先例。地震条件下坝体及坝基的应力变形特性异常复杂，目前国内、外通常采用的抗震计算模型和方法，难以确切反映复杂的实际条件、进行准确估算，不能完全了解大坝结构的地震破坏机理和准确评价大坝抗震安全性。

离心机振动台模型试验是近年来迅速发展起来的一项高新技术，被国内外专家公认为研究岩土工程地震问题最为有效、最为先进的研究方法和试验技术[2]，在岩土工程地震问题的研究中得到应用[3-4]，特别是在地震破坏机理、地震工作机理、抗震设计计算、数值模型验证等方面显示出巨大的优越性。本文采用离心机振动台模型试验技术，研究长河坝大坝地震反应和破坏机理研究，分析地震永久变形和动力稳定性，准确评价大坝抗震安全性与抗震措施，对验证设计、确保工程安全具有重要意义。

1　模型试验原理和方法

1.1　模型相似理论

离心机振动台模型试验的重要目标之一，是将原型在动力荷载作用下的力学现象，在模型上进行相似模拟，测量模型的物理量通过一定的相似关系推算到原型，这种相似关系就是模型的相似律。相似律一方面规定了将模型试验结果推算到原型上的法则，另一方面又规定了原型和模型之间相似必

基金项目：国家自然科学基金资助项目（50679042）；国家自然科学基金重点资助项目（90815024）。

须满足的条件。根据相似理论第三定律，原型和模型动力相似的充分必要条件是它们的动力学物理过程的单值性条件相似，并使单值量组成的相似准则相等。具体应满足：① 几何条件。要求原型和模型的几何尺寸及空间上相应位置保持相似。② 运动条件。要求原型和模型的位移、速度、加速度在对应空间和时间上方向一致，大小成比例。③ 物理条件。要求原型和模型的物理力学特性以

及受荷后引起的变化反应必须相似，包括土体有效应力原理、变形几何方程、本构关系、摩尔一库仑定律。④ 动力平衡条件。模型试验的主要控制条件。⑤ 边界条件。由边界条件，并对边界条件进行相似变换，可得到满足边界相似的条件。

定义任一物理量 x 原型值与模型值之比为 η_x，对上述的条件进行原型和模型之间的相似变换，就可得到离心机振动台模型相似律，见表 1。

表 1 离心机振动台模型相似律

变量	量纲	原型与模型比例	变量	量纲	原型与模型比例
长度	L	η_l（控制量）	位移	L	$\eta_u = \eta_l^{3/2} \eta_\rho^{1/2} \eta_g^{1/2}$
密度	ML^{-3}	η_ρ（控制量）	速度	LT^{-1}	$\eta_v = \eta_l^{3/4} \eta_\rho^{1/4} \eta_g^{3/4}$
加速度	LT^{-2}	η_g（控制量）	渗透系数	LT^{-1}	$\eta_k = \eta_l^{3/4} \eta_\rho^{-3/4} \eta_g^{-1/4}$
应力、孔隙水压力	$ML^{-1}T^{-2}$	$\eta_\sigma = \eta_l \eta_\rho \eta_g$	抗弯刚度	ML^3T^{-2}	$\eta_{EI} = \eta_l^{7/2} \eta_\rho^{1/2} \eta_g^{1/2}$
弹性模量	$ML^{-1}T^{-2}$	$\eta_E = \eta_l^{1/2} \eta_\rho^{1/2} \eta_g^{1/2}$	抗拉（压）刚度	MLT^{-2}	$\eta_{EA} = \eta_l^{3/2} \eta_\rho^{1/2} \eta_g^{1/2}$
凝聚力	$ML^{-1}T^{-2}$	$\eta_c = \eta_l \eta_\rho \eta_g$	时间	T	$\eta_T = \eta_l^{3/4} \eta_\rho^{1/4} \eta_g^{-1/4}$
摩擦角		$\eta_\varphi = 1$	频率	T^{-1}	$\eta_f = \eta_l^{-3/4} \eta_\rho^{-1/4} \eta_g^{1/4}$
应变		$\eta_\varepsilon = \eta_l^{1/2} \eta_\rho^{1/2} \eta_g^{1/2}$	阻尼比		$\eta_\xi = 1$

1.2 试验方案

由于坝体的填筑材料较多，内部还有些结构要求，且是空间问题，离心机振动台模型试验是按平面问题考虑。振动台模型箱大小为 700mm×200mm×42.5mm（长×宽×高），模型比尺 $\eta_l=1400$，试验布置如图 1 所示。

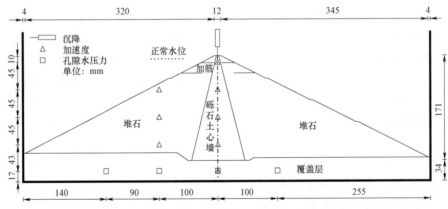

图 1 模型试验布置图（单位：mm）

进行了三种加固方案的对比试验：① 不加固方案。不进行坝顶土工格栅和干砌石护坡及大块石护坡加固。② 坝顶加固方案。只进行坝顶土工格栅和干砌石护坡加固。③ 全加固方案。既进行坝顶土工格栅和干砌石护坡又进行大块石护坡加固。

进行了三种离心机加速度的对比试验：①40g；②30g；③10g。

进行了不同地震波形的对比试验。试验主要根据地震安评场地谱拟合水平方向时程进行模拟，场

地地震波频率约为 3.32Hz，地震历时约 30s。研究表明，用规则波模拟不规则波时，规则波的峰值加速度应取 0.65 倍的不规则波峰值加速度。试验波形有：① 40g 离心机加速度下地震安评场地谱拟合波，模拟 100 年超越概率 2%峰值加速度 359.1g，试验峰值加速度为 14.64g，振动历时 0.75s；② 40g 离心机加速度下正弦波，模拟 100 年超越概率 2%峰值加速度 359.1g，试验峰值加速度为 9.52g，振动频率为 132.8Hz，振动历时 0.75s；③ 40g 离心

机加速度下正弦波，模拟 100 年超越概率 1%峰值加速度 430g，试验峰值加速度为 11.40g，振动频率为 132.8Hz，振动历时 0.75s；④ 40g 离心机加速度下正弦波，模拟最大可信地震峰值加速度 502.14g，试验峰值加速度为 13.31g，振动频率为 132.8Hz，振动历时 0.75s；⑤ 30g 离心机加速度下正弦波，模拟 100 年超越概率 2%峰值加速度 359.1g，试验峰值加速度为 7.14g，振动频率为

99.6Hz，振动历时 1s；⑥ 10g 离心机加速度下正弦波，模拟 100 年超越概率 2%峰值加速度 359.1g，试验峰值加速度为 2.38g，振动频率为 33.2Hz，振动历时 3s；⑦ 40g 离心机加速度下正弦波，模拟更大的地震水平，试验振动频率为 132.8Hz，振动历时 0.75s。

共完成了 12 组离心机振动台模型试验，各试验方案的主要特征见表 2。

表 2   模 型 的 主 要 特 征

模型编号	加固方案	目标地震参数		离心机振动台模型试验参数			
		超越概率	峰值加速度（g）	离心机加速度（g）	波型	峰值加速度（g）	振动频率（Hz）	振动历时（s）
1	不加固	100 年超越概率 2%	359.1	40	正弦波	9.52	132.8	0.75
2	不加固	100 年超越概率 2%	359.1	30	正弦波	7.14	99.6	1
3	不加固	100 年超越概率 2%	359.1	10	正弦波	2.38	33.2	3
4	不加固	100 年超越概率 2%	359.1	40	场地波	14.64		0.75
5	坝顶加固	100 年超越概率 2%	359.1	40	正弦波	9.52	132.8	0.75
6	坝顶加固	100 年超越概率 1%	430	40	正弦波	11.40	132.8	0.75
7	坝顶加固	最大可信地震	502.14	40	正弦波	13.31	132.8	0.75
8	全加固	100 年超越概率 2%	359.1	40	正弦波	9.52	132.8	0.75
9	全加固	100 年超越概率 1%	430	40	正弦波	11.40	132.8	0.75
10	全加固	最大可信地震	502.14	40	正弦波	13.31	132.8	0.75
11	不加固		555.5	40	正弦波	14.17	132.8	0.75
12	不加固		823.6	40	正弦波	21.00	132.8	0.75

1.3 坝体材料的模拟

筑坝材料共有十多种，模型试验中要全部模拟是很困难的，根据试验目的，选择对影响坝体变形和稳定起决定作用的堆石料、覆盖层料和心墙料进行模拟。根据我们以往粒径效应研究成果[5]，模型土料的限制粒径应小于土作用构件最小边长的 1/15~1/30。模型料的限制粒径取为 10mm，根据设计级配曲线，用相似级配法与等量替代法确定模型料的试验级配。模型试验中，堆石料最大粒径为 10mm，制样干密度为 2.10g/cm³（相对密度为 0.90）；心墙料最大粒径为 2mm，填筑含水率为 8%，干密度为 2.2g/cm³；覆盖层料最大粒径为 2mm，制样含水率为 3%，干密度为 2.10g/cm³。采用分层击实法填筑模型料，层厚 3cm。采用钢纱窗模拟土工格栅。采用脆性胶将上下游坝坡面黏结，使坡面堆石料不是散粒状，而是具有一定的黏结力，以模拟大块堆石的咬合力。

1.4 测试技术

量测技术是离心模型试验的关键之一，因需将

高速旋转及高重力场中的模型的微小变化量测出来，难度较大，试验进行了坝体加速度、坝体沉降、覆盖层孔隙水压力测试，具体布置如图 1 所示，试验前，应对所有测量传感器进行标定和筛选，使其能满足试验的各项要求。

2 坝体地震加速度反应

表 3 和表 4 分别汇总了不同高程和位置坝体加速度反应和加速度放大系数，图 2 所示为坝体加速度放大系数随基岩输入加速度的变化，图 3 所示为坝体加速度放大系数沿坝高的变化。从这些图表可以看出，随着基岩输入地震加速度的增加，坝体地震加速度反应也相应增大。坝体加速度反应随坝高的变化可以分成两个线性变化段，在 1/2～2/3 坝高以下，坝体加速度反应较小，在 1/2～2/3 坝高以上，坝体加速度反应明显增大，越往坝顶加速度放大系数就越大。在相同坝高情况下，上游距坝轴线 140m 处的坝体加速度反应比坝轴线处的坝体加速度反应要大。坝顶加固方案的坝体加速度放大系数稍小

于不加固方案的坝体加速度放大系数，全加固方案的坝体加速度放大系数稍小于坝顶加固方案的坝体加速度放大系数。基岩输入地震加速度越大，坝体加速度放大系数变小。长河坝坝顶地震加速度放大系数为 3.5～4。

表 3 坝体加速度反应（g）

模型编号	基岩输入	坝轴线处					上游距坝轴线 140m 处		
		1433.5m	1494m	1557m	1620m	1683m	1494m	1557m	1620m
1	0.367	0.395	0.609	0.784	1.232	1.526	0.672	0.861	1.292
2	0.367	0.398	0.622	0.805	1.325	1.658	0.691	0.880	1.358
3	0.381	0.433	0.692	0.929	1.378	1.870	0.734	0.928	1.439
4	0.373	0.403	0.532	0.607	0.810	1.124	0.613	0.669	0.918
5	0.398	0.438		0.687	0.925	1.547	0.668	0.845	1.212
6	0.473	0.509		0.827	0.987	1.707	0.702	0.942	1.494
7	0.512	0.556		0.816	1.090	1.768	0.654	0.762	1.516
8	0.373	0.407		0.707	1.017	1.401	0.539	0.778	1.161
9	0.436	0.475		0.833	1.145	1.521	0.657	0.868	1.336
10	0.536	0.604		0.938	1.372	1.905	0.804	1.001	1.514
11	0.545	0.571	0.772	1.007	1.428	1.956	0.877	1.167	1.644
12	0.808	0.841	1.070	1.415	1.987	2.565	1.247	1.682	2.039

表 4 坝体加速度放大系数

模型编号	坝轴线处					上游距坝轴线 140m 处		
	1433.5m	1494m	1557m	1620m	1683m	1494m	1557m	1620m
1	1.077	1.661	2.137	3.358	4.159	1.831	2.346	3.521
2	1.084	1.694	2.192	3.607	4.514	1.881	2.396	3.697
3	1.136	1.816	2.436	3.614	4.906	1.926	2.435	3.776
4	1.080	1.427	1.629	2.173	3.018	1.645	1.796	2.464
5	1.101		1.728	2.326	3.891	1.680	2.126	3.050
6	1.075		1.747	2.085	3.605	1.484	1.989	3.156
7	1.084		1.592	2.128	3.452	1.276	1.488	2.960
8	1.090		1.892	2.724	3.752	1.445	2.082	3.110
9	1.090		1.912	2.628	3.492	1.508	1.992	3.066
10	1.125		1.748	2.557	3.552	1.498	1.867	2.822
11	1.047	1.416	1.847	2.619	3.588	1.609	2.141	3.015
12	1.041	1.325	1.751	2.459	3.175	1.543	2.082	2.524

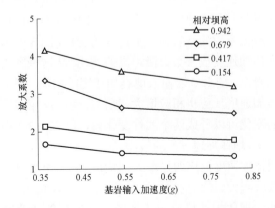

图 2 坝体加速度放大系数随基岩加速度的变化

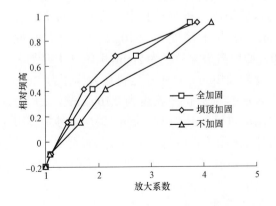

图 3 坝体加速度放大系数随坝高的变化

3 地震引起的坝顶沉降

表 5 给出了 12 个模型试验得出的地震引起的坝顶沉降，图 4 所示为坝顶沉降随基岩输入加速度的变化。从这些图表可以看出，坝顶沉降随着基岩输入加速度的增加而增大；坝顶加固方案（模型 5）的坝顶沉降小于不加固方案（模型 1），而全加固方案（模型 8）的坝顶沉降又小于坝顶加固方案，由此全加固方案可以明显减小坝顶沉降；长河坝在

100 年超越概率 2%（峰值加速度 359.1g）地震条件下，地震引起的坝顶沉降为 136～146cm，在 100 年超越概率 1%（峰值加速度 430g）地震条件下，地震引起的坝顶沉降为 165～178cm，在最大可信地震（峰值加速度 502.14g）条件下，地震引起的坝顶沉降为 199～211cm。国内外土石坝地震引起的坝顶沉降实测资料，表明大部分坝的沉陷率在 0.4～1.0 范围内[6]。

表 5   **地震引起的坝顶沉降**

模型编号	1	2	3	4	5	6	7	8	9	10	11	12
坝顶沉降（cm）	161	166	184	154	146	178	211	136	165	199	306	569

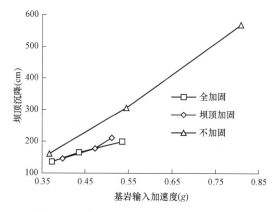

图 4 坝顶沉降随基岩输入加速度的变化

4 大坝地震破坏模式分析

表 6 列出了大坝地震破坏情况。由图 5 可以看出，不加固方案在 100 年超越概率 2%地震条件下，在 4/5 坝高以上的坝体出现了明显的坍塌现象，该

部分的堆石产生了明显的沉陷和向上下游两侧滑落，发生了局部滑动现象，堆石体与心墙有分离现象，与心墙之间出现裂缝。因此，如不对坝顶进行加固，长河坝的地震破坏主要发生坝顶局部滑动破坏。

图 6 所示为坝顶加固方案在 100 年超越概率 2%地震（峰值加速度为 359.1g）、100 年超越概率 1%地震（峰值加速度为 430g）、最大可信地震（峰值加速度为 502.14g）三种地震条件下的地震破坏情况，可以看出，对于坝顶加固方案，地震破坏主要发生在坝顶加固区以下的坝坡表面，出现表面局部堆石料朝下滚落现象，随着地震加速度的增加，堆石料朝下滚落现象越来越明显。全加固方案在最大可信地震后坝坡表面完好无损，并无明显的堆石料朝下滚落现象。

表 6   **大坝地震破坏情况**

加固方案	峰值加速度（g）	破坏情况
不加固	359.1	在 4/5 坝高以上的坝体出现了明显的坍塌现象，该部分的堆石产生了明显的沉陷和向上下游两侧滑落，发生了局部滑动破坏，堆石体与心墙有分离现象，与心墙之间出现裂缝。地震加速度越大，沉陷和滑动体越大
不加固	555.5	
不加固	823.6	
坝顶加固	359.1	加固区以下出现坝坡表面局部堆石料朝下滚落现象，随着地震加速度的增加，堆石料朝下滚落现象越来越明显
坝顶加固	430	
坝顶加固	502.14	
全加固	359.1	无明显的堆石料朝下滚落现象
全加固	430	
全加固	502.14	

图 5　不加固方案坝顶出现明显坍塌

图 6　坝顶加固方案的破坏情况

5　大坝极限抗震能力分析

大坝的极限抗震能力涉及土石坝的地震破坏模式与地震破坏标准问题，根据离心机振动台模型试验结果，从地震引起坝坡表面局部滑落破坏、局部滑动破坏和永久变形破坏三方面分析大坝的极限抗震能力。

（1）地震引起坝坡表面局部滑落破坏时的抗震能力：离心机振动台模型试验结果表明，长河坝坝坡表面出现局部滑落破坏时的抗震能力小于 $359g$。

（2）地震引起局部滑动破坏时的抗震能力：土石坝的静、动力有限元分析，可使人们了解土体中各单元的应力、变形或液化及破坏情况，从而可以了解土体中的抗震薄弱部位。但是，还难以评估土坡或地基整体性的抗震安全状况。拟静力法可以给出土体整体性的抗震安全状况，但有其局限性也是公认的事实。离心机振动台模型试验结果表明，长河坝坝顶出现局部滑坡破坏时的抗震能力为 $359g$。

（3）地震引起永久变形破坏的抗震能力：这里所说的坝体永久变形，主要指总震陷量。南京水利科学研究院根据一些坝的实际震陷值提出如下初步建议[7]：坝高 100m 以下的坝，允许震陷量，可采用坝高的 2%，对 100m 以上的坝，可采用坝高的 1.5%，对 200m 以上的坝，可采用坝高的 1.0%。

图 7 给出了坝顶沉降率随基岩输入加速度变化的离心机振动台模型试验结果，据此推算坝顶沉降率达 1.0%时的地震加速度为 $532g$，长河坝坝顶出现沉陷破坏时的抗震能力 $532g$。

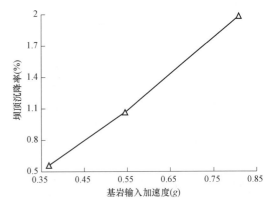

图 7　坝顶沉降率随基岩输入加速度的变化

6　大坝抗震安全性评价

长河坝是一座建在深厚覆盖层上的超高心墙堆石坝。离心机振动台模型试验结果表明，在 100 年超越概率 2%、100 年超越概率 1%和最大可信地震条件下，坝体地震反应逐步增强，坝顶地震加速度放大系数为 3.5～4，坝顶沉降较大，地震破坏主要发生上部坝坡表面，出现表面局部堆石料朝下滚落现象，最严重也只是出现坝顶局部滑动破坏，且这些破坏是可修复的，未发生溃坝、垮坝问题。因此我们认为长河坝抗震措施是合理、可行的。

参考文献：

[1] 陈生水，霍家平，章为民."5·12"汶川地震对紫坪铺混凝土面板坝的影响及原因分析 [J]. 岩土工程学报，2008，

30（6）：795-801.

[2] 王年香，章为民. 离心机振动台模型试验原理和应用 [J]. 水利水电科技进展，2008，28（S1）：48-51.

[3] 章为民，日下部治. 砂性地基地震反应离心模型试验研究 [J]. 岩土工程学报，2001，23（1）：28-31.

[4] 王年香，章为民. 混凝土面板堆石坝动态离心模型试验研究 [J]. 岩土工程学报，2003，25（4）：504-507.

[5] 徐光明，章为民. 离心模型中的粒径效应和边界效应研究 [J]. 岩土工程学报，1996，18（3）：80-86.

[6] 陈国兴，谢君斐，张克绪. 土坝震害和抗震分析评述 [J]. 世界地震工程，1994，（3）：24-33.

[7] 常亚屏. 高土石坝抗震关键技术研究 [J]. 水力发电，1998，（3）：36-40.

作者简介：

王年香（1963—），男，教授级高级工程师，主要从事岩土工程科学研究和技术咨询工作。E-mail：nxwang@nhri.cn

不同轴压下悬挂式防渗墙堤基渗透坡降试验

詹美礼[1]，闫萍[1]，尹江珊[1]，唐健[1]，踪金梁[2]，盛金昌[1]，罗玉龙[1]

（1. 河海大学水利水电学院，江苏省南京市　210098；
2. 江苏省设备成套有限公司，江苏省南京市　210009）

【摘　要】为了研究含悬挂式防渗墙强透水堤坝坝基在不同轴压状态下的渗透特性，分别开展了三种不同高度防渗墙在不同轴向应力状态下的渗流—应力耦合管涌试验。结果表明，防渗墙端部位置渗透流速较大，更易发生渗透破坏；坝基平均渗透坡降随防渗墙高度增加而减小，防渗墙端部的渗流梯度则始终属于沿防渗墙渗流轮廓线上渗流梯度最大部位之所在；应力状态对悬挂式防渗墙—砂砾石地基渗透坡降影响显著，随着轴压增大，坝基的临界管涌渗透坡降与防渗墙端部的渗透破坏坡降均逐渐增大。在此基础上，建立了用轴压表示的防渗墙端部渗透破坏坡降线性经验公式。

【关键词】堤基；渗透破坏；防渗墙；出砂量；渗透坡降

0　引言

在水利工程中，堤基的渗透变形严重影响着堤防工程的稳定性和大坝的安全运行，这其中又以管涌破坏形式最为常见[1-4]。对堤基渗透破坏及防渗处理的研究一直是个重要的课题。毛昶熙等[5]通过试验研究提出了堤基渗流的无害管涌概念，认为管涌有害与否与沿程承压水头分布的不断调整和渗流量变化密切相关。刘杰等[6]将复杂的堤基归纳概化为三种类型，分别进行了模拟试验，指出砂基的抗渗强度主要决定于砂土本身的抗渗强度，并对堤基砂砾石层的管涌破坏危害性进行了试验研究[7]，指出在发生管涌破坏后，土骨架的结构不会产生明显变化，但渗透系数会显著增大。陈建生等[8]利用室内试验模拟得出，双层堤基发生管涌破坏后砂层破坏位置主要位于顶部，并与上覆黏土层的破坏过程相互影响。

防渗墙作为有效的防渗加固工程被广泛应用。其中悬挂式防渗墙相较于半封闭和全封闭式防渗墙渗流效果并不显著，但对险情的扩展有一定的控制作用[9]。从生态角度考虑，悬挂式防渗墙不影响内外水力联系，有效避免了对下游生态环境的不利影响[10]。对于实际工程的一些深厚覆盖层，在现有技术的限制下防渗墙的插入深度通常不能做成封闭式。因此对悬挂式防渗墙的研究仍有很大的现实意义。张家发等[11]通过对砂槽试验进行数值模拟进一步验证了悬挂式防渗墙的贯入深度对堤防安全有一定改善。王保田等[12]对上层为低液限黏土、下层为低液限粉土的二元结构堤基进行了渗流模拟试验，论证了悬挂式防渗墙有阻滞其渗透变形发展的重要作用，可以有效控制渗透破坏的发生条件。王晓燕等[13]以稳定渗流有限元分析方法为基础，从安全和时效角度出发，对某水电站围堰工程中悬挂式防渗墙深度进行了优化研究。罗玉龙等[14]开展了不同围压状态的悬挂式防渗墙—砂砾石堤基管涌的临界坡降试验研究，基于实验结果提出了由围压表示的管涌临界渗透坡降经验公式。

本文拟从防渗墙的插入深度及堤基所受轴向应力两个变量着手，对悬挂式防渗墙—强透水地基的渗透破坏机制进行进一步试验研究，为工程建设和运行管理提供科学依据。

基金项目：国家自然科学基金（51579078，51474204）。

注：本文已发表在《水利水电科技进展》2016 年第 3 期。

1 试验模型与方案设计

1.1 试验装置及原理

试验使用的装置为河海大学渗流实验室自主研发设计，如图 1 所示。图 1 中，加压千斤顶的量程为 20t，压力显示仪灵敏度为 0.1kN。为方便装填砂试样，选择了高 80cm、内径为 46cm 的大圆柱筒。圆筒内壁设卡槽，用来放置不同高度的隔板，隔板厚度为 1cm。桶壁四周垂直钻了 4 排圆孔，用来安置细管以测定桶内堤基模型中不同位置的测压管水头，由于测点较多，在示意图中只画出了一侧的 4 个测压管。除此之外，在进水口和出水口位置也分别连接了测压管，图 1 中标注的软管与测压管相连。溢流桶可以供给 0～3.0m 的进水水头，通过人工调节溢流桶的高度来改变进水口处水头大小；当需要供给 3.0m 以上较大水头时，可以利用实验室自来水管的水压，通过控制阀门开关来调节水头。数值大小通过水压表读出，水压表最小分度值为 0.002MPa。

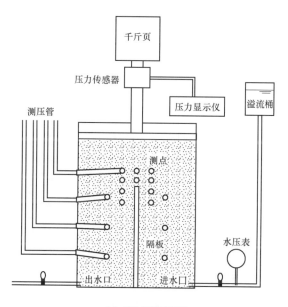

(a) 试验仪器示意图

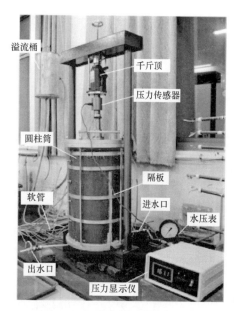

(b) 试验仪器实物图

图 1　堤基渗流—应力耦合试验装置

在堤坝上、下游水头差作用下，堤基内颗粒受到渗透力、浮力、颗粒间内聚力和内摩擦阻力的共同作用，当水力坡降达到一定大时，即能够克服粒间内聚力及内摩擦阻力时，颗粒或颗粒群就会发生悬浮、移动。通常把颗粒刚好发生移动时的瞬时水力坡降称为临界水力坡降。当堤基中的细颗粒在达到临界水力坡降后，堤坝内的细颗粒就会沿着骨架颗粒所形成的孔隙管道移动或被渗流带走，即发生渗透变形。土的渗透变形的发生和发展过程主要取决于两个因素：一是土颗粒的组成和结构，即通常说的几何条件；二是水动力条件，即作用在土体上的渗流力。在堤基施加不同的压重时，堤基内土颗粒之间的固结度会不同程度地增大，进而改变土颗粒的几何条件。因此施压后，堤基内土体受到渗流场和应力场的共同作用，并发生变化。

1.2 试验设计

1.2.1 几何条件设计

为使试验砂试样在一定渗流力下发生渗透变形，在参考相关文献［15］的基础上，设计适当的颗粒级配如图 2 所示。

1.2.2 试验模型设计

为模拟不同防渗墙高度对堤防安全性影响，设计进行 56、43、30cm 共 3 种隔板高度的试验，不同隔板高度代表不同防渗墙高度。3 种隔板高度对应的试验装置断面如图 3 所示。

由图 3 可以看出，为便于测量防渗墙端部的测压管水头，各测点主要布置在各级隔板顶端的附近。3 种不同隔板高度的试验装置统一的测点编号如图 3（d）所示。

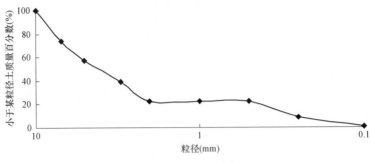

图 2　试验用砂粒径分布曲线

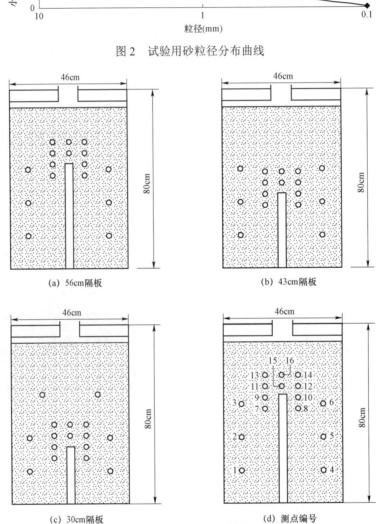

图 3　坝基模型断面及测点布置

1.2.3　压力组合设计

为研究渗流场—应力场的耦合作用，在 3 种隔板高度下，依次进行了从不加压状态到逐级加压状态下的试验，各级压力组合见表 1。

表 1　　　　压 力 组 合 表

压力级别	法向应力 P（MPa）	圆筒内直径 D（cm）	横截面积 S（cm^2）	实际加压 F（kN）
不加压	0	46	1661.06	0
一级加压	0.2	46	1661.06	33.22
二级加压	0.4	46	1661.06	66.44

续表

压力级别	法向应力 P（MPa）	圆筒内直径 D（cm）	横截面积 S（cm^2）	实际加压 F（kN）
三级加压	0.6	46	1661.06	99.66
四级加压	0.8	46	1661.06	132.88
五级加压	1	46	1661.06	166.11

2　试验成果及分析

对上述 3 种隔板高度分别进行不同轴向应力状态的缺级配砂砾石强透水地基的渗流—应力耦

合试验。鉴于篇幅所限，在此以43cm隔板为例加以论述，并将分析结果与56cm隔板和30cm隔板对比。

2.1 堤基渗透坡降与出砂量及应力状态的关系

由于采用的是缺级配砂砾石模拟堤坝的强透水地基，因此在渗透坡降达到临界渗透坡降时，就会有一定数量的细砂被水流带出。试验中收集一定时间内流出的细砂，并根据平均流量得到此段时间内流出的水量，将细砂与水的质量比值定义为出砂的含砂率，可以得出各级轴向应力状态下出砂的含砂率与渗透坡降的对应关系，试验成果如图4所示。

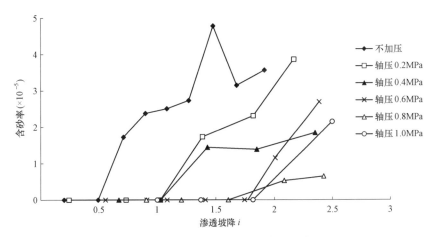

图4　不同应力状态下出砂量与渗透坡降的关系

由图4可知：

（1）不加压状态下，即轴向应力为0MPa时，当渗透坡降达到0.712时开始出砂，即发生了渗透破坏。随着渗透坡降逐渐增大，出砂量也逐渐增大，当渗透坡降达到1.476时出砂量有明显的增幅；继续增大渗透坡降到1.677，出砂量开始下降，随后又随着渗透坡降继续增大。分析认为，这是由于部分颗粒发生运移后，其空隙被附近的颗粒填充，形成暂时的阻塞，所以出现了出砂量下降的现象，而随着渗透坡降的进一步增大，颗粒继续进行运移，于是出砂量又继续上升。

（2）各组出砂量均是在渗透坡降逐渐增大至稳定时测量得到的，每一组的渗透坡降增幅不大，因此圆柱筒内的砂试样受到的渗透冲击力也比较小，每组出砂量的变化不显著。为了进一步研究在较大渗透冲击力作用下的出砂量变化，在不加压状态下将溢流桶重新降低至渗透坡降为0.75，待渗流稳定之后，把收集细砂的滤网放在出水口处，然后将渗透坡降一次性增大到1.96。观察到出水口处水流流速骤然增大，大量细砂被水流冲出，水流颜色也较为浑浊，只60s就收集到41.318g细砂。可见，水位骤升带来的渗透坡降突增对堤基的渗透破坏较大。

一级加压状态下，即轴向应力为0.2MPa时，渗透坡降从0.244逐渐增大到2.166，渗透坡降增大了1.922，出砂量增加了0.57g。再次进行渗透坡降骤然增大的试验：降低溢流桶至渗透坡降为0.776，待渗流稳定之后，把收集细砂的滤网放在出水口处，然后将渗透坡降一次性增大到3.058，60s内收集到7.15g细砂，渗透冲击力的破坏作用十分明显。

（3）由于试验过程中渗透坡降是逐渐递增的，无法准确观测到每组试验颗粒起动的瞬间，在此认为当含砂率为此次试验中可检测到最小含砂率的一半（即0.3×10^{-5}）时颗粒开始起动，定义此时的渗透坡降为管涌临界渗透坡降。参考试验数据和图4，得到轴向应力与临界渗透坡降关系，如图5所示。

由图5可知，管涌临界渗透坡降随着轴向应力的增大而逐渐增大，由此拟合出轴向应力与临界渗透坡降的经验公式为

$$i_{cr} = -1.133\,6P^2 + 2.558\,1P + 0.529\,3 \qquad (1)$$

式中：i_{cr}——防渗墙的临界渗透坡降；

P——轴向应力，MPa。

拟合的相关系数为0.932 1。

需要说明的是，该经验公式是在图2砂粒级配、试样的孔隙率为22%、隔板高度为43cm、渗透坡降为0.2~3.8，轴向应力为0~1.0MPa等条件下得到的。

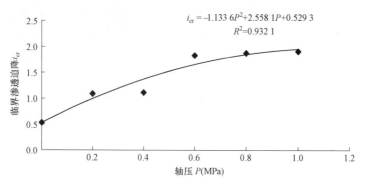

图 5　轴向应力与临界渗透坡降关系图

2.2　堤基模型内测压管水头分布情况

　　监测坝基模型内 16 个测点在不同渗透坡降、不同应力状态下的测压管水头分布,并对比 3 个不同防渗墙高度的坝基模型试验结果,用 surfer7.0 绘制测压管水头分布图,不加压状态下的测压管水头分布如图 6 所示。

　　图 6 中横坐标表示的是圆柱筒的内径尺寸;纵坐标表示的是圆柱筒的高。可以看出,3 种防渗墙高度下,整体的渗流趋势是相似的,即防渗墙的上游侧与下游侧渗透水流较为稳定,渗透水流的测压管水头从上游到下游逐级递减。总体上看,防渗墙上游侧水头损失大于下游侧水头损失,防渗墙端部水头降幅明显大于其他位置,并在端部附近区域形成了绕流区,可以推断,该区域渗流速度也较大。

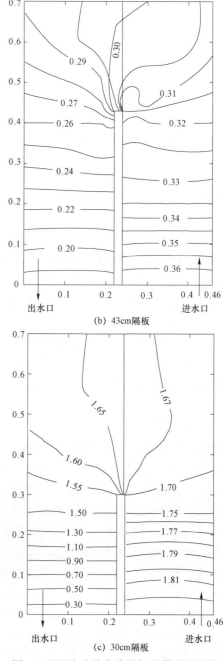

(b) 43cm隔板

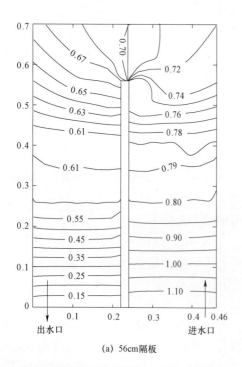

(a) 56cm隔板

图 6　不同防渗墙高度的坝基模型测压管水头分布（单位：m）（一）

(c) 30cm隔板

图 6　不同防渗墙高度的坝基模型测压管水头分布（单位：m）（二）

不同隔板高度下端部梯度与平均梯度比较分析见表2。这里平均梯度为图6中进水口和出水口水头差与渗径的比值,防渗墙端部梯度为隔板端部水头差与隔板厚度的比值。可以看出,端部梯度远大于平均梯度,即端部水头差所占比重较大。随着防渗墙高度的增加,这种比重有稍微的降低,但保持在同一数量级内。防渗墙端部始终存在着水头等值线密集现象,并不因防渗墙高度的增大而消失。

表2　防渗墙端部梯度与平均梯度的对比

组合	水头差 Δh（cm）	平均梯度 J_{cp}	端部梯度 J_{QB}	梯度比 J_{QB}/J_{cp}
56cm 隔板	105	0.93	10.0	10.75
43cm 隔板	18.5	0.21	2.5	11.90
30cm 隔板	173	2.84	15.0	12.16

2.3　堤基防渗墙端部破坏比降与应力状态关系

由上文可知,堤基防渗墙端部的渗透速度明显大于其他位置,同等条件下,防渗墙端部土体更易发生局部渗透破坏,进而诱发堤坝的整体破坏。因此,有必要进一步研究应力状态与防渗墙端部渗透破坏坡降的关系。

定义试验过程中所检测到的出砂量骤增时端部水力坡降为端部破坏坡降,测量此时防渗墙端部9号和10号测点的水头值(如图3所示),可以计算出水头差 H,渗径 L 为9号10号测点之间的距离,这里将 H 与渗径 L 的比值近似认为是防渗墙端部附近较小范围内的平均坡降。在不同轴压状态下进行测量计算,可得到轴向应力与防渗墙端部破坏坡降的关系,如图7所示。

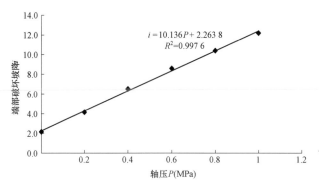

图7　轴向应力与防渗墙端部破坏坡降的关系

由图7可知,防渗墙端部的破坏坡降较大,轴向应力与防渗墙端部的破坏坡降呈线性关系,拟合

出的端部破坏坡降与轴向应力的经验公式为

$$i = 10.136P + 2.263\,8 \qquad (2)$$

式中：i——防渗墙端部的破坏坡降。

拟合的相关系数为 0.997 6。

需要说明的是,该经验公式是在图2砂粒级配、试样的孔隙率为22%、渗透坡降为0.2～3.8、隔板高度为43cm、轴向应力为0～1.0MPa等条件下得到的。

3　结语

(1)随着渗透坡降逐渐增大,出砂量并不随之线性增长,而是呈现逐渐增大—短暂减小—继续增大的趋势,说明伴随着颗粒的运移—堵塞—堵塞被冲开—再运移的运动过程,堤基管涌反复递增地发展。另外,水位骤升引起的渗透坡降突然增大会产生极大的渗透冲击力作用,并对堤基渗透破坏产生很大影响。

(2)堤坝缺级配砂砾石强透水地基模型的临界渗透坡降随着轴向应力的增大而逐渐增大。

(3)在上游高水头的作用下,渗透水流的测压管水头从上游进水口到下游出水口逐级递减,而堤基防渗墙端部的测压管水头梯度明显大于其他位置。由此可以推断,同等条件下,防渗墙的端部位置的渗流速度较大,更容易发生渗透变形破坏。

(4)防渗墙端部的渗流梯度始终属于沿防渗墙渗流轮廓线上渗流梯度最大部位之所在。对于防渗墙整体来说,渗流通道增长,平均渗透坡降减小。而端部局部的破坏坡降较大,普遍大于实际工程中的允许坡降。从总体上看,适当的增加防渗墙高度对于控制渗透破坏的发生有着积极意义。

(5)应力状态对防渗墙端部渗透坡降影响很大,轴向应力 P 与防渗墙端部的渗透破坏坡降 i 呈线性关系,轴压越大,端部的渗透破坏坡降就越大。因此,在研究坝基深厚覆盖层垂直防渗体端部的渗透稳定性时,考虑其上覆压力对提高抗渗能力的有利作用效应是有必要的,也是客观合理的。同时,也充分印证了对于修建在深厚覆盖层上的堆石坝或堤防,坝脚下游侧设置一定范围的压重体,同样具有提高覆盖层渗流出渗部位的抗渗能力之功效。

参考文献：

[1] 顾淦臣. 国内外土石坝重大事故剖析——对若干土石坝重大事故的再认识 [J]. 水利水电科技进展，1997，17（1）：13-20.

[2] 葛建. 堤坝渗透变形及稳定性分析 [J]. 水科学与工程技术，2005（6）：48-50.

[3] 姚秋玲，丁留谦，刘昌军，等. 堤基管涌破坏特性研究进展[J]. 中国水利水电科学研究院学报，2014，12（4）：349-357.

[4] 谷跃辉，崔豪. 堤防渗透破坏形式与实例分析 [J]. 吉林水利，2015（4）：13-15.

[5] 毛昶熙，段祥宝，蔡金傍，等. 堤基渗流无害管涌试验研究 [J]. 水利学报，2004，35（11）：46-53.

[6] 刘杰，崔亦昊，谢定松. 江河大堤均匀砂基渗透破坏机理试验研究 [J]. 岩土工程学报，2008，30（5）：643-645.

[7] 刘杰，谢定松，崔亦昊. 江河大堤堤基砂砾石层管涌破坏危害性试验研究[J]. 岩土工程学报，2009，31（8）：1189-1191.

[8] 陈建生，何文政，王霜，等. 双层堤基管涌破坏过程中上覆层渗透破坏发生发展的试验与分析 [J]. 岩土工程学报，2013，35（10）：1778-1783.

[9] 张家发，吴昌瑜，朱国胜. 堤基渗透变形扩展过程及悬挂式防渗墙控制作用的试验模拟 [J]. 水利学报，2002，33（9）：108-111.

[10] 毛昶熙. 悬挂式防渗墙的优越性 [J]. 中国水利，2010（8）：41-42.

[11] 张家发，朱国胜，曹敦侣. 堤基渗透变形扩展过程和悬挂式防渗墙控制作用的数值模拟研究 [J]. 长江科学院院报，2004，21（6）：48-50.

[12] 王保田，陈西安. 悬挂式防渗墙防渗效果的模拟试验研究 [J]. 岩石力学与工程学报，2008，27（1）：2767-2771.

[13] 王晓燕，党发宁，田威，等. 大渡河某水电站围堰工程中悬挂式防渗墙深度的确定 [J]. 岩土工程学报，2008，30（10）：1565-1568.

[14] 罗玉龙，吴强，詹美礼，等. 考虑应力状态的悬挂式防渗墙—砂砾石地基管涌临界坡降试验研究 [J]. 岩土力学，2012，33（增刊1）：73-78.

[15] SKEMPTON A W, BROGAN J M. Experiments on piping in sandy gravels [J]. Geotechnique, 1994, 44（3）：449-460.

作者简介：

詹美礼（1959—），男，教授，博士生导师，主要从事渗流力学、地下水污染及控制技术研究。E-mail：zhanmeili@sina.com

某水电站覆盖层地基离心机动力试验数值模拟

邹德高[1]，刘京茂[1]，陈涛[2]，王锋[3]，杨智乐[1]

（1. 大连理工大学水利工程学院，辽宁省大连市　116024；
2. 四川华能泸定水电有限公司，四川省成都市　610072；
3. 中国电建集团成都勘测设计研究院有限公司，四川省成都市　610072）

【摘　要】地震荷载作用下深厚覆盖层地基模量和强度会因孔隙水压力上升而发生弱化，进而导致地基发生较大的变形影响高土石坝的坝基—坝体防渗体系稳定和安全，甚至会引发大坝溃决造成重大损失。本文应用大连理工大学自主研发的岩土工程高性能非线性有限元分析软件 GEODYNA 和静动统一实用化弹塑性本构模型，对西部某水电站覆盖层地基离心机试验进行了动力弹塑性有效应力数值分析，研究了地震条件下覆盖层地基加速度响应及孔压发展情况，并与试验进行了对比。结果表明，计算和实测加速度幅值大小变化规律吻合较好；计算孔隙水压力随地震时间变化的幅值大小与实测数据基本一致。研究成果验证了开发的本构模型和软件的合理性与可靠性，可为覆盖层上高土石坝地震安全评价提供有效的数值分析工具。

【关键词】覆盖层；弹塑性；地震；液化

0　引言

土石坝因良好的地基适应性，成为深厚覆盖层上建坝的首选坝型[1]。根据我国水电能源战略布局需求，我国建设和规划了一批坐落在覆盖层上的高土石坝工程，例如瀑布沟（覆盖层深度 $h=70m$）、长河坝（$h=76.5m$）、阿尔塔什（$h=90m$）、冶勒（$h=420m$）、旁多（$h=424m$）等[1-2]，这些高坝很多位于地震频发、地质复杂的强震区且覆盖层存在易液化土层，强震作用下覆盖层地基变形和稳定是评价深厚覆盖层上高土石坝抗震安全的重要内容。

有限元数值分析方法是目前研究深厚覆盖层上高土石坝抗震安全的重要手段。有限元数值分析主要是通过计算获得土工构筑物的地震加速度、动应力或振动孔压等变量的空间分布，从而为土工构筑物的抗震稳定性评价或地基液化分析提供依据。有限元分析土体或坝体的地震动力响应时，土的动力非线性性质可以采用等价黏弹性模型及弹塑性模型，相应地将这些本构模型与有限元结合，发展了等价线性分析方法以及弹塑性动力分析方法[3]。其中基于等价黏弹性模型的等价线性分析方法理论简单、应用方便，而且在参数确定和应用方面积累了比较丰富的试验资料和工程经验，已为工程界普遍接受；而基于弹塑性模型的非线性分析方法则能够较好地模拟土体的实际反应，并能够直接计算土工构筑物的地震变形和孔压发展过程，在理论上更为严密和合理[4-5]。但已有的商业软件集成的大都是理想弹塑性等经典弹塑性本构模型[6]，这类本构模型在屈服面内一般认为是弹性的，即不发生塑性累积变形的，并且往复循环加载时也无法计算塑性变形，因此这类模型无法反映土体卸载体缩引起的孔压增加以及循环往复加载引起的孔隙水压力增加（剪缩引起的正孔压）或减小（剪胀引起的负孔压）[6]，导致这类模型难以合理地描述地基变形和孔压发展规律，不利于准确评价深厚覆盖层上高土石坝的抗震安全，因此必须开发适用于深厚覆盖层上高土石坝抗震安全评价的分析软件和本构模型。

本文基于大连理工大学自主开发的岩土工程高性能非线性有限元分析软件 GEODYNA，考虑饱和多孔介质 Biot 动力固结理论，采用大连理工大学静动统一实用化弹塑性本构模型[9]，对地震作用下西部某水电站覆盖层地基加速度和孔隙水压力进行了数值模拟，验证了开发的本构模型和软件的合理性与可靠性。研究成果可为评价深厚覆盖层上高土石坝抗震安全提供可靠的评价技术。

1 离心机振动台试验

1.1 模型简介

试验以西部某水电站工程为研究对象,试验研究采用浙江大学研制的土工离心机[10]。试验模型箱采用叠环式,其内部尺寸为 740mm×340mm×425mm(长×宽×高),试验时离心加速度为 50g。由于覆盖层地基断面材料比较复杂,为了便于离心机试验研究,对地基材料分区进行了简化,简化后的地基共 2 层(如图 1 所示)。试验上层砾石层选用配置的福建标准砂,厚度为 100mm,试验下层砂土选用现场砂,厚度为 300mm。模型内部均设置了 9 个水平向加速度传感器(编号为 A1~A9)和 9 个孔压计(编号为 P1~P9),加速度传感器和孔压计的位置相同(如图 1 所示)。

离心机振动台试验输入地震是硬梁包水电站场地谱地震波,输入地震波仅为水平向。图 2 所示为 A0 测点实测的输入加速度时程(模型试验中实测值为其 50 倍),其中峰值为 0.48g。在后文数值模拟中,以实测地震波作为计算输入地震动。

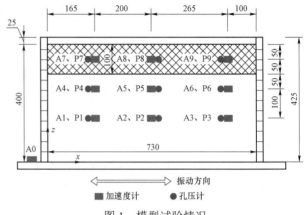

图 1 模型试验情况

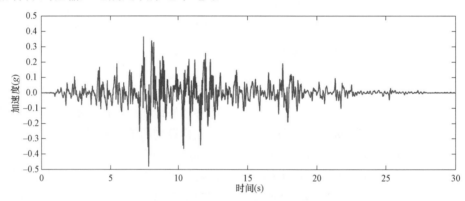

图 2 模型试验中实测水平地震波

1.2 计算模型简介

图 3 是本次计算采用的计算网格图(基于模型实际尺寸建模),单元采用四边形等参单元。在后文进行动力试验时,地震动采用底部输入,为了模拟叠环式模型箱,对地基两侧节点的位移自由度绑定进行模拟分析。试验过程中地基土均为饱和土,

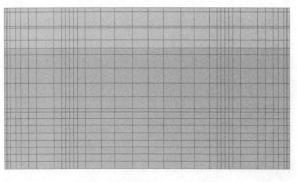

图 3 模型试验有限元网格

为了模拟孔压的时程变化过程,在后文进行动力分析时采用基于动力固结方程和弹塑性模型的有效应力方法进行数值模拟。

2 数值模拟方法与理论

2.1 动力流固耦合分析方法简介

基于 Biot 动力固结方程的有效应力分析方法是分析饱和土液化变形问题的有效途径。将 Biot 动力固结方程进行空间域离散,并引入系统阻尼并写成矩阵形式[11-12],可得

$$M\ddot{u} + C\dot{u} + \int_{\Omega} B^{\mathrm{T}} \sigma' \mathrm{d}\Omega - Q\overline{p} - f^{(1)} = 0$$

$$M_{\mathrm{f}}\ddot{u} + Q^{\mathrm{T}}\dot{u} + S\dot{p} + H\overline{p} - f^{(2)} = 0$$

式中:M——土体的质量矩阵;

C——阻尼矩阵;

Q——耦合矩阵;

$f^{(1)}$——土体的荷载向量；

M_f——流体的质量矩阵；

S——流体的压缩矩阵；

H——流体的渗透矩阵；

$f^{(2)}$——流体的荷载向量。

本文在计算阻尼矩阵时阻尼比取 0.05。大连理工大学在饱和多孔介质弹塑性动力框架上，将岩土工程有限元分析过程进行了类的抽象和封装，集成了土工构筑物和地基的动力有效应力分析方法，自主开发了岩土工程高性能非线性有限元分析软件 GEODYNA。

2.2 地基土材料本构简介

土体本构模型的合理性直接影响数值模拟结果的可靠性。大连理工大学在压力相关和状态相关静动统一本构模型的基础上[13-14]，针对土体关键力学特性—应力历史相关性模拟存在的问题对塑性模量以及本构模型实用性等进行了进一步的发展[13-14]。改进模型基于比例记忆理论实现了不规则加载过程中重要应力历史的记忆，更合理地描述了复杂循环加载条件下土体应力应变关系。该模型参数的物理意义大都明确，且可根据常规试验直接确定。参考文献［9］采用已有复杂应力路径条件（包括等小主应力、等平均主应力、等大主应力、等应力比条件下的单向循环和双向循环）下的试验结果对模型进行了验证，结果表明，改进模型可以较好地反映不规则加载条件下土体的循环滞回、循环硬化等变形特性，尤其是可以考虑复杂循环不规则加载历史对后期加载变形的影响。同时基于第十五届国际大坝数值分析标准研讨会发布的 Menta 面板堆石坝的动力反应分析案例，验证了本构模型在模拟筑坝堆石料力学特性方面的合理性[15]。提出模型同样适用于砂土，表 1 给出了提出模型的本构模型参数，其是根据离心机模型试验中现场砂和福建标准砂土的三轴试验成果标定获得的。

表 1 本 构 模 型 参 数

参数	G_0	v	n	e_τ	λ_c	M_g	β	h_1	h_2	m	m_p	α_1	α_2	n_g	n_b
现场砂	224	0.1	0.430	0.74	0.078	1.45	0.3	10	1.8	0.25	0.5	0.5	1.0	2.0	2.0
标准砂	224	0.1	0.304	0.651	0.09	1.47	0.1	40	16	0.5	0.5	1.45	0.80	1.0	0.5

3 计算与试验结果对比分析

3.1 地震加速度

以下数值模拟和试验结果，均是根据缩尺规则将模型结果等效到原型。图 4 给出了 A1（距离模型箱底部的高度为 0.15m）、A5（距离模型箱底部的高度为 0.25m）、A8（距离模型箱底部的高度为 0.35m）三个测点处的加速度时程与实测的对比。从图中可以看出，埋深最深测点吻合得最好，埋深最浅的测点吻合较差；位于下侧现场砂土层中的 A1、A5 测点，计算和实测加速度幅值大小变化规

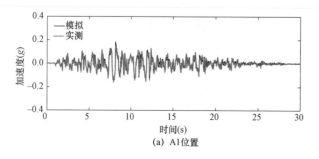

图 4　计算和实测加速度时程对比（一）

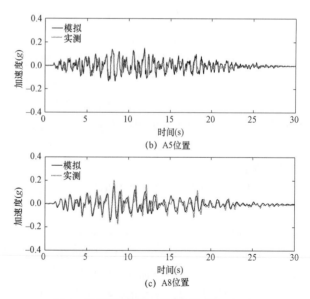

图 4　计算和实测加速度时程对比（二）

律基本吻合；位于上侧福建标准砂土层的 A8 测点，在约 6s 以前计算和实测加速度幅值大小基本一致，在 6s 以后计算加速度幅值明显小于实测值。造成这种差异的原因一方面可能与数值分析中未考虑模型箱底部和侧边界地震波反射有关；另一方

面与数值分析模拟接近液化低有效应力时土体阻尼比大小选择有关。此外，有学者认为这种现象与土体的剪胀有关，但从后文孔压时程可以看到，计算孔压和实测值吻合较好。限于篇幅，本文并未对上述因素进行数值分析探讨。

3.2 孔隙水压力

图 5 给出了 P1、P5 测点和 P8 测点的计算和试验孔压发展过程对比。从图中可以看出，位于下侧现场砂土层的 P1 测点计算和实测孔压值发展过程和量值均比较接近；位于下侧现场砂土层的 P5 测点实测孔压略小于计算值，但两者的变化规律是一致的；位于上侧福建标准砂土层的 P8 测点实测孔压略大于计算值，但孔压累积和消散的过程是基本一致的。总体来讲，实测与计算的孔压无论在量值和发展规律上都吻合得比较好。

4 结语

深厚覆盖层上建设高土石坝工程是坝工界正在面临的难题之一，其中强震作用下覆盖层地基变形和稳定是深厚覆盖层上高土石坝的抗震安全评价重要内容。本文应用大连理工大学自主研发的岩土工程高性能非线性有限元分析软件 GEODYNA 和静动统一实用化弹塑性本构模型，对西部某水电站覆盖层地基离心机试验进行了动力弹塑性有效应力数值分析。结果表明：计算和实测加速度幅值大小变化规律吻合较好；计算的孔隙水压力随地震时间的上升斜率、幅度大小变化及消散趋势与试验数据基本一致，说明本文采用的本构模型能合理描

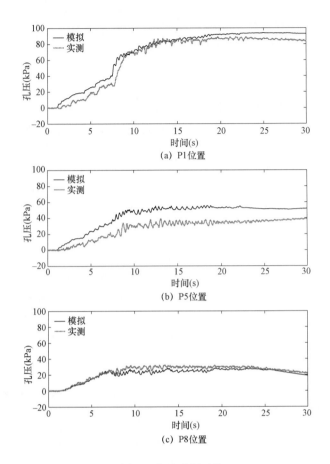

图 5 孔压时程对比

述地震作用下地基土的孔压发展规律。

本文研究成果验证了开发的本构模型和软件的合理性与可靠性，在此基础上联合已开发的土—界面—结构体系跨尺度计算理论和方法[18-20]，可为实际深厚覆盖层高土石坝地震安全评价和抗震措施设计提供精细化数值分析工具。

参考文献：

［1］中国水力发电工程学会水工及水电站建筑物专业委员会. 利用覆盖层建坝的实践与发展［M］. 北京：中国水利水电出版社，2009.

［2］YU X，KONG X J，ZOU D G，et al. Linear elastic and plastic-damage analyses of a concrete cut-off wall constructed in deep overburden［J］. Computers and Geotechnics，2015（69）：462−473.

［3］孔宪京，邹德高. 紫坪铺面板堆石坝震害分析与数值模拟［M］. 北京：科学出版社，2014.

［4］孔宪京，邹德高. 高土石坝地震灾变模拟与工程应用［M］. 北京：科学出版社，2016.

［5］孔宪京. 混凝土面板堆石坝抗震性能［M］. 北京：科学出版社，2015.

［6］Bolzon Gabriella. Numerical Analysis of Dams：Proceedings of the 15th ICOLD International Benchmark Workshop［M］. Springer Nature，2020.

［7］KONG X J，LIU J M，ZOU D G，et al. Stress-Dilatancy Relationship of Zipingpu Gravel under Cyclic Loading in Triaxial Stress States［J］. International Journal of Geomechanics.2016：4016001.

［8］Been Ken，Jefferies Michael. Stress dilatancy in very loose sand［J］. Canadian geotechnical journal，2004，41（5）：972−989.

［9］ LIU J M，ZOU D G，KONG X J. Three-Dimensional Scaled Memory Model for Gravelly Soils Subject to Cyclic Loading ［J］. Journal of Engineering Mechanics，2018，144（3）：4018001.

［10］ 陈云敏，韩超，凌道盛，等. ZJU400 离心机研制及其振动台性能评价［J］. 岩土工程学报，2011，33（12）：1887－1894.

［11］ Zienkiewicz O，Chan A，Pastor M，et al. Computational geomechanics ［M］. Wiley Chichester，1999.

［12］ ZOU D G，TENG X W，CHEN K，et al. An extended polygon scaled boundary finite element method for the nonlinear dynamic analysis of saturated soil ［J］. Engineering Analysis with Boundary Elements，2018（91）：150－161.

［13］ KONG X J，LIU J M，ZOU D G. Numerical simulation of the separation between concrete face slabs and cushion layer of Zipingpu dam during the Wenchuan earthquake ［J］. Science China Technological Sciences，2016，59（4）：531－539.

［14］ ZOU D G，XU B，KONG X J，et al. Numerical simulation of the seismic response of the Zipingpu concrete face rockfill dam during the Wenchuan earthquake based on a generalized plasticity model ［J］. Computers and Geotechnics，2013，49：111－122.

［15］ LIU J M，ZOU D G，LIU H Y，et al. Elasto-Plastic Finite Element Analysis of Menta Dam Under Two Earthquake ExcitationsICOLD International Benchmark Workshop on Numerical Analysis of Dams［C］. ICOLD-BW. Springer，Cham，2019：513－526.

［16］ 刘晶波，刘祥庆，王宗纲. 离心机振动台试验叠环式模型箱边界效应［J］. 北京工业大学学报，2008（9）：931－937.

［17］ Ghofrani Alborz，Arduino Pedro. Prediction of LEAP centrifuge test results using a pressure-dependent bounding surface constitutive model ［J］. Soil Dynamics and Earthquake Engineering.2018（113）：758－770.

［18］ 孔宪京，刘京茂，邹德高，等. 土—界面—结构体系计算模型研究进展［J］. 岩土工程学报，2021，43（3）：397－405.

［19］ 余翔，孔宪京，邹德高，等. 覆盖层中混凝土防渗墙的三维河谷效应机制及损伤特性［J］. 水利学报. 2019，50（9）：1123－1134.

［20］ 余翔，孔宪京，邹德高，等. 土石坝—覆盖层—基岩体系动力相互作用研究［J］. 水利学报，2018，49（11）：1378－1385.

复合不分散浆材模拟灌浆试验研究

王晓飞

（中国水电基础局有限公司三公司，四川省成都市　610213）

【摘　要】为了解决动水条件下浆液在地层中的留存性问题，在原复合灌浆材料的基础上研发了复合不分散灌浆材料，同时具备速凝、抗冲和一定的扩散性，为了验证这一浆材的施工性能，特开展了铁桶模型试验、水渠通水模拟抗冲试验和高压水条件下模拟灌浆试验，通过试验论证，为后续泸定水电站补强帷幕灌浆工程的实施提供了技术支撑。

【关键词】卵砾石层；复合不分散浆；抗冲；高压水；模拟试验

0　引言

传统水泥膏浆是通过在水泥浆中掺加一定量的辅助材料搅拌而成的稳定浆液，我国先后在贵州省乌江上游红枫水库、小湾水电站、托口水电站等工程中加以应用推广和创新。但近年来还有许多受到大渗漏、高压力、大流量涌水地层影响的病险水库的渗漏问题没有得到有效的治理，而该地质条件下需要的高性能灌浆材料仍是当前灌浆技术中一个急需解决而又未完全解决的难题，通过复合不分散浆材模拟灌浆试验研究，将进一步验证复合不分散浆材在上述复杂地层中的适用性，为今后类似地层处理提供借鉴。

1　试验背景

泸定水电站坝基补强灌浆工程是在超过 60m 的高水头动水条件下进行灌浆施工，其中在孔深130～154m 范围内地层中细颗粒含量较低，以卵砾石层为主，涌水压力普遍为 0.4～0.6MPa，涌水流量普遍为 50～100L/min，常规的膏浆在动水条件下难以留存，需要一种性能更佳，同时具备速凝、抗冲和一定扩散性的浆材，为泸定水电站补强帷幕灌浆工程的实施提供技术支撑。

2　试验目的

（1）进行铁桶模拟灌浆试验，研究复合不分散浆液灌注的可灌性、扩散性、灌浆充填效果等参数。

（2）进行水渠通水模拟抗冲试验，研究复合不分散浆液在高速水流下的抗冲性和留存性。

（3）进行高压水条件下模拟灌浆试验，研究复合不分散浆液在类似泸定项目实际动水压力的条件下，验证浆液的扩散性、抗冲性、速凝性和留存性。

3　试验内容

3.1　复合不分散浆材性能简介

通过多种浆材对比试验发现，采用硫铝酸盐水泥为基材，通过掺加多种外加剂配置而成的复合不分散浆材性能最优，加水拌制时间为 3min，拌制好的浆液初凝时间为 40～60min，浆液扩散度为10～13cm（3SNS 灌浆泵即可灌注），在水中具备良好的不分散性能。复合不分散浆液性能展示如图 1 所示。

3.2　铁桶模拟灌浆试验

（1）铁桶模拟灌浆试验。铁桶模拟灌浆试验示意图如图 2 所示。

（2）试验集配料。试验所用砾石集配料物理性质见表 1。参照 DL/T 5151—2001《水工混凝土砂石骨料试验规程》进行参数测定。

（3）试验步骤。按设计要求制作灌浆试验模型装置，用橡胶条密封桶体周围防止灌浆过程中漏浆，将特定级配砂土装入试验箱体中，箱体和砂土之间放置土工布，防止压水或灌浆过程中砂土冲出桶体。按照各种浆材配比配制浆材，将拌制好的浆液灌入储浆容器，准备灌浆；开始灌浆。开启灌浆泵和管道节阀，不断调节灌浆压力，使得压力表示

图 1　复合不分散浆液性能展示

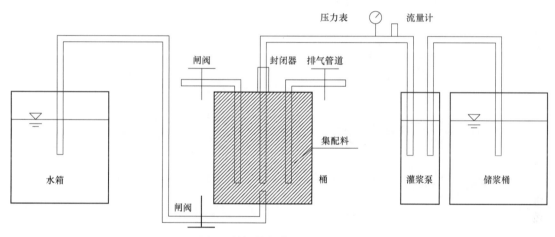

图 2　铁桶模拟灌浆试验示意图

表 1　　　　　　　　　　　　　　试验砂砾石集配料物理性质

类别	粒径分布占比（%）			堆积密度（kg/m³）	表观密度（kg/m³）	孔隙率（%）
	20～40mm	40～80mm	80～120mm			
砾石	60	30	10	1550	2660	41.6

数逐渐稳定到设计灌浆压力，观察并记录浆液的流动情况，压力传感器记录孔隙水压的变化；停止灌浆。当储浆容器中浆液注完或者浆液不再进入或者浆液流动范围基本不变时停止灌浆；待浆液凝固后打开试验箱体，观察并记录容器内部浆液的分布和扩散情况，整理分析试验数据并研究其扩散规律。

（4）灌浆试验。考虑动水影响，采用饱和砾石料进行试验，灌浆压力为 1.0MPa，动水流量为25L/min，复合不分散浆液灌浆模拟试验。

将装在桶中的砾石提前通过下部进水口通水饱和，以模拟真实地层。将灌浆管路、压力计、流量计、空气包，稳压器、射浆管接好，进行管路通水试验确保管路密封完好。接通水龙头放水，从桶体另一侧水龙头流出，测试涌水流量为 25L/min，灌浆过程中持续打开水龙头，模拟流动水状态。制备好体积为 250L 的复合不分散浆材准备灌浆，开灌流量为 10L/min，尽快达到设计压力；持续灌注，上部出水口先是自来水清水流出，流量变大，约100L/min。随着灌浆持续进行，流水逐渐浑浊，直至上部出水口有复合不分散浆液排出，闭浆

343

30min，灌浆结束。灌浆过程中压力和流量均很稳定。灌浆过程中未出现上部盖重密封不严实稍微有漏浆的情况，灌浆达到设计量（约 120L）时，上部出浆口出现浆液渗出的情况。如图3～图7所示。

图 5　灌浆试验 2

图 3　装满砾石料

图 6　灌浆试验 3

图 4　灌浆试验 1

24h 后将铁桶切开，观察浆液在砾石料中的状态。通过打卡铁桶，桶下部及周围砾石料呈紧密固结状态，切掉铁桶周边，复合不分散浆材砾石料固结体完好，桶上部和外部轮廓被复合不分散浆液包裹。随着全部切开桶体，全面清理之后，用水枪清洗，观察固结体为桶体圆柱状浆液砾石料结石体，

图 7　灌浆结束

如图 8 所示。分析由于复合不分散浆材为颗粒溶液，黏稠度较大，抗冲性能良好，在动水条件下，很容易在砾石料层中扩散，表现为整个桶体射浆管周围充填灌浆方式。从固结体的状态来看，复合不分散浆材在砾石料层中灌注的扩散范围较大，抗水流冲击浆体残留率较高，充填效果较理想。

图 8　切开桶体

72h 后进行取芯试验，采用 ϕ75mm 钻具取芯，芯样结实率高，充填效果良好，如图 9～图 11 所示。从芯样结石体状态来看，复合不分散浆材在砾石料层中充填效果良好。为了更进一步了解浆液在

图 9　钻孔取芯

图 10　芯样结石

图 11　取芯孔内部

砾石中的扩散状态，将取芯孔外侧切开，观察浆液固结体的状态，如图 12 和图 13 所示，从图中可以明显看出复合不分散浆液在砾石层中扩散良好，固结紧密。

3.3　水渠通水模拟抗冲试验

考虑到地层中存在大孔隙架空地层，因此本试验采用块石堆积体模拟坝体，块石的粒径为 5～30cm，在水渠上游侧持续通水，流量约为 60L/min，流速约为 2m/s，采用复合不分散浆液进行灌浆模拟试验。

通水后，将拌制好的复合不分散浆液从堆石体上方倒入，每桶浆液体积约为 15L，在倒入的过程中显示下泄的水流逐渐减小，在倒入 2 桶浆液后，

图 12   剖开断面

图 14   水渠通水模拟灌浆试验开始

图 15   水渠通水模拟灌浆试验完成

图 13   灌浆断面扩散状态

下泄水流完全中断，浆液已将局部堆石体内的孔隙完全填充，且在浆液倒入过程中，浆液基本未被下泄水流带出，下泄水流基本清澈。水渠通水模拟灌浆试验开始和完成分别如图 14 和图 15 所示。

试验完成后，保持水渠上游侧 60L/min 的通水不间断，50min 后浆液已初凝，24h 后浆液感官强度已较高（现场进行了踩踏试验），如图 16 所示。通过持续观察，从灌浆结束开始到初凝前，虽然水渠处于持续通水状态，即使水流超过了浆液堆积体上部，也未将浆液带走，下泄水流一直清澈，说明复合不分散浆液抗冲性能良好。

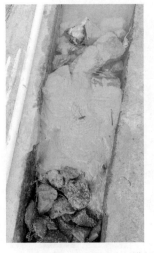

图 16   水渠通水模拟灌浆试验完成 24h 后

3.4 高压水条件下模拟灌浆试验

考虑地下水影响，采用饱和砾石料进行试验，灌浆压力为1.0MPa，动水流量为25L/min，动水压力为0.55MPa，复合不分散浆液灌浆模拟试验。

试验采用圆铁管中间开槽安装进浆口方式，圆铁管中装满砾石料，圆铁管一端通水，控制水压和流量，从另一端流水，如图17所示。从进浆口注浆，复合不分散浆液，在一定时间内灌注浆液复合不分散浆液使得圆铁管中不在流水，关闭进水阀，结束灌浆。

图17 岩芯管灌浆试验模型

试验模型如图18所示，在岩芯管中装满砾石料如图19所示，两边采用钢丝网，防止石料被水流冲到较细的出浆口堵塞管路，从进水口进水，控制水压为0.55MPa、流量为20L/min，从另一端流水如图20所示。从进浆口注浆，控制进浆压力0.6MPa和流量30L/min，注入复合不分散浆液，在一定时间内灌注浆液复合不分散浆液使得圆铁管中不再流水，如图21所示。关闭进水阀如图22所示，结束灌浆。

图19 岩芯管中装满砾石料

图18 岩芯管灌浆试验实物

复合不分散浆液凝结时间为46min，试验结束后约46min后，从进水管通水，打开出浆口节阀，采用控制水压0.55MPa和流量20L/min，通过水流顶开浆液固结体未达到效果，继续加大压采用控制水压1.5MPa和流量80L/min才将浆液固结体顶开，出浆口出现坨状或段状膏浆如图23所示。从试验

图20 岩芯管中通水

图 21　岩芯管试验模型灌浆

图 22　关闭节阀

图 23　岩芯管出浆口封堵状态

结果来看,复合不分散浆材在动水流条件下砾石料层中抗冲效果良好,浆液达到较好的存留。

4　试验成果分析及结论

(1)铁桶模拟灌浆试验表明,采用复合不分散浆液处理砾石层,由于地层孔隙率较大,稍给压力就可以达到灌注均匀、充填密实的效果,有效孔隙填充率达 80%以上,灌注过程中应限流灌注,流量控制在 20~30L/min 为宜,不宜高压力劈裂灌浆。

(2)水渠通水模拟灌浆试验中表明,复合不分散浆液具备良好的抗冲性,同时具备速凝性能,在动水条件下留存性能较好。本工程后续实施过程中采用的浆液凝结时间为 60min,既能满足灌注所需的操作时间,又能满足浆液的扩散需要,凝结时间根据工程实际情况调整,如根据灌浆管路长度和地层动水情况、扩散半径等参数确定。

(3)高压水条件下模拟灌浆试验表明,复合不分散浆液在高压水条件下抗冲性能和留存性能良好,浆液得到较好的存留。

综上,上述三项模拟灌浆试验,验证了复合不分散浆材的性能优良,为后续泸定水电站补强帷幕灌浆的施工提供了有利的技术支撑。后续通过泸定水电站补强帷幕灌浆的应用,在检查孔取芯时发现浆液与原地层结合情况良好,取芯率较高,检查孔透水率基本符合设计要求,充分验证了复合不分散浆材在大渗漏、高压力、大流量涌水地层的灌注是可行的,过程中经过多次会议评审,得到了成勘院、水规总院等权威部门的一致认可。

同时,试验开创了病坝处理无须放空就能够施工的先例,按照泸定电站设计正常蓄水位平水年的发电量为 37.8 亿 kWh/年计算,可减少电站发电损失约 10 亿元/年,通过本期补强灌浆处理,保证了工程的长期安全稳定运行,极大推进了泸定电站的最终验收事宜。

参考文献:

[1] 国家能源局. DL/T 5267—2012,水利水电工程覆盖层灌浆技术规范 [S]. 北京:中国电力出版社,2012.

[2] 张景秀. 坝基防渗与灌浆技术. 2 版 [M]. 北京:中国水利水电出版社,2002.

[3] 夏可风,等. 水利水电工程施工手册　第 1 卷:地基与基础工程施工手册 [M]. 北京:中国电力出版社,2004.

作者简介:

王晓飞(1981—),男,主要从事水利水电基础处理施工技术研究与管理工作。

六、工程检测

同位素示踪法在渗透特性测试中的应用

周恒，刘昌，王有林，赵志祥，王文革

（中国电建集团西北勘测设计研究院有限公司，陕西省西安市 710065）

【摘　要】放射性同位素示踪法测井技术具有测试灵敏度高、方便快捷、准确可靠、可测孔径范围和孔深大等优点，近年来利用放射性同位素测定含水层水文地质参数在各工程建设行业得到广泛应用。本文以西藏尼洋河多布水电站深厚覆盖层水文地质参数同位素示踪法测试为例，通过两种计算方法的对比分析，论证了该方法在深厚覆盖层渗透参数测试方面的适宜性和测试结果的可靠性，并阐述了与传统水文地质试验相比的优点，测试方法可为其他工程提供借鉴。

【关键词】深厚覆盖层；渗透系数；放射性同位素；示踪测井

0　引言

我国的深厚覆盖层多分布于西南、西北青藏高原及其周边的高山峡谷河流中，而这些地区又是我国水能资源最为丰富的地区。已建成或在建的诸多水电工程均遇到厚达数十米甚至数百米的河床深厚覆盖层[1]。河床深厚覆盖层地层结构复杂，传统的抽水、注水试验无法测试深部河床覆盖层的水文地质参数，仅能在浅表层 20m 左右的范围内对渗透系数进行测试，无法满足深厚覆盖层渗透特性参数测试需要[2]。水电工程河床深厚覆盖层水文地质勘察中，渗透特性是勘察工作的重点，也是设计和施工关注的重点。为了获得准确可靠的河床覆盖层不同深度、部位、层次的水文地质参数，解决传统水文地质试验无法测试深部水文地质参数的技术难题，近年来利用放射性同位素示踪剂进行地下水流速和流向测试技术得到广泛应用[3-4]。

放射性同位素示踪测井技术可以测定含水层诸多水文地质参数，例如地下水流向、渗透流速、渗透系数、垂向流速、多含水层的任意层静水头、有效孔隙度、平均孔隙流速、弥散率和弥散系数等，而用抽水试验是不能获得这些参数的。目前国内使用的测试仪器主要为20世纪90年代由我国自行设计研发的放射性同位素地下水参数测试仪器，具有操作简单、快捷、方便的特点，且已经广泛应用于工程和地质等方面，并取得了不错的效果[5-6]。

1　计算理论与方法

同位素示踪法测试渗透系数的基本原理是对井孔滤水管中的地下水用少量示踪剂 I^{131} 标记，标记后的水柱示踪剂浓度不断被通过滤水管的含水层渗透水流稀释而降低。其稀释速率与地下水渗透速度有关，根据这种关系可以求出地下水渗流流速，然后根据达西定理可以获得含水层渗透系数。应用同位素单孔稀释法测试结果确定含水层渗透系数的方法可分为公式法和斜率法[7]。

（1）公式法。公式法确定含水层渗透系数是根据放射性同位素初始浓度（$t=0$ 时）计数率和某时刻放射性同位素浓度计数率的变化来计算地下水渗流流速，然后根据达西定律求出含水层渗透系数。

$$K_d = [(\pi r_1 / 2\alpha t) \times \ln(N_0/N)] / J \qquad (1)$$

式中：N_0——同位素初始浓度（$t=0$ 时）计数率；

　　　N——t 时刻同位素浓度计数率；

　　　α——流畅畸变校正系数；

　　　t——同位素浓度从 N_0 变化到 N 的观测时间，s。

应用式（1）所获得的含水层的渗透系数 K_d 代表了某测点的两次同位素浓度的计数率的变化，因此其代表较差，在应用公式法确定含水层渗透系数时应对计算结果进行综合分析研究，以便获得准确可靠的测试结果。

（2）斜率法。斜率法是根据测试获取的 $t-$

ln(N)曲线斜率来确定含水层渗透系数，该方法考虑了某测点的所有合理测试数据，测试成果更具全面性与代表性。斜率法是通过不同时刻 t 测定计数率 N，利用最小二乘法绘制 $t-\ln(N)$ 曲线。从理论上讲，若含水层中的地下水为稳定层流时 $t-\ln(N)$ 曲线为直线，可以根据曲线斜率计算渗透速度 V_f。因此若实际测试曲线为直线时说明测试试验是成功的、测试结果是可靠的。

斜率法计算含水层渗透系数的具体方法是：首先根据测试数据绘制 $t-\ln(N)$ 曲线，通过 $t-\ln(N)$ 曲线一方面可以分析测试试验是否成功，另一方面能够确定 $t-\ln(N)$ 曲线斜率，为含水层渗透系数计算提供必要参数；然后应用下列式（2）计算含水层渗透系数。

$$t=\pi r_1/2\alpha V_f\times\ln(N_0)-\pi r_1/2\alpha V_f\times\ln(N) \quad (2)$$

式（2）中的 $\pi r_1/2\alpha V_f\times\ln(N_0)$ 可以看成常数，则 $t-\ln(N)$ 曲线的斜率为 $-\pi r_1/2\alpha V_f$。

设曲线的斜率为 m，则

$$m=-3.14r_1/2\alpha V_f \quad V_f=-3.14r_1/2\alpha m \quad (3)$$

根据 $t-\ln(N)$ 数曲线上获得的 m 值，即可获得含水层地下水渗透流速。

若在渗透流速测试时，同时测得试验钻孔处的水力坡度，根据达西定律可计算含水层渗透系数。可用式（4）计算含水层渗透系数。

$$K_d=-3.14r_1/(2\alpha mJ) \quad (4)$$

该方法根据测试试验的 $t-\ln(N)$ 半对数曲线斜率计算含水层渗透系数，考虑了某测点的所有合理测试数据，使用斜率法确定的含水层的渗透系数比公式法更具代表性与合理性。因此放射性同位素法测试水文地质参数的试验结果主要考虑斜率法的计算结果。

2 工程应用实例

2.1 水文地质概况

多布水电河床覆盖层的颗粒粒径分布很广，既有巨粒粒组的漂石或块石颗粒，亦有细粒粒组的粉粒。通常情况下，河床覆盖层岩组是由大小差异很大的固体颗粒混合堆积形成的。根据钻孔勘探资料，坝址河床覆盖层具有物质成分和颗粒大小相近的覆盖层交替叠置沉积现象，即坝址河床覆盖层粒径变化具有"粗—细—粗—细—粗"交替沉积重复的现象。勘探结果表明，河床覆盖层平均厚度约为150m，最大厚度可达360m。从河床覆盖层层位分布和物质组成特征看，河床覆盖层可分为14大层（如图1所示）。该河床覆盖层不仅厚度大，而且成因、物质组成、工程特性复杂，成因类型主要有四种：① 以河床冲积成因为主的漂石、砂卵砾石、中粗砂层等；② 冰川活动、崩滑堵江堰塞湖相的灰色中细砂、粉砂土层；③ 冰水沉积的加积层，为漂块石、碎石土混杂堆积；④ 崩滑流的加积层。

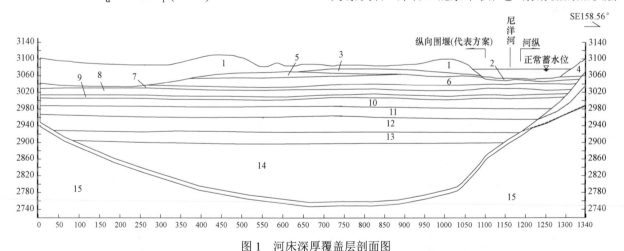

图1 河床深厚覆盖层剖面图

1—滑坡堆积块碎石土；2—冲积含漂石砂卵砾石层；3—冲积含块石砂卵砾石层；4—冲积含砾砂层；5—冲积粉细砂层；6—冲积中—细、中粗砂层；7—冲积含块石砂卵砾石层；8—冲积中—细砂层；9—冲积含块石砂卵砾石层；10—冰水积含块石砂卵砾石层；11—冰水积含块石砂砾石层；12—冰水积含砾石中—细砂层；13—冰水积含块石砂卵（碎）砾石层；14—冰水积含块石砂砾层；15—喜马拉雅期花岗岩

本文以ZK32河床覆盖层同位素示踪剂测试渗透系数为例，根据河床覆盖层物质变化特征，测试试验将138m厚的覆盖层分成11大层进行测试。对各大层分别进行了地下水渗透系数的同位素测

试。ZK32 河床深厚覆盖层物质组成特征见表 1。

表 1　ZK32 河床深厚覆盖层物质组成特征

孔深（m）	物质组成	孔深（m）	物质组成
0～6.20	卵砾石层	41.20～69.70m	砂卵砾石层
6.20～11.58	含砾中细砂层	69.70～111.50m	砂卵砾石层
11.58～16.08	含砾粉细砂层	111.50～121.50m	含砾中粗砂层
16.08～27.60m	卵砾石层	121.50～133.30m	砂卵砾石层
27.60～37.27m	中细砂层	133.30～158.00m	含块石砂卵砾石层
37.27～41.20m	含砾中细砂层		

2.2　示踪剂选择与测试方法

人工放射性同位素 I^{131} 为医药上使用的口服液，该同位素放射强度小、衰变周期短，进行水文地质参数测试不会对环境产生危害[8]，因此使用人工放射性同位素 I^{131} 进行水文地质测试研究。

测试时首先根据含水层埋深条件确定井孔结构和过滤器位置，选取施测段。然后用投源器将人工放射性同位素 I^{131} 投入测试段，进行适当搅拌使其均匀；接着用测试探头对标记段水柱的放射性同位素浓度值进行测量。

根据多布坝址河床深厚覆盖层的结构复杂性和多层性状，为保证放射源能在每一个测段内搅拌均匀，每个测段长度一般取 2～3m 设置 1 个观测测点，每个测点的观测次数一般为 5 次。在半对数坐标纸上绘制稀释浓度与时间的关系曲线，若稀释浓度与时间的关系曲线呈良好的线性关系，则说明测试试验是成功的，这时可以结束该点的测试工作。

2.3　测试成果分析

按照测试要求，每个测试点有 5 次读数，根据公式法每个测点可以计算 4 个渗透系数值。根据测试获取的 $t-\ln(N)$ 半对数曲线，应用斜率法可以获得 1 个渗透系数值。根据钻孔水位以及其他相关资料，计算得到水力坡度 J 为 7.39‰。

（1）测试可靠性分析。孔内共布置测点 18 处，其中孔深 0.0～6.2m、6.20～11.58m、27.60～37.27m、37.27～41.20m、111.50～121.50m 和121.50～133.30m 测段各布置 1 个测点。孔深 16.08～27.60m、133.30～158.00m 两段为砂卵砾石层，每段各布置 2 个测点。孔深 41.20～69.70m、

69.70～111.50m 两段为砂卵砾石层，每段各布置 4 个测试点。孔深 11.58～16.08m 为含砾粉细砂层，该层的渗透系数小于 10^{-5}cm/s，测试仪器无法测试该段渗透系数。典型 $t-\ln(N)$ 半对数曲线如图 2～图 7 所示。

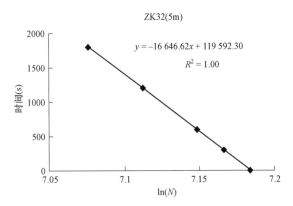

图 2　孔深 5.0m 处 $t-\ln(N)$ 拟合曲线

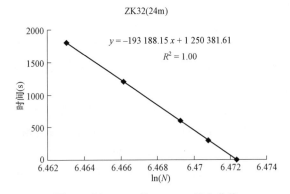

图 3　孔深 24m 的 $t-\ln(N)$ 拟合曲线

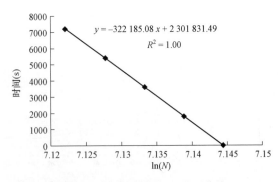

图 4　孔深 65.0m 处 $t-\ln(N)$ 曲线

从图 2～图 7 可以看出，钻孔内各测试点获得的 $t-\ln(N)$ 曲线具有良好的线性关系，均呈直线型，说明该段的渗透系数测试是成功的、可靠的。

（2）测试成果分析。根据测试成果（见表 2），公式计算法和斜率法测试成果基本一致。河床上部

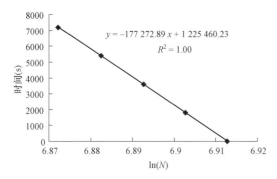

ZK32(105m)

$y = -177\,272.89\,x + 1\,225\,460.23$

$R^2 = 1.00$

图 5 孔深 105m 处 $t - \ln(N)$ 曲线

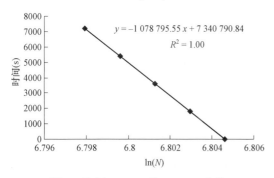

ZK32(125m)

$y = -1\,078\,795.55\,x + 7\,340\,790.84$

$R^2 = 1.00$

图 6 孔深 125.0m 处 $t - \ln(N)$ 曲线

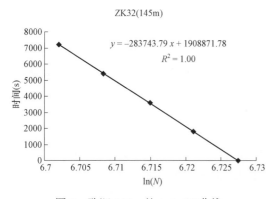

ZK32(145m)

$y = -283743.79\,x + 1908871.78$

$R^2 = 1.00$

图 7 孔深 145m 处 $t - \ln(N)$ 曲线

含漂石砂卵砾石层的渗透系数最大，渗透系数大于 10^{-2}cm/s，小于 1cm/s，属于强透水层；中细砂层的渗透系数大于 10^{-5}cm/s，小于 10^{-3}cm/s，属于中等—弱透水层，测试孔中有三层中细砂层，三层中细砂层的渗透系数测试结果有差异；砂卵砾石层渗透系数大于 10^{-3}cm/s，小于 10^{-2}cm/s，属于中等透水，测试孔中有三层砂卵砾石层，具有由上往下渗透系数变小的规律；含砾中粗砂层的渗透系数为 3.230×10^{-4}cm/s（平均值），属于中等透水；含块石砂卵砾石层的渗透系数为 1.376×10^{-3}cm/s，属于中等透水。

表 2 钻孔 ZK32 渗透系数测试成果

测点位置	公式法（×10^{-2}cm/s）	斜率法（×10^{-2}cm/s）
5m（卵砾石）	4.721	4.773
9m（含砾中细砂）	0.037 81	0.037 69
19m（卵砾石）	0.375 2	0.375 7
24m（卵砾石）	0.410 6	0.411 3
33m（中细砂）	0.002 014	0.002 013
39m（含砾中细砂）	0.027 59	0.027 61
45m（砂砾砾石）	0.264 1	0.274 4
50m（砂砾砾石）	0.246 5	0.253 9
55m（砂砾砾石）	0.230 8	0.231 6
65m（砂砾砾石）	0.245 7	0.246 6
75m（砂砾砾石）	0.166 3	0.168 0
85m（砂砾砾石）	0.153 6	0.154 4
95m（砂砾砾石）	0.156 1	0.154 4
105m（砂卵砾石）	0.196 9	0.198 3
115m（含砾中粗砂）	0.034 00	0.032 00
125m（砂砾砾石）	0.032 57	0.032 59
135m（含块石砂卵砾石）	0.150 1	0.151 3
145m（含块石砂卵砾石）	0.123 8	0.123 9

从以上测试结果可以看出，多布水电站坝址河床覆盖层由于不同层位的颗粒大小差异很大，其渗透性从强—微透水，这种渗透性的变化是覆盖层物质差异的体现。

（3）河床覆盖层渗透特征分析。深厚覆盖层渗透系数不仅受下水渗流条件影响，而且受深厚覆盖层的物质组成颗粒特征、结构特征、密实度、孔隙比、孔隙连通率等多方面本身因素的影响。多布水电站坝址区深厚覆盖层渗透存在以下特征：

1）河床深厚覆盖层的组成物质具有粒径范围广、级配差别大的特点，既有颗粒很大的漂石与块石，也有颗粒非常细小的粉粒与黏土，并有介于二者之间的卵石、砾石、砂粒等。覆盖层物质颗粒大小对覆盖层渗透系数影响很大，粗粒土覆盖层（平均粒径为 21.25mm），渗透系数 $K > 10^{-3}$cm/s；砂粒土覆盖层（平均粒径为 0.269mm），渗透系数 $K > 3 \times 10^{-5}$cm/s。从以上分析可知，粒径大小对覆盖层渗透系数影响大，实际工程中可以根据覆盖层粒径大小对其渗透系数进行综合分析取值，以划分河床覆盖层渗透系数等级。

2）同一类型的河床覆盖层渗透系数与埋深有

关，即相同物质组成的河床覆盖层渗透系数随覆盖层埋深的增大而减小，特别是粗粒土表现非常明显。相同类型的河床覆盖层随埋深增大，渗透系数呈现减小的规律。但覆盖层渗透系数随覆盖层埋深的增大而减小的程度没有随物质组成变化的程度大。

3）坝址区四种成因类型的覆盖层可粗略对应为粗粒土（崩滑流、冲积、冰水积）、砂类土（冲积、冰水积）和细粒土（堰塞湖相）。这三种类型土体的渗透系数差异很大，其中崩滑流成因类型的覆盖层渗透系数最大，堰塞湖相沉积的覆盖层渗透系数最小，冰水积与河床冲积覆盖层的渗透系数介于二者。

3 结语

（1）应用放射性同位素法测试获得的曲线线性相关性好，公式法和斜率法计算获得的渗透系数值诸点相近，证明试验测试方法可行，可用于深厚覆盖层渗透特性测试。

（2）同位素法测试的覆盖层渗透系数成果与相关参考手册的资料对比来看，二者基本吻合，测试成果可靠，可解决传统水文地质试验无法测试深部覆盖层的技术难题，能较大程度地满足地质分析和方案设计要求。

（3）放射性同位素示踪法是利用地下水天然流场来测试地下水参数，而抽水方法则是从钻孔中抽水造成水头或水位重新分布来获得水文地质参数，因此更能反映自然流场条件下的水文地质参数，因而能更准确反映渗透性实际情况。

（4）放射性同位素示踪法测试水文地质参数与传统的水文地质试验测试相比操作简单、费用低廉、成功率高且能测试深部覆盖层渗透系数，因此可在水文地质参数测试方面推广使用。

参考文献：

[1] 党林才，方光达. 利用深厚覆盖层建坝的实践与发展 [M]. 北京：中国水利水电出版社，2009.

[2] 李成. 砂土介质中地下水流动单孔测试的模拟研究 [D]. 重庆：重庆大学，2012.

[3] 杜国平，金宇东，袁昶，等. 润扬长江大桥水文地质单井同位素示踪试验研究 [J]. 水文地质工程地质，2002（3）：29-31.

[4] 林晓波，姜月华，汤朝阳. 放射性碳同位素在水文地质中的应用进展 [J]. 地下水，2006.

[5] 韩庆之，陈辉，万凯军，等. 武汉长江底钻孔同位素单井法地下水流速、流向测试 [J]. 水文地质工程地质，2003（2）：74-76.

[6] 赵新华，王永敏，李艳洁，等. 基于同位素测井技术的地下水流速流向测量系统研制 [J]. 科技信息，2011（10）：78.

[7] 左三胜，杨晓辉. 放射性同位素测井技术在河床覆盖层渗透系数测试中的应用 [J]. 工程勘察，2009（2）：50-53.

[8] 胡继春. 同位素示踪法在地下水渗流场测定中的应用 [J]. 能源技术与管理，2006（3）：25-27.

作者简介：

周 恒（1970—）男，正高级工程师，长期从事水利水电工程设计研究工作。E-mail：124897195@qq.com

基于设计地震动的斜入射波时程确定方法对覆盖层上土石坝地震响应的影响

宋志强，王飞，刘云贺，李闯

（西安理工大学省部共建西北旱区生态水利国家重点实验室，陕西省西安市　710048）

【摘　要】基于设计地震动的斜入射波时程确定方法对土石坝的地震响应有显著影响。分析了斜入射 P 波和 SV 波时程按均质岩体在平坦地表水平向设计地震动 1/2 调幅获得这种常用方法及其适用性。本文在 P 波和 SV 波组合斜入射前提下，考虑两者对半无限空间自由场的共同作用，建立了空间任意点自由场分量表达式，基于控制点自由场分量与设计地震动分量相同的原则，建立了入射波时程与入射角度的函数关系，提出了基于两向设计地震动的入射波时程确定方法。分析了按垂直入射假定确定斜入射波时程时半无限空间地表自由场和基岩—覆盖层—土石坝系统地震响应相对于本文方法的偏差。结果表明：在任意非垂直入射角度下，控制点自由场响应偏离设计地震动较严重，获得的土石坝坝顶加速度大小随入射角度变化规律包含地震动强度变化的贡献，不是设计地震动作用下的结果；本文方法获得的地表自由场位移与设计地震动水平和竖直分量均吻合良好，能够正确反映斜入射角度引起的非一致运动，可以在保持设计地震动强度不变的前提下，分析斜入射角度对土石坝地震响应的影响。

【关键词】斜入射波时程；设计地震动；自由场；土石坝；地震响应

0　引言

地震动输入是大坝抗震设计计算的前提，入射波是地震动输入的基础。GB 51247—2018《水工建筑物抗震设计标准》规定采用平坦基岩地表水平向地震动峰值加速度作为表征设计地震动强度的主要参数，设计地震动是抗震计算的依据[1]，因此，研究设计地震动下入射波幅值及时程确定方法具有重要实际工程意义。在进行大坝抗震设计计算时，通常假定地震波垂直入射[2]，按一维反演方法依据坝址设计地震动水平分量确定入射波幅值和时程。然而，当工程场地距震源较近时，地震波经过有限次反射和透射后到达地表，并不满足垂直入射假定[3-5]。因此，有必要研究地震波斜入射时基于水平和竖直两向设计地震动的入射波幅值和时程确定方法。

地震波斜入射下结构地震响应分析时，很难确定地基底部地震波时间序列，通常仍然按照垂直入射的方法，直接把实测地震动记录或者人工合成地

震动水平分量当作入射波[6-8]，再或者进行 1/2 倍调幅，把调幅后的地震动作为入射地震波[9-10]。张树茂等[6]将场地谱地震动时程作为地基底部入射波，研究了 P 波和 SV 波斜入射下土石坝加速度反应随入射角的变化规律。王飞等[7]以实测近断层地震动记录作为基岩地基底部的斜入射波，研究了近断层地震动斜输入作用下水电站厂房的非线性地震响应。孙纬宇等[8]以 EI-Centro 波、Northridge 波和宁河波作为入射波，研究了 P 波和 SV 波斜入射下河谷场地地震动放大系数随入射角的分布特征。Sun 等[9]和李明超等[10]将平坦基岩地表水平向设计地震动按 1/2 倍调幅，以调幅后的地震动作为基岩地基底部的入射波，分别研究了地下水工隧洞和重力坝的非线性地震响应随地震波入射角度的变化规律。单纯分析地震波斜入射下结构的地震响应时，上述入射波时程确定方法是能够接受的，但上述方法在任意角度下入射波幅值和时程是不变的，没有考虑斜入射波时程与入射角度的内在联系，造成地表水平地震峰值随入射角变化而变化[11]，

获得的结构地震响应随入射角变化的规律包含了地震动强度变化的贡献,导致结构的地震响应并不是设计地震动作用下的结果。

本文在 P 波和 SV 波组合斜入射的前提下,考虑两者对半无限空间自由场的共同贡献,基于波场叠加原理,构建了均质基岩二维空间自由场,根据控制点自由场运动分量与设计地震动对应分量相同的原则,建立入射波时程与入射角度的函数关系,提出了基于设计地震动的入射波时程确定方法。分析了按垂直入射假定确定斜入射波时程时半无限空间地表自由场和基岩—覆盖层—土石坝系统地震响应相对于本文方法的偏差。应用本文方法分析了斜入射引起的地表非一致运动,研究了相同设计地震动条件下,不同斜入射角对土石坝的非一致地震响应影响规律。

1 基于设计地震动的斜入射波时程确定方法

1.1 方法 1

通常情况下,基岩平坦地表地震动假定由垂直地表的入射波和同相位等幅值的反射波叠加组成[2],该假定对于距震源较远场地上的地震动是合理的。此时,基岩地基底部入射波可按平坦自由地表水平向设计地震动 1/2 调幅获得,称为方法 1。

P 波或 SV 波入射角为 0° 时,平坦地表自由场地震动幅值和波形与设计地震动吻合。但当震源距

离坝址较近时,入射波传播方向与水平地表并非垂直,而是与水平地表的法向存在不确定性夹角。研究基于设计地震动的斜入射地震波对结构地震响应的影响时,仍按方法 1 确定斜入射波时程,由于不考虑斜入射波时程随入射角度的变化而变化,因此随着入射角增大,平坦地表地震动幅值和波形将逐渐偏离设计地震动。根据作者以前的研究结论,平面 P 波斜入射时,平坦地表水平向地震动强度随入射角增大先增大后减小,竖向地震动强度随入射角增大而减小;平面 SV 波斜入射时,水平向地震动强度随入射角增大而增大,竖向地震动强度随入射角增大先增大后减小。

1.2 方法 2

近地表入射地震波成分复杂,基岩平坦地表设计地震动不能假定仅由某一类型体波组成。而应该考虑两种体波的共同作用。平面 P 波和 SV 波斜入射至自由地表均会产生反射 P 波和 SV 波,如图 1 所示,红色箭头表示地震波的传播方向,蓝色箭头表示质点振动方向。坐标原点 O 为控制点,设计地震动水平分量为 $u_x(t)$,竖向分量为 $u_y(t)$。入射 P 波位移波函数为 $g(t)$,振动矢量 $m^{(0)}=(\sin\alpha,\cos\alpha)$,入射 SV 波位移波函数为 $f(t)$,振动矢量 $n^{(0)}=(\cos\gamma,-\sin\gamma)$。半无限均质弹性空间任意点自由场由两种体波(P 波和 SV 波)的入射波场、反射波场共同叠加组成。

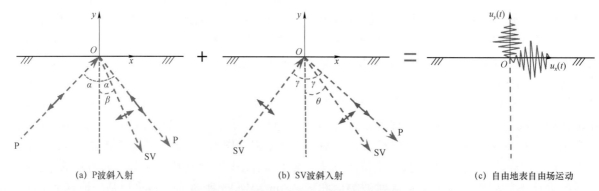

(a) P波斜入射   (b) SV波斜入射   (c) 自由地表自由场运动

图 1 半无限弹性均质空间自由场组成

水平向

$$
\begin{aligned}
&g\left(t-\frac{x\sin\alpha+y\cos\alpha}{c_{\mathrm{P}}}\right)\sin\alpha+A_1 g\left(t-\frac{x\sin\alpha-y\cos\alpha}{c_{\mathrm{P}}}\right)\sin\alpha-A_2 g\left(t-\frac{x\sin\beta-y\cos\beta}{c_{\mathrm{S}}}\right)\cos\beta \\
&+f\left(t-\frac{x\sin\gamma+y\cos\gamma}{c_{\mathrm{S}}}\right)\cos\gamma-B_1 f\left(t-\frac{x\sin\gamma-y\cos\gamma}{c_{\mathrm{S}}}\right)\cos\gamma+B_2 f\left(t-\frac{x\sin\theta-y\cos\theta}{c_{\mathrm{P}}}\right)\sin\theta
\end{aligned}
\tag{1}
$$

竖向

$$g\left(t-\frac{x\sin\alpha+y\cos\alpha}{c_P}\right)\cos\alpha-A_1g\left(t-\frac{x\sin\alpha-y\cos\alpha}{c_P}\right)\cos\alpha-A_2g\left(t-\frac{x\sin\beta-y\cos\beta}{c_S}\right)\sin\beta$$
$$-f\left(t-\frac{x\sin\gamma+y\cos\gamma}{c_S}\right)\sin\gamma-B_1f\left(t-\frac{x\sin\gamma-y\cos\gamma}{c_S}\right)\sin\gamma-B_2f\left(t-\frac{x\sin\theta-y\cos\theta}{c_P}\right)\cos\theta \tag{2}$$

式中：c_P 和 c_S 分别为 P 波和 SV 波波速，A_1、A_2 分别为 P 波斜入射下反射 P 波和反射 SV 波幅值与入射 P 波幅值的比值，B_1、B_2 分别为 SV 波斜入射下反射 SV 波和反射 P 波幅值与入射 SV 波幅值的比值[7]，分别如下

$$c_P=\sqrt{\frac{E(1-\mu)}{\rho(1+\mu)(1-2\mu)}},$$
$$c_S=\sqrt{\frac{E}{2\rho(1+\mu)}} \tag{3}$$

$$A_1=\frac{c_S^2\sin2\alpha\sin2\beta-c_P^2\cos^22\beta}{c_S^2\sin2\alpha\sin2\beta+c_P^2\cos^22\beta},$$
$$A_2=\frac{-2c_sc_P\sin2\alpha\cos2\beta}{c_S^2\sin2\alpha\sin2\beta+c_P^2\cos^22\beta} \tag{4}$$

$$B_1=\frac{c_S^2\sin2\gamma\sin2\theta-c_P^2\cos^22\gamma}{c_S^2\sin2\gamma\sin2\theta+c_P^2\cos^22\gamma},$$
$$B_2=\frac{2c_sc_P\sin2\gamma\cos2\gamma}{c_S^2\sin2\gamma\sin2\theta+c_P^2\cos^22\gamma} \tag{5}$$

式中：E、ρ 和 μ 分别为介质的弹性模量、密度和泊松比。

在水平自由地表，y 为一常数且等于零，结合 Snell 定律，水平自由地表任意点自由场可表示为：

水平向

$$g\left(t-\frac{x\sin\alpha}{c_P}\right)(\sin\alpha+A_1\sin\alpha-A_2\cos\beta)+f\left(t-\frac{x\sin\gamma}{c_S}\right)(\cos\gamma-B_1\cos\gamma+B_2\sin\theta) \tag{6}$$

竖向

$$g\left(t-\frac{x\sin\alpha}{c_P}\right)(\cos\alpha-A_1\cos\alpha-A_2\sin\beta)-f\left(t-\frac{x\sin\gamma}{c_S}\right)(\sin\gamma-B_1\sin\gamma-B_2\cos\theta) \tag{7}$$

假设水平自由地表任意点的运动在整个时间历程中由入射 P 波和 SV 波共同作用，即 P 波和 SV 波同时传播至水平自由地表，则式（8）成立

$$\frac{\sin\alpha}{c_P}=\frac{\sin\gamma}{c_S} \tag{8}$$

取任意点为控制点 O（$x=0$，$y=0$），则需要满足的条件是该点的自由场水平向和竖向分量与设计地震动对应的两向分量相同，根据式（6）和式（7），可得到下面两个方程：

水平向 $\qquad ag(t)+bf(t)=u_x(t) \tag{9}$

竖向 $\qquad cg(t)-df(t)=u_y(t) \tag{10}$

式中，$a=(\sin\alpha+A_1\sin\alpha-A_2\cos\beta)$，$b=(\cos\gamma-B_1\cos\gamma+B_2\sin\theta)$，$c=(\cos\alpha-A_1\cos\alpha-A_2\sin\beta)$，$d=(\sin\gamma-B_1\sin\gamma-B_2\cos\theta)$，当设计地震动两分量和半无限空间介质信息已知时，联立式（9）和式（10），可以建立 P 波和 SV 波时程关于入射角的函数关系式，进而可由入射角推求组合入射波时程。

为方便起见，将本文建立的考虑斜入射 P 波和 SV 波对设计地震动的组合贡献、根据入射角度确定入射波时程的方法称为方法 2。

2 不同斜入射波时程确定方法对均质半无限空间自由场响应的影响

从平面半无限均质空间截取长度为 400m（$2L$）、深度为 200m（H）的有限域地基，如图 2 所示。地基弹性模量为 1.3GPa，密度为 2000kg/m³，泊松比为 0.25。P 波波速为 883m/s，SV 波波速为 510m/s。地表控制点 O 设计地震动水平和竖向位移时程均如式（11）所示，位移波形如图 3 所示，位移峰值为 2.60m。基于设计地震动时程，按照方法 1 确定 P 波或 SV 波单波斜入射时程，按照方法 2 确定与入射角度相关的 P 波和 SV 波组合斜入射时程。假定单波或组合波均从地基左侧斜向上入射，分析不同斜入射波时程确定方法对 O 点自由场响应的影响。

$$u(t)=\begin{cases}2\sin(4\pi t)-\sin(8\pi t), & 0s\leqslant t\leqslant 0.5s\\ 0, & 0.5s< t\leqslant 2.0s\end{cases}\quad(11)$$

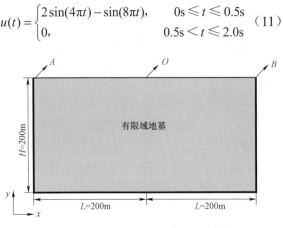

图 2　半无限均质弹性空间计算模型

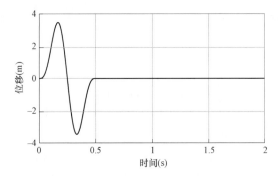

图 3　水平向和竖向设计地震动时程

方法 1 和方法 2 均是先给定 P 波斜入射角，然后按照式（8）确定 SV 波斜入射角，表 1 给出了不同入射角度下入射波位移峰值、地表 O 点水平和竖向位移峰值及其相对设计地震动峰值的误差。表 1 表明，方法 1 任意入射角度下，入射 P 波或 SV 波位移峰值均是设计地震动水平向峰值的 1/2，即为 1.30m。方法 2 中入射 P 波位移峰值随入射角

度增大而增大，入射 SV 波位移峰值随入射角增大而减小。不管何种入射角下，方法 2 中 O 点水平和竖向位移峰值均与设计地震动吻合，而在相同入射角下，方法 1 获得的地表 O 点自由场响应与设计地震动差异显著：其中 P 波入射角为 45°时，O 点水平向和竖向位移峰值分别比设计地震动减小了 23.85%和 31.63%，SV 波入射角为 24.1°时，O 点水平向和竖向位移峰值分别比设计地震动减小了 2.31%和 62.69%。

表 1　　　　　　　　　不同入射波时程确定方法下点 O 位移峰值及其相对设计地震动误差

方法	斜入射波类型	入射角（°）	入射波位移峰值（m）	点 O 位移峰值及相对设计地震动误差			
				水平向位移峰值（m）	误差（%）	竖向位移峰值（m）	误差（%）
方法 1	P 波	0	1.30	0.00	−100.00	2.60	0.00
		15		0.77	−70.38	2.49	−4.23
		30		1.46	−43.84	2.20	−15.38
		45		1.98	−23.85	1.77	−31.63
	SV 波	0	1.30	2.60	0.00	0.00	−100.00
		8.6		2.59	−0.38	0.43	−83.46
		16.8		2.57	−1.15	0.78	−70.00
		24.1		2.54	−2.31	0.97	−62.69
方法 2	P 波和 SV 波组合斜入射	0（0）	1.30（1.30）	2.60	0.00	2.60	0.00
		15（8.6）	1.50（0.85）	2.60	0.00	2.60	0.00
		30（16.8）	1.67（0.36）	2.60	0.00	2.60	0.00
		45（24.1）	1.85（−0.11）	2.60	0.00	2.60	0.00

注：括号中的数字代表方法 2 中 SV 波的数值。

图 4 和图 5 分别给出了不同入射角下地表 O 点水平向和竖向位移时程曲线，由图可见，方法 2 中 P 波、SV 波组合入射前提下，不论何种入射角度组合，地表点 O 水平向和竖向位移波形与设计地震动完全吻合，该斜入射波时程确定方法能够反映设计地震动作用下半无限空间自由场响应。方法

1 中，P 波斜入射或者 SV 波斜入射时，点 O 位移波形均与设计地震动有较大差异。

图 6 和图 7 分别给出了两种方法获得的 P 波入射为 45°、SV 波入射角为 24.1°时地表点 O 和左上角点 A、右上角点 B 的水平向和竖向位移时程曲线。由图 6 和图 7 可以看出，地震波斜入射引起

地表空间点发生非一致运动,任意两点开始振动的时间间隔随入射角的增大而增大。方法1表现的非一致运动峰值与设计地震动峰值有较大的误差,方法2表现的非一致运动波形和峰值均与设计地震动吻合,方法2能够反映设计地震动下的地表非一致运动。

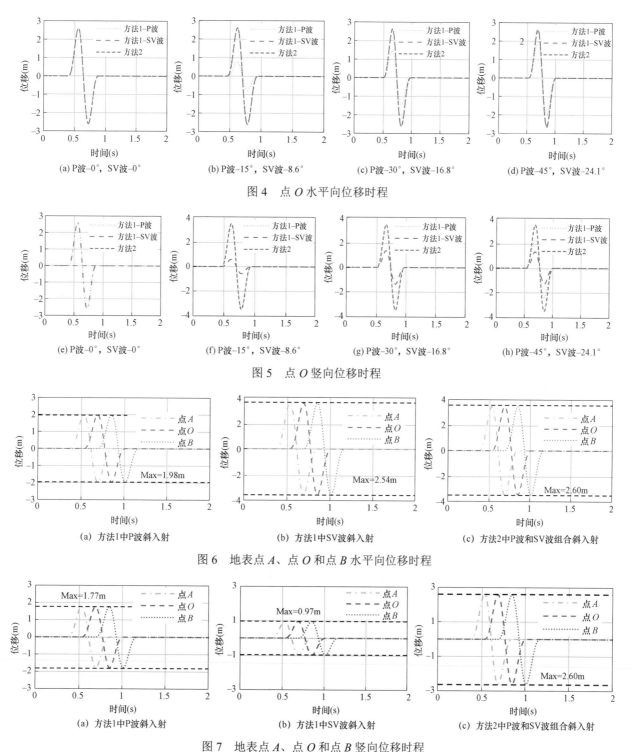

(a) P波-0°, SV波-0°   (b) P波-15°, SV波-8.6°   (c) P波-30°, SV波-16.8°   (d) P波-45°, SV波-24.1°

图4 点 O 水平向位移时程

(e) P波-0°, SV波-0°   (f) P波-15°, SV波-8.6°   (g) P波-30°, SV波-16.8°   (h) P波-45°, SV波-24.1°

图5 点 O 竖向位移时程

(a) 方法1中P波斜入射   (b) 方法1中SV波斜入射   (c) 方法2中P波和SV波组合斜入射

图6 地表点 A、点 O 和点 B 水平向位移时程

(a) 方法1中P波斜入射   (b) 方法1中SV波斜入射   (c) 方法2中P波和SV波组合斜入射

图7 地表点 A、点 O 和点 B 竖向位移时程

当斜入射波幅值取设计地震动幅值的1/2且只包含一种体波(P波、SV波)时,地表自由场运动与设计地震动误差较大,难以反映设计地震动下的斜入射波作用下结构的地震响应。考虑 P 波和 SV 波对半无限空间自由场的共同作用,按入射角确定入射 P 波和 SV 波时程,获得的地表自由场运

动与设计地震动吻合,并且各点地震动呈现出明显的非一致性,能够合理反映设计地震动下的斜入射波作用下结构的非一致地震响应。

3 不同斜入射波时程确定方法对土石坝地震响应影响

3.1 计算模型

以坐落在覆盖层地基上的均质土石坝为研究对象,坝高 100m,坝顶宽 10m,上、下游坝坡均为 1:1.6,覆盖层深度为 100m,基岩地基底部取至地表以下 200m 处,基岩—覆盖层—土石坝系统如图 8 所示。采用邓肯–张 $E-B$ 模型描述坝料和覆盖层的静力非线性弹性行为。动力时程计算采用等效线性方法,坝料和覆盖层土体采用沈珠江建议的修正等效黏弹性模型,动力计算参数见表 2,表 2 中 k_1、k_2 和 n 均为土石料动三轴试验参数,λ_{max} 为最大阻尼比,μ 为泊松比。基岩弹性模量、密度和泊松比分别为 8GPa、2750kg/m³ 和 0.24。

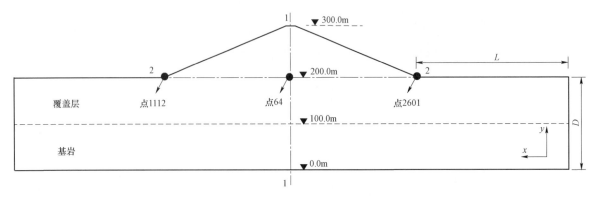

图 8　基岩—覆盖层—土石坝系统计算模型

表 2　　　　　　　　　　　　　　　　　　　动力计算参数

材料	k_1	k_2	n	λ_{max}	μ
坝料	20.0	2336	0.268	0.2	0.33
覆盖层	18.8	765	0.533	0.25	0.42

以 Imperial Valley–02 地震（1940 年,美国）中 EI-Centro Array 9 号台站记录到的实测地震动作为平坦基岩表面上的设计地震动,设计地震动水平向和竖向位移分量如图 9 所示。

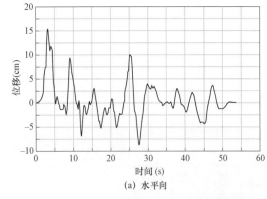

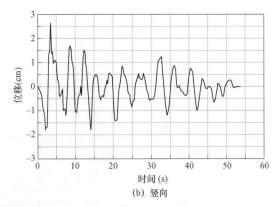

图 9　设计地震动位移时程

3.2 二维基岩—覆盖层地基斜入射输入方法

通常,一般工程根据 GB 18306—2015《中国地震动参数区划图》[16]确定设计地震动峰值加速度和场地特征周期,然后人工合成设计地震动。对于设防类别为甲类的重大工程,根据地震部门给出的场址危险性分析结果确定其设计地震动[2]。这两种方法获得的设计地震动均是指工程场地所在地区半无限空间均质岩体在平坦地表的地震动[2],为此，本文选取不受河谷地形影响的平坦基岩表面 C 点作为控制点，在 C 点所在的顺河向半无限基岩平面 1 内，利用本文所建立的方法（方法 2）获得基岩地基底部入射波时程，然后将顺河向基岩平面空间（平面 1）地基底部的斜入射波时程平移转换至基岩—覆盖层地基底部（平面 2），如图 10 所示。地震波入射方向与水流向是平行的，只产生平面内运动，在入射方向上不存在河谷地形散射效应。

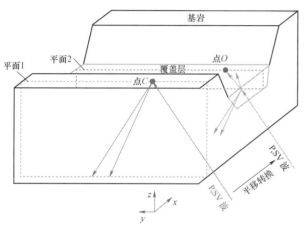

图 10　基岩—覆盖层地基底部入射波时程获取方法示意图

基岩地基底部及上、下游侧采用黏弹性人工边界[17-21]结合等效结点荷载的地震波动输入。覆盖层土体在地震作用下具有明显的非线性特性[22]，无法通过解析方法获得覆盖层上、下游侧截断边界上的边界参数和等效结点荷载。为此，地基上、下游采用远域边界模拟辐射阻尼效应，远域地基的截取范围根据楼梦麟等[23]和孔宪京等[24]的研究结论，取地基深度的 7 倍，已经可以满足工程精度要求。

3.3　土石坝加速度反应

土石坝加速度的计算方案与前面自由场计算的方案一致，其中方法 1 包括 P 波斜入射和 SV 波斜入射两种情况。图 11 为两种方法获得的坝顶最大加速度以及方法 1 相对方法 2 的偏差。由图 11 可见，方法 1 P 波斜入射情况获得的坝顶水平向和竖向最大加速度与方法 2 有较大的差异，相对于方法 2 水平向和竖向加速度最大偏差分别为 90.0% 和 53.0%，相对偏差均随入射角增大而减小。方法 1 SV 波斜入射情况计算得到的坝顶竖向最大加速度相对方法 2 偏差较大，最大偏差超过了 70%，相对偏差随着入射角度增大先减小后增大；坝顶水平向最大加速度与方法 2 相近，原因是方法 1 中地表水平向地震动强度随角度变化小，与设计地震动水平分量接近。

图 11 可见，方法 2 坝顶水平向和竖向最大加速度随入射角的增大而减小，原因从图 12（建基面典型点位移时程，点 1112 和点 2601 分别位于上、下游坝角，点 64 位于坝轴线底部）可以得到解释，与垂直入射相比，地震波斜入射建基面任意两点地震动初至时间间隔增大，造成各点地面运动存在相位差（图 12 中 15～20s 的放大位移时程），地面运动呈现非一致性，减弱了坝体的同频共振。在位移峰值上，建基面典型点水平向位移峰值最大差异为 12.5%，竖向位移峰值最大差异为 25.0%。方法 1 由于控制点已经偏离了设计地震动峰值，所以其难以正确构建非一致地面运动，获得的坝顶加速度大小随角度变化的规律中包含着地震动幅值变化的贡献，无法分析基于设计地震动的入射角变化或者非一致地面运动对坝体响应的影响。

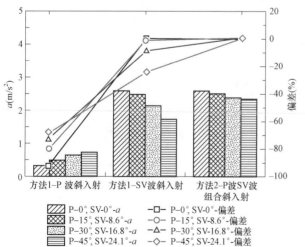

(a) 水平向

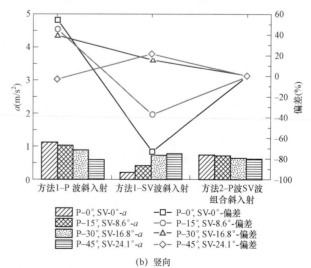

(b) 竖向

图 11　土石坝坝顶最大加速度

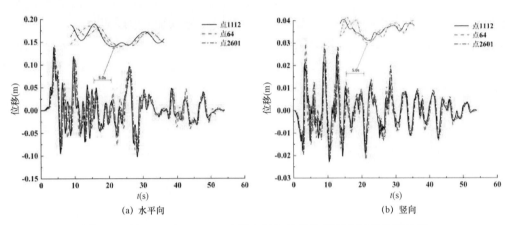

图 12　P 波 –30° 和 SV –16.8° 组合斜入射下建基面典型点位移时程

由此可见，在任意非垂直入射角度下，基岩地基底部斜入射波幅值取平坦地表水平向设计地震动幅值的一半得到的坝体地震响应不是设计地震动强度下的结果，并且与设计地震动下的计算结果偏差较大。考虑 P 波和 SV 波对坝址场地自由场的共同贡献，根据入射角确定斜入射波时程，可以获得的坝体非一致地震响应，能够在相同的设计地震动强度作用下，单纯分析入射角对坝体地震响应的影响规律。

图 13 和图 14 分别为方法 2 中土石坝 1—1 剖面和 2—2 剖面最大加速度分布，1—1 剖面和 2—2 剖面的位置示意如图 8 所示。由图 13 可以看出，土石坝 1—1 剖面水平向和竖向最大加速度随入射角的增大而减小，与 0° 入射角相比，入射角为 45° 时水平向和竖向最大加速度减小幅度可达 20.8% 和 31.1%。减小的原因是地震波斜入射引起建基面各点地震动出现相位差，减弱了覆盖层—土石坝系统的同频共振，入射角越大，相位差越大，地震动非一致性越显著。水平向和竖向最大加速度随高度的增加先减小后增大，在建基面附近，加速度最小，

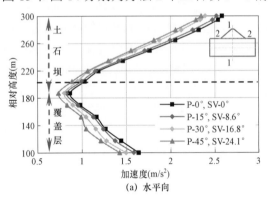

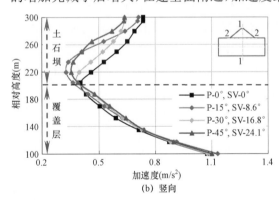

图 13　1—1 剖面最大加速度分布

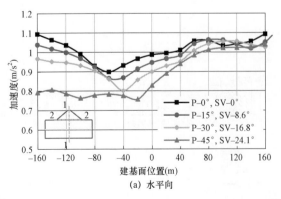

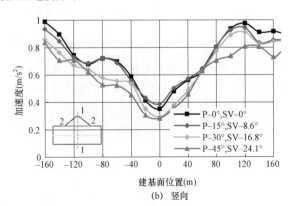

图 14　2—2 剖面最大加速度分布

主要是覆盖层土体进入强非线性状态，阻尼耗散能力增强，强震作用下覆盖层对地震波有抑制作用。

图14表明，土石坝2—2剖面（建基面）水平向和竖向最大加速度随入射角的增大而减小，与0°入射角相比，入射角为45°时水平向和竖向最大加速度最大减小幅度分别为27.8%和25.9%。由于上游静水压力的作用，覆盖层—土石坝系统上游侧震前围压大于下游侧，导致建基面上游侧水平向加速度小于下游侧，随着入射角度增大，上下游侧加速度差距更明显，最小加速度位置逐渐向坝中心移动。上游静水压力对竖向加速度的分布规律影响较小，建基面上竖向加速度关于坝体中心对称分布，坝中心位置竖向加速度最小。

4 结语

本文分析了当前基岩地基底部斜入射波时程的确定方法和适用性，基于设计地震动建立了P波和SV波组合斜入射时程相对于入射角度的函数关系式，实现了入射波时程随入射角变化，研究了不同斜入射波时程确定方法对半无限均质空间自由场和基岩—覆盖层—土石坝系统地震响应的影响。结论如下：

（1）考虑P波和SV波对半无限空间自由场的共同作用，利用入射P波和SV波时程表示了空间任意点自由场，根据控制点自由场分量与设计地震动对应分量相同的原则，建立了斜入射波时程相对于入射角的函数关系式，确定了随入射角变化的入射波时程。研究了斜入射波幅值取设计地震动幅值的1/2和本文方法下的半无限空间自由表面的位移响应，斜入射波幅值取设计地震动幅值的1/2时，地表位移峰值相对设计地震动有较大误差，该方法不能应用于确定设计地震动强度下的斜入射波时程。本文方法获得的地表位移响应与设计地震动吻合，验证了本文方法的合理性。

（2）在任意非垂直入射角度下，基岩地基底部入射波幅值取设计地震动幅值的1/2，获得的土石坝地震响应不是设计地震动强度下的结果，坝顶加速度大小随角度变化的规律中包含着地震动强度变化的贡献，与设计地震动强度下的计算结果有较大偏差，无法分析基于设计地震动的入射角变化或者非一致地面运动对坝体响应的影响。

（3）本文提出的根据入射角确定斜入射波时程的方法，考虑了P波和SV波对坝址场地自由场的共同贡献，能够在相同的设计地震动强度作用下，正确反映斜入射角度引起的建基面的非一致运动，可以单纯分析斜入射角度对土石坝地震响应的影响。分析结果表明，土石坝加速度反应随入射角的增大而减小，主要原因是入射角增大，建基面振动方向相位差增大，各位置点运动呈现出非一致现象，减弱了坝体同频共振的趋势。

参考文献：

[1] 中华人民共和国水利部. GB 51247—2018，水工建筑物抗震设计标准［S］. 北京：中国计划出版社，2018.

[2] 陈厚群. 坝址地震动输入探讨［J］. 水利学报，2006，37（12）：1417-1423.

[3] 杜修力，徐海滨，赵密. SV波斜入射下高拱坝地震响应分析［J］. 水力发电学报，2015，34（4）：139-145.

[4] 赵密，孙文达，高志懂，等. 阶梯地形成层场地斜入射地震动输入方法［J］. 工程力学，2019，36（12）：62-68.

[5] 岑威钧，袁丽娜，袁翠平，等. 地震波斜入射对高面板坝地震反应的影响［J］. 地震工程学报，2015，37（4）：926-932.

[6] 张树茂，周晨光，邹德高，等. 地震波倾斜入射对土石坝动力反应的影响［J］. 水电能源科学，2014，32（8）：72-76.

[7] 王飞，宋志强，卢韬. 近断层地震动斜输入下水电站厂房非线性地震响应研究［J］. 振动与冲击，2020，39（5）：63-73.

[8] 孙纬宇，汪精河，严松宏，等. SV波斜入射下河谷地形地震动分布特征分析［J］. 振动与冲击，2019，38（20）：258-265.

[9] SUN B B, DENG M J, ZHANG S R, et al. Inelastic dynamic analysis and damage assessment of a hydraulic arched tunnel under near-fault SV waves with arbitrary incoming angles［J］. Tunnelling and Underground Space Technology, 2020, 104: 103523.

[10] 李明超，张佳文，张梦溪，等. 地震波斜入射下混凝土重力坝的塑性损伤响应分析［J］. 水利学报，2019，50（11）：1236-1339.

[11] SONG Z Q, WANG F, LI Y L, et al. Nonlinear seismic responses of the powerhouse of a hydropower station under near-fault plane P-wave oblique incidence［J］. Engineering Structures, 2019, 199: 109613.

[12] 王飞. 近断层地震动斜输入作用下水电站厂房非线性地震响应研究［D］. 西安：西安理工大学，2019.

［13］苑举卫，杜成斌，杜志明. 基于设计地震动的地震波斜入射波动输入研究［J］. 工程科学与技术，2010，42，（5）：50－55.

［14］DUN J M，CHANG C Y. Nonlinear analysis of stress and strain in soils［J］. J Soil Mech Found Div ASCE，1970，96（5）：1629，26.

［15］沈珠江，徐刚. 堆石料的动力变形特性［J］. 水利水运科学研究，1996（2）：143－150.

［16］中华人民共和国国家质量监督检验检疫总局. GB 18306—2015，中国地震动参数区划图［S］. 北京：中国标准出版社，2015.

［17］FAN G，ZHANG L M，LI X Y，et al. Dynamic response of rock slopes to oblique incident SV waves［J］. Engineering Geology，2018，247：94－103.

［18］郭胜山，陈厚群，李德玉，等. 重力坝与坝基体系地震损伤破坏分析［J］. 水利学报，2013，44（11）：1352－1358.

［19］刘云贺，张伯艳，陈厚群. 拱坝地震输入模型中黏弹性边界与黏性边界的比较［J］. 水利学报，2006，37（6）：758－763.

［20］LIU J B，DU Y X，DU X L，et al. 3D Viscous-spring Artificial Boundary in Time Domain［J］. Earthquake Engineering and Engineering Vibration，2006，5（1）：93－102.

［21］孔宪京，周晨光，邹德高，等. 高土石坝—地基动力相互作用的影响研究［J］. 水利学报，2019，50（12）：1417－1432.

［22］邹德高，隋翊，周晨光，等. 非岩性地基条件下核岛厂房—桩—土非线性动力相互作用特性研究［J］. 核动力工程，2020，41（2）：59－66.

［23］楼梦麟，潘旦光，范立础. 土层地震反应分析中侧向人工边界的影响［J］. 同济大学学报，2003，31（7）：757－761.

［24］余翔，孔宪京，邹德高，等. 覆盖层上土石坝非线性动力响应分析的地震波动输入方法［J］. 岩土力学，2018，39（5）：1858－1867.

作者简介：

宋志强（1981—），男，教授，博士生导师，主要从事水工结构抗震和机组厂房振动研究。E-mail：zqsong@xaut.edu.cn

王　飞（1993—），男，博士研究生，主要从事水工结构抗震安全研究。E-mail：feiwang201268@163.com

刘云贺（1968—），男，教授，博士生导师，主要从事建筑结构、水工结构抗震和结构工程教学和科研。E-mail：liuyhe@xaut.edu.cn

李　闯（1997—），男，硕士研究生，主要从事水工结构抗震安全研究。E-mail：2238539717@qq.com

超深防渗墙多发多收声波 CT 装备开发与应用

严俊[1]，马圣敏[1]，刘润泽[1]，杜惠光[2]

[1. 长江地球物理探测（武汉）有限公司，湖北省武汉市　430021；
2. 长江勘测规划设计研究有限责任公司，湖北省武汉市　430021]

【摘　要】在深厚覆盖层地区超深混凝土防渗墙质量检测中，声波 CT 检测技术因具有无损、高精度的特点而得到广泛应用，但现有的声波 CT 检测技术装备效率低下，难以满足大规模、精细化成像前提下的检测效率要求。针对此问题，基于跨孔声波 CT 检测技术原理，研制了多发多收声波 CT 检测装备，实现了单次同时采集 64 道声波射线对，提高了数据采集效率，可依托超深防渗墙预留的灌浆孔实现对墙体质量的全断面检测。在四川硬梁包水电站及内蒙古某水库工程深度 100m 的防渗墙质量检测中示范应用，实现了墙体质量检测效率和精度大幅提升，对解决相关工程检测问题具有重要意义。

【关键词】超深混凝土防渗墙；声波 CT；多发多收；检测效率

0　引言

超深防渗墙是深厚覆盖层地区高坝地基处理的重要手段，其施工质量关乎工程安全。从目前我国水利水电防渗墙的应用和规模来看，混凝土防渗墙施工技术比较成熟，但根据施工工艺及防渗墙类型的不同，仍存在着各类质量问题。

在超深混凝土防渗墙墙体质量检测中，对于防渗墙墙体开叉，墙体架空、离析、蜂窝，局部充泥、无墙等施工质量问题，声波 CT 检测可以合理地利用预埋管进行质量检测，具有无损、高精度的特点。在实际工作中，只有高密度的声波 CT 射线对才能形成高精度 CT 成像效果，特别是对于超深防渗墙而言，现有的声波 CT 检测仪采用"一发一收"或"一发多收"方式，检测效率低下，难以满足高精度成像条件下的检测高效率要求，限制了声波 CT 检测技术在超深混凝土防渗墙墙体质量精细化检测中的应用。

为此，有必要开展声波 CT 检测仪的改进研发工作，"多发多收"相对"一发一收""一发多收"有着显著的效率优势，通过研制多发多收声波 CT 检测仪及研究相应的观测系统，研发数据采集软件、数据预处理软件，提高声波 CT 数据的采集效率，从而实现对超深混凝土墙体质量的高效高精度

全断面检测。

1　声波 CT 的基本原理

声波在穿透工程介质时，其速度快慢与介质的弹性模量、剪切模量、密度有关。密度大、模量大及强度高的介质波速高、衰减慢；破碎、疏松介质的波速低、衰减快，因此，声波波速可作为混凝土强度和缺陷评价的定量指标。声波 CT 检测技术利用声波在工程介质内部射线走时和振幅来重构介质的波速系数的场分布，通过像素、色谱、网络的综合展示，直观反映工程介质内部情况。

如图 1 所示，防渗墙声波 CT 检测技术通过超声换能器在孔中不同位置进行发射和接收，测量声

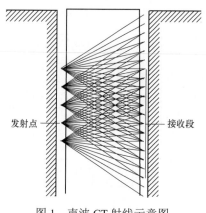

图 1　声波 CT 射线示意图

波穿透的距离和声波穿透的时间来计算声波射线（发射换能器和接收换能器之间的连线）所经过的区域的声波波速。经过诸点发射和接收声波后形成致密的射线交叉网络，将检测区域划分为若干规则的成像单元，实现透视空间离散化，通过求解大型矩阵方程，对诸多成像单元波速的数学物理反演计算，可以较准确地重建出射线所扫描区域内的岩体波速分布图，进而直观准确地判断混凝土墙体结构的内部情况。

2 多发多收声波 CT 检测仪的研制

2.1 硬件系统设计

八发八收声波 CT 检测仪硬件系统示意图如图 2 所示，硬件系统模块组成如图 3 所示，主要包括发射模块、多路发射和接收换能器、信号采集模块及控制系统 4 大模块。发射模块负责声波的发射

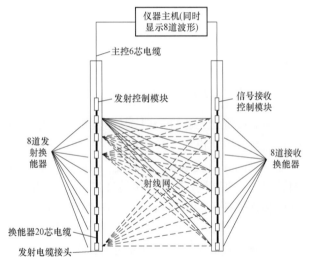

图 2　8 发 8 收声波 CT 检测仪硬件系统示意图

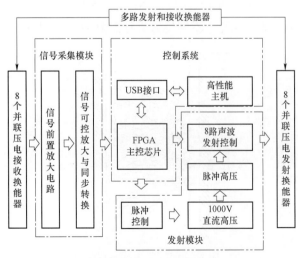

图 3　8 发 8 收声波 CT 检测仪硬件设计方案

和通路切换，产生瞬时高压作用于压电换能器发射高频声波；多路发射和接收换能器由八路发射电缆和八路接收电缆组成，实现声—电信号的互相转换；信号采集模块负责信号的调理、转换和采集，八通道可同时采集数据，保证了每通道初至波走时的一致性；控制系统负责与主机采集软件进行交互，设置系统发射和采集参数，同步发射模块和信号接收模块，保证系统初至波走时的稳定性和一致性。

2.2 多路发射模块设计

发射模块用 IGBT 作为开关电路主要器件，利用高压尖脉冲来激励发射换能器激发声波，电路图如图 4 所示。发射模块中的直流高压由 KDHM-D1 型直流升压模块产生，输入 12V，输出可达 1000V，具有限流和过热保护、输出高压可调的功能；放电电容由 3 个 10μF 的电容串联组成。

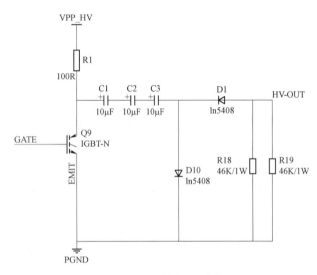

图 4　高压发射电路原理图

发射模块的多路发射切换由 16 个切换开关完成，2 个开关组成一组，控制单道的正极与负极的通断，实现 8 道发射通道的完全关断与导通，防止道间干扰。为了实现高效采集，在 1~2s 时间内完成八通道的切换发射，切换开关必须反应迅速、稳定耐用，因此选用了干簧管继电器。干簧管继电器动作响应迅速、质量小，触点开关由惰性气体密封在玻璃管内，不会受到外部影响，触点具有优越的耐蚀性和耐磨损性，使用寿命长，稳定性好。单道发射切换电路原理图如图 5 所示。

2.3 信号采集电路设计

信号采集电路由前置放大电路和信号转换电路组成。信号前置放大电路主要由 INA128 仪表放

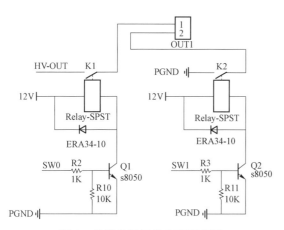

图 5　单道发射切换电路原理图

置电压和最小 120dB 的共模抑制比，输入保护电压达到正负 40V，通过外部电阻 R3（1kΩ）实现 25 倍的信号前置放大功能。

图 7 所示为信号转换电路示意图，包括信号调理和 ADC 模块，可实现对差分信号的低通滤波，降低高频噪声并减少频率混叠的影响，以及对前置放大后的信号进行 1～8 倍的可控放大，把输入信号转换为适合 ADC 模块采集范围的信号，确保模数转换的精度。ADC 模块核心采用 16 位 ADC 芯片，可实现对八通道信号的同步转换，输入量程为 ±10V，ADC 后的数据信号经 FPGA 控制并缓存，按要求传输给主机。

大器构成，如图 6 所示。INA128 放大器具有低偏

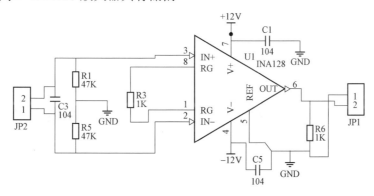

图 6　信号前置放大电路

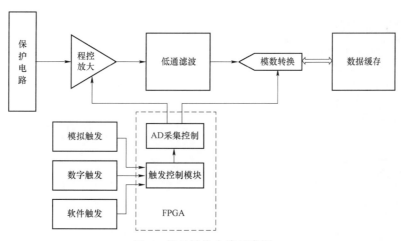

图 7　信号转换电路示意图

2.4　采集软件设计

采集软件设计以实现基本功能为导向，集成最优观测系统，采集界面直观、简洁和实用（如图 8 所示），可进行工程参数、采集参数和观测参数设置（如图 9 所示），具有八通道波形同时显示、初至自动读取、波速实时计算、数据回看等功能。

2.5　声波 CT 检测仪性能测试

按照多发多收声波 CT 检测仪软、硬件设计试

制了八发八收声波 CT 检测仪一套，如图 10 所示，关键性能指标如下：

（1）具有 8 路发射和 8 路接收通道，一次可采集 64 道射线数据。

（2）采用半自动化采集方式，一次采集只需耗时 2s。

（3）64 道波形同时显示，全部采集波形清晰可见，采样间距最小 1μs，每道采样长度最大 4k，

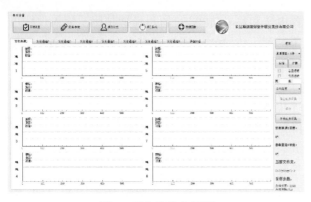

图 8　采集软件主界面

图 9　采集软件参数设置界面

图 10　多发多收声波 CT 检测仪

幅值分辨率为 16bit，前置放大增益 25 倍，可调增益 1～8 倍。

（4）采集和发射主机分离，采用同步信号触发采集，可兼容其他多种震源。

（5）观测系统设计独特，效率和精度达到了最大化，采集间距可达 0.1m。

（6）发射电压为 1000V，发射能量大，最大检测孔距可达 3m。

（7）8 路通道同步采集，系统各道采集声时一致性高，无误差。

（8）探头采用特殊厚度的灌封胶密封，既可保护传感器又不影响采集精度。

采用一发双收单孔声波法（如图 11 所示）对研制的声波 CT 检测仪进行道间一致性测试，在波速 V_p=5500m/s 的钢套管中，由检测仪采集到的 2 个通道初至波时间分别为 281μs 和 245μs，时差为 36μs，与理论时差相符。道间采集时间无相对误差，说明多发多收声波 CT 检测仪的通道间一致性好。在同一条件下进行了多次数据采集，对比采集波形图，波形基本一致，各通道初至波时间差控制在 2μs 内，表明研制的多发多收声波 CT 检测仪的信号声幅和声时的稳定性较好。

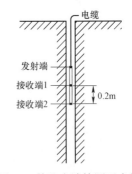

图 11　单孔声波检测示意图

3　超深防渗墙质量检测应用

为检验研制的多发多收声波 CT 检测仪的采集效率和实用性，在四川泸定硬梁包水电站在建的防渗墙上开展了试验工作（如图 12 所示）。试验孔为防渗墙帷幕灌浆预埋管，孔径约为 9cm，共测试了 2 对剖面，孔距分别为 1.25m 和 2.51m，孔深均为 50m 左右。按照预设观测方式，以 0.1m 的移动步距完成了 2 对剖面近 100m 的数据采集工作，共移动探头 120 次，在约 40min 的时间内完成了 2 对剖面约 8000 条射线对的采集工作。并用其他品牌单发单收声波仪进行了数据采集，以 0.1m 的移动步距对一个剖面进行了 1 组水平同步和 4 组斜同步数据采集工作，完成了约 30m 的采集工作，移动探头约 1500 次，采集数据 1500 条射线对，耗时约

250min。研制的多发多收声波 CT 检测仪完成 8000 个射线对的数据采集工作耗时约 40min，平均采集一个射线对耗时约 0.3s；其他品牌单发单收声波仪完成 1500 个射线对的数据采集工作耗时约 250min，平均采集一个射线对耗时约 10s；多发多收声波 CT 检测仪的实际数据采集效率约是传统单发单收声波 CT 声波仪的 30 倍。

图 13　内蒙古赤峰某水库现场工作照

图 12　硬梁包水电站防渗墙质量现场检测

在内蒙古赤峰某水库在建的防渗墙上开展了多发多收声波 CT 检测仪的示范应用工作（如图 13 所示）。检测孔为防渗墙预埋管，孔径约为 7cm，分别在防渗墙 F128 和 F130 槽段测试 2 对声波 CT 剖面，孔距分别为 1.8m 和 1.83m，孔深均为 100m 左右，属于超深混凝土防渗墙。按照预设观测方式，以 0.1m 的移动步距完成了 2 对剖面近 200m 的 CT 数据采集工作，耗时 2h，完成了约 17 000 条射线对的采集工作，相对于传统的单发单收方式，检测效率显著提高。

F128 和 F130 槽段声波 CT 成果如图 14 和图 15

所示，绿色区域为波速较高区域，代表防渗墙墙体质量较好；蓝色为波速相对较低区域，代表为可能存在的异常区。反演成像成果异常区域位置与现场压水试验检测成果吻合。

通过试验和示范应用表明，多发多收声波 CT 检测仪具有采集效率高、成像效果好、可靠性高的优点，适用于超深混凝土防渗墙质量检测。但由于预埋管非完全平行垂直，对成像数据处理解释会造成一定的影响，后期需结合测斜数据进行校正。

4　结论与展望

（1）针对现有声波 CT 检测装备检测效率低下，难以满足超深混凝土防渗墙大规模、高精度成像条件下的检测效率要求的问题，研制了 8 通道按序自动发射、8 通道同时接收的多发多收声波 CT 检测仪，以及配套的观测系统和数据采集软件，一次自动采集只需 2s，将理论采集效率提高了 64 倍，道间一致性好、稳定性高，实现了超深混凝土防渗墙的声波 CT 高效、稳定的数据采集。

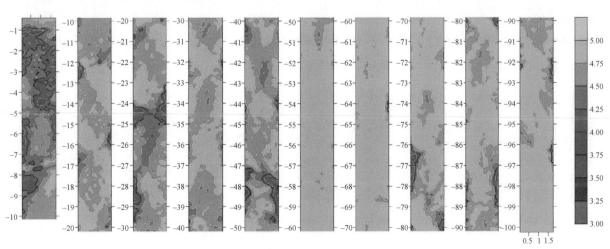

图 14　F128 槽段声波 CT 成果图

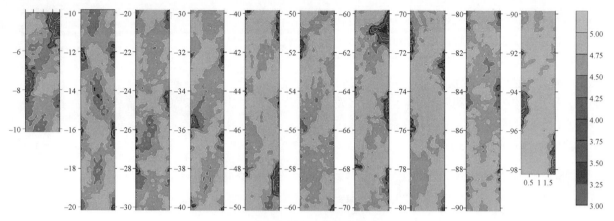

图 15 F130 槽段声波 CT 成果图

（2）研制的多发多收声波 CT 检测仪在内蒙古某水库工程深度 100m 的防渗墙质量检测中进行了示范应用，证明了声波 CT 检测仪数据采集的高效率、高可靠性，为超深混凝土防渗墙的质量检测提供了新的无损、高效、高精度的解决方案。

（3）下一步将继续开展孔斜、孔径等因素对声波 CT 成像效果的影响分析，配套不同类型震源，研发适用于不同孔距及地质条件的声波 CT 检测装备，形成多发多收声波 CT 检测的系列化技术。

参考文献：

[1] 丁朋，付华，兰盛. 一种孔间声波 CT 仪系统的研制及其应用 [J]. 地下空间与工程学报，2019，15（S2）：802-807.

[2] 钟宇，陈健，闵弘，等. 跨孔声波 CT 技术在花岗岩球状风化体探测中的应用 [J]. 岩石力学与工程学报，2017，36（S1）：3440-3447.

[3] 孙廷刚，刘松平，宋秀荣. 一种新颖的宽带窄脉冲超声波发生电路 [J]. 航空制造技术，2004（4）：88-91.

[4] 张继伟，唐洪武. 检测混凝土防渗墙质量的常用方法及应用 [J]. 大坝与安全，2016（3）：16-22.

[5] 刘润泽，田清伟，于师建，等. 结构混凝土三角网声波层析成像检测技术 [J]. 地球物理学进展，2014（4）：1907-1913.

[6] 石林珂，孙懿斐. 声波层析成像方法及应用 [J]. 辽宁工程技术大学学报（自然科版），2001，20（4）：489-491.

[7] 于师建，刘润泽. 三角网层析成像方法及应用 [M]. 北京：科学出版社，2014.

[8] 张钋，刘洪，李幼铭. 射线追踪方法的发展现状 [J]. 地球物理学进展，2000，15（1）：36-45.

[9] 曹俊兴，严忠琼. 地震波跨孔旅行时层析成像分辨率的估计 [J]. 成都理工学院学报，1995，（4）：95-101.

作者简介：

严　俊（1989—），男，硕士研究生，工程师，主要从事地球物理仪器研发工作。E-mail：yanjun2@cjwsjy.com.cn

七、工程监测

大渡河长河坝水电站深厚覆盖层基础上的高砾石土心墙坝监测成果分析评价

李福云[1]，李俊[2]，蔡德文[2]，董泽荣[3]

（1. 水电水利规划设计总院，北京市　100120；2. 电建集团成都勘测设计研究院有限公司，四川省成都市　610072；3. 电建集团昆明勘测设计研究院有限公司，云南省昆明市　650031）

【摘　要】长河坝水电站经历了基坑开挖、坝体填筑、下闸蓄水及初期运行阶段，本文对关系到深厚覆盖层基础上的高心墙堆石坝坝体内部及表面变形、心墙变形及渗压、坝基渗流渗压等主要监测成果进行了分析评价。监测成果表明，长河坝心墙堆石坝主要监测值处于正常范围，大坝运行性态正常。

【关键词】长河坝水电站；深厚覆盖层；砾石土心墙堆石坝；变形；渗流渗压

0　引言

长河坝水电站系大渡河干流水电规划"三库22级"的第10级电站，工程区位于四川省康定市境内，电站采用拦河大坝、首部式地下引水发电系统的开发方式；电站装机容量为2600MW（4×650MW），水库正常蓄水位为1690m，正常蓄水位以下库容为10.15亿 m^3。

大坝为砾石土心墙堆石坝，最大坝高240m，坝顶长度502.85m；坝壳为堆石填筑，砾石土直心墙底高程为1457m，顶高程为1696.4m，顶宽6m，上、下游坡均为1:0.25。心墙与上、下游坝壳间均设有反滤层、过渡层，防渗墙下游心墙底部及下游坝壳与覆盖层坝基之间设有水平反滤层。大坝坝轴线附近心墙基础面以下覆盖层深度约50m，采取两道全封闭混凝土防渗墙方案，墙间净距为14m；覆盖层以下坝基及两岸基岩防渗均采用帷幕灌浆，防渗要求按透水率 $q \leq 3Lu$ 控制。

长河坝心墙堆石坝于2011年8月开始大坝基坑开挖，2012年5月开始坝体上下游堆石体填筑，2013年3月大坝砾石土心墙开始填筑，2016年9月大坝堆石体填筑完成；2016年10—11月，初期、中期导流洞先后下闸蓄水；2017年1月首台机组投产发电，2017年12月4台机组全部投产发电并首次蓄水至正常蓄水位1690m。

1　监测设计概况

1.1　大坝基础及防渗墙监测布置

为了解大坝覆盖层沉降情况，分别在（纵）0+213.72m、0+253.72m、0+303.72m、0+330.00m监测横剖面的大坝心墙上游侧、心墙高塑性黏土区、心墙下游侧布设13套电位器式位移计，上游侧布置1套弦式沉降仪。防渗墙水平位移监测主要采用固定式测斜仪与活动式测斜仪监测，在主、副防渗墙轴线（纵）0+253.72m桩号各安装9支固定式测斜仪，共计布置18套固定式测斜仪、1套活动式测斜仪。

在坝（纵）0+213.72m、0+253.72m、0+330m桩号每个监测断面副防渗墙前各布置1支渗压计；在主防渗墙后及主副防渗墙之间各钻孔布设1个深孔，深孔分3个高程布设渗压计，用来分层监测坝基覆盖层渗水压力；在主防渗墙下游心墙区域内各布置2支渗压计；在下游过渡层及坝壳建基面布设5～6支渗压计，间距为60～90m。

1.2　砾石土心墙坝监测布置

沉降监测，上游堆石区内部沉降监测采用在上游堆石区（纵）0+253.72m监测断面布置1套智能式测斜仪，共5个测点；心墙区内部沉降监测采用弦式沉降仪、电位器式位移计、电磁式沉降仪三种仪器进行监测；下游堆石区内部沉降监测采用水管式沉降仪，分别在主监测断面坝（纵）0+137.00m、0+193.00m、0+253.00m、0+330.00m、0+394.00m剖面，高程 1645.00m、1615.00m、1585.00m、1550.00m、1513.00m 下游坝壳区布置沉降观测条带，共计 20 个沉降观测条带。

水平位移监测，心墙区水平位移监测采用活动式测斜仪和固定式测斜仪进行监测，活动式测斜仪与电磁式测斜仪同孔布置。在（纵）0+193.00m、0+253.72m、0+330.00m 监测断面心墙坝轴线处布置 3 个固定式测斜孔对心墙水平位移进行监测，测点间距 10m，共布置 66 支固定式测斜仪。下游堆石区水位位移监测采用引张线式水平位移计，与上述 17 条水管式沉降仪观测条带内同时布设引张线式水平位移计，测点紧邻水管式沉降仪测点。

心墙区渗压监测，大坝渗流渗压采用渗压计进行监测，以每个主监测断面的高程 1645.00、1615.00、1580.00、1550.00、1513.00m 处及建基面高程为水平监测高程，在上游反滤层与心墙交界部位、心墙轴线、心墙轴线与上、下游反滤层之间、心墙与下游反滤层 1 交界部位各布设监测测点 1 个，共布置 175 支渗压计。

渗流量监测，在下游围堰混凝土心墙下游排水沟内设置量水堰和量水堰计，监测大坝总渗流量。典型监测断面布置如图 1 所示。

1.3 设计计算成果

坝体和坝基三维有限元计算结果表明，竣工期和蓄水后坝体最大沉降分别为 3222mm 和 3329mm，占最大坝高（不包括覆盖层）约 1.39%；蓄水后坝体顺河向最大位移分别为−47.5mm（向上游）、75.9cm（向下游）。设计渗控方案副防渗墙约承担总水头值的 36%，主防渗墙约承担总水头值的 45%。当防渗系统工作正常时，通过大坝及坝基的渗流总量很小，为 13 949.9m³/d，渗漏主要发生在河槽部位，渗流量为 11 557.5m³/d，约占总渗漏量的 82.85%，绕坝渗漏量相对较小。

2 主要监测成果分析评价

2.1 大坝表面变形

蓄水后坝体上下游坝坡表面整体向下游位移；坝体表面竖向位移总体表现为下沉，呈现河床中部大、两岸小、中上部高程大、底部高程小的分布特征；横河向位移表现为两岸向河床变形，两岸变形大、河床中部变形小的特征；符合坝体表面变形一

般规律。坝体表面变形主要发生在施工期及首次蓄水期，大坝上游及下游高程 1645m 以上测点变形与库水位相关性好，库水位稳定后变形速率逐渐减小。最大变形区域位于坝高 1/2～2/3 处。

坝顶顺河向水平位移最大向下游位移 102.5mm，发生在上游堆石区，首次蓄水期向下游变化量为 63.0mm，初期运行期向下游变化量 38.4mm；坝顶最大沉降量 447.0mm 发生在心墙中心处，首次蓄水期沉降变化量为 272.1mm，初期运行期沉降变化量为 147.7mm。横河向水平位移左岸向河床最大变形为 175.3mm，右岸向河床最大变形为 158.7mm。

上游坝坡高程 1695m 顺河向向下游最大位移为 96.4mm，首次蓄水期向下游变化量为 74.1mm，初期运行期向下游变化量为 22.0mm；最大沉降变形为 509.9mm，首次蓄水期沉降变化量为 330.5mm，初期运行期沉降变化量为 159.8mm；横河向水平位移左岸向河床最大变形 193.9mm，右岸向河床最大变形 169.3mm。

下游坝坡不同高程 6 条测线顺河向向下游最大位移为 277.1mm（高程 1643m），首次蓄水期向下游变化量为 189.7mm，初次运行期向下游变化量为 62.4mm；最大沉降变形为 700.5mm，首次蓄水期沉降变化量为 147.8mm，初期运行期沉降变化量为 93.0mm；横河向水平位移右岸向河床最大变形 156.5mm，左岸向河床最大变形 170.1mm。下游坝坡水平向合位移分布如图 2 所示。

2.2 大坝内部变形

（1）大坝沉降。心墙和堆石体沉降变形主要发生在施工期，沉降随填筑高度增加而增加，沉降速率填筑前期大于后期，蓄水对心墙沉降有一定影响，对下游堆石体沉降影响较小。心墙沉降分布呈中高程大、顶部和底部小的特征，符合心墙堆石坝沉降分布规律。下游堆石体沉降呈现河床中部大、两岸小的分布，最大沉降位于堆石体坝高的 1/2～1/3 处，同一高程的沉降规律为大部分由心墙向下游堆石体递减分布。

心墙实测最大沉降为 2370.8mm，发生在 2017 年 10 月 31 日河床中部（纵）0+256.00m 断面高程 1590.50m 处，首次蓄水期沉降变化量为 239.4mm（截至 2017 年 10 月 31 日仪器损坏，库水位高程为 1683.70m），扣除覆盖层沉降 389.22mm（下游堆石区覆盖层电位器式位移计 WY3 的测值），该部位

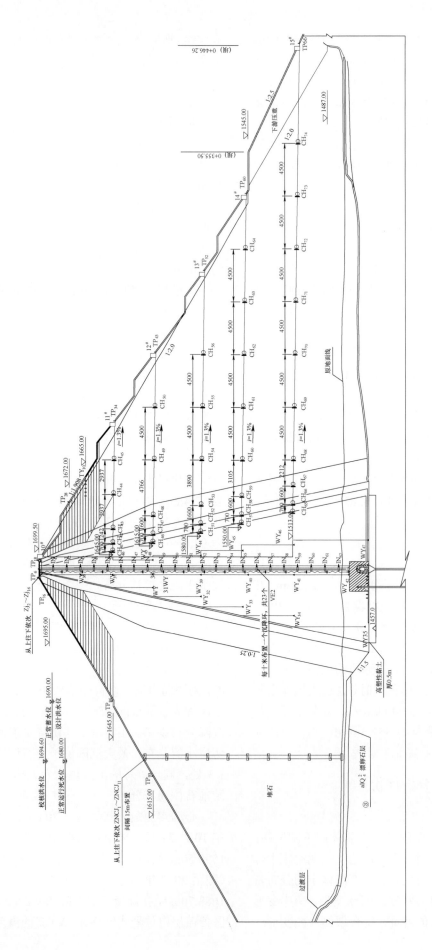

图 1　大坝典型监测断面布置图

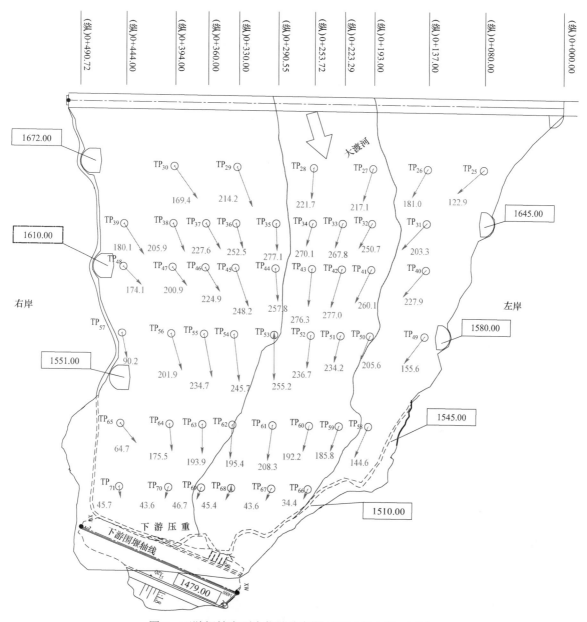

图 2　下游坝坡表面合位移分布图（2020 年 3 月 14 日）

心墙相对于坝基的沉降为 1981.58mm，约占该断面心墙填筑高度的 0.87%。沿心墙中心线纵断面沉降分布如图 3 所示。

下游堆石体最大沉降实测值为 2989.6mm（2020 年 5 月 18 日），位于桩号（纵）0+330.00m、（坝）0+138.0m、高程 1550.5m 处，扣除覆盖层沉降 704.23mm（堆石区覆盖层电位器式位移计 WY6 测值），该部位堆石体相对于坝基的沉降为 2285.37mm，约占堆石体填筑高度（240m）的 0.95%。

根据竣工安全鉴定三维有限元计算成果，坝体实测最大沉降小于设计计算成果，蓄水后坝体最大

沉降为 3222mm，坝体沉降处于总体正常状态。下游堆石体沉降分布如图 4 所示。水管式沉降仪累计沉降量过程线如图 5 所示。

（2）大坝水平位移。大坝心墙活动式测斜仪监测成果表明，心墙和坝体的水平位移随填筑高程增加而增加，顺河向水平位移施工期整体呈现向上游变形。蓄水后，随着库水位的抬升，水平位移主要表现为向下游变化，总体符合变形一般规律。下游堆石体水平位移总体向下游位移，实测水平位移为 −141.8～439.7mm，最大向下游位移 439.7mm 发生在 H35 测点，蓄水后总变化量 235.0mm。心墙的部分测点向上游位移，其中右岸（纵）0+

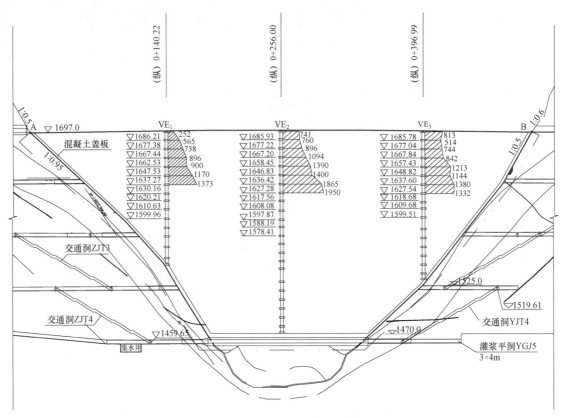

图 3 沿心墙中心线纵断面沉降分布图（2020 年 3 月 13 日）

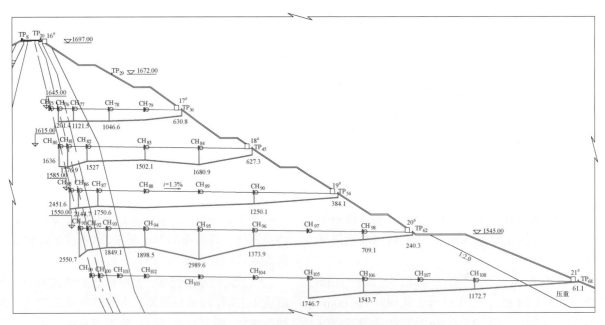

图 4 （纵）0+330.00m 断面下游堆石体沉降分布图（2020 年 5 月 18 日）

330.00m 断面高程 1645.0m 以上及（纵）0+394.00m 断面各高程大部分测点均为向上游变形。

根据竣工安全鉴定三维有限元计算成果，实测向下游最大水平位移小于设计反演计算值 759mm，向上游最大水平位移小于 475mm，坝体水平变形总体正常。

2.3 基础廊道变形

两岸坡基础廊道累计沉降量为−3.6～48.8mm，左岸小于右岸；河床段基础廊道累计沉降量为 22.8～119.9mm，最大沉降量位于廊道中部，沉降

分布规律为由河床向两岸递减并基本对称，与坝基覆盖层沿河床的厚度分布规律基本一致；蓄水以来

基础廊道沉降变化基本稳定。基础廊道水准点沉降变形分布图如图6所示。

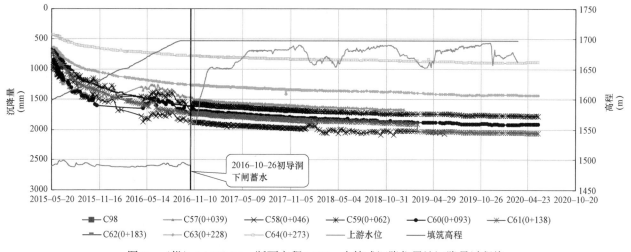

图5　（纵）0+253.72m断面高程1550m水管式沉降仪累计沉降量过程线

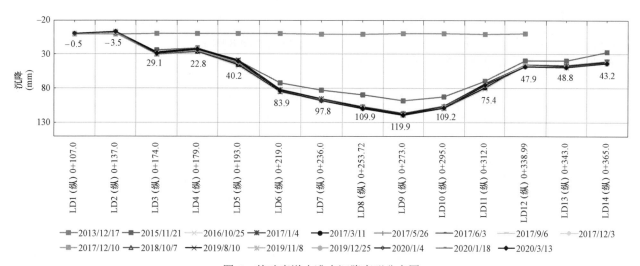

图6　基础廊道水准点沉降变形分布图

河床廊道与灌浆平洞连接部位结构缝呈张开趋势，结构缝开合度左岸为38.06~50.8mm，右岸为19.17~34.52mm，蓄水至正常蓄水位时张开变化量为-1.2~10.9mm，初期运行期变化量为0.5~5.8mm，其中左岸测点张开值较右岸大。

2.4 坝基变形

（1）坝基覆盖层。坝基覆盖层沉降与坝体填筑相关，随着坝体堆石加高，沉降量增加，大坝填筑到高程1650m后，沉降放缓趋平。蓄水后，下游堆石区覆盖层实测沉降为389.22~704.23mm，沉降变形总体稳定。过渡层及堆石区坝基覆盖层沉降—时间过程线如图7所示。

（2）防渗墙。施工期主防渗墙顺河向水平位移

均向上游变形，最大变形值为123.3mm，发生在防渗墙顶部。蓄水后，防渗墙顺河向水平位移均指向下游变形，最大值为86.34mm；横河向右岸最大位移18.91mm，发生在（纵）0+258.00断面1460.0m高程。

2.5 渗压渗流

（1）坝体渗压、心墙岸坡混凝土垫层坝轴线处孔隙水压力测值前期与坝体填筑高度相关，目前孔隙水压力基本稳定，最大渗压为1.17MPa。

坝体上游堆石区水位与库水位相当，经过心墙折减后，下游堆石区水位基本接近下游水位，心墙最大折减水头为212.14m；心墙孔隙水压力与填筑材料、填筑高程等因素相关，施工期坝轴线处孔隙

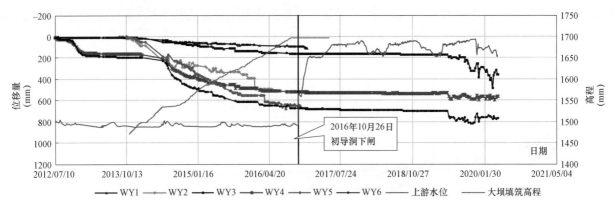

图 7 过渡层及堆石区坝基覆盖层沉降—时间过程线

水压力随土压力同步增大；其测点高程越低，孔隙水压力与坝体填筑高度相关越大，与水位相关性小。孔隙水压力在水平方向大部分呈现靠近心墙轴线孔隙水压力较高的特点，且孔隙水消散较慢；靠近上、下游堆石区的孔隙水压力较小，孔隙水相对容易消散。蓄水后，心墙轴线孔隙水压力有一定增加，随后大部分测点孔隙水压力缓慢降低，上游测点孔隙水压力与库水位基本一致，下游测点测值增

加较小或不增加。蓄水前心墙轴线最大孔隙水压力为 1.9MPa，蓄水至正常水位后心墙轴线最大孔隙水压力为 2.05MPa；2020 年 3 月 13 日最大孔隙水压力为 1.37MPa。与设计计算心墙浸润线成果相比，目前心墙渗压计实测值小于浸润线设计计算值，说明心墙的防渗效果较好。心墙孔隙水压水位分布线如图 8 所示。

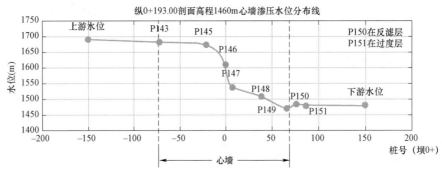

图 8 心墙孔隙水压水位分布线

（2）坝基渗压。副防渗墙下游侧渗压水位与库水位变化基本一致，主防渗墙下游侧渗压水位基本不受库水位变化影响；坝基渗压水位顺河向从上游至下游呈现递减规律，副防渗墙折减水头为 23.42～28.69m，主防渗墙折减水头约为 103.84～187.34m，总折减水头为 131.86～209.96m；坝基防渗墙防渗效果明显。

（3）渗流量。首次蓄水至正常水位时实测最大渗漏量为 41.4L/s（3577m³/d）；2020 年 8 月 24 日实测总渗漏量为 27.47L/s（2373.4m³/d），实测渗漏量主要为两岸灌浆洞渗漏量，未含坝体渗漏量，右岸渗漏量明显大于左岸，但坝后量水堰未测到渗漏水量。

3 结语

本文针对长河坝水电站蓄水至 2020 年 3 月 13 日的监测成果进行分析，变形主要分三个阶段，蓄水前（2016 年 10 月 26 日前）、首次蓄水期（2016 年 10 月 26 日～2017 年 12 月 14 日蓄水位到达正常蓄水位 1690m）、初期运行期（2017 年 12 月 14 日～2020 年 3 月 14 日），分析成果表明心墙堆石坝坝体和心墙变形总体符合心墙堆石坝一般规律，坝体渗压及坝基渗流渗压均在正常范围内，坝基覆盖层无异常情况，坝体和坝基变形、渗压等测值均在设计计算值范围内，大坝运行状态正常。

参考文献：

［1］ 四川大渡河长河坝水电站枢纽工程竣工安全鉴定报告［R］. 中国水利水电建设工程咨询有限公司，2020.

［2］ 四川大渡河长河坝水电站枢纽工程竣工安全鉴定安全监测成果分析报告［R］. 四川大唐国际甘孜水电开发有限公司安全监测中心，2020.

［3］ 四川大渡河长河坝水电站枢纽工程竣工安全鉴定安全监测设计自检报告［R］. 中国电建成都勘测设计研究院有限公司，2020.

作者简介：

李福云（1971—）男，教授级高级工程师，长期从事水利水电审查咨询和设计工作。

李　俊（1986—）男，工程师，从事水利水电安全监测设计工作。

蔡德文（1973—）男，教授级高级工程师，从事水利水电安全监测设计及管理工作。

董泽荣（1963—）男，教授级高级工程师，从事水利水电安全监测工作。

深厚覆盖层复杂地质条件基础大坝渗流量监测方式研究

张晨亮[1]，王永晖[1]，喻葭临[2]

（1. 中国电建集团北京勘测设计研究院有限公司，北京市　100024；
2. 水电水利规划设计总院，北京市　100120）

【摘　要】苏洼龙水电站建基于深厚覆盖层基础，最厚可达 91.2m，且基础结构复杂，采用防渗墙截断坝基覆盖层设置量水堰方案投资较大，且监测效果存在一定的不确定性，因此对大坝渗流量监测方式进行分析和研究，提出完善大坝和坝基渗流的监测方法，提高监测可靠性，以满足大坝和坝基渗流监测评价的需要。

【关键词】深厚覆盖层；大坝渗流量监测；苏洼龙水电站

1　工程概况

苏洼龙水电站位于金沙江上游河段四川巴塘县和西藏芒康县的界河上，为金沙江上游水电规划 13 个梯级电站的第 10 级，其上游为巴塘梯级，下游与昌波梯级衔接。

苏洼龙水电站水库正常蓄水位为 2475m，库容为 6.74 亿 m^3，设置 4 台水轮发电机组，总装机容量为 1200MW，为一等大（1）型工程。

枢纽建筑物主要由沥青混凝土心墙堆石坝、右岸溢洪道、右岸泄洪放空洞、左岸引水系统、左岸地面厂房等建筑组成。大坝设计洪水标准为 1000 年一遇，校核洪水标准为 PMF，地震基本烈度 8 度，设防烈度 9 度。苏洼龙水电站防渗体系主要由沥青混凝土心墙、坝基覆盖层内防渗墙、防渗墙下灌浆帷幕和两岸坝肩灌浆帷幕组成。防渗心墙采用沥青混凝土心墙，最大墙高为 100.2m。坝基防渗采用一道厚 1.2m 的全封闭式塑性混凝土防渗墙，防渗墙底部嵌入基岩内 1.5m，最大深度为 66m。

坝址区河床覆盖层一般厚度为 60～80m，最厚可达 91.2m。根据河床覆盖层的物质组成、成层结构，从上至下可以分为六大层，自上至下依次为：① 砂卵砾石；② 低液限黏土；③ 卵石混合土；④（含）细粒土质砂（砾）；⑤ 混合土卵石（碎石）；⑥ 冰积块碎石。在第②层中局部分布有②-1 黏土质砂透镜体，第③层中局部分布有③-1 黏土质砂透镜体，第⑤层分布有⑤-1 低液限黏土和⑤-2 含泥砂层等透镜体。

2　研究背景

近年来，随着工程技术的进步，建基于深厚覆盖层的工程逐渐增多，坝高也由低坝向高坝方向发展。渗流量是综合表征拦河坝防渗体系工作性态的重要指标，但深厚覆盖层工程受限于安全监测工程投资和渗流量监测效果，其渗流量监测实现难度较大。据不完全统计，部分工程未设坝后量水堰，利用在坝体及坝基设置的渗压计和测压管进行渗流监测；部分工程利用下游围堰设置坝后量水堰，但监测效果较差；另有部分工程采用水力坡降法监测大坝渗流量；收集到的资料中，仅察汗乌苏水电站在坝下游设置了截水墙进行渗流量监测。工程统计情况见表 1。

表1　　　　　　　　深厚覆盖层工程坝后量水堰设置情况统计表（部分）

工程名称	地点	河流	坝高（m）	覆盖层厚度（m）	坝后量水堰设置情况	建成年份
瀑布沟水电站	四川汉源县、甘洛县	大渡河	186.0	75.36	未设量水堰	2009

工程名称	地点	河流	坝高（m）	覆盖层厚度（m）	坝后量水堰设置情况	建成年份
黄金坪水电站	四川康定市	大渡河	70.0	133.92	利用围堰设置量水堰	2015
长河坝水电站	四川康定市	大渡河	240.0	79.3	利用围堰设置量水堰	2016
汉坪嘴水电站	甘肃文县	白水江	57	46.6	未设量水堰	2004
去学水电站	四川得荣县	硕曲河	164.2	18～38	利用围堰设置量水堰	2017
神树水电站	甘肃天祝县	杂木河	88.8	24	未设量水堰	
满拉水利枢纽工程	西藏江孜县	年楚河	76.3	31.2	未设量水堰	1999
察汗乌苏	新疆和静县	开都河	107.6	46.7	利用坝后截水墙设置量水堰	2007
西龙池抽水蓄能电站（下水库拦河坝）	山西五台县	滹沱河	97.0	最大厚度70	未设量水堰	2008
丰宁抽水蓄能电站（下水库拦河坝）	河北丰宁县	滦河	51.3	24	未设量水堰	在建

苏洼龙坝址河谷较为开阔，坝基置于覆盖层上。根据勘探成果，河床覆盖层深厚，结构复杂，采用防渗墙截断坝基覆盖层设置量水堰方案投资较大，因此对大坝渗流量监测方式进行分析和研究，提出完善大坝和坝基渗流的监测方法，提高监测可靠性，以满足大坝和坝基渗流监测评价的需要。

3 坝后量水堰方案研究

3.1 大坝渗流量监测方式及条件

根据本工程拦河坝布置特点，大坝渗流量主要监测通过沥青混凝土心墙、坝基防渗墙及通过两岸和坝基的绕坝渗流量，重点是通过坝基覆盖层的渗流量。根据量测渗流量的完整程度，可分为堰基全断面防渗墙方案和堰基悬挂防渗墙方案。

堰基全断面防渗墙方案，即量取坝后的全部渗流量。通常需要雍高坝后水位至地面以上，再设置量水堰，以量测到全部大坝渗流量。该方案以堰基防渗墙施工质量可控、通过堰基防渗墙的渗流量可以忽略不计为前提。

堰基悬挂防渗墙方案，不强求量取坝后的全部渗流量，以能掌握渗流量变化趋势或规律，发现有害渗漏，掌握大坝渗漏量性态或规律为原则。这种方式允许可控或可评估的坝后渗流量不经过量水堰流向下游。该方案以覆盖层通过的渗流量可控为前提。

降水引起的渗流及产流过程较为复杂，相应的渗流量波动容易确认，且量水堰设施为混凝土结构，允许在降雨期间溢流，故不考虑降雨在大坝、量水堰、两岸分水岭所围区域的产流对量水堰监测

设置的影响。以基岩为相对隔水层，不考虑基岩内的渗流量流失。

3.2 堰基全断面防渗墙方案

堰基全断面防渗墙方案以量测大坝全部渗流量为目标，通过与理论或预期渗流量进行比较，进而分析评价大坝渗漏状态。

本工程坝基采用防渗墙加帷幕的方式，覆盖层原始状态透水性相对较大，若量水堰处防渗墙的截渗效果弱于坝基防渗墙处，则有可能导致大坝防渗体后的水位不会在量水堰处雍高，量水堰将量测不到渗流量。故本工程若要量测大坝全部的渗流量，需要采取全断面防渗墙截渗至基岩，且确保防渗墙质量，方能使大坝渗漏量全部通过量水堰量测。

3.2.1 防渗墙结构设计

量水堰基础防渗墙布置在坝后石渣压重平台上，平台高程为2400m，为降低防渗墙施工深度和便于防渗墙施工，考虑将平台上填筑的部分石碴挖除，在平台上挖槽10m深，开挖形成一宽25m、高程为2390m的防渗墙临时施工平台。防渗墙顶自该平台施工，底部嵌入基岩1.5m，最深处底部高程为2300m，防渗墙最大深度为90m，平均深度约70m。采用塑性混凝土防渗墙，防渗墙厚度为1.0m。防渗墙轴线长约308m，防渗面积为17 300m²。防渗墙剖面图如图1所示。

为进一步截断基岩强透水层渗流，在防渗墙下设防渗灌浆帷幕，帷幕底线为基岩弱风化下限线，帷幕深度一般为20～25m，帷幕灌浆面积为6368m²，帷幕采用单排孔，孔距为2m。

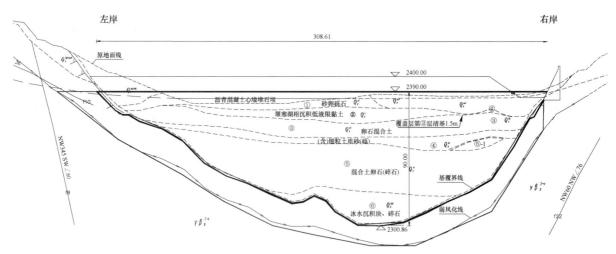

图 1　坝后量水堰堰基全断面防渗墙方案剖面图

3.2.2　量水堰设计

（1）量水堰堰顶高程确定。本工程 4 台机满发尾水位为 2388.83m，设计洪水尾水位（0.5%）为 2396.11m，校核洪水尾水位（0.1%）为 2397.23m。设计洪水和校核洪水均为小概率洪水，若堰顶高程以设计洪水和校核洪水尾水位控制，一是由于堰顶高程抬高，工程投资将大为增加；二是相应坝基水位抬高较多，对大坝稳定和安全不利。4 台机满发工况在丰水期为大概率事件，堰顶高程应高于 4 台机满发尾水位，否则量水堰将会被经常性淹没，经综合考虑，堰顶高程拟定为 2390m。

（2）量水堰流量确定。根据三维渗流有限元计算结果，最大渗流量为 79L/s，量水堰流量在理论计算情况下适当放大，取 120L/s。

（3）量水堰结构布置。根据拦河坝下游石渣盖重布置，左岸石渣压重平台高程为 2400m，右岸与溢洪道消力池相接部位石渣压重平台高程为 2386m。为节省开挖和回填工程量，将量水堰布置在 2400m 向 2386m 过渡的斜坡上。

3.3　堰基悬挂防渗墙方案

悬挂防渗墙方案以掌握大坝渗流量性态或规律为目标，通过与前期渗流量性态或规律进行对比，进而分析评价大坝渗漏状态。

悬挂防渗墙方案以覆盖层渗流状态符合达西定律为前提进行分析，防渗墙深入原始地下水位以下一定深度，具体深度控制原则主要包括两点：一是确保覆盖层不发生渗透破坏；二是确保量水堰防渗墙以下覆盖层渗流量小于大坝防渗体的正常渗流量，以保证量水堰上游雍水能达到堰口测流。

3.3.1　悬挂防渗墙结构设计

为减少量水堰基础防渗工程的工程量和投资，考虑将防渗墙做成悬挂式，参考可行性研究阶段防渗墙深度敏感性计算结果，当悬挂式防渗墙深度达到 70m 时，防渗效果较好，渗流量显著减小，且防渗墙施工较易，施工质量也易于保证。因此，悬挂式防渗墙深入穿过河床覆盖层第⑤层，最大深度按 70m 控制，防渗墙仍在坝后压重平台挖槽后形成的临时施工平台上施工，墙顶高程为 2390m，墙底高程约为 2320m。防渗墙设计厚度为 0.8m，防渗墙轴线长 308m，防渗面积为 15 950m²。防渗墙剖面图如图 2 所示。

3.3.2　量水堰设计

量水堰设计同 3.2.2。

3.4　渗流量监测效果分析

3.4.1　对监测效果的分析

堰基全断面防渗墙方案监测边界条件相对简单，理论上可以量测坝体及坝基全部和绕坝渗流大部分渗流量，观测较为直观，易于操作和分析评价。此种方式，虽然能够量测大坝几乎全部渗流量，但是难以区分渗流量具体来自坝体、坝基还是两岸绕坝渗流。

悬挂防渗墙方案监测边界条件较为复杂，不确定因素较多，其目的为掌握大坝渗流量性态或规律。由于防渗墙不完全封闭，存在测流误差较大甚至量测不到坝后渗流的可能，操作和分析评价难度均较大。与堰基全断面防渗墙方案相同，此种方式难以区分渗流量具体来自坝体、坝基还是两岸绕坝渗流。

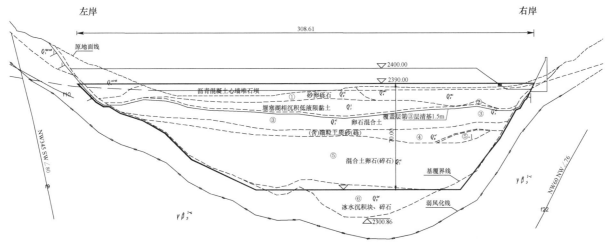

图 2   坝后量水堰堰基悬挂防渗墙方案剖面图

3.4.2   对大坝安全的影响

在坝基防渗墙正常运行的情况下，两种方案都会造成坝体下游浸润线抬高，对大坝稳定安全均有一定不利影响

悬挂式防渗墙方案由于悬挂式防渗墙的实施，可能加大第⑥层的水力坡降和渗流量，导致该层有发生渗透失稳的可能。

3.4.3   对工程投资的影响

苏洼龙水电站可行性研究阶段工程安全监测系统专项投资为 5388 万元。

堰基全断面防渗墙方案，经工程投资估算约 5026 万元，相较安全监测专项投资增加 93.3%；堰基悬挂防渗墙方案，经工程投资估算约 3632 万元，相较安全监测专项投资增加 67.4%；两个方案工程安全监测投资均增加显著。

4   测压管渗流监测方案研究

4.1   方案依据

（1）在坝基廊道内通过钻孔方式设置测压管，其进水管段尽量靠近防渗墙，当防渗墙发生渗漏时，将有助于分析防渗墙渗漏部位。

（2）DL/T 5259—2010《土石坝监测技术规范》第 8.2.7 条文说明：“当深覆盖层地基，下游无尾水且渗透水低于河床面，采用在坝下游河床中间隔设置测压管经地下水坡降计算来求取渗流量时，测压管间距一般为 10~20m，以获得 10cm 以上的水头差为宜。”

（3）水力坡降渗流量计算方法。通过上、下游测压管水头差，可以计算监测断面的水力坡降为

$$J = (H_1 - H_2)/L$$

式中：H_1——上游测压管水位，m；

　　　H_2——下游测压管水位，m；

　　　L——测压管间距，m。

根据达西定律，可以计算出通过坝后河床过水断面的渗流流速为

$$V = KJ$$

式中：V——坝基覆盖层中渗透水的等效流速，m/s；

　　　K——坝基覆盖层的等效渗透系数，m/s，根据工程实际水文地质情况确定；

　　　J——坝基覆盖层的水力坡度，无量纲。

则可得出坝基渗流量

$$Q = VS$$

式中：Q——单位时间内通过坝基覆盖层的渗流量，m^3/s；

　　　V——坝基覆盖层中渗透水的平均流速，m/s；

　　　S——过流断面面积，m^2。

由于实际地质条件复杂，理论计算结果与实际情况难免存在差距，但可以根据计算结果掌握渗流规律，有助于分析评价大坝防渗体运行状态。

4.2   监测布置

4.2.1   廊道内测压管

在坝基廊道内钻设一排位于坝基防渗墙下游侧的测压管，测压管间距取 25m，共设置 8 个有压测压管，其中 7 个测压管管底均穿透第④层冲积细粒土质砂层进入第⑤层冲积混合土卵石层中部，选择最大断面附近 1 个测压管，其管底深入至基覆界线附近。同时，在每个测压管内均设置 1 支渗压计，后期可进行自动化监测。

4.2.2 坝下游测压管

在拦河坝下游石渣压重平台沿水流方向设置两排测压管,由于下游河床水利坡降较缓,两排测压管之间顺水流方向的间距设为 40m。沿上下游方向初拟设置 6 个监测横断面,并形成 2 个监测纵断面,共设置测压管 12 个,管底进入第③层冲积卵石混合土层(Q_3^{al})中部。同时选择最大断面及其右侧断面设置 4 个测压管,管底均穿透第④层冲积细粒土质砂层。坝下游共设置测压管 16 个,并在每个测压管内均设置 1 支渗压计,后期可进行自动化监测。

4.2.3 投资估算

经工程估算,测压管渗流监测方案需增加投资约 186 万元。

5 基于分布式光纤温度示踪法的渗流监测研究

5.1 理论依据

温度示踪法的原理是河水、库水的水温从上到下按一定规律变化,表面的温度高,内部的温度低,底部的温度最低,而地层的温度变化趋势恰恰与库水相反,表面的温度低,越往下温度越高,且变化很有规律;但是,如果有地下水渗流的影响,地层的温度分布就会发生变化,因此可通过采集钻孔中的温度数据,绘制温度曲线,用温度的异常变化判断地层渗流的情况。

国外从 20 世纪 50 年代开始使用温度示踪法探测或检测堤坝异常渗流。国际大坝委员会 2016 年关于已建大坝内管涌或内潜蚀的公报,专门介绍了温度示踪法的原理和应用案例。国外学者对内部侵蚀的分析研究中将温度作为基于渗流的参数,并认为这类参数比基于材料的参数如密度、导电性等更加敏感、准确。

国内也很早就开始应用温度进行渗流监测或探测:① 肖才忠等在国内首次在丹江口水利枢纽进行了探索性的研究,认为通过对渗流部位温度场的监测,可认识坝基的实际渗流状况;② 李端有等的分布式光纤测温技术在堤坝渗流监测中也得到了应用,该技术可以有效地监控危险堤;③ 王志远等通过监控防渗帷幕后排水孔中的水温来研究坝基渗流场,结果表明,坝基温度分布和变化与渗漏水的温度有密切关系,证实了从温度探测渗漏的有效性。

目前分布式光纤测量温度已经比较成熟,应用主要集中在由温度场反推渗流场的定性分析等方面,缺乏完整的渗流监测理论体系;在土石坝、面板坝等水工建筑物的应用仍处于探索阶段。

综上,温度示踪法作为一种渗流探测或监测手段已有广泛的成功应用,但也面临很多问题。其中,监测测点布设限制导致的测量范围局限或测点代表性问题可以通过分布式光纤测温,在一定程度上予以解决,从而对于复杂地质条件下的大坝和坝基渗流监测可以获得更为全面、准确、动态的监测成果,以及更好的渗流性态分析评价基础。

当然,由于对于渗流场和温度场的耦合分析缺乏深入研究和实践验证,目前总体上温度监测属于偏定性的监测,后续有必要通过多场耦合分析、精细化模型、大数据挖掘技术等先进手段,构建基于多物理场监测反演分析的渗流性态定量分析技术,完善复杂地质条件渗流性态监测手段,提高异常渗流分析反馈能力。

5.2 光纤布设

结合苏洼龙现场实际情况,根据坝基廊道和石渣压重平台测压管布置,设置两个回路的监测网络,回路 1 负责库水温监测,回路 2 负责串联坝后平台所有测压管,如图 3 所示。两条回路均连接至开关楼的观测房内,并在该观测房内设置主机、传输设备和 UPS,实现对数据的及时采集和传输。

每条回路上的光纤布置采用单根串联方式,在测压管中呈现 U 形布设,端部采用钢球等重物将光纤带入,避免光纤出现弯折故障。

为进一步完善基于分布式光纤温度示踪法的渗流监测手段,增强其监测效果,同步开展相关科研工作,主要技术路线如下:

(1)通过查找相关文献、收集工程资料、工程现场调研等,了解工程问题,并制订详细的研究计划;结合已有研究成果,经初步分析,拟结合已有测压管和新增坝基廊道、坝后平台测压管,初步构建现场测温网络。

(2)继续开展室内物理模型试验,模拟不同渗流状态(渗流流速、渗流水温等)和人工温度场状态(降温速率等),设置多种工况,研究温度场与渗流场的关联性;试验研究着重搞清复杂岩土体中温度场和渗流场的相互作用和一致相关性机理认识,并试验提出探测仪器埋设、温度场探测等关键技术,其他各子题根据研究需要开展必要的试验研究。

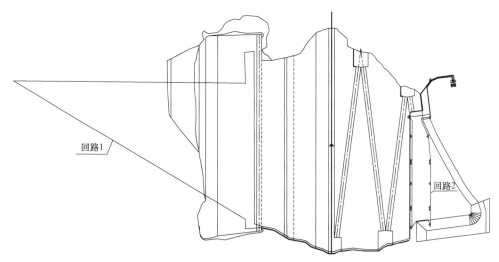

图3　拦河坝测温光纤布置图

（3）针对具体工程，完成分布式测温光纤选型、设计等工作，制定分布式光纤温度示踪法异常渗流检测方案。

（4）开展现场测温试验，构建渗流大数据管理平台，利用数据挖掘技术，探寻其渗流特性；利用先进的信息技术手段，完成系统平台构建，必要时，从有利于增强可操作性和界面友好型角度，联合相关单位完成所需专用设备研发。

（5）总结形成分布式光纤温度测温网络的渗流监测新手段，并开展工程应用研究。

5.3　投资估算

经工程估算，温度示踪法渗流监测方案需增加投资约155万元。

6　结语

（1）全断面防渗墙坝基渗渗流量监测方案可截断坝基渗流，正常情况下，能观测到坝基渗漏的变化，易于发现异常情况，但是由于观测的渗流量包括了坝基和两岸绕渗的渗流量，在没有措施对绕渗渗流量监测的情况下，难以区分渗流量是来自坝体、坝基还是两岸绕坝渗流，且在防渗墙存在缺陷而发生渗漏的情况下，监测的渗流量不能完全反映坝基渗流量；堰基悬挂防渗墙方案对坝基渗流量的监测并不完全，在坝基防渗墙出现异常造成渗流量增大的情况下，可能出现无法监测到渗流变化的情况。

（2）自廊道内向防渗墙下游钻孔设置一排测压管，可以最大限度地监测防渗墙可能出现的渗漏情况。在坝下游石渣平台上钻孔设置两排测压管，采用水力坡降法监测大坝渗流量规律，可通过较密集的测压管监测坝基渗透压力的变化，对防渗墙和坝体异常渗漏能及时提供预警；再结合分布式温度光纤构建现场测温网络，通过温度示踪法监测的温度场变化分析研究渗流场变化，可快速定位渗漏通道或渗漏部位。通过多因素和大数据关联分析，利于数值模型提高大坝异常渗流分析反馈能力，根据坝基实测渗透压力和温度，计算出坝基渗流量、坝体浸润线、坝体和覆盖层的渗流场等，有助于分析评价大坝防渗体运行状态，并可根据运行情况不断调整完善模型，提高预测的精度和准确率。

综上所述，坝后量水堰方案虽然理论上简单可靠，但实际上由于无法对绕坝渗流量进行精确测量，导致不能准确判断坝基和坝体渗流量的变化，且工程投资增加显著，施工难度也相对较大。测压管渗流监测结合分布式光纤温度示踪法渗流监测方案，构建基于多物理场监测反演分析的渗流性态定量分析技术，有助于分析评价大坝防渗体运行状态，提高预报预警的准确率，且投资较小，是值得进一步研究和推广的监测方案。

参考文献：

[1] 国家能源局. DL/T 5259—2010, 土石坝安全监测技术规范 [S]. 北京：中国电力出版社, 2010.

[2] 周国强. 水力坡降法在大坝渗流监测中的应用 [J]. 中国水利水电科学研究院学报, 2014（12）：371–375.

[3] 肖才忠, 潘文昌. 由温度场研究坝基渗流初探 [J]. 人民长江, 1999（5）：21–23.

［4］李端有，陈鹏霄，王志旺. 温度示踪法渗流监测技术在长江堤防渗流监测中的应用初探［J］. 长江科学院院报，2000；4（增刊）：48-51.

［5］王志远，王占锐，王燕. 一项渗流监测新技术—排水孔测温法［J］. 大坝观测与土工测试，1997；（4）：5-7.

［6］肖衡林，蔡德所，范瑛. 分布式光纤温度传感技术用于面板堆石坝面板渗漏监测［J］. 水电与抽水蓄能，2006，30（6）：53-56.

作者简介：

张晨亮（1980—），男，正高级工程师，主要从事水电水利工程安全监测设计及资料分析工作。E-mail：88417993@qq.com

土石坝防渗墙施工缺陷渗流影响研究

陆希[1]，周恒[1]，狄圣杰[1]，沈振中[2]，刘静[1]，甘磊[2]

（1. 中国电建集团西北勘测设计研究院有限公司，陕西省西安市 710065；
2. 河海大学水利水电学院，江苏省南京市 210098）

【摘　要】本文结合 360m 深巨厚覆盖层上的某水电站土工膜防渗砂砾石坝，建立考虑防渗墙施工缺陷的土工膜防渗砂砾石坝三维渗流有限元模型，采用饱和—非饱和渗流计算理论，研究防渗墙相邻槽段搭接不良和底部分叉对大坝渗流场的影响。结果表明，防渗墙底部开叉顶部低于弱透水层顶高程时，不会影响大坝整体防渗效果；防渗墙相邻槽段搭接不良出现缝隙时，防渗系统整体性被破坏，其对防渗墙剖面单宽流量的影响远大于防渗墙底部分叉情况。在缺陷控制方面，防渗墙应严格控制相邻墙段接缝的施工质量，不应产生贯通上下游的缝隙；墙底分叉应严格控制其高度不能超出弱透水层或相对不透水层。

【关键词】巨厚覆盖层；面膜砂砾石坝；防渗墙；施工缺陷；稳定渗流

0 引言

在深厚覆盖层上修建水利水电工程，深厚覆盖层的防渗问题是工程的首要问题，且防渗体系的可靠性直接关系到大坝的运行安全。实践表明防渗墙是深厚覆盖层坝基控渗的首选方案，然而由于坝基防渗墙施工在水下施工，施工工艺复杂，受地质、施工等影响，施工质量保证性差，在实际工程中容易出现防渗墙开叉、槽段间搭接不良、沉砂混入混凝土、局部不均匀、墙体不连续、构成墙体的水泥土达不到一定的抗渗性能等施工缺陷，为工程安全埋下了隐患。参考文献 [1] 模拟混凝土防渗墙开裂对坝基土体渗透稳定性的影响，总结了防渗墙裂缝宽度和条数对坝基渗透稳定性的影响。参考文献 [2] 和参考文献 [3] 分别研究防渗墙缺陷出现位置、不同水位情况有无防渗墙缺陷对大坝渗流场的影响。参考文献 [4] 分析了悬挂式防渗墙质量缺陷对土石坝渗控效果的影响。研究表明，防渗墙施工缺陷对坝基渗透坡降和渗漏量有一定影响，研究防渗施工缺陷对深厚覆盖层地基渗控效果的影响具有重要的工程意义。

本文选取某深厚覆盖层上水电站工程的土工膜砂砾石坝及坝基防渗墙，通过模拟墙底部开叉和墙体槽段间搭接不良的施工缺陷，建立三维渗流有限元模型，分析防渗墙、弱透水层和其他地层等关键部位的最大渗透坡降和渗透流量，研究坝基防渗墙施工缺陷对大坝及坝基渗流性态的影响，为深厚覆盖层防渗墙设计和施工提供借鉴。

1 依托工程

依托工程右岸土工膜防渗砂砾石坝布置在河床主河道，与上游围堰结合布置，坝顶全长 294.4m，坝顶高程为 3080.0m，坝基高程为 3052.0m，最大坝高为 28.0m，坝基防渗墙为半封闭形式，墙体深入弱透水层（$Q_3^{al} - Ⅱ$）不小于 5m，最大防渗墙深度为 49.1m，墙体厚度为 1.0m。其典型剖面如图 1 所示。

依托工程地处青藏高原，地质条件十分复杂。右岸坝肩为深厚卸荷岩体，风化、卸荷、松动深厚，存在边坡稳定及绕坝渗漏问题。河床及左岸为超深厚复杂覆盖层，左岸台地覆盖层厚为 180～359m，河床覆盖层左深右浅，厚 60～180m，右岸覆盖层厚度为 16～50m。根据覆盖层颗粒级配、粒径大小和物质组成将枢纽区深厚覆盖层岩组划分为 14 层。涉及土工膜砂砾石坝区域的覆盖层共有 10 层，均为砂卵砾石层，主要以中等透水为主，表部第 1 层（Q_4^{al}-sgr2）含漂石砂卵砾石层为强透水土体，中下部的第 4 层（$Q_3^{al} - Ⅱ$）、第 8 层（$Q_2^{fgl} - Ⅲ$）～

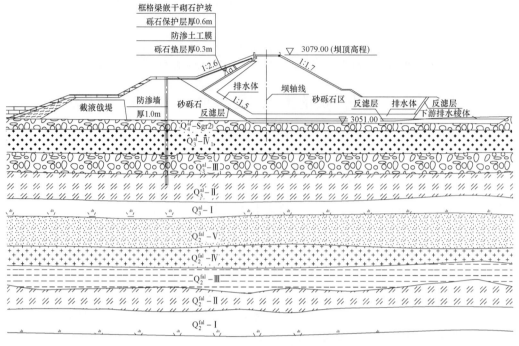

图 1　土工膜防渗砂砾石坝典型剖面图

第 10 层（Q_2^{fgl}–Ⅰ）为弱透水层，其余为中等透水层。

2　计算模型及参数

本文采用多孔介质饱和—非饱和渗流理论，在空间域内利用伽辽金逼近方法，将全部计算区域离散成互不重叠交叉的有限单元，选取 8 节点六面体等参单元，采用截止负压法求解，迭代求得渗流的压力场，从而计算位势场、自由面坐标、渗透流速、渗透流量、渗透坡降等各种物理量。渗流量采用计算任意断面渗流量的插值网格法求得。

2.1　有限元模型

建立土工膜防渗砂砾石坝基础防渗墙相邻两个施工槽段范围内的精细三维有限元模型，防渗墙施工缺陷模拟示意图如图 2 所示。防渗墙相邻槽段

搭接不良采用裂缝模拟，裂缝宽度分别取 0.5、1cm 和 2cm。防渗墙底部分叉实际是由于相邻槽段墙体上下游倾斜或扭曲引起的。本文均假设底部分叉发生在 Y 剖面，分别以 1、2m 和 4m 三种高度模拟，分叉开度取分叉高度的 1/10，此时水流通过此分叉部位的渗径变短，假设情况的计算成果偏危险。采用精细模型模拟裂缝和防渗墙底部分叉，上述裂缝宽度与分叉均按实际尺寸模拟。土工膜防渗砂砾石坝三维有限元网格如图 3 所示。以两个槽段中间接缝断面与坝轴线交点为模型坐标原点：取 X 轴为顺河流方向，垂直于坝轴线，上游指向下游为正；Y 轴为坝轴线方向，右岸指向左岸为正；Z 轴为垂直方向，向上为正，与高程一致。

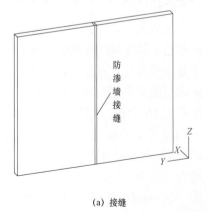

(a) 接缝

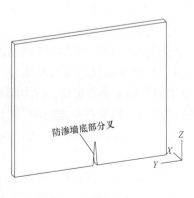

(b) 底部分叉

图 2　防渗墙施工缺陷模拟示意图

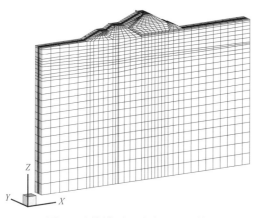

图3 计算模型三维有限元网格

已知水头边界包括模型上、下游水位线以下边坡、河床及给定地下水位的截取边界；出渗边界为水位线以上的边界，即与大气相接触的所有边界；不透水边界包括模型上、下游截取边界及模型底边界。

2.2 计算参数

深厚覆盖层渗透参数见表1，坝体各料区渗透参数见表2。

表1 覆盖层渗流参数

覆盖层名称	渗透系数 K_d（cm/s）	渗透性等级	允许坡降 J_c
第①层（$Q_4^{al}-sgr2$）	2.33×10^{-2}	强透水	0.10～0.20
第②层（$Q_3^{al}-IV_1$）	5.48×10^{-4}	中等透水	0.20～0.30
第③层（$Q_3^{al}-III$）	8.49×10^{-3}	中等透水	0.15～0.20
第④层（$Q_3^{al}-II$）	5.89×10^{-5}	弱透水	0.30～0.40
第⑤层（$Q_3^{al}-I$）/第⑥层（$Q_2^{fgl}-V$）	1.14×10^{-3}	中等透水	0.20～0.30
第⑦层（$Q_2^{fgl}-IV$）	1.70×10^{-4}	中等透水	0.25～0.30
第⑧层（$Q_2^{fgl}-III$）	3.26×10^{-5}	弱透水	0.35～0.45
第⑨层（$Q_2^{fgl}-II$）	8.35×10^{-5}	弱透水	0.30～0.35
第⑩层（$Q_2^{fgl}-I$）	2.50×10^{-5}	弱透水	0.30～0.40

表2 坝体各料区渗流参数

序号	名称	渗透系数 K_d（cm/s）	允许坡降 J_c
1	土工膜	1.00×10^{-9}	
2	闭气料	5.00×10^{-5}	4.00～5.00
3	截流戗堤	5.00×10^{-2}	0.10～0.20
4	砂砾石	2.00×10^{-2}	0.10～0.20
5	垫层	1.00×10^{-3}	
6	反滤层	2.00×10^{-3}	2.00～3.00

续表

序号	名称	渗透系数 K_d（cm/s）	允许坡降 J_c
7	排水体	1.00×10^{-1}	0.10～0.15
8	下游排水体	2.00×10^{0}	
9	防浪墙	2.00×10^{-8}	
10	帷幕	3.00×10^{-5}	
11	防渗墙	2.00×10^{-8}	

2.3 计算工况

控制水位为正常蓄水位，上游水位为3076.00m，下游水位为3054.53m，按不良搭接及墙体分叉两类防渗墙缺陷考虑，计算工况见表3，工况七为墙体完好工况。拟定的分叉最大高度4m约占防渗墙深度的8.15%，分叉开度固定取分叉高度的1/10。

表3 计算工况表

工况	接缝宽度（cm），缝长取防渗墙深度	分叉高度（m），开度1/10	控制水位（m）
工况一	0.5	—	
工况二	1.0	—	
工况三	2.0	—	
工况四	—	1.0	上游：3076.00 下游：3054.53
工况五	—	2.0	
工况六	—	4.0	
工况七			

3 计算成果

3.1 渗流场

土工膜防渗砂砾石坝各计算工况下防渗系统削减水头百分率见表4，在防渗墙无施工缺陷时，土工膜和混凝土防渗墙组成的防渗体系阻渗作用共同削减水头21.23m，占总水头98.88%，削减水头作用明显。

表4 各计算工况下防渗系统削减水头百分率

工况	防渗系统上、下游浸润面高程（m）			上、下游水头（m）	削减水头百分率（%）
	上游	下游	差值		
工况一	3076.00	3056.15	19.85	21.47	92.45
工况二	3076.00	3057.88	18.12	21.47	84.40
工况三	3076.00	3058.52	17.48	21.47	81.42
工况四	3076.00	3054.77	21.23	21.47	98.88

续表

工况	防渗系统上、下游浸润面高程（m）			上、下游水头（m）	削减水头百分率（%）
	上游	下游	差值		
工况五	3076.00	3054.77	21.23	21.47	98.88
工况六	3076.00	3054.77	21.23	21.47	98.88
工况七	3076.00	3054.77	21.23	21.47	98.88

注：表中削减水头百分率为土工膜上游水位与防渗墙下游水位差占大坝总水头的百分比。

防渗墙相邻槽段由于搭接不良出现接缝，接缝宽度为 0.5、1.0cm 和 2.0cm 时，防渗系统削减水头百分率分别降为 92.45%、84.40% 和 81.42%，降幅明显。这主要由于不良接缝在中、强透水层部位，形成贯通上下游的渗漏通道，防渗墙阻水作用下降，防渗系统整体性被破坏，反映到防渗体系上便是整体消减水头百分率下降。裂缝位置处的墙后自由面高程随着裂缝宽度增大而依次增大。

防渗墙底部分叉为 1、2m 和 4m 时，防渗系统削减水头百分率均为 98.88%，和防渗墙完好时没有变化，这是由于防渗墙深度较大，防渗墙底部位于弱透水层（$Q_3^{al}-Ⅱ$）顶面以下 5.3m，分叉缺口顶端仍然位于相对不透水层顶面以下，防渗体系整体完整性无显著破坏，防渗体系削减水头作用也没有受到明显影响，故防渗体系削减水头百分率不变。

3.2 渗透坡降

各工况下主要部位最大渗透坡降见表 5。定义渗透坡降超过相应土体允许渗透坡降的区域为渗透坡降超限区。弱透水层（$Q_3^{al}-Ⅱ$）的允许渗透坡降按其无保护时取 0.4，按此标准截取透坡降大于等于 0.4 的封闭区域的大小并确定其位置，各工况下相对不透水层（$Q_3^{al}-Ⅱ$）渗透坡降超限区大小和位置统计见表 6。

表 5　各计算工况下坝体和坝基主要分区最大渗透坡降

工况	防渗墙		砂砾石区		下游排水体		弱透水层（$Q_3^{al}-Ⅱ$）		弱透水层以外的覆盖层		下游第 1 层（Q_4al-sgr2）表面出逸坡降	
	数值	位置	数值	位置	数值	位置	数值	位置	数值	位置	数值	位置
工况一	18.000	防渗墙顶部附近	0.024	土工膜与坝体排水体反滤层之间	0.001	下游坝坡逸出点附近	2.769	防渗墙底部附近	0.093	$Q_3^{al}-Ⅰ$地层顶面靠近防渗墙底部附近	0.039	Q_4al-sgr2 下游出逸面
工况二	16.732		0.039		0.002		2.571		0.086		0.036	
工况三	15.429		0.050		0.003		2.250		0.083		0.037	
工况四	21.600		0.002		0.000		7.200		0.100		0.040	
工况五	21.600		0.002		0.000		10.800		0.101		0.041	
工况六	21.600		0.002		0.000		15.429		0.103		0.041	
工况七	21.600		0.002		0.00		3.000		0.098		0.039	

表 6　各工况下相对不透水层（$Q_3^{al}-Ⅱ$）渗透坡降超限区大小和位置统计表（y=0m 剖面）

工况	x 方向宽度（m）	z 方向高度（m）	中心位置	
			x 坐标（m）	z 坐标（m）
工况一	59.744	13.473	−61.784	3021.150
工况二	57.082	13.269	−61.274	3021.150
工况三	54.109	13.044	−59.946	3021.150
工况四	63.650	14.129	−62.806	3021.150
工况五	64.710	15.851	−63.304	3021.150
工况六	66.263	16.933	−63.806	3021.150
工况七	62.600	13.815	−62.668	3021.150

由表 5 可知，各工况下防渗墙最大平均渗透坡降和弱透水层（$Q_3^{al}-Ⅱ$）渗透坡降较大，而坝壳砂砾石、下游排水体、除弱透水层（$Q_3^{al}-Ⅱ$）以外的其余地层最大渗透坡降均较小，防渗体作用显著。

从表 2 允许渗透坡降看，除弱透水层（Q_3^{al}－Ⅱ）以外，其他各料区渗透坡降满足渗透稳定要求。但对于弱透水层（Q_3^{al}－Ⅱ），表 2 给出的渗透坡降为无保护的弱透水层的渗透坡降，此层长期处于覆盖层深处，地层的沉积使之形成了良好的反滤保护，其允许渗透坡降将大幅提高。防渗体系完好时计算的弱透水层（Q_3^{al}－Ⅱ）渗透坡降 3 已大于表 1 给出的 0.4。

当防渗墙相邻槽段由于搭接不良出现接缝时，随着接缝宽度增大，坝壳砂砾石、下游排水体最大渗透坡降增大，而防渗墙最大平均渗透坡降减小，最小减小为 15.429。由于防渗墙相邻槽段间接缝缺陷存在，防渗墙最大平均渗透坡降实际为接缝内渗流的最大渗透坡降，防渗墙接缝内填充物一般为泥皮，此渗透坡降全部由泥皮承担，可能出现渗透坡降超限区，会造成泥皮甚至其附近覆盖层发生渗透破坏。对于弱透水层（Q_3^{al}－Ⅱ），渗透坡降均较防渗墙完好时有一定程度减小。

当防渗墙底部分叉高度由 1m 增加至 4m 时，防渗墙最大平均渗透坡降、坝壳砂砾石和下游排水体最大渗透坡降不变，均满足要求。但弱透水层（Q_3^{al}－Ⅱ）最大渗透坡降依次增大，且均大于 3，出现在防渗墙底部附近。随着分叉高度增大，其渗透坡降增加增幅增加，对于弱透水的覆盖层，很大可能出现渗透坡降超限区，有可能使其发生渗透破坏。

各工况下最危险剖面为 $y=0m$（防渗墙接缝）处，由表 6 可知，防渗墙无施工缺陷时，渗透坡降超限区出现在相对不透水层（Q_3^{al}－Ⅱ）中，其 x 向宽度为 62.600m、z 向高度为 13.815m，中心位置位于防渗墙底部附近偏上游位置，渗透坡降超限区近似为椭圆形。当防渗墙相邻槽段间出现接缝且接缝宽度依次增大时，缝内原地层及接缝附近区域成为渗透坡降超限区，相对不透水层（Q_3^{al}－Ⅱ）渗透坡降超限区逐渐减小。渗透坡降超限区 x、z 向宽度均依次减小。当防渗墙底部分叉高度依次增大时，相对不透水层（Q_3^{al}－Ⅱ）渗透坡降超限区逐渐增大。

为进一步比较论证防渗墙接缝缺陷和底部分叉对防渗体系渗透性能的影响，取接缝 2cm 宽和分叉高度 4m 进行影响范围对比分析，见表 7。

表 7	弱透水层（Q_3^{al}－Ⅱ）渗透坡降超限区大小统计表					
防渗墙接缝宽 2cm	沿坝轴线向坐标（m）	0.000	0.030	0.075	0.550	1.500	3.000
	渗透坡降超限区顺河向宽度（m）	54.109	54.184	54.186	54.193	54.206	54.216
底部分叉高 4m	沿坝轴线向坐标（m）	0.000	0.151	0.400	0.750	1.500	3.000
	渗透坡降超限区顺河向宽度（m）	66.263	65.189	65.134	64.838	64.546	63.856

当防渗墙接缝宽度为最大值 2cm 时，弱透水层渗透坡降超限区顺河向宽度随着沿坝轴线距离增大而增大，呈现近缝处小、远离缝处大的形态。当防渗墙底部分叉高度为最大值 4m 时，弱透水层渗透坡降超限区顺河向宽度随着沿坝轴线距离增大而减小，呈现近缝处大、远离缝处小的形态。

由于接缝缺陷上下贯通形成整体渗漏通道，影响了整体渗流场，而墙底部分叉仅仅发生在弱透水层中，防渗体系整体性未受显著破坏，只影响分叉附近的局部渗流场，所以防渗墙相邻槽段不良接缝对弱透水层渗透坡降超限区的影响大于墙底开度为 1/10 底部处分叉的施工缺陷。

3.3 渗透流量

土工膜防渗砂砾石坝防渗墙剖面和坝轴线剖面单宽流量见表 8，如图 4 所示。

表 8	防渗墙剖面和坝轴线剖面单宽流量			
工况	防渗墙剖面		坝轴线剖面	
	单宽流量（m²/d）	增大百分比（%）	单宽流量（m²/d）	增大百分比（%）
工况一	5.15	103.56	6.61	64.84
工况二	7.41	192.89	9.16	128.43
工况三	11.48	353.75	12.97	223.44
工况四	2.60	2.77	4.10	2.24
工况五	2.71	7.11	4.22	5.24
工况六	2.84	12.25	4.35	8.48
工况七	2.53	0.00	4.01	0.00

各工况下，防渗墙剖面（沿防渗墙中心线）单宽渗透流量均小于坝轴线剖面单宽渗透流量。防渗墙无施工缺陷时，防渗墙剖面单宽流量为 2.53m²/d、

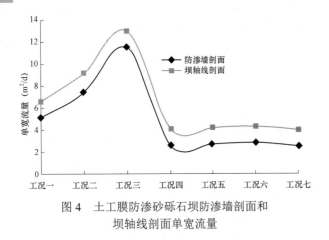

图 4　土工膜防渗砂砾石坝防渗墙剖面和
坝轴线剖面单宽流量

坝轴线剖面单宽流量为 4.01m²/d。随防渗墙底部分叉高度增大，防渗墙剖面和坝轴线剖面的单宽流量均增大，当分叉高度为 4m 时，较无缺陷情况分别增大 12.25% 和 8.48%。随防渗墙相邻槽段间接缝宽度增大，防渗墙剖面和坝轴线剖面的单宽流量均增大，当接缝宽度为 2cm 时，较无缺陷情况分别

增大了 353.75% 和 223.44%，影响显著。由此可见防渗墙相邻槽段间由于搭接不良产生裂缝对防渗墙剖面和坝轴线剖面单宽流量的影响远大于防渗墙开度为 1/10 底部处分叉的情况。

4　结语

土工膜防渗砂砾石坝段防渗墙无施工缺陷时，设计防渗方案的阻渗作用显著，可以削减水头 98.88%。防渗墙相邻槽段开叉顶部位置低于弱透水层第 8 层（Q_3^{al} – Ⅱ）顶高程时，防渗体系整体性未受显著破坏，只影响分叉附近的局部渗流场，而防渗墙相邻槽段搭接不良引起裂缝时，防渗系统整体性被破坏，接缝将成为渗流通道。防渗墙应严格控制相邻墙段接缝的施工质量，不应产生贯通上下游的缝隙；墙底分叉应严格控制其高度不能超出弱透水层或相对不透水层，以防止影响墙体的安全运行。

参考文献：

[1]　盛金昌，赵坚，速宝玉.混凝土防渗墙开裂对坝基渗透稳定性的影响 [J].水利水电科技进展，2006（1）：23 – 26.

[2]　李少明.防渗墙质量缺陷对土石坝渗流控制的影响 [J].南水北调与水利科技，2012，10（5）：174 – 177，169.

[3]　段芳.不同水位时防渗墙缺陷对土石坝稳定性影响分析 [J].水利规划与设计，2018（11）：137 – 140.

[4]　刘娜，何文安.质量缺陷对悬挂式防渗墙渗流影响的数值分析 [J].长春工程学院学报（自然科学版），2016，17（1）：68 – 70.

[5]　甘磊，沈振中，苗喆.混凝土面板坝坝区防渗系统优化 [J].水电能源科学，2011，29（6）：89 – 92.

[6]　速宝玉，沈振中，赵坚.用变分不等式理论求解渗流问题的截止负压法 [J].水利学报，1996（3）：22 – 29，35.

作者简介：

陆　希（1965—），男，正高级工程师，主要研究方向为水利水电工程。E-mail：2383434323@qq.com

高土石坝深厚覆盖层监测技术探究

张坤，彭巨为

（中国电建成都勘测设计研究院有限公司，四川省成都市　610072）

【摘　要】本文系统总结了高土石坝下深厚覆盖层传统监测技术的一些局限，介绍了一些覆盖层监测新技术。提出了采用大量程电位器式位移计来监测覆盖层沉降，采用柔性测斜仪来监测防渗墙水平位移。大量程电位器式位移计克服了传统杆式位移计量程偏小的局限，施工方便；柔性测斜仪具有高精度、高稳定性、大量程、可重复利用等技术优势。本文首先介绍了传统覆盖层监测技术手段及其局限，随后介绍了以大量程电位器式位移计、柔性测斜仪为代表的覆盖层监测新技术，对防渗墙应力应变、防渗墙与覆盖层接触应力及坝基渗漏量等监测难题提出了展望，建议在深厚覆盖层监测中推广应用柔性测斜仪等监测新技术。

【关键词】深厚覆盖层；土石坝；柔性测斜仪；大量程电位器式位移计；渗漏量

0　引言

地基覆盖层安全监测是水电工程大坝安全监测的一部分，主要涉及覆盖层沉降、基础防渗墙变形、坝基廊道变形、基础防渗墙与防渗帷幕渗透压力、坝基渗流量、基础防渗墙应力、基础防渗墙与覆盖层间接触压力、坝基廊道应力等监测内容。随着我国水利水电工程建设技术的发展，深厚覆盖层上筑坝高度已达 250m 级，坝高的急剧增加使得基础覆盖层的运行安全特性越来越被重视，也带来了许多监测技术难题。如高荷载下深厚覆盖层地基及防渗体系的受力及变形特性、高水头下深厚覆盖层地基防渗体系的防渗效果等均需要监测评价验证。但受限于覆盖层基础自身及地基处理技术的复杂性和混凝土防渗墙受力运行的不确定性，如坝基覆盖层沉降变形大，造成了监测方案、仪器设备选型、安装埋设保护工艺的困难。深厚覆盖层监测技术难题一直困扰许多专家学者，因此开展深厚覆盖层监测研究也是很有意义的。

1　覆盖层常规监测技术及其问题

深厚覆盖层监测主要包括：① 变形监测：覆盖层沉降、防渗墙水平变形和基础廊道变形等；② 渗流监测：覆盖层基础及防渗体渗透压力、渗流量；③ 应力应变监测：防渗墙应力应变、防渗墙与覆盖层接触压力、基础廊道应力等。

1.1　覆盖层变形监测

目前用于坝基深厚覆盖层沉降监测的仪器主要包括电磁式沉降环、弦式沉降仪、杆式位移计（多点位移计）等。电磁式沉降环（爪式）一般安装在测斜管外，通过在测斜管内下放电磁沉降仪探头感知沉降环位置来监测覆盖层沉降。为保证沉降环正常观测，测斜管需从坝体穿过坝基覆盖层，在坝基覆盖层内钻孔将测斜管埋入，在坝体内需预埋测斜管。该埋设方法由于沉降环不能很好地与覆盖层固定，沉降环的位移不能完全代表覆盖层的真实沉降，监测成果有些失真，且无法实现自动化监测。虽然该仪器在已建工程应用较多，但其成活率普遍不高，难以获取完整的沉降数据。弦式沉降仪受仪器本身工作原理限制，测量精度较低。仪器埋设时，要求在覆盖层内钻孔，且不能跟管，施工难度大。另外储液罐难以维护，仪器埋设可靠性无法保障，在工程中较少应用。杆式位移计一般分为振弦式和差阻式两种类型，其量程普遍偏小，在 500mm 以内，难以满足深厚覆盖层大沉降变形监测需求。综上所述，受钻孔施工困难及仪器量程等因素的影响，国内外鲜见有深厚覆盖层沉降监测的成功实例。

防渗墙水平位移监测普遍采用活动式测斜仪或固定式测斜仪。选择防渗墙最深部位、地形突变或受力复杂部位钻孔布置测斜管(钻孔可利用防渗墙检查孔),在测斜管内安装活动室测斜仪或固定式测斜仪对沿防渗墙轴线方向及垂直于防渗墙轴线方向的水平位移进行监测。施工期活动式测斜仪观测受现场土建施工干扰大,很难获取有效连续监测成果,蓄水期及运行期由于不能自动化监测,工作效率较低。深厚覆盖层内防渗墙深度较深,固定式测斜仪一般每节长 3m,采用串联方式安装。由于安装长度较长,传感器及延长杆自重较大,容易压弯延长杆甚至导致标距杆连接螺栓脱落,进而造成仪器损坏、数据严重失真,同时每 3m 一节测量误差也相对更大,长度越长带来的监测误差也越大。

防渗墙顶部沉降监测一般采用水准测量、静力水准系统等,一般在防渗墙顶部的基础廊道底板,沿防渗墙轴线方向按一定间距布置沉降测点,在两岸灌浆平洞稳定基岩部位布置工作基点来进行观测。这两种技术手段较成熟,且精力水准系统易实现自动化监测,在工程中广泛应用。基础廊道变形监测主要包括结构缝变形监测和廊道倾斜监测。结构缝变形监测采用测缝计,在两岸灌浆平洞与廊道

交接处的结构缝处布置测缝计,监测结构缝开合度、顺水流方向及竖向监测错动位移。廊道倾斜采用倾角计,在廊道各监测断面的边墙、顶拱和底板布置倾斜测点。这些监测手段已较成熟,且易实现自动化监测,获得了广泛应用,后面不再赘述。

1.2 覆盖层渗流监测

覆盖层基础及防渗体渗透压力一般采用渗压计及测压管进行监测。在防渗墙后建基面高程,平行于防渗墙轴线方向按一定间距布置一排渗压计,形成监测纵剖面,通过每支渗压计测得的水头值监测防渗墙的防渗效果,可以检验防渗墙的施工质量。另选取大坝典型监测横剖面,在防渗墙后布置深孔渗压计,孔深达到防渗墙与防渗帷幕接头部位,对防渗墙防渗效果及坝基覆盖层内不同深度的渗流情况进行监测;同时在防渗墙后的覆盖层内沿水流流向布置渗压计,监测覆盖层内部水力坡降。当采用两道防渗墙时,应对每道防渗墙进行监测,以便于分析每道防渗墙的防渗效果。或者在基础廊道防渗墙后底板钻孔埋设测压管,测压管管口安装压力表来监测覆盖层基础渗透压力。某土石坝工程覆盖层沉降、渗压监测布置如图1所示。

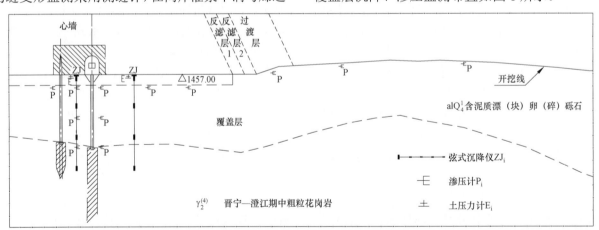

图 1 某土石坝工程覆盖层沉降、渗压监测布置图

覆盖层渗漏量多采用量水堰进行监测,少数采用测压管进行监测。当覆盖层深度较浅、河床较窄时,修建截水沟或截水墙对渗漏水进行汇集,布置量水堰进行监测。当覆盖层深厚、河床较宽、地下水位低于地面时,根据土石坝安全监测技术规范规定,可在大坝下游河床覆盖层至少布置 2 排测压管,通过监测地下水坡降计算出渗漏量。

当坝基覆盖层较浅时,国内大多数工程都挖除覆盖层并在坝下游坡脚设置了截水墙,在墙顶布置

量水堰来监测大坝渗漏量。当坝基覆盖层较厚时,一些工程选择在坝脚设置悬挂式防渗墙,在防渗墙顶设置截水墙安装量水堰,这样分流了潜流流量;还有的工程在坝脚设置悬挂井式量水堰,监测到的渗漏量误差更大;另有一些工程由于集水困难,干脆不设量水堰。因此,目前国内外对深厚覆盖层地基渗漏量进行有效监测的工程甚少。

1.3 应力应变监测

防渗墙应力应变监测主要采用应变计组、无应

力计。选择典型断面，在防渗墙不同高程布置应变计组，并在应变组附近配套布置无应力计。基础廊道应力监测采用钢筋计。由于基础廊道一般深埋于坝基，其运行情况及应力分布比较复杂，尤其是可能存在受拉开裂区。一般根据结构计算成果，在基础廊道顶拱、拱肩、边墙、底板及计算受拉薄弱部位的纵、环向钢筋上布置钢筋计，以监测廊道受力状态。

应变计在混凝土防渗墙槽段中下沉安装，由于防渗墙槽段深而狭小且不可见，使得应变计安装定位困难，特别是深部低高程应变计，这样便达不到设计预想，监测成果有所失真。另外，由于混凝土防渗墙深而单薄，受混凝土浇筑施工的影响，应变计及其电缆的保护极其困难。因此，已建工程中防渗墙应变计成活率非常低。

2 覆盖层监测新技术

深厚覆盖层监测对监测仪器的适应性及施工保护工艺等方面提出了更高的要求，也带来了新的挑战，传统常规监测仪器及施工工艺已无法满足监测需求。与此同时，随着监测技术的进一步发展，已涌现出一些高精度、高耐久性的新型监测仪器，这些监测新技术及新工艺在覆盖层监测中逐渐取得应用，弥补了传统监测技术的不足。

2.1 覆盖层沉降监测新技术

受坝体填筑后坝料自重影响，坝基覆盖层会产生较大的沉降变形。坝基深厚的砂砾石或软土覆盖层，会加大坝体的沉降变形和不均匀变形，产生坝体裂缝，恶化大坝防渗结构与地基防渗结构及其两者连接结构的受力条件。因此覆盖层基础的沉降监测是监测重点之一。当前覆盖层沉降监测新仪器主要是大量程电位器式位移计。

大量程电位器式（杆式）位移计通过钻孔安装在深厚覆盖层内，钻孔底一般深入基岩内，用于深厚覆盖层基础沉降监测。大量程电位器式位移计的出现，突破了传统杆式位移计量程偏小的局限，又可以跟管钻孔施工，很好地弥补了传统监测仪器的不足，逐渐在工程中获得广泛应用。

大量程电位器式杆式位移计主要由量程为1000～1200mm的电位器式位移计传感器、基点板（锚头）、锚固板、万向节、测杆、传递管、保护罩、电缆组成，如图2所示。基点板（锚头）一般位于基岩内，作为相对不动点。传感器通过锚固板感知

覆盖层沉降变化，锚固板随覆盖层沉降而沉降，带动电位器式位移计传感器发生基点板和锚固板的相对位移，将该传感器的机械位移量转换成与其保持一定函数关系的电压输出，输出直观的位移量变化。

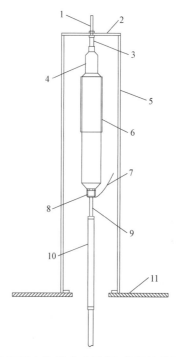

图 2 大量程电位器式（杆式）位移计构造示意图

1—调节螺杆；2—保护罩端盖；3—调节螺套；4—调节万向球头；
5—保护罩；6—电位器式传感器；7—电缆；8—下调节万向嚎头；
9—下调变径接头；10—测杆；11—锚固板

覆盖层基础为单一土层，可布置单测点大量程电位器式位移计，对地基沉降进行监测。基础为多土层时，应布置多测点大量程电位器式位移计，最深测点深入基岩，其余各测点分别布置在土层界面处，对覆盖层地基分层沉降进行监测。

大量程电位器式位移计采用钻孔安装，跟管钻进，孔径≥ϕ110mm，钻孔深度应深入基岩。由于仪器在深孔内安装，传力杆应采用直径18～27mm的钢管，尽量避免传力杆在孔内产生弯曲。

大量程电位器式位移计主要技术参数详见表1。

表 1 大量程电位器式位移计主要技术参数表

仪器量程（mm）	1000～1200
分辨力（%F·S）	≤0.05
测读精度（%F·S）	≤0.05
直线性（%F·S）	≤0.1
重复性（%F·S）	≤0.1

续表

绝缘性能（MΩ）	≥50
耐水压力（MPa）	≤4
工作环境温度（℃）	−20～+60

为监测坝基覆盖层沉降，某深厚覆盖层上高土

石坝水电站从左岸到右岸共布置 4 个监测断面，从建基面钻孔并深入基岩 1m，共布置 13 套大量程电位器式位移计，分布于心墙区和堆石区底部覆盖层内，来监测不同区域覆盖层沉降。典型监测断面如图 3 所示。

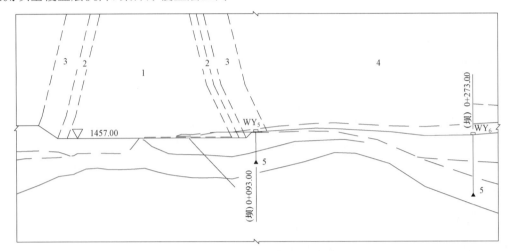

图 3　某高土石坝坝基深厚覆盖层沉降监测布置图
1—心墙；2—反滤料；3—过渡层；4—堆石；5—大量程电位器式位移计

2.2　覆盖层内防渗墙监测新技术

（1）防渗墙变形监测。覆盖层内防渗墙变形情况较复杂，尤其在大坝蓄水后，受水荷载影响，大坝水平位移变化较明显。防渗墙墙体受自身重力及上覆坝体压重影响，其沉降也较为明显。由于防渗墙防渗效果对坝体安全运行至关重要，因此宜对防渗墙的水平位移、沉降变形进行监测。

柔性测斜仪作为一种新型监测仪器，柔性测斜仪具有 3D 测量、大量程、精度高、稳定性高、可重复利用、自动实时采集等特点，已逐步在水电工程边坡、沥青心墙坝中用于深部水平位移监测，应用效果良好。

柔性测斜仪可安装在深厚覆盖层防渗墙检查孔内，用于防渗墙深层水平位移监测，适用深度可达 150m，可替代固定式测斜仪及活动式测斜仪使用，同时避免了固定式测斜仪及活动式测斜仪的相关缺点，安装方便，适用性强。

柔性测斜仪由多段连续节串接而成，内部由微电子机械系统（MEMS）加速度计组成。每节为一个固定的长度，一般为 50、100cm。柔性测斜仪是刚性传感阵列，被柔性接头分开，柔性测斜仪是一种可以被放置在一个钻孔或嵌入结构内的变形监测传感器，它通常安装在一个小套管中，任何变形，只要使套管发生移动，都能够通过测量柔性测斜仪的形状变化准确得到。柔性测斜仪的主要技术参数见表 2。

表 2　　　　柔性测斜仪主要技术参数表

工作原理	MEMS 加速度传感器
直径（mm）	25～40
节点长度（m）	1.0/0.5
角位移量程（°）	±60
角度分辨力（°）	0.005
位移分辨力	0.5mm/32m
轴向最大抗拉力（N）	3138
耐水压（MPa）	1～2MPa
工作温度（℃）	−35～60
适用最大长度（m）	≥150
信号输出方式	RS−485

柔性测斜仪的基本原理是通过检测各部分的重力场，计算出各段轴之间的弯曲角度 θ，利用计算得到的弯曲角度和已知各段轴长度 L（50cm 或 100cm），每段的变形 Δx 便可以完全确定出来，即 $\Delta x = \theta L$，再对各段算术求和 $\sum \Delta x$，可得到距固定端点任意长度的变形量 x。

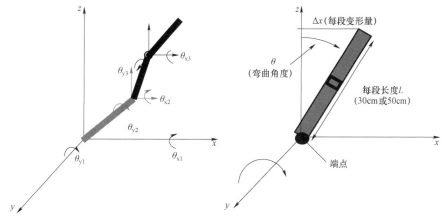

图 4　柔性测斜仪原理图

选择防渗墙最深部位、地形突变或受力复杂部位的检查孔，在孔内布置测斜管，在管内安装柔性测斜仪，对沿防渗墙轴线方向及垂直于防渗墙轴线方向的水平位移进行监测。柔性测斜仪安装时，先将柔性测斜仪放置到孔底，之后从柔性测斜仪与管壁之间的间隙放入适量细砂，然后上下提拉（5～8cm）柔性测斜仪，让细砂完全落至孔底，保证阵列尾端放置在沙层表面，然后将细砂完全填充在柔性测斜仪与管壁之间，再做好孔口保护设施。

从其工作原理、仪器性能来看，柔性测斜仪完全可以满足深厚覆盖层基础防渗墙深部水平位移监测的需要，但其应用效果尚有待工程实践检验。

（2）防渗墙应力应变监测。混凝土防渗墙应力应变一直是监测难题。由于防渗墙深埋于深厚覆盖层中，受蓄水荷载和侧向土压力影响，防渗墙运行环境复杂，不确定性多。同时混凝土防渗墙较深部位安装定位应变计组和无应力计施工难度极大，仪器保护十分困难。根据对已建工程调研发现，应变计失效较多。根据防渗墙的受力特性，中上部位因水平位移的影响，容易出现拉应力。因此，当前应变计组主要布置在混凝土防渗墙中上部位，基本能有效监控防渗墙应力变化情况，施工可靠性也较能得到保证。

一般来说，应变计组按 3 个方向布置，即沿平行和垂直坝轴线方向、铅垂方向。同时在各监测断面防渗墙顶配套布置无应力计，用于计算防渗墙混凝土自身体积变形。由于应变计组和无应力计成活率偏低，且通过应变计组的监测成果计算实际应力又较为复杂，同时为全面监控混凝土不同深度的受力情况，也可考虑在防渗墙监测断面不同高程埋设钢筋计，监测混凝土钢筋应力。通过钢筋与混凝土

弹性模量的差别来间接估算出混凝土的应力，同时通过钢筋计测值可以近似分析防渗墙混凝土应力变化趋势。后期可以通过与应变计的成果对比分析，找出两者间的联系，对钢筋计成果进行修正，从而得到较为准确的防渗墙应力。

为保证仪器安装定位及电缆保护，应变计组的安装埋设一般需预制牢固的安装支架，预先将各向应变计及其观测电缆等固定在支架上，固定方式和力度以保证应变计组在随安装支架吊入防渗墙槽段和混凝土浇筑过程中不改变位置和方向，但不至于影响应变计受力为宜，也可采用"沉重块"法安装埋设。

下面简要介绍国内某高土石坝坝基混凝土防渗墙应力应变监测方案，如图 5 所示。为了解防渗墙混凝土应力应变情况，在主、副防渗墙内 1452m 高程各布设 2 组三向应变计组，另在每个监测剖面防渗墙应变计附近各布设 1 套无应力计，结合无应力计及后期混凝土徐变试验便于计算混凝土应力。同时，在主、副防渗墙内 1447、1437、1427、1417.00m 高程并排布置钢筋计，监测其钢筋应力。

2.3　覆盖层渗漏量监测技术

大坝渗漏量是大坝能否安全运行的重要监测指标，是监测的重点之一。但坝型、防渗结构，特别是覆盖层深度的不同，其监测手段差别较大。针对覆盖层上土石坝的坝基渗流量监测，为准确获取渗漏量数据，一般需对坝脚下游覆盖层地基采用垂直防渗封闭措施。当大坝下游无水或水位较低、覆盖层深度不大时，可将下游覆盖层清除，在基岩上设置截水沟（墙），布置量水堰进行监测。当覆盖层较深厚时，则需设置全封闭防渗墙等截渗结构。一般将量水堰截渗结构与下游围堰防渗墙结合设

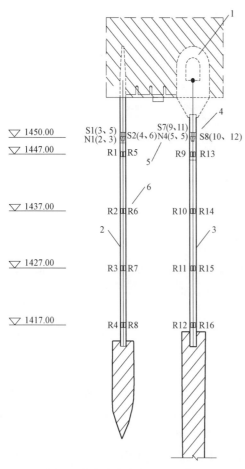

图 5　防渗墙应力监测布置简图

1—廊道；2—副防渗墙；3—主防渗墙；4—应变计；

5—无应力计；6—钢筋计

计，后期将下游围堰防渗墙局部拆除至设计尾水位附近，在其下游侧布置量水堰，对坝体坝基渗漏量进行监测。当覆盖层极其深厚时，采用全封闭防渗墙的工程代价过高甚至难以实施，此时只能遵循 SL 551《土石坝安全监测技术规范》规定，采用"可在坝下游河床中设测压管，通过监测地下水坡降计算渗流量。其测压管布置，顺水流方向至少设置 2 根，垂直水流方向应根据控制过水断面及其渗透系统等需要布置适当排数"，但该方法只能近似估算渗漏量。

2.4　小结

综上所述，针对覆盖层沉降、防渗墙变形等变形监测项目，已出现一些监测技术手段。但针对防渗墙应力应变、防渗墙与覆盖层接触应力及坝基渗漏量等监测项目还有许多值得研究和探索的地方。笔者相信，随着监测技术的进一步发展，其会逐渐为深厚覆盖层监测难题提供一些新的解决思路和

方向。

3　结语

本文系统总结了高土石坝下深厚覆盖层传统监测技术的一些局限，介绍了一些覆盖层监测新技术，得出以下结论：

（1）深厚覆盖层监测主要包括覆盖层沉降、防渗墙水平变形、基础廊道变形，覆盖层基础及防渗体渗透压力、渗流量，防渗墙应力应变、防渗墙与覆盖层接触压力、基础廊道应力等。

（2）坝基深厚覆盖层沉降监测仪器主要包括电磁式沉降环、弦式沉降仪、杆式位移计等，它们普遍存在成活率较低、测量精度低、施工难度大、量程普遍偏小等局限。本文提出采用大量程电位器式位移计来监测覆盖层沉降，它克服了传统杆式位移计量程偏小的局限，施工方便，逐渐在工程中获得广泛应用。

（3）防渗墙水平位移监测主要有活动式测斜仪或固定式测斜仪。活动式测斜仪观测受现场土建施工干扰大，很难获取有效连续监测成果，且无法自动化监测；固定式测斜仪测量误差较大，且安装长度越长，传感器及延长杆自重越大，易导致仪器损坏、数据严重失真。本文建议采用柔性测斜仪来监测防渗墙水平位移，它具有 3D 测量、大量程、精度高、稳定性高、可重复利用、自动实时采集等特点，已逐步应用于水电工程边坡、沥青心墙坝中深部水平位移监测，效果良好。

（4）混凝土防渗墙内应变计组和无应力计施工难度较大，仪器保护困难、容易失效，因此建议采用应变计与钢筋计综合分析防渗墙混凝土应力及其变化趋势。

（5）针对覆盖层上土石坝的坝基渗流量监测，一般需对坝脚下游覆盖层地基采用垂直防渗封闭措施。当覆盖层极其深厚、采用全封闭防渗墙的工程代价过高甚至难以实施时，建议采用在坝下游河床中设测压管的方法，通过监测地下水坡降计算渗流量。

（6）针对防渗墙应力应变、防渗墙与覆盖层接触应力及坝基渗漏量等监测项目还有许多值得研究和探索的地方。随着监测技术的进一步发展，会逐渐为深厚覆盖层监测难题提供一些新的解决思路和方向。

参考文献:

[1] 龚静. 长河坝水电站坝基深厚覆盖层沉降监测新方法 [J]. 四川水利,2016,37 (5):39-41.

[2] 张秀丽,杨泽艳,等. 水工设计手册 第11卷:水工安全监测 [M]. 北京:中国水利水电出版社,2014.

[3] 彭巨为. 大量程电位器式位移计在坝基深厚覆盖层沉降监测中的应用 [C] //2016年全国大坝安全监测技术与应用学术交流会,2016:216-220.

[4] 张坤,彭巨为,等. 柔性测斜仪在300m级高砾石土心墙坝沉降监测中的应用研究[J]. 大坝与安全,2018(3):47-53.

[5] 张超萍,李峰,赵振军,等. 深厚覆盖层上心墙堆石坝坝基渗流监测分析 [J]. 大坝与安全,2019,(2):51-54.

[6] 郑子祥. 深覆盖层面板堆石坝渗漏监测方法探讨 [J]. 水力发电,2003,29 (1):16-19.

作者简介:

张 坤(1987—),男,高级工程师,主要从事工程安全监测设计及监测资料分析工作。E-mail:511510831@qq.com

坝基深厚覆盖层垂直位移监测技术研究

崔剑武，张云

（中国电建集团西北勘测设计研究院有限公司，陕西省西安市　710065）

【摘　要】建设在深厚覆盖层基础上的建筑物对基础的沉降有着特殊的安全要求。目前我国的水电站大坝施工中，往往没有测得建筑物施工期间的基础沉降。本文介绍了采用预埋钢管标和预埋电磁沉降仪的方式观测水工建筑的覆盖层基础（软弱基础、软基）的沉降和基础深部分层沉降，可以获得从建筑物施工开始的基础的沉降值，对软基上水工建筑物设计和施工有着重大的参考意义。

【关键词】监测；覆盖层；垂直位移；分层沉降

0 引言

大坝及其基础在外界因素的影响下，沿垂直方向会产生位移，例如基坑开挖时，由于基础表面卸荷，基础会出现上抬变形，施工时随着建筑物荷载的增加，基础又会沉降。对于混凝土大坝，随着气温的升降或库水压力的增减，大坝也会产生上升或下降，它反映了在各种外力作用下，大坝及其基础的工作状态[1]。垂直位移观测（沉降观测）（vertical displacement）是大坝变形观测（monitor）的重要内容之一。[1]

1 大坝及其基础的垂直位移监测

目前我国的水电站混凝土大坝施工中，安全监测存在着"重施工、轻观测"的情况，坝基的沉降监测（monitor）往往是在大坝接近完成施工时开始观测，甚至在水库即将蓄水时才开始观测，往往没有测得建筑物施工期间（construction statge）的基础沉降。

坐落在覆盖层基础（软弱基础、软基）（overburden layer）上的建筑物，所存在的主要问题之一就是基础承载力不足。当基础承载力不足时，基础会产生较大的沉降变形，其变形值和基础条件与上部荷载密切相关。当上部载荷值较小、基础条件较好时，沉降变形值不大，可以满足建筑物正常使用的要求；但当基础条件差或上部荷载过大时，沉降变形值会变得过大，使上部建筑物无法正

常工作，严重时甚至会在基础深部产生过大的侧向变形，土体产生塑流破坏而最终失稳，丧失承载能力[4]。因此，对于建设在覆盖层基础之类的软基上的建筑物，在设计时更注意基础垂直位移对建筑物施工和运行的影响，一般通过材料试验、计算等得到保证建筑物安全的设计和施工参数，在施工期间通过技术手段控制建筑物基础的垂直位移和建筑物间的变形协调，以确保建筑物施工期以及后期运行管理期的安全。因此，为了系统而全面地掌握大坝及基础变形情况，坝基的垂直位移观测应从基坑开挖开始实施，并贯穿整个施工及后期的运行管理阶段全过程；同时，还要与其他观测结合起来，全面分析大坝的工作状态，这对保证大坝安全，验证和反馈坝工的设计理论都是至关重要的。

综上，为了有效控制工程建设过程中软基础建筑物的变形量，应研究布置适合的安全监测措施，监测混凝土浇筑全过程以及浇筑完成后一段时期内基础的沉降，基本实时监控建筑物间沉降差，以监测成果反馈指导混凝土浇筑施工，是保证施工顺利实施以及建筑物运行期安全的关键之一。

2 软基垂直位移监测研究

目前，坝基的垂直位移观测多采用水准测量（leveling）、电磁波测距三角高程测量（EDM trigonometric leveling）、液体静力水准测量（hydro-static leveling）等方法[2-3]。为满足从施工期到运行期全过程监测坝基垂直位移，考虑到水电

站施工过程，采用水准测量或电磁波三角高程测量观测坝基沉降是比较合适的，测点一般采用钢管标（steel-pipe benchmark），它是将钢管埋设在基岩1m以内，接长至观测位置如基础廊道内，焊接标心作为观测标志。但是考虑到建设在软基上的建筑物难以在测点附近建立垂直位移观测的工作基点，如难以在廊道内建造作为工作基点的钢管标或双金属管标；若将工作基点建立在建筑物以外，在施工过程中又难以将高程传递至廊道，易发生测量困难。

另外，在软基厚度大、地质情况比较复杂的情况下，为了验证设计方法、参数、材料实验结果，改进后期设计成果，需要测得坝基深部的分层沉降（layered settlement）。电磁式沉降仪（electroma-gnetic settlement gauge）是观测基础或土石坝分层沉降比较常见的仪器。电磁式沉降仪包括一系列安装在沉降管外部的沉降环，沉降环沿钻孔的不同深度排列，随外部土体移动。探头通过内有刻度卷尺的电缆牵引，下降到沉降管中可以检测出管外的沉降环位置，由卷尺的刻度值可以确定沉降环沿沉降管轴向的位移。电磁式沉降仪计算简单，但是一般来说其计算前提是电磁沉降孔底部应坐落在地质情况好的完整基岩内部，其孔底沉降环被假设为不动点，作为整个观测孔各测点位移的计算基点。在软基厚度大的情况下，测孔底部也位于软基内，难以坐落在完整基岩内部，测孔底部沉降环无法作为计算基点，造成无法计算整孔各深度的位移值。

2.1 坝基覆盖层垂直位移监测技术方案

某电站建造在深厚覆盖层上，土工膜防渗砾石坝、泄洪闸、引水发电系统、混凝土重力挡水副坝从右到左呈"一"字形布置。根据钻孔及物探等资料，坝址区河床覆盖层厚度为20～190m，左岸台地覆盖层厚度一般为180～320m，坝址河床覆盖层厚度超过250m，覆盖层厚度一般为180～300m，河床坝基、厂基存在不均匀沉降变形问题。为提高基础的承载力，基础采用了混凝土灌注桩、旋喷桩等多种措施结合的基础处理，经计算可以满足建筑物对承载力的要求。

三维计算成果显示，该水电站各个建筑物的沉降量较大，基本在10cm以上，这说明对于相邻的两个单体建筑物来说，如果不考虑它们之间的变形协调，对于建筑物之间变形缝内的止水来说，建筑物之间10cm以上的沉降差值是难以承受的，可能产生止水被破坏的严重后果。所以，要求在施工过程中严格控制各建筑物之间的施工顺序，确保各个建筑物之间的沉降差满足设计要求以及止水结构的安全要求。

非岩基上厂房地基允许最大沉降量和沉降差，应以保证厂房结构安全和机组正常运行为原则，其值应根据工程具体情况研究决定。天然土质地基上水闸地基最大沉降量不宜超过15cm，相邻部位的最大沉降差不宜超过5cm。通过基础变形监测措施研究，采用合理的止水形式，科学选用基础处理措施，保证施工的顺利进行和建筑物安全运行。

在钢管标的基础上，设计了一套预埋钢管标监测系统，用于施工期间监测软基的沉降，取得了较好的效果。钢管标是精确加工的若干段无缝钢管，从基础面开始安装，钢管标根据浇筑分仓高度分为若干段，随混凝土浇筑依次将钢管连接。钢管标底部封闭，保证不透水。每段钢管顶部比仓面略高，便于连接；最后一段钢管长度比仓面高度略短，使钢管顶部低于坝面。浇筑过程中避免外力作用下钢管倾斜。制作带管帽的棱镜，管帽采用外径略大的无缝钢管制作，经专门精密加工，与棱镜连接为一体。钢管标（沉降测点）示意图如图1所示。

安装和观测要点如下：

（1）准备工作。

1）精确加工若干段外径$\phi=152mm$，$\delta=5mm$的无缝钢管，单段长度的确定原则为：测点第1段钢管长度高出第1仓混凝土仓面20cm，底部以直径$\phi=200mm$、厚10mm钢板焊接封闭，保证不透水；第2段～倒数第2段钢管长度与仓面高度相同，以保证钢管顶部高出仓面20cm；最后一段钢管长度比仓面高度短30cm，以保证钢管顶部低于坝面10cm。

2）制作带棱镜管帽。管帽采用外径$\phi168mm$、$\delta=6.5mm$的无缝钢管制作。管帽顶盖应专门精密加工，与棱镜连接为一体。

（2）监测坝段首仓混凝土浇筑前，先浇筑50cm×50cm×100cm的混凝土墩用于固定第1段钢管。浇筑过程中应制作专用保护围挡对观测钢管进行保护，避免外力作用下钢管倾斜。钢管上升期间应以精密测量保证钢管竖直。下一仓开浇前，先采用直径$\phi168mm$，$\delta=6.5mm$、长40cm的钢套管连接下一段钢管，并采用螺栓固定，连接后应保证钢管倾斜度不大于1%。按照相关要求进行观测，重复直至大坝最后一仓。

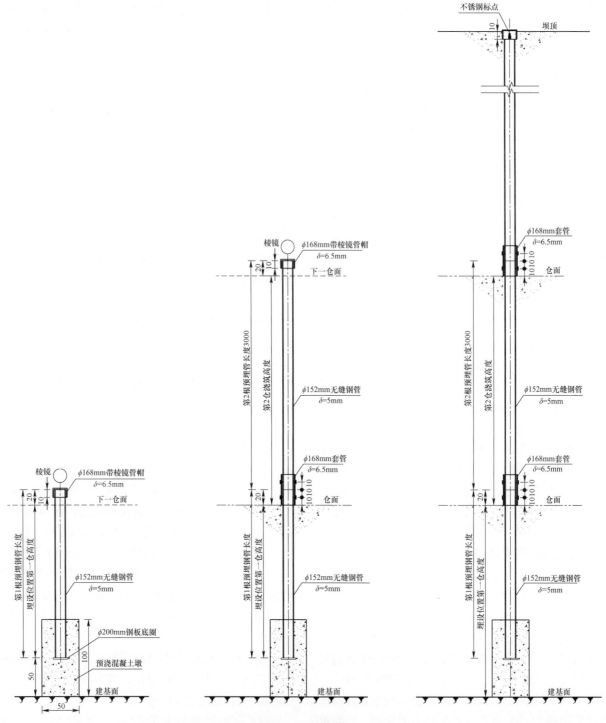

图 1　钢管标（沉降测点）示意图

（3）观测：① 观测时将带棱镜管帽装上，利用施工控制网进行水准测量、电磁波测距三角高程测量。② 观测时段：尽量选择日出前测量，减小温度对测量结果的影响。③ 观测要求：宜按照 GB 50026—2007《工程测量规范》中关于水准测量、电磁波测距三角高程测量的规定实施。无论何时进行观测，每次观测后应详细记录测点部位大坝浇筑高程。每接长一根钢管后，应立即准确测量新接钢管顶部棱镜观测高程并详细记录，作为下一段观测的起始值，其监测应按照 GB 50026—2007《工程测量规范》中关于垂直位移监测的精度要求实施。④ 观测频率：每仓浇筑前 6h 和浇筑完毕后 6h 内各观测一次，以后每周观测一次，早期应加密监测。若两仓连续浇筑（或浇筑间隔小于 24h）可将上一仓浇筑完成后的观测和下一仓开仓前观测合并只观测一次，但详细应记录开仓时间。⑤ 精度要求：相对于工作基点的高程中误差不大于 3mm，永久水准观测控制网建成后应使用网内工作基点观测，同时应确保监测资料的衔接。

（4）浇筑至最后一仓后，若坝顶具备水准观测条件，在钢管顶部安置不锈钢水准点，采用水准法进行观测；若不具备水准观测条件，采用套管将钢管顶端延长 1m 后在顶部安置棱镜进行观测。

需要注意的是，钢材的线膨胀系数一般为 1.2×10^{-5} mm/（mm·℃）。某水电站气象资料显示，当地气温常年为 $-15\sim32$℃变化。按照水电站最高建筑物厂房混凝土高度 50m 计算，钢管标长度也为 50m。由于温度变化引起的钢管标长度年变化量为 $1.2\times10^{-5}\times45\times50\,000=27$（mm），远大于垂直位移测量精度误差要求，因此本预埋钢管标观测基础沉降的方法不适用于作为常规钢管标监测建筑物绝对沉降，仅适用于建筑物施工期间观测计算之间的沉降差，反馈施工控制建筑物间沉降差。若需要监测地基的沉降，可以按照上述方式考虑埋设双金属管标。

2.2 覆盖层基础深部分层位移监测

按前述，当软基厚度大时，电磁沉降测孔底部位于软基内，难以坐落在完整基岩内部，测孔底部沉降环无法作为计算基点，造成无法计算整孔各深度的位移值。按照预埋钢管标的方式埋设电磁沉降管，同样可以测得基础深部分层位移。

图 2 所示为监测软基分层沉降的预埋电磁沉降仪结构。

为了监测坝基的分层沉降，在混凝土浇筑前完成电磁沉降孔的钻孔和基准环、沉降环的安装。电磁沉降管直径一般为 $\phi50\sim\phi70$mm。在混凝土坝体内埋设 $\phi150$mm PVC 材质电磁沉降管保护管，在保护管内接长电磁沉降测管一直到坝顶。注意在基础面以上 2m 范围内，以膨润土封闭保护管与混凝土间的空隙，避免坝体带动沉降管移动，减小坝体的位移对沉降管的影响。坝体中部及以上的测管与混凝土间隙以柔性材料填充，以扶正测管，并避免混凝土变形影响测管。

电磁沉降观测的重点在于，每次观测前，必须以水准测量或者电磁波测距三角高程测量的方法准确测得观测人员所在高程，即电磁沉降起点的高程，在实施时，可以其他辅助设施测得起点的高程，起点的高程计入测量值内，尤其是在混凝土浇筑高程发生变化时，应准确测得电磁沉降起点的高程。其监测精度以 GB 50026—2007《工程测量规范》中关于垂直位移监测的精度要求实施。

在计算时，以电磁沉降起点的高程为计算起点，减去混凝土高程的变化值，可得电磁沉降测值，进一步计算即可得到各高程的沉降值。

2.3 观测方式及精度

从 3.1、3.2 的观测方式可以看出，观测的关键在于观测测点的高程，如钢管标顶部高程、电磁沉降管管顶所在高程。在混凝土浇筑施工期间，若使用水准测量方式测得高程值，水准路线难以保证，测量难度高、工作量大。可采用电磁波测距三角高程测量的方法观测，为提高观测精度，观测时应满足 GB 50026—2007《工程测量规范》中的相应规定。

3 结语

本文介绍了一种采用预埋钢管标和预埋电磁沉降仪的方法，观测水工混凝土建筑的覆盖层基础（软弱基础、软基）的沉降和基础深部分层沉降，可以获得从建筑物施工开始的基础沉降值，并采用施工控制措施，协调建筑物间的沉降，避免水工建筑物止水损坏。通过基础沉降测值，验证水工试验参数，指导下一步的设计，提高水工设计水平，对同类基础的水工建筑物设计有着重大的参考意义。

参考文献：

[1] 赵志仁，叶泽荣. 混凝土坝外部观测技术 [M]. 北京：水利电力出版社，1988.

[2] 赵志仁. 大坝安全监测设计 [M]. 郑州：黄河水利出版社，2003.

[3] 二滩水电开发有限责任公司. 岩土工程安全监测手册 [M]. 北京：水利水电出版社，2013.

[4] 李文新，柳莹. 某水库大坝和构筑物变形控制与变形协调 [J]. 水利水电技术，2011，42（1）：80-85.

作者简介：

崔剑武（1969—），男，高级工程师，主要从事大坝安全监测工作。E-mail：cuijw@nwh.cn

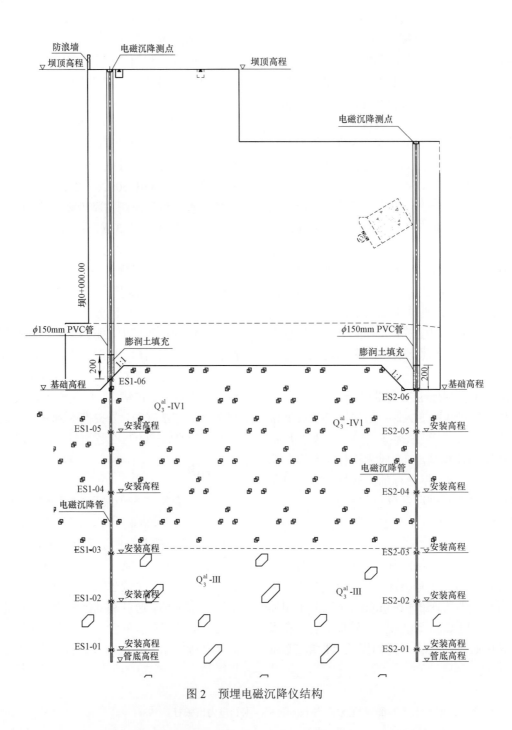

图 2　预埋电磁沉降仪结构

心墙堆石坝阵列式位移计安装探讨

张玉龙[1]，袁溯[2]，陈智祥[2]，张朝伟[3]

（1. 中国电建集团昆明勘测设计研究院有限公司，云南省昆明市　650033；
2. 华能澜沧江水电有限公司，云南省昆明市　650214；
3. 云南新大成劳务派遣有限公司，云南省昆明市　650032）

【摘　要】阵列式位移计穿心墙钻孔安装是用于运行期心墙堆石坝坝体变形过大而采用的补充监测措施，在国内尚属首次。穿心墙安装阵列式位移计须确定孔位要高于校核水位，钻孔孔向控制要求严格，同时仪器安装完成后钻孔灌浆应与心墙接触良好且能保证其强度与心墙相接近。

【关键词】阵列式位移计；心墙；监测

0 引言

国内堆石坝采用水平式固定式测斜仪预埋安装进行坝体沉降变形已有多起工程实例[1]，利用阵列式位移计进行平面变形监测在包括苏洼龙沥青混凝土堆石坝等工程中进行了实施，超高的糯扎渡心墙坝采用了较多的先进监测手段[2-5]，在心墙堆石坝内钻孔穿过心墙安装水平式阵列式位移计尚不多见。苗尾阵列式位移计成功安装为堆石坝及其他坝型运行期新增监测手段提供了宝贵的经验。

1 概述

苗尾水电站位于云南省大理州云龙县境内的澜沧江河段上，是澜沧江上游河段开发方案中的最下游一级电站，上接大华桥水电站，下邻澜沧江中下游河段功果桥水电站，电站开发任务以发电为主，兼顾灌溉供水，并促进地方经济社会发展、移民群众脱贫致富和库区生态环境保护。电站正常蓄水位为1408m，相应库容为6.60亿m³；死水位为1398m，相应库容为5.01亿m³。电站装机容量为1400MW（4×350MW），多年平均发电量为65.56亿kWh，保证出力为424.2MW。

苗尾砾质土心墙堆石坝自2016年11月下闸蓄水以来，经三年多的运行，大坝工作性态正常。由于苗尾水电站地质条件差和坝料板岩含量较高的特殊性，大坝不均匀变形现象明显，大坝顶部出现一些裂缝。经检查，坝顶出现的横向和纵向裂缝深度未触及心墙，不会影响坝体安全；大坝心墙内埋设的3个断面测斜兼沉降监测管已失效。大坝监测成果表明变形尚未收敛。为满足堆石体沉降变形监测需要，须采用其他监测系统继续开展监测工作。

1.1 变形情况

（1）苗尾砾质土心墙堆石坝坝顶出现一条长约254.6m的纵向裂缝，裂缝范围为坝下0+003.0m～坝下0+004.0m、坝0+189.0m～坝0+443.6m。裂缝平均宽度为3～5mm，最大宽度为1cm，从左往右逐渐变窄。裂缝平均深度为0.2～0.3m，最大深度为0.5m，桩号为坝0+340.0m。

（2）原设计在苗尾水电站大坝桩号坝0+189.0m、坝0+286.0m、坝0+450.0m三个横断面的心墙内（坝下0+004.45m）竖直埋设3根沉降监测斜管，管底深入基岩10m，管口位于坝顶，管长分别为105.74、149.80、141.30m。2019年4月21日发现上述3根沉降监测斜管因变形过大分别于距孔口39.27、33.75、23.72m处发生破坏，探头无法继续下放。检查表明3根沉降监测斜管均已失去监测作用。

坝顶高程1415.00m布置水准测点，截至2018年年底水准监测沉降量介于151.25～205.15mm，未有收敛趋势。

综合分析认为，砾质土心墙堆石坝坝顶纵向裂缝成因主要是水库蓄至高水位上游堆石区泡水湿化沉陷与下游堆石区不均匀沉降产生的，苗尾上游堆石区多采用溢洪道开挖的砂板岩混合料，板岩含量达 30%～40%，软化系数较低。

1.2 选定阵列式位移计监测

监测成果表明，砾质土心墙堆石坝内、外部变形监测及裂缝开度监测数据趋于平稳，坝后量水堰渗漏监测无异常，目前大坝工作性态基本正常。坝顶纵向裂缝位于心墙下游反滤及过渡料区，深度较浅，未触及心墙。有限元计算成果表明，坝顶横向和纵向裂缝深度未触及心墙，不会影响坝体安全。目前上游坝料湿陷变形基本完成，受后期各种因素的不利影响，下游坝料仍可能产生进一步的变形，加之坝料流变变形尚未完成，因此应加强对坝顶裂缝开展情况的监测。

采用钻孔安装水平式阵列式位移计进行多维度变形监测系统方案，对运行期间沉降变形进行监测。监测方案的主要内容为：在高程 1411.5m（校核洪水位 1411.36m）桩号分别为坝 0+286.0m、坝 0+520.0m 两个断面顺河向布置多维度变形测量装置测线，总长均为 25m，水平布置 2 套，由一系列角度传感器首尾相连组成串行阵列，安放于测斜管中，每套 50 个传感器间隔 0.5m。采取测线下游坝坡与大坝水准联测监测大坝不均匀变形的设计方案。钻孔完成后运用钻孔电视对心墙内部的情况进行检查分析。

2 阵列式位移计安装影响因素分析与对策

在已经运行将近 6 年的心墙堆石坝顶部穿心墙钻孔安装阵列式位移计难度较大，分析认为存在以下实际问题，并针对相应问题制定了解决对策。

2.1 终孔高程控制

钻孔高程仅高于校核洪水位 0.14m，设计要求水平向钻孔孔斜偏差不超过 3°，钻孔过程中在自重及其他因素多重影响下产生超过 3° 的向下偏斜，在 20m 长度终点孔位处将低于校核洪水位高程，为保证终孔不低于 1411.36m，采取了以下措施。

（1）开孔向上仰 3°，提前预留反方向偏移量，孔位稍高于设计位置且在 50mm 范围内。

（2）钻机安装平整稳固，确保机架在钻进过程中不发生大的变形，在平台底部加设固定装置与坝后坡紧密接触。

（3）在钻孔过程中，需采取措施控制孔斜，每进尺 3m 即对钻杆进行孔斜测量，如发现孔斜超过规定时，及时纠偏，确保钻孔轴线保持直线，严格控制偏差。

2.2 钻孔设备选择

苗尾大坝由心墙向上下游布置均为反滤层Ⅰ、反滤层Ⅱ、浆砌石护坡，反滤层及浆砌石为松散渗漏体。本项目需在大坝堆石体内水平钻 2 个约 25m 深的钻孔，堆石体结构松散，水平钻孔过程中较容易发生塌孔、卡钻等问题，成孔难度较大；堆石区采用泥浆护壁效果差。

采用哈迈 50 型风气跟管锚索钻进行钻孔施工，钻孔孔径 ϕ=110mm，保证钻孔施工的同时确保测斜管安装后能够顺利拔出来，以免套管遗落后对监测成果造成不利影响，完成施钻后安装阵列式位移计保护管并安装仪器，拔管后对心墙部位进行灌浆防渗处理。

2.3 灌浆

孔位在校核洪水位以上，坝前堆石体在毛细水长期作用下会产生不利后果，为确保心墙防渗功能，仪器安装后需对钻孔进行回填灌浆，灌浆应与心墙接触良好且能保证其强度与心墙相接近，现场通过试验确定浆液配合比；另外需控制灌浆压力以免对劈裂心墙。

钻孔完成后，测斜管安装完成，套管拔出，堆石体自固结后在测斜管周围自动形成密闭体，而对该部位进行灌浆将会使得松散体固结成一整体，与原设计意图不符，上下游堆石体部位不进行灌浆处理；心墙为防水的主体，为保证阵列式位移计测斜管与坝体紧密接触，从而能准确反映坝体变形情况，在心墙部位及上下游反滤层部位进行灌浆。

现场进行了水泥与膨润土为 2:1、1:1 及 1:3 比例的配置，经过比选确定浆液为膨润土与水泥 1:1 比例。

根据 DL/T 5238—2010《土坝灌浆技术规范》规定，现场采取"充填式灌浆"方式进行回填，即利用泥浆自重压力，将泥浆注入土坝坝体内充填已有的裂隙、洞穴等坝体隐患（此工程为钻孔回填而非隐患），现场灌浆压力控制在 0.2MPa 以内。

2.4 阵列式位移计选择

选用华思（广州）测控科技有限公司生产的 ADMS 型阵列位移计，该阵列位移计是一款灵活柔韧的、标准的 3D 测量系统。使用一组密实的微电子机械系统加速度计阵列和经过验证的计算程序测量 2D、3D 变形。无优先轴，可自由弯曲，安装方式多样，可以竖直安装、水平安装或环形安装。所选择阵列位移计有以下优势：

（1）温区补偿，数据稳定：ADMS 阵列位移计采用 MEMS 微机电系统，通过高度集成完美地消除了轴系间的误差，采用温区补偿模型消除温飘，保证数据采集的稳定。

（2）方向准确，精度可靠：位移分辨率每节（500mm）最高可达 0.005mm。

（3）扭转算法，偏量校正：ADMS 阵列位移计，采用专业的扭转校正模型，对扭转引起的变形量进行修正。

（4）分节拼装，安装便捷：ADMS 阵列位移计采用独创的分节式拼装，根据测孔的深度自由拼接；实现了灵活、自由的安装，适应于竖直、环形、水平和倾斜等多种安装方式。

（5）在线传输，实时分析：现场安装完成接通电源，即可实现云平台数据回传与分析。

（6）二次开发，平台兼容。

3 阵列式位移计安装技术方案

3.1 钻孔

为保证安全现场钻孔在坝后坡部位开钻，钻孔打穿心墙后拔出套管至心墙下游与反滤料接触部位，采用钻孔电视对心墙内部进行钻孔孔壁成像录制，成果显示目前心墙整体性良好，无裂缝出现，与最初对心墙情况的判断基本一致。苗尾心墙钻孔成像图如图 1 所示。

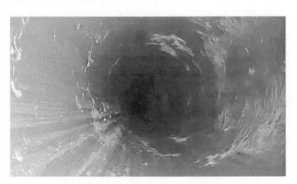

图 1　苗尾心墙钻孔成像图

3.2 阵列式位移计安装

坝 0+286.0m 坝体内已经安装有部分监测仪器，坝体内部监测仪器电缆由此经过，将该桩号调整至 0+281.7m，高程为 1411.57m。在此部位钻孔穿过心墙 3m 后因上游堆石体破坏导致跟管断裂，此部位只钻孔 18.5m，未能到达上游面部位；原监测成果显示坝体堆石变形主要为心墙下游侧，钻孔能够满足变形监测要求。根据钻进深度现场安装阵

列式位移计传感器 37 支。

坝 0+520.0m 部位采用缓慢进尺方式，最终穿过上游面，实际长度为 23m，与设计估算的 25m 有一定偏差，该孔上游出口高程为 1412.3m，调整安装阵列式位移计传感器 46 支。

（1）测斜管安装完成后进行阵列式位移计组装及现场入管安装，首先把设备一字摊开，安装前对设备进行检查，检查完成之后。从设备的远线端开始放入水平的测斜管中，注意 MARK 方向正对天空，等设备全部放入测斜管之后，近线端固定在测斜管上。最后把设备延长线接好，接入测站采集器里，接入电源，整个设备安装完成。在孔口处须将阵列式位移计进行固定，防止发生偏转。

（2）电缆从测斜管下游端引出并向上牵引至坝顶电缆沟，就近接入位于右坝头的测量模块中。

（3）测量装置安装完毕后，测斜管管口应做好密封处理。

阵列式位移计安装如图 2 所示。

3.3 灌浆

（1）在心墙中心及上、下游反滤层位置分别固定安装灌浆管。

（2）选用 1:1 水泥与膨润土浆液灌浆分二次形成，先上游侧灌浆，后下游侧，每次灌浆应连续进行，两次间隔 4h，最终以中间灌浆管冒浆后再持续半小时结束。

（3）灌浆压力宜小，确保不劈裂心墙。

（4）灌浆结束后及时封孔，完成孔口混凝土墩的浇筑。

3.4 初步成果

安装完成后于 2021 年 7 月 2 日取得初始成果：以下游孔口部位作为 0 值，前期监测成果表明坝体下游沉降量明显偏大，故向上游方向显示为少量抬升，其中中部心墙位置变形稍小，总体上心墙与堆石体沉降相差不明显；目前该水库已运行 5 年，仪器安装后一个半月最大累计变形量仅为 6mm，此变形量包括堆石体钻孔后的重新固结影响，堆石体及心墙变形已明显趋小。初始成果如图 3 所示。

4 结语

苗尾阵列式位移计穿透心墙安装埋设在国内尚属首次，阵列式位移计在已成型的土石坝中水平钻孔安装难度较大，而穿过心墙将会对心墙防渗效果有不利影响，经此次实践及相关工程实例，总结

图 2 阵列式位移计安装

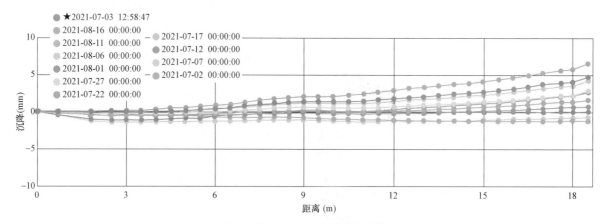

图 3 坝 0+520.00m 监测成果图

以下几点经验:

(1)穿心墙的水平阵列式位移计宜在施工期进行安装埋设,且应高于校核洪水位,在与心墙接触部位须采取加强防渗措施。为保证大坝的安全,运行后补增穿过心墙堆石坝的水平式阵列式位移计钻孔应严格控制孔斜。

(2)坝体内水平钻孔可采用先进的纠偏设备对钻进角度进行校正;钻孔灌浆采用水泥加膨润土浆液应现场试验确定比例,并采用"充填式灌浆"方式进行灌浆,严禁灌浆压力破坏心墙完整性。

(3)根据实际情况可设计由上下游大致相同位置钻孔至心墙部位一定深度(不穿透心墙)后安装阵列式位移计,可有效避免破坏心墙防渗的可能性,同时也能取得良好的监测成果。

参考文献:

[1] 张玉龙,张绍春,李仕胜,等.固定测斜仪在面板堆石坝中的应用实例 [J].云南水力发电,2012,28(4):23-26.

[2] 沈嗣元,马能武,葛培清,等.超高心墙堆石坝安全监测工程的创新技术探讨 [J].人民长江,2010,41(20):5-11.

[3] 杨泽艳,蒋国澄,周建平,等.国际混凝土面板堆石坝的发展 [C] //中国大坝协会.水电 2013 大会——中国大坝协会 2013 学术年会暨第三届堆石坝国际研讨会论文集.河南郑州:黄河水利出版社,2013:555-568.

[4] 马洪琪,赵川.糯扎渡水电站掺砾黏土心墙堆石坝基础理论与关键技术研究[J].水力发电学报,2013,32(2):208-212.

[5] 郑远建.泸定水电站黏土心墙堆石坝快速施工技术与质量控制 [J].四川水力发电,2011,30(增刊1):112-115.

作者简介:

张玉龙(1976—),男,正高级工程师,主要从事水电站工程安全监测研究及项目管理工作。E-mail:zyl764200@126.com